遥感与图像解译

（第7版）（修订版）

Remote Sensing and Image Interpretation, Seventh Edition

Thomas M. Lillesand
［美］ Ralph W. Kiefer 著
Jonathan W. Chipman

彭望琭 余先川 贺 辉 陈红顺 译

電子工業出版社
Publishing House of Electronics Industry
北京 • BEIJING

内容简介

遥感是通过不与物体、区域或现象接触的设备来获取调查数据，并对数据进行分析而得到物体、区域或现象有关信息的科学与技术。本书是美国威斯康星大学麦迪逊分校教授Thomas M. Lillesand、Ralph W. Kiefer和达特茅斯学院教授Jonathan W. Chipman合著的*Remote Sensing and Image Interpretation, Seventh Edition*一书的中译本，内容包括：遥感的概念和基础，摄影系统原理，摄影测量的基本原理，多光谱、热红外和高光谱遥感，地球资源卫星的光谱应用，微波和激光雷达遥感，数字图像分析，遥感应用等。书后提供了大量参考文献、术语表和附录等。全书附有大量彩色和黑白遥感图像或照片，为读者提供了生动而丰富的内容。全书紧跟遥感科技发展的步伐，图文并茂，内容丰富，知识覆盖面宽，概念清楚，讲解生动。

本书可作为我国高等学校、科研单位、技术部门、公司和政府部门相关专业人员的教科书或学习参考书，也可供航空、航天、信息、生物、测绘、商业、工程、林业、地理、地质、城市规划、水资源管理等领域的科学工作者参考，以及遥感技术爱好者学习使用。

图书在版编目（CIP）数据

遥感与图像解译：第7版：修订版/（美）托马斯·M. 利拉桑德（Thomas M. Lillesand），（美）拉夫·W. 基弗（Ralph W. Kiefer），（美）乔纳森·W. 奇普曼（Jonathan W. Chipman）著；彭望琭等译. —北京：电子工业出版社，2023.5

书名原文：Remote Sensing and Image Interpretation, Seventh Edition

ISBN 978-7-121-45430-1

I. ①遥…　II. ①托…　②拉…　③乔…　④彭…　III. ①遥感－高等学校－教材②遥感图象－图象解译－高等学校－教材　IV. ①TP7

中国国家版本馆 CIP 数据核字（2023）第 067335 号

责任编辑：谭海平
印　　刷：中国电影出版社印刷厂
装　　订：中国电影出版社印刷厂
出版发行：电子工业出版社
　　　　　北京市海淀区万寿路 173 信箱　邮编：100036
开　　本：787×1092　1/16　印张：29　　字数：818 千字
版　　次：2016 年 4 月第 1 版（原著第 7 版）
　　　　　2023 年 5 月第 2 版
印　　次：2023 年 5 月第 1 次印刷
定　　价：118.00 元

凡所购买电子工业出版社图书有缺损问题，请向购买书店调换。若书店售缺，请与本社发行部联系，联系及邮购电话：（010）88254888，88258888。

质量投诉请发邮件至 zlts@phei.com.cn，盗版侵权举报请发邮件至 dbqq@phei.com.cn。

服务热线：（010）88254552，tan02@phei.com.cn。

译 者 序

本书由美国威斯康星大学麦迪逊分校的 Thomas M. Lillesand、Ralph W. Kiefer 和达特茅斯学院的 Jonathan W. Chipman 合著。作者对该书第 1 版的写作始于 1976 年，第 1 版出版后，作为不同专业课程所用的遥感基础教程和很有价值的参考书，受到了美国许多大学和研究机构的欢迎。为适应遥感学科的飞速发展和新技术与新理论的不断增加，作者不断修订了本书的内容，2000 年出版了第 4 版，2014 年出版了第 7 版。至今，该书仍是美国许多大学的遥感教材，受到了人们的普遍欢迎。

我国 1986 年首次引入本书，它是高等教育出版社出版的原著 1979 年版的译著，由李勇奇、吴振鑫、晓岸译，杨廷槐校，译著名为《遥感和图像判读》。2003 年，电子工业出版社出版了原著第 4 版的译著，由彭望琭、余先川、周涛、李小英等译，刘继选审校，译著更名为《遥感与图像解译》，并由遥感界的前辈陈述彭院士作序，引导读者深刻认识本书的优点。译著每次出版都受到了遥感教育和科研工作者的欢迎，已成为特别受欢迎的遥感参考书之一。

第 7 版与第 4 版相比，在重点内容上做了改变，譬如在"遥感的概念和基础"一章中增加了"图像目视解译"一节，而把"目视图像解译概述"一章改为"遥感应用"。说明了将各种遥感数据和处理方法归结到应用更为合理；强调了高分辨率卫星数据的重要性；增加了微波和激光雷达遥感的内容；增加了新的传感器介绍和新的数据处理方法与手段。全书结构严谨，论述全面，涉及的知识面广泛。书中插图增加了许多新传感器图像的解译和应用。最后还增加了术语表和附录。这些都表明本书作者努力跟上时代步伐，推陈出新，用通俗的语言讲出深奥的理论，使读者通过学习更快地加入现代遥感工作。

本书的翻译工作由北京师范大学珠海分校和北京师范大学联合翻译组完成。目录、第 1 章、第 7 章的 7.1～7.15 节、附录 B 由彭望琭翻译；前言、第 2 章、第 5 章、术语表由余先川、詹英翻译；第 4 章、第 6 章、第 7 章的 7.16～7.19 节、附录 C 由贺辉翻译；第 3 章、第 7 章的 7.20～7.23 节、第 8 章、附录 A 由陈红顺翻译。为了与第 4 版的译文一致，翻译中的中文词汇尽量参考第 4 版，但也做了部分更新。限于译者的水平，译文仍会有不妥之处，敬请读者批评指正。

序　言

2015 年 11 月的一天，我接到好友——我国著名遥感应用专家、中国遥感应用协会专家委员会胡如忠副主任的电话，问我能否为由彭望琭、余先川、贺辉、陈红顺译，美国威斯康星大学麦迪逊分校 Thomas M. Lillesand 等著的 *Remote Sensing and Image Interpretation* 一书第 7 版的中译本写序。我思考片刻就答应了。一来是对老朋友的信任，二来是我多年来的信念，即只要对我国遥感事业发展有益的事就坚决支持。

但我仍存在两点顾虑：一是此书值不值得译成中文（水平和质量），二是中国读者们的需求。要来相关资料并阅后，觉得原著已出版第 7 版，说明有广泛的读者圈。据我所知，我国曾在 1986 年和 2003 年两次出版过原著早期版本的中译本，这是第三次中译本。在十几年间作者与时俱进，这一版既保留了基础理论部分，又讲解了当今的最新技术；既保留了摄影测量和目视解译的知识，又介绍了先进的卫星传感器、激光雷达系统和图像处理技术，对原著做了很多有益的补充和修改，使之能够反映当代遥感发展的真实水平。原著的第 7 版在美国仍有广泛的需求，足见其在遥感领域的重要性。中国读者也一定会欢迎新版中译本的问世。

20世纪人类最伟大的成就之一就是进入太空并“占领”空间，开辟了空间科学与应用领域。我国航天发展六十余年，空间探测仍主沉浮，已开展了以地球探测为中心、包括深空探测在内的各种空间探测活动。它为进一步认识宇宙、征服宇宙打下了坚实的基础，为全人类提高生存质量带来了福音。

遥感是空间探测的核心。我国遥感技术已形成了谱段较全、学科和技术门类较完整、有相当规模的卫星和机载系统，在一些应用领域显现出不可替代的作用。我国已建成了气象、资源、海洋等应用卫星系列及其应用系统。在遥感信息获取技术方面，我国已拥有了从模拟胶片摄影遥感到固态数字成像，从多光谱到高光谱，主、被动微波等在内的较全面的遥感技术体系，在航空、航天平台上实现了遥感对地观测。与此同时，地理信息系统（GIS）和卫星定位系统技术也有了长足的发展，在国家经济社会发展中发挥了重要的作用。

我国遥感技术要在创新、开放中发展，不但需要大众创业、万众创新，还需要培养更多的创新型人才。开放发展，就需要了解国际动向。选择此时机出版本译著，作为遥感的高校学生入门教材和科研技术人员的参考书，它将在广泛普及遥感的知识技能方面起到不可忽视的作用。

原著第 7 版在修改时，尽可能采用了最新的遥感数据，图文并茂，用实例说明了理论的运用。书中既有彩图实例，又有黑白图片。以陆地卫星为例，本书既保留了部分陆地卫星 5 的影像，又采用了陆地卫星 8 的大量影像；还有气象卫星、海洋卫星等各种高分辨率、高光谱卫星，以及无人机平台和雷达卫星图像，给人以直观的感受。对于一些比较难懂的处理方法，都尽可能配以图片加以说明；例如，对于“基于对象的分类方法”，本书采用图像来逐步说明其中的原理，易于读者阅读和自学。

彭望琭等四位专家不辞辛劳，花费大量的时间和精力完成了本书译稿，其精神难能可贵，我向他们表示崇高的敬意。预祝本书出版成功，为我国遥感技术的发展和人才培养带来正能量。

姜景山

中国工程院院士

中国遥感应用协会专家委员会主任

中国探月工程副总设计师

前　言

编写本书主要有两个目的：一是作为介绍遥感与图像解译课程的教材；二是作为迅速增多的地球空间信息与分析专业人员工作时的参考资料。计算能力的飞速发展和传感器设计的快速改进，使得遥感及与其相关的技术，如地理信息系统（GIS）和全球定位系统（GPS），在科学研究、工程应用、资源管理、商业发展以及其他领域中起着越来越重要的作用。本书可能会在学术和专业团体中广泛使用，因此会尽量遵循中立原则，即本书并不专门针对商业、生态、工程、林业、地理、地质、城市规划、水资源管理等某个领域。对待该学科，我们的态度是：每个学科的学生和使用者，都应对遥感系统及其在现实环境中广阔无垠的应用有较清楚的认识。简而言之，任何从事地球空间数据获取与分析的相关人员，都会发现本书是非常有价值的参考文献。

从 40 年前本书第 1 版的出版至今，世界已发生了巨变。现在，学生可以在平板或笔记本计算机上阅读本书第 7 版的电子书。计算机的处理能力和用户界面，已超出了 20 世纪六七十年代就在遥感和图像解译中最先使用计算机的那些科学家与工程师们的想象。随着遥感领域的蓬勃发展，探究遥感科学成为一项全球活动，本书的读者群体也已日趋多元化。亚洲、非洲和拉丁美洲的国家贡献了多层次的遥感人才，从培养新的遥感分析人员到使用地理空间技术管理资源、发射和操控新的地球观测卫星。同时，类似“谷歌地球”和“微软必应”地图这样的基于图像的高分辨率可视化平台数量的激增，从某种意义上说正在把可以上网的每个人变成“沙发遥感迷”。要有意义且可靠地解译这些新影像，需要我们花大量的时间和精力来学习专业知识。借用欧几里得的话来说，图像分析是没有捷径的。开发这些技能仍需要在电磁辐射原理、传感器设计、数字图像处理和应用上具备坚实的基础。

本书（第 7 版）的重点是数字图像的获取和分析，但保留了早期模拟传感器和方法的基本信息，因为现在仍然存在大量的相关档案数据，且这些数据作为研究长期变化的资源越来越有价值。我们扩展了激光雷达系统和 3D 遥感的覆盖范围，包含了诸如运动估计结构之类的数字摄影测量方法。为了与现在这些领域的变化保持一致，彩图中添加了从无人机平台和本书第 6 版出版以来新发射的光学和雷达卫星上获取的图像。在图像分析领域，计算能力的持续提升使得人们更加重视利用大数据技术，包括那些处理神经网络分类、基于对象图像分析、变化检测和图像时序分析的技术。

每次在新版中增加新内容（包括新彩图）并更新主题的涵盖范围时，我们都会对章节的组织做一些改进。最明显的改进是，我们拆分了之前的第 4 章“目视图像解译”。其中，为了强调目视解译在整本书（领域）中的重要性，我们把原 4.1 节“目视图像解译的处理方法”放到了第 1 章中；原第 4 章的其余小节移到了本书的最后，组成了关于遥感应用的更广泛的回顾，而不局限于目视方法。此外，涵盖雷达和激光雷达系统的章节现在放在数字图像分析方法与遥感应用相关章节的前面。

尽管本书有了这些改变，但我们仍尽力保持本书一直以来的知识强度。如上所述，本书的“学术中立”是有意为之的，因此本书可在许多不同领域中作为遥感原理、方法和应用的入门读物。书中提供了丰富的资料，可供读者以不同的方式使用。对于某些课程，可从书中删去某些章节而作为半学期或半学年的一门课程。本书亦可作为两门连续课程的综合教材。其他人可能会在一系列单元课程或短期课程、专题讨论会等形式中使用本书。在教室外面，遥感从业者将会发现本书是一本不断变化的技术指导参考书，但遥感的基本原理仍然未变。我们也有意识地为潜在的不同用途编写本书。

像往常一样，第 7 版建立在之前版本的基础上。许多人为本书前六版作出了贡献，这里再次向所有人表示感谢，感谢他们慷慨地分享了时间和知识。还要感谢所有的审阅专家，他们指导我们完成了第 7 版和之前版本的修改。

下列人士和单位提供了第 7 版中的插图：威斯康星大学麦迪逊分校太空科学和工程中心、美国地质调查局威斯康星视图计划的 Sam Batzli 博士；地球空间解决方案成像部的副主席 Ruediger Wagner 先生，莱卡测量系统公司市场和通信部的 Jennifer Bumford 女士；ILI GmbH 公司的市场和销售经理 Philipp Grimm 先生；UltraCam 业务部的销售总监 Jan Schoderer 先生，微软摄影测量的业务总监 Alexander Wiechert 先生；Ball Aerospace 公司的媒体关系经理 Roz Brown 先生；NovaSol 公司的 Rick Holasek 先生；ITRES 有限公司的 Stephen Lich 先生和 Jason Howse 先生；加州大学默塞德分校的 Qinghua Guo 先生和 Jacob Flanagan 先生；维克森林大学的 Thomas Morrison 博士；Earthmetrics 有限公司的 Andrea Laliberte 博士；美国空军技术研究所的工程物理学研究助理教授 Christoph Borel-Donohue 博士；爱思唯尔公司，德国航天航空中心（DLR），欧洲航空防务与航天（EADS）公司，加拿大太空署，莱卡地理系统公司和美国国会图书馆。达特茅斯学院的 Douglas Bolger 博士和长颈鹿保护基金的 Julian Fennessy 博士慷慨地为第 8 章的野生动物例子提供了资料，包括用在图 8.24 中的长颈鹿遥感数据。我们要特别感谢那些慷慨分享华盛顿州奥索山体滑坡影像和信息的人们。这些图片由下列人士提供：Quantum Spatial 公司的 Rochelle Higgins 和 Susan Jackson 女士，华盛顿州交通局的 Scott Campbell 先生和美国地质调查局的 Ralph Haugerud 博士。

下列人士为第 7 版中有关摄影测量学的内容提供了大量建议：CP, PE, PLS 公司的 Thomas Asbeck 先生、Terry Keating 博士。

还要感谢许多来自达特茅斯学院和威斯康星大学麦迪逊分校的教职人员、研究人员、研究生和本科生，他们直接或间接地为本书的出版作出了卓越的贡献。

特别感谢我们的家庭，他们在本书的准备阶段给予了理解和鼓励。

最后，希望读者能用从本书中获得的遥感知识让我们的家园变得更美好。业已证明遥感技术能提供巨大的科学、商业和社会价值，它不仅提升了人们进行决策的效率，而且提升了人们改进地球资源和环境管理工作的潜能。希望读者在阅读书中的知识后，能实现自己的这种潜能。

Thomas M. Lillesand
Ralph W. Kiefer
Jonathan W. Chipman

遥感彩图

目　录

第 1 章

遥感的概念和基础

1.1 引言

遥感是通过不与物体、区域或现象接触的设备来获取调查数据，并对数据进行分析而得到物体、区域或现象有关信息的科学与技术。当我们阅读这些文字时，就正在进行遥感。人眼就像是一个活动的传感器，对页面反射的光产生响应。人眼获取的“数据”就是与从这一黑白页面上反射的光的总和相当的脉冲。这些数据的分析或解释是在我们的大脑中进行的，因此我们能将页面上的黑色区域理解为组成词汇的字符集。此外，我们还能识别由这些词汇组成的句子，并揭示句子所携带的信息。

遥感在某种程度上可视为一种阅读过程。利用各种传感器收集远处的数据并分析这些数据，可以得到被调查物体、区域或现象的信息。远距离收集的数据有多种形式，包括力分布、声波分布或电磁能量分布的变化。例如，重力计获得重力分布变化的数据。类似蝙蝠的导航系统，声呐可获得声波分布的变化数据。人眼则获得电磁能量分布变化的数据。

1.1.1 电磁遥感过程概述

本书介绍有关的电磁能量传感器，这些传感器通常利用航空航天平台来完成地球资源的清查、制图和监测工作。传感器获得的数据来自地球表面（简称地面或地表）各种物体（或特征）发射和反射的电磁能量，分析这些数据便得到了所调查的资源信息。

图 1.1 简要概括了地球资源电磁遥感的过程与基础。两个基本过程是数据获取和数据分析。数据获取过程的原理是：能量来源(a)，能量通过大气层传播(b)，能量与地表特征的相互作用(c)，能量再次穿过大气层(d)，机载和/或星载传感器(e)，生成图形和/或数字形式的传感器数据(f)。简而言之，我们利用传感器记录各种地表特征反射和发射的电磁能量变化。数据分析过程(g)利用各种观测和解译设备来分析图片数据，和/或利用计算机来分析传感器的数字化数据，进而对获取的数据加以研究。一旦数据源可以获取同时同地的参考数据（如土壤图、作物统计资料或野外校验数据），这些参考数据就可用于帮助分析源数据。在参考数据的帮助下，我们就可在传感器所能覆盖的数据采集区域内，分析出各种相关资源的类型、内容、位置和条件信息。这些信息经过编辑(h)后，通常以硬拷贝地图形式或地理信息系统（GIS）中与其他信息“层”相结合的计算机文件形式提供给用户(i)进行决策。

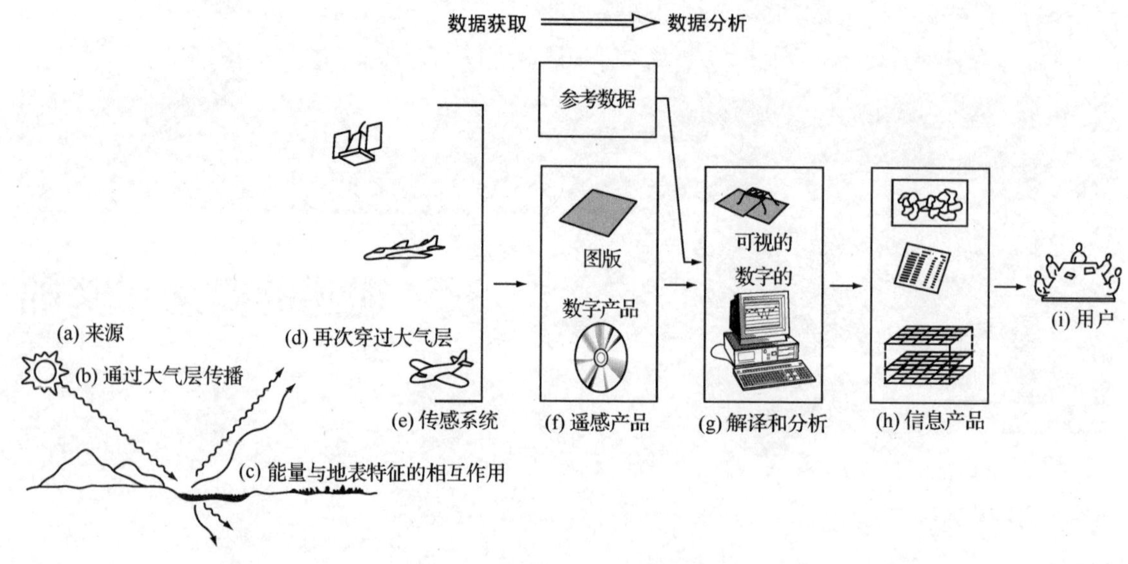

图 1.1　地球资源电磁遥感的过程

1.1.2　本书的组织方式

本章的剩余部分讨论遥感过程的基本原理。首先讲解电磁能量基础，然后介绍能量与大气层及地表特征相互作用的方式，接着总结获取遥感数据的过程，并且引入数字图像格式的概念。在数据分析过程中，我们很重视参考数据的作用，因此将介绍如何利用全球定位系统（GPS）来获取野外观测数据空间位置的方法。这些基础知识可让我们建立一个既有优势又有局限性的“实际”遥感系统的概念，并研究与“理论”遥感系统相区别的方法。我们还将简单讨论地理信息系统（GIS）技术的基础和用于表现空间地理特征位置的空间架构（坐标系和数据）。图像的目视检查在本书的后续章节中起重要作用，因此第 1 章将以遥感图像的目视解译概念和过程小结作为结束。阅读完本章后，读者应能了解遥感的基础，并认识遥感、GPS 方法和 GIS 操作之间的紧密联系。

第 2 章和第 3 章讲解与摄影遥感相关的内容。第 2 章描述获取航空照（相）片的基本工具，包括模拟和数字摄影系统。数字摄影也在第 2 章中讨论。第 3 章介绍摄影制图的过程，包括空间精确测量、制图、数字高程模型（DEM）、正射影像以及从航空影像中提取的其他产品。

第 4 章讨论非摄影系统，介绍如何获取航空多光谱、热红外和高光谱数据。第 5 章讨论航天遥感系统的特征，介绍基于全球范围的反射和发射辐射来获取图像的主要卫星系统，包括中等分辨率的 Landsat（陆地卫星）和 SPOT 系列，最新的高分辨率商用系统，以及各种气象和全球监测系统。

第 6 章介绍微波雷达和激光雷达数据的收集与分析，讨论航空和航天系统，包括 ALOS、Envisat、ERS、JERS、Radarsat 和 ICESat 等卫星系统。

实际上，本书第 2 章到第 6 章从简到繁、从电磁波谱的短波长到长波长，依次介绍了各种遥感系统（见 1.2 节）。确切地说，有关摄影的讨论重点是紫外、可见光、近红外、多光谱遥感（包括发出长波红外辐射的热传感）和微波波段的雷达遥感。

本书最后两章介绍图像的处理、解译和分析。第 7 章介绍数字图像处理和计算机辅助图像解译的通用处理过程。第 8 章介绍遥感的广泛应用，包括图像数据的目视解译和计算机辅助分析。

全书采用国际单位制（SI）。表格中含有帮助读者了解国际单位和其他单位相互转换的内容。

最后，参考文献中列出了书中引用的文献，但书中引用的文献不止于此。附录 A 中小结了遥感辐射测量的各种通用概念、术语和单位，附录 B 中介绍了数字图像处理所用样本的坐标变换和重采样过程，附录 C 中讨论了描述雷达信号的一些概念、术语和单位。

1.2 能源和辐射原理

可见光只是多种形式的电磁能之一。无线电波、紫外、热辐射和 X 射线都是其他常见形式的电磁能。所有这些能量本质上是相似的，都遵循基本波动理论进行传播。如图 1.2 所示，波动理论认为电磁能以光速 c 按简谐振动的正弦波形式传播。两个波峰间的距离是波长 λ，而在单位时间间隔内通过一个固定空间位置点的波峰数量则称为波的频率 v。

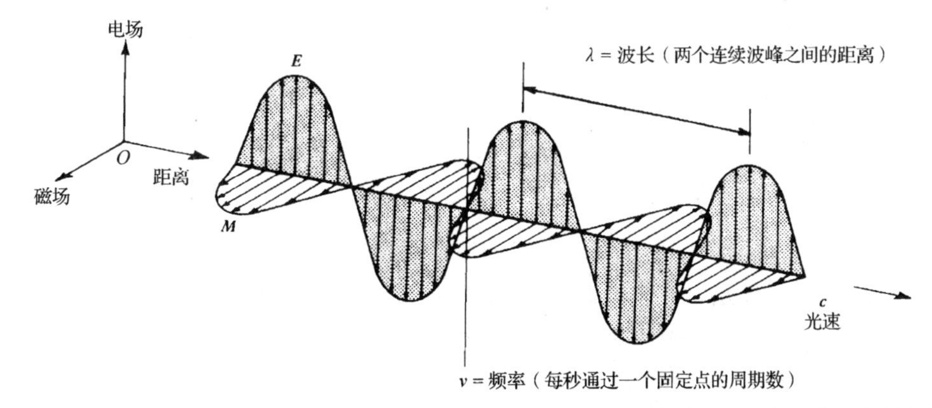

图 1.2 电磁波由相互垂直的正弦波电场（***E***）和正弦波磁场（***M***）组成，二者都垂直于传播方向

根据基础物理理论，电磁波服从一般公式

$$c = v\lambda \tag{1.1}$$

式中，c 是一个基本常数（3×10^8m/s），因此任何给定波的频率 v 和波长 λ 呈反比关系，两个参数中的任何一个都可以描述一个波的特点。在遥感中，常用电磁波谱中的波长位置对电磁波进行分类（见图 1.3）。波谱中波长的常用单位是微米（μm），1μm 等于 1×10^{-6}m。

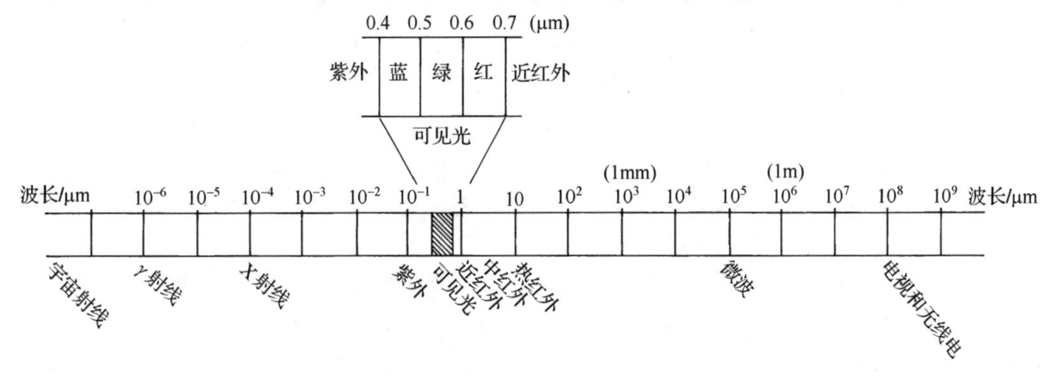

图 1.3 电磁波谱

尽管为方便使用设置了电磁波谱区间并进行了命名（如“紫外”和“微波”），但任何两个光谱区间之间的界限并不明确。波谱从使用不同方法测量每种类型的辐射来划分，但也从各种波长能量特征的固有差异来划分，但前者用得较多。要指出的是，遥感中所用的电磁波谱部分位于一个连续的波段中，其特点是通过 10 的多次幂的变化量表现出来的。因此，人们常用对数图来描述

电磁波谱。在这种图形中，“可见光”部分所占的区间很小，因为人眼对光谱感觉的范围仅为0.4～0.7μm。蓝色范围为0.4～0.5μm，绿色范围为0.5～0.6μm，红色范围为0.6～0.7μm。紫外（UV）能量区与波谱中可见光部分的蓝色尾部相邻，而三种不同类别的红外波谱（IR）[近红外（0.7～1.3μm）、中红外（1.3～3μm，也可视为短波红外或简写为SWIR）、热红外（3～14μm，也可视为长波红外）]则与可见光区域的红色尾端相邻。更长的波长部分（1mm～1m）是波谱的微波部分。

传感器系统通常工作在波谱中可见光、红外或微波的一个或几个波段。要特别注意的是，在红外波段，只有热红外波段的能量与热感直接相关，而近红外和中红外则不然。

虽然波动理论很容易描述电磁辐射的许多特性，但电磁能量如何与物质相互作用则要使用另外的理论来解释，这就是粒子理论。该理论认为电磁辐射由许多离散的单元组成，这些单元称为光子或量子，一个量子的能量为

$$Q = h\nu \tag{1.2}$$

式中：Q 是一个量子的能量，单位为焦耳（J）；h 是普朗克常数，等于 6.626×10^{-34}Js；ν 是频率。

要将电磁辐射的波和量子模型关联起来，可将式（1.1）中的 ν 代入式（1.2），得到

$$Q = hc/\lambda \tag{1.3}$$

由此可见，量子的能量与其波长成反比。**波长越长，能量越小**。这在遥感中有重要意义，即自然界中发射的长波辐射（如不同地形特征的微波辐射）与短波辐射（如热红外辐射）的能量相比，探测起来要困难得多。一般情况下，要探测低能量的长波辐射，为了获得足够的能量信号，在给定的时间内必须探测足够大的地面区域。

太阳是遥感中电磁辐射的最主要来源。但热力学零度（0K或−273℃）以上的所有物体都会连续地发出电磁辐射。这样，地球上的物体就都是辐射源，尽管它们由不同于太阳辐射的量值和光谱组成。若不考虑其他因素，物体辐射能量的多少就是该物体表面温度的函数。这一特性可以用**斯忒藩-玻尔兹曼定律**表述：

$$M = \varepsilon\sigma T^4 \tag{1.4}$$

式中：M 是物体表面的总辐射出射度，单位为 $\mathrm{Wm^{-2}}$；ε 是黑体辐射系数；σ 是斯忒藩-玻尔兹曼常数，值为 $5.6697\times10^{-8}\mathrm{Wm^{-2}K^{-4}}$；$T$ 是物体的热力学温度，单位为K。

对学生来说，记住特殊的单位和常量并不难，重要的是必须注意物体发出的全部能量是随 T^4 变化的，所以当温度升高时，总辐射能量将迅速增大。同时，必须注意到这一定律对于辐射能量来源的表达是基于**黑体**条件的。黑体是假设的、理想的辐射体，它能全部吸收并重新辐射出射向它的全部能量。实际的物体只能接近这种理想状态。第4章中将深入讨论相关内容。目前仅说明从物体辐射出的能量是其温度的函数，见式（1.4）。

像物体发射的总能量随温度变化那样，发射能量的光谱分布也是变化的。图1.4给出了温度从200K变化到6000K时，黑体能量的分布曲线。坐标轴的单位（$\mathrm{Wm^{-2}\mu m^{-1}}$）表示在1μm波谱间隔内黑体发出的辐射功率。因此，曲线下的面积等于总辐射出射度 M。曲线可以从图形的角度作为斯忒藩-玻尔兹曼定律的数学表述，即辐射体的温度越高，发射的辐射总量就越大。曲线也显示出随着温度的升高，黑体辐射分布的峰值向短波方向移动。**主波长**或黑体辐射曲线达到最大值的波长与其温度的关系，服从**维恩位移定律**：

$$\lambda_{\mathrm{m}} = A/T \tag{1.5}$$

式中：λ_m 是最大波谱辐射出射度对应的波长，单位为 μm；$A = 2898\mu mK$；T 是热力学温度，单位为 K。

因此，对一个黑体来说，最大波谱辐射出射度对应的波长与黑体的热力学温度成反比。当金属体（如铁片）加热时，我们可以观察到这一现象。当物体变得越来越热时，它开始发光，颜色也向波长变短的方向变化——从暗红色到橙色，再到黄色，最后到白色。

同样，我们可把太阳辐射视为黑体辐射，其温度约为 6000K（见图 1.4）。许多白炽灯发射的辐射对应于典型的 3000K 黑体辐射曲线，所以白炽灯具有相对较低的蓝色能量输出，而且没有阳光那样的光谱成分。

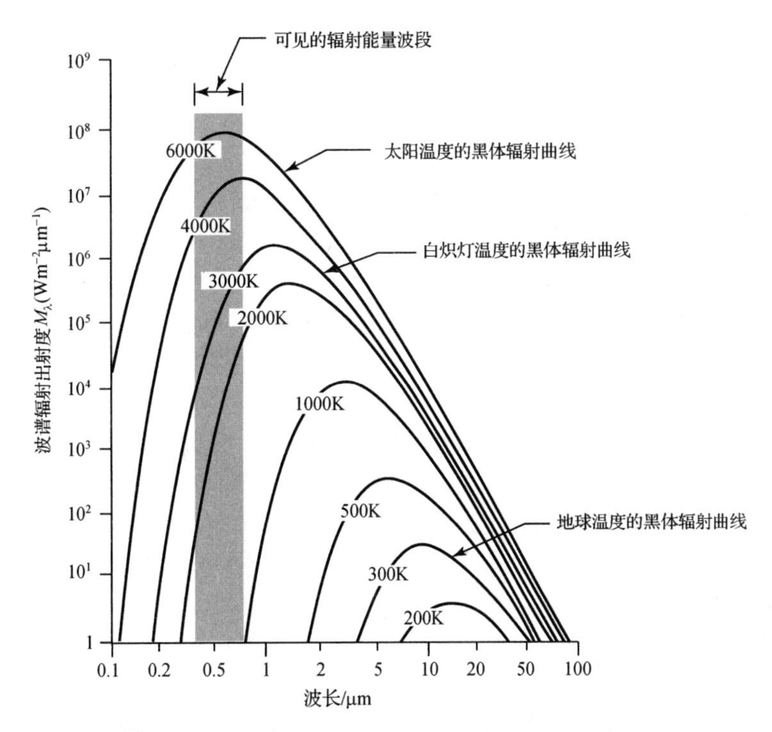

图 1.4　不同温度黑体辐射能量的波谱分布（注意波谱辐射出射度 M_λ 是单位波长间隔发出的能量，总辐射出射度 M 是通过计算波谱辐射出射度曲线下的面积得到的）

地球的环境温度（即地表物质如土壤、水和植被的温度）约为 300K（27℃）。根据维恩位移定律，这意味着由地表特征产生的最大波谱辐射出射度对应的波长约为 9.7μm。这种辐射与地热有关，因此称为热红外能量。这种能量既看不到，又不能由光学摄影记录，但可被辐射计和扫描仪这类探热设备探测到（见第 4 章）。相比之下，像图 1.4 所示的那样，太阳在约 0.5μm 处有能量高得多的峰值。人眼和光学摄影传感器对于这样的能量大小和波长很敏感。因此，当太阳升起时，地表特征因反射太阳能量而被我们观察到。需要重申的是，地表特征发出的长波能量只能用非光学摄影的传感系统来观测。通常，反射和发射的红外波长的分界线约在 3μm 处。比这一波长短的，以反射能量为主，比这一波长长的，以发射能量为主。

某些传感器（如雷达系统）本身备有能源来照射感兴趣的目标。这类系统称为主动系统，而被动系统则感知自然得到的能量。主动系统的常见实例是使用使用闪光灯的照相机，同样的照相机利用阳光时就成为被动传感器。

1.3 大气中能量的相互作用

不管是什么辐射源，遥感传感器探测到的所有辐射均要在大气中传播一段距离或路程。路程可以相差很大。例如，利用阳光的空间摄影，从辐射源到传感器的路程是地球大气层厚度的两倍。另一方面，飞机上的热量传感器探测地面上的物体直接发出的能量，所以只是一个相对较短的单程大气路程。净大气影响随路程的不同而变化，也随传感器探测能量信号的大小、当时的大气条件及使用的波长而变化。

因为大气影响的性质各不相同，我们将在其他章节中介绍传感器时进一步阐述，这里仅介绍大气对任何传感系统接收的辐射度和波谱成分产生的重要影响。这些影响主要通过大气散射和吸收机理产生。

1.3.1 散射

大气散射是由大气颗粒引起的不可预测的漫射辐射。当大气分子和其他微粒的直径比与之相互作用的辐射波长小很多时，通常产生瑞利散射。*瑞利散射*的影响与波长的 4 次方成反比。在这一规律下，对短波长辐射的散射要比长波长辐射的散射强很多。

瑞利散射会导致“蓝色天空”。无散射时的天空是黑色的。阳光与地球大气相互作用，较短波长的蓝光比其他波长的可见光的散射更强，因此我们看到的天空是蓝色的。但是在日出和日落时，阳光穿过比正午时更长的大气路程。传播这段较长的路程后，短波长的辐射被散射（和吸收）得非常彻底，因此我们只能看到散射较少的、波长波长的橘黄色光和红色光。

瑞利散射是使图像产生“霾”的主要原因之一。视觉上，“霾”降低了图像的清晰度或对比度。在彩色摄影中，特别是在高空中摄影时，通常会得到蓝灰色调的图像。在第 2 章中，我们将看到，摄影时通过在摄影机镜头前安装不能透过短波的滤色镜，可消除“霾”或将其减少到最低限度。

散射的另一种类型是*米散射*，当大气颗粒的直径基本等于被检测到的能量的波长时，发生米散射。水蒸气和尘埃是造成米散射的主要原因。与瑞利散射相比，米散射更易影响较长的波长。虽然在通常的大气条件下瑞利散射占主导地位，但是阴天的米散射是值得注意的。

另一种更麻烦的现象是非选择性散射，当引起散射的颗粒的直径远大于被检测到的能量的波长时，就出现这种散射。例如，水滴会引起这种散射。水滴的直径通常为 5～100μm，它等量地散射可见光、近红外和中红外波长的辐射。因此，就波长而言，这种散射称为*非选择性散射*。可见光波长散射等量的蓝光、绿光和红光，因此雾和云呈白色。

1.3.2 吸收

与散射相比，大气吸收会导致大气成分中能量的更大损失。这通常涉及某一波段能量的吸收。例如，太阳辐射大多数被水蒸气、二氧化碳和臭氧吸收。这些气体易于吸收某些特定波段的电磁能量，因此将在很大程度上影响遥感系统的设计。辐射能量所能穿过大气的波长范围称为*大气窗口*。

图 1.5 显示了辐射能源和大气吸收特点的相互关系。图 1.5(a)显示了由太阳和地表特征发射的能量的波谱分布。这两条曲线代表的是遥感中使用的最普通的能源。在图 1.5(b)中，阴影表示大气阻挡能量的光谱区域。遥感获得的数据仅局限于未被阻挡的光谱区域，即大气窗口。注意，在

图 1.5(c)中，人眼感知的光谱范围（“可见光”区间）与大气窗口和来自太阳的能量峰值都是一致的。图 1.5(a)中的小曲线表示地球发射的“热”能，在 3～5μm 和 8～14μm 窗口，可以使用热量传感器这样的设备进行探测。多光谱传感器从可见光到热红外光谱区间同时利用多个较窄的波长范围进行探测。雷达和被动微波系统则通过 1mm～1m 范围的窗口工作。

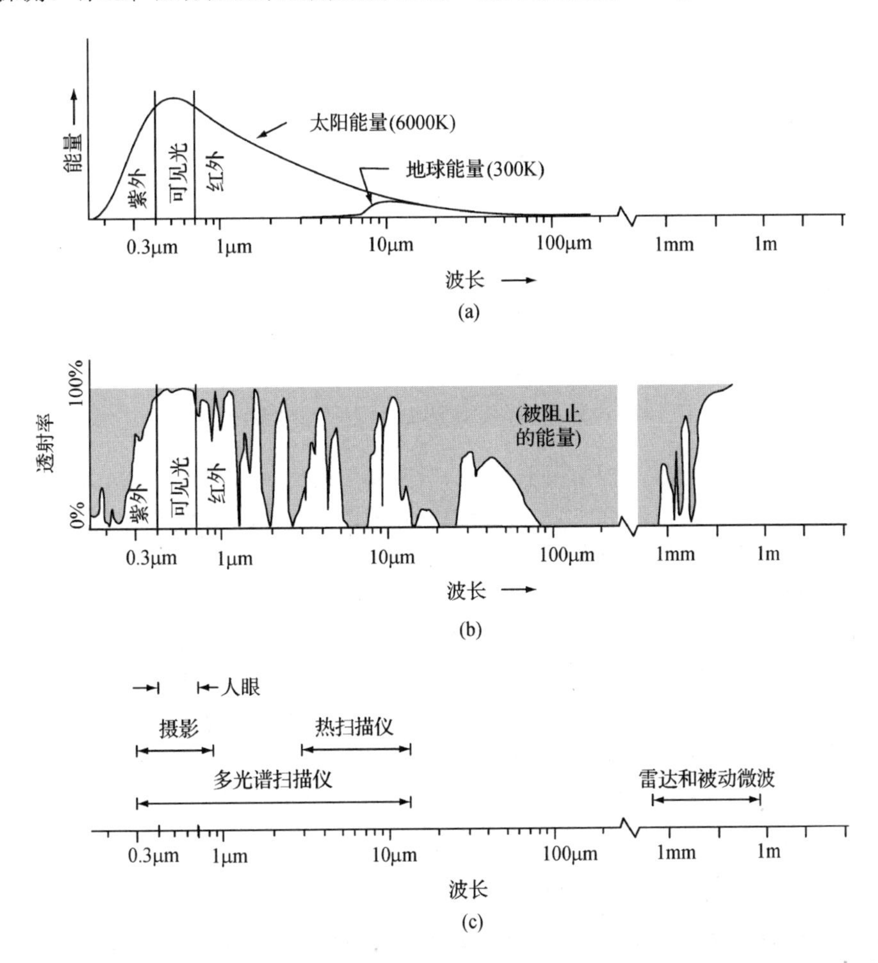

图 1.5 (a)能源的光谱特征；(b)大气传输的光谱特征；(c)常用遥感系统（注意波长比例是对数的）

在图 1.5 中，要特别注意的是，主要电磁能源、将能量传到地物（或地面特征）又从地物传回的大气窗口，以及检测和记录能量的传感器的光谱灵敏度之间的互相作用与互相依赖。在遥感工作中，人们不能任意选择传感器，因此必须考虑：①所用传感器的光谱灵敏度；②在所希望探测的光谱波段区间是否存在大气窗口；③这些波段范围内可能有的能源、强度和光谱成分。最后必须根据辐射能量与所研究特征互相作用的方式来选择传感器的光谱范围。这里提到的最后一点非常重要，是我们目前应予以重视的。

1.4 能量与地物的相互作用

当电磁能量入射到任何已知地表特征上时，能量与特征的相互作用有三种，如图 1.6 所示。该图说明了一定体积水体的情况。当能量入射到水体上时，便分成了不同的几部分，即反射能量、吸收能量和透射能量。根据能量守恒原理，三种能量的相互关系如下：

$$E_I(\lambda) = E_R(\lambda) + E_A(\lambda) + E_T(\lambda) \tag{1.6}$$

式中：E_I 为入射能量；E_R 为反射能量；E_A 为吸收能量；E_T 为透射能量。所有的能量成分都是波长 λ 的函数。

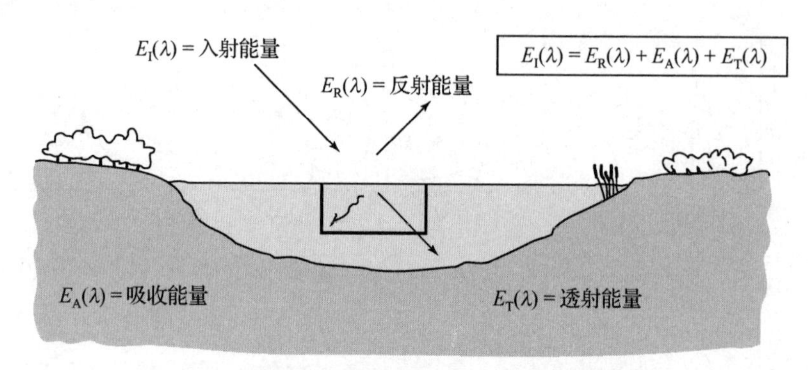

图 1.6　电磁能量和地表特征之间的基本相互作用

式（1.6）给出的能量守恒方程给出了反射、吸收和透射三种机制之间的关系。涉及这种关系时，有两点需要注意：首先，能量被反射、被吸收和被透射的比例随地物的材料类型和条件的不同而变化，我们可以根据这一差别来区分图像上的不同地物；其次，波长的依赖性是指，即使是同一种地物，被反射、被吸收和被透射的能量比例也会随波长的变化而变化。因此，两个不同地物在一个波段中将不可区分，而在另一个波段中将非常不同。在可见光谱波段，这种光谱变化的视觉效果称为彩色。例如，当物体强烈反射波谱的蓝色部分时，我们称物体是蓝色的；当物体强烈反射绿色波谱区间时，我们称物体是绿色的；以此类推。因此，人眼就是利用反射能量强度不同的光谱变化来辨认不同物体的。1.12 节中将详细探讨关于颜色的术语和混色原理。

因为许多遥感系统在反射能量占主导的波长区域工作，所以地物的反射特性非常重要。因此，人们常用如下公式来表示式（1.6）给出的能量平衡关系：

$$E_R(\lambda) = E_I(\lambda) - [E_A(\lambda) + E_T(\lambda)] \tag{1.7}$$

该式表示物体反射的能量等于入射能量减去吸收能量和透射能量之和。

地表特征的反射特性可通过测量入射能量中被反射的比例来量化。这一比例是作为波长的函数来测定的，因此称为光谱反射率（ρ_λ），其数学定义为

$$\rho_\lambda = E_R(\lambda) / E_R(\lambda) = \frac{\text{物体反射的波长}\lambda\text{的能量}}{\text{入射到物体的波长}\lambda\text{的能量}} \tag{1.8}$$

式中，ρ_λ 用百分数来表示。

作为波长的函数的物体光谱反射率曲线称为光谱反射率曲线。通过光谱反射率曲线的形态，我们可以看出物体的光谱特性，且对我们选择特定应用所需的遥感数据波段有着非常重要的影响。图 1.7 高度概括了落叶林和针叶林的光谱反射率曲线。观察发现，每种目标类型的曲线都被绘制成数值“包络”而非单条直线。这是因为对于给定的物质类别，光谱反射率在某种程度上发生了变化。也就是说，不同类型落叶林的光谱反射率永远不同，即使是同一种类型的树木，其光谱反射率也不完全相同。本节后面将详细介绍光谱反射率曲线的变化情况。

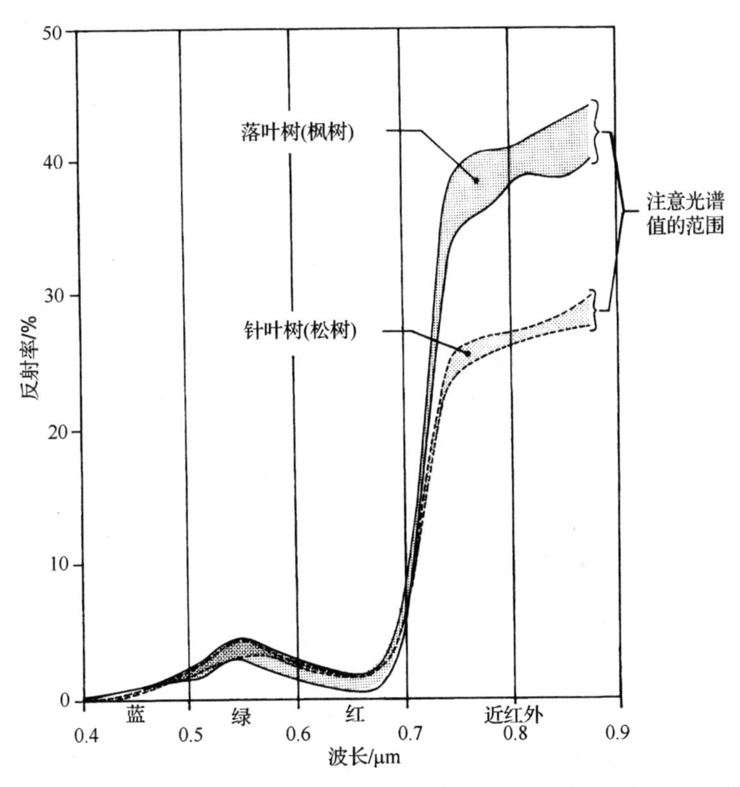

图 1.7　落叶林（宽叶）和针叶林（针轴）的通用光谱反射率“包络”（每种树木在任意波长都有一个光谱反射值范围）（摘自 Kalensky and Wilson，1975）

对于图 1.7，假设我们的任务是选择一个航空传感器系统来帮助绘制一幅森林区域地图，以区分落叶林与针叶林。我们可把人眼当作传感器。但是这种选择有一定的问题。每种树木类型的光谱反射率曲线在光谱的可见光部分大多数是重叠的，而在不重叠部分，它们的反射率非常接近。因此，人眼可能看到两种树木类型本质上有着相同的“绿阴”，因此很难辨别落叶林和针叶林。当然，我们也可利用每种树木特性的一些空间性质，如大小、形状、生长地点等来帮助鉴别。然而，从空中进行鉴别往往比较困难，当不同种类的树混杂生长时尤其如此。那么如何只利用光谱特征来区分这两种树木呢？我们可以利用能记录近红外能量的传感器实现这一目标。就像装有黑白红外胶片的模拟相机那样，检测器对近红外波长敏感的专用数字相机就是这样的系统。在近红外图像上，落叶林（与针叶林相比有较高的红外反射率）的色调一般要比针叶林的色调浅得多。图 1.8 中显示了针叶林四周都是落叶林的状况。在图 1.8(a)中（可见光谱），尽管针叶林有着与众不同的圆锥状外形，而落叶林的树冠为圆形，实际上不可能区分这两种树木。在图 1.8(b)中（近红外波段），针叶林的色调明显较深。在这样的图中区分落叶林与针叶林极其容易。实际上，如果能用计算机来分析这类传感器收集的数字数据，就可以使整个制图工作“自动化”。许多遥感数据分析计划的目的就在于此。要获得成功，要区分的地物在波谱上必须是可以区分的。

经验表明，许多感兴趣的地表特征可以根据波谱特征加以区分、制图和研究。经验还表明，有些感兴趣的特征不能用波谱方法区分。因此，要高效利用遥感数据，就要在某种应用中熟悉和了解所研究地物的波谱特性，还要了解影响这些波谱特性的因素。

(a)

(b)

图 1.8　落叶林和针叶林低空倾斜航空照片：(a)记录 0.4～0.7μm 波段上反射阳光的全色照片；(b)记录 0.7～0.9μm 波段上反射阳光的黑白红外照片

1.4.1　地物的光谱反射率

图 1.9 显示了许多不同类型地物的典型光谱反射率曲线，包括健康绿色草地、干燥草地（无光合作用）、裸露土壤（棕色到深棕色沙壤土）、纯石膏沙丘砂、沥青、建筑钢筋混凝土（硅酸盐水泥混凝土）、带细密纹理的白雪、云团和清澈的湖水。图中的曲线是实测大量地物样品后绘制的平均反射率曲线，有些情况下是物体类别单一典型样本的代表性反射率测量值。注意每种地物曲线的区别。一般来说，这些曲线的形态是所描述地物类型和状态的指示器。尽管具体地物的反射率与图中的反射率曲线存在出入，但这些曲线都表达了光谱反射的基本特点。

例如，健康绿色植被的光谱反射率曲线几乎总呈“峰和谷”形态，如图 1.9 中健康绿色草地所呈现的那样。可见光谱内的“谷”是由植物叶子内的色素引起的。例如，叶绿素强烈吸收约以 0.45μm 和 0.67μm 为波段中心的能量（常称这个波段为叶绿素吸收带）。植物叶子强烈吸收蓝区和红区能量，而反射绿区能量，因此肉眼觉得健康植被呈绿色。如果植物受到某种形式的抑制而中断了正常的生长发育，就会减少甚至停止叶绿素的产生，减弱叶绿素的蓝区和红区吸收带，增强红波段的反射率，因此我们看到植物变黄（绿色和红色合成）。在图1.9所示的干燥草地光谱曲线中可以看到这一点。

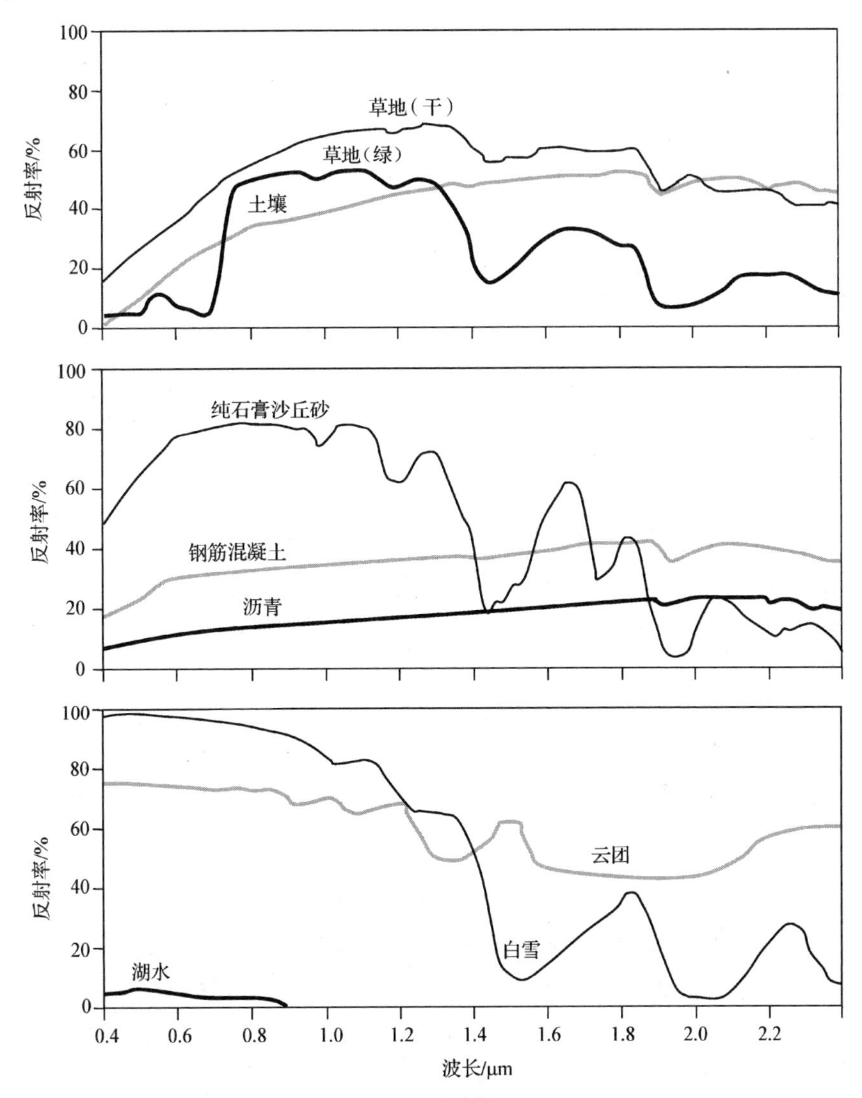

图1.9　不同地物的光谱反射率曲线［原始数据来自USGS光谱学实验室、约翰·霍普金斯大学光谱实验室和喷气推进实验室（JPL）、Bowker等的云谱。据Avery and Berlin，1992。JPL spectra © 1999，加州理工大学］

从可见光谱区到近红外光谱区，可以看到健康植被的反射率急剧上升。这种光谱特征，即已知的红边，通常发生在范围0.68～0.75μm内，确切的位置与种类和条件有关。超过这个边界，即在0.75～1.3μm范围内（近红外区间的大部分），植物叶子一般可以反射入射能量的40%～50%，其余能量大部分被透射，因为在这一光谱区植物叶子对入射能量的吸收最少（少于5%）。在0.75～1.3μm范围内，植物反射率主要受植物叶子的内部结构的影响。因为红边的位置和红边以外近红外的高反射在植物种类之间有很大的变化，虽然在可见光波段它们看起来是一样的，但在该光谱区可以通过测量反射率来区分不同种类的植物。同样，许多植物也会改变红边和近红外光谱区的反射率，因此人们常用工作在该光谱区的传感器来探测植物状况。植物冠层的多层树叶会提供多次透射和反射的机会。因此，近红外反射会随着树冠中树叶层数的增加而增加，约在 8 层树叶时能量反射达到最大（Bauer et al.，1986）。

在 1.3μm 波长以上，入射到植被的能量主要被吸收和反射，很少透射甚至没有透射。在 1.4μm、1.9μm 和 2.7μm 波长处，反射率下降，因为在这些波长处，植物叶子内的水强烈吸收能量，因此称这些波谱区域内的波长为*水的吸收波段*。反射率峰值出现在吸收波段间的 1.6μm 和 2.2μm 波长处。在 1.3μm 以上的波段范围内，植物叶子的反射率与叶子的总含水量大致呈反比关系，总含水量是含水量和叶片厚度的函数。

图 1.9 中土壤反射率曲线的“峰和谷”变化不明显，因为影响土壤反射率的因素较少作用在固定波段范围。影响土壤反射率的因素包括含水量、有机物含量、土壤结构（砂、泥和黏土的比例）、表面粗糙度和铁氧化物的存在。这些因素是复杂的、可变的且彼此相关的。例如，土壤含水量会降低反射率。对于植被，在约 1.4μm、1.9μm 和 2.7μm 处的水的吸收波段上，这种影响最明显（黏土在 1.4μm 和 2.2μm 处也有氢氧基吸收带）。土壤含水量与土质密切相关：粗粒砂质土壤通常排水性好，含水量低，反射率相对较高；反之，排水性不良的细粒土壤一般具有较低的反射率。因此，土壤的反射属性仅在特殊条件下才呈现出一致性。另外两个降低土壤反射率的因素是表面粗糙度和有机物含量。土壤中含有铁氧化物时，也会明显降低反射率，至少在可见光波段如此。无论如何，分析人员都要熟悉具体的工作条件。最后，土壤对可见光和红外辐射基本不透明，因此要注意土壤的反射率来自土壤的最上层，而不代表全部土壤的特性。

沙地的光谱反射率曲线变化较大。图 1.9 中的曲线对应的是美国新墨西哥州的沙丘，它由 99%的石膏和少量石英组成（美国喷气推进实验室，1999）。沙丘的吸收和反射特征基本上与其母体矿物即石膏一致。来自不同地方的具有不同矿物成分的沙子，具有母体矿物的光谱反射率曲线。沙子中水和有机物的出现或缺失会影响光谱响应。沙土的情形类似于对土壤反射率的讨论。

在图 1.9 中，沥青和硅酸盐水泥混凝土的光谱反射率曲线与前面讨论的材料的曲线相比非常扁平。总之，二者在可见光谱和较长波段比较，硅酸盐水泥混凝土比沥青相对要明亮一些，重要的是，要注意到这些材料的反射率在混有颜料、煤烟、水或其他材料时会发生改变。同时，随着材料年龄的变化，特别是在可见光波段，它们的光谱反射率曲线也会改变。例如，许多类型的沥青混凝土的反射率会随着它们表面年龄的增大而增加。

一般来说，雪在可见光和近红外区反射强烈，在中红外区吸收更多的能量。然而，雪的反射受其颗粒大小、含水量和其他材料是否混在其中或雪表面的影响（Dozier and Painter，2004）。大颗粒的雪会吸收更多的能量，特别是在 0.8μm 以上的波长更是如此。当温度接近 0℃时，积雪场中的液态水会因聚积而黏在一起，导致颗粒增大而降低近红外和较长波长段的反射率。当污染物的颗粒如尘埃或烟灰沉淀在雪上时，会显著降低表面可见光波段的反射率。

雪在前述中红外波段的吸收体现了雪和云之间的区别。当两种地物在可见光和近红外波段表现明亮时，在长于 1.4μm 的波长段，云的反射率明显高于雪。气象工作者也可利用光谱和双向反射模式（本章后面将讨论）来识别多种云的特性，包括冰/水组合和颗粒大小。

考虑水的光谱反射率时，也许最明显的特性是在近红外及更长波长段的能量吸收问题。简单地说，不管我们说的是水体本身（如湖泊、河流）还是植被或土壤中所含的水，都会吸收这些波段的能量。根据近红外波段的这一吸收特性，利用遥感数据很容易定位和描绘水体。然而，水体的其他各种情况主要还要由可见波段来反映。在这些波段处，能量与物质的相互作用非常复杂，并且依赖于若干相互联系的因素。例如，水体的反射率源自水面（镜面反射）、水中的悬浮物或水体底部的交互作用。即使是在水体底部的影响可以忽略的深水中，水体的反射特性不仅是水体本身的函数，而且也与水中的物质相关。

当波长小于约 0.6μm 时，清澈的水只能吸收相对较少的能量。这些波长内的水具有高透射率的特点，其最大值在光谱的蓝绿区。但是，随着水的浑浊度的变化（因水中含有有机物和无机物），透射率和反射率也急剧变化。例如，因土壤侵蚀而含有大量悬浮沉积物的水，其可见光的反射率一般要比相同地理区内的“洁净”水高得多。同样，水的反射率会随着所含叶绿素浓度的变化而变化。叶绿素浓度的增加会降低蓝波段的反射率，提高绿波段的反射率。利用遥感数据中这种反射率的变化可以监测藻类是否存在并估算其浓度。反射率数据也可用来测定低地沼泽植物中有无丹宁酸染料，探测如石油和某些工业废物的污染物含量。

图 1.10 利用具有不同生物光学特性的三个湖泊的光谱，给出了这些影响。第一条光谱曲线对应于清洁而营养贫瘠的湖泊，湖泊中叶绿素的含量为 1.2μg/L，溶解有机碳（DOC）浓度仅为 2.4mg/L。其光谱反射率在蓝绿波段相对较高，而在红波段和近红外波段降低。相比之下，在第二条光谱曲线对应的湖泊中，水藻正处于茂盛期，叶绿素浓度高达 12.3μg/L，因此在绿波段出现反射峰，而在蓝和红区域出现吸收。这些反射和吸收特征与藻类的几种色素相关。第三条光谱曲线对应于富含营养的沼泽，其 DOC 浓度高达 20.7mg/L。这些自然产生的丹宁酸和其他复杂的有机分子使得湖泊呈深色，因此其反射率曲线在可见光谱区间近似为水平的。

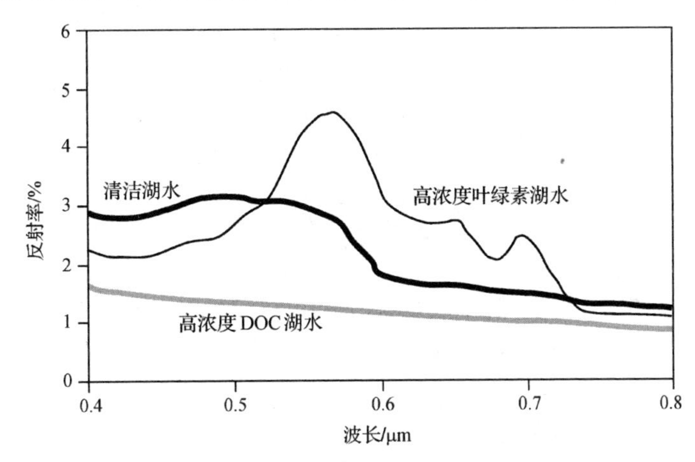

图 1.10　具有清洁湖水、高浓度叶绿素和高 DOC 浓度湖水的光谱反射率曲线

有关水体的许多重要特性，如溶解氧浓度、pH 值和盐度等，并不能直接通过水的反射率观测到，但这些参数有时与观测到的反射率相关。总之，水的光谱反射率与这些特性之间存在着复杂的相关性。因此，必须用适当的参考数据去正确地解释水的反射率测定值。

这里关于植被、土壤和水体的光谱特性的讨论很简单，想详细了解相关细节和影响这些特性的因素的读者，可参阅书末的参考文献。

1.4.2　光谱响应模式

观察植被、土壤、沙、混凝土、沥青、雪、云和水的光谱反射率曲线后，我们可由光谱来区分普通地物类型，但区分程度则与我们所观察的波段位于何处相关。例如，在可见光波段，水体和植被的反射率大致相同而无法区分，但在近红外波段则可以区分。

遥感测得的各种地物的光谱响应通常可以评定类型和/或条件，因此这种光谱响应常称为光谱特征。在这种情况下，经常用到光谱反射率曲线和光谱发射度曲线（波长大于 3.0μm 的波段）。不同波长下特定地形特征的物理辐射测定值也被用作这些地物的光谱特征。

尽管许多地物具有很不相同的光谱反射率和/或发射度特征，但这些特征一般构成的是光谱“响应模式”而不是光谱“特征”。原因在于特征一词指的是绝对且唯一的模式，而在自然界中观察到的光谱模式并非如此。如我们了解的那样，遥感测量的光谱响应模式可以是定量的，而不是绝对的；它们可以各具特色，但无须唯一。

前面探讨了物体本身影响光谱响应模式的某些特性。这里还要分析一下时间效应和空间效应。时间效应是指随时间变化而改变地物光谱特性的那些因素。例如，许多植物种类的光谱特性在整个生长期几乎都处于不断变化的状态。当我们为了某种应用而收集传感器数据时，常受这种变化的影响。

空间效应是指造成处于不同地理位置的同一种类地物（如玉米）在同一时间产生不同特性的因素。在地理位置仅相距数米的小区域进行分析时，空间影响很小，可以忽略不计。但在分析卫星数据时，分析距离可能相距数百千米，因此存在完全不同的土壤、气候和耕作方式。

事实上，时间效应和空间效应对所有遥感工作都有影响。这种影响通常会使得对地球资源的光谱反射性质的分析变得复杂。但是，时间效应和空间效应又可能成为分析工作中寻找所需信息的关键因素。例如，变化检测过程的前提是具有测量时间效应的能力。利用两个不同时相获得的数据来了解大城市外围区域的变化过程，便是这种处理的一个例子。

树木因病变而改变树叶形态是空间效应的一个有效例子。例如，当树木感染荷兰榆树病后，树叶会变成卷曲的杯状，与周围健康树木相比，反射率会发生改变。因此，即使空间效应使得同类地物产生了不同的光谱反射率，这种效应也可能对某种特定应用正好很重要。

最后要注意阴影对地物光谱响应的影响。某些物体的光谱反射率［反射能量与入射能量之比，见式（1.8）］不受光照影响，而反射能量的绝对值则与光照条件相关。在阴影下，反射能量整体降低，光谱响应向较短波长移动。根据 1.3 节的讨论，大气的瑞利散射会导致阴影内的入射能量变化，因此这种散射主要影响短波段。但在可见光波段，与物体被完全照射相比，阴影下的物体会变黑和变蓝。这种影响会在自动图像分类运算时导致问题；例如，人行道两侧树木（行道树）的黑影可能被错误地分类为水体。本节稍后将详细讨论光照几何学对反射率的影响，1.12 节将探讨阴影对图像解译过程的影响。

1.4.3 大气对光谱响应模式的影响

除了受时间和空间的影响，光谱响应模式还受大气的影响。遗憾的是，传感器和地面之间的大气总会在某种程度上改变传感器记录的能量。本书将介绍大气对不同传感器的影响。图 1.11 给出了理解大气效应本质的基本框架，它是传感器在记录反射太阳能时所遇到的典型情况。大气影响“亮度”或辐射，而地面上某点的“亮度”或辐射是以两种几乎相反的方式来记录的。首先，大气减弱（减少）了照射到地物上的能量（以及从地物反射的能量）。其次，传感器会将大气本身的反射和散射导致的额的程辐射加到检测到的信号中。传感器记录的总辐射与地物的反射率和入射辐射或辐照度有关，因此可用数学公式来表示大气的这两种影响：

$$L_{tot} = \rho ET/\pi + L_p \tag{1.9}$$

式中：L_{tot} 是由传感器测得的总光谱辐射度；ρ 是物体的反射率；E 是物体的辐照度（入射能量）；T 是大气的透射率；L_p 是程辐射，它来自大气而非物体。

注意，上面的所有因素都依赖于波长。图 1.11 给出了辐照度（E）的两个来源：①直接反射的阳光；②漫射的“天空光（或天光）”，即大气先前散射的阳光。在同一幅图中，阳光和天光哪个占主导地位很大程度上取决于天气状况（如晴天、雾天、多云天）。同样，辐照度会随季节引起的太阳高度角（见图 7.4）和日地距离的变化而变化。

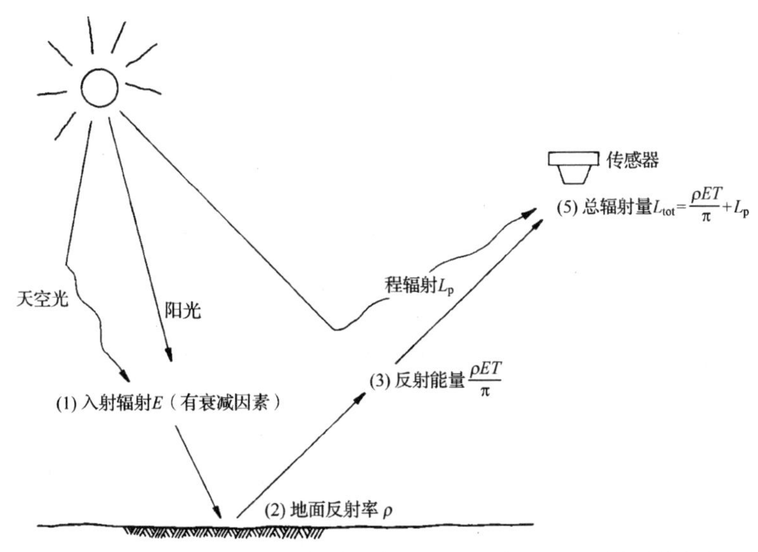

图 1.11　影响反射太阳能测量的大气效应。衰减的阳光和天空光（E）被反射率为 ρ 的地物反射。地物反射衰减后的辐射（$\rho ET/\pi$）与程辐射（L_p）之和即为传感器记录的总辐射量（L_{tot}）

当传感器的位置接近地表时，程辐射 L_p 一般很小或者可以忽略，因为从地面到传感器的大气路程对很多散射而言太短。相比之下，地表和航天器之间的大气路径很长，因此程辐射对卫星系统获得图像的影响就很大。在图 1.12 中可以观察到这一点，图中比较了同一区域的两种光谱响应模式。图中的一条曲线是使用手动野外分光辐射计在地表上方几厘米处收集的“信号”（讨论见 1.6 节），另一条曲线是由 EO-1 卫星上的 Hyperion 高光谱传感器收集的信号（第 4 章将讨论高光谱系统，第 5 章将介绍 Hyperion 设备）。因为地表和卫星之间的大气厚度，第二种光谱响应模式在短波段由于外来的程辐射而提升了信号强度。

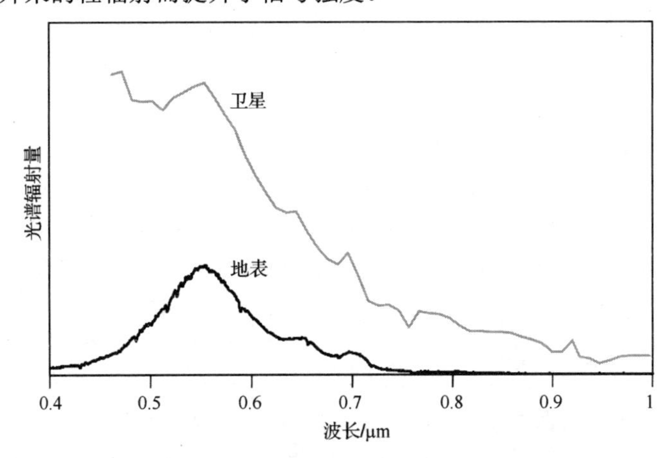

图 1.12　分别使用接近地表的野外分光辐射计和在大气顶部之上（EO-1 卫星中的 Hyperion 设备）测量得到的光谱响应曲线。两条曲线的差别是由 Hyperion 图像中的大气散射和吸收引起的

野外分光辐射计对近地表的这种原始测量，无法直接与卫星测量相比较，因为前者观测的是地表的反射率，而后者观测的是大气顶部（TOA）的反射率。因此，需要对卫星图像进行大气校正，修正原始光谱数据来补偿大气散射和吸收的影响。第 7 章将要讨论的这种处理，通常不会产生地面观测所得到的那种完整表达的光谱响应曲线，但可产生适用于许多分析的近似结果。

对辐射测量中所用的概念、术语和单位感兴趣的读者，请参阅附录 A。

1.4.4 几何因素对光谱响应模式的影响

物体反射能量的几何方式是一个要考虑的重要因素。几何方式主要与物体表面的粗糙度有关。镜面反射体具有像镜子一样的反射面，其反射角等于入射角。漫反射体（或朗伯体）的表面粗糙，它向四面八方同等地反射。多数地表既不是理想镜面反射体，又不是理想漫反射体，而介于这两种极端情形之间。

图 1.13 给出了理想镜面反射体、近完全镜面反射体、近完全漫射反射体和理想漫反射体的几何特点。某种表面属于哪种类型，由其表面粗糙度与正被感知能量的波长之比决定。例如，在相对较长的波长之比范围内，沙滩对入射能量看起来很光滑，而在可见光部分看起来则很粗糙。总之，当入射波长明显小于地表的高度变化或表面微粒的尺寸时，表面反射就是漫反射。

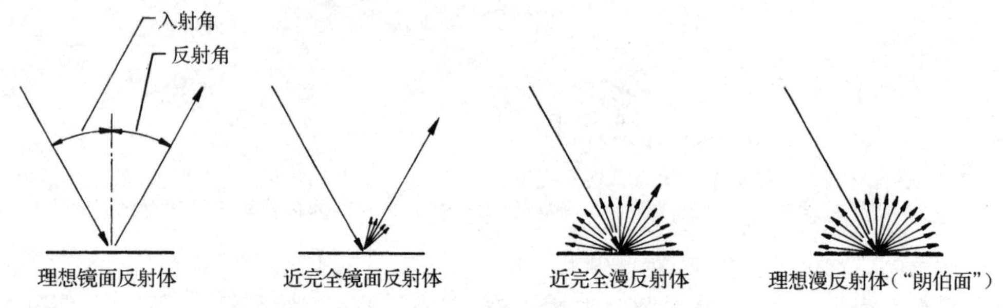

图 1.13 镜面反射和漫反射（我们通常最感兴趣的是测量物体的漫反射率）

漫反射包含反射表面“颜色”的光谱信息，而镜面反射则不包含这种信息。因此，在遥感中，我们通常最感兴趣的是测量地形特征的漫反射率。

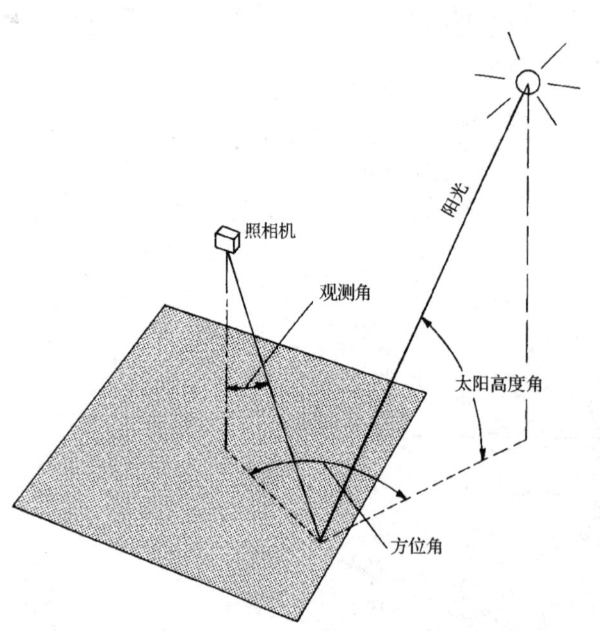

图 1.14 太阳、物体和图像间的角度关系

许多物体并不是完美的漫反射体，因此有必要考虑观测和光照的几何关系。图 1.14 给出了太阳高度角、方位角和观测角之间的关系。图 1.15 给出了影响图像表观反射率的一些典型几何因素。图 1.15(a)以剖面图的形式给出了不同阴影的效果。物体两侧要么是阳光照射，要么是阴影，因此由亮度的变化可以区分图像上不同位置的地面目标。*B* 点树木太阳照射的一侧与 A 点树木的阴影一侧相比，传感器可以接收更多的能量。阴影的差异显然与太阳高度角和物体高度相关，太阳高度角越小，影响越明显。此外，这一影响还与地形的坡度和坡向有关。

图 1.15(b)给出了不同大气散射的影响。如前所述，大气分子和微粒的后向散射加强了地物的反射光（程辐射）。由于这种几何效应，*D* 区与 *C* 区相比，传感器记录了更多的大气后向散射。分析表明，这种程辐射成分的变化很小，因此可以忽略，特别是在长波区。但在薄雾条件下，不同的程辐射通常会导致整幅图像的照度发生变化。

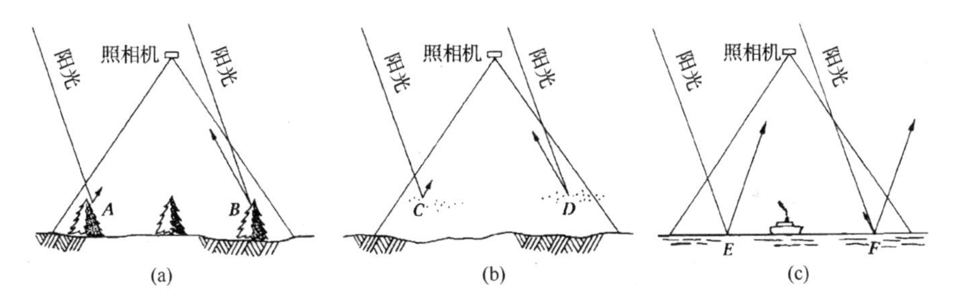

图 1.15　导致焦平面辐照度变化的几何效应：(a)不同的阴影；(b)不同的散射；(c)镜面反射

如前所述，镜面反射表现为极端的定向反射。这种反射会妨碍人们分析图像，观察图像中的水体时更常出现这种情况。图 1.15(c)说明了这一问题的几何本质。图像中 E 点周边的亮度明显增加，就是镜面反射的结果。图 1.16 给出了这样的一个照片实例，其中包括湖泊右侧的镜面反射区域。一般来说，由这些镜面反射无法得到物体的真实信息。例如，较大湖泊下方的几个小水体的色调与该区域中的一些地块的色调类似。镜面反射的信息量很小，因此在许多分析中不考虑它。

图 1.16　包含水体镜面反射区域的航空照片。该图像是夏季照片的一部分，摄于美国威斯康星州绿湖县的绿湖上空，比例尺为 1∶95000。云影指出了曝光时阳光的照射方向。复印自原始彩红外图像（NASA 图像）

物体几何反射率性质的完整表示是**双向反射率分布函数**（BRDF），它用数学方式描述了给定波长下反射率随照度和观测角的变化（Schott，2007）。对于有着某些角度的朗伯面和有着其他角度的非朗伯面，任何给定物体的 BRDF 都相似。类似地，BRDF 会因波长的不同而明显变化。为了表示 BRDF，人们提供了许多数学模型（Jupp and Strahler，1991）。

图 1.17(a)给出了三种物体的 BRDF 图形表示，每种物体都可视为半球中心正下方的一个点。在每种情况下，光线都从南方入射（在这些透视图中位于正背面）。半球上任意一点的亮度表示给定观测角时物体的相对反射率。全漫反射体［图 1.17(a)的上图］在所有方向上有着相同的反射率。在另一种极端情况下，镜面反射体（下图）的反射率在与光源相反的方向上非常高，而在其他方向上则非常低。中间表面（中图）在镜面角方向适当提高了反射率，但在其他方向上也表现出了一定的反射率。

图 1.17(b)给出了以后向散射为主的几何反射率模式，从光照方向观察时反射率最高［请与图 1.17(a)中以前向散射为主的中间表面和镜面反射实例对比］。许多自然表面表明，这种后向散

射模式会导致不同阴影［见图 1.16(a)］。在相对一致的地面图像中，当传感器的方位角和天顶角与太阳的相同时，就会出现一个亮度增大的局部区域（称为热点）。热点的存在是因为传感器只能观察到区域中所有物体的无阴影光照部分。

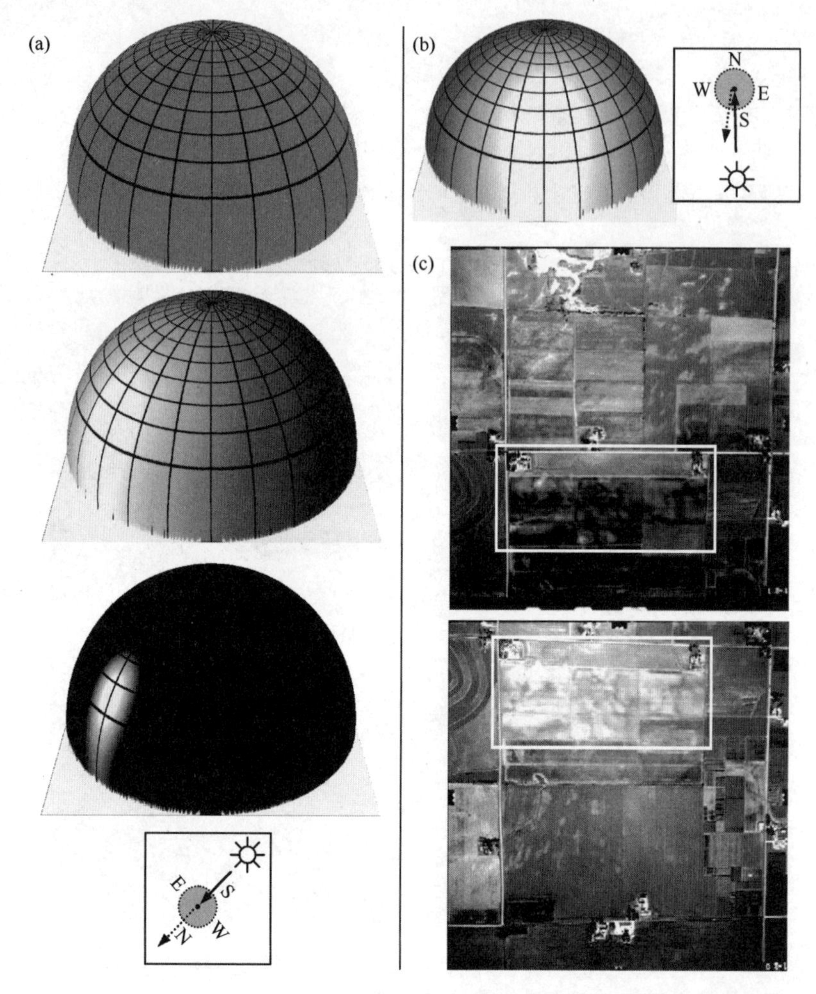

图 1.17 (a) 朗伯面（上）、中间表面（中）和镜面（下）的双向反射率模式的可视化表示（据 Campbell，2002）；(b)从农田模拟的双向反射率显示了从阳光照射方向观察到的“热点”；(c)从北（上）和南（下）方向摄影时，同一块土地的表观反射率差异

这类热点的一个实例如图 1.17(c)所示。两张航空照片拍摄的时间间隔仅为几秒，航向自北向南。尽管在两次曝光的时间间隔中地面上实际上并未发生变化，但图中白框内的区域表明其表观反射率有很大的不同。在上面的照片中，是从北观察这块田地的，方向与太阳照射的方向相反。粗糙的田地表面导致了不同的阴影，相机观察到了田地表面上的每个细微变化的阴影部分。相比之下，下面的照片中则是从南观察这块田地的，方向与太阳照射的方向（热点）相同，因此显得非常明亮。

总之，双向反射率的变化，如湖面的镜面反射或农田中的热点，会明显影响遥感图像中的物体外观。这些影响会使得物体看起来更亮或更暗，它与太阳、物体和传感器之间的角度关系相关，而与地面的任何实际反射率差异无关。预先规划通常可消除定向反射的影响。例如，当太阳在南方且湖面很平静时，湖面摄影应从东方或西方而非北方进行，以避免太阳的镜面反射角。但不同双向反射率的影响通常不能完全消除，因此图像分析人员了解这种影响非常重要。

1.5　数据获取和数字图像概念

到目前为止，我们讨论了主要的电磁能量源，以及这种能量在大气中的传播和能量与地物之间的相互作用。这些因素产生能量“信号”，我们希望从中提取信息。下面讨论探测、记录和解译这些信号的过程。

电磁能量的探测有多种方法。在电子传感器开发和采用以前，以模拟胶片为基础的相机利用感光胶片表面的化学反应来检测景物内能量的变化。通过照相胶片的显影，我们就获得了其检测的信号的记录，这样胶片就成了探测和记录工具。这些数字化之前的摄影系统有许多优点，如相对简单和便宜、可提供高水平的空间细节和几何完整性。

电子传感器产生一种与原始景物能量变化相对应的电信号。手持数字摄影机就是我们较为熟悉的电子传感器实例。不同类型的电子传感器具有不同设计的探测器：从电荷耦合装置（CCD，第 2 章讨论）到探测微波信号的天线（见第 6 章）。无论探测器的类型是什么，结果数据一般都记录到磁性或光学计算机存储介质中，如硬盘驱动器、记忆卡、固体存储单元或光盘。虽然与摄影系统相比结构更复杂且价格昂贵，但电子传感器具有很多优点：较宽广的光谱灵敏度、改进的校准能力，以及电子存储和传输数据的能力。

遥感术语*照片*历史上专指探测和记录在胶片上的图像。更为通用的术语*图像*则用于图像数据的图片表现。因此，由热扫描仪（一种电子传感器）得到的图片记录就称为*热成像*而非*热照片*，因为胶片不是图像的原始探测装置。术语图像与任何图片产品相关，因此所有照片都是图像，但并非所有图像都是照片。

上述术语的例外情况是*数字摄影*。如 2.5 节所述，数字相机使用电子探测器而非胶片来进行图像检测。虽然这一过程并非传统意义上的“摄影”，但“数字摄影”已成为收集数字资料的通用方法。

遥感的数据解译包括图片（图像）和/或数字数据的分析。图片/图像数据的目视解译一直是最常见的遥感常规方法。目视技术利用人类优秀的思维能力来定性评价图像中的空间模式。许多解译工作的实质就是基于所选图像要素来做出主观判断的能力。1.12 节将详细讨论图像目视解译的过程。

但目视解译技术也有一些缺点：需要对解译人员进行培训且劳动强度大；此外，光谱特性并非都可用目视解译方法来全面评定。部分原因是人眼在判断图像的色调值时能力有限，且同时分析众多的光谱图像很困难。因此，在高信息量光谱模式的应用中，数字分析而非图片、图像数据分析更可取。

数字图像数据的基本特性如图 1.18 所示。图 1.18(a)看起来是一幅连续色调的照片，但它实际上由离散的*图片元素*或*像元*的二维数组构成。每个像元的强度对应于其平均亮度或辐射度，它们是在与像元对应的地面区域上方通过电子测量得到的。图 1.18(a)共有 500 行×400 列像元。在图 1.18(a)中，我们几乎无法分辨每个像元，但在放大后的图 1.18(b)和图 1.18(c)中却可以分辨。这些放大后的图像对应于图 1.18(a)中中心附近的几个子区。图 1.18(b)显示了一幅 100 行×80 列的放大图像，图 1.18(c)显示了一幅 10 行×8 列的放大图像，图 1.18(d)显示了对应于图 1.18(c)中每个像元的平均辐射度的*数字值*（DN），也称*亮度值*或*像元值*。这些数值都是通过模拟量到数字量的信号变换即*模数转换*（A/D）过程，将来自传感器的原始电子信号量化为正整数得到的（A/D 转换过程将在第 4 章讨论）。

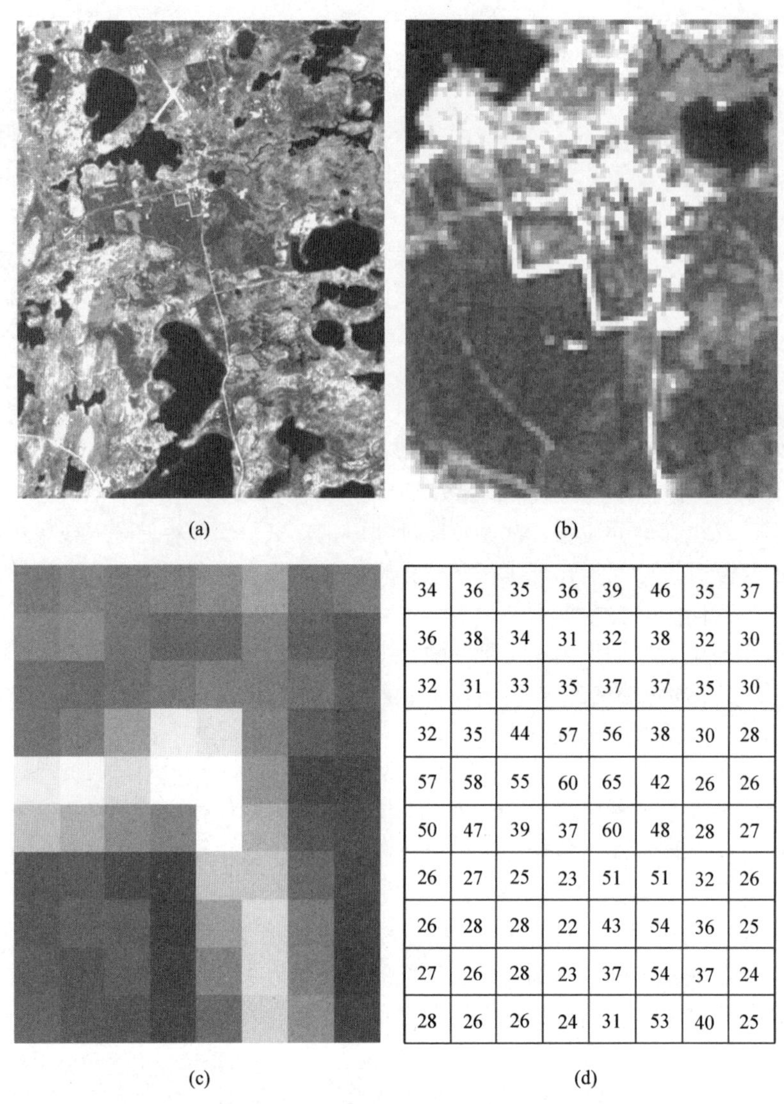

34	36	35	36	39	46	35	37
36	38	34	31	32	38	32	30
32	31	33	35	37	37	35	30
32	35	44	57	56	38	30	28
57	58	55	60	65	42	26	26
50	47	39	37	60	48	28	27
26	27	25	23	51	51	32	26
26	28	28	22	43	54	36	25
27	26	28	23	37	54	37	24
28	26	26	24	31	53	40	25

图 1.18　数字图像数据的基本特性：(a)原始的 500 行×400 列数字图像，比例尺为 1∶200000；(b)图(a)靠近中心处的 100 行×80 列像元区域的放大图，比例尺为 1∶40000；(c)10 行×8 列的放大图，比例尺为 1∶4000；(d)对应于图(c)中每个像元的辐射度的数字值

无论图像是通过电子方式获得的还是通过摄影方式获得的，都包含单个或多个光谱波段的数据。图 1.18 所示图像是使用单个宽光谱波段得到的，它综合了在整个波长范围内测得的所有能量（该过程类似于使用黑白胶片照相）。因此，数字图像中的每个像元就都有唯一的数字值（DN）。也可收集“彩色”或多光谱图像，此时是在几个光谱波段中同时收集数据。进行彩色摄影时，三个单独的探测器组（或模拟相机中胶片内的三层）分别记录不同波长范围内的辐射度。

在数字多光谱图像情形下，每个像元包含多个 DN，每个值对应于一个光谱波段。例如，如图 1.19 所示，数字图像中的一个像元在第一个波段的值为 88（代表蓝波段），在第二个波段的值为 54（代表绿波段），在第三个波段的值为 27（代表红波段），以此类推，它们都与同一地面区域对应。

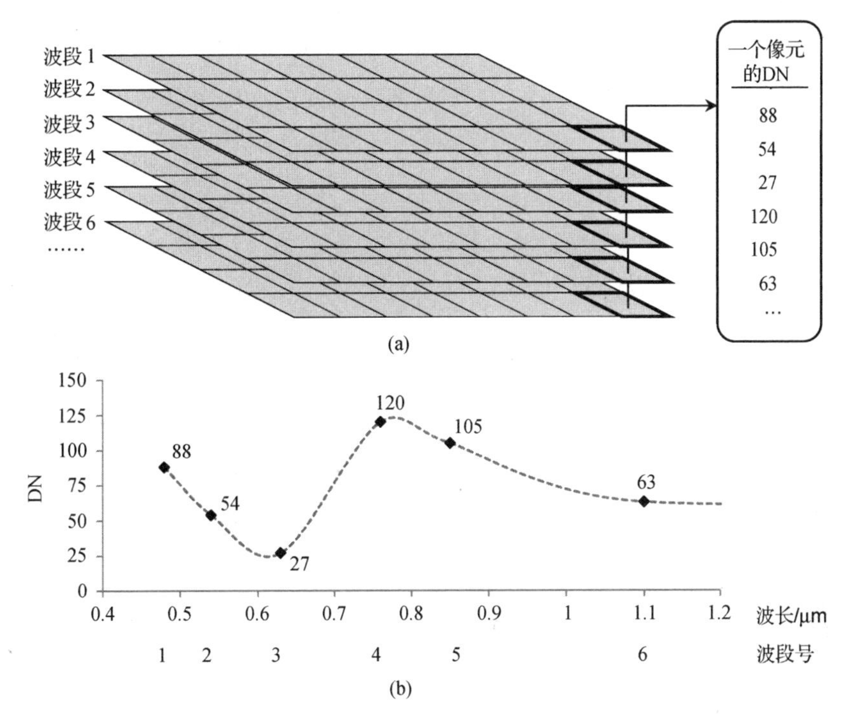

图 1.19　多波段数字图像数据的基本特征：(a)每个波段都由像元网格表示；任何给定的像元都有表示每个波段对应值的一组 DN；(b)图(a)中标出的像元的光谱特征，*X* 轴上给出了波段数和波长，*Y* 轴上给出了像元的 DN。图(b)中用虚线表示的每个波段的各个波长间的数值不是传感器的测量值，因此是未知的

观察这种多波段图像时，既可以单独处理各个波段的图像，即一次观察一个波段，其亮度值与图 1.18 中的 DN 成比例；又可以同时选择并显示图像的红、绿、蓝三个波段，形成一幅彩色合成图像，显示到计算机显示屏上或打印输出。如果这三个波段显示的是原始传感器检测到的可见光谱的红、绿、蓝波段，那么合成图像将是*真彩色*图像，因为它接近人眼看到的自然彩色组合。任何其他波段的合成，只要包括可见光谱外的波长范围的波段，都被认为是*假彩色*图像。光谱波段的一种标准假彩色合成是，传感器的近红外、红和绿波段在显示设备上分别显示为红色、绿色和蓝色。注意，在所有情况下，这些三波段合成图像都涉及在显示设备上以红色、绿色和蓝色的组合来显示传感器的某些波段，因为人眼会将这三种原色感知为混合色（彩色感知和混色原理将在 1.12 节中详细介绍）。

对于多波段数字图像，问题在于怎样组织数据。在许多情况下，每个波段的数据都存储为单独的文件，或者存储为一个文件中的单独数据块。这种格式称为*波段序贯格式*（BSQ）。它的优点是简单，但通常不是数据高效显示和可视化的最优选择，因为在观察图像中的一个小区域时，需要在计算机硬盘中的不同“位置”读取多个数据块。例如，要观察 BSQ 格式的一幅真彩色数字图像，若使用存储红、绿和蓝波段数据的三个单独文件，就要从计算机存储介质的三个位置读取数据块。

存储多波段数据的另一种方法是使用*波段行交叉格式*（BIL）。在这种情形下，图像数据文件首先记录波段 1 的一行数据，然后记录波段 2 的同一行数据，再后记录后续波段的同一行数据。在由每个波段的第一行数据构成的这种数据块之后，是每个波段的第二行数据构成的数据块，以此类推。

第三种通用的数据存储格式是*波段像元交叉格式*（BIP）。这种格式广泛用于三波段图像，如大多数消费级数字相机拍摄的图像。在这种格式的文件中，首先记录的是第一个像元的各个波段的测量值，然后记录的是下一个像元的各个波段的测量值，以此类推。BIL 和 BIP 格式的优点在于，计算机可以更快地读取和处理小范围内的图像数据，因为与BSQ格式相比，所有光谱波段的数据都存储得更靠近。

一般来说，组成数字图像的DN的记录范围是0～255、0～511、0～1023、0～2047、0～4095或更高。这些范围分别是用8位、9位、10位、11位和12位二进制计算机编码表示的整数集（即$2^8 = 256$、$2^9 = 512$、$2^{10} = 1024$、$2^{11} = 2048$和$2^{12} = 4096$）。用于存储数字图像数据的位数的术语是*量化级别*（用于显示彩色图像的位数的术语则是*彩色深度*）。如第7章所述，使用适当的校准系数，这些整数DN可转换为更有意义的物理单位，如光谱反射率、辐射量或归一化雷达截面。

高程数据

遥感设备正越来越多地用于收集三维空间数据，这种数据中除了有表示像元行列水平位置的*X*和*Y*坐标，还有表示高程的*Z*坐标。在收集更大范围的数据时，这些高程数据可以表示*地形*，即陆地表面的三维形状。在其他情形（通常是更大的空间尺度）下，这些高程数据可以表示地表或地表上方物体的三维形状，如森林的树冠或城市中的建筑物。分析不同种类的遥感设备（包括摄影系统、多光谱传感器、雷达系统和激光雷达系统）测量的原始数据，都可以得到高程数据。

高程数据也可用不同的格式来表示。图1.20(a)显示了一小部分传统等高线地图，它源自美国地质调查局（USGS）的7.5分（1∶24000）四边形地图集。图中的地形高程由等值线表示。线距越密，地势就越陡峭，而平缓区域如河漫滩的等值线间距较大。

图1.20(b)显示了一个*数字高程模型*（DEM）。注意，图1.20(b)中的白色长方形表示图1.20(a)中的更小区域。DEM与数字图像类似，但每个像元的DN代表的是表面高程而非辐射值。在图1.20(b)中，每个像元的亮度与其高程成比例，因此亮色区域的地势较高，而暗色区域的地势较低。地图中的区域由带有复杂河谷且高度切割的地形、从右上方绵延至中下方的一条主要山谷及其两侧的许多支谷组成。

图1.20(c)给出了利用*阴影地形图*来观察地形数据的另一种方法。这是一种在给定光照条件下模拟三维表面阴影模式的方法。在这种情况下，模拟包括位于北边的主要照明源，以及使得阴影强度变得柔和的其他方向的中度散射光线。在阴影地形图中，平坦区域的色调一致。面向模拟光源的各个山坡显得很亮，而背离光源的各个山坡则显得比较黑。

为了有助于目视解译，人们经常生成光照来自图像顶部的阴影地形图，而不考虑阳光的实际方向。当光照来自其他方向，尤其是来自图像的底部时，经验不足的分析人员通常很难正确地理解地形，甚至会颠倒地形（图1.29显示了这一影响）。

图1.20(d)也给出了观察高程数据的另一种方法——*三维透视图*。在这个例子中，图(c)中的阴影地形图盖在DEM的上方，并基于空间中指定位置的视点（此例中是所示区域的上方至南边）创建了一个模拟视图。这种技术可用于从某些感兴趣点来查看地貌。也可在DEM上覆盖其他类型的影像。使用航空照片或高分辨率卫星图像生成的透视图看起来非常逼真。沿用户定义飞行路线生成的连续透视图的动画，可以模拟某一区域上空的飞行。

术语*数字高程模型*或DEM可用于描述其像元值代表高程坐标（*Z*）的任何图像。两个常用的DEM子类是*数字地形模型*（DTM）和*数字地面模型*（DSM）。DTM（有时称为*裸地*DEM）记录没有任何植被、建筑物或其他物体的裸露地表的高程。而DSM记录任何位置的上表面高程，上表面可以是树冠、建筑物的顶部或没有植被或物体的地面。每种模型都有其合适的用途。例如，DTM可用于预测暴风雨后流域中的径流，因为河流总是沿地表流动的，而不会跨过森林冠层的顶部。相反，DSM可用于测量地形上物体的大小和形状，并计算通视性（从参考点*A*是否可以看到给定点*B*）。

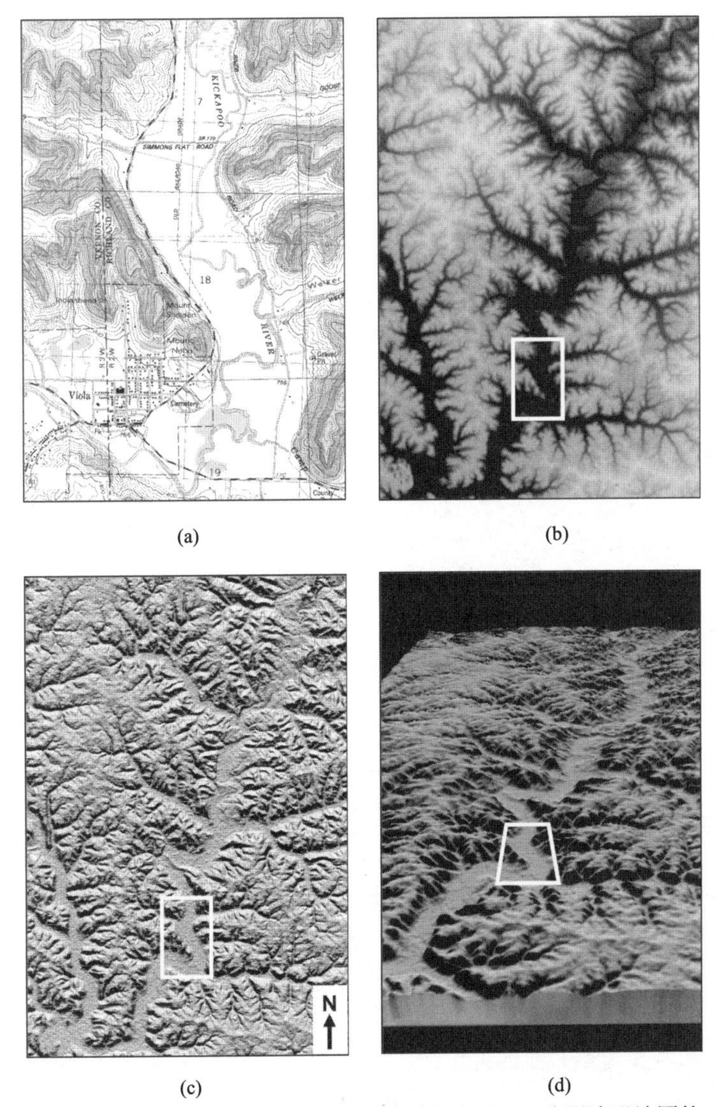

图 1.20　地形数据的表示：(a)显示有等高线的美国地质调查局 7.5 分四边形地图的一部分，比例尺为 1∶45000；(b)亮度与高程成比例的数字高程模型，比例尺为 1∶280000；(c)图(b)的阴影地形图，模拟光照方向自北向南，比例尺为 1∶280000；(d)图(c)的三维阴影透视图，该投影的比例有变化。图(b)、图(c)和图(d)中的白色长方形区域放大后即为图(a)中的区域

图 1.21 利用华盛顿州国会山地区的航空激光雷达数据，比较了同一地点的 DSM 和 DTM（Andersen，McGaughey，and Reutebuch，2005）。在图 1.21(a)中，最高的激光雷达点用于生成森林冠层上表面高程的 DSM，它显示了冠层缝隙和独特的树冠形状。在图 1.21(b)中，最低的激光雷达点用于生成 DTM，显示了去掉植被和地表特征后的底层地表。注意检测精细地形特征的能力，如小冲沟和路堑，甚至浓密森林冠层的底部（Andersen et al.，2006）。

彩图 1 比较了新罕布什尔州林地的 DSM(a)和 DTM(b)。这些模型源自 12 月上旬获取的航空激光雷达数据。这一地区布满了常绿林和落叶林，树木（松树和杉树）的最高高度超过 40m。中间和右侧散布的空地是运动场、停车场和被灌木和小树覆盖的滑雪坡道。去除模糊的植被后，彩图 1(b)中的 DTM 显示了各种冰川和冰川地貌，以及小道、小径和其他结构特征。同时，彩图 1(a)中的高程减去彩图 1(b)中的高程后，可计算出每个点处地面上的林冠高度。彩图 1(c)所示的结果称为冠层高度模型（CHM）。在该模型中，地面已变平，因此剩下的高度变化是树木相对于地面的高差。激光雷达和其他高分辨率三维数据广泛用于这种类型的冠层高程分析（Clark et al.，2004）。详细讨论见 6.23 节和 6.24 节。

图 1.21　华盛顿州国会山地区的航空激光雷达数据：(a)显示了树冠上部和冠层缝隙的数字地面模型（DSM）；(b)显示了假设裸露地表的数字地形模型（DTM）（摘自 Andersen et al.，2006；USDA 森林服务 PNW 研究站 Ward Carlson 许可）

分析中不仅使用处理后的 DEM 高程数据，也使用*点云*形式的高程数据。点云即数据集，其中包含许多三维点位，每个点位代表物体或表面(*X*, *Y*, *Z*)坐标的单次测量值。云中各点的位置、间隔、强度和其他特征都可使用提取特征信息的复杂三维处理算法来分析（Rutzinger et al.，2008）。

高程数据的获取、显示和分析，以及 DEM 和点云的详细内容，见第 3 章和第 6 章中关于摄影测量、干涉雷达和激光雷达系统的讨论。

1.6　参考数据

如上所述，遥感中几乎总是要使用某种形式的*参考数据*。获取的参考数据包括收集遥测物体、区域或现象的测量值或观察值。这些数据的格式可能不同，来源也可能不同。例如，某项具体分析所需的数据可能获自土壤调查图、水质实验报告或航空照片，也可能获自对农作物、土地利用、树种或水污染问题的特性、程度与条件的“野外调查”。参考数据还可包括各种地物的温度及其他物理和/或化学特性的野外测量数据。野外测量的地理位置经常标注在地图底部，以方便在对应的遥感图像中确定位置。通常，人们使用 GPS 接收机来确定野外观察和测量的精确地理位置（见 1.7 节）。

参考数据常用*地面实况*这一术语描述。地面实况并不能从字面上理解，因为许多格式的参考数据并不是从地面收集的，而是在接近实际地面状况的条件下收集的。例如，“地面”实况的有关数据可以从空中收集，在分析粗略的高空或卫星影像时，参考数据可使用详细的航空照片。类似地，在研究水体特征时，“地面”实况实际上就是“水域”实况。虽然存在这些不精确性，但地面实况仍广泛地用作参考数据的术语。

参考数据可用于下述任意一种或全部用途：

（1）帮助分析和解译遥感数据。

（2）校准传感器。

（3）验证从遥感数据中提取的信息。

因此，参考数据的收集必须与适用于具体应用的统计采样设计原则一致。

恰当地收集参考数据通常要付出很多的财力和时间。参考数据的测量分为时间敏感测量和/或时间稳定测量两种。时间敏感测量是指在地面条件随时间急剧变化情况下的测量，如植物条件或水污染事件的分析。时间稳定测量是指在待测对象基本上不随时间变化情况下的测量。例如，地质应用要求野外观察，这种工作任何时间都可以进行，而且各次观察之间变化不大。

测量地物反射率和/或发射率来确定地物光谱响应模型，就是一种收集参考数据的形式。利用光谱学原理的这种测量工作在实验室和野外都可以进行。分光测量过程要用到各种设备。常用于这一测量过程的设备有分光辐射计。这种设备测量的是观察区内来自地物的能量，这种能量是波长的函数。这种工作主要用于编制不同地物的光谱反射率曲线。

在实验室进行光谱学研究时，可使用人造能源照射待研究的物体。在实验室中还可模拟其他野外的地面参数，譬如观察物体和传感器间的几何关系。在实验室中很难再现影响遥感数据的许多自然环境变量，因此人们更常进行现场野外测量。

在进行野外测量时，分光辐射计可以多种方式进行工作，它可以手持，也可以安装到直升机或航天器上。本章 1.4 节的图 1.10 和图 1.12 就是利用手持式野外分光辐射计获得测量数据的实例。图 1.22 显示了一台非常适合手持操作的便携式设备。该专用系统通过光纤输入获得一个连续的波谱，记录数据同时覆盖了 1000 多个较窄的波段（覆盖范围是 0.35～2.5μm）。这种光谱仪与笔记本电脑组合形成的单元可以背在后背上。计算机能够提供灵活的数据获取、显示和存储功能。例如，它可以实时显示反射光谱，即在各种卫星系统的波长范围内计算的反射率值。也可以在野外计算波段比值或其他值。这样的计算可以是归一化差分植被指数（NDVI），因为这一指数与地表特征的近红外和可见波段的反射率相关（见第 7 章）。另一种做法是将测得的光谱与先前得到的样本库进行比对。整个系统和很多后处理软件包兼容，同时也与局域网、无线网和 GPS 兼容。

(a)

(b)

图 1.22　ASD 公司的野外光谱分光辐射计：(a)设备；(b)野外操作中的设备（ASD 公司许可）

图 1.23 显示了一个多功能全地形仪器平台，它主要用于收集农业耕地环境的光谱测量值。系统可高清晰度地完成成熟作物的测量，且平台的车轮允许它通过复杂的地形。系统的筒式起重臂上可以挂几种测量设备，包括分光辐射计、遥控数字相机和 GPS 接收机（见 1.7 节）。虽然主要设计是为了农田的数据收集，但其长起重臂可使它在湿地及小树和灌木丛中发现显露的植被，当用于这一目的时，该设备是收集光谱数据的有用工具。

使用分光辐射计获取光谱反射测量值通常分三步。首先，这种设备要借助一个有稳定反射率的已知校准板。这一步的目的是量化测点上的入射辐射或辐照度。接着，将辐射计悬挂到所研究物体的上方，测量被测物体反射的辐射度。最后计算出物体的光谱反射率，方法是求每个观测波

图 1.23　针对收集农业耕地环境的光谱测量值设计的全地形仪器平台（美国内布拉斯加州林肯大学先进土地管理信息技术中心许可）

段测得的反射能量与每个波段测得的入射辐射量的比值。通常，反射率指的就是这样的测量结果。反射率的正式定义为：当一个完全漫反射的理想表面（朗伯面）受到与被测样本完全相同的方式辐射时，样本表面实际反射的辐射通量与该朗伯面反射到同一传感器的辐射通量的比值。

常用来描述上述测量类型的另一个术语是*双向反射率因子*：一个方向与样本视角（通常与法线成 0°角）有关，另一个方向与太阳的照射角（以太阳天顶角和方位角来定义，参考 1.4 节）有关。在上述测量双向反射率的过程中，样本和反射率标准是连续测量的。也可采用其他方法同时测量入射光谱辐照度和反射光谱辐射度。

1.7　全球定位系统和其他全球导航卫星系统

如上所述，人们通常使用*全球导航卫星系统*（GNSS）来获取野外观测的参考数据的位置。在传感器数据获取、几何校正和参照原始图像数据时，GNSS 技术也广泛用于航空导航这样的其他遥感工作中。第一个这样的系统即美国的*全球定位系统*（GPS）最初为军事目的开发，但随后很快就广泛用于全球范围内的民用领域，如车辆导航、土地调查、蜂窝电话和其他个人电子设备的本地服务。其他国家或地区也在开发其他的 GNSS“星座”，未来十年的趋势是，终端用户将获得大幅度提高的 GNSS 精度和可靠性。

美国的全球定位系统至少包括 24 颗人造卫星，这些卫星精确地按已知轨道绕地球旋转。该系统有 6 个不同的轨道平面，每个平面上运行 4 颗或更多的卫星。卫星约 12 小时绕地球旋转一周，距离地面的高度约为 20200km。能精确地知道这些卫星在空中的位置，因此这些卫星发射的经过时间编码的无线电信号就可被地面基站的接收机记录，进而用于定位和导航。卫星的近圆形轨道面与赤道的夹角约为 60°，轨道面的经度间隔为 60°。这就意味着即便某地由于起伏地形或者存在建筑障碍物而看不到卫星，地面上任意位置的观测者在任何时间都至少能接收到 4 颗 GPS 卫星的信号。

1.7.1　GNSS 的国际发展状态

目前，正在运行且与美国全球定位系统类似的系统是俄罗斯的 GLONASS（格洛纳斯）系统。完整的 GLONASS 星座由 24 颗卫星组成，2011 年 10 月发射完成。另外，欧洲正在发展 GNSS 星座“伽利略”计划，该系统包括 30 颗卫星。伽利略系统提供的数据信号与美国的 GPS 兼容，因此会大大增加 GNSS 接收机的可选范围，并且会明显改善精度。中国目前也在发展自己的北斗 GNSS 星座计划，它包括 30 颗卫星。这些类似系统的前途非常光明，且未来会有飞速的进步。

1.7.2　GNSS 数据处理和校正

GNSS 信号用来确定地面位置的手段称为*卫星测距*。这一过程概念上简单地包括测量信号到达地面接收机所需的传输时间，而这至少要 4 颗卫星才能做到。已知信号以光速（在真空中为

$3×10^8$m/s）传播，每颗卫星到接收机的距离可用三维三角测量法计算。理论上确定接收机的位置只需要4颗卫星的信号，但实际工作中用到的卫星数量越多越好，因为只有这样才能得到令人满意的测量结果。

GNSS测量可能受到许多误差源的影响，具体包括*钟差*（由星载高精度原子钟和GNSS接收机上的低精度时钟之间的不精确同步引起）、不稳定卫星轨道导致的误差（*卫星星历误差*）、大气条件引起的误差（信号速度取决于一天的时间、季节和穿过大气的角度）、接收机的误差（此类影响类似于电子噪声和信号的匹配误差）和多径误差（物体反射部分信号不在卫星和接收机之间的直线路径上）。

采用*差分*GNSS测量方法可以补偿这样的误差。这种方法让固定基站接收机（位于已知的精确位置上）和一个或多个逐点移动的接收机同时进行测量，并用基站测量的位置误差来修正同一时刻移动接收机测量的位置。既可在野外观察后采用后处理方法来处理基站的数据和移动站的数据，也可立即向移动站广播基站的校正信息，后者称为*实时差分*GNSS定位。

近年来，人们开发了许多高精度基站区域网来改善定位精度，这种区域网通常称为*星基增强系统*（SBAS）。由这些基站数据得到空间上清晰的校正因子后，将校正因子实时广播给先进的接收机单元，就可以高精度地确定它们的位置。*广域增强系统*（WAAS）就是一个SBAS网络，它由分布在美国各地的25个地面参考站组成，可以连续地监控GPS卫星的传输。位于东海岸和西海岸的两个主要地面站收集从参考站发来的数据，生成带有明确位置的校正信息。然后通过地球赤道上空的两颗同步卫星之一将校正信息广播出去。GPS单元获得WAAS的这些校正信号后，就可以确定哪些校正数据适合现在的位置。

WAAS信号接收对空旷的陆地、空中和海洋应用十分理想，但赤道上空转播卫星的位置不利于高纬度地区的信号接收，树木和高山妨碍水平视线时也不利于信号的接收。在这种情况下，使用WAAS来校正GPS的位置有时可能会使误差更大。但在没有障碍的条件下，可以得到强大的WAAS信号，因此位置的精度通常可以达到3m或更好。

与北美WAAS类似的系统有日本的*多功能卫星增强系统*（MSAS）、欧洲的*同步卫星导航覆盖系统*（EGNOS），以及未来的SBAS网络，如印度的*GPS辅助地理增强导航系统*（GAGAN）。像WAAS那样，这些SBAS系统使用同步卫星来传送实时差分所需要的校正数据。

除了像WAAS这样的区域性SBAS实时校正系统，有些国家也开发了基站网来进行差分校正的GNSS数据后处理（即在收集数据后再进行精度校正，而不是实时校正）。美国国家大地测量局的*连续运行参考站*（CORS）网络就是这样的系统。超过1800个站点通过CORS网络合作来提供GNSS参考数据，这些数据可以通过网络存取并用于差分校正的后处理。

随着新卫星星座、新实时和后处理差分校正资源的发展，基于GNSS的位置服务有望在未来广泛地应用于工业、资源管理和消费技术应用领域。

1.8 遥感系统的特点

了解一些基本概念后，现在有必要介绍遥感系统。首先介绍后续各章所述遥感系统在设计与应用时遇到的一些问题。实际遥感系统的设计和运行由于受物理和当前技术发展的制约，通常要做大量的折中。当我们考虑从开始到结束的过程时，遥感系统的用户必须谨记如下因素。

1. 能量

所有被动遥感系统都依赖于来自外部能源的能量而非传感器本身，能源要么是太阳的反射辐射，要么是地物发射的辐射。如前所述，地物反射的阳光和本身发射的能量的光谱分布很不相同。

显然，太阳的能级会因时间和位置的不同而有明显的变化，而不同地物发射能量的效率也各不相同。虽然在某种程度上我们可以控制主动遥感系统（如雷达和激光雷达）的能源性质，但这些能源也有自身的特性和限制（见第 6 章）。无论是使用被动系统还是使用主动系统，遥感分析人员都要记住这种不一致性，以及为传感器提供照射的能源的其他特点。

2. 大气

大气通常合成了能源变化所带来的问题。大气总会在某种程度上改变传感器接收的能量的强度和光谱分布。大气会限制我们所能观察的光谱情况，其影响会随波长、时间和地点的变化而变化。如能源变化的影响一样，这些影响是所用波长、传感器和具体遥感应用综合作用的结果。在重复观察同一地理区域的应用中，使用某种校准方法来消除或补偿大气影响非常重要。

3. 地表能量-物质的相互作用

如果每种物质都以唯一已知的方式反射和/或发射能量，那么遥感将是非常简单的。如图 1.9 所示，虽然光谱响应模式在探测、识别和分析每个地物时起重要作用，但光谱的意义并不明确。不同地物的光谱有着很大的相似性，区分起来很困难。另外，我们目前仍然只能初步了解地物能量-物质的相互作用。

4. 传感器

理想传感器会对所有波段高度敏感，生成关于场景绝对亮度的详细空间数据，这些亮度数据是整个波谱范围内和广阔地面区域内波长的函数。这种“超级传感器”简单、可靠，事实上它不需要能源或空间，需要时无论何时何地都可以得到，且运行起来精确且经济。但是，理想的“超级传感器”并不存在。没有哪个传感器会对所有波长或能级都敏感。所有真实传感器都有空间、光谱、辐射度和时间分辨率的固有限制。

为给定任务选择传感器时总要进行折中。例如，摄影系统的空间分辨率一般较好，可提供详细的景物观察，但它们与非摄影系统相比，缺少较宽的光谱灵敏度。类似地，许多非摄影系统的光学、机械和/或电子设备都非常复杂。它们有限制性的能源、空间和稳定性要求，而这些要求通常决定了操作传感器的平台或车辆的类型。平台可以是梯子、航空器（固定机翼飞机或直升机）甚至卫星。

近年来，无人驾驶航空器即无人机（UAV）逐渐成为遥感数据获取的新平台。无人机技术在军事应用领域的发展得到了来自媒体的大量关注，这样的系统实际上也适合许多民用应用，特别是在环境监测、资源管理和基础建设管理方面（Laliberte et al.，2010）。UAV 可以是手掌大小的无线电控制的飞行物和直升机，也可以是体积大、重达几十吨并在几千千米外控制的飞机。它们可由人工控制运行，也可部分或全自动运行。图 1.24 给出了用于遥感环境应用的两种不同类型的无人机。图 1.24(a)所示的军用 Ikhana 无人机，是由美国国家航空和航天管理局（NASA）以民用科学研究为目的使用的固定机翼飞机（利用 Ikhana 无人机监测野火的讨论见 4.10 节，图 4.34 和彩图 9 是该系统的图像）。相比之下，图 1.24(b)所示的无人机是按照直升机设计的垂直起飞无人机。在该照片中，无人机携带了一个重量很轻的高光谱传感器，以对海洋环境如海草区和珊瑚礁成图。

特殊应用所需的传感器-平台组合以及遥感数据的获取可能非常昂贵，且数据的收集在时间和地点上都有限制。机载系统要求提前做好详细的飞行计划，而从卫星上收集数据则受限于平台的轨道特性。

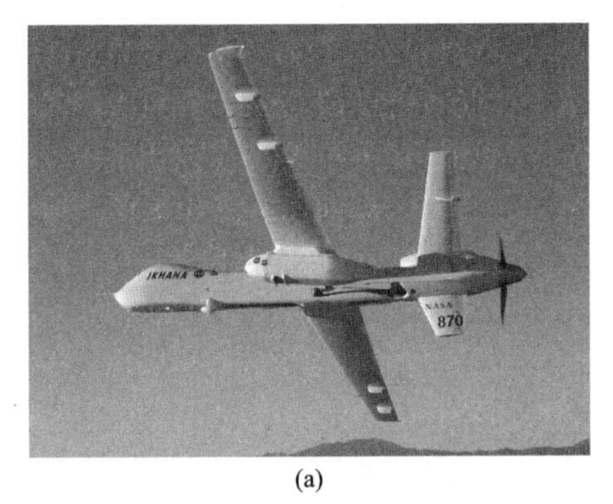

(a) (b)

图 1.24 环境遥感使用的无人机（UAV）：(a)NASA 的 Ikhana 无人机，图像传感器位于左翼下方的分离舱中（经 NASA 德赖登飞行研究中心和 Jim Ross 许可）；(b)对佛罗里达海草区和珊瑚礁成图的垂直起飞的无人机（经 Rick Holasek 和 NovaSol 许可）

5. 数据处理和供应系统

当前，遥感传感器生产数据的能力远超处理这些数据的能力。无论是“人工”解译图像还是对图像进行数字分析，结果都是如此。把传感器数据处理成一种可解译的格式，经常需要深思熟虑，还需要具备相应的硬件、时间和经验。在某些应用（如农作物管理、灾害评估）中，许多数据用户希望在传感器接收数据后即时得到数据，以便及时做出决策。所幸的是，过去 20 多年遥感图像的分发得到了明显改进。现在有些数据源可在获取图像后马上进行数据处理，并且可以通过网络近实时地下载数据。在有些情形下，用户甚至可在云计算环境下处理图像和其他空间数据，在云计算环境下，数据和/或软件都是远程存储在网络上的。但是，对于非常特殊的成像系统或试验性遥感系统，也存在相反的极端情形，即要花几周或几个月的时间才能得到数据，且用户除了需要得到数据，还需要高度专业化的用户软件来进行数据处理。如 1.6 节中讨论的那样，大部分遥感应用还需要收集和分析其他参考数据，这种操作可能非常复杂、昂贵和耗时。

6. 遥感数据用户

成功应用遥感系统的核心，是使用来自该系统的遥感数据的人。只有人们了解了遥感过程获得“数据”的方式且知道如何去解译和利用数据时，这些数据才会成为“信息”。*透彻理解所要处理的问题，对任何遥感方法的生产性应用极为重要。数据获取和分析过程的任何一种组合，都不能满足所有数据用户的需要。*

近一个世纪以来，航空照片的解译一直是一种实用的资源管理工具，但也出现了相对较新、技术复杂的以“非传统方式”获取信息的其他遥感形式。早些年，用户对这些较新的遥感形式并不满意。但从 20 世纪 90 年代后期开始，随着遥感新应用的不断发展和实现，越来越多的用户意识到了遥感技术的潜力和限制。因此，遥感已成为科研、政府和商业等领域的必要工具。

遥感图像之所以被终端用户接受，原因之一是易用地理可视性系统的发展和广泛采用，譬如谷歌的 Maps and Earth、NASA 的 WorldWinds 和其他基于 Web 的图像服务。许多软件工具通过让更多的潜在用户每天轻松地使用航空和卫星图像，推动了遥感技术在很多新领域中的应用。

1.9 遥感的成功应用

成功应用遥感的前提是，综合多个相关的数据源和分析过程。某种传感器和解译过程的组合并不适合所有应用。设计成功遥感项目的关键至少应包括：①清楚地定义了所要研究的问题；②对利用遥感技术来解决问题的潜力做出评价；③确定适合该任务的遥感数据获取过程；④确定所用的数据解译方法和所需的参考数据；⑤确定所收集信息质量的评判标准。

人们通常会忽略一个或多个上述的组成部分。这样做的结果可能是灾难性的。许多计划很少或无法根据信息质量去评估遥感系统的性能。许多人获得的遥感数据数量在增长，但缺乏解译能力。由于问题未被清楚地定义，或未清楚地理解与遥感方法相关的限制或机会，有些情形下会使用（或不使用）遥感做出不正确的决策。明确具体问题的信息需求和遥感能满足这些需求的程度，在任何时候对任何成功的应用都极为重要。

采用多观察方法收集数据在很大程度上促进了许多遥感应用的成功。这可能是从不同高度收集同一位置数据的多级遥感，或是在几个光谱波段同时获得数据的多光谱遥感，抑或是在多个时间收集同一位置数据的多时相遥感。

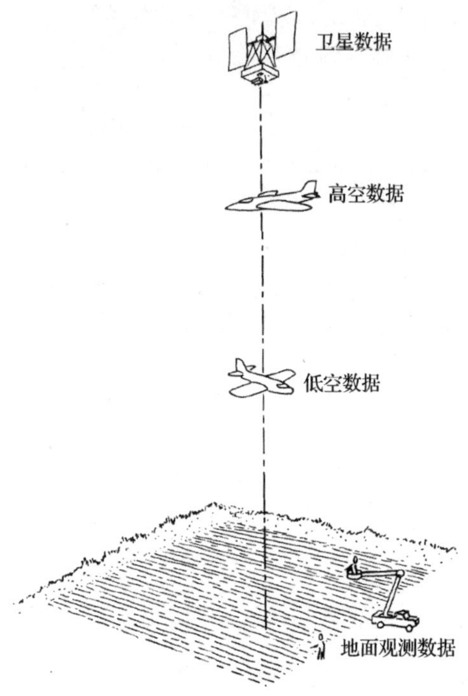

图 1.25　多级遥感的概念

在多级遥感中，卫星数据可与高空数据、低空数据及地面观测数据一起进行分析（见图 1.25）。每个连续的数据源都可为较小的地理区域提供详细的信息。从较低水平观测提取的信息，可外推到较高水平的观测上。

应用多级遥感技术的一个普通例子是，森林病昆害问题的检测、鉴定与分析。图像分析人员能从航天图像中获得所研究区域的主要植被类型，利用这些信息确定感兴趣植被类型的分布范围和位置，并在更精确的成像阶段详细地研究有代表性的子区域。在第二阶段成像时，可以将病变区域描绘出来。对这些地区中的代表性取样做野外检查，证实病变的存在和具体成因。

通过地面观测详细分析问题后，分析人员可利用遥感数据，将评估结果外推到小研究区域之外。通过分析大区域遥感数据，分析员能确定病虫害问题的严重程度和地理范围。因此，要判断究竟是什么问题时，一般只能通过详细的地面观测来评估；而同样重要的问题，诸如在哪里、有多少和多么严重，通过遥感分析方法通常以得以很好地解决。

总之，从多种观测分析地形与从任何单一观测分析地形相比，能够获得更多的信息。与此类似，多光谱成像与任何单波段成像收集的数据相比，能提供更丰富的信息。当把记录的多波段信号彼此组合起来分析时，与仅用单一波段或对多波段各自进行单独分析相比，可获得更多的信息。多光谱方法已成为许多遥感应用的核心，包括对地球资源类型、文化特征及它们的条件的判别。

多时相遥感对同一地区进行多个时间的遥感探测，利用不同时间发生的变化来判别地面条件。这种方法常用于检测土地利用的变化，如城市郊区的发展。实际上，区域土地利用调查要求通过多传感器、多波段、多级和多时相遥感来收集数据，以用于多种目的。

在任何应用遥感的方法中，不仅必须选择数据获取和数据解译技术的正确组合，而且必须确定遥感技术和“传统”技术的正确组合。必须认识到的是，遥感技术本身只是一种工具，它必须与其他技术配合才能发挥最大的作用，遥感本身并不是最终目的。因此，遥感数据当前正广泛应用于基于计算机的地理信息系统（GIS）中（见 1.10 节）。GIS 环境允许综合、分析、交流看起来无限的资源和各种类型的生物物理学与社会经济学数据——只要它们具有地理参照意义。遥感可视为系统的“眼睛”，该系统能提供来自航空或航天有利位置点的重复的、概要的（甚至全球的）地球资源景象。

遥感为我们提供了真正看到不可见世界的能力。我们能够开始在生态系统基础上观察环境的组成，以至于遥感数据能够超越当前所收集的大多数资源数据的人文边界。遥感也可以超越学科的界限。其应用范围如此广泛，以至于没有人能够完全掌握这一领域。对遥感基础研究感兴趣的“硬”科学家和对遥感实际应用感兴趣的“软”科学家，都对遥感作出了重要的贡献，并从中获得了益处。

毫无疑问，遥感在科学、政府和商业部门中的作用将越来越大。传感器、空间平台、数据通信和分发系统、全球定位系统（GPS）、数字图像处理系统和 GIS 技术性能的发展，也日新月异。同时，我们见证了无所不能的空间地球社会的演变。最重要的是，我们越来越意识到全球资源库的相关性和脆弱性，也意识到遥感在地球资源普查、监测和管理，以及建模和帮助我们理解全球生态系统及其动态变化中的重要作用。

1.10 地理信息系统

可能阅读本书的大多数人都有一些使用地理信息系统（GIS）的经验，但考虑到那些没有该方面经验的读者，下面简要介绍这样的系统。

地理信息系统是基于计算机的系统，它可以处理任何类型的由地理位置参照的地物信息。这些系统能够处理地物的*位置数据*和*属性数据*。也就是说，GIS 系统不仅允许自动制图或显示地物位置，而且具有记录和分析地物所描述特征（“属性”）的能力。例如，GIS 不仅可以包括道路位置的“地图”，而且可以包括每条道路的描述性数据库。这些“属性”包括的信息有道路宽度、道路类型、速度限制、车道数、建筑日期等。表 1.1 列举了一些与已知点、线和面要素相关的属性的例子。

表 1.1　与已知点、线和面要素相关的属性*

点要素	井（深度、化学成分）
线要素	电力线（耐用性、使用年限、绝缘类型）
面要素	土壤制图单元（土壤类型、结构、颜色、渗透性）

*属性显示在括号内。

GIS 数据可以保存在各个单独的文件（如 shape 文件）中，但越来越多地使用*地理数据库*来存储和管理空间数据。地理数据库是一种*关系数据库*，数据库中的各列表示不同的属性，各行表示不同的数据记录（见表 1.2），每条记录都包含明确的位置信息。在数据库实现多样化的同时，存在某些可以提高 GIS 中数据库功能的特点，具体包括：适应性，允许大范围的数据库查询和操作；可靠性，可避免数据的意外损失；安全性，将访问权限给授权用户；使用简单，最终用户不必知道数据库执行的细节。

GIS 最重要的优点是，不同来源的多种类型的信息的空间关联能力。图 1.26 图解了这一概念，图中假设水文工作者想使用 GIS 来研究流域的土壤侵蚀度。在图中可以看到，系统包含来自一系列地图的数据(a)，这些数据逐个像元地进行地理编码，形成一系列图层(b)，所有数据都进行了地理配准。分析人员能够操作和叠加包含在各种数据文件中的信息，或者来自各种数据层的信息。在该例中，我们假定对整个流域的土壤侵蚀度进行评估，同时逐个像元地考虑由各个原始数据层导出的三种数据类型：坡度、土壤侵蚀度和表面径流潜力。坡度信息能根据地形数据层中的高程计算得到。侵蚀度是与每种土壤类型有关的属性，可从 GIS 包含的关系型数据库管理系统中提取。同样，径流潜力是与每种土地覆盖类型有关的属性（土地覆盖数据能通过解译航空照片或卫星影像获得）。分析人员可利用该系统关联每个网格单元获得的三种数据源(c)，并用结果来定位、显示和/或标记出位置特征组合的区域，这些区域已标明是潜在的高土壤侵蚀区（如陡峭的坡度和高侵蚀土壤覆盖的组合）。

表 1.2　关系数据库表格格式

ID 号	街道名称	车道数	是否允许停车	修理时间	…
143897834	“Maple Ct”	2	允许	2012/06/10	…
637292842	“North St”	2	视季节改变	2006/08/22	…
347348279	“Main St”	4	允许	2015/05/15	…
234538020	“Madison Ave”	4	禁止	2014/04/20	…

注意：每条数据记录或“元组”具有唯一的身份或 ID 号。

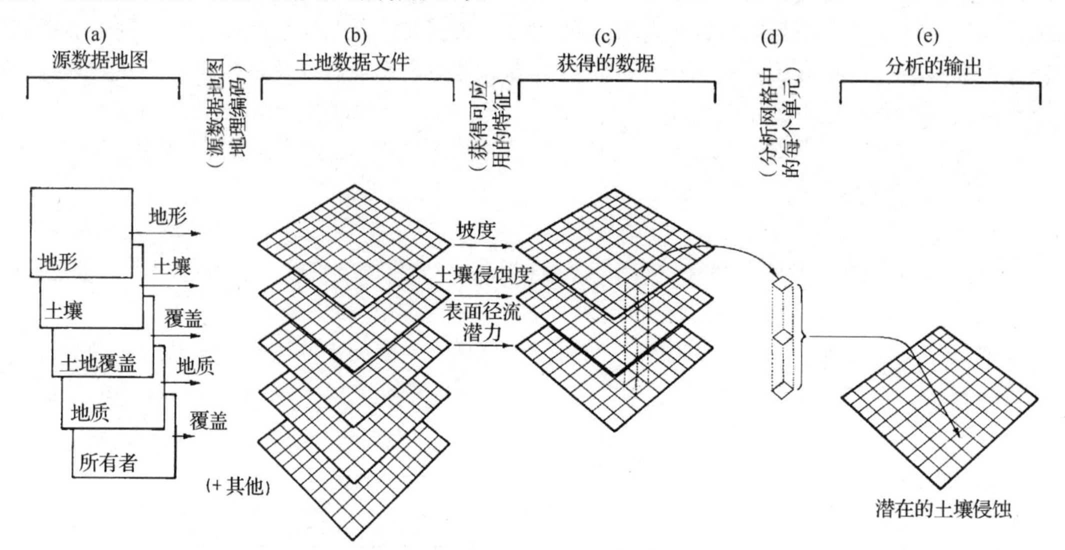

图 1.26　研究潜在土壤侵蚀度的 GIS 分析过程

上例说明的 GIS 分析功能一般称为*叠加分析*。实际上，GIS 中其他一些可能的数据分析的数量、形式和复杂性是没有限制的。这样的过程能处理系统的空间数据、属性数据或同时处理这两者。例如，合并是一种操作，它可合并各个详细的地图分类，产生一个不太详细的新分类（譬如将“杰克松”和“赤松”两类合并为单一的“松树”类）。缓冲存储区在一个或多个地物周围生成一个指定宽度的条带区（如距离河流 50m 以内的区域）。网络分析可以做某些决策，如根据街道网络找出最短路径，确定河流在流域内的流向，找到消防站的最佳位置。可视性利用高程数据得到可以观看的视域图，该图表现了从某个指定位置所能“看到”地形特征的区域。同样，许多 GIS 可以生成从非垂直观察位置描述地形表面的透视图。

在 GIS 中使用多层数据时，会有空间比例尺的限制问题，即原始地图须与其他地图的比例尺兼容。例如，在图 1.26 的分析中，将从某个小镇的高分辨率航空照片得到的土壤数据，与从全国高度概括的地图得到的数字化土地覆盖图结合就不合适。另一个常见的限制是，不同来源的地图所汇集的数据必须在较为接近的时间内。例如，对于野生生物生长地的 GIS 分析，如果基于年代久远的土地覆盖数据，就可能得出不正确的结论。另一方面，如果其他类型的空间数据很少随时间变化，例如地形图层或岩性图层，那么地图的编辑日期就不重要。

多数 GIS 使用两种基本方法来表示地理信息的位置成分：栅格（基于网格）格式或向量（基于点）格式。栅格数据模型已用于我们的土壤侵蚀度例子中，如图 1.27(b)所示。采用这种方法时，地理对象的位置或条件用所占像元的行和列的位置来表示。存储在每个像元中的值表示整个像元位置上的地物类型或条件。注意，网格像元大小越精细，数据文件中的地理特征就越多。粗糙的网格图需要较少的数据存储空间，但提供源数据的地理描述就不太精确。同样，采用非常粗糙的网格时，在每个像元处可能会出现几种数据类型和/或属性，但这个像元在分析时通常仍被视为单个同类单元。

向量数据模型如图 1.27(c)所示。采用这种格式时，地物边界被转换为近似于原区域的直边多边形。多边形通过确定称为点或节点的顶点坐标来编码，节点相连形成线或弧。相对于地物间的空间关系（连通和邻接）来说，拓扑编码在数据结构上具有“智能”功能。例如，拓扑编码可跟踪具有共享节点的弧，以及给定弧左右两侧的多边形。这种信息方便了像叠加分析、缓冲区分析、网络分析这样的空间操作。

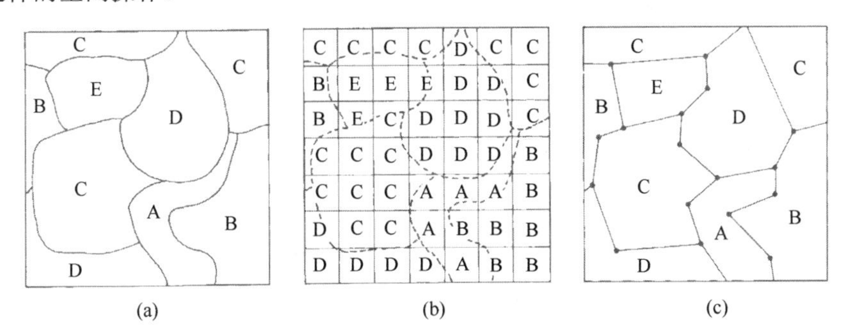

图 1.27　栅格和向量数据格式：(a)景物地块；(b)栅格格式表现的景物；(c)向量格式表现的景物

栅格和向量数据模型都有自己的优缺点。栅格系统有更简单的数据结构；在叠加分析这样的操作中计算效率更高；能更有效地表示空间变化率较高的和/或具有“模糊边界”（如纯种和混合植被之间的地带）的地物。另一方面，栅格数据量相对较大，数据的空间分辨率受组成栅格的像元的大小限制；很难表现空间特征之间的拓扑关系。向量数据格式具有相对较少的数据量、较好的空间分辨率、能保存拓扑数据关系（使网络分析这样的操作更高效）等优点。但某些操作（像叠加分析）用向量格式比比用栅格格式在计算上更复杂。

如本书经常提到的那样，数字遥感图像使用栅格格式来采集。相应地，数字图像与其他来源的栅格信息在空间上是兼容的。因此，在基于栅格的 GIS 中，“原始”图像可以作为一个图层直接包含到 GIS 中。同样，土地覆盖自动分类这样的图像处理过程（见第 7 章）会生成栅格格式的解译文件或派生数据文件。类似地，这些派生数据也与其他栅格格式的数据源兼容。彩图 2 说明了这一概念，该图回到了我们前面采用叠加分析来绘制土壤侵蚀度图的例子。彩图 2(a)是威斯康星州丹尼县西部部分地区的土地覆盖自动分类图，它是通过处理该地区的陆地卫星专题制图仪（TM）数据得到的（见第 7 章基于计算机的土地覆盖分类的附加说明）。为了评估该地区的土壤侵蚀度，土地覆盖数据要和土壤当前的内在侵蚀度信息(b)及地表坡度信息(c)相结合。后面这些形式的信息已保存在该地区的 GIS 中。因此，所有数据能组合起来用数学模型进行分析，生成土壤侵蚀度图(d)。为了帮助观察者理解彩图 2 中表现的景观模式，也可利用 GIS 进行视觉增强，将这 4 组数据与基于 DEM 的阴影数据相结合，提供三维显示。

对于彩图2(a)中的土地覆盖分类，水体显示为深蓝色，无森林的湿地显示为浅蓝色，森林湿地显示为粉红色，谷物显示为橙色，其他成行的农作物显示为浅黄色，饲料作物显示为橄榄色，牧场和草地显示为黄绿色，落叶林显示为绿色，常绿林地显示为深绿色，低密度的城市区域显示为浅灰色，高密度的城市区域显示为深灰色。在图(b)中，低土壤侵蚀度区域显示为深棕色，随着土壤侵蚀度的增加，颜色从橙色变为黄褐色。在图(c)中，陡度不同的斜坡区域从低到高分别显示为绿色、黄色、橙色和红色。土壤侵蚀度图(d)显示了分别对应于七种土壤侵蚀度的七种颜色。具有最高侵蚀度的区域显示为暗红色。这些区域主要是斜坡地形，其土壤上生长着成行的农作物。

侵蚀度的下降在彩色光谱中显示为从橙色过渡到黄色，再过渡到绿色。侵蚀度最低的区域显示为深绿色。这些区域包括森林区、连续覆盖的农作物区，土壤侵蚀度较低的草地和平坦的地势。

遥感图像（与从该类图像中提取的信息）和 GPS 数据一起，已成为现代 GIS 的主要数据源。实际上，遥感、GIS 和 GPS 技术的界限已变得模糊不清，它们结合的领域将继续变革我们日常普查、监测和管理自然资源的方式。同样，这些技术正在帮助我们建模和理解各种级别查询的生物物理过程。它们还允许我们在空间上以从未有过的方式逐步发展和传达相应的因果关系。

1.11 GIS 和遥感的空间数据框架

检查一幅图像而不参考任何外部空间信息源时，无须考虑图像内用来表示位置的坐标系类型。但在许多情况下，分析人员需要比较图像中的 GPS 位置参考点，找到同一区域两幅图像之间的区别，或者将一幅图像输入 GIS 系统做定量分析。在这些情况下，就要了解图像的行列坐标是如何与实际地图坐标相关联的。

地球的形状近似为球体，因此地表位置常用角坐标系或*地理系统*来描述，即以度（°）、分（′）和秒（″）来确定纬度和经度。该系统源于古希腊，如今的许多人都很熟悉它。但是，以角坐标系来计算距离和面积很复杂。更重要的是，在不引入形状、大小、距离和方向变形的情况下，无法由表面平坦的二维地图来精确地表示地球的三维表面。因此，对于许多用途，我们希望采用数学方法将角坐标系变换为平面坐标系或笛卡儿坐标系（*X*-*Y*）。这一变换过程的结果称为*地图投影*。

人们定义了多种类型的地图投影，根据所用的几何模型、变换保留或扭曲的空间特性，可将它们分成几大类。地图投影的几何模型包括圆柱面、圆锥面、方位角或二维面。从地图用户来看，地图投影的空间特性比所用的几何模型更重要。地图*等角*投影保持局部区域的角度关系和形状不变；当区域很大时，角度和面积会发生变形。*方位角*（或*天顶角*）投影保持相对于投影中心点的绝对方向不变。*等距*投影保持距离不变，对某些而非全部点而言，比例尺不变，要么沿子午线的所有距离不变，要么从一个或两个点起算的所有距离不变。*等面积*（或*等积*）投影保持面积不变。这些投影间的相互关系的详细解释超出了本书的讨论范围，因此这里只说明没有哪种二维地图投影可以精确地保持所有这些特性不变，但这些特性的某个子集可在单一投影下保持不变。例如，方位角等距投影可以保持方向和距离不变，但这只是相对于投影的中心点而言的，其他点之间的方向和距离会出现变化。

除了与给定图像相关的其他地图投影、GIS 数据层或其他空间数据集，通常还要考虑与地图投影相关的基准面。用于表示地表这个三维椭球面（一般是稍微扁平的椭球面）的数学定义是*基准面*。地球本身的形状并不规则，不完全对应于某个椭球面，因此出现了多种基准面；有些基准面可与某个区域完美地匹配（如 1983 北美基准面或 NAD83），而有些基准面更近似于整个地球。多数 GIS 在做任何坐标变换前，既需要指定地图投影，又需要指定基准面。

为了将这些概念应用到遥感图像的采集和处理过程中，多数图像在最初获取时，其像素的行和列需要与图像平台的飞行路线（或轨道轨迹）对齐，图像平台可以是卫星、飞机或无人机。图像在成图或与其他空间数据相结合前，需要有*地理参照*。历史上，这一过程的实现方式通常如下：首先，加入已知地理坐标的可见控制点；然后，利用数学模型将原始图像的行和列坐标转换为已定义的地图坐标系。近年来，遥感平台装备了可记录确切位置和角度定向的先进系统。这些系统集成了*惯性测量单元*（IMU）和/或多个机载 GPS 单元，可以高精度地对传感器的几何观察建模，进而用于传感器数据的*直接定位*——无须其他地面控制点即可将它们关联到所定义的地图投影。

一旦图像有了地理参照，就可与其他空间信息一起使用。另一方面，有些图像会有进一步的几何畸变，它们可能由变化的地形或其他因素引起。要去掉这些畸变，就需要校正图像，详见第 3 章和第 7 章。

1.12 图像目视解译

观察航空和航天影像时，我们会看到不同大小、形状和颜色的物体。有些物体可以直接识别，有些物体则不能直接识别，具体取决于个人的观察力和经验。当我们能够识别看的图像并将信息传递给他人时，我们就是在做图像的目视解译。图像包含原始的图像数据，经解译者的大脑处理后，就变成了可用的信息。

学习图像解译的最好方法是，观看几百幅遥感影像来获得经验，熟悉环境和观察过程。因此，我们不能完全只靠课本来获得图像解译方面的能力。虽然如此，本书第 2 章到第 8 章中还是包含了许多遥感图像的例子，希望读者能够研读和理解这些实例。为了帮助实现这一点，本章的其余部分概括说明了图像解译的原理和方法。

航空和航天影像详细记录了数据获取瞬间的地物。图像解译者会系统地分析影像，并且经常参照地图和野外调查报告等有用的辅助材料。根据这些研究，可对影像上物体和现象的自然特征做出解译。解译可以不同的复杂度进行，从简单地识别地表的物体，到根据地表及地下相互作用得到详细的派生信息。图像解译的成功与否，取决于解译者的训练和经验、被解译物体或现象的性质以及所用图像的质量。一般而言，能干的图像解译者要具有敏锐的观察力、丰富的想象力和高度的耐心。另一点也很重要，即图像解译者不仅要对所研究物体或现象有透彻的了解，而且要具备所研究区域的地理知识。

1.12.1 图像解译的要素

虽然许多人在日常生活中会有解读“传统”图像的经验（如报纸图片），但航空和航天影像解译有别于日常的图像解译，这通常表现在以下三个方面：①景物是从空中垂直拍摄的，对此我们并不熟悉；②所用的波长不在可见光谱范围内；③地表是用我们不熟悉的比例尺和分辨率描述的（Campbell and Wynne，2011）。虽然这些因素对有经验的图像解译者来说不成问题，但对新图像分析人员来说却是一种真正的挑战！但随着导航、GIS 应用和气象预报等日常活动中频繁使用航空和航天影像，这一挑战会不断减弱。

航空和航天影像的系统研究，通常涉及图像上各种地物的几个基本特性。分析人员应根据应用领域的不同来确定对某种任务有用的特性及考虑这些特性的方式。然而，大部分应用都要考虑以下基本特性或它们的变体：形状、大小、模式、色调（或色彩）、纹理、阴影、位置、布局和空间分辨率（Olson，1960）。

形状指每个物体的一般形态、构造或轮廓。在立体影像中，物体的高度也定义为它的形状。有些物体的形状很明显，仅以该指标就可识别它们的影像，华盛顿附近的五角大楼就是一个典型的例子。当然，并非所有形状都具有明显的诊断性，但形状对图像解译者来说是很有意义的。

图像上物体的大小必须与影像的比例尺一起考虑。例如，如果不考虑物体的大小，小储藏室就有可能被误判为谷仓。还要考虑相同比例尺影像上物体的相对大小。

模式（图案）与物体的空间排列有关。某种形状或关系的重复是许多物体的特性，包括自然和人为形状，使物体形成一种模式，便于图像解译者对它们进行识别。例如，果园里果树的有序空间排列明显与自然林中树木的排列不同。

色调（或色彩）指一景图像上物体的相对亮度或颜色。图 1.8 说明了利用相对影像色调在黑白红外照片上区分落叶林和针叶林。没有色调的差异，物体的形状、模式和纹理是无法识别的。

纹理是影像上色调变化的频率。纹理是由特征单元组成的，这些特征单元可能太小，无法从影像上分清，如树叶和树叶的阴影。物体的纹理是它们的形状、大小、图案、阴影和色调的综合产物，决定了图像特征从总体视觉上是“光滑的”还是“粗糙的”。随着图像比例尺的缩小，任何给定物体或区域的纹理会逐渐变细，直到最后消失。解译员通常利用纹理的不同来区分具有相似反射率的地物。例如，在中比例尺航空照片上，绿草地的光滑纹理与绿树冠的粗糙纹理是有差别的。

图1.28　低太阳高度角时骆驼投下长阴影的沙特阿拉伯垂直航空照片。这是原始彩色照片的黑白翻拍（© George Steinmetz/Corbis）

阴影对图像解译者来说有两方面的影响：①阴影的形状或轮廓可提供物体的侧视图（有助于图像解译者）；②阴影区物体反射的光线很少，因此在图像上很难辨别（妨碍图像解译）。例如，多数树种或人工物体（桥、竖井、塔、杆等）的阴影有助于它们在航空照片上的识别。有时，大动物的阴影也有助于识别它们。图 1.28 是在低太阳高度角条件下的大比例尺航空照片，显示了沙特阿拉伯的骆驼及它们的阴影。注意骆驼本身在阴影的“底部”是能看到的。没有阴影的话，可以计算动物的数量，但很难将它们识别为骆驼。同样，地形高度的微小变化导致的阴影，特别是在低太阳高度角的图像情况下，有助于确定自然地貌的变化，可作为不同地质地形的识别依据。

通常，当阴影面向观察者落下时，地形的阴影更容易解译。用显微镜检查图像时，不能直接看到地形的起伏，但在立体镜的图像中却特别真实。在图 1.29(a)中，可以看到一个大山脊和两侧的许多峡谷。将该图像颠倒（即阴影远离观察者落下）后，如图 1.29(b)所示，结果令人困惑，此时的所有峡谷都流向图像的中心（从下到上）。出现这种情况的原因在于“期望”光源通常是在物体的上面产生的（ASPRS，1997，P73）。图像中建筑物、树木或动物（见图 1.28）的解译与地形解译相比，阴影相对于观察者的方向不那么重要。

(a)

(b)

图 1.29　阴影方向影响地形解译的照片，夏威夷考艾岛，1 月中旬，比例尺为 1∶48000：(a)阴影面向观察者落下时的图像；(b) 阴影背向观察者落下时的同一幅图像（USDA-ASCS 全色照片许可）

位置指地形或地理方位，它对识别植被类型特别有帮助。例如，有些树种往往出现在排水良好的高地，而有些树种出现在排水不好的低地，且不同的树种只出现在某一特定的地理位置（如红杉只出现在加利福尼亚州，而不会出现在印第安纳州）。

关联指某些地物的出现与其他地物相关。例如，摩天轮放在谷仓边时很难识别，而放在娱乐公园中却很容易识别。

空间分辨率取决于许多因素，但它对解译总是具有实际的限制，因为有些物体与周围环境相比太小或者对比度太低，而不能在图像中清楚地看清它们。

其他因素，如图像比例尺、光谱分辨率、辐射分辨率、获取日期甚至图像条件（如破碎或褪色的历史照片）也会影响图像的解译工作。

图 1.30 给出了图像解译的上述要素。图 1.30(a)是接近原始比例尺的 230mm×230mm 照片，原比例尺为 1∶28000（或 1cm = 280m）。图 1.30(b)～(e)是从该航空照片中抽取并放大的 4 景照片。图 1.30(b)中的土地覆盖类型是水、树木、城郊房屋、草地、分车道公路和汽车电影院。在该图中很容易识别出许多土地覆盖类型。汽车电影院对于无经验的解译者来说很难识别，但仔细研究图像解译的元素后也可识别它：它有唯一的形状和图案，它的大小与汽车电影院一致（公路上汽车的大小与电影院停车场停放的汽车大小相比）。另外，要注意汽车按曲线成排停放，这种模式也显示了建筑物和屏幕的投影。屏幕的识别可借助于阴影，其定位可与一条短路相连的分车道公路关联。

(a)

图 1.30 说明图像解译要素的航空照片，拍摄地是明尼苏达州底特律湖地区，拍摄时间是 10 月中旬：(a)原始照片的一部分，比例尺为 1∶32000；(b)和(c)比例尺放大到 1∶4600 的部分照片；(d)比例尺放大到 1∶16500 的部分照片；(e)比例尺放大到 1∶25500 的部分照片。书页的底部是北方（KBM 公司许可）

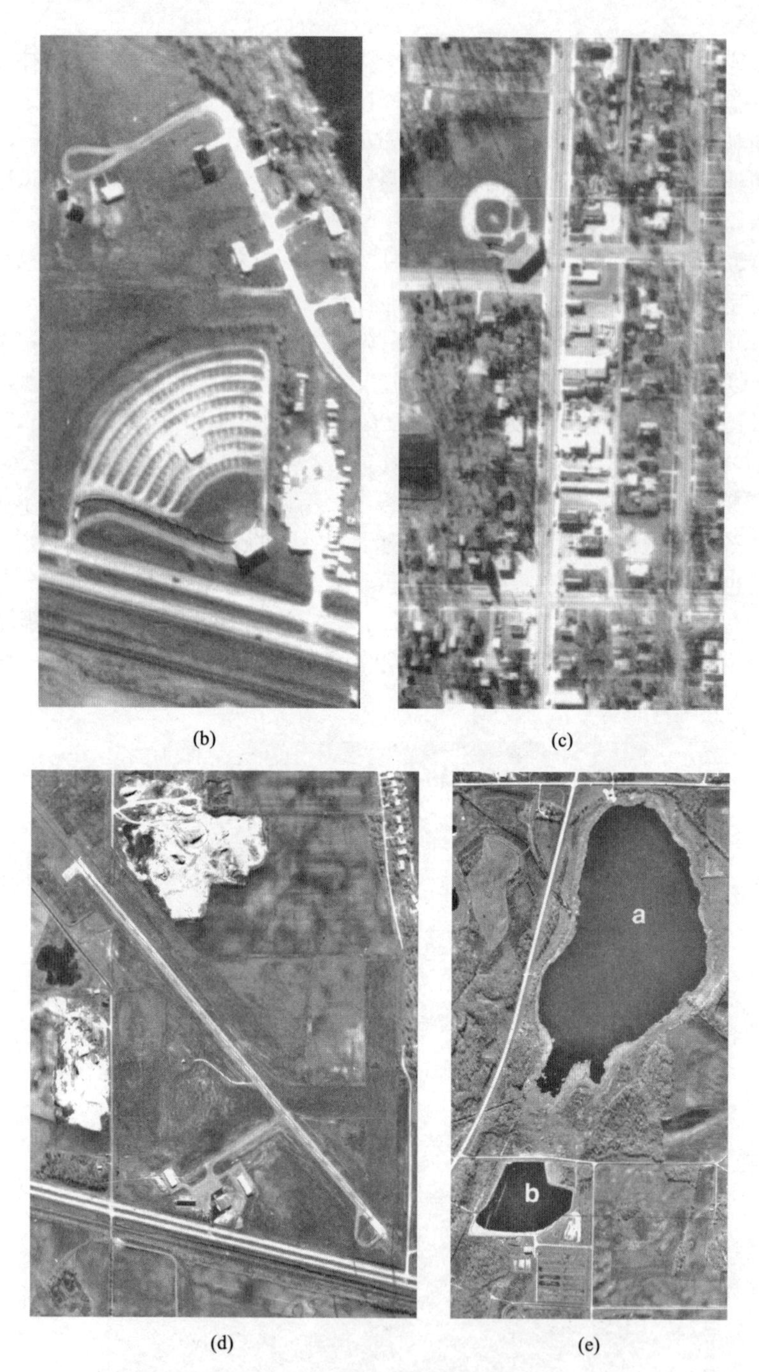

图 1.30（续） 说明图像解译要素的航空照片，拍摄地是明尼苏达州底特律湖地区，拍摄时间是 10 月中旬：(a)原始照片的一部分，比例尺为 1∶32000；(b)和(c)比例尺放大到 1∶4600 的部分照片；(d)比例尺放大到 1∶16500 的部分照片；(e)比例尺放大到 1∶25500 的部分照片。书页的底部是北方（KBM 公司许可）

在图 1.30(c)中可以看到许多不同的土地覆盖类型。在这张照片中，我们可立即注意到左上角有与汽车电影院非常相近的外观特征。仔细检查这一特征和草地的周围，可得出这是一个棒球区的结论。在照片中的很多地方，我们都可看到树木及树干和树枝投下的阴影，因为拍摄这张照片的时间是 10 月中旬，落叶树正在掉叶。照片右边三分之一的位置是居民区。从上到下穿过图像中心的是有很多房屋的商业区，那里有比居民区房子大得多的建筑物，这些大建筑物的周围有一些很大的停车场。

图 1.30(d)中有两个主要的线性特征。靠近照片底部的是一条分车道公路。从左上到右下的对角线是长为 1390m 的飞机跑道（比例尺为 1∶16500，该比例尺下的线性特征的长度是 8.42cm）。机场候机楼区域位于靠近图 1.30(d)底部的中心位置。

图 1.30(e)对比了自然特征与人工特征。水体 a 是自然特征，它带有不规则的湖岸线，周围环绕着湿地（在湖泊的窄端尤其明显）。水体 b 是污水处理场的一部分，其“湖岸线”与水体 a 的湖岸线相比，呈不自然的直线状。

1.12.2 图像解译策略

如前所述，图像解译过程涉及各种程度的复杂性，譬如从简单景物的直接识别到位置条件的推断。直接识别的一个例子是公路立交桥的识别。假设解译者对垂直航空和航天影像有一些解译经验，那么公路立交桥的识别过程很简单。另一方面，可不通过直接观察而通过物体在影像上的外观来推断物体的特征。例如，在航空和航天影像上是看不到地下燃气管线的，但能看到管线埋设所导致的地表变化，进而看出这些管线。因为管线上方回填的是沙砾，排水性较好，因此通常可根据影像上的浅色调线状条纹来推断埋设管线的存在。此外，解译者可考虑某一时间、某一地点土地覆盖类型出现的概率。了解某一地区作物的生长阶段后，可以确定作物是否能在特定时期的影像上出现。如玉米、豌豆和冬小麦的地面覆盖出现在不同的时期。类似地，在某个特定生长地区，某种作物类型出现的地理面积通常要比其他作物的高几倍，因此这种作物出现的概率要比其他作物的概率大得多。

从某种意义上说，图像解译过程就如同侦查工作那样，收集所有的证据来揭开“秘密”。对解译者而言，了解农田的某一地块看起来与其他地块不同的原因后，就可以揭开秘密。在最普通的水平上，解译者必须将研究区当作农业区来对待。此外，还要考虑研究区的作物是成行作物（如玉米）还是连片作物（如紫苜蓿）。根据作物历法和地区生长条件，可确定该作物确实是玉米而非大豆等其他作物。还要注意的是，田地中表现异常的区域，其地形起伏通常要比田地中的其他区域稍高。如果解译者了解当地近来的天气情况，就可推出表现异常的区域与干旱的土壤条件有关，这些土地上的玉米易受旱。因此，利用证据汇聚的过程，解译者就能成功地提高解译的细节和精度。

1.12.3 图像解译标志

使用图像解译标志有助于图像的解译过程。对解译初学者而言，标志是一种有用的教具；而对有经验的解译者而言，标志则提供了有用的参考或复习材料。图像解译标志有助于解译者以有组织和协调的方式来分析航空和航天影像的信息，它是正确识别影像上特征或条件的指南。理想的标志有两个基本组成部分：①一组有注释或标题的图片（最好是立体像对），能说明被识别的物体或条件；②一份图表或说明性文字，能系统地阐明被识别物体或条件的一些图像识别特征。按诊断特征的表现方式的差别分类，主要有两种图像解译标志法。选择标志法包含很多附有说明文字的图像样例，解译者可以选择与研究图像上的物体和条件最相似的样例。

排除标志法是指逐步进行图像的解译过程，从一般到特殊，除了要识别的那个地物和条件，排除所有其他的地物和条件。排除标志法常采用二分标志法方式，解译者二中选一，逐步排除所有其他的可能，最终只留下一个可能的答案。图 1.31 显示了加利福尼亚州萨克拉曼多山谷中水果和坚果作物识别的航空照片二分标志法。与选择标志法相比，排除标志法可得到更确定的答案，但如果解译者不得不在两种不熟悉的影像特征中进行模棱两可的选择，就可能导致错误的答案。

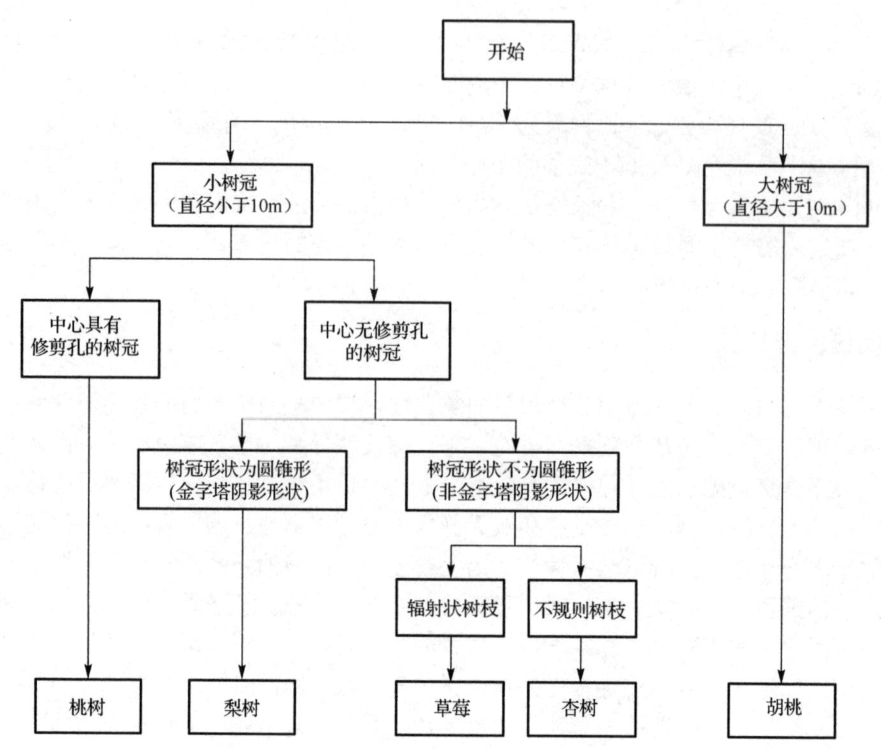

图 1.31 加利福尼亚州萨克拉曼多山谷中水果和坚果识别的航空照片二分标志法，用于 1∶6000 的航空全色照片（据美国摄影测量学会，1983。Copyright © 1975，经美国摄影测量学会同意后复制）

简而言之，识别人造地物（房屋、桥梁、道路、水塔）的解译标志要比识别植被或地形的解译标志更容易，应用也更可靠。但仍有许多标志能成功地用于农作物和树种的识别。这些标志一般是以不同地区、不同季节为基础来创建并应用的，因为植被的外观随地区和季节变化会有很大的不同。

1.12.4 遥感波长

航空和航天影像选择的电磁能量波谱波段会影响到图像解译得到的信息量。本书中提供了这方面的大量实例。多波段成像的基本概念已在 1.5 节中讨论。为了解释图像中的组合颜色如何与传感器记录的各种波段数据相关联，下面介绍色彩感知原理及如何合成彩色。

1.12.5 色彩感知和混色

色彩是最重要的图像解译元素之一。通过检测色彩的微小差异，可以最好地识别和解释许多图像中的特征与现象。如 1.5 节中讨论的那样，遥感多波段图像可以用真彩色或假彩色合成来显示。解译假彩色合成图像时，尤其要理解色彩感知和混色原理。

光入射到人眼的视网膜上后，会被杆状体和锥状体细胞感知。人眼约有 13000 万个杆状体细胞，与锥状体细胞相比，它们感知光的灵敏度要高 1000 倍以上。当光的亮度较低时，人的视觉靠杆状体细胞成像。所有杆状体细胞都有同样的波长感知度，峰值约为 0.55μm。因此，人眼所看到的最低亮度是单色的。锥状体细胞决定人眼所看到的彩色。锥状体细胞约有 700 万个，有些感知蓝色能量，有些感知绿色能量，有些感知红色能量。彩色视觉的三基色（或三原色）原理解释了当感知蓝色、感知绿色和感知红色的锥状体细胞被不同量的光刺激时我们看到彩色的原因。当所有三种类型的锥状体细胞等量地受到刺激时，我们看到的就是白光。人们也提出了其他彩色理论。

彩色视觉的相反过程假设彩色视觉包括三种机制，每种机制对应于一种所谓的对色：白-黑，红-绿，蓝-黄。这一理论基于许多心理学观察，声称彩色由*色调消除法*形成。色调消除法基于某些颜色混合时的观察，得到的颜色并不是直觉颜色。例如，当红色和绿色混合时，产生的是黄色，而不是红绿色（详见 Robinson et al., 1995）。

剩下的讨论重点是彩色视觉的三原色理论。该理论基于所有色彩都由三种颜色（蓝色、绿色、红色）合成这一概念。

蓝色、绿色、红色称为*加色法三原色*。彩图 3(a)显示了蓝色、绿色和红色投影部分叠加的结果。三束光线叠加后，视觉效果是白色，因为三个人眼受体系统受到了同等的刺激。因此，白色可以视为蓝色、绿色和红色的混合。加色法三原色混合可以生成其他颜色。如图所示，红色和绿色混合生成黄色。蓝色和红色混合生成品红色（浅蓝-红）。蓝色和绿色混合生成青色（浅蓝-绿）。

黄色、品红色和青色分别称为蓝色、绿色和红色光的*补色*。注意，任何给定原色的补色都是另外两种原色混合的结果。

像人眼一样，彩色电视机和计算机屏幕原理上利用的都是屏幕上蓝色、绿色、红色单元的加法混色原理。远距离观察时，屏幕上靠得非常近的各个单元发出的光形成了连续的彩色图像。

彩色电视机和计算机屏幕通过蓝色、绿色和红色的加法混色来模拟不同的彩色，而彩色胶片摄影则基于黄色、品红色和青色染料叠加的*减法混色*原理。这三种染料颜色称为*减色法三原色*，每种颜色都是从白色中减去加色法三原色中的一种得到的。也就是说，黄染料色是吸收白光中的蓝色成分后得到的，品红染料色吸收白光中的绿色成分后得到的，青色染料色吸收白光中的红色成分后得到的。

减法混色过程如彩图 3(b)所示，图中白光源前面放有三个圆形的滤色片。滤色片包括黄染料色、品红染料色和青染料色。黄染料色滤色片吸收来自白背景的蓝光而透过绿光和红光。品红染料色滤色片吸收绿光而透过蓝光和红光。青染料色滤色片吸收红光而透过蓝光和绿光。品红染料色和青染料色的叠加结果是蓝色，因为品红染料色吸收了白背景中的绿色成分，而青染料色吸收了红色成分。黄染料色和青染料色的叠加结果是绿色。同样，黄染料色和品红染料色的叠加结果是红色。当所有三种染料色叠加时，白色背景上所有的光都被吸收，结果是黑色。

进行彩色胶片摄影和彩色印刷时，叠加不同比例的黄、品红和青染料色，可以控制进入人眼的蓝色、绿色和红色的比例。在摄影中，黄染料色、品红染料色、青染料色的减色法混色，则用来控制到达观察者眼睛的蓝光、绿光和红光的加色法混色量。为实现这一点，彩色胶片制造时带有三个分别对蓝光、绿光和红光敏感的感光乳剂层，经显影后会显示黄染料色、品红染料色和青染料色（见 2.4 节）

在数字彩色摄影中，检测器阵列中的像素通常使用蓝、绿或红滤色片覆盖，因此得到的是不依赖于加色法三原色的单独记录（见 2.5 节）。

解译彩色图像时，分析人员必须记住图像上物体色彩间的关系、产生某种色彩的混色过程，以及在混色过程中所用三原色对应的传感器波长范围，只有这样才有可能后推景物上物体的光谱特点。例如，如果在计算机显示器的假彩色图像上物体呈黄色，则物体可以假设在显示器红色和绿色平面显示的波长上具有相对较高的反射率，而在显示蓝色的波长上具有相对较低的反射率（因为黄色是红色和绿色加色法混合的结果）。已知传感器的每个光谱波段的光谱灵敏度，分析人员就可以将彩色解译成由两个波段的高反射率和第三个波段的低反射率表征的光谱响应模式（见 1.4 节）。然后，分析人员利用这一信息就可得出假彩色图像中物体的性质和条件的结论。

1.12.6 图像解译的时间因素

自然现象的时间因素对于图像解译很重要，因为在一年中像植物生长和土壤湿度这些因素是不断变化的。对于作物识别，在年生长周期的几个时间点获取图像，可以得到更多正面的结果。

根据图像获取的时间观察本地植物的出现和衰退有助于自然植被制图。除了季节变化，天气也会导致重要的短期变化，因为在一天或两天内突然出现暴雨时，土壤湿度条件会发生很大的变化，因此图像获取的时间对于土壤研究非常重要。

另一个重要的时间因素是落叶照片和有叶（叶片生长）照片的比较。落叶条件更适合需要看到树下细节的应用，如地形制图和城市特征识别等应用。叶片生长时的条件更适合植被制图。图 1.32(a)是叶片生长时的照片，我们看不清树冠下面的地表细节。图 1.32(b)是落叶后的照片，与有叶的照片相比，树冠下面的地表细节要清晰得多。因为落叶照片一般在春天和秋天拍摄，因此与夏天拍摄的照片相比，图像上的阴影要长得多（阴影的长度会在一天的不同时间变化）。同时，这些照片上显示的生叶和落叶条件是在有很多落叶树的城市区域，落叶时间为秋季（落叶条件）。图像中的常绿树（右下方）常年保持针叶并投下黑影，因此这些树没有落叶条件。

图 1.32　俄勒冈州格莱斯顿地区有叶照片和落叶照片的比较：(a)夏季曝光的有叶照片；(b)春季曝光的落叶照片。比例尺为 1∶1500（俄勒冈州铁路公司许可）

1.12.7　图像空间分辨率和地面采样距离

每个遥感系统都有物体小到可被传感器从周围环境中分辨出来的限制，这一限制称为传感器的空间分辨率，它是传感器是否好到能记录空间细节的指标。在有些情况下，地面采样距离（GSD）或数字图像中单一像元所代表的地面区域，几乎完全对应于传感器的空间分辨率。在其他情况下，地面采样距离也可大于或小于传感器的空间分辨率，具体取决于模数（A/D）转换过程的结果或数字图像处理重采样的结果（见第 7 章和附录 B）。空间分辨率和地面采样距离之间的差别很小，但很重要。为简化起见，下面的讨论将数字图像的 GSD 视为传感器的空间分辨率，但要注意实际图像中的采样距离可以大于或小于空间分辨率。

图1.33在数字图像背景下，显示了传感器空间分辨率和地面景物空间可变性之间的相互作用。图 1.33(a)中的单个像元只覆盖很小的地面区域（约一行农作物的宽度）辐射。图 1.33(b)显示了较粗糙的地面分辨率，单个像元覆盖了多行农作物及这些作物间的土壤辐射。图 1.33(c)显示了更粗糙的分辨率，其中的单个像元覆盖了两块土地的平均辐射。因此，取决于传感器的空间分辨率和感知地面区域的空间结构，数字图像包含了许多“纯”像元和“混合”像元。一般来说，混合像元的百分比越大，在图像中记录和提取空间细节的能力就越受限制。图 1.34 中说明了这一情况，它是以不同地面分辨单元尺寸对同一区域成像的。

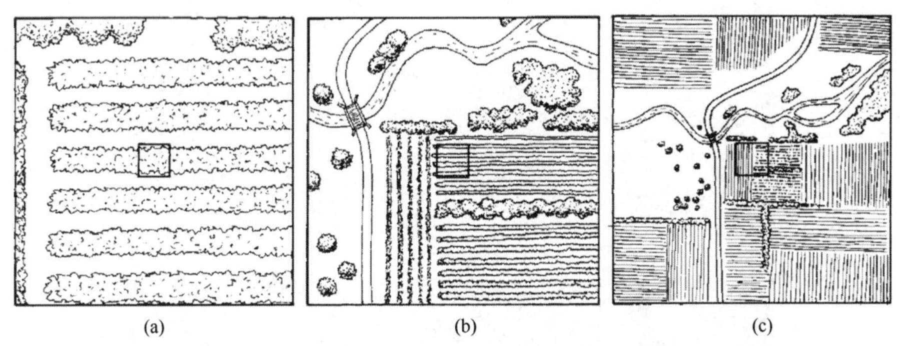

图 1.33　地面分辨像元尺寸的影响：(a)小地面分辨像元尺寸；(b)中等地面分辨像元尺寸；(c)大地面分辨像元尺寸

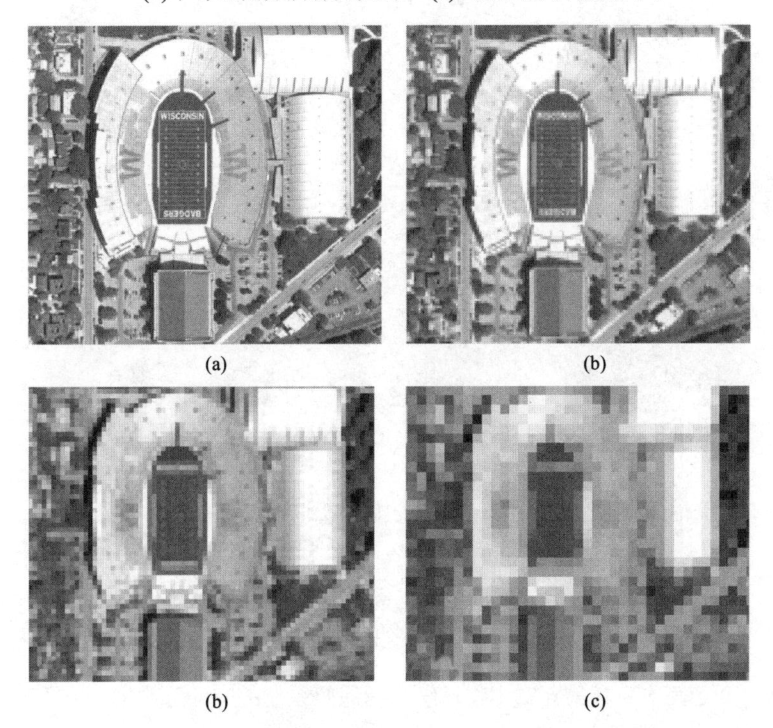

图 1.34　地面分辨像元尺寸对从数字图像中提取细节能力的影响。图中所示为威斯康星大学麦迪逊校区的一部分，包括 Camp Randall 体育场及其周边区域。（每个像元的）地面分辨单元尺寸如下：(a)1m；(b)2.5m；(c)5m；(d)10m；(e)20m；(f)30m。放大图像的地面分辨单元尺寸如下：(g)0.5m；(h)1m；(i)2.5m（威斯康星大学麦迪逊校区环境遥感中心和 NASA 附属研究中心项目许可）

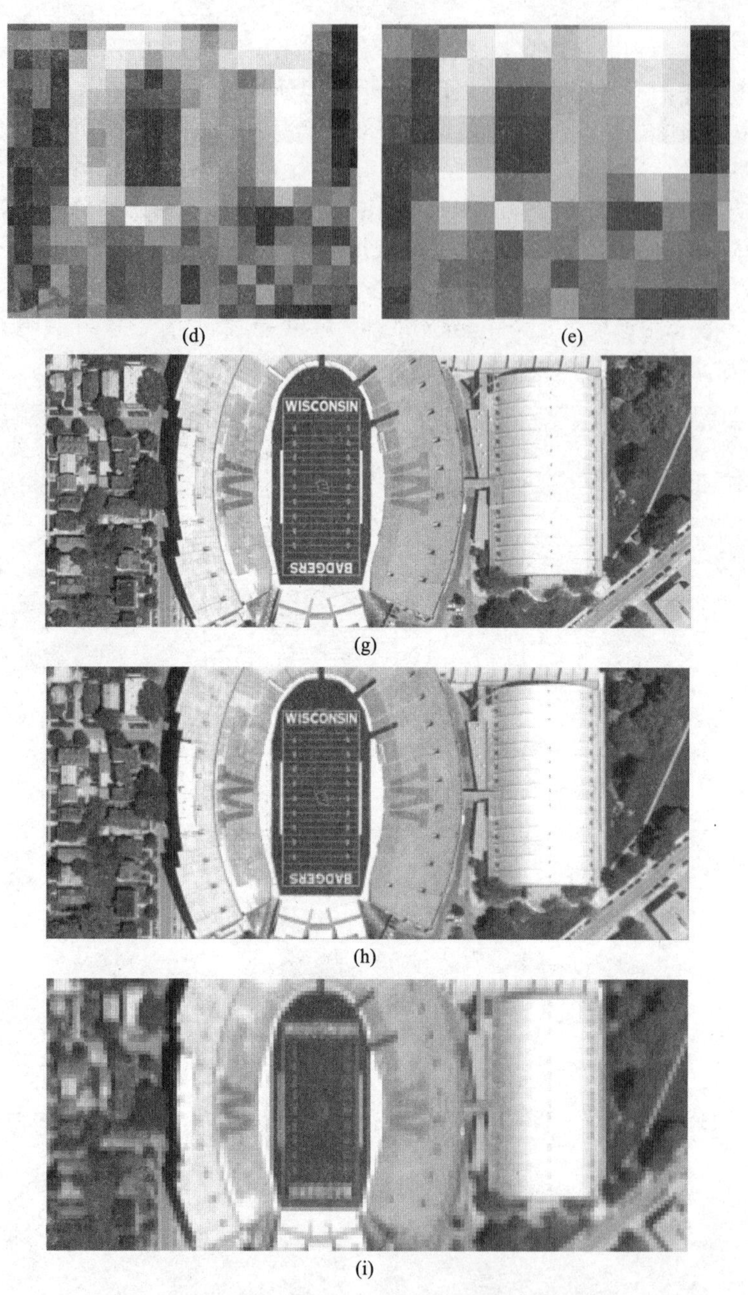

(d) (e) (g) (h) (i)

图 1.34（续） 地面分辨像元尺寸对从数字图像中提取细节能力的影响。图中所示为威斯康星大学麦迪逊校区的一部分，包括 Camp Randall 体育场及其周边区域。（每个像元的）地面分辨单元尺寸如下：(a)1m；(b)2.5m；(c)5m；(d)10m；(e)20m；(f)30m。放大图像的地面分辨单元尺寸如下：(g)0.5m；(h)1m；(i)2.5m（威斯康星大学麦迪逊校区环境遥感中心和 NASA 附属研究中心项目许可）

第 2 章、第 4 章、第 5 章和第 6 章中将详细介绍遥感系统的空间分辨率，包括确定空间分辨率的因素及测量或计算系统分辨率的方法。

1.12.8 图像解译中的其他重要分辨率

注意，遥感图像的重要特征还包括其他形式的分辨率，具体如下。

光谱分辨率。光谱分辨率是指基于不同地物的光谱特征来区分它们的传感器的能力。光谱分辨率取决于收集图像数据的传感器所用光谱波段的数量、波长位置和宽窄。任何传感器收集数据的波段可以是单个较宽的波段（*全色图像*）、几个较宽的波段（*多波段图像*）或许多非常窄的波段（*高光谱图像*）。

辐射分辨率。辐射分辨率是指传感器区分微小亮度变化的能力。传感器会细分“最亮”像元到“最暗”像元这一范围，使得像元在图像（*动态范围*）中记录为256个、512个或1024个灰度级。辐射分辨率越好，图像的质量和可解译性就越高（参见1.5节中对量化和数字量的讨论）。

时间分辨率。时间分辨率是指检测较短或较长时间段内地物变化的能力。这一术语常用于产生多幅时序图像的传感器。它可能是轨道重复周期为16天或26天的卫星系统，也可能是每小时定时获取图像来作为参考数据的三脚架摄影机。快速和/或重复覆盖区域的重要性会随应用的不同而不同。例如，在灾害响应应用中，时间分辨率就比其他分辨率重要。

在后几章中介绍新遥感系统时，读者要记住决定给定系统是否适合特定应用的这几种分辨率。

1.12.9 图像比例尺

3.3节详细讨论的*图像比例尺*会影响到从航空和航天影像中提取有用信息的级别。图像比例尺可视为图像上测量距离与地面对应距离间的关系。虽然关于图像比例尺的术语还未标准化，但我们通常认为比例尺小于或等于1∶50000的图像是*小比例尺*图像，比例尺在1∶12000和1∶50000之间的图像是*中比例尺*图像，比例尺大于或等于1∶12000的图像是*大比例尺*图像。

在数字数据的情况下，图像本身并没有固定的比例尺；但如前所述（包括图1.33和图1.34），它们有确定的地面采样距离，因此能以各种比例尺再现。当数字数据显示到计算机显示器上或硬拷贝输出时，这称为数字图像的*显示比例*。

本书的图题中会给出许多图像的硬拷贝显示比例尺，包括照片、多光谱和雷达影像，以便读者详细了解可从各种比例尺图像中提取的信息量。

各种影像比例尺在资源研究中的适用范围概括如下。小比例尺影像用于区域普查、大面积资源评估、普通资源管理规划和大面积灾害评估。中比例尺影像用于地物识别、分类，以及树种、作物类型、植被区域和土壤类型的制图。大比例尺影像用于特殊项目的重点监测，如由植物病虫害或树倒塌所致损害的调查。大比例尺图像还用于危险废弃物溢出的紧急事件反应、规划调查，以及与龙卷风、洪水、飓风相关的营救行动。

美国地质调查局（USGS）联合多个部门开展了国家高海拔摄影（NHAP）计划［后更名为国家航空摄影计划（NAPP）］。该计划提供覆盖美国全国的各种比例尺地图，比例尺有1∶80000、1∶58000（针对NHAP）和1∶40000（针对NAPP）。存档的NHAP和NAPP照片已被证明价值巨大，因此人们可持续获得中等比例尺的图像来支持大范围的应用。

美国国家农业影像计划（NAIP）获得了美国陆地生长旺季树叶覆盖的图像，这些图像发送到了美国农业部（USDA）的县服务中心，目的是检查农作物的种植是否合规及其他应用计划。NAIP图像通常用1～2m的GSD获得。1m GSD图像可提供更新后的数字正射影像。2m GSD图像的目的是支持USDA项目，该项目需要在农业生长季节获取当前影像，但精度不需要太高。NAIP摄影对许多非USDA应用也有价值，包括房地产、娱乐和土地利用规划。

1.12.10 图像解译过程

图像解译并没有某种适用于所有情形的正确途径。特殊图像产品和解译设备只会部分地影响某一特殊解译任务的进行。除了这些因素，特定任务决定了所用的图像解译过程。许多应用只要求图像分析人员分辨并统计研究区内出现的各个孤立物体，譬如对车辆、居民住宅、休闲船只或动物等计数。图像解译过程的其他应用通常涉及异常情况的识别，譬如找出老化系统、河流污染源、受病虫害入侵的林地或具有重要考古意义的地点，图像分析人员可能需要做大面积的调查来寻找这样的物体。

许多图像解译应用需要描绘整个影像中的不连续面积单元。例如，土地利用、土壤类型或森林类型的制图，要求解译者描绘出某种类型的区域与其他类型的区域之间的边界线。如果边界线不是离散边界而是“模糊边界”或一种类型向另一种类型的梯状变化时，任务的完成就会有问题，土壤和自然植被这种自然现象的边界通常就是这种边界。

在解译者着手描绘遥感影像的不连续面积单元之前，必须明确两个非常重要的问题。第一个问题是用于区分影像上不同物体的分类系统或标准。例如，在绘制土地利用图时，解译者需要明确使用哪个特征来确定哪些地方是“居民区”“商业区”或“工业区”。同理，在森林类型图的绘制过程中，也要明确是用特定品种、高度还是用树冠密度级别来定义区域的组成。

第二个问题是，如何选择处理所用的最小制图单元（MMU），即制图时的最小面积实体。MMU 的选择决定了解译结果的详细程度，如图 1.35 所示。图 1.35(a)中的小 MMU 解译结果与图 1.35(b)中的大 MMU 解译结果相比更详细。

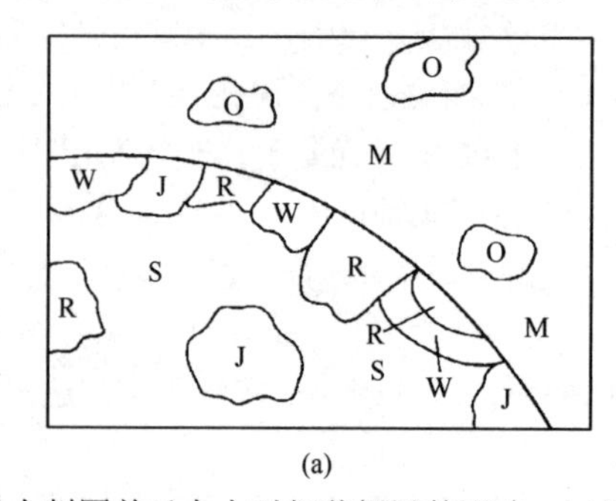

(a)

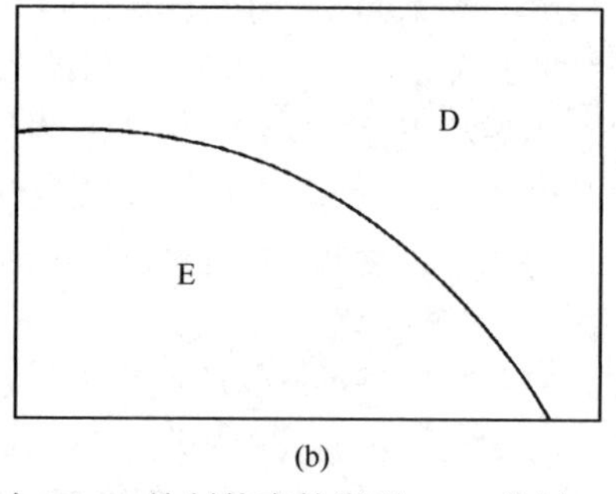

(b)

图 1.35　最小制图单元大小对细节解译的影响：(a)以小 MMU 绘制的森林类型：O，橡树；M，枫树；W，雪松；J，短叶松；R，赤松；S，云杉。(b)以大 MMU 绘制的森林类型：D，落叶林；E，常绿林

明确分类系统和 MMU 后，解译者就可以描绘地物类型之间的边界线。经验表明，首先要绘制对比明显的类型，并遵循从一般到特殊的原则。例如，在土地利用类型制图中，最好首先把“城市”从“水体”和“农用地”中区分开来，然后利用每种类型中的细微差别来细分该类型。

在某些应用中，解译者可将形态区作为绘制过程的一部分。形态区是指具有相同色调、纹理和其他影像特征的区域。开始绘制时，可能不知道这些地区地物类型的一致性，这时可通过野外观察或地面实况来检验每个地区的特点。遗憾的是，形态区的外观与感兴趣制图类型之间并不总是一一对应的。但作为解译过程的一种分层手段，形态区的描绘在某些应用中很有用，譬如植被制图（形态区常与感兴趣的植被类型相对应）。

1.12.11　目视解译的基本设备

目视图像解译设备的用途通常为如下之一：观察图像、测量图像、执行解译任务，以及将解译后的信息转移到底图或数据库中。下面介绍观察图像和转移解译后的信息的基本设备，第 3 章中将介绍图像测量和制图设备。

航空照片的解译过程一般要采用立体观察方式来获得地面的三维视图，有些航天影像也要用到立体分析。我们采用双目观察方式，因此可能会产生立体效果，因为相隔较短距离的双眼会连续地从两幅略有差别的透视图来观察世界。当景观中的物体处于远近不同的距离时，每只眼睛看到的景物是有差别的。这种视差经过大脑加工和分析后就产生了景深。因此，双眼产生的两种视图就使得我们看物体时有了立体感。

垂直航空照片通常是沿航线至少重叠50%的区域来连续成像的（见图3.2）。这种重叠提供了来自不同方位的两个视图。使用左眼观看像对中的左侧图像，使用右眼观看像对中的右侧图像，就能看到地表的三维景象。这种立体观察过程可以利用传统的立体镜或计算机显示器上的各种立体观察方法进行。本书中包含了许多立体像对或立体图，可以用图1.36所示的立体镜观察其立体效果。本书立体图中对应像点间的平均距离约为58mm。由于各点的高度不同，实际间距会有些差别。

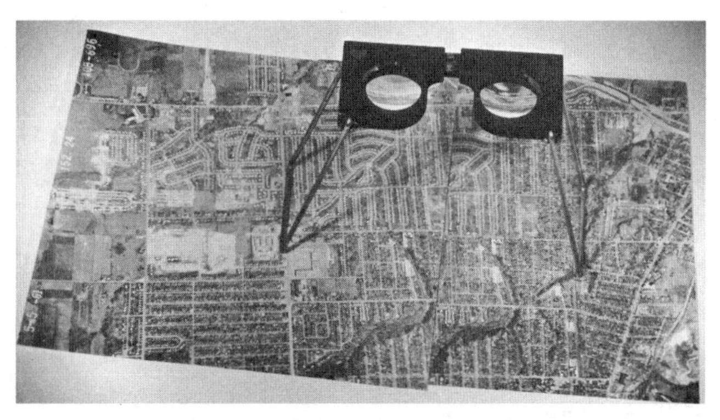

图1.36　简单的立体镜

立体观察图像时，图像会有明显的垂直放大，这是由立体模型的垂直比例尺和水平比例尺之间的明显差异导致的。垂直比例尺显得比水平比例尺大，因此立体模型中的物体会显得相对较高，类似的效果是立体模型中的斜坡的坡度要比实际的更陡峭（第3章中将详细介绍这一垂直放大的几何术语和概念）。

导致垂直放大的原因很多，但主要原因是最初飞行中的摄影基高比 B/H'［见图3.24(a)］不等于办公室中的立体观察基高比 b_e/h_e（见图1.37）。在立体模型中得出的垂直放大值约为这两个比值的比值。摄影基高比是指两个摄站之间的空中距离与平均地形高程上方的飞行高度之比。立体观察基高比是指观察者的双眼间距（b_e）与所感知立体模型至眼睛的距离（h_e）之比。得到的垂直放大值VE近似为摄影基高比与立体观察基高比的比值，即

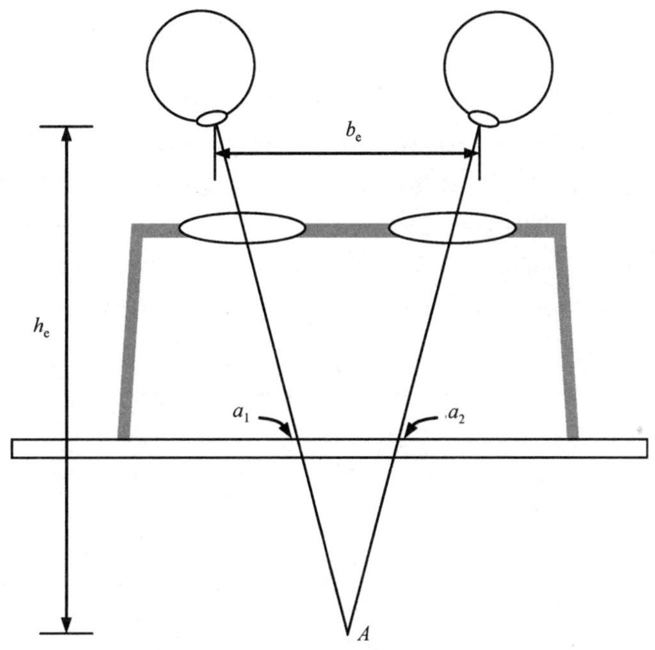

图1.37　观察立体模型时产生垂直放大的主要原因。摄影时的摄影基高比不等于使用立体镜观察时的立体观察基高比

$$\mathrm{VE} \approx \frac{B / H'}{b_e / h_e} \tag{1.10}$$

对大多数观察者而言，$b_e/h_e = 0.15$。

简而言之，垂直放大值直接随摄影基高比的变化而变化。

尽管垂直放大经常误导图像解译的初学者，但在解译过程中它很重要，原因是垂直放大可更快地确定图像中物体高度的微小变化。如第 3 章所述，较大的基高比还可提升对垂直航空照片所做的许多摄影测量的质量。

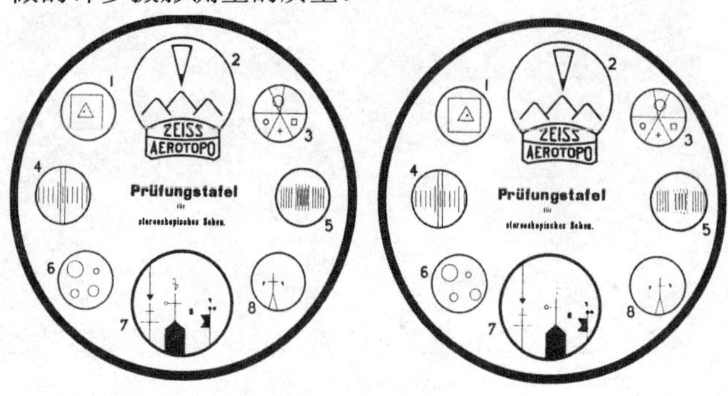

图 1.38　立体视觉测试（Carl Zeiss 公司许可）

图 1.38 可用于测试立体视觉。使用立体镜观察该图时，各个圆环和其他物体与观察者之间的距离看起来会不同。读者的立体观察能力可以通过填写表 1.3 来测评（答案见表中的第二部分）。单眼视力较弱的人无法进行立体观察，即观察本书中的立体图时看不到三维立体效果。但许多主要用单眼进行观察的人却成了出色的图像解译者。事实上，许多解译方式要依靠某些基本设备使用单眼观察，如手持式放大镜或管式放大镜（安装在透明支架上的 2×～10×镜头）。

有些人不用立体镜就能观察到本书中的立体图，办法是将书拿到离眼睛 25cm 处，让每只眼睛直视前方（就如看无限远处的物体），同时将目光聚焦在立体图上。当两幅图像汇聚成一幅图像时，立体图就有了立体效果。大部分人发现没有合适立体镜的立体观察会使得眼睛过于疲劳，但没有立体镜时这也不失为一种可用的技术。

类似的立体镜有几种类型，有的采用透镜，有的组合使用透镜、反光镜和棱镜。图 1.36 所示的透镜式立体镜便于携带且相对较便宜。多数立体镜是可折叠支架的小型设备。透镜的间距可根据不同人的两眼间距在 45～75mm 之间调节。透镜的放大倍数一般为 2 的幂，但可加以调整。小型透镜式立体镜的主要缺点是，图像必须放在下方相当靠近透镜的位置。原因是，如果不抬高一张照片的一侧，解译者就不能观察到重叠航空照片所包括的整个立体区域。观察硬拷贝立体图像对的先进设备有反光立体镜（较大立体镜组合使用棱镜和反光镜来分离每位观察者眼睛的视线）和可变焦立体镜，它们是可以不同放大倍数来观察立体像对的昂贵且精密的设备。

随着观察和分析数字图像的数字影像与软件的增加，在非野外的实验室中，模拟立体镜已被各种用于立体观察的计算机硬件配置取代。这些设备将在 3.10 节中讨论。

表 1.3　图 1.38 的立体视觉测试

部　分　I			
圆环 1～8 内是高度看起来不同的图案。“1”表示最高高程，请写出各个图案的高度顺序。两个或更多图案的高度可能相同，此时对具有相同高度的图案使用相同的数字。			
圆　环　1		圆　环　6	
正方形	（2）	左下圆环	（ ）
边缘圆环	（1）	右下圆环	（ ）
三角形	（3）	右上圆环	（ ）
点	（4）	左上圆环	（ ）
		边缘圆环	（ ）

续表

部分 I			
圆环 7		圆环 3	
有球的黑旗	( )	正方形	( )
边际环	( )	边缘圆环	( )
黑色圆圈	( )	十字	( )
箭头	( )	左下圆环	( )
带十字架的塔	( )	左上圆环	( )
双十字	( )		
黑色三角形	( )		
黑色长方形	( )		
部分 II			
给出圆环 1～8 的相对高程			
( ) ( ) ( ) ( ) ( ) ( ) ( ) ( ) 最高　　　　　　　　　　　　最低			
部分 III			
画出表示单词 PRUFUNGSTAFEL 和句子 STEREOSKOPISCHES SEHEN 中字母相对高度的剖面图			

P R U F U N G S T A F E L　　S T E R E O S K O P I S C H E S　　S E H E N

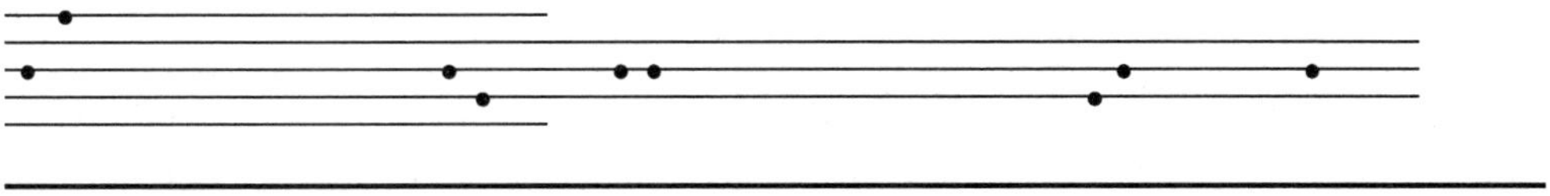

（根据立体视觉测试回答）

圆环 1		圆环 6	
正方形	(2)	左下圆环	(4)
边缘圆环	(1)	右下圆环	(5)
三角形	(3)	右上圆环	(1)
点	(4)	左上圆环	(3)
		边缘圆环	(2)
圆环 7		圆环 3	
有球的黑旗	(5)	正方形	(4)
边缘圆环	(1)	边缘圆环	(2)
黑色圆圈	(4)	十字	(3)
箭头	(2)	左下圆环	(1)
带十字架的塔	(7)	左上圆环	(5)
双十字	(2)		
黑色三角形	(3)		
黑色长方形	(6)		
部分 II			
(7) (6) (5) (1) (4) (2)[a] (3)[a] (8) 最高　　　　　　　　　　　最低			
部分 III			

P R U F U N G S T A F E L　　S T E R E O S K O P I S C H E S　　S E H E N

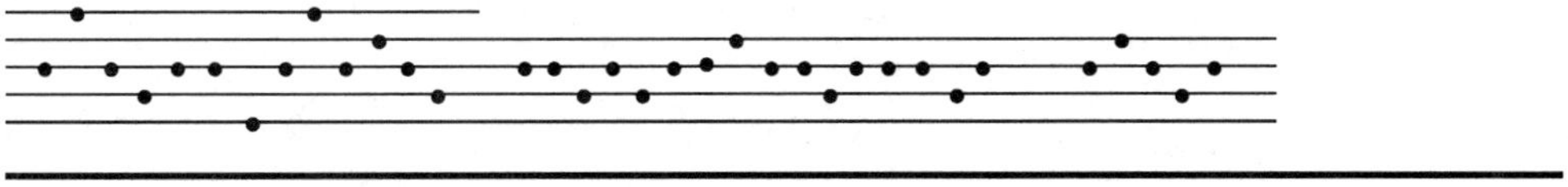

圆环 2 和圆环 3 的高程相同。

1.12.12 目视图像解译与计算机图像处理的关系

近年来，人们越来越重视使用基于计算机的定量处理方法来分析遥感数据。就像第 7 章中所述的那样，这些方法正变得越来越精确和有效。但计算机在评价许多可视“线索”的能力上仍有局限性，而解译者很容易发现如图像特征这样的线索。因此，目视解译与数字技术可以互为补充，要针对具体应用来考虑最合适的方法（或综合使用两种方法）。

本节中关于目视图像解译的讨论非常简单。如本节开始时提到的那样，图像解译的技能最好是源自对许多图像解译经验的交互式学习。本书随后的几章中会提供许多遥感图像的实例，包括航空照片和合成孔径雷达图像。希望读者能应用本节讨论的原理和概念来解译图像呈现的特征和现象。

第 2 章

摄影系统原理

2.1 引言

航空摄影是最普通、最常用和最经济的一种遥感形式。过去的大多数航空摄影都是胶片摄影，但近年来数字摄影已成为获取影像的主要方式。本章中除非特别指出，否则在使用术语“航空摄影”时，专指胶片和数字航空摄影。与地面观测相比，航空摄影的主要优点如下。

（1）**鸟瞰性观测**。在空间环境中观测地面要素时，航空摄影能提供大面积的鸟瞰图。简而言之，航空摄影可让我们看到待观察地物的“大幅图像”。要用普通的地面观察来获得如此大面积的环境图，即使可行，往往也比较困难。航空摄影的另一个优点是，能把地面上所能观察到的各种要素同时记录在“一幅完整的图”上。不同专业的人，可从一张照片中获取不同的信息，譬如水文学家关心的是地表水体，地质学家关心的是基岩构造，农业学家关心的是土壤或作物类型等。

（2）**记录动态现象**。与人眼不同的是，照片能用图像形式“定格”动态现象。例如，航空照片在研究洪水、野生生物群、交通、溢油和森林火灾等动态现象时是非常有用的。

（3）**永久性记录**。航空照片实际上是现状的永久性记录，因此人们有充分的时间来仔细研究这些记录，并在室内而非野外现场进行探讨。同一幅图像可供多个用户研究。航空照片也可与此前获取的类似资料进行比对，从而监测同一地表在不同时间发生的变化。

（4）**扩展肉眼的光谱灵敏度**。采用摄影方式，可探测到肉眼看不到的紫外和近红外能量，并以图像的形式记录下来；因此胶片能看到人眼所看不到的某些现象。

（5）**提高空间分辨率和几何保真度**。在摄影机、传感器和飞行参数选用得当的前提下，航空摄影与普通目测方式相比，可在照片上记录更多的空间细节。另外，当合适的地面参考资料充足时，还能从航空照片上获得准确的位置、距离、方位、面积、高度、体积和坡度等数据。

本章和接下来的两章将详细介绍航空摄影的上述特征。本章介绍获取航空照片所用的各种材料与方法。第 3 章介绍如何使用航空照片进行测量与成图。

2.2 航空摄影的早期历史

Nicephore Niepce、William Henry Fox Talbot 和 Louis Jacques Mande Daguerre 于 1839 年公开了他们首创的摄影工艺，这标志着摄影学的诞生。巴黎天文台台长 Argo 在 1840 年就主张利用摄影来进行地形测量。已知的第一张航空照片由巴黎摄影师 Gaspard-félix Tournachon 于 1858 年拍摄，当时他乘坐名为 Nadar 的系留气球拍摄了法国比弗雷的照片。

作为获取气象资料的工具，风筝在 1882 年前后的航空摄影中开始得到使用。英国气象学家 E. D. Archibald 利用风筝拍摄了第一张航空照片。1890 年，巴黎的 A. Batut 出版了该领域的一本最新教科书。20 世纪初，美国风筝摄影师 G. R. Lawrence 一夜成名；1906 年 5 月 28 日，即旧金山大地震引发火灾大约 6 周后，他拍摄了旧金山的照片［见图 2.1(a)］。当时，他利用军舰上升起的 17 个风筝，将视角约为 130° 的自制全景摄影机升到了旧金山湾 600m 的高空。他还为所用的大摄影机设计了一个稳定装置，据报道，该装置的质量达 22 千克，使用了 0.5～1.2m 的赛璐珞胶片底片（Baker，1989）。图 2.1(b)显示了该摄影机记录的令人印象深刻的地物。

(a)

(b)

图 2.1 1906 年 5 月 8 日，G. R. Lawrence 在旧金山地震引发火灾约 6 周后拍摄的照片“旧金山废墟”：(a)照片拍摄时太阳在右上角，记录了低太阳高度角产生的逆光；(b)照片(a)中心偏左一小片区域（距左边 4.5cm，距底边 1.9cm，可以看到明亮的烟流）的放大。从这张放大照片中很容易看出该片区域中不同建筑物的受损情况（美国国会图书馆提供）

飞机发明于 1903 年，但当时它还不是搭载摄影机的平台，直至 1908 年 Wilbur Wright 的一位摄影师首次利用飞机拍摄电影（Le Mans，France）。与利用风筝和气球相比，利用飞机来获得航空照片要方便得多，因此第一次世界大战期间利用飞机进行了大量的军事侦察，拍摄了数量超过百万张的航空侦察照片。第一次世界大战结束后，前军人摄影师成立了航空调查公司，使得航空摄影在美国开始广泛传播。1934 年，美国成立了专业的美国摄影测量协会（现为美国摄影测量与遥感协会），进一步推动了该领域的发展。

1937 年，美国农业部农业稳定与保护局根据重复性原则开始在国内对挑选的各县进行摄影。

第二次世界大战期间，为获取德国火箭发射地点并分析盟军的轰炸效果，在距伦敦 56km 的某地，一个训练有素的解译团队分析了数千万张立体航空照片，并使用立体绘图仪从航空影像中获取了准确的测量值（见 3.10 节）。

如今，美国和其他国家自 20 世纪 30 年代以来的这些航空摄影胶片档案已成为监测景观变化的无价之宝。在这些胶片记录一直被人们利用的同时，数字摄影机开始逐渐成为记录的新来源。胶片航空摄影机到数字航空摄影机的转变，用了大约十年时间。民用数字摄影机的发展始于 20 世纪 90 年代。首种广泛使用的数字航空摄影机在 2000 年于荷兰阿姆斯特丹举办的国际摄影测量与遥感学会大会上问世。如今已有十几家数字航空摄影机生产商，与胶片相比，数字采集流程的优势也非常明显。但接下来的讨论涉及胶片和数字摄影系统，原因是人们仍在使用许多胶片摄影系统，而为了便于未来进行数字分析，很多历史胶片照片现在正在用扫描密度计扫描的方法转换成数字格式。因此，了解各种应用中这些影像的基本特征非常重要。

2.3 摄影基础

胶片和数字摄影机的基本理论类似。本节介绍简单摄影机、焦距、曝光，以及影响胶片曝光的几何因素与滤色片。

2.3.1 简单摄影机

早期摄影所用的摄影机是一个不透光的匣子，匣子的一端有一个针孔，另一端则是感光材料［见图 2.2(a)］。胶片的曝光量由光线通过针孔的时间长短来控制。当时，由于所用摄影材料的感光度低，且针孔的聚光能力有限，曝光往往需要数小时。此后，单透镜摄影机替代了针孔摄影机［见图 2.2(b)］。透镜替代针孔，增大了聚集被摄物体的反射光来形成影像的孔径，因此在给定的时间内就有更多的光线到达胶片。除了透镜，还有可调节的光圈和能变换速度的快门。光圈用于控制胶片曝光时透镜孔径的大小，而快门则用于控制曝光时间。

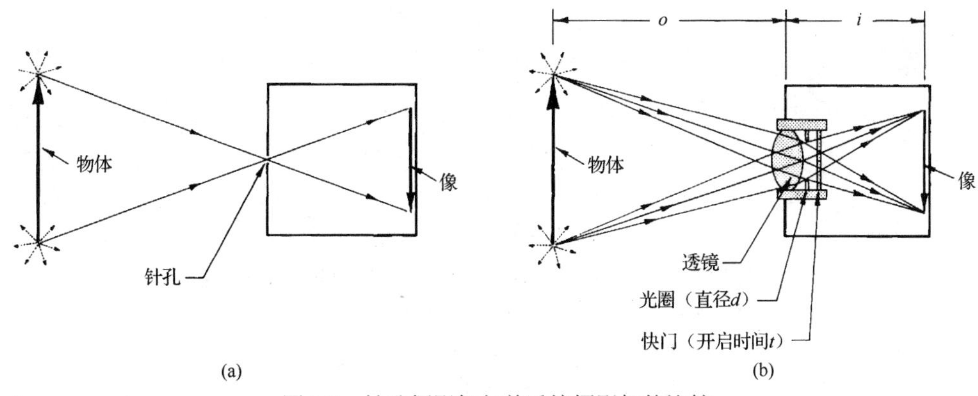

图 2.2　针孔摄影机与单透镜摄影机的比较

从构思而言，现代可调摄影机的设计与性能与早期的单透镜摄影机区别不大。要使用此类设备拍摄出清晰且感光适度的照片，须正确聚焦和曝光。下面分别介绍这两种操作。

2.3.2 聚焦

摄影机的聚焦包含三个参数：摄影镜头的焦距 f、物距（透镜与被摄物体之间的距离）o 和像距（透镜和像面之间的距离）i。镜头的焦距是指通过镜头的平行光线（无限远处物体发出的光可视为平行光）汇聚于一点时，该点到透镜的距离。物距 o 和像距 i 参见图 2.2(b)。摄影机聚焦合适时，焦距、物距与像距三者之间的关系为

$$\frac{1}{f}=\frac{1}{o}+\frac{1}{i} \tag{2.1}$$

对于给定的镜头，焦距 f 是一个常数，而物距 o 改变时，像距 i 也相应地发生改变。调节办法是伸缩摄影机透镜与胶片（或传感器）平面间的距离。若被摄物体能在某点处聚焦，则在该点前后的某个范围内均能形成清晰的影像，这一范围通常称为景深。

在航空摄影中，物距无限远，因此式（2.1）中的 $1/o$ 可视为 0，此时 i 等于 f，所以大多数航空摄影的胶片平面准确地位于到镜头的固定距离 f 处。

2.3.3 曝光

摄影机胶片平面上任意一点的曝光量[①]由该点的辐照度与曝光时间之积决定：

$$E=\frac{sd^2t}{4f^2} \tag{2.2}$$

式中：E 为胶片的曝光量，单位为 $\mathrm{Jmm^{-2}}$；s 为景物亮度，单位为 $\mathrm{Jmm^{-2}s^{-1}}$；d 为透镜孔径，单位为 mm；t 为曝光时间，单位为 s；f 为透镜焦距，单位为 mm。

由式（2.2）可以看出，对给定的摄影机和景物而言，胶片的曝光量可通过改变曝光时间 t 和/或透镜孔径 d 来调节。通过 d 和 t 的不同组合，可得到相同的曝光量。

【例 2.1】摄影机镜头焦距为 40mm，现用 5mm 透镜孔径和曝光时间 1/125s 正确曝光胶片（条件 1）。当透镜孔径增大到 10mm 时，要实现同样的曝光量，曝光时间（条件 2）是多少？

解：要使条件 1 和条件 2 保持同样的曝光量，则需要

$$E_1=\frac{s_1d_1^2t_1}{4f_1^2}=\frac{s_2d_2^2t_2}{4f_2^2}=E_2$$

约去常数得

$$d_1^2t_1=d_2^2t_2 \quad 或 \quad t_2=\frac{d_1^2t_1}{d_2^2}=\frac{5^2}{10^2}\cdot\frac{1}{125}=\frac{1}{500}\mathrm{s}$$

将光圈调到特定的位置（光圈系数），可调节摄影机透镜的孔径。光圈系数 F 定义为

$$F = 镜头焦距/透镜孔径 = f/d \tag{2.3}$$

由式（2.3）可以看出，光圈系数越大，透镜孔径越小，胶片曝光量减少，因为透镜孔径开启的面积与直径的平方成正比，曝光量随光圈系数的变化与光圈系数的平方根成正比。一般来说，曝光时间以 2 的倍数增长（曝光时间为 1/125s, 1/250s, 1/500s, 1/1000s, …），因此光圈系数与 2 的平方根成正比（即 $f/1.4, f/2, f/2.8, f/4, \cdots$）。当光圈系数为 2 时，写为 $f/2$。

摄影爱好者非常熟悉光圈系数与曝光时间之间的关系。要保持一定的曝光量，若曝光时间加快，就要相应地调整光圈系数的值。例如，使用曝光时间 1/500s 与光圈系数 $f/1.4$ 得到的曝光量，和使用曝光时间 1/250s 与光圈系数 $f/2$ 得到的曝光量实际上是相同的。在拍摄移动物体（或航空摄影常采用的移动摄影机）时，宜采用较快的曝光速度来实现“定格”，以避免成像模糊。较大的光圈（即较小的光圈系数）可让更多的光线入射到胶片上，适用于暗弱光照条件。光圈越小（即光圈系数越

---

① 曝光量的国际通用符号为 H，为了避免混淆曝光量 H 与航高 H，在摄影系统的讨论中使用 E 来表示曝光量；在其他处，E 表示“发光”的国际通用符号。

大)，景深越大。与最大透镜孔径开启直径对应的光圈系数称为透镜速率，摄影机镜头的光圈越大(即光圈系数越小)，透镜速率“越大”。

使用光圈系数时，式(2.2)可以简化为

$$E=\frac{st}{4F^2} \tag{2.4}$$

式中，$F=f/d$。

式(2.4)明确地给出了曝光量、景物亮度、曝光时间和光圈系数之间的关系。实现相同的胶片曝光量时，这一关系可代替式(2.2)来确定不同的光圈系数和快门的调节速度。

【例 2.2】设光圈系数调至$f/8$，当曝光时间为 1/125s 时，胶片曝光适度(条件 1)。若光圈系数调至$f/4$，要获得同样的曝光量，曝光时间(条件 2)是多少?

解：要使条件 1 和条件 2 保持同样的曝光量，需要

$$E_1=\frac{s_1t_1}{4F_1^2}=\frac{s_2t_2}{4F_2^2}=E_2$$

约去常数得

$$\frac{t_1}{F_1^2}=\frac{t_2}{F_2^2}$$

进而得

$$t_2=\frac{t_1F_2^2}{F_1^2}=\frac{1}{125}\cdot\frac{4^2}{8^2}=\frac{1}{500}\text{s}$$

2.3.4 几何因素对胶片曝光的影响

拍摄地区景物的亮度值存在差异是在胶片上形成图像的先决条件。在航空摄影中，理想情况下这种差异仅与地物种类和/或条件差异有关。这一假设已做了很大的简化，因为很多与地物种类和条件无关的因素同样会影响曝光量。这些因素既影响曝光度，又与地物种类和条件无关，因此称为额外影响。额外影响包括两种常见形式：几何影响和大气影响。大气影响已在 1.3 节和 1.4 节中介绍，此处仅讨论胶片曝光的主要几何影响。

对胶片曝光最重要的几何影响是曝光色散(曝光散开)。这种外部作用会因像点与中心距离的不同而使得焦平面的曝光度不同。色散会使得空间上具有相同反射率(又称反射比)的地物无法在焦平面上产生空间上均匀的曝光效果。对于均匀的地面场景，焦平面上的曝光在胶片的中心处最强，离中心的距离越远，曝光越弱。

色散的产生原因如图 2.3 所示，图中显示了地表亮度相同的假设场景所产生的胶片。直接来自光轴上某点的一束光，在胶片上的曝光量 E_0 与透镜孔的面积 A 成正比，与透镜焦距的平方 f^2 成反比。偏离光轴 θ 角的点的曝光量 E_θ 比 E_0 小，原因有三：

(1) 远离光轴区域成像时，有效的透镜孔的聚光面积 A 与 $\cos\theta$ 成比例地减小(即 $A_\theta=A\cos\theta$)。

(2)摄影透镜到焦平面的距离 f_θ 与 $1/\cos\theta$ 成正比，

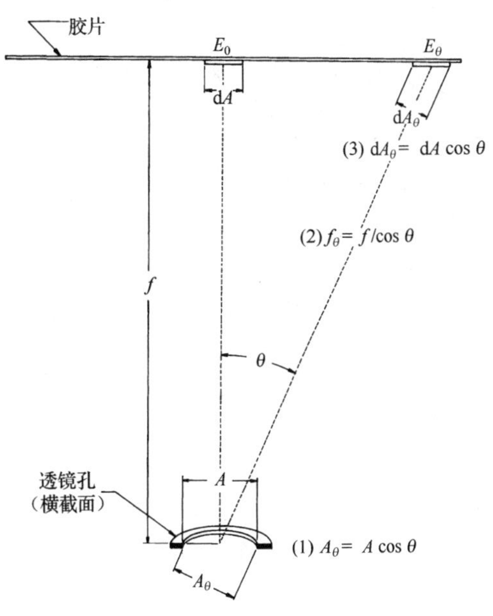

图 2.3 产生曝光色散的因素

即 $f_\theta = f/\cos\theta$。因为曝光量与该距离的平方成反比，所以与 $\cos^2\theta$ 成比例地减小。

（3）胶片面元的有效尺寸 dA 偏离光轴时，在垂直于光束的方向上的投影面积与 $\cos\theta$ 成比例地减少，即 $dA_\theta = dA\cos\theta$。

以上各种影响对胶片上远离光轴的点的曝光量，理论上的减少值是

$$E_\theta = E_0\cos^4\theta \tag{2.5}$$

式中：θ 是光轴与射向远离光轴的点的光线之间的夹角；E_θ 是远离光轴的点的胶片曝光量；E_0 是光轴上的点的曝光量。

上式给出的系统影响，综合了不同透镜透射率和摄影光学虚光照效应。虚光照指由摄影机透镜和其他光圈表面产生的内部阴影。虚光照效应会因不同的摄影机而不同，也会因给定摄影机光圈设置的不同而不同。

色散和虚光照通常使用抗虚光照滤色片来缓解。未使用此类滤色片时，或此类滤色片未能完全抵消曝光偏差时，解决办法之一是使用校正模型来校正偏离光轴的点的曝光量（按照片中心点的值对偏离光轴的点进行归一化处理）。校正模型通过摄影机的辐射校准来完成（针对给定的光圈系数）。这种校正实质上涉及拍摄一个亮度均匀的景物，测量各个 θ 角的曝光量，找出色散关系。对于大多数摄影机，这种关系为

$$E_\theta = E_0\cos^n\theta \tag{2.6}$$

现代摄影机的真实色散特性达不到理论上的 $\cos^4\theta$，因此上式中 n 的取值范围通常为 1.5～4。远离光轴的点的曝光量的调整，要按照特定摄影机的色散特征来进行。

数码相机有一个特殊的焦平面曝光变量来源——*像素渐晕*，因为大多数数码相机传感器在单个像素级别上都是角度依赖的。光线以垂直角度入射到传感器上产生的信号要优于斜角入射时产生的信号。大多数数码相机都有一个内部图像处理单元，用于校正诸如此类的自然、光学和机械虚光照效应。这些校正过程通常发生在将原始传感器数据转换成标准格式（如 TIFF 或 JPEG 格式）数据的过程中。

场景中物体的位置也会影响曝光结果，详见 1.4 节中的描述。

2.3.5 滤色片

使用滤色片，可以选择性地把景物反射的能量根据所需的波长记录到胶片上。滤色片由透明的材料（玻璃或明胶）制成，它通过吸收或反射作用来消除或减少入射到胶片上的摄影波段的能量。滤色片通常置于摄影机透镜前面的光路上。

航空摄影机的滤色片主要是有机染料玻璃片或干明胶膜片。滤色片通常按柯达雷登滤色片分类号来区分，因此形态繁多且光谱性能不一，在已使用的光谱滤色片中，吸收型滤色片最常用。顾名思义，这种滤色片能吸收和透过特定波长的能量。例如，黄滤色片可吸收蓝色能量而透过绿色能量和红色能量。绿色和红色能量组成黄色光，在白色光照下，可透过这种滤色片看到黄色光［见彩图 3(b)］。

结合使用吸收型滤色片与胶片滤色片，可以区分主要光谱区及响应模式类似的光谱区。例如，在可见光谱区观察时，两个不同物体的颜色看起来可能相同，但在紫外区或近红外区观察时，可能会出现不同的反射特性。

图 2.4 显示了天然草皮和人造草皮的平均光谱反射率曲线。人造草皮已染成绿色，因此从表面上看它与天然草皮类似；同时，这两种草皮的蓝光、绿光、红光区的反射率相似。但与人造草皮相比，天然草皮在红外区的反射很强。图 2.5 显示了采用不同波段摄影后，人造草皮和天然草皮的区别。图 2.5(a)是用全色片拍摄的天然草皮和人造草皮，它们的色调相似。图 2.5(b)是用黑白红外胶片加上只能通过 0.7μm 以上波长入射能量的滤色片拍摄的，图中天然草皮的色调非常

淡（高红外反射率），人造草皮的色调较暗（低红外反射率）。拍摄时使用的滤色片可在特定波长下选择性地吸收能量，因此称为短波长遮挡滤色片或高通滤色片。

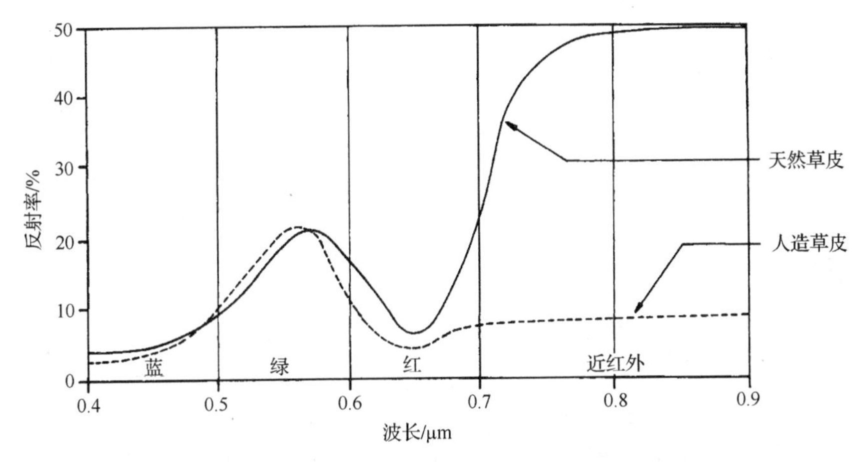

图 2.4　天然草皮和人造草皮的平均光谱反射率曲线

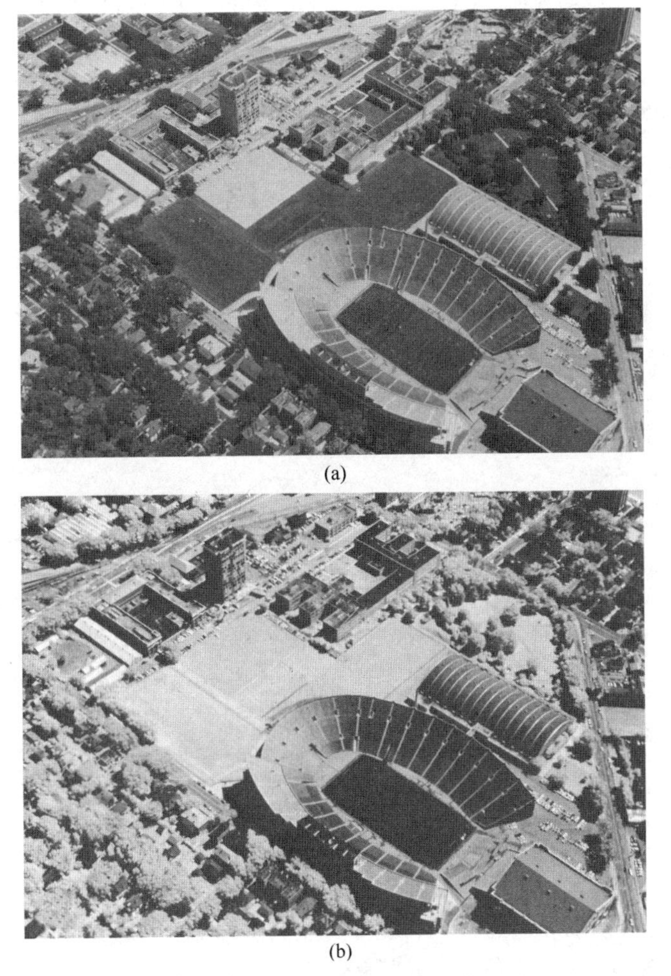

(a)

(b)

图 2.5　同步航空倾斜拍摄的航空照片显示了区分地物的滤色效果。在全色片(a)上，天然草皮和人造草皮的色调相似；(b)是用黑白红外胶片加上只能通过 0.7μm 以上波长入射能量的滤色片拍摄的，天然草皮的色调很淡，而人造草皮的色调呈深暗色

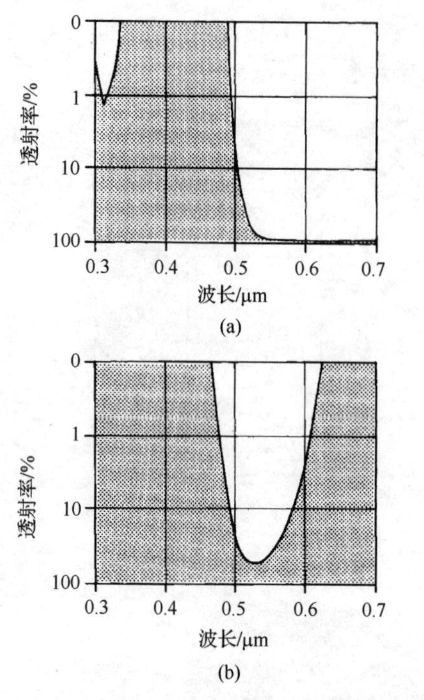

图 2.6　航空摄影中常用滤色片的典型光谱透射曲线：(a)典型高通滤色片（Kodak Wratten No.12）；(b)典型带通滤色片（Kodak Wratten No. 58）（摘自依斯曼·柯达公司，1992）

使用带通滤色片可记录光谱中某个狭窄波段的能量。这种滤色片能遮挡特定波段范围前、后的波长区。典型遮挡滤色片和带通滤色片的光谱透射曲线如图 2.6 所示。同时使用几种遮挡滤色片和带通滤色片，可以选择性地在不同胶片上拍摄不同波段的影像。

在实际应用中，可供选择的滤色片很多。厂商对每种滤色片的光谱透射性能均提供产品说明（依斯曼·柯达公司，1990）。注意，市面上目前还没有低通吸收型滤色片。需要短波透射时，须使用干扰滤色片。这种滤色片可反射而非吸收那些不需要的能量，通常在需要极窄带通特性的情况下使用。

防晕滤色片常用于改善整个画面曝光的均匀性。如前所述，离照片中心部位越远，照明越弱。为了抵消照明上的这种衰减，人们设计了防晕滤色片，这种滤色片能强烈吸收中心部位的光亮，而越往镜片边缘，透明度越大。在实际使用中，为了减少滤色片的数量和因过多使用滤色片而造成镜片与镜片之间可能出现的反射，人们在生产防晕滤色片时，往往将其加工成同时有去雾与吸收功能的多效能滤色片。

人们有时会在摄影中使用偏振滤色片。非偏振光会在垂直于传播方向的各个方向上振动。如图 2.7 所示，线性偏振滤色片仅传播一个平面的光振动。非偏振光经过自然表面反射后，具有一定的偏振性，偏振的大小既取决于入射光的入射率（见图 1.13）、表面的性质和观测角，又取决于方位角（见图 1.14）。偏振滤色片可降低光滑平面（如玻璃窗和水体）的反射。反射角接近 35%时，偏振效果最大。这常常限制了偏振滤色片在垂直航空摄影中的应用。

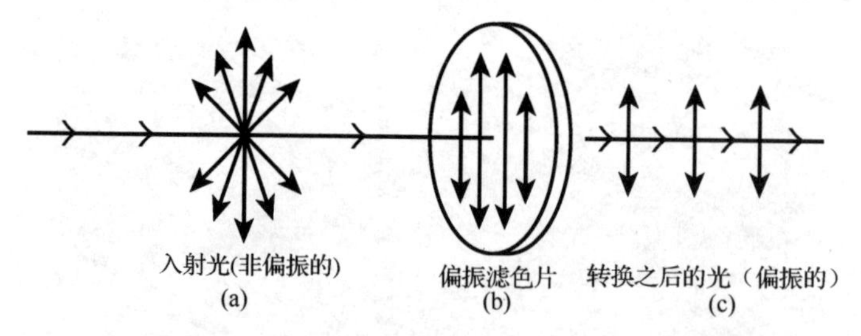

图 2.7　使用偏振滤色片偏振光线的过程（摘自美国摄影测量学会，1968）

2.4　胶片摄影

在胶片摄影中，根据所用胶片的不同，最终影像可以是黑白的或彩色的。黑白照片通常在负片上曝光，然后由负片生成正片；彩色图像通常直接记录在胶片上，然后处理成正片（但也存在彩色负片）。

黑白摄影中使用负片和正片这两种材料，其片基和纸基上均涂有摄影感光乳剂。黑白胶片及其相纸的剖面图如图 2.8(a)和(b)所示。这两种材料的感光乳剂均含有薄薄一层用明胶固定的感光卤化银晶体或颗粒。相纸是印制照片的基本材料。胶片片基是使用多种塑料制成的。曝光时，感光乳剂中的卤化银晶体通过光化学反应形成肉眼看不见的潜影。经显影过程中某种药剂的作用后，这种感光过的银盐还原成黑色的银颗粒，进而排列成可见的影像。胶片上任意一点还原晶体的多少与该点的曝光量成正比。冲洗加工后，底片的未曝光部分是透明的，因为这部分晶体在显影过程中被溶解了，而胶片的已曝光部分，曝光的多少呈现深浅不一的灰色，产生了反转色调再现的“负”像。

大多数航空摄影照片是用负片-正片顺序和接触印相方法获得的。这种方法首先对胶片进行正常的曝光和冲洗，得到景物几何形状和亮度反转的负片，然后将负片的药面与相纸的药面接触。使用灯光透射负片，使相纸曝光。冲洗后，相纸上出现与负片上原始地面景物大小相同且完全一致的正像。

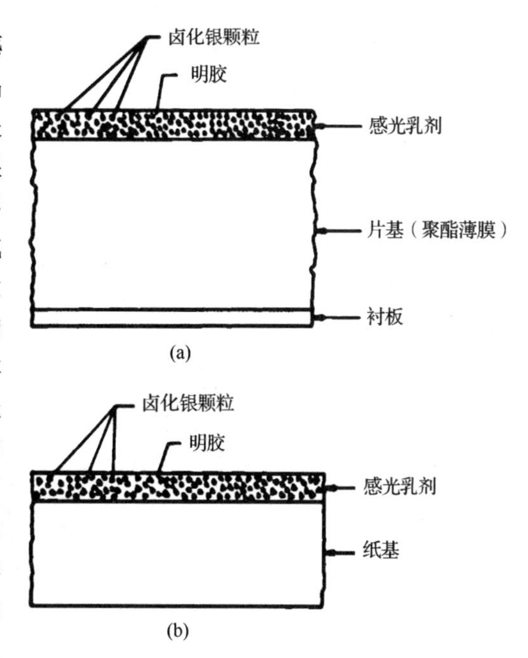

图 2.8　常见的黑白摄影材料剖面图：(a)胶片；(b)相纸（摘自依斯曼・柯达公司，1992）

2.4.1　胶片密度和特征曲线

航空照片的辐射测量特征决定了特定胶片（在特定的曝光和显影条件下）对不同能量密度的景物的反应。这些特征的知识非常有用，有时对摄影图像的分析过程十分关键，当人们试图在图像的值和地面现象间建立定量关系时，这一点表现得更明显。譬如，人们希望通过测量某玉米地照片上各点的明暗度、光密度，以便找到这些测量数据与地面观测参数（如玉米的亩产量）间的对应关系；若存在某种联系，则可借此来估计该地块的亩产量。但这样做需要一个前提，即需要知道所分析特定胶片的辐射测量特征；此外，在分析时还要考虑不同地区的照明情况和大气薄雾的影响等。如果这些因素都可得到解释，就可从照片中提取重要信息。简而言之，胶片密度（图像密度）测量有时可用于识别地物的类型、范围和条件。本节讨论胶片曝光和胶片密度之间的相互关系，并说明怎样分析特征曲线（胶片密度分割与累积曝光量）。

我们可以将照片想象为其上记录了许多微小检测器对能量的响应的唱片。胶片中的这些小检测器就是胶片感光乳剂中的卤化银颗粒，这些检测器对光能的响应称为曝光。在胶片曝光过程中，不同的反射光照射胶片的时间相同。显影后的底片之所以能够成像，原因在是景物要素反射的差异性。因此，胶片上某点的曝光直接与该点的景物反射率有关。理论上讲，胶片的曝光随物体的反射率线性变化，因为这种变化是由波长引起的。

描述胶片曝光的形式有多种。在摄影领域，常用的单位是米-烛光-秒（MCS）或 ergs/cm^2，初学者可能很难理解照片辐射测量中的单位当量，因为很多曝光校准参照的都是人眼的灵敏度响应；当然，这要通过定义一个“标准观察”来实现（这样的观察称为光度测量），并形成光测量单位而非辐射测量单位。为了避免使用“绝对”字眼来测量和描述曝光量所带来的混淆，这里使用相对曝光量，而不直接关注任何绝对的单位。

胶片上每点的曝光结果，经冲洗后形成银沉积，其明暗、精度与曝光量都有系统的联系。胶片上某点的明暗用不透明度（即暗度）O 来度量。因为大多数遥感图像的分析都涉及负片或透明正片，不透明度使用胶片透射率（又称透过率）T 度量。如图 2.9 所示，透射率 T 是胶片透光的能力。任意一个给定点 p 的透射率为

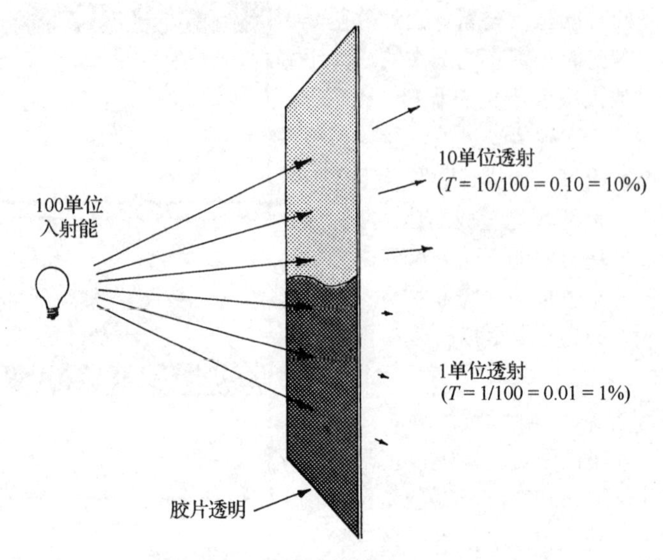

图 2.9　胶片透射率。为了测量透射率，用光源照射负片或正片并在另一侧测量透过胶片的光能，图中所示胶片一部分的透射率是 0.1（或 10%），另一部分的透射率是 0.01（或 1%）

$$T_p = \frac{\text{通过胶片}p\text{点的光}}{\text{所有照射胶片}p\text{点的光}} \tag{2.7}$$

p 点的暗度 O 是

$$O_p = \frac{1}{T_p} \tag{2.8}$$

虽然透射率和暗度充分描述了胶片感光乳剂的明暗，但人们通常仍将它和对数表示-密度结合在一起考虑。这很合理，因为人眼对光的反应接近对数关系。因此，图像密度与视觉色调之间存在近似的线性关系。某点 p 的密度 D 定义为胶片暗度的常用对数，记为

$$D_p = \lg O_p = \lg(1/T_p) \tag{2.9}$$

表 2.1　一些样本的透射率、暗度和密度值

透射率/%	T	O	D
100	1.00	1	0.00
50	0.50	2	0.30
25	0.25	4	0.60
10	0.10	10	1.00
1	0.01	100	2.00
0.1	0.001	1000	3.00

通过照射透明胶片来测量密度的设备称为透射密度计，密度值也可利用相纸和反射率密度计得到，但利用原始胶片得到的结果更准确。在透明物体上分析密度时，这一过程通常包括将胶片放到光束前，让光线透过它。影像越暗，通过的光线越少，透射率越低，暗度越高，密度也越高。表 2.1 给出了一些样本的透射率、暗度和密度值。

黑白胶片与彩色胶片在光的吸收比上存在一些基本区别。黑白照片的密度由所测区域冲洗后剩余的银的多少决定。在彩色照片中，得到的图像并不含银，密度由胶片中三个配色层的吸收特征决定：黄色、品红色、青色，图像分析人员通常会关注每层的图像密度。因此，彩色胶片一般分别通过三个滤色片，分离出三种配色胶片的最大吸收率的光谱区域，进而分析其密度。

定量胶片分析的基本任务之一是找出照片的图像密度与其曝光量之间的关系。对于给定的照片，需要建立其原因（曝光）和效果（密度）之间的关系。

因为密度是一个对数值，在处理对数形式的曝光量 E（$\log E$）时也很方便。如果某点的密度值是 $\log E$ 的函数，便可得到类似于图 2.10 所示的曲线。

图 2.10 中的曲线是典型的黑白负片曲线。每个胶片都有唯一一条 $D\sim\log E$ 曲线，由此可以确定胶片的很多特征，因此该曲线称为特征曲线。不同种类、不同批次生产的胶片具有不同的特征曲线。实际上，同批生产的胶片，其特征曲线也不尽相同。制造、存储和显影条件等因素都会影响胶片的响应（由 $D\sim\log E$ 曲线体现）。对彩色胶片来说，每层感光乳剂层的特征曲线也不相同。

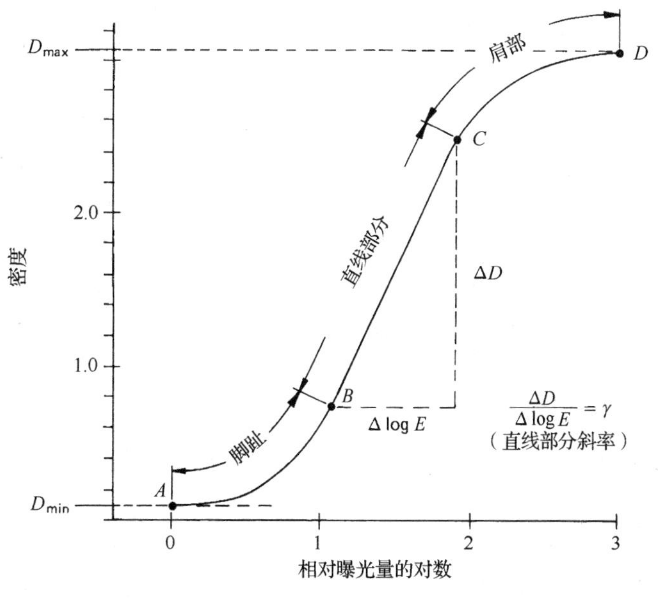

图 2.10　特征曲线的组成

图2.10显示了从 $D\sim\log E$ 曲线上提取的各种胶片的响应特性。这是典型的黑白负片（彩色胶片的每层也有与此相同的特性）曲线，曲线分为三部分。在曲线的第一部分 AB 段，随着曝光量的增加（从 A 点到 B 点），密度由最小值 D_{min} 开始非线性增加。该部分称为前端（脚趾）。在曲线的第二部分 BC 段，即从 B 点到 C 点，密度随 $\log E$ 近似呈线性增加，这部分称为曲线的直线部分。在曲线的第三部分 CD 段，即从 C 点到 D 点，$\log E$ 继续增加，但密度不按比例增加，且增加量逐渐递减，这部分称为曲线的肩（肩部），肩部止于最大曝光量 D_{max}。注意，该曲线表示的是负片的情况。对于正片，关系正好相反，即随着曝光量的增加，密度递减。

注意，即使未曝光，最小密度 D_{min} 也由两种途径产生：①胶片的塑料片基存在密度 D_{base}；②未曝光的感光乳剂经显影也会产生密度。胶片提供的密度范围是 D_{min} 与 D_{max} 之差，即反差。

$D\sim\log E$ 曲线的另一重要特征是线性部分的斜率，它称为伽马（γ），记为

$$\gamma=\frac{\Delta D}{\Delta \log E} \tag{2.10}$$

γ 是决定胶片对比度的关键。不考虑对比度的严格定义时，一般来说 γ 越大，胶片的对比度就越高。对比度高，给定曝光范围的胶片就有较大的密度范围，而低对比度的胶片则与之相反。譬如，假设我们要拍摄一个浅灰色的物体和一个深灰色的物体。在高对比度的胶片上，两种灰度可能位于密度刻度的两个极端，在显影后的照片上产生了近乎白和黑的图像。在低对比度的胶片上，两个灰度值几乎在密度刻度的同一点，两幅图像中显示出近乎相同的灰度。

胶片的一个重要特征是其速度（速率），它表示胶片对光的灵敏度。在 $D\sim\log E$ 图中，该参数由特征曲线在 $\log E$ 坐标轴上的水平位置示。“快速”胶片（对光更敏感的胶片）适用于低曝光度（在 $\log E$ 坐标轴上更偏左）。对于同一光源，高灵敏度胶片与低灵敏度胶片相比，所需的曝光时间更少，这对航空摄影而言非常有利，因为它降低了由飞行运动产生的图像模糊。

对于给定的胶片，曝光区间表示生成可接受图像的 $\log E$ 值的范围。对于大多数胶片而言，景物落到 $D\sim\log E$ 曲线的直线段和脚趾部分时，将得到较好的结果（见图 2.10）。落在脚趾的极端或落在肩部时，会导致曝光不足或曝光过度的问题，在这些区域中，不同曝光度产生的密度差别很小，

因此区分很困难（将在 2.5 节中讨论，数字摄影机传感器不适用这种情况。与胶片相比，它们通常具有更好的曝光区间，而且可在整个动态范围内产生线性响应。其中，动态范围是指在同一图像上可以同时检测出的亮度最大值与最小值之间的范围）。

图像密度用一种称为显像密度计的设备测量（当测量一小部分区域密度时，使用微型显像密度计）。利用点阵显像密度计，可通过分析测量光学系统，手工转换图像来定出图像中的不同读数位置。由图像上离散的少量密度读数，可对照片进行目视解译，因此使用这套设备非常方便。要获得整个图像的密度测量值，就需要使用扫描点阵显像密度计（光学测量扫描仪）。

大多数扫描点阵显像密度计是平板扫描系统，最常用的类型是电荷耦合装置（CCD，见 2.5 节）线性阵列，光聚焦在 CCD 线性阵列上，一次扫描完一条水平线，然后沿垂直方向重复进行行扫描。

不论是转鼓系统还是平板系统，光学测量扫描仪的输出结果都由一系列像素组成，其大小由扫描时收发设备的孔径决定。输出结果是一系列数字信息，数模转换的密度数据可用计算机存储介质中的任意一种来存储。

具有最高分辨率的扫描仪所能记录胶片的密度范围是 0～4，这意味着最亮和最暗强度之间的区别是 10000∶1。典型单色扫描仪的分辨率为 12 位，可表示 4096 种灰度值，但人们也使用 16 位分辨率（65536 种灰度值）。彩色扫描仪的典型分辨率是 36～48 位（每种颜色 12～16 位），可以分辨数亿种颜色。输出分辨率可以根据用户的需要进行调节。

平板扫描仪通常用于软拷贝摄影测绘处理（见 3.9 节），这种扫描仪的扫描幅宽为 250～275mm，可以按 7～224μm 的多种分辨率扫描，扫描仪的几何精度是每条扫描轴线优于 2 μm。许多平板扫描仪用于扫描单个幻灯片和不同尺寸的印刷品，如成卷的毛边胶片。胶片扫描仪可支持多天无人值守的扫描活动。

2.4.2 黑白胶片

黑白航空照片一般由全色胶片或红外感光胶片加工而成。这两种胶片的光谱灵敏度如图 2.11 所示。长期以来，全色胶片一直是航空摄影的“标准”胶片。从图 2.11 可以看出，全色胶片的光谱灵敏度超出了光谱中的紫外和可见光谱部分。红外感光胶片不仅对紫外和可见光感光，也对近红外感光。

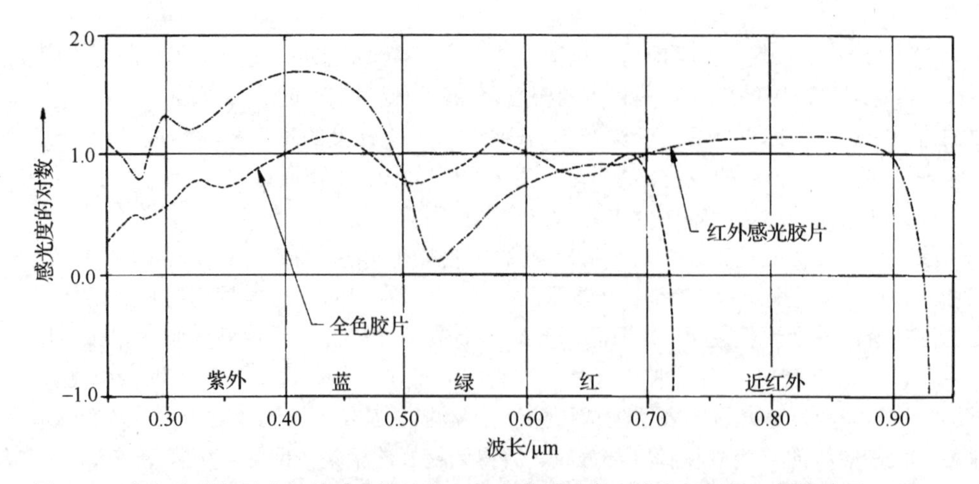

图 2.11　全色胶片与黑白红外感光胶片的一般光谱灵敏度（摘自伊斯曼·柯达公司，1992）

图 1.8 显示了利用黑白红外摄影来区分落叶树和针叶树的情况。第 8 章将介绍黑白航空摄影在其他方面的应用。本章仅要求读者对这类材料的光谱灵敏度有所了解。

要注意如何确定黑白胶片材料光谱灵敏度的界限。我们可在范围 0.3～0.9μm 内进行摄影。0.9μm 的界限是由感光乳剂材料的光化学不稳定性导致的，在该波长之外有时也能感光（如某些用于科学实验的胶片能对约 1.2μm 的波长感光，这类胶片供应很少，而且通常需要长时间曝光，不适合航空摄影）。黑白胶片、全色和黑白红外胶片在曝光时，通常使用黄色（吸收蓝色）滤色片来降低大气薄雾的影响。

图 2.12 比较了黑白红外感光航空照片与全色航空照片。这幅图中显示的图像色调是很典型的。健康绿色植被对阳光中红外部分的反射要强于可见光部分，因此它在黑白红外感光照片中要比在全色照片中明亮。注意，在图 2.12 中，图(b)中的树要比图(a)中的树亮。还要注意，溪流和湿地的界限在黑白红外感光片(b)中更明显，它们显得更暗，因为水和湿地反射的电磁波谱红外部分比可见光部分少。

(a)

(b)

图 2.12　全色和黑白红外航空照片比较。美国亚拉巴马州西北熊溪洪水（比例尺为 1∶9000）：(a)加 Wratten No.12（黄色）滤色片的全色胶片；(b)加 Wratten No.12 滤色片的黑白红外胶片（田纳西州流域管理局地图服务公司许可）

图 2.11 中值得怀疑的是，除了胶片灵敏度，还有某种其他因素使得摄影的界限为 0.3μm。实际上，几乎所有摄影感光乳剂在紫外波段都感光，但在小于 0.4μm 的波长区摄影时确实存在问题，原因有二：①大气能量的吸收或散射；②玻璃摄影镜头本身也吸收这种能量。不过，如能适当选择摄影高度并避免大气条件的不良影响，则在 0.3～0.4 μm 紫外波段也可进行摄影。此外，使用石英透镜也能适当改善影像的质量。

由于大气对紫外能量的强烈散射，迄今航空紫外摄影的应用还很有限。一个特殊的例外是，利用紫外摄影来检测水域表面的油膜。其他摄影方法难以察觉少量的浮油痕迹，但使用紫外摄影却能发现之。

2.4.3 彩色胶片

长期以来，黑白全色片是航空摄影经常使用的标准胶片，但近来许多遥感应用也采用了彩色胶片。使用彩色胶片的优点是，人眼辨别彩色色调的能力比辨别灰度色调的能力更强。本书后面几章将讨论这种对彩色辨别的能力，它在航空摄影图像解译的许多应用中非常重要。

彩色胶片的基本横截面结构和光谱灵敏度如图 2.13 所示。在图 2.13(a)中，胶片的顶层对蓝光感光，第二层对绿光、蓝光感光，第三层对红光、蓝光感光。因为第二、三层除了对所需的绿光、红光感光，还对蓝光感光，所以在第一层和第二层之间加了一个能吸收蓝光的滤色片。除了蓝色感光层，这一滤色片阻止了蓝光。这样，就使得胶片的三层感光乳剂能分别有效地对蓝、绿、红三种原色感光。黄（吸收蓝光）滤色片冲洗时会自行褪去，最终不显示在彩色胶片上。

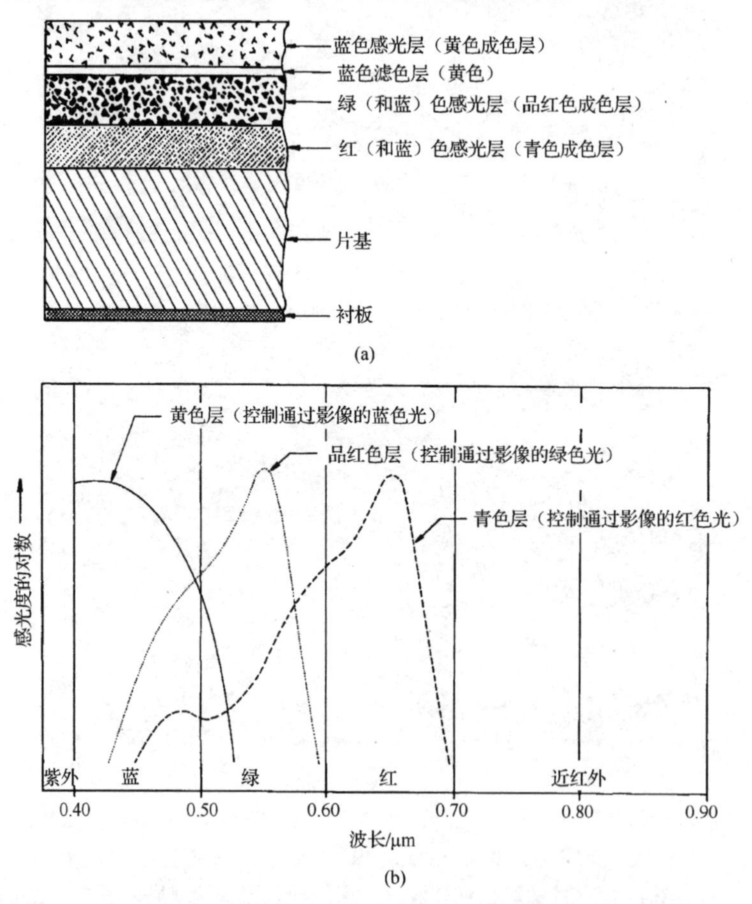

图 2.13 彩色胶片的结构和灵敏度：(a)综合横截面图；(b)三个配色层的光谱灵敏度（摘自伊斯曼·柯达公司，1992）

为了消除紫外能量产生的大气散射，彩色胶片常在紫外吸收（薄雾）滤色片下进行曝光。

就光谱灵敏度而言，彩色胶片的三层可视为三种黑白卤化银乳剂［见图 2.13(b)］。其次，彩色胶片冲洗后每层的色泽实际上并不是蓝、绿、红三色。冲洗之后，蓝感光层含有黄色，绿感光层含有品红色，而红感光层含有青色［见图 2.13(a)］。每层所具有的配色量与拍摄时景物原色的光的强度成反比。当我们注视该彩色胶片时，配色层便会产生原始景物的视感觉。

彩色胶片的三个配色层的作用如图 2.14 所示。为便于说明，在图 2.14(a)中将原始景物表示为一行方框，这些方框相当于景物的蓝、绿、红和红外 4 个波段的反射率。曝光期间［见图 2.14(b)］，蓝感光层对蓝光起作用，绿感光层对绿光起作用，红感光层对红光起作用。然而，因为胶片对红外线不起作用，所以没有哪一层受红外线的影响。在冲洗过程中，这些配色掺入图像每个感光层的厚薄程度，与记录在每层上的光的强度成反比。因此，蓝色层对蓝光曝光越强，掺入图像的黄色越少，而品红色与青色则增多。这一情况可在图 2.14(c)中看到，就蓝光来说，黄色层是透明的，其他两层则含有品红色和青色；同样，绿色层曝光形成黄色、青色，红色层曝光形成黄色、品红色。用白光源显影后的图像［见图 2.14(d)］，利用减色显影可以看到原始景物的固有色彩。景物中有蓝色物体，品红色将白光中的绿色成分减色，青色又将红色成分减色，于是图像就显示为蓝色。采用类似的方法，可产生绿、红二色。随着蓝、绿、红的比例不同，又可产生原始景物中的其他各种颜色。

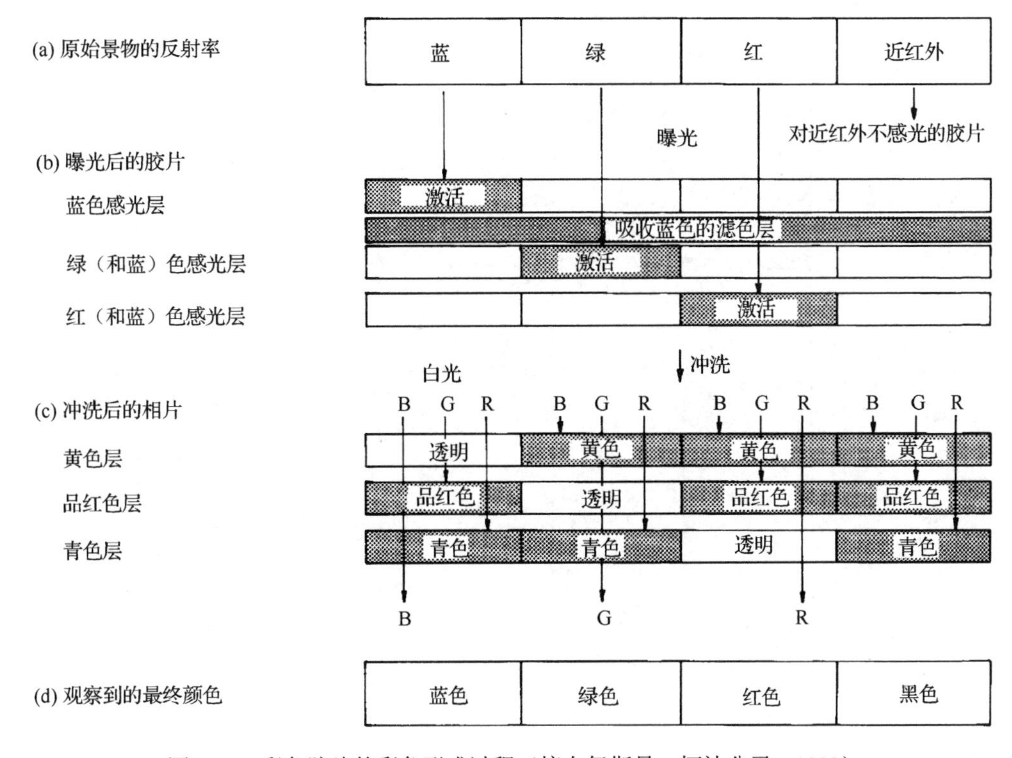

图 2.14 彩色胶片的彩色形成过程（摘自伊斯曼·柯达公司，1992）

2.4.4 彩红外胶片

一定的光谱灵敏度范围可赋予一定的配色值，在胶片生产时该值是可任意改变的参数。任意一个感光乳剂层中显影出来的配色，与该感光乳剂层感光时光的颜色不一定是密切相关的。我们可用任何一种配色方案将所需要的波段（包括近红外）记录在彩色胶片上。

与“普通”彩色胶片不同的是，彩红外胶片在其三层感光乳剂上可记录绿色、红色、红外（波长 0.7～0.9μm）的景物能量。这三层经显影后的配色仍是黄色、品红色和青色。于是所得结果是一种“假彩色”胶片，即胶片上的蓝色图像是主要反射绿色能量的物体，绿色图像是主要反射红色能量的物体，而红色图像则是主要反射近红外能量的物体。

图 2.15 是彩红外胶片的基本结构和光谱灵敏度示意图（注意，各层的感光度有一些重叠）。三原色在胶片上的再现过程可参阅图 2.16。根据景物的反射率，三原色、补色和一般黑白色的不同组合均可在胶片上再现。例如，在绿色波段和红外波段，反射率高的物体产生品红色图像（蓝色+红色）。应指出的是，大多数彩红外胶片在使用时均要在摄影机镜头前加黄滤色片（吸收蓝色）。有的特制胶片，生产时已加入黄滤色层。如图 2.17 所示，这种滤色片能掩蔽波长在 0.5μm 以下的光。这意味着景物的蓝色（和紫外）能量不能到达胶片，这一特征有利于彩红外图像的解译。如果不加这种可吸收蓝光的滤色片，胶片各层感光乳剂对蓝色区能量的感光度几乎相同，因此不能由图像的颜色来正确地表达实际地面的反射率。使用能吸收蓝色的滤色片还有透过薄雾使景物看得更清楚的作用，因为滤掉蓝色后，能见到瑞利散射效应。

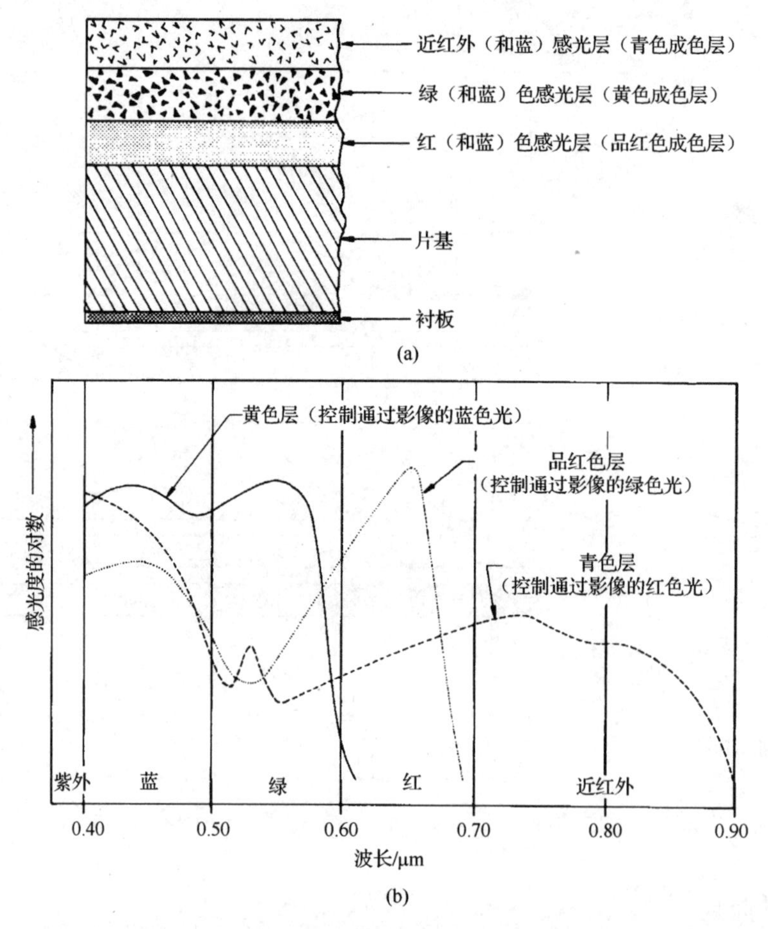

图 2.15　彩红外胶片的结构和光谱灵敏度：(a)综合横截面；(b)三个配色层的光谱灵敏度（摘自伊斯曼 · 柯达公司，1992）

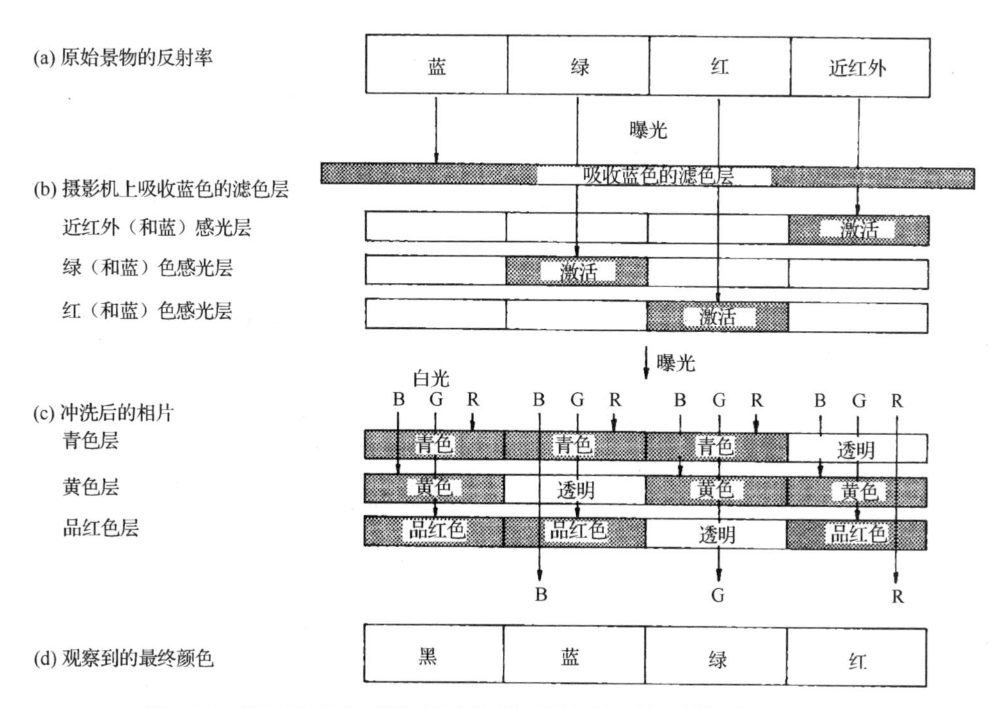

图 2.16　彩红外胶片的彩色形成过程（摘自伊斯曼·柯达公司，1992）

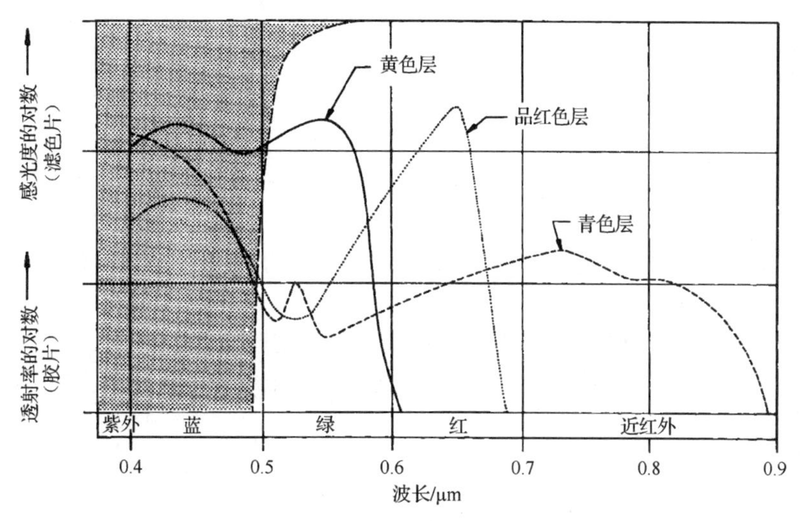

图 2.17　彩红外胶片加 Kodak Wratten No.12（黄）滤色片的光谱灵敏度（摘自伊斯曼·柯达公司，1990 和 1992）

第二次世界大战期间，为了侦察将表面涂漆伪装成植被的各种目标，人们研制了彩红外胶片。因为生长良好的植物对红外能量的反射远甚于对绿色能量的反射，这种生长良好的植物一般在彩红外胶片上呈色调不等的红色。绿色伪装的物体其红外反射率通常较低，所以在胶片上呈蓝色，能很快地与生长良好的绿色植物区分开来。当初人们研制彩红外胶片的这种目的很明确，于是后来称这种胶片为“伪装探测胶片”。彩红外胶片能以鲜明的颜色来表达反射红外能量的特征，成为资源调查分析的一种极有用的胶片。

彩图 4 是美国威斯康星大学麦迪逊分校部分校园的普通航空彩色照片和彩红外航空照片。草皮、树叶和足球场的反射强度，在绿色区比在蓝色区或红色区强，因此在普通彩色照片上呈绿色。生长良好的草皮和树叶的反射强度，在红外区比绿色区或红色区强，因此在彩红外照片上呈红色。而足球场上铺的是人工草皮，在红外区的反射并不好，因此在照片上不显示为红色。靠近天然草皮运动场的长方形砾石铺面的大停车场，在普通彩色照片上为淡棕色，而在彩红外照片上则几乎为白色，说明它在绿色区、红色区和红外区的反射率高。红色屋顶在彩红外胶片上呈黄绿色，因为它在绿色区、红色区和红外区的反射率高。红色屋顶在彩红外胶片上呈黄绿色，因为它在红色区的反射极强，在红外区的反射率也高。

几乎每种航空彩红外摄影的应用均涉及拍摄反射的日光。常温（300K）下的地表，在 0.4～0.9μm 范围内的发射能量是微不足道的，因此无法在照片上反映出来，即彩红外胶片不能用来探测两个水体间或干/湿土壤间的温差。如第 4 章所述，可以使用工作波段为 3～5μm 或 8～14μm 的电子传感器（如辐射计或热红外扫描仪）来区分上述物体的温差。

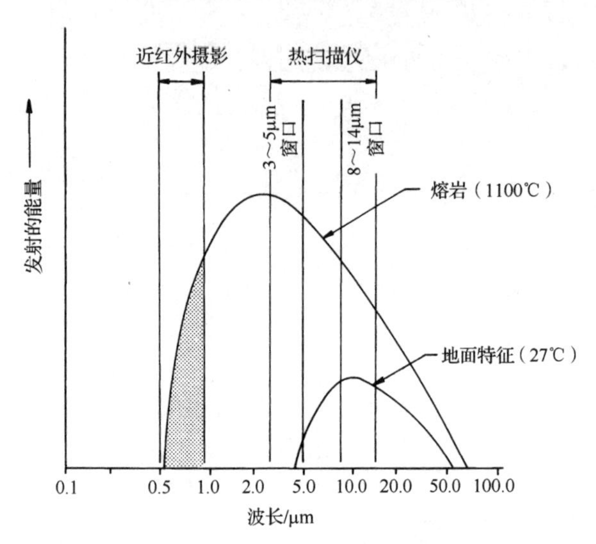

图 2.18　地面特征（27℃）和流动熔岩（1100℃）的黑体辐射曲线

彩色和彩红外胶片可记录失火的森林、房屋或流动熔岩等炽热物体所发射的能量。图 2.18 所示为环境温度 27℃（300K）下的地面特征和 1100℃（1373K）流动熔岩的黑体辐射曲线。由维恩位移定律［见式（1.5）］得知，27 ℃下地面特征发射能量的峰值波长为 9.7μm，1100℃流动熔岩所发射能量的峰值波长则为 2.1μm。计算发射能量的光谱分布，发现在摄影波长范围内 27℃地物发射的能量近于 0；而 1100℃熔岩在红外摄影范围(0.5～0.9μm)内的发射能量足以记录到摄影胶片上。

彩图 5 所示为夏威夷群岛基拉韦厄火山侧翼熔岩流的普通彩色航空照片(a)和彩红外航空照片(b)。熔岩发射的能量在普通彩色照片上呈暗橙色，而在彩红外胶片上则明显得多。彩红外照片的橙色色调表示流动熔岩发射的红外能量。图中的微红色调是植物（主要为蕨类植物）反射的日光。注意，只有当物体的温度极高时，红外胶片才能将其发射的能量记录下来。总之，胶片记录的是反射的红外能量，它与地物的温度不直接相关。

2.5　数字摄影

自 2010 年开始，数字航空摄影的获取和分析，事实上已经取代了基于模拟胶片的方法，而且数字方法的发展越来越快。下面介绍截至 2014 年的数字摄影技术。2.6 节将描述航空摄影使用的数字摄影机。

2.5.1　数字和模拟摄影对比

如图 2.19 所示，数字航空摄影和基于胶片的航空摄影之间的最根本不同是，前者使用实体状态的光敏传感器来获取图像，而后者使用胶片中的卤化银晶体来获取图像。通常，数字摄影机装备了由电荷耦合装置（CCD）或互补金属氧化物半导体（CMOS）传感器组成的二维硅半导体阵列。每个阵列上的传感器（或感光单元）感应来自照片区域中每个像素的辐射能量。当这种能量撞击传感器的表面时，随着电荷数量与像素场景亮度相均衡，就产生一个小电荷。这一过程导致了阵列上每个感光单元像素亮度数值的产生。

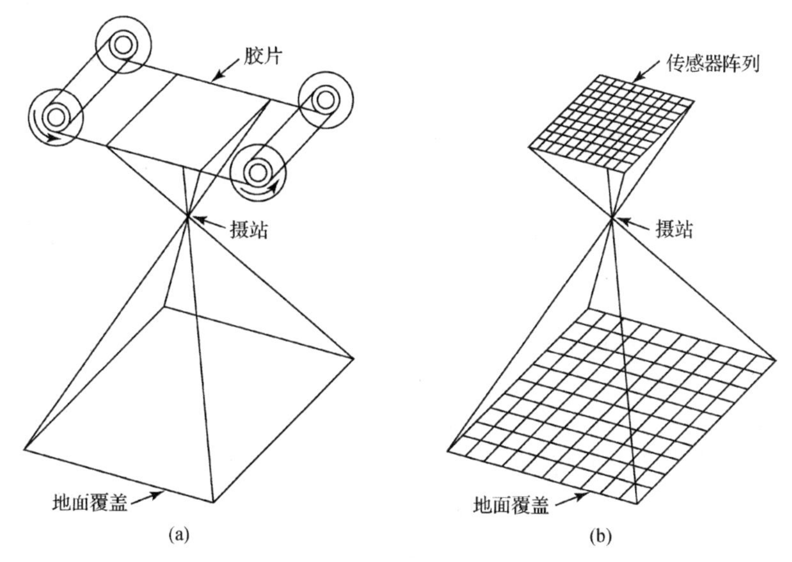

图 2.19　胶片航空摄影的获取(a)及数字航空摄影的获取(b)

需要说明的是，设计用来进行遥感应用的 CCD 和 CMOS 半导体对来自图像区域亮度变化的灵敏度，要大于胶片中的卤化银晶体。同时它们的响应是线性的，而胶片的则是 S 形的。此外，电子传感器测得的场景亮度值的动态范围比胶片的更宽。因此，从灵敏度、线性和图像数据获取的动态范围的提高程度上说，数字摄影与模拟摄影相比更有优势。

CCD 和 CMOS 图像传感器是单色的。为了获得全彩数据，每个传感器阵列上的感光单元通常覆盖有蓝色、绿色或红色滤色片。通常，感光单元是方形的，由交替出现的蓝色、绿色和红色感光单元组成拜尔阵列（见图 2.20）。该阵列中的一半滤色片是绿色的，剩下的一半是等量的蓝色滤色片和红色滤色片（这种过量的绿色分布利用了人眼对绿色更敏感和太阳辐射中绿色峰值的特点）。为了给每个感光单元设置蓝色、绿色和红色值，每个感光单元上缺失的两种颜色需要通过周围同样颜色的感光单元进行内插运算获得（参见 7.2 节和附录 B 中关于相关内插重采样的讨论）。结果数据集是离散像素的二维阵列，每个像素含有三个表示每个感测光谱波段中的场景亮度 DN。CCD 或 CMOS 传感器的*颜色深度或量化级别*通常为 8～14 位（每个波段有 256～16384 个灰度级）。

G	B	G	B	G	B	G	B	G	B
R	G	R	G	R	G	R	G	R	G
G	B	G	B	G	B	G	B	G	B
R	G	R	G	R	G	R	G	R	G
G	B	G	B	G	B	G	B	G	B
R	G	R	G	R	G	R	G	R	G
G	B	G	B	G	B	G	B	G	B
R	G	R	G	R	G	R	G	R	G
G	B	G	B	G	B	G	B	G	B
R	G	R	G	R	G	R	G	R	G

图 2.20　CCD 中蓝色、绿色和红色滤色片的拜尔阵列。注意其中 1/2 是绿色滤色片，1/4 是蓝色滤色片，1/4 是红色滤色片

替代拜尔阵列传感器的一种方法是，使用三层 Foveon X3 CMOS 传感器，这种传感器的每个像素位置拥有三个（蓝、绿和红）光电探测器，其原理是，硅具有在不同深度吸收不同波长光线的自然能力。与彩色胶片上三层感光颗粒的效果类似，通过将光电探测器放在 CMOS 传感器上的不同深度位置，蓝色、绿色和红色能量可被分别感应。理论上，这样可以得到比通过拜尔阵列进行内插运算（重采样）获得的结果更清晰的图像、更好的色彩，而且获取颜色更方便，但近来拜尔阵列

内插算法的改进抑制了人们对这种三层传感器的需求。

数字摄影机还有其他几种方法可以同时获得多重多光谱波段（如蓝、绿、红和近红外）数据。例如，许多消费型相机能通过三种不同的内部滤色片快速记录同一场景的三幅黑白图像。随后，这些图像可用颜色叠加原理（见 1.12 节）进行彩色合成。另一种方法是使用多个单波段相机镜头，每个镜头装配各自的镜片、滤色片和 CCD 阵列。还有一种方法是，使用一个相机镜头，但使用一些形式的分光镜来将入射能量分成希望得到的离散光谱波段，并使用各自的 CCD 记录这些波段。2.6 节将介绍这些方法的不同组合。应指出的是，本章只简单地讨论区域阵列（帧）相机设计。4.3 节将描述使用线性阵列观影器来获取数字图像数据的方式。

2.5.2 数字摄影的优点

数字摄影与基于胶片的模拟摄影相比，主要有如下优点。

（1）**更强的图像获取能力。**我们很容易注意到数字摄影机出众的灵敏度、线性特征和动态范围。这些相机没有可移动部件，能非常快速地获取图像，具有非常短的内部图像间隔（2s 甚至更少）。这些特性使得人们可在更高飞行速度下摄影，获取高重叠立体覆盖（90%）。多径射线摄影测量经常可以获得高达 90%的重叠覆盖和 60%的边缘重叠覆盖（见 3.10 节）。使用数字系统获得如此高的重叠覆盖和边缘重叠的边际成本，要比胶片系统低很多。

数字图像可在非常广阔的环境光照条件下获得。这一点特别有利于低光照条件下的图像获取，甚至是在太阳落山后的一段时间内。因此，数字摄影可在一天、一年（依赖于海拔）或更长的时间内进行。此外，数字摄影可在阴天进行，而阴天却不适合胶片摄影。因此，数字方法为采集照片提供了更宽的时间窗口。

（2）**为创建基本数据产品减少了时间和复杂度。**数字摄影取代了基于胶片的摄影化学过程，因此无须对硬拷贝图像进行扫描数字化。数字摄影实际上是实时可用的。在飞行器中通过一些或全部数字处理过程，就可快速获得衍生数据产品，譬如数字正射影像。这种及时性在应对突发灾害事件时非常有用。

（3）**与相关数字技术的内在兼容性。**因为数字摄影数据天然兼容于其他相关数字技术，所以这些数据具有非常多的优势。相关数字技术包括但不限于下面这些：数字摄影测量技术、多传感器数据融合、数字图像处理和分析、GIS 融合与分析、数据压缩、分布式处理和大数据存储（包括云计算架构）、移动应用、互联网通信和分布、软/硬拷贝显示和可视化、空间决策支持系统。这些技术协同作用，持续且快速地提高了数字图像工作流的效率、自动化和适用性，使得应用数量快速增加。

2.6 航空摄影机

几乎所有型号的摄影机均可拍摄航空照片。许多得到有效利用的航空照片都是用手持摄影机拍摄的。例如，彩图 4 和彩图 5 中的照片就是这样拍摄的。不过，大部分航空摄影遥感要求使用构造精密的航空摄影机。这种专门设计的摄影机可快速且连续地拍摄大量照片，实现最佳的几何保真度。

目前应用的航空摄影机类型很多，这里讨论单镜头分幅摄影机、全景摄影机和各种小、中、大幅面数字摄影机。

2.6.1 单镜头分幅摄影机

单镜头分幅摄影机是目前应用最广泛的摄影机。这种摄影机的航空照片通常专供遥感使用，但有时也供摄影测量测图使用。测图摄影机（又称测量摄影机或复照仪）是一种单镜头分幅摄影机，专门设计用来进行高精度几何图像摄影。它装有低畸变透镜，透镜与胶片平面的距离固定且非常准确。胶片幅面的大小（即每张图像的标准尺寸）通常是边长为 230mm 的正方形。胶片的实际宽度是 240mm，胶片暗盒能存放多达 120m 长的胶片。摄影机快门启动一次就可拍摄一幅图像，快门由一种称为定时器的电子装置自动间歇地开启。图 2.21 显示了典型的航空测图摄影机及其陀螺稳定悬浮底座。

图 2.21　Intergraph RMK TOP 航空测量摄影机。摄影机的操作由计算机驱动，可与 GPS 单元集成（Intergraph 公司许可）

虽然测图摄影机使用的图像幅面一般都是 230mm×230mm，但人们也设计了其他一些不同图像幅面的摄影机。例如，人们专门为美国航空天局（NASA）设计了一种特殊用途的大幅面摄影机(LFC)，这种摄影机使用 230mm×460mm 的图像幅面从航天飞机上拍摄地球(Doyle，1985)。LFC 摄影技术的例子见图 3.4 和图 8.16。

航空摄影机的透镜系统中心至胶片平面的距离等于透镜的焦距。从无限远处入射到摄影机的光线，在这个固定距离内聚焦到胶片上（绝大部分测图摄影机不能在近距离内聚焦摄影）。测图最常用的是 152mm 焦距的镜头，有时也用 90mm 和 210mm 焦距的镜头。诸如 300mm 的长焦镜头是供高空（高海拔）摄影用的。分幅摄影机镜头大致按如下方式分类：①常角镜头（视场角小于 75°）；②广角镜头（视场角为 75°～100°）；③超广角镜头（视场角大于 100°）（依图像的对角线测量角度）。

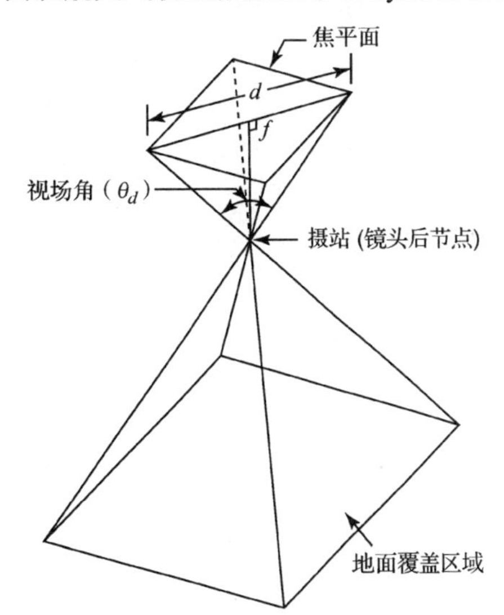

图 2.22　传统方形格式航空测图摄影机的视场角

图 2.22 描述了典型胶片测图摄影机的视场角是如何确定的。视场角（θ_d）是图像幅面的对角线（d）与镜头后节点的夹角。这个角的一半和幅面对角线尺寸的一半相关，如下所示：

$$\frac{\theta_d}{2} = \arctan\left(\frac{d}{2f}\right)$$

也可表示为

$$\theta_d = 2\arctan\left(\frac{d}{2f}\right) \tag{2.11}$$

【例 2.3】 230mm × 230mm 图像幅面的测图摄影机常配备焦距为 152mm 的镜头。求该图像幅面和焦距组合的视场角大小。

解： 根据式（2.11）有

$$\theta_d = 2\arctan\left(\frac{\sqrt{230^2 + 230^2}}{2\times 152}\right) = 94^\circ$$

因此，这个镜头可认为是广角镜头。

图 2.23 所示是单镜头分幅测图摄影机的主要部件。镜筒装置包括透镜、滤色片、快门和光圈。透镜由复合透镜元件组成，它使得来自景物的光线在焦平面上聚焦。滤色片则起上节提到的各种作用。快门和光圈（通常组装在透镜元件之间）控制胶片的曝光。快门控制曝光时间（1/100s～1/1000s），而光圈是一种可改变孔径大小的装置。摄影机主体主要装有电动胶片驱动装置，可以卷片、曝光时压平胶片、按下快门和释放快门。摄影机暗盒中包括供片盘和卷片盘、胶片传输装置和胶片压平装置。曝光时的胶片压平动作，由焦平面（焦平面指胶片曝光所在的平面）后的真空板将胶片吸附紧贴而成。摄影机的光轴通过透镜系统的中心而垂直于胶片平面。

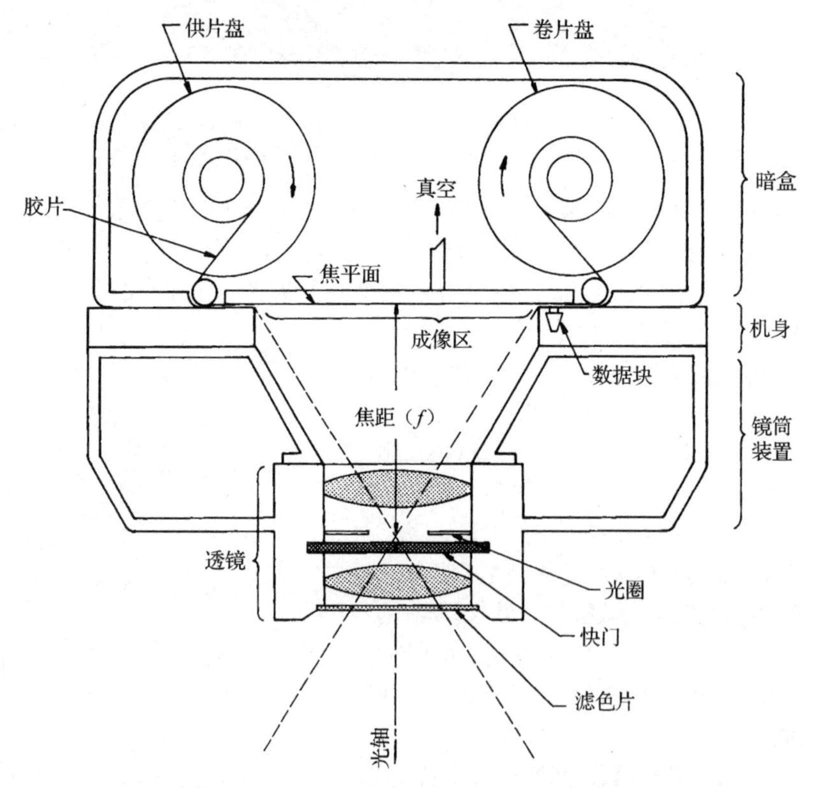

图 2.23　单镜头分幅测图摄影机的主要部件

开启分幅摄影机的快门进行摄影曝光时，飞机的运动会使图像模糊。为了消除这种影响，许多分幅摄影机装有内置的图像移动补偿装置。其原理是使胶片沿焦平面移动，速度正好等于图像的移动速度。图 2.21 中的相机系统具有这种能力。

图 2.24 是用测图摄影机拍摄的垂直摄影照片，在曝光瞬间使摄影机光轴尽可能地垂直。注意图像

各边中间的 4 个框标（如图 3.12 所示，一些测图摄影机的框标位于图幅的 4 个拐角位置）。这些框标的作用是从航空照片进行空间测量确定参考坐标系（在第 3 章将进一步阐述）。对应框标连线的交点大致是照片的主点。作为该测图摄影机的校准部分，摄影机的焦距、框标间的距离以及主点的精确位置均应明确标明。

图 2.24　使用 230mm×230mm 精密测图摄影机拍摄的德国朗根堡的垂直摄影航空照片。注意图像各边中间的 4 个摄影机框标。照片左侧的数据块记录了拍摄地点、时间、水准气泡和测高仪，照片的左下侧是照片计数，比例尺为 1∶13200（Carl Zeiss 许可）

2.6.2　全景摄影机

另一种主要摄影机是全景摄影机，这种摄影机只能在给定的瞬间通过一条缝隙以比较小的视场角进行摄影。它通过转动摄影机镜头或旋转镜头前的棱镜来覆盖地面。图 2.25 阐明了这种镜头旋转的设计。

在图 2.25 中，摄影机垂直飞行方向左右来回地扫描地面。胶片在旋转镜头装置的焦距处沿一曲面曝光，摄影机的视场沿水平方向推进。随着镜头的转动，曝光缝隙沿胶片移动，每次曝光期间，胶片固定不动。每次扫描完成后，胶片向前卷动，以备下一次曝光。

带有旋转棱镜装置的全景摄影机安装有一个固定的镜头和平直的胶片平面。旋转镜头的前置棱镜完成扫描动作，产生与旋转镜头摄影机具有同等几何保真度的图像。

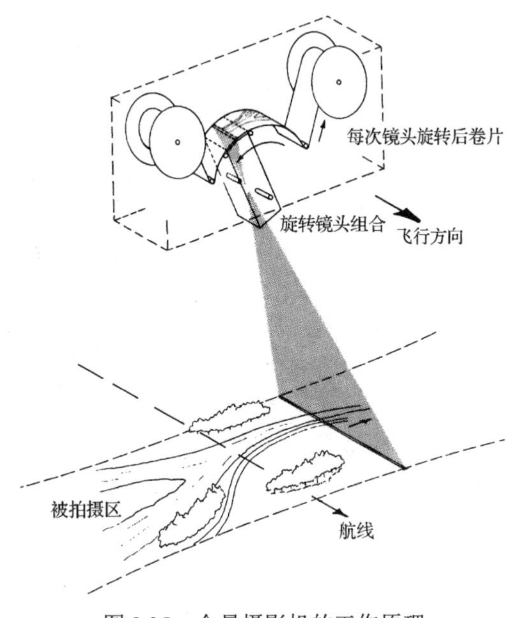

图 2.25　全景摄影机的工作原理

图 2.26 说明了全景摄影的图像细节和大面积

覆盖特征。图中还明显地显示了全景成像所固有的畸变。照片两端的地区被压缩，这种比例尺变形称为全景摄影畸变，它是焦平面呈柱面形和扫描性质导致的结果。另外，全景成像还有扫描位置变形，这是扫描时飞机向前移动造成的。

图 2.26　扫描角为 180°的全景照片。注意图像的细节、大面积覆盖和几何畸变（美国空军罗姆航空发展中心许可）

2.6.3　数字摄影机幅面尺寸

当胶片航空测图摄影机的幅面尺寸已成为多年的标准时，数字摄影机还没有相应的标准，因为胶片仅有有限的可用宽度（如 35mm、70mm 和 240mm）。大幅面模拟摄影机通常在 240mm 胶片上记录 230mm×230mm 幅面尺寸的图像。但没有类似的数字摄影幅面标准，数字摄影机具有各种各样的幅面。数字摄影机传感器的垂直航迹和沿航迹幅面尺寸是由传感器阵列每个方向上的像素的数量和物理尺寸决定的。垂直航迹尺寸由下式给出：

$$d_{xt} = n_{xt} p_d \tag{2.12}$$

式中：d_{xt}是传感器阵列的垂直航迹尺寸；n_{xt}是垂直航迹方向的像素个数；p_d是每个像素的物理尺寸。

传感器的沿航迹尺寸可由类似的公式得到：

$$d_{at} = n_{at} p_d \tag{2.13}$$

式中：d_{at}为传感器阵列的沿航迹尺寸；n_{at}为沿航迹方向的像素个数；p_d为每个像素的物理尺寸。

【例 2.4】一台数字摄影机传感器上的像素物理尺寸是 5.6μm（或 0.0056mm）。垂直航迹方向上的像素个数是 16768，沿航迹方向上的像素个数是 14016。求摄影机传感器的垂直航迹和沿航迹尺寸。

解：根据式（2.12）有

$$d_{xt} = n_{xt} p_d = 16768\text{像素} \times 0.0056\text{mm/像素} \approx 93.90\text{mm}$$

根据式（2.13）有

$$d_{at} = n_{at} p_d = 14016\text{像素} \times 0.0056\text{mm/像素} \approx 78.49\text{mm}$$

在数字摄影机发展的早期，根据传感器阵列的大小，可以将其分类为小、中和大幅面摄影机。起初，小幅面摄影机的阵列尺寸小于 24mm×36mm（相当于 35mm 胶片摄影机）。中幅面摄影机配备的阵列尺寸在 24mm×36mm 和 60mm×90mm 之间。大幅面摄影机的阵列尺寸大于 60mm×90mm。随着时间的推移，不同幅面之间的划分开始变化，导致“小幅面”“中幅面”和“大幅面”数字摄影机已无法严格定义，特别是一些数字摄影机将多种镜头和传感器阵列组合在一起生成大型虚拟图像时。

现在的一种趋势是，使用术语“大幅面”摄影机松散地表示任何专门为大幅面测图应用而设计的摄影机。“中幅面”摄影机是指那些通常用来采集中等面积的图像，或使用其他传感器如雷达系统增强数据采集的摄影机。“小幅面”摄影机是指用来对小面积区域进行测图并安装在小型航空平台上的摄影机。

由于篇幅有限，我们无法详细探讨当前大量可用的数字航空摄影机。这里简要描述每种幅面类型中具有代表性的摄影机，特别是用于大面积测图的大幅面摄影机。

2.6.4 小幅面数字摄影机

用来获取小幅面航空摄影（SFAP）的数字摄影机实际上很有限，包括装备在模型火箭上的微型相机、数量众多的消费型小型数码相机、专业级的数字单反相机（DSLR）和工业相机。工业相机具有企业的质量保证，一般由单独的 CPU 进行操作。多数其他系统具有内置的 CPU。许多此类相机产生的图像具有等于或超过传统 35mm 或 70mm 胶片的空间分辨率，但这些图像缺少在精确摄影测量制图和分析中所需的几何设计与稳定性。尽管如此，在大量不需要精确定位和测量的应用中，这些相机仍然是有用的。

历史上用于获取 SFAP 的主流平台是小型固定翼飞行器和直升机。现在的平台包括但不限于超轻型飞行器、滑翔机、机动滑翔伞、无人机、小型飞船、系留气球和风筝。固定的塔和杆也可用来采集小幅面航空摄影图像。

关于获取和分析 SFAP 的详细信息，可查阅 Aber et al.（2010）和 Warner et al.（1996）。

2.6.5 中幅面数字摄影机

航空摄影所用中幅面数字摄影机的一个例子是 Trimble Applanix 数字传感系统（DSS），该系统可以配置两台相机来同时记录彩色图像和彩红外图像。另外，DSS 可以使用 GPS 记录每张图像曝光时的位置；DSS 还拥有惯性测量装置（IMU），能记录每次曝光的角向和海拔高度。GPS 和 IMU 可以记录图像数据的直接地理参考（见 3.9 节），可用于制作几何校正过的正射影像和拼接图像（见 3.9 节）。DSS 是市面上首先使用这种技术的摄影系统。目前，大多数达到制图质量标准的航空摄影系统都具有使用 GPS 接收机和 IMU 来提供直接地理参考的能力（彩图 37 展示了 DSS 的一幅图像）。

图 2.27 展示了另一个中幅面数字摄影系统——莱卡 RCD30 摄影系统。该系统有 60M 像素，使用分光镜和一个摄影镜头，能生成蓝色、绿色、红色和近红外 4 个波段的图像。分光镜将入射能量分成 RGB 部分和近红外部分。一个高精度拜耳阵列用来记录 RGB 部分的光谱，另一个尺寸完全相同的 CCD 记录近红外图像。彩图 6 显示了采用此系统对输电线路同时采集的真彩色图像和彩红外图像。

图 2.27　莱卡 RCD30 摄影系统。从左到右依次是操作控制器、相机镜头和相机控制器（Leica Geosystems 地理空间发展中心许可）

图 2.28　IGI DigiCAM 系统（IGI GmbH 许可）

图 2.28 是 IGI 中幅面数字摄影系统 DigiCAM。相机在图的右上角，从相机逆时针方向看，依次是传感器管理单元（SMU，用来控制相机）、多用途触摸显示屏、用于控制获取彩色或彩红外图像数据的滤色片和支持热拔插的固态硬盘（SSD）存储单元。该系统可以装备 40M、50M 或 60M 像素传感器，可选镜头非常多。该系统采用模块化设计，可配备 2～5 台相机组合和 SMU 单元，所有模块都安装在相同的位置，可以同时通过同一个触摸屏显示器进行控制。该系统还可进行配置，以获取天底或/和倾斜图像。3.1 节将介绍 Penta DigiCAM 系统，它是一个有 5 台相机且可同时获取 4 幅倾斜图像和 1 幅天底图像的摄影系统。DigiCAM 系统还可集成 IGI 热和激光雷达传感器。

2.6.6　大幅面数字摄影机

图 2.29 展示了一个大幅面数字航空测图摄影机，即 Z/I DMCII$_{250}$。该系统集成了 5 台可同时操作的 CCD 阵列摄影机。一台是 250M 像素的全彩相机，配备有 17216×14656 的 5.6μm CCD 阵列和 112mm 焦距的镜头。该系统使用 14 位数据进行记录，在 500m 高空的 GSD（地面采样距离）达 2.5cm。

图 2.29　Z/I DMCII$_{250}$ 摄影机（Leica Geosystems 地理空间发展中心许可）

系统中还有 4 台多光谱摄影机，每台都具有 7.2μm 大小的 42M 像素阵列（6846×6096）CCD。每台摄影机都有一个专用滤色片，分别用于获取图像的蓝色、绿色、红色和近红外信息。这些相机拥有 45mm 焦距的镜头。因为不同的相机具有不同焦距的镜头，多光谱摄影机和全彩摄影机的地面覆盖区是近似相等的。自动前向图像运动补偿和快速帧速率，使得系统低空细节调查和高空区域普查的效果都非常好。

图 2.30 显示了使用 DMCII$_{250}$ 摄影机拍摄的德国阿伦部分地区的灰度图像，该图像复制自相应的彩色图像。注意图 2.30(a)顶部的泳池，泳池的长度是 50m。图 2.30(b)放大显示了游泳池区域，这种放大效果说明了图 2.30(a)的当前空间分辨率。放大后，我们可以清晰地看到如下特征：泳者导致的泳池表面涟漪，坐在泳池边缘的个体，泳池楼梯附近的湿脚印，放大区域底部草地上晒日光浴的人们。

Microsoft/Vexel 开发了一系列适用于航空摄影的大幅面数字摄影机，其中最大的是 UltraCam Eagle 摄影机，如图 2.31 所示。图 2.31 中显示了传感器探头、触摸交互面板与键盘，左侧是一个机载固态存储单元——可交换存储模块，右侧是移动电源。图中看不到传感器探头中的各种系统组件，包括摄影机镜头、GPS、IMU 和飞行管理系统。

(a)

(b)

图 2.30　Z/I $DMCII_{250}$ 航空摄影机拍摄的德国阿伦部分地区。注意图(a)顶部附近 50m 长的泳池，图(b)是放大后的泳池区域（Leica Geosystems 地理空间发展中心许可）

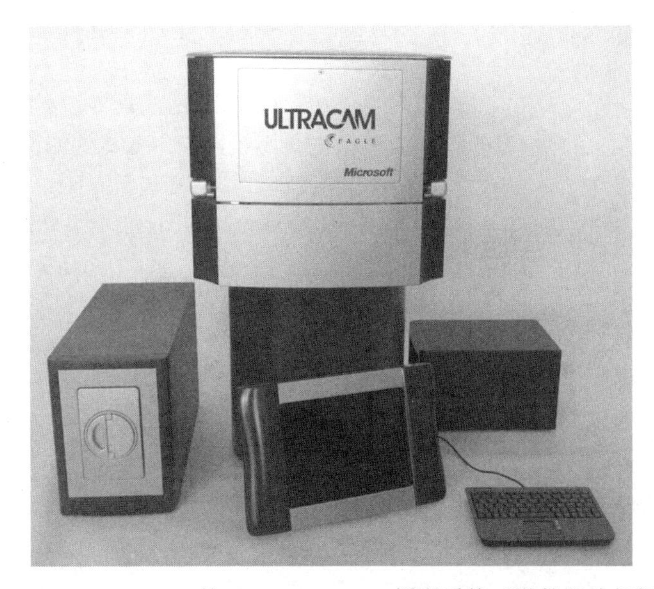

图 2.31　Microsoft/Vexel 的 UltraCam Eagle 摄影系统（微软测绘部门许可）

该摄影系统共有 8 个摄影机镜头，其中 4 个用于生成大的全色图像，其他 4 个用于获取多光谱蓝色、绿色、红色和近红外图像。由 9 个 CCD 阵列收集的数据能产生重叠的子图像，这些子图像“单片缝合”到一起后，再进行处理，形成单幅合成照片。全色图像的大小为 20010×13080 像素。多光谱影像的大小为 6670×4360 像素。用于产生全色和多光谱图像的 CCD 传感器的像素物理尺寸为 5.2μm，同时生成的数据具有 14 位（或更好的）辐射分辨率。

UltraCam Eagle 系统的特色是，在垂直航迹飞行方向上具有较宽的图像覆盖区，还提供灵活的可交换镜头系统，具有 3 个不同焦距，可方便地在不同飞行高度上收集数据。第一个镜头系统集成了一个 80mm 焦距的全色镜头和一个 27mm 焦距的多光谱镜头。第二个镜头系统包括一个 100mm 焦距的全色透镜和一个 33mm 焦距的多光谱透镜。第三个镜头系统包括一个 210mm 焦距的全色透镜和一个 70mm 焦距的多光谱透镜。

注意上面的焦距选择直接影响在给定高度收集的各种图像的 GSD 和总视场角。例如，若该系统配有第一种选择的透镜系统，而且从高于 1000m 的飞行高度取得全色图像，则图像的 GSD 是 6.5cm，垂直航迹总视场角为 66°。作为比较，若采用更长的焦距透镜系统在相同的飞行高度获取全色图像，则此图像将有约 2.5cm 的 GSD 和垂直航迹上 28°的总视场角。这些差异凸显了焦距、飞行高度、像素物理尺寸、物理传感器阵列大小、GSD 和视场角在不同应用中采集数字航空摄影之间的相互影响。下面说明这种相互影响的基本几何特征。

2.6.7 面阵数字摄影机的几何要素

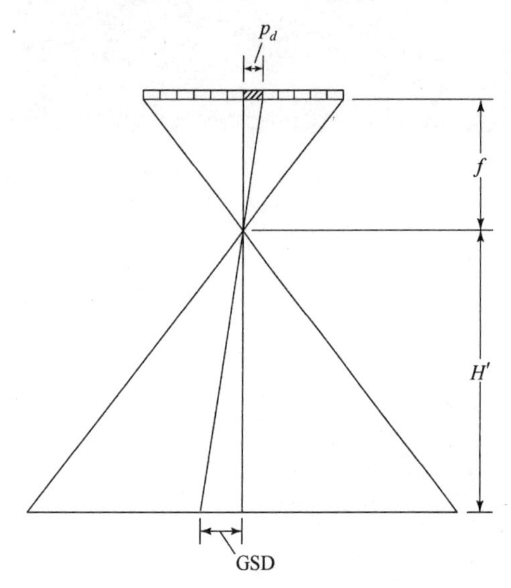

图 2.32 数字阵列摄影的像素物理尺寸（p_d）、焦距(f)、对地飞行高度（H'）和地面采样距离（GSD）之间的几何关系

图 2.32 显示了二维数字摄影机传感器阵列中包含的方形像素和地面侧视图，像素在其中收集输入能量。从相似三角形可知

$$\frac{\text{GSD}}{H'} = \frac{p_d}{f}$$

变换上式得

$$\text{GSD} = \frac{H'p_d}{f} \tag{2.14}$$

式中：GSD 为地面采样距离；H'为对地飞行高度；p_d为传感器阵列中像素的物理尺寸。

【例 2.5】 假设数字摄影机配有一个 70mm 焦距的透镜，并在地面上方 1000m 的高空工作。如果摄影机传感器像素的物理尺寸为 6.9μm（或 0.00069cm），问所得数字照片的 GSD 是多少？

解： 由式（2.14）可知

$$\text{GSD} = \frac{H'p_d}{f} = \frac{1000\text{m} \times 0.00069\text{cm}}{0.07\text{m}} = 9.86\text{cm}$$

为了实施飞行计划，对于给定的摄影机，通常需要求出产生所需 GSD 图像的飞行高度。飞行高度可通过简单地重新变换式（2.14）来求出，公式如下：

$$H' = \frac{\text{GSD} \cdot f}{p_d} \tag{2.15}$$

【例 2.6】 某应用需要 7.5cm 的 GSD。若用于航空摄影任务的数字摄影机配有一个 80mm 焦距的透镜，并有一个传感器，其像素的物理尺寸是 6μm（或 0.00060cm）。求可得到期望 GSD 图像的对地飞行高度。

解： 由式（2.15）得

$$H' = \frac{\text{GSD} \cdot f}{p_d} = \frac{7.5\text{cm} \times 0.080\text{m}}{0.00060\text{cm}} = 1000\text{m}$$

数码面阵摄影机另一个重要的几何特征是其视场角。面阵传感器通常为矩形而非正方形，因此要同时考虑在垂直航迹方向和沿航迹方向的视场角。参考图 2.33，角θ_{xt}定义了数字摄影机传感器垂直航迹方向上的总视场角。在垂直航迹上，这个角度的一半与传感器尺寸的一半是相关联的，如下所示：

$$\frac{\theta_{xt}}{2}=\arctan\left(\frac{d_{xt}}{2f}\right)$$

化简后得

$$\theta_{xt}=2\arctan\left(\frac{d_{xt}}{2f}\right) \tag{2.16}$$

类似地，可得沿航迹方向的总视场角为

$$\theta_{at}=2\arctan\left(\frac{d_{at}}{2f}\right) \tag{2.17}$$

【例 2.7】 若数字摄影机传感器的垂直航迹方向尺寸是 10.40cm，沿航迹方向尺寸是 6.81cm，摄影机透镜的焦距是 80mm，问摄影机的垂直航迹方向和沿航迹方向的总视场角分别是多少？

解： 由式（2.16）得

$$\theta_{xt}=2\arctan\left(\frac{10.40\text{cm}}{2\times 8\text{cm}}\right)=66^\circ$$

由式（2.17）得

$$\theta_{at}=2\arctan\left(\frac{6.81\text{cm}}{2\times 8\text{cm}}\right)=46^\circ$$

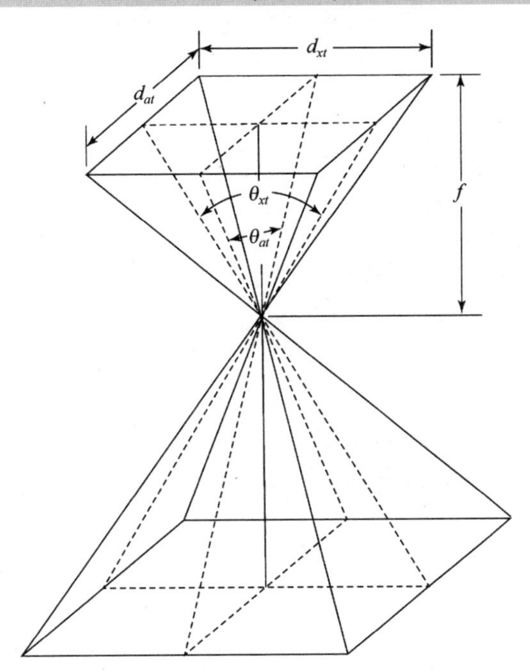

图 2.33　面阵数字摄影机的垂直航迹视场角（θ_{xt}）和沿航迹视场角（θ_{at}）

2.7　摄影系统的空间分辨率

空间分辨率指摄影系统所拍摄图像的光学质量。下面介绍胶片和数字摄影系统的分辨率。

2.7.1　胶片摄影系统

胶片摄影系统的分辨率受许多参数的影响，包括用于摄取图像的胶片和摄影机镜头的分辨率、曝光时无法补偿的影像移动、影像曝光时的大气条件、胶片冲洗的状况等。在上述诸参数中，有的可以定量，如可以拍摄标准测试图来衡量胶片的分辨率。这种测试图如图 2.34 所示，它包括多个三条平行线的线组，平行线间隔与线宽相等。图内各平行线组依次一个比一个小。在显微镜下观察时，胶片的分辨率是测试图影像上刚好能分辨的线条中心到中心距离（单位为毫米）的倒数。因此，胶片分辨率的单位是线/毫米。有时胶片分辨率的单位是线对/毫米。此时，如图 2.34 所示，线对指的是宽度相等的白色线条和黑色线条之间的间隔。术语线/毫米和线对/毫米在行距相等时可以互换使用。胶片分辨率表示线条及其背景间的特定反差比，因为分辨率受反差的影响极大。当反差比为 1.6∶1 时，全色片的分辨率为 50 线/毫米；当反差比为 1000∶1 时，同样性质的胶片，其分辨率可高达 125 线/毫米。历史上，可以很方便地采购到很多具备各种分辨率的胶片乳剂类型（负片、正片、黑白、黑白红外、彩色和彩红外）。

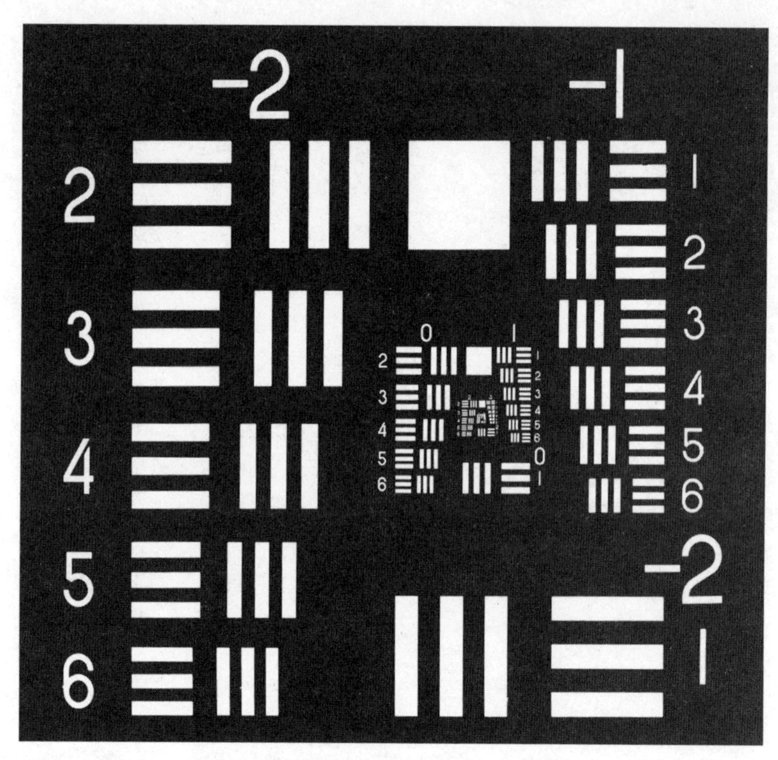

图 2.34　USAF 分辨率测试图（Teledyne-Gurley 公司许可）

使用数码摄影机进行航空摄影逐渐增多后，不同类型和分辨率胶片的可用性有所下降（建议愿意研究目前各种航空胶片可用性的读者查阅网站 www.kodak.com 和 www.agfa.com）。

检测胶片分辨率的一种方法是构建胶片的*调制传递函数*（MTF），当线条可以分辨时，这种方法会降低判断的主观性。这种方法使用微显像密度计（见 2.4 节）来扫描一系列类似于图 2.35(a)所示方波测试模式的整个图像。理想的胶片不但能精确记录测试模式的亮度变化，而且能记录其明显的边界。对实际应用中的胶片来说，胶片记录过程的保真度取决于模式的空间频率。对于每毫米有少量线数的测试模式来说，与从胶片图像［见图 2.35(b)］测试到的最大亮度值和最小亮度值一样，可能与从测试模型中得到的那些值精确对应。在这种测试模式的空间频率下，胶片的调制传递为 100%。但应注意的是，胶片图像上测试模式的边界在一定程度上是完整的，随着测试模式的线宽和间隔的减小，对测试模式的胶片图像的密度扫描将同时产生减小的调制和增加的边界完整性，这体现在图 2.35(c)和图 2.35(d)中（分别显示了 75%和 30%的调制传递）。通过测量日益增多的更高级空间频率的胶片密度，可以构造出调制传递函数的一条完整曲线（见图 2.36），而且这条曲线也表示了用一张给定胶片记录图像不同大小尺寸或空间频率的特点所需的精度。

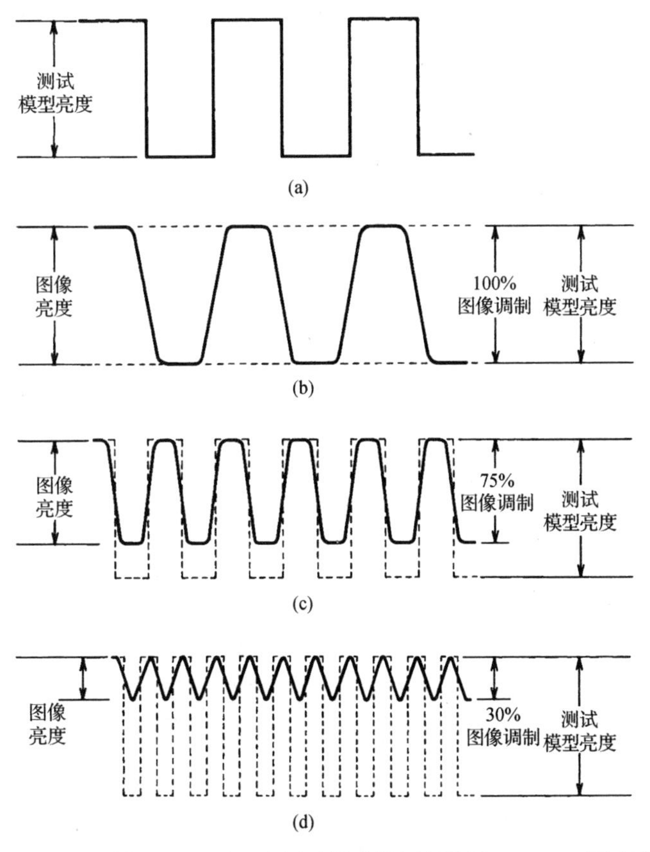

图 2.35 (a)方波测试模式；(b)图(a)中测试模式的调制传递；(c)～(d)更高空间频率的测试模式的调制传递图像［图(b)中有 100%的调制曲线，但与测试模式相比，图像的边界清晰度有所下降］。在图(c)中，图像的边界清晰度进一步下降，同时图像的调制传递下降到测试模型的 75%。图(d)的清晰度进一步下降，图像调制传递下降到测试模式的 30%（摘自 Wolf et al.，2013）

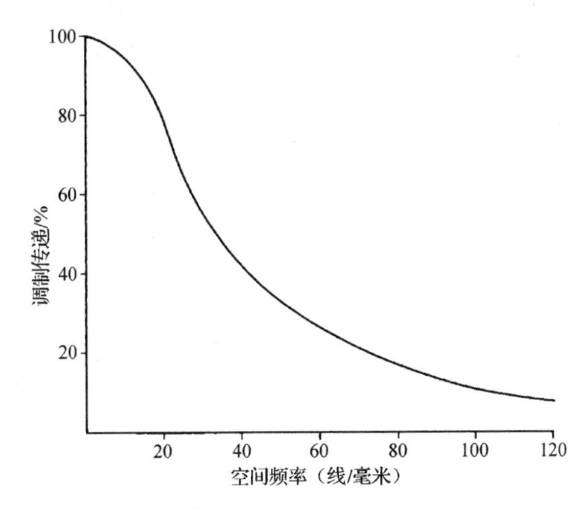

图 2.36 调制传递函数曲线（MTF）（摘自 Wolf et al.，2013）

任何胶片的分辨率或调制传递，从根本上说是感光乳剂内卤化银颗粒的大小分布的函数。一般来说，胶片的颗粒度越大，其分辨率就越低。但颗粒度较高的胶片通常总是比颗粒度较低的胶片对光更敏感或更快速。因此，在胶片感光“速度”和分辨率之间，常要牺牲其中之一。

任何一种摄影机-胶片系统的分辨能力，都可在飞行时拍摄放在地面上的长条目标来测定。这样的影像能体现飞行中因曝光时受到大气效应和图像位移（包括摄影机振动）这些因素影响而造成的影像衰退。这种测定的优点是，可以对整个摄影系统的动态空间分辨率加以鉴定，而不用对摄影机或胶片的静态分辨率进行分析。

图像质量可用*地面解像距离*（GRD）来表示，GRD 与比例尺和分辨率有关。这种距离可将胶片上的动态分辨率外推为地面距离。GRD 可表示为

$$\text{GRD} = \frac{\text{图像比例尺的倒数}}{\text{系统分辨率}} \tag{2.18}$$

例如，用 40 线/毫米动态分辨率的系统拍摄 1∶50000 比例尺的照片时，其地面解像距离为

$$\text{GRD} = \frac{50000}{40} = 1250\text{mm} = 1.25\text{m}$$

这一结果假定采用的比例尺是胶片曝光时的比例尺。放大后照片的图像清晰度会因打印和放大过程而受损。

总之，在比较各种图像记录空间分辨率的预期效果时，地面解像距离提供了一种方便的经验法则。但是，要谨慎使用这种或任何其他空间分辨率的测量结果，因为对一幅航空照片来说，许多不可预知的因素均会影响其质量，这些因素的探测、识别或鉴定，有的是可以办到的，有的是不可能办到的。

2.7.2 数字摄影系统

与胶片摄影系统一样，数字摄影系统的分辨率可通过拍摄测试图来测量。图 2.37 显示了专为数字摄影机开发的分辨率测试图。然而，调制传递函数方法是评估数字摄影系统空间分辨率最常见和可接受的方法。不用涉及更多如何实现的数学细节，知道下面的事实就已足够：前述的 MTF 过程使用从白到黑的平滑正弦波变化，而非急剧交替出现的黑白线方波模式（这种分辨率测量的单位为周期/毫米）。这将在高空间频率下产生更准确的分辨率（方波测试图会导致过于乐观估计的分辨率）。另外，使用正弦波变化允许采用数学方法级联相机系统的各种部件在不同环境条件下的 MTF 曲线，实现测量所有图像系统分辨率性能的一种复合方法。例如，设置在固定“*f*/光圈系数”位置透镜的 MTF、给定传感器阵列的 MTF、特定大气条件的 MTF 等可以相乘，然后对任何假定地面场景频率和调制，其中一个是能够估计所产生图像的调制。任何摄影系统组件的 MTF 或成像变量改变时，都可重新计算系统的 MTF，并建立新图像调制的估计。因此，MTF 是用于比较不同数字摄影机系统相对性能的有用工具。

回忆可知，在胶片图像的情况下，由一个系统的动态图像分辨率推出地面解析距离（GRD）的关键因素是原始图像的比例，而数字图像文件并无单一的比例。它们可以不同的比例显示和打印。在一般情况下，数字图像不以摄影机的原始比例显示或打印，因为它通常太小而无法使用。此外，图像中每个像素对应的地面区域不会随显示或打印不同比例的图像而改变。因此，*地面采样距离（GSD）而非图像比例是确定数字图像解译性的可用测度*。

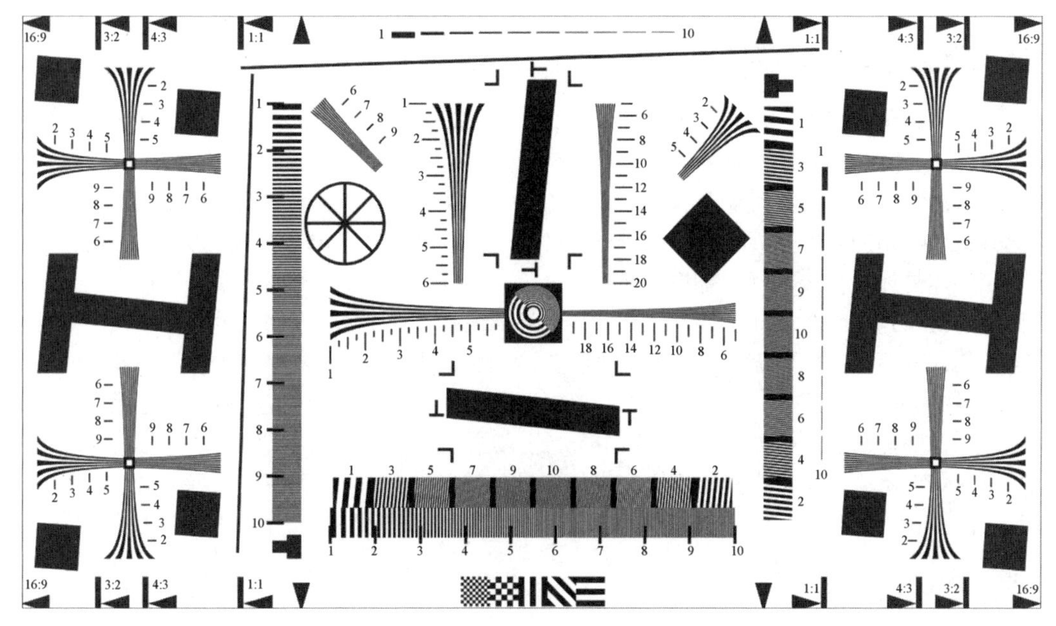

图 2.37　ISO 12233 用于测试数字摄影系统分辨率的分辨率测试图（摘自国际标准组织）

上述说法存在限制，因为 GSD 一词常被随意使用。如前所述（见 1.12 节），图像文件的 GSD 可以包含或不包含这样的像素：其地面尺寸等于一个给定传感器（地面分辨单元大小）的天然空间分辨率。有人建议，为了避免这种类型的歧义，可以定义三类 GSD：采集 GSD、产品 GSD 和显示 GSD（Comer et al.，1998）。采集 GSD 仅是地面上单个像素足迹的线性尺寸［见图 2.32 和式（2.14）］。产品 GSD 是全部校正和重采样过程后单个像素足迹在数字图像产品上的线性尺寸（见第 7 章和附录 B）。

显示 GSD 是指使用数字打印机打印的或在计算机显示器上显示的单个像素的线性尺寸。例如，若某个 CCD 阵列的像素宽度是 3000，它使用 0.4m 的采集 GSD 形成全景图像，全景图像以 300 点（像素）/英寸的分辨率打印出来，那么打印图像的总宽度是 10 英寸（每个像素打印 1 点）。打印机的每个“像素”应是每 300 像素/英寸，相当于 0.00333 英寸/像素，或者约 0.085mm/像素。

因此，打印机的显示比例为

$$\text{打印机显示比例} = \frac{\text{显示像素尺寸}}{\text{采集GSD}} \tag{2.19}$$

$$\text{打印机显示比例} = \frac{0.085\text{mm}}{0.4\text{m}} = \frac{1}{4706} \text{ 或 } 1:4706$$

在计算机显示器上显示图像文件时，显示器点距（显示器的显示点之间的距离）控制着图像的大小和比例。典型的点距约为 0.3mm。对于上例，这样的点距将产生如下显示器显示比例（每个像素显示 1 个点）：

$$\text{显示器显示比例} = \frac{\text{显示像素尺寸}}{\text{采集GSD}} \tag{2.20}$$

$$\text{显示器显示比例} = \frac{0.3\text{mm}}{0.4\text{m}} = \frac{1}{1333} \text{ 或 } 1:1333$$

总之，数字图像的比例是可变的，且如果以相同比例但不同 GSD 生成两幅图像或地图产品，具有较小 GSD 的产品会显示出更有解释性的空间细节，也包括更多数量的像素，从而在产生空间细节和数据处理之间保持平衡。

2.7.3 物体的探测、识别和鉴定

对于胶片和数字摄影，空间分辨率的大小难以在实际意义上进行解释。我们测量某个系统的分辨率的目的，不仅仅是该系统能否将测试图上细小的、毗邻的图形清楚地记录成影像，还包括探测物体、识别物体和鉴定物体。因此，对所谓的空间分辨率还难以下精确的定义。探测是指将单个物体区分开来。识别的目的是尝试搞清楚已能分开的物体，例如树丛是成排的作物。鉴定的目的是，明确分清物体具体是什么，例如是橡树还是玉米。

因此，1m 的 GSD 并不意味着人们可以鉴定甚至识别地面上大小为 1m 的物体。一个像素足以确定某个物体的存在。对于特定物体的目视识别，可能需要 5～10 个或更多的像素（具体取决于所用 GSD 和物体的性质）。此外，虽然小的 GSD 通常有助于图像解译，但可能会也可能不会有助于各种数字图像解译活动。例如，GSD 的选择会影响通过光谱模式识别应用程序进行数字图像分类的精度（见第 7 章）。在给定 GSD 下工作良好的分类程序，不一定能在更大或更小的 GSD 下正常工作。

2.8 航空摄像

航空摄像是电子成像的一种形式，其模拟或数字视频信号被记录在磁带、磁盘或光盘上。用于航空摄像的摄影机有多种，包括单波段摄影机、多波段摄影机或多重单波段摄影机，可在可见光、近红外和中红外波长进行遥感（并非所有摄影机都有这样的完整范围）。

20 世纪 80 年代中期首次出现数字视频系统，之前更常见的是模拟视频系统。如今，数字系统已是常态，许多设备提供数字录像功能，从包括可选视频捕获模式的静物相机，到照相手机、笔记本电脑、平板电脑、监控摄影机、个人媒体播放器和许多其他设备。在轻型飞行器上用于记录大面积区域的视频系统，通常是消费级或专业级数码摄影机。

类似于数字静帧相机，数码摄影机采用 CCD 或 CMOS 半导体二维探测器阵列将每个感光点处输入的能量转换成数字亮度值。静物相机和摄影机之间的主要差异是，单帧图像以一定的速率由摄影机记录，以便以平滑和连续的方式记录场景和物体的运动。视频摄影机有两种帧速率制式。PAL 制式规定 25 帧/秒，NTSC 制式规定 30 帧每 1.001 秒（约 29.97 帧/秒）。相较而言，标准胶片电影的帧速率是 24 帧/秒。因为与采集和记录视频数据相关的比特率较高，视频数据通常要根据各种行业标准进行压缩（见第 7 章）。

根据摄影机的设计，数字视频数据使用以下两种方法之一获取：隔行扫描或逐行扫描。*隔行扫描*数据来自感光单元行的交替采集。获取每帧时先连续扫描奇数行，后扫描偶数行。*逐行扫描*数据获取同一时刻记录来自阵列中所有感光单元行的数据。数字视频数据通常存储在硬盘驱动器或固态存储设备中。

数字视频记录时，通常遵循如下的标准清晰度（SD）或高清晰度（HD）标准，并且同时使用各种图像压缩标准。标准清晰度数字视频相机通常以 4∶3（水平尺寸与垂直尺寸之比）的图像格式或 16∶9 的图像格式录制。高清晰度数码摄影机使用 16∶9 的格式。4∶3 标清视频的分辨率通常为 640（水平）× 480（垂直）像素，高清视频的像素分辨率可达 1920×1080 像素。

近期的一种趋势是采用 4K 分辨率的数字视频捕获和显示系统进行录像。术语“4K”指系统的分辨率在水平方向上约为 4000 个像素点（注意，此类系统的水平分辨率不同于 HDTV 在传统分类中所用的垂直分辨率，如 1080 像素）。2014 年，各种 4K 摄影机、投影仪、显示器的分辨率为 4096×2160 像素，或约 880 万像素/帧。

航空摄像已开始使用中小幅面的胶卷和数码相机。通常情况下，在小样本区域中获取的视频图像，能获得该地区的“地面事实”，进而辅助低分辨率数据集的地面条件识别（如中分辨率卫星数据）。在需要对迅速变化的情况进行连续覆盖的应用中，它也非常有用，如监测石油泄漏、火灾、洪水、风暴和其他自然灾害。录像也非常适合监控线性要素，如道路、电力线和河流。在这样的应用中，通常同时使用两台摄影机，一台采用宽视角，另一台提供较小区域的更多细节。另外，一台摄影机可能会获得一个天底视图，另一台摄影机则提供前向的倾斜图像。海岸地区视频调查往往平行于海岸线飞行，获得垂直于海岸线的较高倾斜图像。

在视频数据的采集过程中，当飞机从上空或沿着地面物体飞行时，可从多个有利位置来观察地面物体。因此，存在可进行分析的多个视角-太阳高度角的组合。通常，由视频图像提供的连续变化的透视，可得到伪三维效果。虽然多台摄影机或专用双镜头摄影机都可收集真正的立体覆盖，但这样的图像更多的是例外而不是约定俗成。

航空摄像的优点是其相对较低的成本和在较短时间完成工作的灵活性。利用系统集成的 GPS 和 IMU，可为视频数据采集提供一种对图像添加地理参考的有效方法，进而便于图像后续的显示、分析和 GIS 操作。视频图像既可快速地实时发送和传播，又非常适合捕捉和“定格”运动的物体与事件。最后，视频系统中包含的音频记录能力，可使飞行员和训练有素的观察员在飞行过程中进行叙述和评论，以便辅助记录和解释图像数据。

2.9 小结

如前所述，航空胶片摄影由于其通用性、几何完整性、多功能性和经济实惠等特点，在历史上得到了广泛应用。但自 2000 年第一台商用大幅面数字摄影机使用以来，胶片摄影的使用量已明显下降。数字摄影几乎完全取代了胶片摄影。与此同时，卫星图像的可用性和分辨率不断提高，而且在许多情况下，地球轨道遥感正在许多应用中补充或替换航空摄影。因此，遥感数据用户需要重点了解那些适合自己的传感器系统（高空间分辨率的卫星遥感系统将在第 5 章中讨论）。

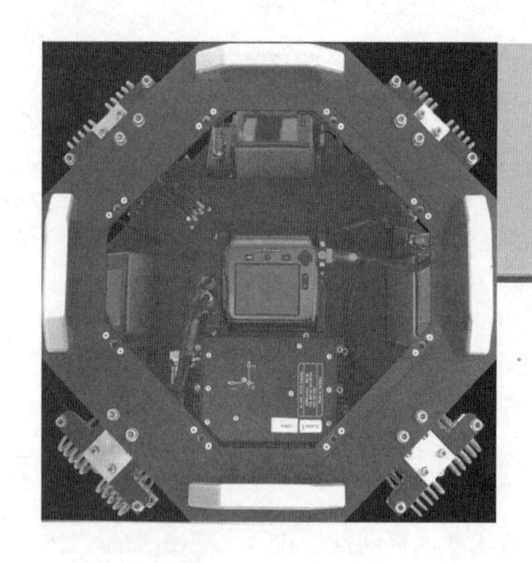

第3章

摄影测量的基本原理

3.1 引言

摄影测量学是从照片上获取空间测量数据和其他几何上可靠衍生产品的科学与技术。历史上，摄影测量分析使用的是硬拷贝摄影产品，如相纸照片或电影胶卷。如今，大部分摄影测量过程使用的是数字或软拷贝摄影数据产品。在某些情况下，这些数字产品可源于硬拷贝照片（如历史照片）的高分辨率扫描。尽管如此，现代摄影测量应用中使用的大多数数字照片都直接源自数字摄影机。事实上，数字摄影机数据的摄影测量过程常在空中完成，以致数字正射影像、数字高程模型（DEM）和其他 GIS 数据产品在航空摄影任务结束后可以即时得到，甚至在任务期间就可以得到。

尽管硬拷贝照片和数字照片的物理特性有很大的不同，但从摄影测量角度来分析它们时，所用到的基本几何原理是相同的。事实上，在硬拷贝环境下可视化并理解这些原理，然后将它们推广到软拷贝环境下是非常容易的。这正是我们在本章中采用的方法。因此，在这一讨论中，我们的目标是，不仅要帮助读者在硬拷贝摄影图像上进行基本测量，而且要帮助读者理解现代数字（软拷贝）摄影测量的基本原理。我们在讨论中强调航空摄影测量技术和方法，但相同的一般原理也适用于陆地（地面）和航天摄影测量。

本章仅介绍摄影测量的基本知识（关于摄影测量的详细介绍，请参阅 ASPRS，2004；Mikhail et al.，2001；Wolf et al.，2013）。讨论仅限于如下摄影测量活动。

（1）**根据垂直照片上的测量值，确定垂直照片的比例尺并估算地面的水平距离。**照片的比例尺表达了照片上所测距离与在地面坐标系中所测相应水平距离之间的数学关系。与地图不同，地图具有单一且固定的比例尺，而航空照片具有一系列比例尺，它与地形高程成比例地变化。一旦知道任意高程的比例尺，就可根据相应影像距离的测量值简单地估算出该高程的地面距离。

（2）**利用垂直照片上的面积测量值确定地面坐标系中相应的面积。**从相应照片的面积测量值计算出地面面积，只是上述比例尺概念的一种简单推广。唯一的差别是，由于地面距离和照片距离的变化是线性的，地面面积和照片面积的变化是比例尺平方的函数。

（3）**量化垂直照片的投影差。**与地图不同的是，航空照片通常不显示物体的真正平面图或顶视图。出现在照片上的物体顶部图像，相对于物体底部图像发生位移。这种现象称为*投影差*，它使得地面上的物体从像主点发生径向“偏移”。与比例尺的变化一样，投影差使得人们不能将照片直接作为地图。然而，如果是在适当考虑比例尺变化和投影差的情况下进行照片测量，就能从垂直照片上得到可靠的地面测量数据和地图。

（4）**通过测量投影差求物体的高度。**虽然投影差常被视必须得到处理的一种图像变形，但它也可用来估算照片上的物体高度。如后面将要介绍的那样，投影差的大小取决于飞行高度、像主点与地物的距离以及地物的高度。这些因素是几何相关的，因此我们能在照片上测量物体的投影差和径向位移，进而求出物体的高度。这种技术的精度有限，但在仅需要物体大致高度的应用中很有用。

（5）**通过测量影像视差求物体的高度和地面高程。**前面的操作是利用单张垂直摄影照片进行的。许多摄影测量涉及立体像对的重叠区的图像分析。在该区域内，我们从不同的有利位置对同一地面进行摄影，得到两个不同的视图。在这两个视图中，与摄影机距离近（高程较高）的地物的相对位置在不同照片之间的变化，比与摄影机距离远（高程较低）的地物大。这种相对位置的变化称为*视差*。它可在重叠照片上测量并用于求物体的高度和地面高程。

（6）**确定航空照片的外部定向元素。**要将航空照片用于摄影测量制图目的，就需要描述每张照片在曝光瞬间，相对于用于制图的地面坐标系原点和方向的位置与角度方向的 6 个独立参数。这 6 个变量称为*外部定向元素*。其中的 3 个变量是像平面坐标系的中心点在曝光瞬间的三维位置 (X, Y, Z)，其余 3 个变量是三维旋转角度(ω, ϕ, κ)，即照片在曝光瞬间倾斜的大小和方向。这些旋转参数是照片拍摄时平台和摄影机支架的函数。譬如，固定翼飞机的机翼相对于水平面会向上或向下倾斜。同时，摄影机也会沿飞机前后向上或向下倾斜。此外，飞机为了保持固定航向，也会旋转并逆风飞行。

确定外方位元素的方法主要有两种。第一种方法使用*地面控制点*（地面坐标已知且照片上可识别的点）和*空中三角测量*的数学程序。第二种方法需要*直接地理参照*，这种方法综合 GPS 和 IMU 观测来确定每张照片的位置和方位角（见 1.11 节和 2.6 节）。这里仅用最少的数学细节从概念层面来介绍这两种方法。

（7）**制作地图、DEM 和正射照片。**由航空照片“制图”有多种形式。历史上，曾利用*立体测图仪*的硬拷贝立体像对来制作地形图。利用这种设备时，要将照片放在投影器内，投影器可以相互定向，以恢复摄影时的角倾斜（ω, ϕ, κ）。每个投影器都可翻译成 x, y 和 z 的形式，以便创建尺寸缩小的模型，该模型精确地描述了组成立体像对的每张照片的外方位参数（立体模型的比例尺由仪器操作人员选择的投影器之间的“空中基线”距离决定）。用立体镜观察时，这种地形模型可用来准备没有倾斜或投影差的模拟或数字平面地图。另外，等高线可以和平面数据集成，以求出模型中显示的单个地物的高度。

立体测图仪的目的是从立体照片变换地图信息而不引起变形，类似的设备也可用来变换图像信息而不引起变形。由此产生的无变形图像称为*正射照片*（或*正射影像*）。正射影像综合了地图的几何效应，以及照片所提供的补充“真实世界影像”的信息。正射照片的创建过程取决于所能得到的制图地区的数字高程模型（DEM）。DEM 一般也是从摄影测量的角度来准备的。实际上，*摄影测量工作站*具有完成以下任务的综合功能：生产 DEM、数字正射影像、地形图、透视图、“飞行图”，提取具有空间坐标的二维或三维 GIS 数据。

（8）**制定获取垂直航空照片的飞行计划。**在任何一次获取新的地面覆盖时，都要制定好飞行计划。如将要讨论的那样，任务计划软件高度自动化了这一过程。尽管如此，本书的大部分读者是影像数据的消费者而不是提供者，可能不会直接使用飞行计划软件，而要适当地依靠专业数据提供商来一起设计任务，进而满足自己的需求。当然，也存在由于成本和物流限制，数据消费者和数据提供者相同的情况。

因此，对图像分析人员来说，要理解制定任务计划的基本原理，以便推进这些活动，如数据量的初步估算（因为这将影响数据收集和数据分析）、替代任务参数的选择、给定项目信息需求的保证等。必须在任务要素方面做出决定，如图像比例尺或地面采样距离（GSD）、摄影机分幅大小和焦距，以及期望的照片重叠度。然后，分析人员才能确定以下几何因素：大致的飞行高度、照片中心点之间的距离、航线的方向和间距，以及覆盖项目区所需的照片数量。

这些摄影测量操作将在本章的各节中介绍。下面先讨论一些通用的几何概念。

3.2 航空照片的基本几何特征

3.2.1 航空照片的几何类型

航空照片通常分为垂直照片和倾斜照片两种。*垂直照片*是使用主光轴尽可能垂直的摄影机拍摄的照片。但“真正的”垂直航空照片极难获得，因为在曝光瞬间飞机的角度姿态会产生角度旋转或倾斜，这已在前面介绍过。这种不可避免的倾斜会使得摄影机的主光轴发生轻微偏斜（1°～3°），进而使得所获照片为*倾斜照片*。

实际上，所有照片都是倾斜的。当倾斜无意识且较轻微时，可利用适合分析真正垂直照片的简化模型和方法来分析倾斜照片而不会引入严重误差。在许多实际应用中，当近似测量足够时，就是这么做的（譬如在利用比例尺或数字化仪进行照片测量的基础上，确定平坦农业地块的地面尺寸）。尽管如此，如我们将要讨论的，精确的数字照片测量方法使用不会损失精度的方法和模型，这些方法和模型需要考虑非常小的倾角，不会有精度损失。

如果航空照片是由主光轴有意识倾斜的摄影机拍摄的，那么产生的就是*倾斜照片*。*高斜照片*包括水平影像，而*低斜照片*不包括水平影像。本章强调获取和分析垂直航空照片的几何因素，因为它们在大范围摄影测量制图中有着广泛和持久的历史。尽管如此，在一些应用中，倾斜航空照片的使用量迅速增加，如城市制图和灾害评估。由于倾斜照片的“侧视”特性，与垂直航空照片的顶视图相比，倾斜照片提供了更自然的视角。这有助于图像的解译过程（特别是对没有经验的图像解译人员而言）。本书中还穿插了各种倾斜航空照片的例子。

摄影测量也可在倾斜航空照片上进行，前提是它们本来就是为此目的获取的。这经常伴随着使用同时按下快门的多台摄影机。图 3.1 显示的是 IGI Penta-DigiCAM 系统。这种有着 5 台摄影机的系统包括 1 台最低点摄影机、2 台在垂直航迹方向上看起来倾斜且方向相反的摄影机，以及 2 台在航迹上看起来倾斜且方向相反的摄影机（2.6 节显示了一个 DigiCam 系统）。图 3.1 还描述了由每台同时按下快门的 Penta-DigiCAM 摄影机产生的“马耳他十字”地面覆盖模式。接下来，获取这种性质的重叠合成图像来描述研究区域地物的上方、前方、后方和两侧。另外，垂直方向的倾斜方位角可以变化，以满足各种摄影应用需求。

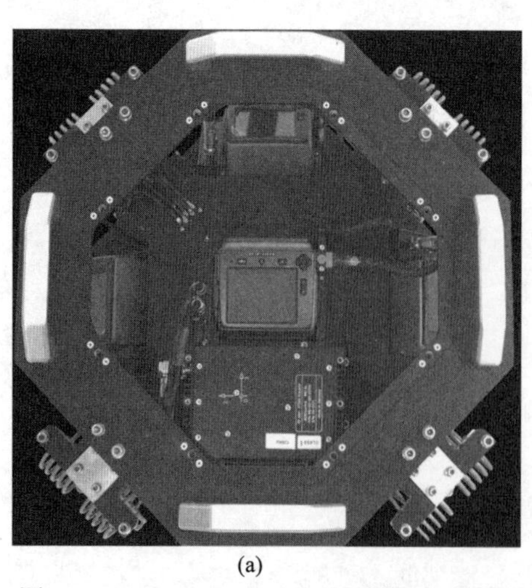
(a)

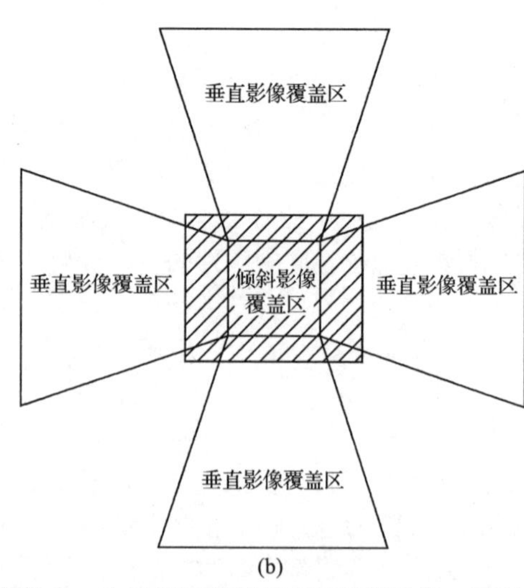

(b)

图 3.1　IGI Penta-DigiCAM 系统：(a)系统的早期版本，为了展示最低点和倾斜摄影机，后面的摄影机已经拆除（低的倾斜摄影机被安装在中间底部的摄影机上的 IMU 装置部分遮挡）；(b)系统产生的马耳他十字地面覆盖模式；(c)系统后来的版本，安装在陀螺稳定的底座上，数据存储单元和 GNSS/IMU 系统安装在上方（IGI GmbH 许可）

(c)

图 3.1（续） IGI Penta-DigiCAM 系统：(a)系统的早期版本，为了展示最低点和倾斜摄影机，后面的摄影机已经拆除（低的倾斜摄影机被安装在中间底部的摄影机上的 IMU 装置部分遮挡）；(b)系统产生的马耳他十字地面覆盖模式；(c)系统后来的版本，安装在陀螺稳定的底座上，数据存储单元和 GNSS/IMU 系统安装在上方（IGI GmbH 许可）

3.2.2 垂直航空照片拍摄

大部分垂直航空照片是由分幅摄影机沿航线或航带拍摄的。获取航空照片时，飞机飞行方向正下方的地面轨迹称为*天底线*。该线将垂直航空照片的图像中心连接起来。图 3.2 显示了沿航线的照片覆盖的典型特征。一般情况下，连续拍摄的照片都有一定程度的*航向重叠*。这种重叠不仅可以确保一条航线的完全覆盖，而且至少 50%的航向重叠对获取摄影区完整的*立体影像覆盖*而言是非常重要的。立体影像覆盖是由有重叠的相邻垂直照片即所谓的*立体像对*构成的。立体像对提供了航向重叠区地面的两个不同视角。采用立体镜观察构成立体像对的影像时，两只眼睛分别观察像对在航线上拍摄的相应影像，就可看到一个三维的*立体模型*。如第 1 章所述，大部分航空照片解译时要用到立体影像覆盖及立体观察。

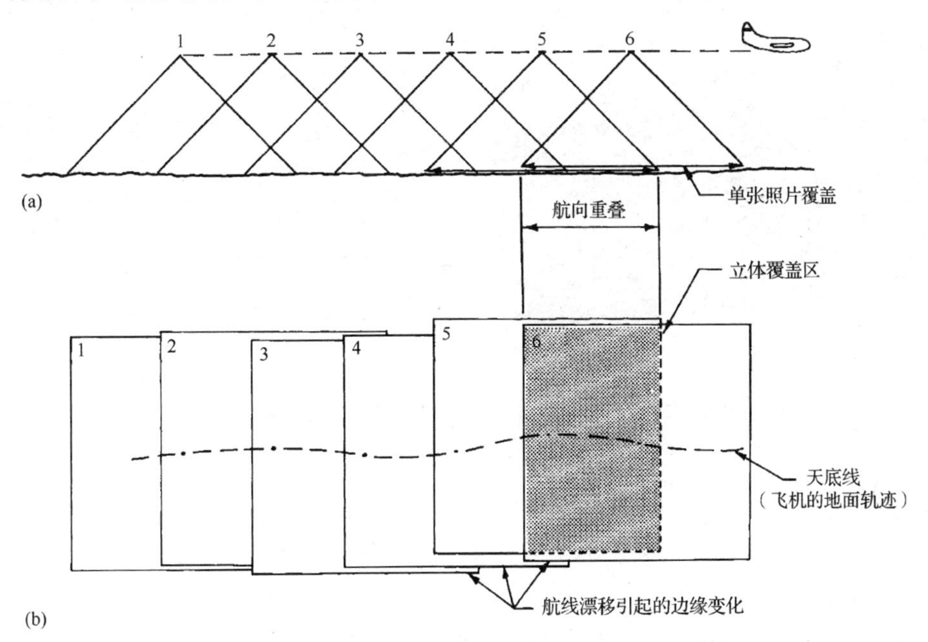

图 3.2 沿航带的照片覆盖：(a)曝光时的情况；(b)得到的照片

图 3.3　产生立体像对的连续照片的获取（Leica Geosytems 许可）

沿一条航带连续的照片，其拍摄的时间间隔是由摄影机定时曝光控制计或基于软件的传感器控制系统控制的。连续照片上的重叠区称为立体重叠区。一般来说，不管是否有无意识的倾斜，重叠百分比为55%～65%的连续照片都能确保在各种不同的地面至少有50%的重叠。图3.3说明了构成约60%立体重叠区的连续照片的地面覆盖关系。

曝光瞬间照片中心之间的地面距离称为摄影基线。摄影基线与航高的比值（基高比），确定了图像解译者所看到的垂直放大。基高比越大，垂直放大越大。

图3.4显示了由大分幅摄影机所拍摄的新罕布什尔州华盛顿山脉及其附近地区的照片。这些立体像对说明了各种不同照片的重叠百分比，以及其造成的照片基高比的不同影响。这些照片的拍摄航高为364km，图3.4(a)中立体像对的基高比为0.30，图3.4(b)中立体像对的基高比为1.2，浮雕效果（具有较大的垂直放大）比图3.4(a)中更明显。

(a)

(b)

图 3.4　新罕布什尔州华盛顿山脉及其附近地区的大分幅摄影机的立体像对，比例尺为1∶800000（原图像放大了1.5倍）：(a)基高比为0.3；(b)基高比为1.2（NASA 和 ITEK 光学系统公司许可）

这种更明显的浮雕效果通常有助于目视图像解译。此外，如后面讨论的那样，许多摄影测量制图操作依赖于精确确定来自两张或更多照片上的射线在空间上的交点位置。具有更大基高比的射线以更大角度相交（接近垂直），具有较小基高比的射线以较小角度相交（接近平行）。因此，在确定射线交点位置方面，大基高比要比小基高比的精度高。

大部分项目现场的面积很大，可在拍摄地区采用多航线的方法来获得完整的立体覆盖。图 3.5 说明了如何对相邻的飞行带进行拍摄。在该地区的连续飞行中，相邻航带约有 30% 的旁向重叠。多航带形成了一个图像拍摄区。

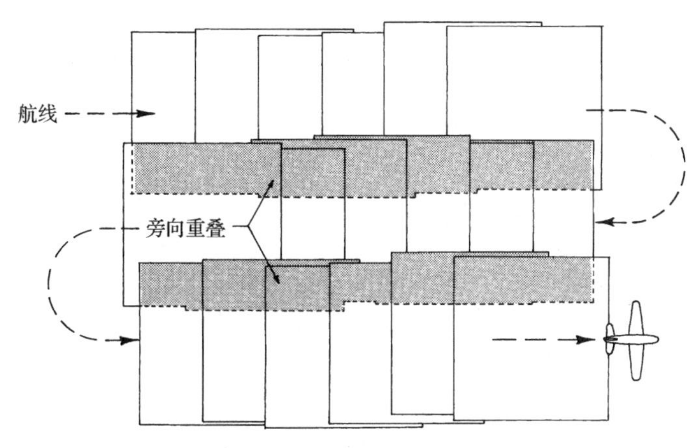

图 3.5　项目区域的相邻航线

如 3.1 节讨论的那样，为一次航空摄影任务制定计划通常需要借助于飞行计划软件。这些软件在用户输入的影响因子的指导下运行，这些因子包括：任务覆盖的区域，要求的照片比例尺或地面采样距离（GSD），航向重叠和旁向重叠，摄影机参数如分幅大小、焦距，飞机的地面速度。系统通常集成了任务覆盖区的数字地形模型（DEM）或其他背景地图，提供一个二维或三维的规划环境。飞行计划软件通常还紧密耦合或集成了飞行导航和制导软件、显示系统和影像获取时用到的传感器控制与监测系统。采用这种方式，任务区域、单条航线和照片中心以及航线终点的转向都可由飞机上的显示器显示出来。如果航线的一部分丢失（譬如由于云层覆盖的原因），制导系统会自动导航到该区域重新飞行。借助于这种强大的飞行管理与控制系统，特定任务期间的飞机导航与制导和摄影机操作，都可做到高度自动化。

3.2.3　垂直照片的几何要素

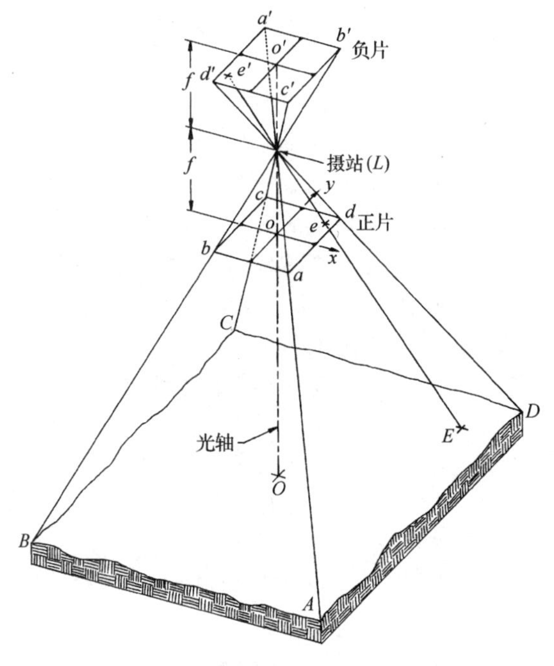

图 3.6　垂直照片的基本几何要素

单镜头分幅摄影机拍摄的硬拷贝垂直航空照片的基本几何要素如图 3.6 所示。来自地面物体的光线与摄影机镜头摄站 L 相交后，在胶卷负片的平面上成像。负片位于镜头的后面，它到镜头的距离等于镜头的焦距 f。假设正片图像印纸（或胶卷正片）的大小与负片的大小相等，正片图像就能绘制在镜头前面距离镜头 f 处的平面上。这种假设是合适的，因为测量所用大部分照片的正片都是接触式印刷照片，能产生如图所示的几何关系。

像点的(x, y)坐标位置，以从记录在正片上的、连接相对框标的直线所形成的轴线为基准（见图 2.24）。可以随意地将几乎与航线一致的框标轴线作为 x 轴，对飞行前进方向的值取正值。正 y 轴的值位于正 x 轴的值逆时针旋转 90° 处。因为测量摄影机中框标及镜头放置位置的精确性，可以假定照片的坐标原点 o 与像主点（即镜头光轴和胶片平面的交点）完全重合。摄影机光轴延长线与地面的交点称为*地面主点* O。地面点 A, B, C, D 和 E 的影像，在负片上是呈负几何关系的 a', b', c', d' 和 e'，在正片上则是呈正几何关系的 a, b, c, d 和 e（本章中像点用小写字母标注，地面上的相应点则用大写字母标注）。

某点的 xy 像平面坐标是该点到 xy 坐标轴的垂直距离。位于 y 轴右侧的点具有正 x 轴的坐标值，而位于左边的点则具有负 x 轴的坐标值。类似地，位于 x 轴上方的点具有正 y 轴的坐标值，而位于下方的点则具有负 y 轴的坐标值。

3.2.4 像平面坐标测量

利用任何一种测量设备都可以获得像平面坐标的测量值。这些设备在精度、价格和供应方面各不相同。对于初等摄影测量问题（可以接受低测量精度），可以使用三角工程尺或米尺。使用这种尺时，一般采用多次测量并取其平均值的方法来提高测量精度。测量时借助放大镜，可以使测量结果更精确。

在软拷贝环境下，像平面坐标的测量利用带光标的栅格图像显示器来收集“原始”图像坐标，这种坐标使用它们在图像文件中的行值和列值来表达。行列坐标系与摄影机的基准坐标系之间的关系，是通过建立这两种坐标系的数学坐标转换来确定的。这种方法需要一些这两种坐标系中的坐标都已知的点。框标可用于此用途，因为它们在焦平面上的位置在摄影机校正时就已确定，且在行列坐标系中的位置很容易测量出来（附录 B 中介绍了仿射坐标变换的数学形式，它常用于关联摄影机基准和行列坐标系）。

不管用什么方法来测量像平面坐标，都会带有不同来源和不同大小的误差。这些误差的来源有摄影机镜头畸变、大气折射、地球曲率、基准轴不交于像主点，以及用来测量的摄影材料的收缩或膨胀。复杂的摄影测量分析包括对所有这些误差的校正。然而，在相纸照片上进行的简单测量一般不会进行这种校正，因为图像的稍微倾斜产生的误差会超过其他畸变的影响。

3.3 照片比例尺

一个最基本、最常用到的硬拷贝航空照片的几何特征是*照片比例尺*。与地图比例尺一样，照片的“比例尺”用来表示照片上的一个单位（任何单位）距离代表实际地面距离的特定单位数。比例尺可用*单位当量*、*数字比例尺*或*比率*来表示。例如，若照片上的 1mm 代表地面距离 25m，则该照片的比例尺就可表示为 1mm = 25m（单位当量）、1/25000（数字比例尺）或 1∶25000（比率）。

工作中很少用到比例尺的人员通常会混淆“大比例尺”和“小比例尺”这两个术语。例如，哪张照片具有较大的比例尺？是包括几个城市街区的 1∶10000 的照片，还是包括整个城市的 1∶50000 的照片？直觉上的答案经常是覆盖较大“面积”（整个城市）的照片具有较大的比例尺，但实际上并非如此。具有较大比例尺的应该是 1∶10000 的影像，因为它所表示的地面特征看起来更大、更详细。包含整个城市的 1∶50000 的照片所显示的地面特征要小得多，且不详细。因此，尽管 1∶50000 的照片具有较大的地面覆盖，但它应被认为是具有较小比例尺的照片。

一种比较比例尺大小的简便方法是，记住同一物体在“较小”比例尺照片上比在“较大”比例尺照片上显得小。也可对比数字比例尺的大小来进行比例尺的比较（即 1/50000 < 1/10000）。

确定照片比例尺最直接的方法是，测量任意两点间的照片距离和相应的地面距离。这要求任意两点在照片上和地图上都可以识别。比例尺 S 是照片距离 d 与地面距离 D 之比：

$$S = \text{照片比例尺} = \frac{\text{照片距离}}{\text{地面距离}} = \frac{d}{D} \tag{3.1}$$

【例 3.1】假设照片上道路的两个路口可以在比例尺为 1∶25000 的地形图上找到。两个路口在地形图上的测量距离为 47.2mm，在照片上的测量距离为 94.3mm。(a) 照片的比例尺是多少？(b) 在该比例尺下，在照片上测量距离为 42.9mm 的围墙线，其实际长度是多少？

解：(a)由地图比例尺测得的两个路口的距离为

$$0.0472\text{m}\times\frac{25000}{1}=1180\text{m}$$

使用直接比率，得到照片的比例尺为

$$S=\frac{0.0943\text{m}}{1180\text{m}}=\frac{1}{12513}\quad 或\quad 1:12500$$

注意，因为原始测量数据只有三位有效数字，所以最终结果也只保留三位有效数字。

(b) 照片上 42.9mm 围墙线的实际地面长度为

$$D=\frac{d}{S}=0.0429\text{m}\div\frac{1}{12500}=536.25\text{m 或 }536\text{m}$$

对于在平坦地区拍摄的垂直照片，比例尺是获取影像的摄影机焦距 f 和影像拍摄位置相对于地面的航高 H' 的函数。一般来说，有

$$比例尺=\frac{摄影机焦距}{相对于地面的航高}=\frac{f}{H'} \tag{3.2}$$

图 3.7 说明了得出式（3.2）的方式。该图所示的是平坦地区垂直照片的侧视图。摄站 L 位于某基准面或任意基准高程之上的航高 H 处。最常用的基准面是平均海平面。如果航高 H 与地面高程 h 已知，则可用减法运算（$H'=H-h$）得到 H' 的值。现在考虑地面点 A, O 和 B，它们在负片上的像点为 a', o'和 b'，在正片上的像点为 a, o 和 b。我们可从相似三角形 ΔLao 和 ΔLAO 以及相应的照片距离（$\overline{ao}$）和地面距离（$\overline{AO}$），推导出照片比例尺的表达式，即

$$S=\frac{\overline{ao}}{\overline{AO}}=\frac{f}{H'} \tag{3.3}$$

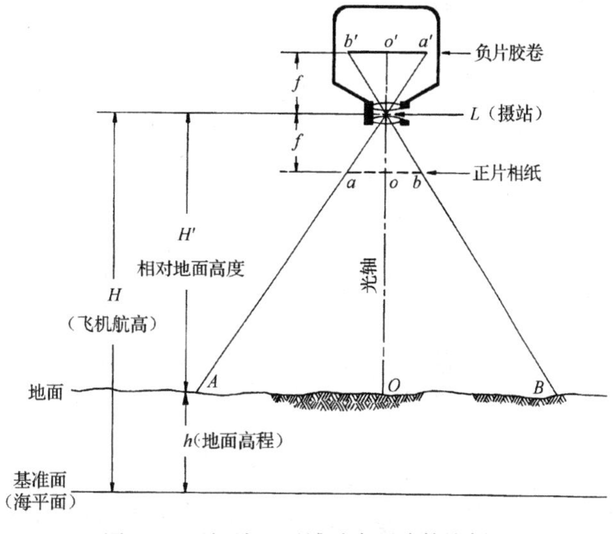

图 3.7　平坦地形区域垂直照片的比例尺

式（3.3）与式（3.2）一致，但它还有另一种表达式：

$$S=\frac{f}{H-h} \tag{3.4}$$

式（3.4）是最常用的比例尺方程。

【例 3.2】使用镜头焦距为 152mm 的摄影机在平均海平面以上 2780m 的航高处拍摄垂直照片。地形平坦且海拔为 500m，照片的比例尺是多少？

解：

$$比例尺=\frac{f}{H-h}=\frac{0.152\text{m}}{2780\text{m}-500\text{m}}=\frac{1}{15000}\quad 或\quad 1:15000$$

式（3.4）表示的最重要的原理是，照片比例尺是地形海拔高度 h 的函数。由于海拔高度的缘故，图 3.7 描述的照片有一个常量比例尺。但是，由地形高程变化所获得的照片有一个范围连续的比例尺，该比例尺与地形高程的变化相关。同样，倾斜照片则有着不一致的比例尺。

【例 3.3】使用镜头焦距为 152mm 的摄影机在海平面以上 5000m 的航高处拍摄垂直摄影照片。(a) A 和 B 两点的高程分别是 1200m 和 1960m，求 A 和 B 处的照片比例尺；(b) 在这两个高程的每一处，像距的测量值为 20.1mm，相应的地面距离是多少？

解：(a) 由式（3.4）得

$$S_A = \frac{f}{H - h_A} = \frac{0.152\text{m}}{5000\text{m} - 1200\text{m}} = \frac{1}{25000} \quad 或 \quad 1:25000$$

$$S_B = \frac{f}{H - h_B} = \frac{0.152\text{m}}{5000\text{m} - 1960\text{m}} = \frac{1}{20000} \quad 或 \quad 1:20000$$

(b) 20.1mm 照片距离对应的地面距离为

$$D_A = \frac{d}{S_A} = 0.0201\text{m} \div \frac{1}{25000} = 502.5\text{m} \quad 或 \quad 502\text{m}$$

$$D_B = \frac{d}{S_B} = 0.0201\text{m} \div \frac{1}{20000} = 402\text{m}$$

通常，计算整幅照片的平均比例尺是很方便的。可以利用摄影区的平均地面高程来计算这种比例尺。因此，对计算平均高程处的距离来说，这种比例尺是精确的，但对所有其他高程则是近似的。平均比例尺可表示为

$$S_{平均} = \frac{f}{H - h_{平均}} \tag{3.5}$$

式中：$h_{平均}$是照片的地面平均高程。

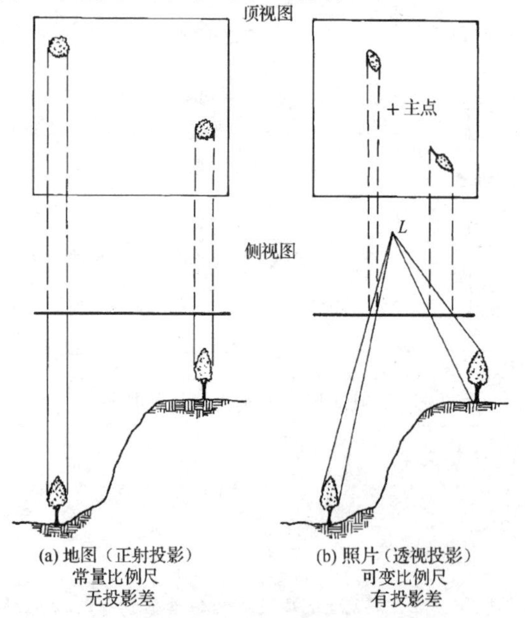

图 3.8　(a)地图和(b)垂直航空照片的几何对比。注意其中两棵树的大小、形状和位置的不同

照片比例尺的变化会导致几何畸变。地图上的所有点是根据其真实的相对水平（平面）位置来描绘的，但起伏地面照片上的点已偏离了它们的真实“地图位置”。产生这种差别的原因是，地图是地表根据比例形成的正射投影，而垂直摄影照片产生的则是地面的透视投影。这两种投影方式的不同性质如图 3.8 所示。如图所示，地图是地面点的垂直光线（以局部比例尺）投影到图纸上的结果，而照片则是会聚光线通过摄影机镜头上的公共点投影的结果。由于投影的这种性质，地面高程的任何变化都会造成比例尺的变化以及影像位置的偏移。

在地图上，我们所看到的是地物处于真实相对水平位置的俯视图。而在照片上，在曝光瞬间具有较高高程的地面区域比较靠近摄影机，因此在照片上比位于较低高程处的相应区域显得大。此外，物体的顶部常相对于底部发生位移（见图 3.8）。这种变形称为投影差，它使得位于地面上的任何物体背离像主点呈辐射状“倾斜”。3.6 节中将讨论投影差。

目前，读者可以看到，唯一能直接将航空照片当成地图使用的情况是，垂直照片所拍摄的是整片的平坦地面。这种情况在实际中很少见，而且影像分析人员必须注意因倾斜、比例尺变化及投影差的影响所造成的潜在几何畸变。如果不处理这些畸变，那么 GIS 中的影像派生数据和非影像数据源几何上通常是不“匹配”的。然而，若从摄影测量学上对这些因素进行合适的处理，就可从航空照片得到可靠的测量值、地图和 GIS 产品。

3.4 航空照片的地面覆盖

在许多因素中，照片的地面覆盖是摄影机像幅的函数。例如，在图像比例尺相等的情况下，用像幅为 230mm×230mm（用 240mm 胶片）的摄影机拍摄的照片的地面覆盖，是用像幅为 55mm×55mm（用 70mm 胶片）的摄影机拍摄的照片的地面覆盖的 17.5 倍，是用像幅为 24mm×36mm（用 35mm 胶片）的摄影机拍摄的照片的地面覆盖的 61 倍。与照片比例尺类似，在任何给定像幅情况下，照片的地面覆盖是摄影机镜头焦距和相对于地面的航高 H' 的函数。在航高为固定常数的情况下，每幅照片的地面覆盖面积与镜头的焦距成反比。因此，用短焦距镜头拍摄的照片的地面覆盖面积，要比用长焦距镜头拍摄的照片的地面覆盖面积大（具有较小的比例尺）。对于任何给定的镜头焦距，照片覆盖的地面面积与相对于地面的航高成正比，但图像比例尺与航高成反比。

航高对地面覆盖和图像比例尺的影响如图 3.9(a)至(c)所示。这些照片拍摄的都是田纳西州查塔努加市，三张照片使用了具有相同焦距的同类摄影机，但是从三个不同的高度上拍摄的。图 3.9(a)所示为高空、小比例尺图像，它几乎覆盖了整个查塔努加市。图 3.9(b)所示为低空、较大比例尺图像，显示的是图 3.9(a)中白框内的区域。图 3.9(c)所示为更低空、更大比例尺的图像，显示的是图 3.9(b)中白框内的区域。从中可以看出照片的地面覆盖与每张照片得到的地物细节之间的关系。

(a)

图 3.9 (a)比例尺为 1∶210000 的垂直航空照片，所示为田纳西州查塔努加市。该图与原照片相比缩小了两倍，是在 18300m 航高处用 f = 152.4mm 焦距的镜头拍摄的（NASA 照片）；(b)比例尺为 1∶35000 的垂直航空照片，即图 3.9(a)中白框内的地区，1976 年 2 月 25 日拍摄。该图与原照片相比缩小了两倍，是在 3050m 航高处用 f = 152.4mm 焦距的镜头拍摄的；(c)比例尺为 1∶10500 的垂直航空照片，即图 3.9(b)中白框内的地区，1976 年 2 月 25 日拍摄。该图与原照片相比缩小了两倍，是在 915m 航高处用 f = 152.4mm 焦距的镜头拍摄的（田纳西河流域管理局测绘服务部许可）

(b)

(c)

图 3.9（续） (a)比例尺为 1∶210000 的垂直航空照片，所示为田纳西州查塔努加市。该图与原照片相比缩小了两倍，是在 18300m 航高处用 f = 152.4mm 焦距的镜头拍摄的（NASA 照片）；(b)比例尺为 1∶35000 的垂直航空照片，即图 3.9(a)中白框内的地区，1976 年 2 月 25 日拍摄。该图与原照片相比缩小了两倍，是在 3050m 航高处用 f = 152.4 mm 焦距的镜头拍摄的；(c)比例尺为 1∶10500 的垂直航空照片，即图 3.9(b)中白框内的地区，1976 年 2 月 25 日拍摄。该图与原照片相比缩小了两倍，是在 915m 航高处用 f = 152.4mm 焦距的镜头拍摄的（田纳西河流域管理局测绘服务部许可）

3.5 面积测量

利用航空照片测量面积的方式有多种。面积测量的精度不仅与所用的测量设备有关，而且与地形起伏及照片倾斜造成的图像比例尺变化的程度有关。虽然在地形起伏中等至较大的地区，垂直摄影照片上的面积测量有很大的误差，但在地形起伏较小的地区，垂直摄影照片上的面积可以精确测量。

简单形状的地物可以使用简单比例尺来进行测量。例如，矩形场地的面积可以简单地测量其长和宽来求出。类似地，圆形地物的面积可以测量其半径或直径后计算得到。

【例 3.4】在比例尺为 1∶20000 的垂直照片上，测得一块矩形农田的长为 8.65cm，宽为 5.13cm。求这块农田的地面面积。

解：

$$\text{地面长度}=\text{图像长度}\times\frac{1}{S}=0.0865\text{m}\times 20000=1730\text{m}$$

$$\text{地面宽度}=\text{图像宽度}\times\frac{1}{S}=0.0513\text{m}\times 20000=1026\text{m}$$

$$\text{地面面积}=1730\text{m}\times 1026\text{m}=1774980\text{m}^2$$

通常，不规则形状地物的面积可通过测量该地物在照片上的面积来求出。照片面积可通过下面的关系转换成地面面积：

$$\text{地面面积}=\text{相片面积}\times\frac{1}{S^2}$$

【例 3.5】在比例尺为 1∶7500 的垂直照片上，一个湖泊的面积为 52.2cm^2，求该湖泊的地面面积。

解：

$$\text{地面面积}=\text{相片面积}\times\frac{1}{S^2}=0.00522\text{m}^2\times 7500^2=293625\text{m}^2$$

测量照片上不规则形状地物面积的方法有多种。最简单的一种方法是，利用透明的、由线条构成且面积已知的三角形或正方形网格覆盖层。将这种网格覆盖到照片上后，地面单元的面积就可通过计算落在被测地面单元内的网格单元数估算得到。也许使用最广泛的网格覆盖层是点网格（见图 3.10）。这种网格是由间隔均匀的点组成的，将它叠放到照片上，就能算出落在待测区域的点的数量。根据已知的网格的点密度，就能算出该区域的照片面积。

【例 3.6】对于比例尺为 1∶20000 的垂直照片，在每平方厘米有 25 个点的网格上，有 129 个点落在一个洪涝区域内，求洪涝区域的地面面积。

解：

$$\text{点密度}=\frac{1\text{cm}^2}{25\text{点}}\times 20000^2=16000000\text{cm}^2/\text{点}$$

$$\text{地面面积}=129\text{点}\times 16000000\text{cm}^2/\text{点}=206400\text{m}^2$$

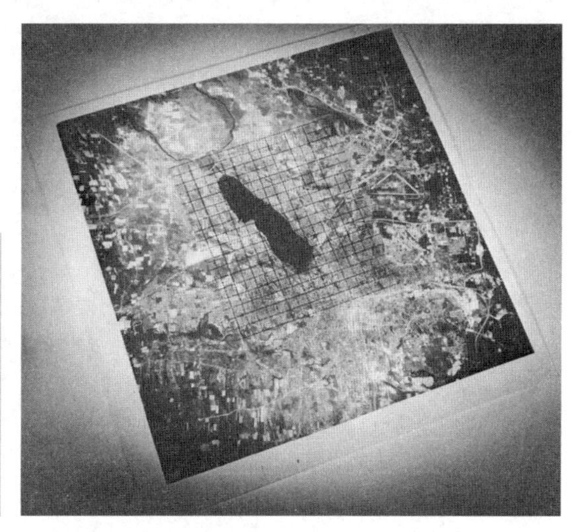

图 3.10 透明的点网格覆盖层

点网格是一种价格低廉的工具，人们无须培

训即可使用。但是，如果待测区域很多，这种计数的过程就会相当麻烦。一种替代技术是使用数字化仪。这些设备与计算机交互，因此在求面积时，只需简单地跟踪感兴趣区域的边界就可直接读出面积。当照片以软拷贝的形式存在时，一般利用鼠标或其他光标控制形式在计算机屏幕上数字化来进行面积测量。这种直接从计算机屏幕数字化的过程称为抬头数字化，因为图像分析人员能同时在屏幕上直接看到原始图像并编辑得到的数字化地物。抬头数字化或屏幕数字化方法不仅非常简单，而且可以放大数字化地物，还可以使得检测数字化地物上的标记错误和任何必要的重新测量更容易。

3.6 垂直地物的投影差

3.6.1 投影差的特性

图 3.8 中说明了在起伏地形上空拍摄的照片上的投影差的影响。实际上，某种地物高程的增加，会使得该地物在照片上的位置从像主点辐射状向外偏移。因此，拍摄垂直地物时，投影差会使得地物的顶部比其底部更远离照片中心。因此，垂直地物看起来从照片中心向外倾斜了。

投影差的效果图如图 3.11 中的航空照片所示。这些照片显示的是田纳西河畔的瓦茨巴尔核电站的建筑工地。在图 3.11(a)的右上角，有一家正在运行的燃煤蒸汽厂，它有一个扇形的堆煤场；核电站位于图像的中心。特别引人注目的是电站附近的两个巨大的冷却塔。在图 3.11(a)中，这些冷却塔几乎呈俯视状，因为它们的位置非常靠近照片的像主点。然而，这些冷却塔仍然存在投影差，因为冷却塔顶稍向照片的右上角倾斜，而冷却塔的底部则向照片的右下角倾斜。在图 3.11(b)中，冷却塔距离像主点较远，冷却塔的投影差因此增大。现在，由于冷却塔顶的影像比底部的位移更大，可以看到地物更多的“侧面景观”。这些照片说明了投影差的辐射性质，以及投影差随着到像主点的径向距离的增加而增大。

投影差的几何构成如图 3.12 所示，后者是一个冷却塔的垂直照片。该照片是在基准面上航高为 H 的位置拍摄的。考虑垂直地物的投影差时，随意假设在地物底部放置一个基准面是很方便的。如果这样做，航高 H 就要准确地以同样的基准面而非平均海平面作为参照。因此，图 3.12 中的塔高（其底部在基准面上）是 h。注意，塔顶 A 在照片上的成像点是 a，而塔底 A'在照片上的成像点为 a'，即塔顶的成像是离塔底部成像距离 d 的径向变形。距离 d 就是塔的投影差。投影到基准面上的相应距离为 D。从像主点到塔顶的距离是 r。投影到基准面上的相应距离为 R。

我们可将 d 表示为如图 3.12 所示的函数。从相似三角形 $\Delta AA'A''$和 $\Delta LOA''$得

$$\frac{D}{h}=\frac{R}{H}$$

以该照片的比例尺来表示距离 D 和 R 得

$$\frac{d}{h}=\frac{r}{H}$$

整理上式得

$$d=\frac{rh}{H} \tag{3.6}$$

式中：d 为投影差；r 为照片上从像主点到偏移像点的径向距离；h 为目标点相对于基准面的高度；H 为相对于与 h 同一基准面的飞行高度。

式（3.6）数学上揭示了在图片上看到的投影差的性质，即任意一点的投影差随其到像主点距离的增大而增大（见图 3.11），随其高程的增加而增大。在其他同等条件下，它随航高的增大而减小。

因此，在相似的条件下，对某一地区而言，高空摄影比低空摄影的投影差要小。另外，在像主点处没有投影差（因为 $r=0$）。

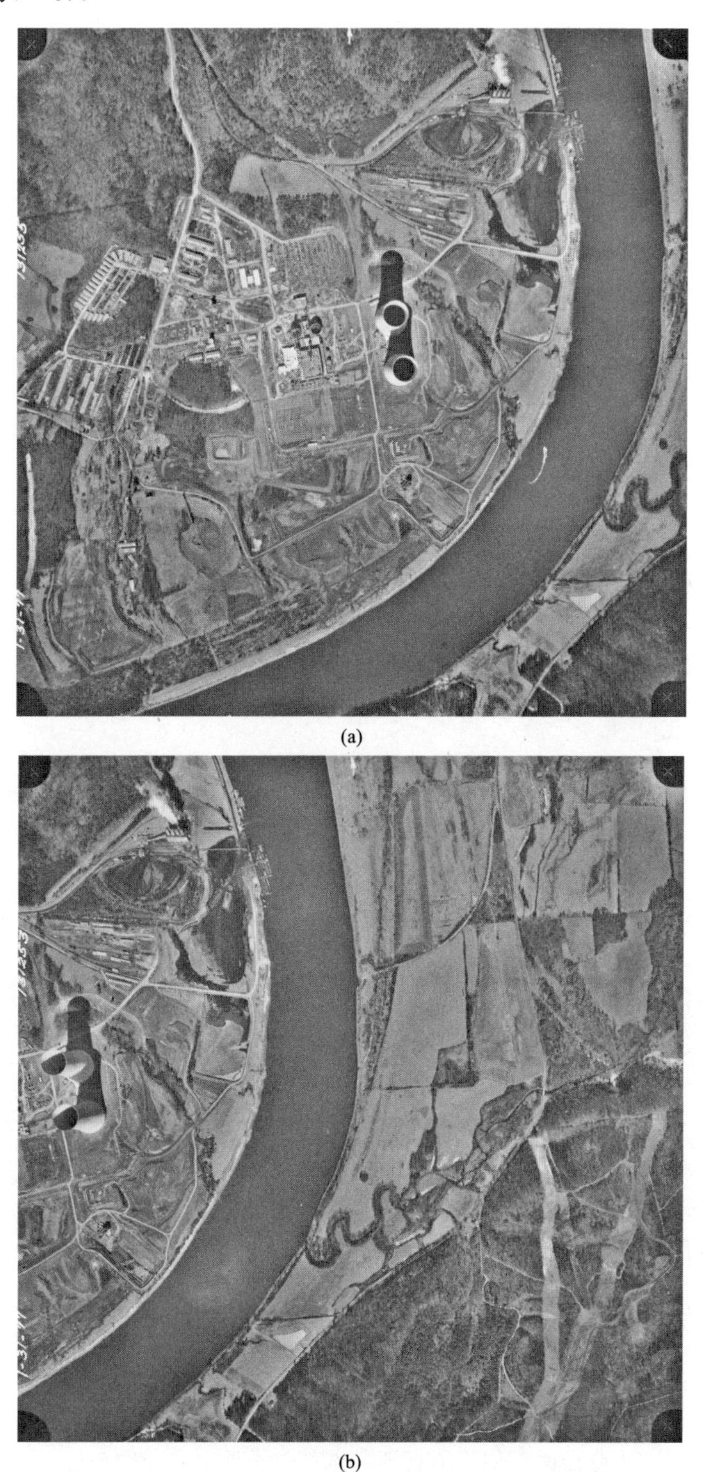

(a)

(b)

图 3.11　田纳西州金斯顿附近瓦茨巴尔核电站现场的垂直照片：(a)图中的两个冷却塔显得靠近像主点，只有轻微的投影差；(b)图中的两个冷却塔有明显的投影差（田纳西河流域管理局测绘服务部提供）

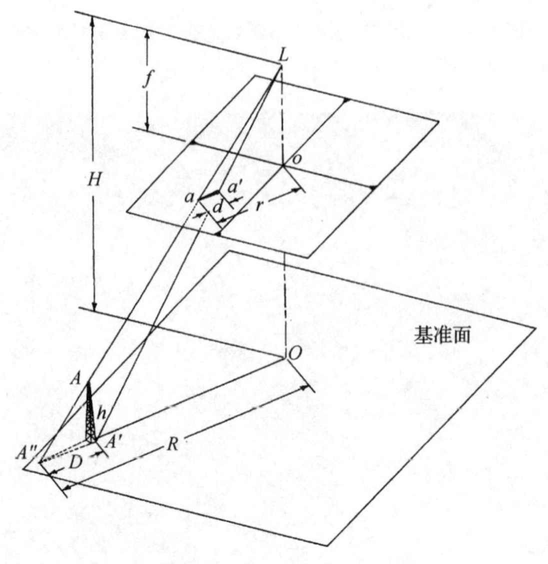

图 3.12　投影差的几何构成

3.6.2　由投影差测量确定物体的高度

式（3.6）还表明，投影差的增加与物体的高度 h 有关。这种关系使得我们有可能间接地测出航空照片上物体的高度。整理式（3.6）得

$$h=\frac{dH}{r} \tag{3.7}$$

要使用式（3.7），待测物体的顶部和底部在照片上必须清晰可辨，且航高 H 已知。此时，可从照片上测量出 d 和 r，然后算出物体的高度 h [记住，使用式（3.7）时，H 指的是以物体底部为基准的高程，而非以平均海平面为基准的高程]。

【例 3.7】 对于图 3.12 所示的照片，假设 A 处冷却塔的投影差为 2.01mm，而从照片中心至冷却塔塔顶的径向距离为 56.43mm。假设航高是冷却塔底部上空 1220m，求冷却塔的高度。

解：由式（3.7）得

$$h=\frac{dH}{r}=\frac{2.01\text{mm}\times 1220\text{m}}{56.43\text{mm}}\approx 43.5\text{m}$$

尽管测量航空照片上的投影差可以计算出物体的高度，但这种方法却有着隐含的假设：照片必须是垂直照片，航高准确且已知，地物清晰可见，像主点位置精确，所用测量技术的测量精度与测得投影差的精度一致。如果这些条件都能满足，利用单张照片和相对一般的测量设备就能相当可靠地求出物体的高度。

3.6.3　投影差的校正

除了计算物体的高度，量化的投影差也可用来校正地物点在照片上的成像位置。要记住的是，在地形起伏的地方，地物点也表现出和垂直照片一样的投影差，如图 3.13 所示，图中以平均地面高程而非平均海平面作为基准面。如果所有地物点都位于这个共同的高程上，那么地物点 A 和 B 应该在位置 A'和 B'上，它们在照片上的成像位置是 a'和 b'。但由于地形的起伏，A 点在照片上的位置径向外移（至 a），而 B 点的位置径向内移（至 b）。这种影像位置的变化即是点 A 和点 B 的

投影差。图 3.13(b)说明了投影差对照片几何关系产生的影响。因为 A'和 B'位于同一地面高程，像点 a'和 b'的连线准确地表示了 AB 地面连线按比例的水平长度和走向。由于投影差的存在，投影结果线 ab 的长度和方向都有一定的变化。

角度也会因投影差的存在而发生变形。在图 3.13(b)中，平面的地面角 $\angle ACB$ 在照片上以 $\angle a'cb'$精确地表示。由于这种位移，在照片上会出现 $\angle acb$ 这种畸变的角度。可以看到，因为投影差的辐射特性，像主点上的角度不变形（如 $\angle aob$）。

利用式（3.6）逐点计算出位移，然后将算出的位移大小辐射状地（颠倒）标到照片上，就能校正投影差。这种方法不仅可以确定这些地面点在基准面上的成像位置，而且可以消除这些点的投影差，得到基准面比例尺下的正确平面影像位置。通过基准面以上的航高，可以求出该比例尺（$S=f/H$）。由这些校正后的影像位置，我们就可以间接地求出地面长度、方向、角度和面积。

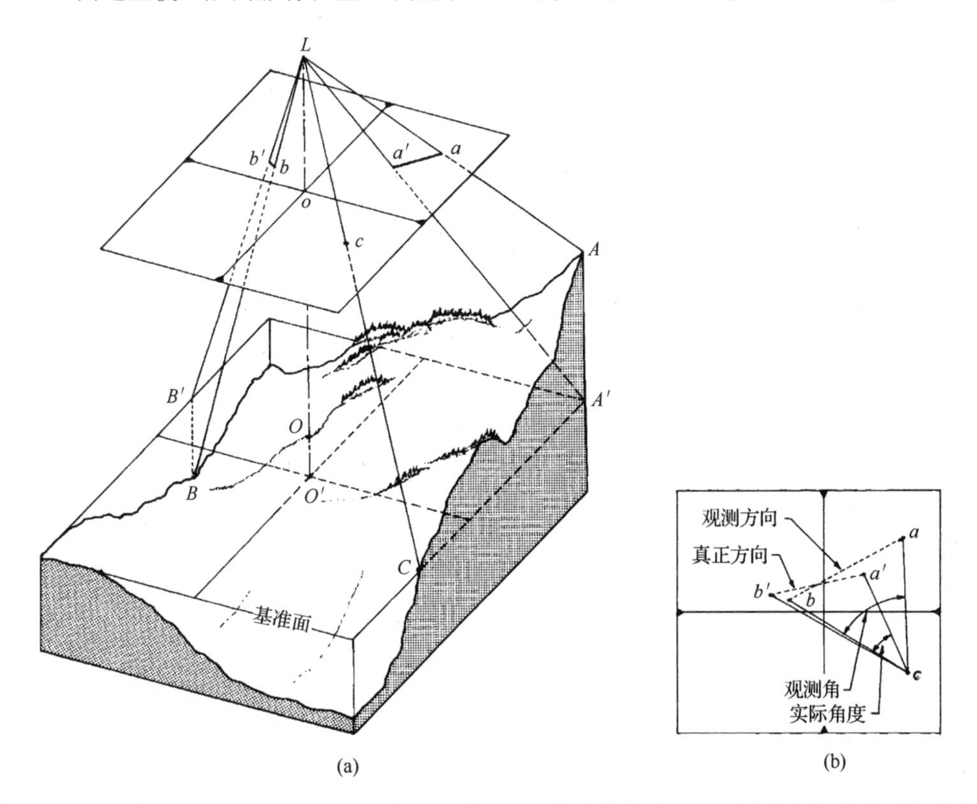

图 3.13　在地形起伏地区拍摄的照片的投影差：(a)地物点的位移；(b)照片上测得的水平角畸变

【例 3.8】 对于图 3.13 中的垂直照片，假设到 A 点的径向距离 r_a 为 63.84mm，到 B 点的径向距离 r_b 为 62.65mm，基准面以上的航高 H 为 1220m，A 点在基准面以上 152m 处，B 点在基准面以上 168m 处。根据 a 点和 b 点标出的 a'和 b'，求径向距离和方向。

解： 由式（3.6）得

$$d_a=\frac{r_a h_a}{H}=\frac{63.84\text{mm}\times 152\text{m}}{1220\text{m}}\approx 7.95\text{mm}\text{（向内标绘）}$$

$$d_b=\frac{r_b h_b}{H}=\frac{62.65\text{mm}\times(-168\text{m})}{1220\text{m}}\approx -8.63\text{mm}\text{（向外标绘）}$$

3.7 影像视差

3.7.1 影像视差的特性

到目前为止，我们所讨论的内容仅限于单张垂直照片的测量操作。许多摄影测量应用要结合立体像对的分析和视差原理的运用。术语视差是指由于观察位置发生变化而造成的固定物体相对位置的明显变化。人们在移动的车内通过侧面车窗看窗外的物体时，可以观察到这种现象。以移动的车作为参照系，窗外相当远处山脉这样的物体在参照系内的移动距离看起来很少。相反，离窗口近的物体（如路旁的树）的移动距离看起来要大得多。

同理，在两次曝光之间观察点的移动时，靠近飞机（即高程较高）的地面物体将相对于高程较低的物体移动。这些相对位移构成了三维观察重叠照片的基础。另外，可以测量出这些相对位移，进而计算出地面点的高程。

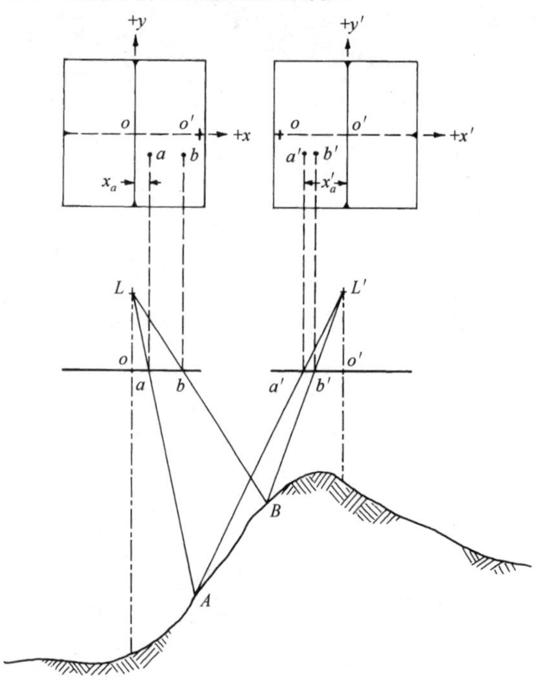

图 3.14　重叠垂直照片上的视差位移

图 3.14 说明了在起伏地形上拍摄的重叠垂直照片上的视差性质。注意，A 点和 B 点的相对位置随观察位置（摄站位置）的变化而变化，还要注意视差位移仅平行于航线出现。理论上，飞行方向应精确地对应于基准 x 轴。但是，在实际中，飞机的飞行方向不可避免地会有变化，因此通常会使得基准轴稍微偏离飞行轴线。在连续的照片上标出对应于照片中心的那些点，可以找出真正的飞行轴线，这些点称为共轭主点。主点和共轭主点的连线就是航线轴线。如图 3.15 所示，除了航带末端的照片，其他所有照片都有两条航线轴线。出现这种现象的原因是，两次曝光之间的航线通常是曲线。在图 3.15 中，由 1 号和 2 号照片构成的立体像对的飞行轴线是 12，由 2 号和 3 号照片构成的立体像对的飞行轴线是 23。

给定立体像对的航线定义了视差测量所用像平面的 x 轴，而通过每张照片的主点且垂直于航线的直线则定义了视差测量所用像平面的 y 轴。任意一点的视差都可用航线坐标系来表示：

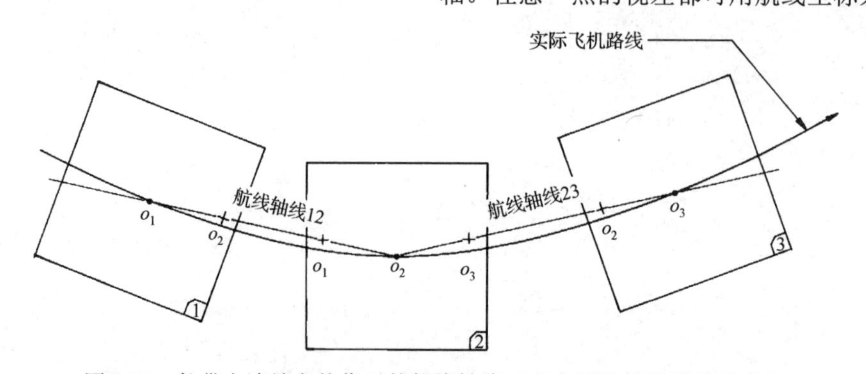

图 3.15　航带上连续立体像对的航线轴线（夸大了飞机路线的曲率）

$$p_a = x_a - x'_a \tag{3.8}$$

式中：p_a为点A的视差；x_a为立体像对左片上像主点a的x坐标；x'_a为立体像对右片上像主点a'的x坐标。

在每张照片的x轴上，位于照片像主点右侧的值为正值。因此，图3.14中x'_a的值为负值。

3.7.2 由视差测量得到物体的高度和地面坐标位置

图3.16显示了地面点A的重叠垂直照片。利用视差测量，可以求出A点的高程及其地面坐标位置。对于图3.16(a)，摄站L和L'之间的水平距离为B，即空中基线。图3.16(b)中的三角形是L和L'处的三角形叠加形成的，目的是以图解方式来说明式（3.8）给出的视差p_a的性质。从相似三角形$\Delta La'_xa_x$［见图3.16(b)］和$\Delta LA_xL'$［见图3.16(a)］得

$$\frac{p_a}{f} = \frac{B}{H - h_A}$$

整理得

$$H - h_A = \frac{Bf}{p_a} \tag{3.9}$$

移项得

$$h_A = H - \frac{Bf}{p_a} \tag{3.10}$$

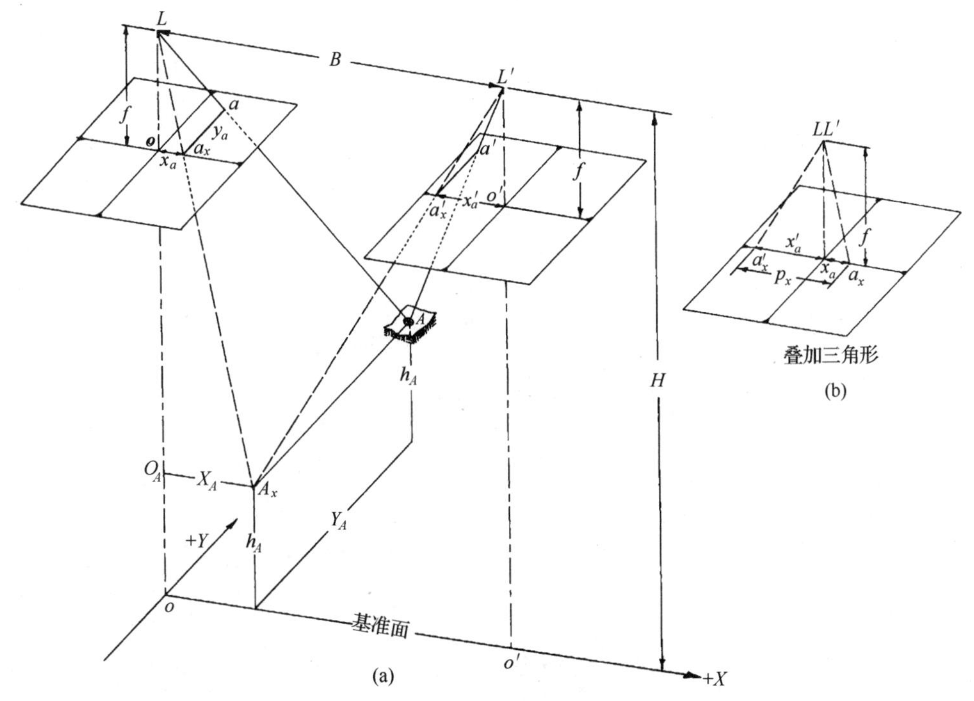

图3.16　重叠垂直照片上的视差关系：(a)相邻照片形成的立体像对；(b)右片叠加到左片上的结果

再由相似三角形ΔLO_AA_x和ΔLoa_x得

$$\frac{X_A}{H - h_A} = \frac{x_a}{f}$$

整理得

$$X_A = \frac{x_a(H - h_A)}{f}$$

将式（3.9）代入上式，得

$$X_A = B\frac{x_a}{p_a} \tag{3.11}$$

用 y 坐标做类似的推导，得

$$Y_A = B\frac{y_a}{p_a} \tag{3.12}$$

式（3.10）～式（3.12）通常称为*视差方程*。在这些方程中，X 和 Y 是原点位于摄站正下方的坐标系中任意一点的地面坐标，飞行方向的 X 值为正值；p 为所求点的视差；x 和 y 为点在左片上的图像坐标。推导这些方程时，最主要的假设是这些照片是真正垂直拍摄的，且它们是在同一航高上拍摄的。如果这些假设能够完全得到满足，就可对立体像对的重叠区所包括的地面进行全面测量。

【例 3.9】 在包含像点 a 和 b 的立体像对上，求连线 AB 的长度及端点 A 与 B 的高程。拍摄照片所用摄影机的焦距为 152.4mm，飞行高度为 1200m（取两张照片的平均值），空中基线为 600m。在航线坐标系中，点 A 和点 B 测量的照片坐标为 $x_a = 54.61\text{mm}$, $x_b = 98.67\text{mm}$, $y_a = 50.80\text{mm}$, $y_b = -25.40\text{mm}$, $x'_a = -59.45\text{mm}$, $x'_b = -27.39\text{mm}$。

解： 由式（3.8）得

$$p_a = x_a - x'_a = 54.61 - (-59.45) = 114.06\text{mm}$$
$$p_b = x_b - x'_b = 98.67 - (-27.39) = 126.06\text{mm}$$

由式（3.11）和式（3.12）得

$$X_A = B\frac{x_a}{p_a} = \frac{600 \times 54.61}{114.06} \approx 287.27\text{m}$$
$$X_B = B\frac{x_b}{p_b} = \frac{600 \times 98.67}{126.06} \approx 469.63\text{m}$$
$$Y_A = B\frac{y_a}{p_a} = \frac{600 \times 50.80}{114.06} \approx 267.23\text{m}$$
$$Y_B = B\frac{y_b}{p_b} = \frac{600 \times (-25.40)}{126.06} \approx -120.89\text{m}$$

运用勾股定理得

$$AB = \sqrt{(469.63 - 287.27)^2 + (-120.89 - 267.23)^2} \approx 428.8\text{m}$$

由式（3.10）得到点 A 和点 B 的高程为

$$h_A = H - \frac{Bf}{p_a} = 1200 - \frac{600 \times 152.4}{114.06} \approx 398\text{m}$$
$$h_B = H - \frac{Bf}{p_b} = 1200 - \frac{600 \times 152.4}{126.06} \approx 475\text{m}$$

在许多应用中，两点高程的差值比任意一点的实际高程更有意义。此时，两点高程的变化可由下式得到：

$$\Delta h = \frac{\Delta p H'}{p_a} \tag{3.13}$$

式中：Δh 是视差为Δp 的两个点的高程差；H'是较低点上的航高；p_a 为较高点的视差。

将此方法应用于前面的例子，得

$$\Delta h = \frac{12.00 \times 802}{126.06} \approx 77\text{m}$$

可以看出，该答案与上面计算的值一致。

3.7.3 视差测量

到目前为止，我们对如何进行视差测量的讨论还很少。在例 3.9 中，我们假设所求点的 x 和 x' 可直接从左片和右片上测量得到，然后根据式（3.8）即可由 x 和 x'的代数差计算出视差。但在分析许多点时，这种方法显得很烦琐，因为每个点都要测量两次。

图 3.17 说明了每个所求点只需测量一次的视差测量原理。如果构成立体像对的两张照片固定在与航线对齐的基线上，距离 D 保持不变，那么一个点的视差就可通过单个距离 d 的测量而得到，即 $p = D - d$。假设 a 和 a'可辨别，那么距离 d 就可用简单比例尺进行测量。在照片色调一致的区域，单个物体可能难以辨认，因此 d 的测量过程很困难。

运用图 3.17 所示的原理，人们研制出了大量设备来增加视差测量的速度和精度。这些设备可在色调一致的照片上简单地进行视差测量。它们都运用了立体观察和浮动标志原理。该原理如图 3.18 所示，通过立体镜观察时，影像分析人员使用一种可把小识别标志放到每张照片上的装置。这些标志通常是蚀刻在透明材料上的点或十字架。这些标志（称为半标志）放在左片和右片上相同的地方。分析人员只能用左眼看左边的标志，用右眼看右边的标志。这种半标志的相对位置可沿飞行方向移动，直到它们看起来融合在一起形成单个标志。这种标志看上去“浮动”在立体模型的一定高程上。浮动标志的视在高度随着半标志间的间隔变化而变化。图 3.18 说明了融合标志是如何变成浮动标志的，以及如何真正放到立体模型中某一特定点的地面上。半标志的位置(a, b), (a, c)和(a, d)在模型中的浮动位置为 B, C 和 D。

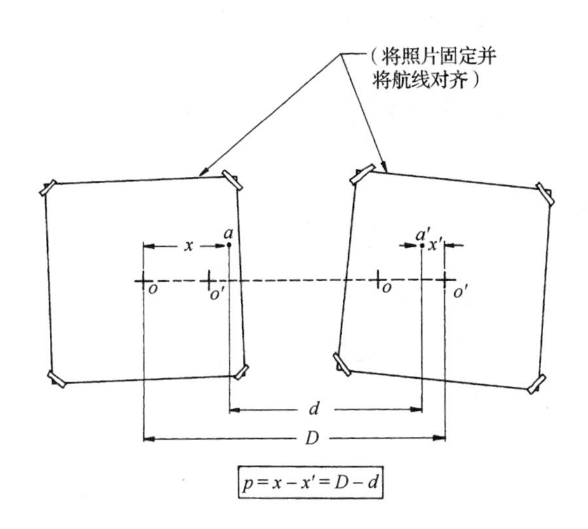

图 3.17　用于视差测量的立体像对对齐

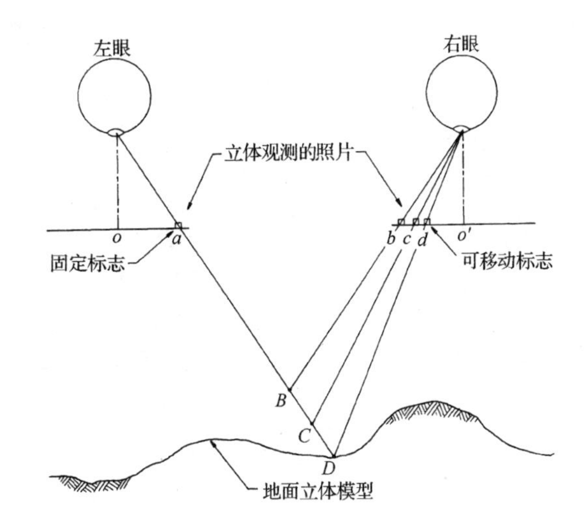

图 3.18　浮动标志原理（注意，只有右边的标志可以移动，以改变立体模型中浮动标志的视在高度）

一种非常简单的视差测量设备是视差杆。视差杆由一张上面印有两条会聚直线或几行点（或刻度线）的透明塑料纸构成。在一条会聚直线的旁边标有刻度，表示每个点处两条直线之间的距离。因此，这些刻度可视为距离 d 的一系列测量值，如图 3.17 所示。

图 3.19 显示了使用中的视差杆。调整杆的位置，使一条会聚直线位于立体像对中左片的上方，另一条线位于右片的上方。进行立体观察时，这两条线的某些部分融合在一起，形成像是浮动在立体模型上的一条直线。因为杆上的线是会聚的，所以浮动直线穿过立体镜影像时会显得倾斜。

图 3.19　调整视差杆使其位于立体镜片下方

图 3.20 说明了如何用视差杆来求树的高度。在图 3.20(a)中，视差杆的位置已被调整，直到斜线显得与树顶相交。从尺子上读取该点的值（58.55mm），然后调整视差杆，使得线与树的底部相交，并读取数值（59.75mm）。所读取的两个数值之差（1.20mm）可用来求树高。

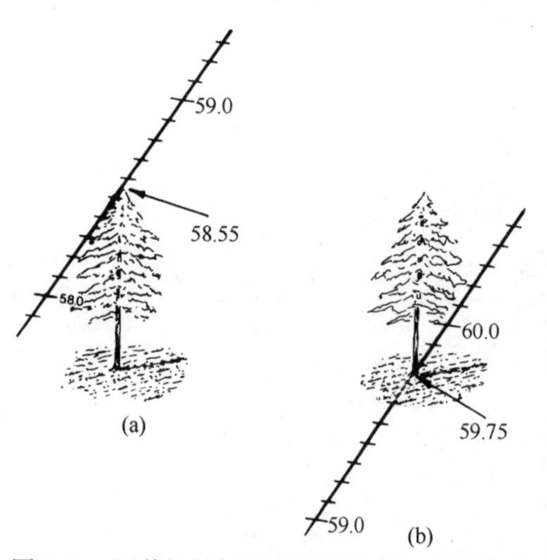

图 3.20　调整视差杆读取(a)树顶和(b)树底的值

【例 3.10】一个重叠像对的航高是地面之上的 1600m，p_a 是 75.60mm，如图 3.20 所示，求树高。

解：由式（3.13）得

$$\Delta h = \frac{\Delta p H'}{p_a} = \frac{1.20 \times 1600}{75.60} \approx 25\text{m}$$

在软拷贝摄影测量系统中，视差测量常包括某些数值形式的影像相关，用以将立体像对上左片的点配准到右片上的共轭点。图 3.21 说明了数字影像匹配的基本概念。图中所示的是航空照片的立体像对，航空照片的像元包含在所描绘的重叠区中（尺寸稍有夸大）。左片上的参照窗口是由围绕某个固定点的像元组成的。此时，参照窗口是一个 5×5 像元大小的方形窗口（窗口的大小和形状随着特定的配准技术而变化）。

在右片上建立足够大小的搜索窗口，其位置通常位于包含参照窗口中心像元的共轭点影像处。可以根据参照窗口的位置、摄影机焦距和重叠区的大小来确定搜索窗口的起始位置。与搜索窗口中行列相关的一个像元子搜索“移动窗口”逐个像元地移动（见第 7 章），并在移动子搜索窗口位置算出参照窗口和子搜索窗口间的数值关系。通常认为共轭点影像位于相关系数最大处。

用于影像匹配的算法有多种（一种方法利用简单的对极几何原理来尽量减少搜索过程中的不必要的计算，包括使用仅沿任何点发生视差的直线方向的搜索窗）。这些方法的详细过程不如定位参照窗口上所有点的共轭影像点的一般原理重要。得到的像平面坐标可用于前面介绍的各个视差方程[式（3.10）～式（3.13）]。然而，视差方程都假设所有影像是真正垂直拍摄的且航高一致。这种假设简化了几何关系，进而简化了从图像测量值计算地面位置的数学过程。但是，软拷贝系统并不受上述假设的制约。这种体系采用易于处理每种照片上飞行高度和姿态变化的成像过程的数学模型。如 3.9 节所述，每张照片上的图像坐标、地面坐标、摄站位置及方位角之间的关系，一般用一系列**共线方程**来描述。它们通常用于解析**空中三角测量**，根据像平面坐标测量值来确定每个点的(X, Y, Z)地面坐标。

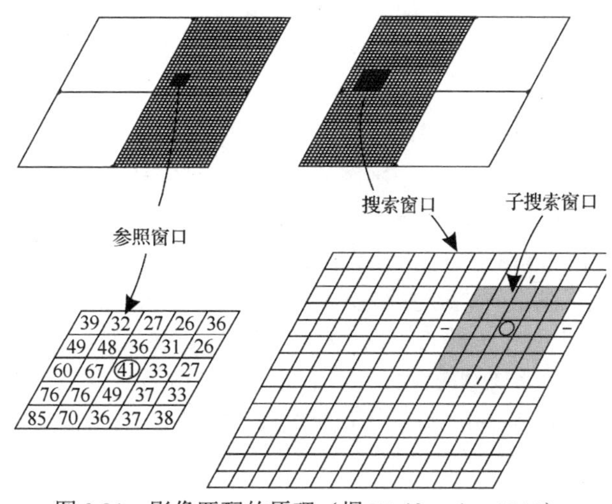

图 3.21　影像匹配的原理（据 Wolf et al.，2013）

3.8　航空摄影的地面控制

许多摄影测量活动涉及使用一种称为**地面控制**的地面参考数据。地面控制由地面上的自然点组成，它们的位置的映射系统坐标是已知的。如我们接下来要讨论的那样，地面控制的一个重要作用是帮助确定照片在曝光瞬间的外方位参数（位置和角方位）。

地面控制点在地面和照片上都必须能相互识别。这些点可以是**水平控制点**、**垂直控制点**，或是这两者。水平控制点的位置在一些 *XY* 坐标系（如国家平面坐标系）中是平面的，垂直控制点是相对水平基准面（如平均海平面）高程已知的点。具有已知平面位置和已知高程的点，可兼作为水平控制点和垂直控制点。

历史上，地面控制一般是通过地面测量技术建立的，地面测量技术包括三角测量、三边测量、导线测量和水准测量。如今，地面控制是在 GPS 的辅助下建立的。对于本书的读者而言，理解这些或其他更复杂的用来建立地面控制的测量技术的细节并不重要。重要的是，不管地面控制点的位置是如何确定的，地面控制点的位置必须高度精确的，因为摄影测量值的可靠性建立在其所基于的地面控制之上。根据特定工程需要的地面控制点的数量和测量精度的不同，获取地面控制测量的成本也不同。

如提及的那样，地面控制点必须在地面和所有照片上都能清楚地识别。理论上，它们应该定位在局部平坦的区域，没有建筑物或悬垂树等障碍物遮挡。现场定位控制点时，潜在的障碍物通常很容易识别，可以站在潜在控制点的位置，以水平45°的角度向上看，并沿水平方向360°旋转视角。整个视场应没有障碍物。通常，要在摄影后才选择和调查控制点，以确保这些点在影像上是可识别的。在这种情况下，人文标志如十字路口，一般用作控制点。如果地面调查先于摄影作业，那么地面控制点可用人文标志预先标出，以辅助照片的识别。与土地覆盖背景对比明显的十字形是理想的控制点标志。十字形大小的选择与照片的比例尺应相适应，但它们的材料可以是多样的。在许多情况下，可以简单地在道路上刷上白色十字形标志。另外，也可把标志漆在反差较强的绝缘纤维板、胶合板或厚布上。

3.9 确定航空摄影的外方位元素

如前所述（见3.1节），为了利用航空照片实现任何精确的摄影制图目的，首先要确定6个独立的参数，这些参数用来描述每张照片的像平面坐标轴系统相对于用来制图的地面坐标系的原点、方位角的位置和方位角。这种确定航空照片外方位参数的过程称为*地理参照*。经过地理参照的影像是指那些能将二维图像坐标投影到用于制图的三维地面坐标参考系上的影像，反之亦然。

对于分幅传感器，如分幅摄影机，用于整个图像的外方位是唯一的。对于行扫描或其他动态成像系统，摄站的位置和方位随每条成像线变化。地理参照的过程与为航空摄影中的传感器（如激光雷达、高光谱扫描仪和雷达）建立图像与地理坐标之间的几何关系同等重要。

本节的剩余部分讨论两种用来校正分幅摄影机图像的方法。第一种是*间接地理参照*，这种方法利用地理控制和称为*空中三角测量*的方法“反向”计算某个飞行带或块中所有图像的6个外方位参数的值。第二种方法是*直接地理参照*，这种方法综合利用机载GPS和惯性测量装置（IMU）的观测值直接测量外方位参数。

3.9.1 间接地理参照

图3.22说明了典型摄影中二维(x, y)像平面坐标系与三维(X, Y, Z)地面坐标系之间的关系，还说明了外方位的6个元素：摄站（L）的三维地面坐标和相对于等效完全垂直摄影的倾斜照片平面的三维旋转(ω, ϕ, κ)。图3.22还说明了什么是*共线条件*：任何照片的摄站，地面坐标系中的目标点和其摄影图像都在一条直线上。这种条件的成立与摄影的倾角无关。共线条件在数学上还可用*共线方程*来表示。共线方程将图像坐标、地面坐标、摄站位置和摄影方位角之间的关系描述如下：

$$x_p = -f\left[\frac{m_{11}(X_p - X_L) + m_{12}(Y_p - Y_L) + m_{13}(Z_p - Z_L)}{m_{31}(X_p - X_L) + m_{32}(Y_p - Y_L) + m_{33}(Z_p - Z_L)}\right] \tag{3.14}$$

$$y_p = -f\left[\frac{m_{21}(X_p - X_L) + m_{22}(Y_p - Y_L) + m_{23}(Z_p - Z_L)}{m_{31}(X_p - X_L) + m_{32}(Y_p - Y_L) + m_{33}(Z_p - Z_L)}\right] \tag{3.15}$$

式中：x_p, y_p为任意点p的图像坐标；f为焦距；X_p, Y_p和Z_p为任意点p的地面坐标；X_L, Y_L和Z_L为摄站L的地面坐标；$m_{11},\cdots,m_{33}$是由角度ω, ϕ, κ定义的3×3旋转矩阵的相关系数，这些相关系数将地面坐标系转换为图像坐标系。

上面的方程是非线性的，含有9个未知数：摄站位置(X_L, Y_L, Z_L)，三个旋转角（ω, ϕ, κ，它们

隐含在 m 的相关系数中），以及三个目标点而非控制点的坐标(X_p, Y_p, Z_p)。

详细描述如何求解共线方程中的上述未知数超出了这里的讨论范围。求解过程需要采用泰勒定理线性化方程组，然后利用地面控制点来求解外方位的 6 个未知数。在求解过程中，至少需要测量三个地面控制点的像平面坐标。每个控制点利用式（3.14）和式（3.15）产生 2 个方程，三个这样的控制点可以产生 6 个方程，然后由这 6 个方程同时求解 6 个未知数。如果可以得到 3 个以上的控制点，就可以得到多于 6 个方程，这时需要使用最小二乘法来求解未知数。使用 3 个以上控制点的目的是通过冗余来提高求解精度，防止错误的数据未被检测到。

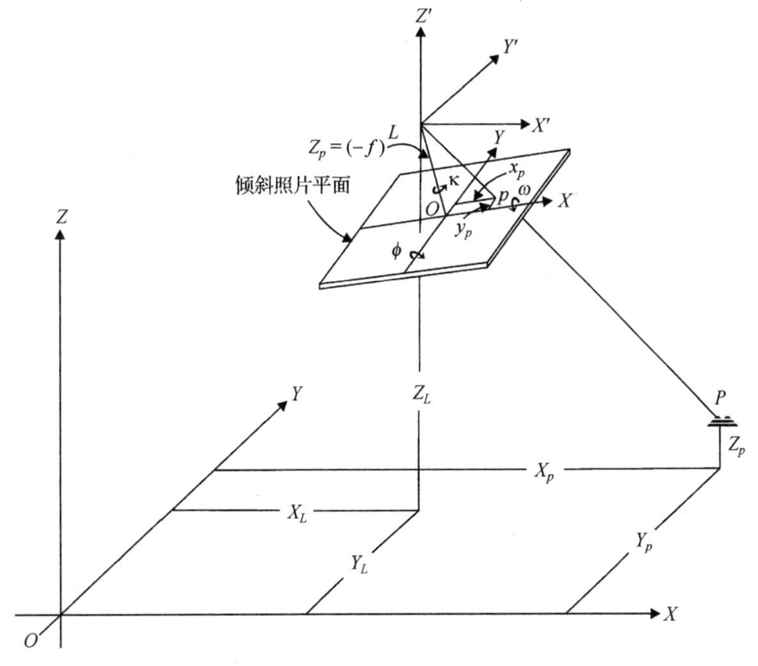

图 3.22　共线条件

到目前为止，我们讨论了如何使用地面控制来对单张照片进行地理参照。然而，大部分项目涉及的是多张航空照片的长条状或块状区域；因此，通过野外测量来为每张照片获取至少 3 个地面控制点的方法成本过高。要处理这种更一般的情形（获取数据时未使用 GPS 和 IMU），通常需要使用解析空中三角测量的方法（Graham and Koh，2002)。这种方法允许在沿条带重叠的照片之间或在块状区域边界重叠的照片之间进行“桥接”，即在沿条带的照片之间建立加密点，并在条带重叠的图像之间建立连接点。加密点和连接点是在重叠图像区域已简单定义好的点，自动影像匹配可简单且可靠地在多幅图像中找到这些点。它们的像平面坐标值是在它们各自出现的图像上测量的。

图 3.23 所示的小摄影区块由两条航线组成，每条航线包含 5 张照片。这个区块包括的影像有 20 个加密点、5 个连接点和 6 个地面控制点，共 31 个目标点。如图所示，加密点通常沿航线方向在每张照片的中心附近建立，或者在左中边界和右中边界建立。如果图像间的航向重叠在 60%以上，相应位置选择的加密点就会出现在 2 张或 3 张照片上。连接点位于旁向重叠照片的顶部和底部，会出现在 4 张或 6 张照片上。图 3.23 下方包含的表格说明了每个目标点出现在照片中的照片数量。从表中可以看出，该区块中测量的目标点共计 94 个，每个目标点都产生一个 x 和 y 像平面坐标值，共有 188 个观测值。6 个控制点的三维地面坐标共有 18 个直接观测值。许多系统允许地面控制值存在误差，因此需要沿像平面坐标测量值进行调整。

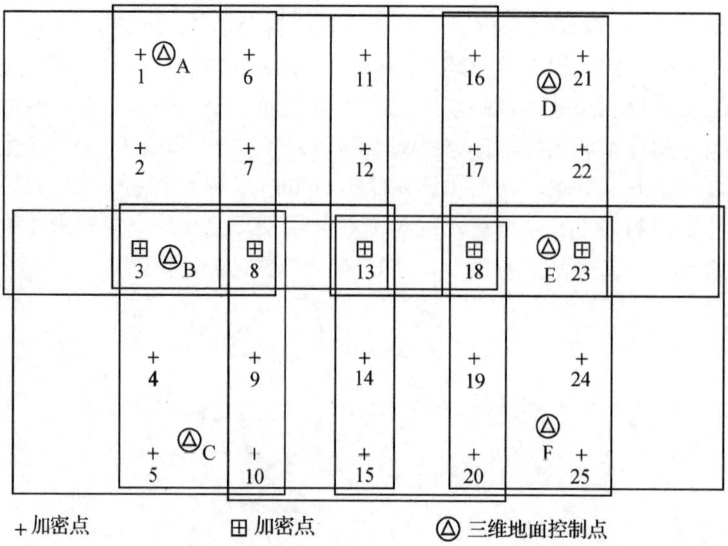

+ 加密点　　⊞ 加密点　　△ 三维地面控制点

点 ID	包含点的照片数量	点 ID	包含点的照片数量
1	2	14	3
A	2	15	3
2	2	16	3
3	4	17	3
B	4	18	6
4	2	19	3
5	2	20	3
C	2	21	2
6	3	D	2
7	3	22	2
8	6	E	4
9	3	23	4
10	3	24	2
11	3	F	2
12	3	25	2
13	6	总图像点数 = 94	

图 3.23　用来说明加密点、连接点和地面控制点的典型位置的小块（10 张照片）区域摄影，地面控制点的地面坐标通过空中三角测量法算出

解析空中三角测量的性质随时间进化了许多，目前出现了更完美的变体。尽管如此，所有方法都需要书写方程（通常是共线方程），这些方程使用摄影机常量（如焦距、主点位置、镜头变形）、测量的像平面坐标和地面控制坐标来表达每张照片的外方位元素，同时求解这些方程来计算块中所有照片的未知外方位参数，以及加密点和连接点的地面坐标（进而增大可用控制点的空间密度，更好地完成后续的制图任务）。在我们假设的这一小块照片区域中，求解方法中的未知数的数量，由所有目标点（$3 \times 31 = 93$）的 X, Y 和 Z 空间坐标与块中每张照片的 6 个外方位参数（$6 \times 10 = 60$）组成。因此，在这个相对较小的块中，未知数的总数为 $93 + 60 = 153$。

在上述处理过程中，一个块中的所有摄影测量都与一次复杂求解中的地面控制值相关。这种方法通常称为*束调整*。术语“束”是指在每个摄站处穿过摄影机镜头的圆锥形光束。实际上，对于任何大小的摄影区块，所有照片的光束都可同时进行调整，以最好地满足所有地面控制点、加密点和连接点。

随着十多年前机载 GPS 的出现，空中三角测量过程已大幅度精简和提高。在一次束调整中，由于区块中每张照片的摄站包含 GPS 坐标，所需地面控制点的数量已大幅减少。每个摄站成了一个额外的控制点。在使用机载 GPS 时，对于包含数百张照片的区块来说，只需 10～12 个地面控制点也不奇怪（D. F. Maune，2007）。

3.9.2 直接地理参照

目前，确定外方位元素的首选方法是直接地理参照。如前所述，这个过程通常包括利用机载 GPS 和 IMU 数据的原始测量值来计算每幅图像的位置与方位角。GPS 数据提供了关于位置和速度的高绝对精度信息。同时，IMU 数据提供了位置、速度和方位角的甚高相对精度信息。尽管如此，在使用独立作业模式运行 IMU 时，其绝对精度会随着时间的推移而下降。这就是需要集成使用 GPS 和 IMU 数据的重要原因。高精度的 GPS 位置信息用来控制 IMU 位置误差，它反过来控制 IMU 的方位误差。

集成 GPS/IMU 的另一个优势是，GPS 读数是按照离散的时间间隔收集的，而 IMU 提供了连续的定位信息。这样，IMU 数据就可用来平滑定位数据中的随机误差。最后，当飞机在摄影任务中回旋时，如果 GPS 在短时间内不能“锁定”卫星信号，那么 IMU 可作为 GPS 的备份系统。

直接定位和定向系统在现代摄影测量操作中发挥了主要作用。直接地理参照方法在许多情况下不再需要地面控制测量（为机载 GPS 建立基站除外）和相关的空中三角测量。无须手动选择加密点和连接点，使用自相关法即可为每个立体模型选择上百个这样的点。这提高了分发地理空间数据产品的效率，降低了成本，增强了时效性。由于不需要深入的地面测量，这在许多情况下也提高了在危险地形或自然灾害环境中工作人员的安全性。

但是，直接地理参照仍有其自身的局限性和前提条件。GPS 天线、IMU 和制图摄影机之间的空间关系必须得到很好的校正和控制。此外，由于获取和操作此类系统的固定成本，使用这种方法来完成小制图项目时的费用很高。当前的系统在小制图比例尺下非常精确。由于照片获取参数和精度要求，这种方法可能不适合大比例尺制图。这里推荐使用一些有限的地面控制点来控制质量。通常，飞行时间也需要优化，以确保能从多颗卫星接收到较强的 GPS 信号，进而为飞行计划收窄获取时间窗口。

3.10 从航空照片生产制图产品

3.10.1 基础平面制图

摄影测量制图的形式有多种，具体取决于可用摄影数据的特性、所用仪器和/或软件，以及制图应用所需的形式和精度。许多应用中仅要求制作*平面地图*。这种地图描绘了感兴趣的自然目标和人文目标的平面视图（*X* 位置和 *Y* 位置），而没有像*地形图*那样表示地形的等高线或起伏情况（*Z* 高程）。

利用硬拷贝图像的平面制图通常使用成本低的简单方法和设备实现，特别是不要求立体效果且定位精度较低的时候。在这种情况下，分析人员可以使用光传输镜这样的设备来将图像目标的位置转换到底图上。这需要在期望比例尺下将若干照片控制点的位置预先绘制在地图纸板上，然后缩放、拉伸、旋转和平移图像，以便在光学上对齐（尽可能接近）底图上已绘好的控制点的位置。一旦确定图像到底图的方向，感兴趣的其他目标的位置也就转换到了地图上。

在数字化仪的帮助下，也可由硬拷贝图像绘制平面目标。在这种方法中，控制点被重新识别，控制点在地面坐标系中的 *XY* 坐标是已知的，只需在数字化仪坐标系中测量它们的 *xy* 坐标。二维坐标变换公式（见 3.2 节和附录 B）可关联数字化仪的 *xy* 坐标和地面 *XY* 坐标。这种变换用来关联地物的数字化仪坐标而非地面控制点到地面坐标的映射系统。

在制图过程中，使用数字或软拷贝图像数据时，可以使用上述控制点测量和坐标变换的方法。在这种情况下，图像文件中像元的行列 *xy* 坐标通过控制点测量关联到 *XY* 地面坐标系。然后使用抬头数字化方式获取图像中平面特征的 xy 坐标，再将这些坐标变换到地面坐标系。

要强调的是，源于平板数字化或抬头数字化的地面坐标精度可能变化很大。影响精度的因素包括地面控制点的数量和空间分布、地面控制的精度、（平板）数字化仪的精度、数字化过程的精度以及所用坐标变换的数学形式。这些因素也会综合影响到地形偏移和影像倾斜。对许多应用而言，这些方法的精度足以避免其他复杂摄影测量程序的实现成本。但在需要高精度时，仅能用经过地理参照的立体像对（或更大的条带或块）通过软拷贝制图程序来实现。

3.10.2 从硬拷贝到软拷贝的显示与制图系统的演化

立体像对是从航空照片衍生出制图产品的一个基本单元。历史上，人们使用称为*立体测图仪*的设备来从硬拷贝立体像对产生平面地图和地形图。虽然硬拷贝的立体测图仪如今已很少使用，但它们可作为演示当今软拷贝系统功能的一种方便的图形方式。

图 3.24 说明了*直接光学投影立体测图仪*的设计与操作原理。图 3.24(a)所示是飞行中立体像对曝光的条件。注意每个摄站的飞行高度稍有不同，照片曝光时摄影机的主光轴也不完全垂直。还要注意来自地表 A 点的光线分别与记录在两张负片上的点之间的角度关系。

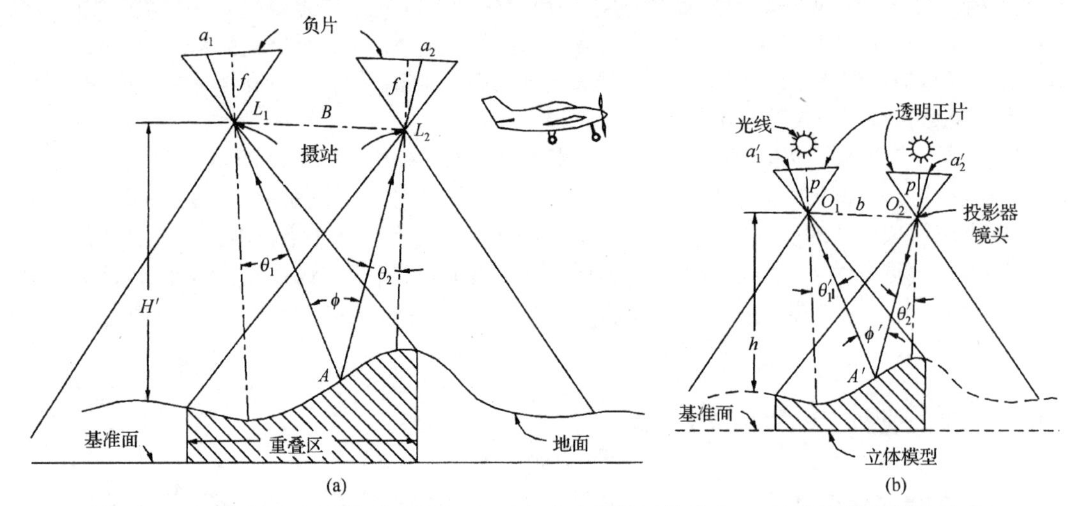

图 3.24　立体测图仪设计的基本概念：(a)飞行中立体像对的曝光；(b)立体测图仪的投影（摘自 P. R. Wolf, B. Dewitt, and B. Wilkinson, 2013, *Elements of Photogrammetry with Application in GIS*, 4th ed., McGraw-Hill。经 The McGraw-Hill 公司同意复制）

如图 3.24(b)所示，负片用来制作透明正片（印在玻璃上的幻灯片或夹在玻璃板之间的透明胶卷），它们放在两个立体测图仪的投影器中。然后，光线从左、右正片中投影出来。当来自左、右图像的光线在投影器下相交时，就形成了可以立体观看和测量的*立体模型*。为了辅助创建立体模型，投影器可以沿 x, y 和 z 轴旋转、平移它们。通过这样的方式，正片可以用来定位和旋转，以找到它们在投影器中相对于彼此的方位角，就如负片在它们被摄影机的两个摄站曝光时那样。建立立体测图仪的这种角度关系的过程称为*相对定向*，这个过程可以在重叠区创建一个小型的三维立体模型。

紧随立体模型相对定向的是*绝对定向*，它涉及立体模型的缩放和对准。模型的期望比例尺通过改变两个投影器之间的基准距离 b 来确定。产生的模型的比例尺等于 b/B。沿映射坐标系的 X 方向和 Y 方向同时旋转两个投影器来完成模型的对准。

模型一旦被定向，重叠区中任何点的 X, Y 和 Z 地面坐标就能通过在该点接触模型时使用参照浮动标记获得。参照浮动标记能够沿模型的 X 和 Y 方向平移，也能在 Z 方向升降。在准备地形图的过程中，可以使用浮动标记来跟踪自然地物或人文地物，从而将它们在平面上绘制出来，但需要不断升降标记来保持与地形的接触。绘制等高线时，在等高线的期望高程放置浮动标记，并沿地面移动标记以保持标记与模型表面的接触。在地图的编辑过程中，所有点的三维坐标通常可以数字化的方式记录下来，以有利于后续的自动化制图、GIS 数据提取和分析。

需要注意的是，在形成立体模型的原始图像中，立体测图仪会重建外方位，且立体测图仪的操作重点放在来自共轭点的射线的交会上（而不是单张照片中这些点的变形位置）。采用这种方式时，原始照片固有的倾斜效果、投影差和比例尺变化在立体测图仪的地图编辑过程中会全部变得无效。

直接光学投影立体测图仪使用各种技术来投影和观察立体模型。为了观察立体模型，操作人员的眼睛必须分别观看立体像对的两幅图像。补色系统使用青色滤色片而非红色滤色片来投影一张照片。使用具有相应颜色的眼睛来观看模型时，观察者的左眼仅能看到左片，右眼仅能看到右片。其他立体观察方法包括使用偏光滤色片代替彩色滤色片，或在投影仪上放置快门，这样观察者就可通过同步快门系统来观看立体模型，而不是显示左右两幅图像。

另外，直接光学投影测图仪是第一代此类系统。这些设备的相对定向和绝对定向是一个不断反复的试错过程，因此使用此类系统绘制平面地物和等高线非常烦琐。随着时间的推移，立体测图仪的设计从直接光学设备演化到了光学机械设备、解析设备和如今的软拷贝系统。

软拷贝系统于 20 世纪 90 年代初进入商业市场。在发展初期，这些系统使用的主要数据源是航空照片，而航空照片是通过精密摄影测量扫描仪扫描得到的。如今，这些系统主要处理数字摄影机数据。它们集成了高质量显示器以支持三维显示。如此前的系统那样，软拷贝系统使用各种方法来实现立体观测条件，即影像分析人员左眼只能看到立体像对的左片，右眼只能看到右片。这些方法包括但不限于补色系统和偏振系统、分屏和快速闪烁方法。分屏技术在显示器的左边显示左图像，在显示器的右边显示右图像。然后分析人员通过立体镜观看图像。快速闪烁方法需要在显示器上分别显示左图像和右图像之间进行高频（120Hz）切换。分析人员观察显示器时需要使用一副电子快门眼镜，显示相应的图像时，电子快门眼镜能在交替清除或遮挡左图像或右图像时同步。

除了支持三维观察能力，软拷贝摄影测量工作站还要具有鲁棒的计算能力和强大的数据存储能力。硬件设备不是摄影测量工作站特有的，但摄影测量工作站的特点是软件的多样化、模块化和集成化，这些系统通常一起用来生成摄影测量制图产品。

共线条件是许多软拷贝分析程序的前提。譬如，在前一节的讨论中，我们在对单幅照片做地理参照时演示了共线方程的使用。共线也常用来完成立体像对的相对定向和绝对定向。共线方程的另一个重要应用集成在空间交会过程中。

3.10.3 空间交会与 DEM 制作

空间交会是确定倾斜照片立体像对重叠区中任何点的(X, Y, Z)坐标的过程。如图 3.25 所示，空间交会的前提是来自重叠照片的射线相交于唯一一点。影像相关（见 3.7 节）可用来匹配共轭图像的任何给定点，进而确定交点。

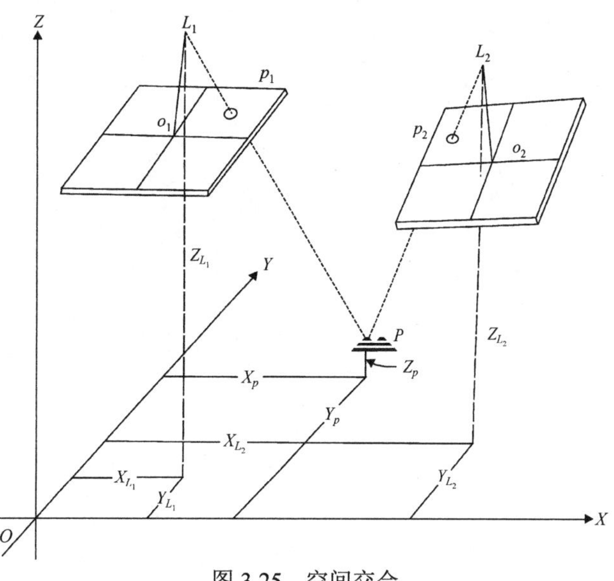

图 3.25 空间交会

空间交会使用了这样一个事实，即对重叠区中的每个点都可分别写出 4 个共线方程，其中的两个方程与左图像上

的点的 x, y 坐标相关，另两个方程来自右图像上测量得到的 x' 和 y' 坐标。如果已知两张照片的外方位，那么每个方程中唯一的未知数就是待分析点的(X, Y, Z)坐标。给定 4 个方程和 3 个未知数，对每个点的地面坐标可以使用最小二乘法。使用这种方法的图像分析人员可以立体观察立体模型中的任何点，也可以提取任何点的平面位置和高程。这些数据可以作为 GIS 或 CAD 系统的直接输入。

重叠区高程值的系统采样可以作为软拷贝系统 DEM 制作的基础。当这个过程高度自动化时，使用的影像相关是很不完美的。这通常导致需要编辑产生的 DEM，但这个混合的 DEM 编辑过程仍然非常有用。在软拷贝系统中，编辑和重现 DEM 已变得极为便利，因为所有高程点（甚至等高线）都可叠加到原有立体模型的三维视图上，以帮助检查高程数据的质量。

3.10.4 数字/正射影像制作

顾名思义，正射照片是正射投影的照片。它们没有普通航空照片所特有的比例尺、倾斜和投影畸变。实际上，正射照片也即“影像地图”。如地图那样，它们有着相同的比例尺（即使是在起伏变化的地形中也是如此），如照片那样，它们能以实际细节（而非线和符号）来表示地形。因此，正射照片为资源分析人员提供了“两方面的最佳情报”——既是一种类似于照片的易于解译的产品，又是一种能在上面直接测量实际距离、角度和面积的产品。由于这些特性，作为 GIS 输入数据进行编辑时，或者叠加和编辑 GIS 中的已有数据时，正射照片是非常优秀的底图。由于数据的使用者对正射照片的理解比对地图或显示器上传统的线和符号的理解更贴切，所以正射照片还可增强空间数据的交流。

制作数字正射照片时，最主要的输入是传统的、透视的数字照片和 DEM。制作过程的目标是通过以正射方式重新投影原始图像来补偿倾斜、投影差和比例尺的变化。这种重投影的一种方法是想象将原始图像投影到 DEM 上，产生一幅高程效果已被最小化的“悬挂”图像。

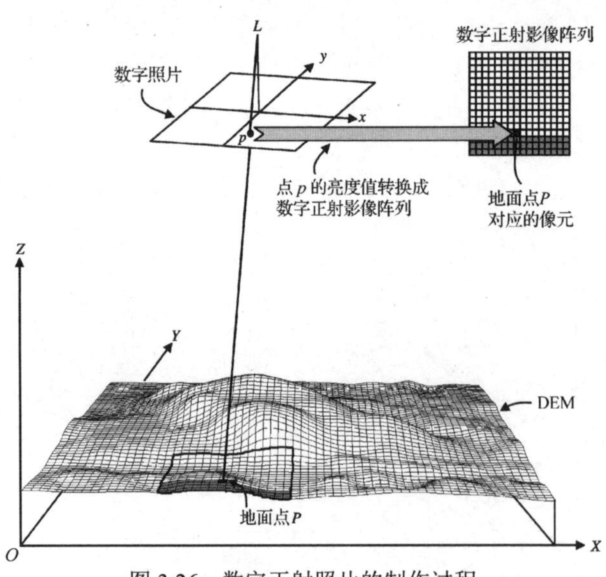

图 3.26　数字正射照片的制作过程

创建正射照片的方法有多种。这里介绍后向投影方法。在这种方法中，我们从 DEM 中的各个点的位置开始，查找它们在原始照片中的相应位置。图 3.26 演示了这一过程。在 DEM 关联的图像点(X_p, Y_p, Z_p)的每个地面位置可通过共线方程计算得到，记为(x_p, y_p)。然后将该点的图像亮度值插入输出数组，对 DEM 的每行和每列重复这一过程，即可创建整个数字正射影像。整个过程中有一个小问题，即为每个给定 DEM 网格计算的图像坐标(x_p, y_p)会精确地落在原始数字输入图像的像元中心。相应地，通过考虑每个要计算图像坐标位置(x_p, y_p)的邻域像元的亮度值，重采样（见第 7 章和附录 B）用来指定正射影像中每个像元的亮度值。

图 3.27 显示了上述重投影过程的影响。图 3.27(a)是电力线沿线的空旷地与丘陵森林区的常用（透视）照片。过分弯曲的空旷地是由投影差造成的。图 3.27(b)是覆盖同一地区的部分正射照片，其中消除了投影差，给出了电力线的真实线路。

正射照片本身并不带有地形信息，但它们可以作为底图叠加到立体测图作业中来绘制等高线。将等高线信息叠加在正射照片上，所得结果就是*正射影像地形图*。在编制这类地图时可以节省大量的时间，因为设备操作人员不需要在地图编绘过程中将这种资料绘制进去。图 3.28 显示了正射影像地形图的一部分。

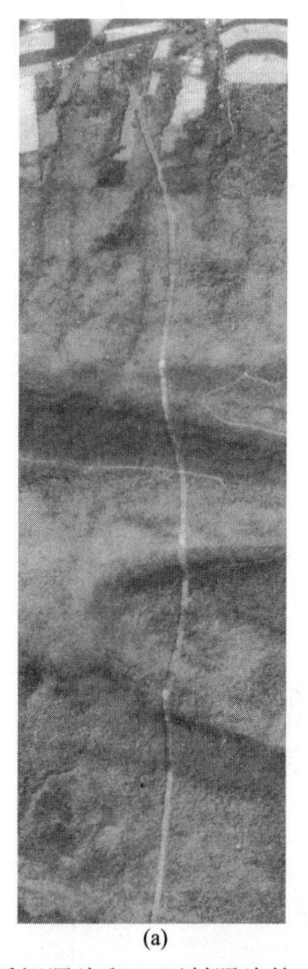

(a)

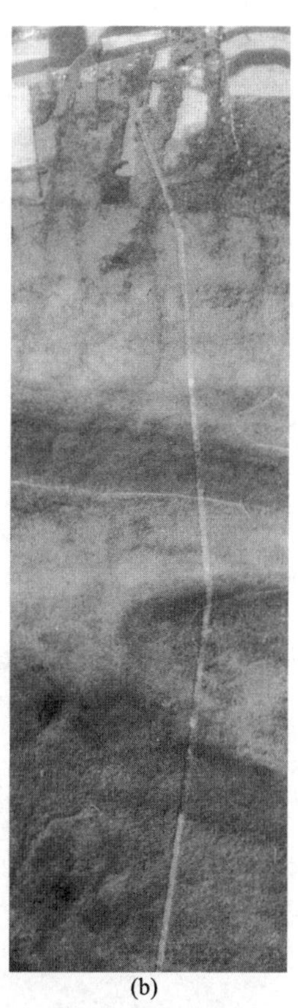

(b)

图 3.27　(a)透视照片和(b)正射照片的一部分，所示为丘陵地区电力线沿线的空旷地（注意透视照片上电力线沿线空旷地过于弯曲的现象在正射照片上已消除）（USGS 许可）

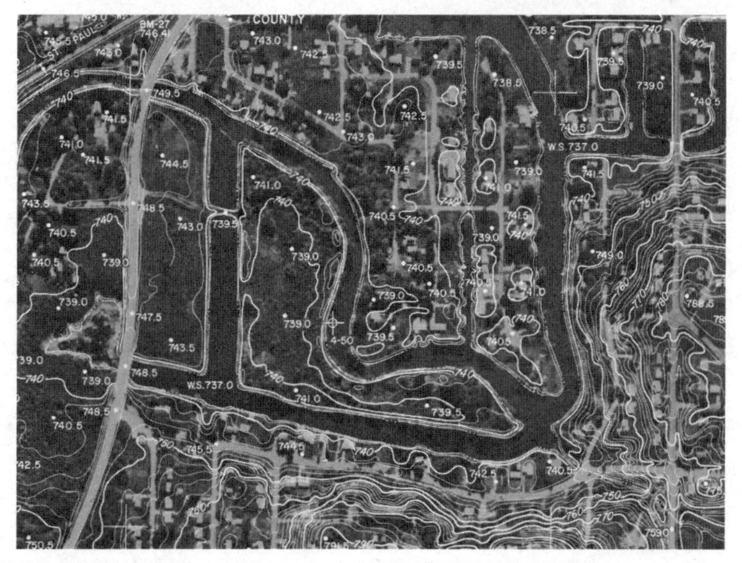

图 3.28　1∶4800 的正射影像地形图的一部分。1975 年拍摄于伊利诺伊州狐链湖（Alster and Associates 公司提供）

如果将正射照片配成立体像对，就可进行立体观察。这些立体像对是在正射投影装置内作为引入影像视差的已知地面高程函数加工而成的照片，而地面高程则是在相应正射照片的生产过程中获得的。图 3.29 所示为可以立体观察的正射照片及相应的立体像对。这些照片是加拿大森林管理研究所承担的一项立体正射照片制图实验项目的部分成果。这些照片的优点是，可结合正射照片的特性和立体观察的优点（注意图 3.27 可以立体观察，该图是由一张正射照片及构成立体像对的两张照片中的一张组成的，正射照片是由立体像对生成的）。

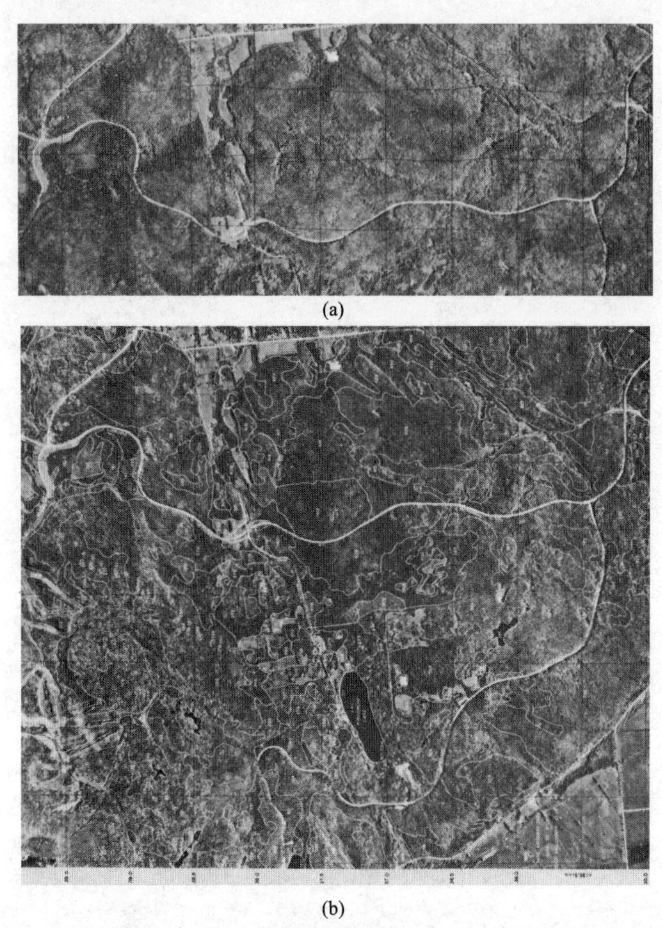

(a)

(b)

图 3.29　加拿大加蒂诺公园的部分立体正射投影，正射照片(a)和立体像对(b)提供了该地形的三维图。从正射照片得到的测量结果或平面图具有地图的精度。森林类型信息与通用横轴墨卡托投影格网一起叠加在照片上。注意正射照片上的通用墨卡托投影是正方形的，但在立体像对上由于引入视差而发生了畸变。比例尺为 1∶38000（加拿大林业局林业管理研究所提供）

需要提醒的是，如果这些地物未包含在用于正射照片生产过程的 DEM 中，那么高的物体如建筑物在正射照片上看起来仍然是倾斜的。这种效果在城市区域可能特别麻烦。在 DEM 中包含建筑物轮廓的高程，或尽量少地使用一张照片中垂直地物投影差最小的部分，可以克服这种效果。

彩图 7 是另一个展示正射照片生产过程中提供畸变校正的必要性和影响的例子。彩图 7(a)显示了拍摄于美国冰川国家公园地形较高区域的一张未校正的彩色照片。对应于彩图 7(a)中未校正照片的数字正射照片如彩图 7(b)所示。注意，如果由未校正图像来生产 GIS 数据，将会引入位置误差。因此，只要可能，就要鼓励 GIS 分析人员在工作中使用数字正射照片。美国这类数据的两大主要联邦资源是美国地质调查局（USGS）的国家数字正射影像计划（NDOP）和美国农业部（USDA）的国家农业影像计划（NAIP）。

图 3.30 和图 3.31 说明了合并数字正射照片数据和 DEM 后所支持的可视化能力。图 3.30 显示了威斯康星州麦迪逊附近农村地区的透视图。该图是将数字正射影像叠加到同一地区的数字高程模

型上生成的。图 3.31 显示的是威斯康星大学麦迪逊分校临床科学中心的立体像对图(a)和透视图(b)。图 3.31(b)中所示建筑物的多个立面影像是从数字化后的原始航空照片中提取的，原始照片中所示的该立面在透视图方向上有最大的投影差。在覆盖兴趣区的原始航空摄影区块内的所有相关照片中，这种过程是自动完成的。

图 3.30　农村地区的透视图，该图是以数字形式将正射影像叠加到同一地区的数字高程模型上生成的（威斯康星大学麦迪逊分校环境遥感中心和 NASA 附属研究中心项目提供）

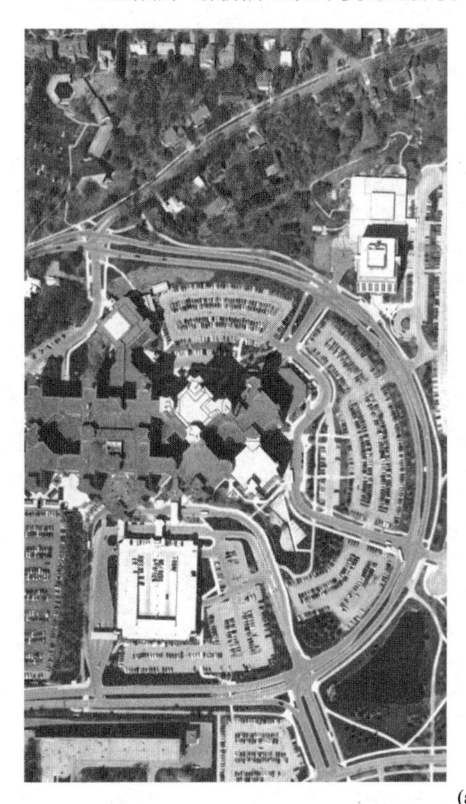

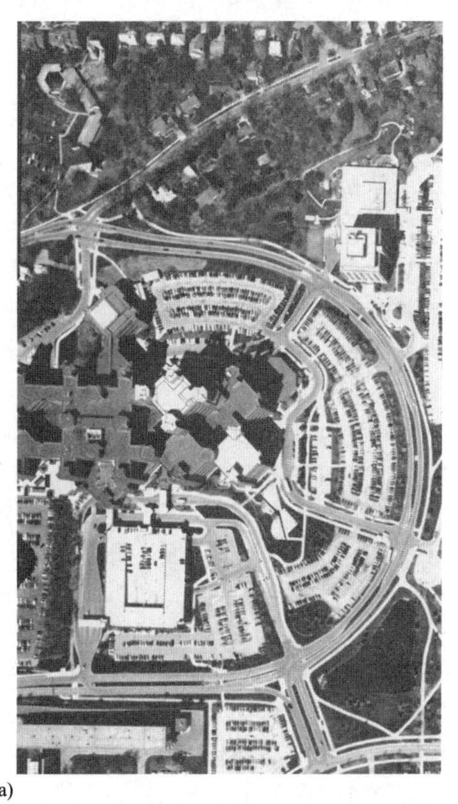

(a)

图 3.31　图(a)所示的垂直立体像对覆盖了图(b)所示透视图的地面区域；图(b)所示各建筑面的影像是自动从照片中提取的，照片上显示的建筑面带有覆盖该地区原始航空照片集的最大投影差（威斯康星大学麦迪逊分校校园制图项目组提供）

(b)

图 3.31（续） 图(a)所示的垂直立体像对覆盖了图(b)所示透视图的地面区域；图(b)所示各建筑面的影像是自动从照片中提取的，照片上显示的建筑面带有覆盖该地区原始航空照片集的最大投影差（威斯康星大学麦迪逊分校校园制图项目组提供）

3.10.5 多光束摄影测量

术语*多光束摄影测量*是指挖掘冗余信息（提高鲁棒性和精度）的任何摄影测量制图操作，冗余信息由同时分析大量相互重叠的照片提供。这个术语相对较新，但多光束摄影测量并不是新技术，相反，它是已有原理和技术的推广，这些原理和技术是受数字摄影机和完整数字制图工作流程的广泛影响而出现的。

大多数多光束操作均基于航空照片，而这些航空照片需要有很高的重叠百分比（80%～90%）和旁向重叠（高达 60%）。多光束飞行模式导致地面上的每个点为图像提供 12～15 条光束。与获取 60%的重叠和 20%～30%的旁向重叠的立体像对的传统方法相比，现代数字摄影机的帧间隔率和存储容量有助于用相对较小的边际成本来收集这种覆盖范围的照片。多光束方法的优势是，不仅增加了精度，而且完全或接近完全自动化了许多过程。

多光束影像主要用于*稠密图像匹配*过程。该过程使用源自多幅图像的多光束来寻找立体模型中的共轭匹配位置。通常，模型中约 50%的像元可以采用这种方式实现完全自动化的精确匹配。在地形相对不变的地方，匹配精度下降到 50%以下，但在高度结构化的地区（如城市）可以实现 50%以上的精度。因此，这会使得 DEM 和点云生产过程中出现很高的点密度。譬如，若使用 10cm 的地面分辨率来获取多光束照片，则等同于地面上的 100 个像元/平方米。因此，图像匹配过程中 50%的精度会导致地面上 50 个点/平方米的点密度。

多光束摄影测量的另一个重要应用是生产*真正的正射照片*。本节前面讨论了使用单张照片和 DEM 来创建数字正射照片的后向投影方式。对 DEM 地面高程上的地物来说，这个过程工作得很好。但我们也提到，未包含在 DEM 中的较高地物（如建筑物、树、人行天桥）仍然存在投影差，投影差是地物相对于地面的高程和它们到原始照片像主点的距离的函数。到像主点一定距离的较高物体，在光束投影中，仍然可以完全阻挡或阻隔在这些物体的“阴影”中的地面区域的显示。图 3.32 说明了该问题的解决办法：使用多于一张的原始照片制作一张真正的数字正射照片的合成图像。

图 3.32(a)显示的是使用单张照片制作的传统正射影像。在正射影像中，像点 a 的亮度值的获取方法如下：首先由 DEM 获知点 a 的地面(X, Y, Z)位置，然后利用共线方程将其投影到照片上，求出点 a 的照片坐标(x, y)，再后经重采样插值，得出在正射照片中描述点 a 的一个合适

亮度值。对点 a 来说，这个过程工作得很好，因为没有垂直物体阻挡地面上点 a 和摄站之间的光线。而对点 b 来说就不是这样，因为点 b 位于附近建筑物投影差阻挡的区域中。此时，对点 b 的地面位置来说，正射照片中会被替换的亮度值是建筑物屋顶的亮度值，建筑物的侧面会显示在屋顶的位置。点 b 附近的地面区域在正射照片中根本不显示。显然，这种投影差效应的严重程度增大了相关垂直地区的高度和地物到像主点的距离。

图 3.32(b)说明了如何使用沿同一航线拍摄的三张连续航空照片来减轻数字正射照片生产过程中的投影差。在这种情况下，连续照片之间的名义重叠百分比是 60%这个传统值。使用传统的立体要素提取工具可以识别和记录地面阻挡地物的轮廓线。正射照片中用来描述所有其他像点的亮度值，从拥有每个位置最佳视图的照片中自动插值确定。对点 a 来说，最佳视图是从该点的最近摄站即摄站 3 获得的。对点 b 来说，最佳视图是从摄站 1 获得的。用来制作正射照片的软件，通过分析 DEM 和模型获得的特征数据，确定来自摄站 2 的点 b 的地面视图被阻挡。采用这种方式，正射照片合成图像中的每个像点被指定为从最近摄站获得的照片中相应位置的亮度值，该摄站提供了地面无阻挡的视图。

图 3.32(c)说明了真正的正射照片生产过程的解决办法。在这种情况下，沿图像航向的重叠百分比增加到 80%（或更多）。这就导致了多个更接近的、可使用的空间摄站来覆盖给定的研究区域。采用这种方法，正射照片中每个像点的光线投影变得更加垂直和平行，就好像正射照片内每个点的所有光线都几乎正射（完全垂直向下）投影。可以使用完全自动化的 DSM 来创建真正的正射照片。在这些图像中，建筑物屋顶显示在正确的平面位置，即直接显示在相关建筑物屋的地基之上（没有倾斜）。建筑物的各立面都不显示，建筑物各立面周边的地面也都在正确位置显示。

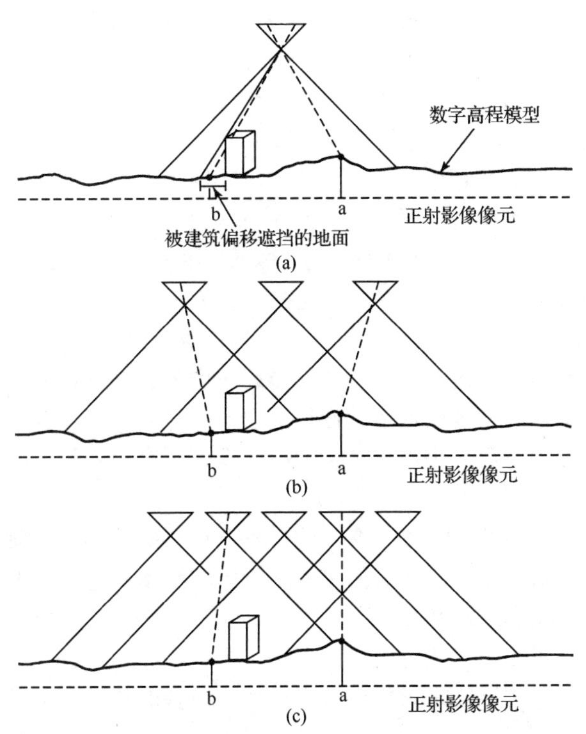

图 3.32　用来提取像元亮度值的方法比较：(a)使用单一照片的传统正射影像；(b)使用包含 60%重叠的多张照片制作的真正的正射影像；(c)使用包含 80%重叠的多张照片制作的真正的正射影像（据 Jensen，2007）

3.11 飞行计划

摄影遥感项目的目标，往往只有在知道了研究区的新摄影情况后才能完成。发生这种情况的原因有多种。例如，某地所能获得的照片对某些应用如土地利用制图而言可能已过时。另外，所获照片的拍摄季节可能不合适。例如，用于地形制图的照片经常是在春秋两季拍摄的，因为这样可以减少植被覆盖，但这种照片不适合有关植被分析的应用。

在获取新照片的计划中，总需要在成本和精度之间进行折中。同时，随着遥感技术的进步，可替代数据源的可获得性、精度和成本也在不断变化。这就使得人们需要做出一些决定，譬如是采用模拟摄影合适还是采用数字摄影合适。在许多应用中，高分辨率卫星数据替代航空摄影是可接受的和划算的。类似地，激光雷达数据也可用来代替航空摄影，或者作为航空摄影的补充。做出这些决定的关键是，明确即将开展的应用所需最终产品的特性和精度。例如，所需最终产品可以是硬拷贝照片、DEM、平面图、地形图、专题数字 GIS 数据集和正射影像等。

在剩下的讨论中，我们假设航空摄影可最好地满足给定项目的需求，且任务已经制定了获取项目研究区域照片的飞行计划。我们通过演示制定飞行计划过程的两个“手工”实例方案，来说明包含在这类软件中的基本计算因素和程序。我们将重点介绍为同一研究区域的基于胶卷的摄影任务和数字摄影任务准备飞行计划的几何因素。虽然我们给出的两个方案使用相同的研究区域，但不意味着两种任务设计会得到相同质量和用途的影像。它们至少可以简单地作为制定飞行计划过程的代表性例子。

在说到摄影任务计划的几何因素前，我们要重点介绍航空任务中的一个最重要的参数，即便是最优秀的计划人员也无法控制它——天气。在大部分地区，一年中只有几天对摄影来说是理想的。为了充分利用好天气，商业航空摄影公司一天内会安排许多飞行计划，并且通常要覆盖很分散的地点。飞行时间一般安排在上午 10:00 至下午 2:00 之间，目的是得到最佳的亮度和最小的阴影。尽管使用低光照条件下高敏感性的数字摄影机可在多云条件下执行任务，但如前面提到的那样，飞行时间通常需要优化，以确保能从多颗卫星接收到较强的 GPS 信号，进而收窄获取时间窗口。另外，任务规划人员可能要考虑一些任务特定的约束条件，如建筑物在正射影像中允许的最大倾斜、城市区域的遮挡、水体覆盖区的镜面反射、成像时刻的交通流量和民用与军用空中交通管制的限制。总之，一项摄影任务的计划和实施，需要人们付出大量的时间、精力和费用。因此，从许多方面来看，摄影任务既是一门科学，又是一门艺术。

胶卷摄影任务几何设计需要的参数如下所示：①所用摄影机的焦距；②胶卷像幅的大小；③所需照片的比例尺；④所要摄影地区的大小；⑤摄影地区的平均高程；⑥航向重叠百分比；⑦旁向重叠百分比；⑧所用飞机飞行的地面速度。设计数字摄影机的摄影任务时，要求的参数相同，只是要使用传感器阵列像元的数量与物理尺寸代替胶卷像幅大小，并用任务要求的地面采样距离代替任务要求的比例尺。

根据上面的参数，任何飞行规划人员都要拿出计算结果，并向飞行员提供一张飞行图：①照片拍摄基准面以上的航高；②所拍摄地区航线的位置、方向和数量；③曝光的时间间隙；④每条航线的曝光次数；⑤任务所需的曝光总数。

手动计算飞行计划后，通常需要为飞行员在图上标明该计划。也可用老照片甚至卫星影像来完成该目标。为胶卷摄影机和数字摄影机准备飞行计划需要的计算前提条件，分别在下面的两个例子中给出。

【例 3.11】 研究区东西向宽 10km，南北向长 16km（见图 3.33）。所用摄影机的焦距为 152.4mm，像幅为 230mm。所需照片比例尺为 1：25000，标准航向重叠百分比和旁向重叠百分比分别为 60%和 30%。起始和终止航线都定在研究区的边界线上。该地区的地图比例尺为 1∶62500。地图的平均地面高程是基准面以上 300m。完成编制飞行计划和绘制飞行图所需的计算。

解：(a)使用南北航线。注意到使用南北航线可减少所需航线的数量，进而减少所需飞机转向及姿态调整的次数（另外，在主方向飞行通常可以提升道路、十字路口及其他可用来对齐飞行航线的地物的识别）。

(b)求出相对于地面的航高（$H'=f/S$），加上现场平均高程，求出绝对航高：

$$H=\frac{f}{S}+h_{平均}=\frac{0.1524\text{m}}{1/25000}+300\text{m}=4110\text{m}$$

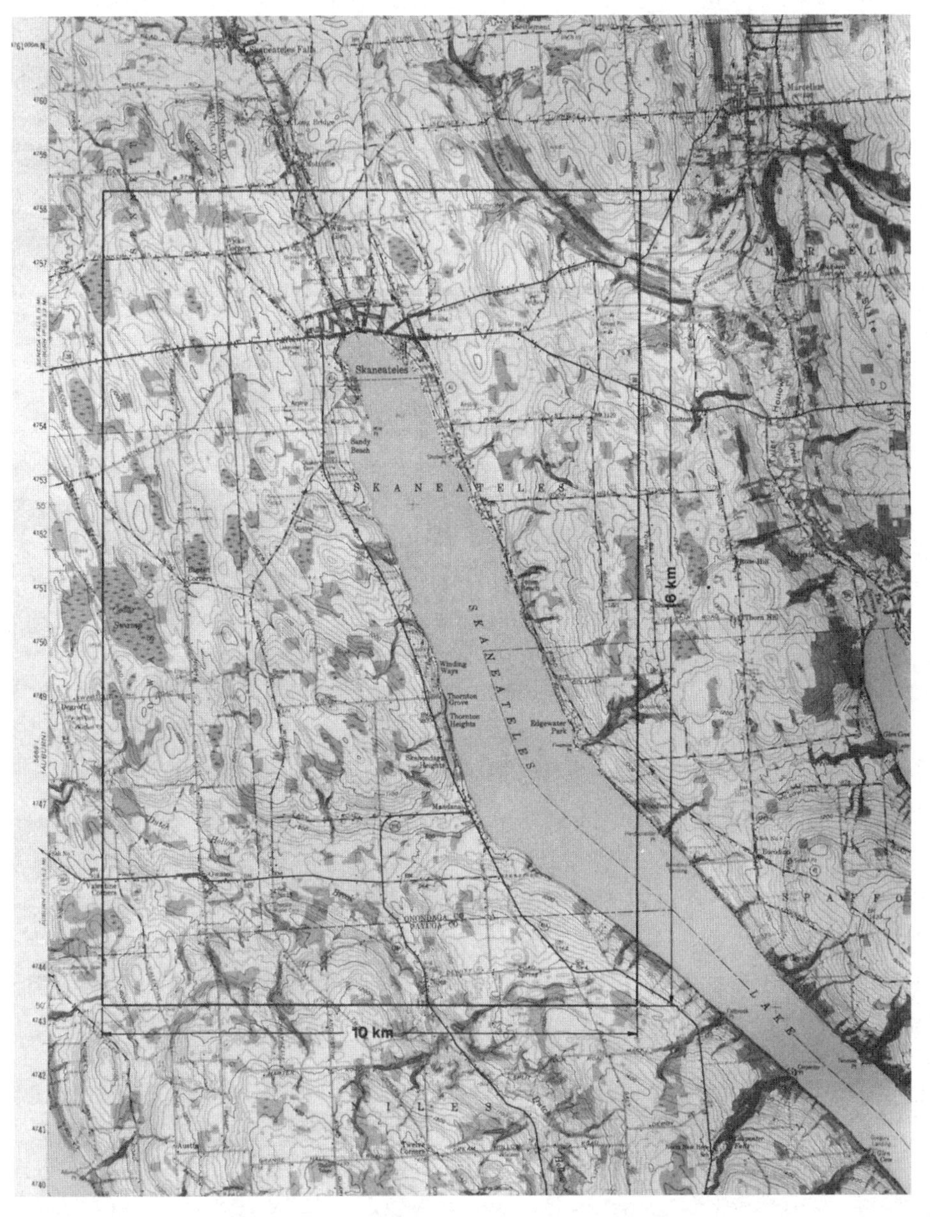

图 3.33　需要被摄影覆盖的 10km×16km 研究区

(c)根据胶片像幅大小和照片比例尺，求每张照片的地面覆盖度：

$$每张照片的地面覆盖度=\frac{0.23\text{m}}{1/25000}=每边5750\text{m}$$

(d)求出每张照片推进 40%（即 60%航向重叠）的航线上照片之间的地面间隔：

$$0.40 \times 5750\text{m} = \text{照片中心的间隔}2300\text{m}$$

(e)设航速为 160km/h，两次曝光之间的时间为

$$\frac{2300\text{m/照片}}{160\text{km/h}} \times \frac{3600\text{s/h}}{1000\text{m/km}} = 51.75\text{s}\ (\text{取}51\text{s})$$

(f)因为曝光控制器定时只能使用整数秒（根据模型的不同而不同），所以数值要四舍五入为整数。四舍五入后，至少要保证 60%的重叠百分比。重新计算照片中心之间的距离，变换上式得

$$51\text{s/照片} \times 160\text{km/h} \times \frac{1000\text{m/km}}{3600\text{s/h}} \approx 2267\text{m}$$

(g)将 16km 长的航线除以每张照片推进的"距离"，算出照片的张数。两端各加一张照片，取整以保证覆盖：

$$\frac{16000\text{m/航线}}{2267\text{m/照片}} + 1 + 1 \approx 9.1\text{张照片/航线}\ (\text{取}10)$$

(h)如果航线要有 30%的旁向重叠覆盖，那么航线间的间距要为照片覆盖面积 70%处的距离：

$$0.70 \times 5750\text{m 覆盖} = 4025\text{m}\ (\text{航线间距})$$

(i)用研究地区的 10km 宽度除以航线间距，求出所需航线的数量（注意该除法只能给出航线之间间隔的数量，加 1 才是航线数量）：

$$\frac{10000\text{m宽}}{4025\text{m/飞行航线}} + 1 \approx 3.48\ (\text{取}4)$$

取 4 条航线，调整后的航线间距为

$$\frac{10000\text{m}}{4-1\text{间距}} \approx 3333\text{m/间距}$$

(j)求图上的航线间距（1∶62500）：

$$3333\text{m} \times \frac{1}{62500} \approx 53.3\text{mm}$$

(k) 求所需照片总数：

$$10\text{ 张照片/航线} \times 4\text{ 航线} = 40\text{ 张照片}$$

注意，本例中起始航线的位置与研究区的边界一致。根据"稳妥"原则，这一措施保证了该区的完全覆盖。为了节省胶片、飞行时间和费用，有经验的飞行员会将起始航线向研究区的中心移动。

上述计算可概括在图 3.34 所示的飞行图上。另外，飞行中所用材料、设备和方法的规范，应在执行任务前取得一致意见。这些说明主要阐述对飞行任务的要求和容许误差，产品成果的形式和质量，以及原始照片的所有权。在其他情况下，任务说明一般包括如下细节：飞行时间、地面控制与 GPS/IMU 的要求、摄影机标定特性、胶片和滤色片类型、曝光条件、比例尺容许误差、航向重叠、旁向重叠、倾斜与图像到图像的航线方位（偏航）、摄影质量、产品索引以及产品分发进度表。

【例 3.12】假设要获取前例中描述的同一研究区的全色数字摄影机覆盖。同样假定给定任务要求的制图精度是地面分辨率 25cm。用于本次任务的数字摄影机的全色 CCD 在垂直轨道方向有 20010 个像元，在飞行轨道方向有 13080 个像元。每个像元的物理尺寸为 5.2μm（0.0052mm）。摄影机使用焦距为 80mm 的镜头。如前例中那样，立体覆盖要求有 60%的航向重叠和 30%的旁向重叠。执行本次任务的飞机在标称速率 260km/h 下操作。制定必要的计算来制定本次任务的初步飞机计划，以便估算飞机参数。

解：(a)与上例中一样，使用南北航线。

(b)计算相对于地面的航高：

$$H' = \frac{\text{GSD} \cdot f}{p_d}$$

加上平均地面高程得到海平面以上的航高：

$$H' = \frac{\text{GSD} \cdot f}{p_d} + h_{平均}$$

$$= \frac{0.25\text{m} \times 80\text{mm}}{0.0052\text{mm}} + 300\text{m} \approx 4146\text{m}$$

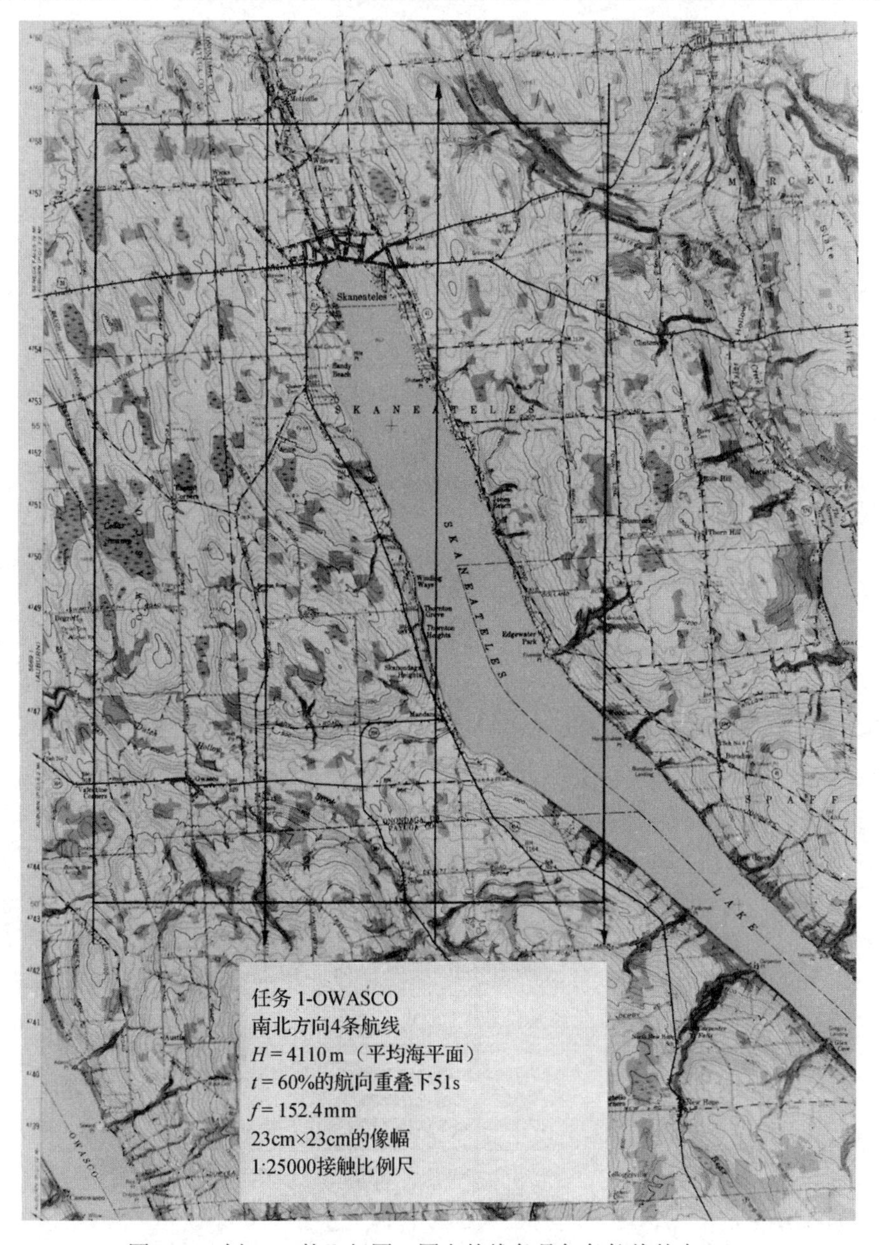

图 3.34　例 3.11 的飞行图（图上的线条是每条航线的中心）

(c)求每幅影像垂直航迹方向的地面覆盖：

由式（2.12），垂直航迹方向的传感器尺寸是

$$d_{xt} = n_{xt} p_d = 20010 \times 0.0052\text{mm} = 104.05\text{mm}$$

除以图像比例尺，垂直航迹方向的地面覆盖距离是

$$\frac{d_{xt}H'}{f}=\frac{104.05\text{mm}\times 3846\text{m}}{80\text{mm}}\approx 5002\text{m}$$

(d)确定每幅影像沿航迹方向的地面覆盖：

由式（2.13），沿航迹方向的传感器尺寸是

$$d_{at}=n_{at}p_d=13080\times 0.0052\text{mm}\approx 68.02\text{mm}$$

除以图像比例尺，沿航迹方向的地面覆盖距离是

$$\frac{d_{at}H'}{f}=\frac{68.02\text{mm}\times 3846\text{m}}{80\text{mm}}\approx 3270\text{m}$$

(e)求出每张照片推进 40%（即 60%航向重叠）的航线上照片之间的地面间隔：

$$0.40\times 3270\text{m}=1308\text{m}$$

(f) 设航速为 260km/h，两次曝光之间的时间为

$$\frac{1308\text{m/照片}}{260\text{km/h}}\times\frac{3600\text{s/h}}{1000\text{m/km}}\approx 18.11\text{s（取18）}$$

(g)将 16km 长的航线除以每张照片推进的距离，算出照片张数。两端各加一张照片以保证覆盖：

$$\frac{16000\text{m/航线}}{1308\text{m/照片}}+1+1\approx 14.2\text{张照片/航线（取15）}$$

(h)如果航线有 30%的旁向重叠覆盖，那么航线间的间距要为照片覆盖面积 70%处的距离：

$$0.70\times 5002\text{m}=3501\text{m}$$

(i)用研究地区的宽度 10km 除以航线间距，求出所需航线的数量（注意此除法只能给出航线之间间隔的数量，加 1 才是航线数量）：

$$\frac{10000\text{m}}{3501\text{m/航线}}+1\approx 3.86\text{条航线}$$

取 4 条航线。

(j)求所需照片的总数：

$$15\text{ 张照片/航线}\times 4\text{ 航线}=60\text{ 张照片}$$

由于该例获取的是模拟航空照片，获取数字照片还伴随有一套详细的规范，这些规范涵盖了对飞行任务的要求和容许误差、准备的图像产品、所有权和其他因素。这些规范通常与那些基于胶卷的任务中使用的规范并列。尽管如此，它们也涵盖了与数字数据获取相关的特定因素，包括但不限于：使用单个还是多个摄影头、地面采样距离（GSD）容差、影像的辐射分辨率、几何和辐射图像预处理的要求、图像压缩与存储格式。总之，这些规范的目标不仅是要保证任务产生高质量的数据，还要保证与硬件和软件兼容，以便存储、处理和供应来自任务影像的衍生产品。

3.12 小结

如本章所述，摄影测量学是一门广泛且变化迅速的学科。历史上，大部分摄影测量操作本质上是相似的，都要借助精密的光学或机械设备进行硬拷贝影像的物理投影与测量。如今，全数字摄影测量工作流已成为标准。另外，大部分软拷贝摄影测量系统也方便地提供了一些处理各种形式非摄影图像（如激光雷达、行扫描数据、卫星影像）的功能。由于能够连接到各种 GIS 和图像处理软件，现代软拷贝摄影测量系统已成为用于空间获取、操作、分析、存储、显示及输出的高度集成的系统。

第4章 多光谱、热红外和高光谱遥感

4.1 引言

第 1 章 1.5 节简要介绍了由选择性多光谱波段感测所获图像数据组成的多光谱图像。第 2 章介绍的胶片和数字摄影系统可以作为简单的多光谱传感器，因为使用这类摄影机能感测到 3～4 个波长范围为 0.3～0.9μm 的波段。本章介绍一类*多光谱扫描仪*。这类设备能够感测更宽的电磁光谱范围，进而采集更多波谱段的数据。使用不同类型的电子探测器，多光谱扫描仪能将感测波长范围从 0.3μm 扩展到约 14μm（包括紫外、可见光、近红外、中红外、远红外波段区域），并且能在很窄的波段内进行感测。

本章首先讨论如何从物理上获得多光谱扫描图像，包括垂直航迹扫描和沿航迹扫描系统。然后介绍这些多光谱扫描系统的基本工作过程、工作原理和几何特性。介绍多光谱扫描后，我们开始探讨热红外图像。热扫描仪可视为一种特殊的多光谱扫描仪，它只在光谱的一个或多个波段的红外区域进行感测。热红外图像的解译涉及热辐射的基本原理。在阐述这些原理的基础上，我们将介绍如何对热红外图像进行目视解译、辐射校正和数字处理。本章最后将介绍可在很多（多达数百个）非常狭窄的连续光谱波段（包括可见光、近红外和中红外光谱区域）上获取图像的高光谱遥感。

本章的重点是机载扫描系统。然而，如第 5 章将要介绍的那样，对太空平台而言，多光谱、热红外、高光谱传感器的工作原理，本质上是相同的。

4.2 垂直航迹扫描

机载多光谱扫描仪系统建立飞机下方一刈幅宽（狭长的条带状地区，也称扫描宽度）的二维图像，它可用两种不同的方法实现：*垂直航迹扫描*（又称扫帚式扫描、刷式扫描）或*沿航迹扫描*（又称推帚式扫描）。

图 4.1 显示了垂直航迹扫描仪即扫帚式扫描仪的工作过程。该系统使用一个旋转镜或振荡镜，沿与飞行路线成 90° 角的扫描线来扫描地形，这样扫描仪就能不断地重复测量飞机左右两侧的能量，数据采集范围在飞机下方 90°～120°的弧形区域内。当飞机不断向前飞行时，会覆盖连续的扫描线，产生一系列毗邻的观测窄带，这些观测窄带组成一幅具有行（扫描线）和列的二维图像。入射能量被旋转镜或振荡镜反射后，分解为几个单独的光谱成分。图 4.1(b)展示了记

录热辐射和非热辐射波长系统的一个例子，例子中使用了一个二色光栅来分离这两种能量。非热辐射波长成分通过一个三棱镜（或衍射光栅）直接分解为紫外、可见光和近红外波长连续区。与此同时，二色光栅将输入信号的热辐射成分分散为其波长成分。通过在二色光栅和三棱镜后面合适的几何位置放置一个电子可见光探测阵列，入射光束可被拉开为多个光谱波段，每个波段都被独立地测量。每个探测器都在某个特定的波段拥有光谱灵敏度峰值。图 4.1 展示了一个 5 波段扫描仪，但如后文所述（见 4.13 节），可用的扫描仪有数百个波段。

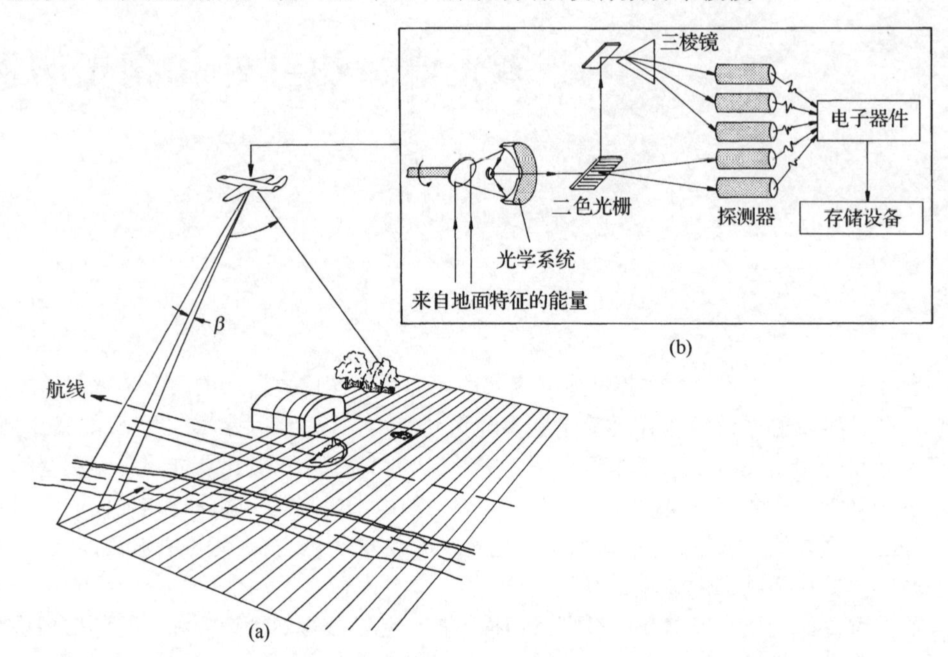

图 4.1 垂直航迹或扫帚式多光谱扫描仪系统工作原理：(a)飞行时的扫描过程；(b)扫描仪结构示意图

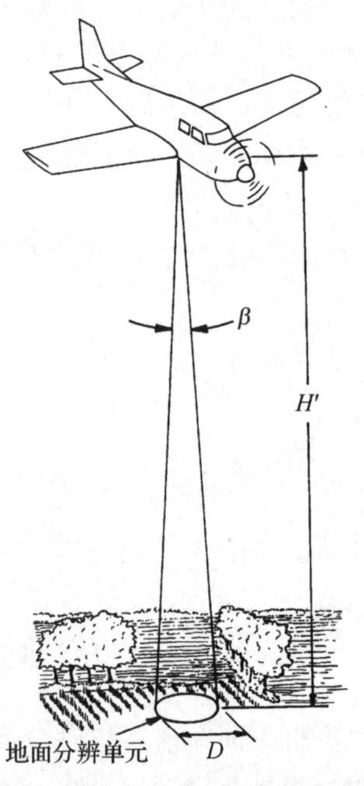

图 4.2 使用多光谱扫描仪在飞机正下方感测的地表面积与瞬时视场

在任何时刻，扫描仪在系统的瞬时视场（IFOV）内感测能量。IFOV 通常用入射能量聚集在探测器上的圆锥角（见图 4.1 中的 β）表示。圆锥角 β 的大小由仪器的光学系统和探测器的大小决定。在某一瞬间，IFOV 内所有传送到仪器的能量都会引起探测器响应。因此，在某个瞬间，IFOV 中都包含不止一种土地覆盖类型或要素，记录下来的是它们的复合信号响应。这样，一幅典型的图像通常就由“纯”像素和“混合”像素组合而成，组合程度取决于 IFOV 和地面要素的空间（组成）复杂性。

图 4.2 说明了扫描仪的 IFOV 正好位于飞机的正下方时，所观察到的地表的某个地段，其面积可用一个直径为 D 的圆来表示：

$$D = H'\beta \tag{4.1}$$

式中：D 是观察到的圆形地面区域的直径；H'是在该地形上的航高（飞行高度）；β 是该系统的 IFOV 值（用弧度表示）。

在某一瞬间，被感测到的地面区域称为*地面分辨元素*或*地面分辨单元*。某一瞬间所感测到的地面区域的直径 D 可近似地视为系统的空间分辨率。因此，通常也将传感器的瞬时视场称为*空间分辨率*，即传感器所能分辨的最小物体的尺寸，也就是说，传感器不能分辨出小于瞬时视场的物体。例如，一台扫描仪的 IFOV 为 2.5mrad，飞行高度（航高）为 1000m，则由式（4.1）可以算出该扫描仪的空间分辨率为 $D = 1000\text{m}\times(2.5\times10^{-3}\text{rad}) = 2.5\text{m}$，即在飞机正下方时的地面分辨单元的直径为 2.5m（在飞机正下方的地面分辨单元是方形还是圆形，与系统所用光学仪器的属性有关）。随着扫描仪和地面分辨单元间距离的增加，天底点各边上的地面分辨单元的大小也对称地增加。因此，图像边缘的地面分辨单元要比靠近中心的大。这样就导致了比例失真（畸变）问题，需要在图像解译时给出说明或在图像生成时进行数学校正（4.6 节中将探讨这种失真）。

机载多光谱扫描仪系统的 IFOV 的取值通常为 0.5～5mrad。在记录详细的空间细节时，IFOV 的取值较小比较合适。IFOV 值大意味着当扫描仪的镜头掠过地面分辨单元时，在探测器上聚焦的总能量更大；由于这种高信号会使视场辐射率的测量更加敏感，结果是辐射分辨率或区分微小能量差别的能力有所提高。因此，在设计多光谱扫描仪系统时，应在高空间分辨率和高辐射分辨率二者之间进行折中。IFOV 值大会产生比给定系统的背景电子*噪声*（无关的有害响应）大得多的信号。因此，当其他条件相同时，IFOV 值大的系统在给定地面区域就有更长的测量延迟时间，使得 IFOV 值大的系统比 IFOV 值小的系统有更高的*信噪比*，而要取得高信噪比，就要牺牲其空间分辨率。同理，扩展给定探测器的工作波段可提高信噪比，在这种情况下损失的是*光谱分辨率*，即分辨微小光谱差别的能力。

上面关于扫描仪地面分辨单元（扫描仪的 IFOV 投影到地表）的描述通常简单地称为*系统分辨率*（本章和第 5 章将使用这些术语，尤其是在描述系统特征的各个表中）。

如 1.5 节所述，数字图像是通过量化模拟电子信号生成的，这一处理就是模数（A/D）转换。考虑垂直航迹扫描仪的单次扫描线，例如图 4.1 中所示的某条扫描线。进入传感器的电磁能被分解成多个光谱波段，每个波段的波长范围都由一个特定的感测器确定。每个感测器的电子响应是一个连续模拟信号。图 4.3 是针对某个感测器信号的模数转换图形表示。感测获得的连续信号被采样为一个时间间隔（ΔT）序列，并将每个样本点（$a, b, \cdots, j, k$）的信号强度记录为一个数值。一个特定信号的采样率取决于该信号变化的最高频率。为充分表征信号内的变化，采样率至少应为源信号中最高频率的 2 倍。

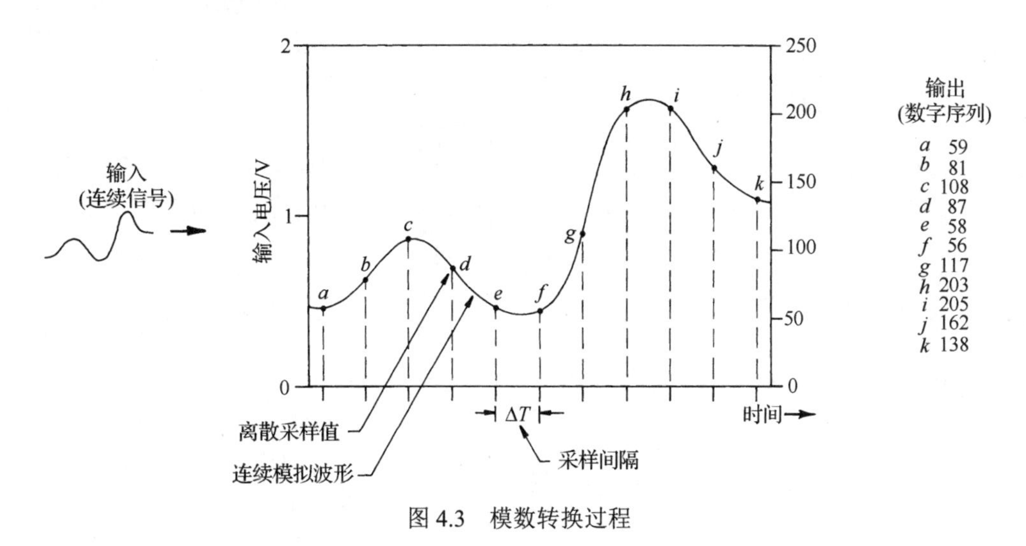

图 4.3　模数转换过程

如图 4.3 所示，传感器输入信号的电压范围是 0～2V，输出是 0 和 255 之间的整数。因此，该传感器记录的 0.46V 采样电压（图 4.3 中采样点 a）的数字化结果为 59（沿信号时序的其他采样点的数字化结果显示在图的右侧）。

大部分扫描仪使用方形探测器，并使用垂直航迹扫描线采样，这样就能用一系列投影到地面的邻接像素来表示。理想情况下，沿飞机轨迹前进的地面距离，正好等于扫描镜旋转之间的分辨单元的大小，这样地面采样就不会出现空隙和重叠情形。

在一幅数字扫描图像中，相邻采样点之间的地面距离没有必要精确等于投影到地面的 IFOV。采样时间间隔（ΔT）决定了地面像素大小或*地面采样距离*（GSD）。在图 4.4 所示的情况下，采样时间间隔使得地面像素宽度小于投影到该地面的扫描仪 IFOV 值；在这种情形下，一个真实使用的典型系统是第 5 章将讨论的陆地卫星多光谱扫描仪（MSS），其投影 IFOV 接近 79m 宽，但其信号采样的地面分辨率为 57m。这个例子表明，扫描仪的 IFOV 投影到地面后与 GSD 是有差别的。不严格区分时，这两个概念通常都可称为分辨率。

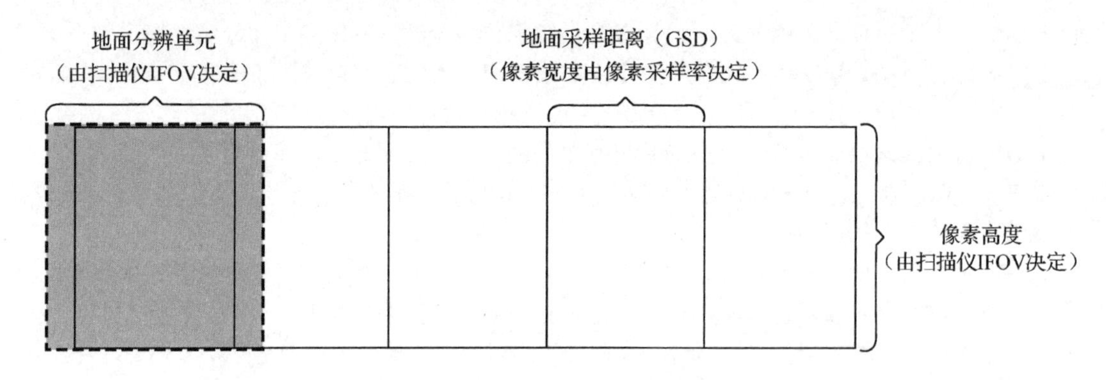

图 4.4　地面采样距离概念

关于分辨率，必须指出的是，这个术语在胶片摄影机所得图像中的意义与在光电系统中所得图像中的意义是不同的。

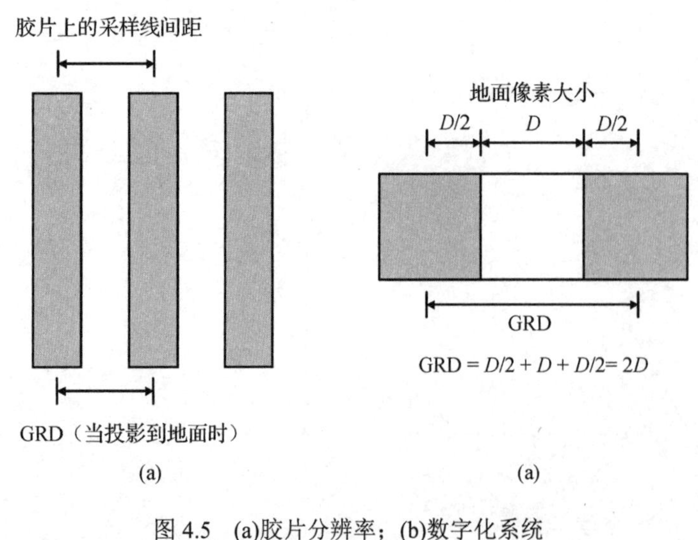

图 4.5　(a)胶片分辨率；(b)数字化系统

摄影胶片分辨率（见 2.7 节）的概念建立在能够互相区分两个不同物体的前提下。对于胶片，当等宽度的线和空白宽到足以区分时，线间隔（线宽度加上空白宽度）就称为*胶片分辨率*；这些线投影到地面上后，得到的距离就称为*地面解像距离*（GRD），就像在式（2.18）中所表示的那样［见图 4.5(a)］，将这一概念应用到扫描仪的地面 IFOV，可以看到这会对扫描仪分辨地面物体的能力产生误导，因为这些物体可以通过至少区分各自的 GSD 来互相区分［见图 4.5(b)］。

因此，光电系统的分辨率应近似等于胶片摄影机的 2 倍。例如，分辨率为 1m 的扫描仪系统的性能大致相当于分辨率为 2m 的胶片摄影机；从另一个角度看，通过数字成像系统得到的最佳 GRD 约为光电系统 GSD 的 2 倍。

如 2.7 节解释的那样，图像分析人员不仅对探测物体感兴趣，而且对识别和鉴定物体感兴趣。在扫描的图像中，组成地面物体的图像的像素数量越多，能够确定这个物体的信息就越多。例如，用 1 个像素表示一辆车，在解译时该像素可能被识别为地面上的一个物体（假定车辆和背景之间对比强烈）；同样是该物体，如果用 2 个像素表示，在解译时就能够确定物体的运动方向；如果用 3 个像素表示该物体，在解译时就可能确定它是一辆车；用 5 个或更多的像素表示时，或许就能识别出该车的类型。因此，数字成像系统的有效空间分辨率取决于包括 GSD 在内的很多因素，如地面场景类型、光学畸变、图像移动、照明和场景几何、大气影响等。

4.3 沿航迹扫描（推帚式扫描）

与垂直航迹扫描系统一样，推帚式扫描或沿航迹扫描，扫描仪记录的都是沿飞机航向正下方一刈幅宽（长而宽的地带）的多光谱图像数据，它也是利用飞机的向前移动，通过记录与轨迹成直角的连续扫描线来建立一帧二维图像的。但是，沿航迹扫描和垂直航迹扫描这两个系统记录扫描线的方式明显不同。在沿航迹扫描系统中没有扫描镜，相反，它使用的是一个由探测器组成的线性阵列（见图 4.6）。典型的线性阵列包括大量首尾相连的电荷耦合装置（CCD）。如图 4.6 所示，每个探测器元件都专门用于感测单个数据列的能量。地面分辨单元的大小取决于投影到地面的单个探测器的 IFOV。探测器的 IFOV 决定垂直航迹方向上的 GSD 大小，模数转换时所用的采样时间间隔 ΔT 决定沿航迹方向上的 GSD 大小。正常情况下，采样会得到组成图像的互相毗邻的方形像素。

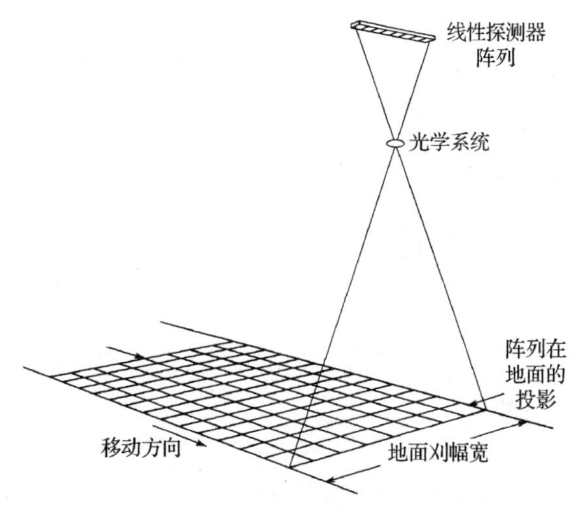

图 4.6 扫描仪系统沿航迹扫描（推帚式扫描）操作过程

线性阵列的电荷耦合装置（CCD）设计得非常小，单个阵列可包含 10000 多个分立探测器，不同的线性阵列感测的光谱波段也各不相同。通常，这些阵列位于扫描仪的焦平面上，以便所有阵列都能同时观测到每条扫描线。

与垂直航迹的反射镜扫描系统相比，线性阵列系统更有优势。首先，在测量每个地面分辨单元的能量时，线性阵列为每个探测器提供更长的延迟时间，因此能记录到更强的信号（也就有更高的信噪比），且在信号电平上能够感测到更大范围内的信号，从而得到更好的辐射分辨率。此外，线性阵列系统的几何完整性非常好，因为记录每条扫描线上的探测器元件之间具有确定的关系。

沿着每一数据行（扫描线）的排列与用航空测图摄影机所拍摄的单张照片是相似的。在感测过程中，垂直航迹扫描仪的扫描镜的速度变化所导致的排列错误，在沿航迹扫描仪中并不存在。因为线性阵列是固态微电子设备，推帚式扫描仪通常都较小、较轻，而且工作时比垂直航迹扫描仪需要的功率更小，同时没有来回移动的摇摆镜，因此线性阵列系统有着更高的可靠性和更长的期望（平均）寿命。

线性阵列系统的缺点之一是，需要校准更多的探测器。对现有的商用固态阵列来说，另一个限制是，它们的光谱探测范围比较有限，因为对比中红外波长更长的波敏感的线性阵列探测器，目前还未生产出来。

4.4　垂直航迹多光谱扫描仪和影像实例

机载垂直航迹扫描仪的一个例子是 NASA 的机载地形应用扫描仪（ATLAS），该系统的 IFOV 为 2.0mrad，完全扫描角度为 73°。当工作于 1250～5000m 高度的 LearJet 飞行器上时，影像天底线方向的空间分辨率为 2.5～10.0m。该扫描仪在波长范围 0.45～12.2μm 内同时由 15 个波段获得数字图像，覆盖可见光、近红外、中红外和热红外光谱区域。系统随机携带两个黑体辐射源来直接校正热扫描波段（见 4.11 节）。彩色航空摄影通常需要与 ATLAS 多光谱影像采集同时进行。

图 4.7 显示了 ATLAS 扫描仪在威斯康星州门多塔湖附近获取的多光谱扫描数据的 6 个波段，彩图 8 显示了这些波段中任意 3 个波段组合而成的彩色合成图。湖的一部分出现在影像的左下角；该图的成像时间为 9 月下旬，湖中恰好出现了大型藻华。住宅区位于图像的中间区域，图像的上部是农田、亚赫勒河的一部分和相邻的湿地（沼泽地）。作为多光谱数据的典型现象，在可见光波谱部分的 3 个波段（波段 1, 2, 4）呈现很强的相关性；也就是说，在一个波段显示为亮色调的区域，在另外两个可见光波段也显示为亮色调。当然，反射值有一些变化，因此在彩色合成图［见彩图 8(a)］中呈现出不同的颜色。总体而言，由于辐射路径（见 1.4 节）和大气散射的影响，蓝波段图像因对比度较低而呈现朦胧的外观，而绿波段和红波段受到的这些影响则逐步降低。

健康植被在近红外波段的色调比可见光波段浅很多，因此图 4.7(d)中存在这种植被（如图像顶部的某些农田和图像中部以及下部的高尔夫球场跑道与公园）的地方呈现出很浅的色调。如图 2.12 所示，水体通常在近红外波段呈现出极暗的色调，比较亚赫勒河在图 4.7(a)和图 4.7(d)中的色调不难得出这一结论，图 4.7(e)所示的近红外波段同样如此。湖在可见光和近红外波段呈现出与正常情况下水体色调相反的浅色调，因为湖面及下方的叶绿素浓度相对较高，而穿过这些湖的深色调线性特征代表船只驶过水面时激起的水柱，使得近表面或表面上广泛分布的叶绿素瞬间消散。需要注意近红外和中红外波段存在很多显著的差异，如图像右上方的农地。一片刚刚收割的农田在中红外波段呈现出很亮的色调［见图 4.7(e)］，但在近红外波段却因为其裸露土壤表面看上去没有那么亮［见图 4.7(d)］。在热扫描波段［见图 4.7(f)］，河流和湖看上去比其他土地区域更暗，这意味着在获取该图像的正午（见 4.10 节），它们的温度比周边的地面温度更低，类似的树林看上去比草地暗（温度更低），而很多屋顶因为相对高的温度而呈现出非常明亮的色调（关于热红外影像的解译，本章后面将给出详细讨论）。

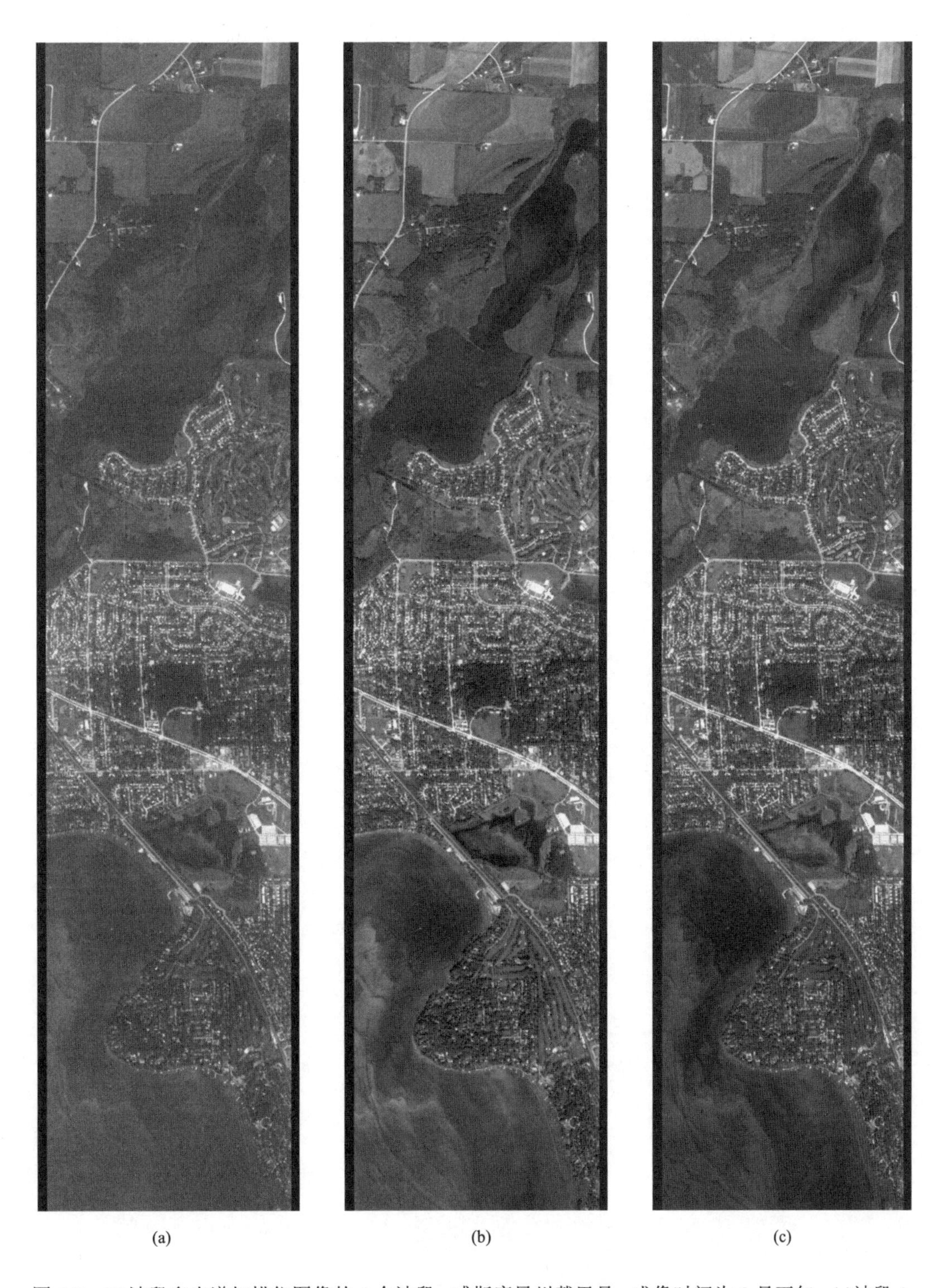

(a) (b) (c)

图 4.7　15 波段多光谱扫描仪图像的 6 个波段，威斯康星州戴恩县，成像时间为 9 月下旬：(a)波段 1，0.45～0.52μm（蓝波段）；(b)波段 2，0.52～0.60μm（绿波段）；(c)波段 4，0.63～0.69μm（红波段）；(d)波段 6，0.76～0.90μm（近红外波段）；(e)波段 8，2.08～2.35μm（中红外波段）；(f)波段 12，9.0～9.4μm（热红外波段）。比例尺为 1：50000（NASA Stennis 航天中心供图）

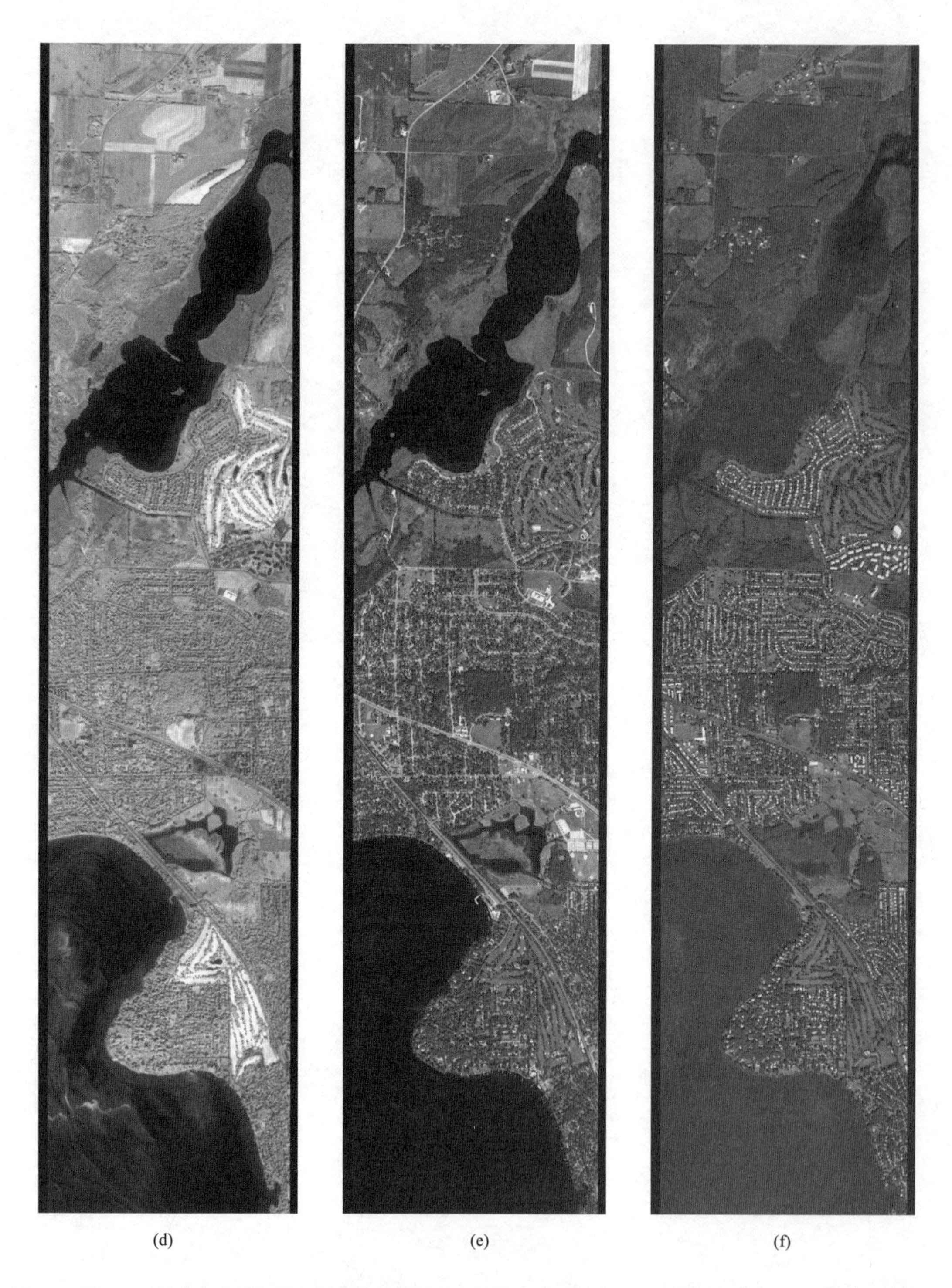

图 4.7（续） 15 波段多光谱扫描仪图像的 6 个波段，威斯康星州戴恩县，成像时间为 9 月下旬：(a)波段 1，0.45～0.52μm（蓝波段）；(b)波段 2，0.52～0.60μm（绿波段）；(c)波段 4，0.63～0.69μm（红波段）；(d)波段 6，0.76～0.90μm（近红外波段）；(e)波段 8，2.08～2.35μm（中红外波段）；(f)波段 12，9.0～9.4μm（热红外波段）。比例尺为 1∶50000（NASA Stennis 航天中心供图）

在彩图 8 所示的多光谱波段组合的真彩色和红外伪彩色图像中，不同的特征类型看上去颜色不同。从这些 9 月下旬扫描的图像中，我们可以看到健康植被在真彩色波段组合图中显示为绿色［见彩图 8(a)］，在第一幅伪彩色合成图中显示为红色［见彩图 8(b)］，而在第二幅伪彩色合成图中再次显示为绿色［见彩图 8(c)］。彩图 8(b)和彩图 8(c)的不同源于近红外波段为高植被指示这一事实，它在彩图 8(b)中显示为红色，而在彩图 8(c)中显示为绿色。类似地，由于对近红外波段的高反射，浮在湖面的叶绿素在彩图 8(b)和彩图 8(c)中分别呈亮红色和绿色，而在水体更深的位置则没有这种颜色（由于干扰水体在近红外波段的吸收作用）。基于它们在这三幅彩色合成图中的色调，沿河生长的香蒲等其他沼泽植被可从其他土地覆盖类型中区分开来，还可看到不同农田的土壤和植被条件及状况差异。再次强调，光谱反射的这种差异有助于土地覆盖类型的目视解译和自动图像分类处理（将在第 7 章讨论）。

4.5 沿航迹多光谱扫描仪和影像实例

图 4.8 所示的 Leica ADS40 机载数字传感器（Airborne Digital Sensor，ADS），是一个机载沿航迹扫描仪系统的例子，它由 Leica Geosystems 公司生产。该系统整合了 3 组共 13 个线性阵列，每个线性阵列有 20000 个元素。其中包含 4 个线性阵列的一组在偏离天底角 25.6° 的位置向前倾斜，具有 5 个线性阵列的另一组在天底角方位观测，剩下的有 4 个线性阵列的那组则在偏离天底角 17.7° 的位置向后倾斜。从这些线性阵列获取的数据可用来进行立体摄影测量观测和分析。由这些前向、正向和后向观测的线性阵列可形成三种可能的立体组合，分别是 17.7° 方向（正向和后向观测阵列组合）、25.6° 方向（正向和前向观测阵列组合）和 43.3° 方向（后向和前向观测阵列组合），这三种组合提供的立体基高比分别是 0.3、0.5 和 0.8。

图 4.8　Leica ADS40 沿航迹扫描仪系统（Leica Geosystems 提供）

每组线性阵列包括蓝、绿、红和近红外波段，正向观测组同时包括第二行绿光敏感的 CCD，放在从第一行偏移半个像素的位置，因此可将这两行绿光敏感线性阵列当作具有 40000 个 CCD 的单行阵列，进而获取更高分辨率的正向影像。可见光波谱段的感光波长范围分别为 0.435～0.495μm、0.525～0.585μm 和 0.619～0.651μm，近红外波段覆盖 0.808～0.882μm 的波长范围。

Leica ADS40 传感器具有较宽的动态范围和 12 位的记录数据辐射分辨率（4096 个灰度级）。所有 13 个线性阵列共用一个透镜系统，透镜焦距为 62.5mm，整个视场范围从垂直航迹的 65°（前向观测阵列）到 77°（正向观测阵列）。飞行高度在地平面以上 1250m，天底角的空间分辨率为 10cm。

图 4.9 是沿航迹扫描全色波段影像的一个例子，显示的是得克萨斯州奥斯汀议会大厦。这些图像由 Leica ADS40 传感器（Leica ADS 系列的上一代，视角和光谱配置略有不同）获得。来自前向、正向和后向线性阵列的数据显示了地形起伏位移效应。因为前向观测阵列倾斜得更厉害，所以前向视图的位移幅度大于后向视图。图 4.9 所示的数据仅代表了全部图像的很小一部分。数据获取时传感器的飞行高度为地平面以上 1920m，此外，该数据集的原始地面采样距离为 20cm。

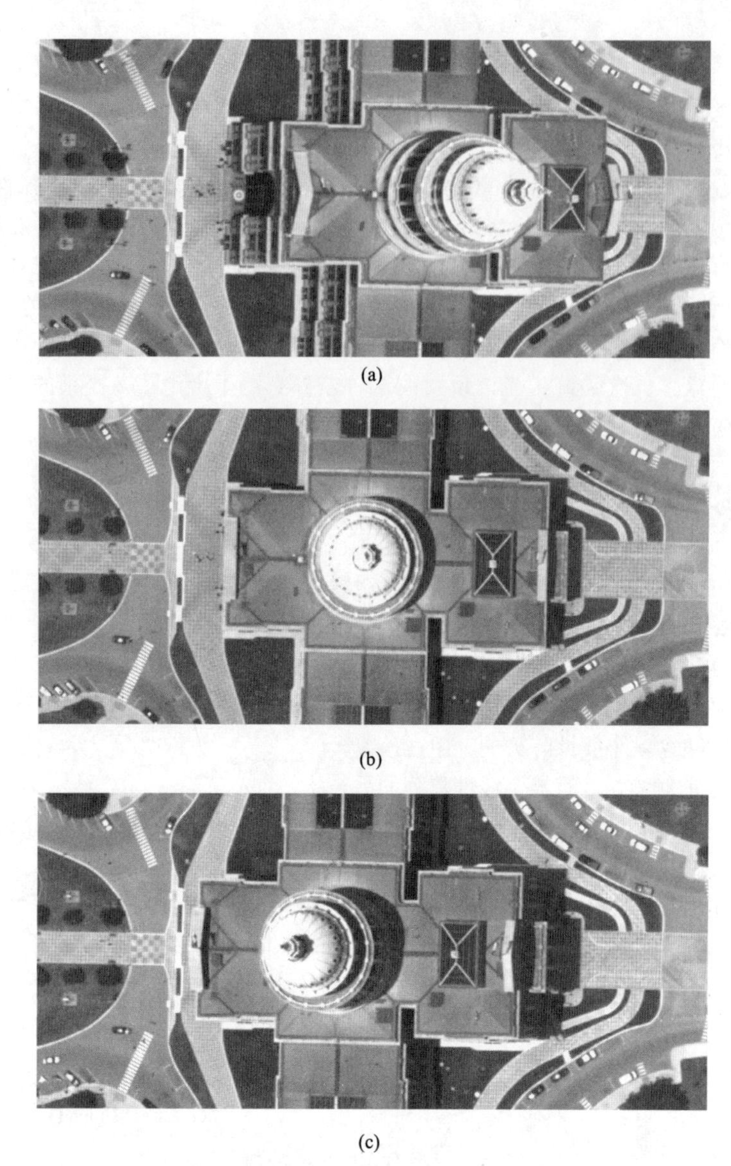

图 4.9　Lecia ADS40 全色波段影像，美国得克萨斯州奥斯汀议会大厦。飞行方向自左向右：(a)前向观测阵列，偏离天底角 28.4°；(b)正向观测阵列；(c)后向观测阵列，偏离天底角 14.2°（Leica Geosystems 公司供图）

4.6　垂直航迹扫描仪影像的几何特性

这里讨论的机载热图像都是通过垂直航迹或扫帚式扫描等过程得到的。由于扫描时的持续和动态性质，不但垂直航迹扫描仪（多光谱和热红外）会受制于飞行高度和角度的变化，而且因为垂直航迹扫描的几何影响，获得的图像也含有系统的几何变化。尽管它们同时发生，我们下面仍然分别讨论系统的几何变化和随机的几何变化。此外，虽然我们用热红外图像来展示不同的几何特征，但要强调的是，这些特征适用于所有垂直航迹多光谱扫描图像，而不仅仅适用于垂直航迹扫描的热红外图像。

4.6.1　空间分辨率和地面覆盖

机载垂直航迹扫描系统的工作高度范围通常是 300～12000m。表 4.1 总结了系统使用 90° 视角和 2.5mrad 的 IFOV 时，各种工作高度下的空间分辨率和地面覆盖。由式（4.1）可以计算出天底点的地面分辨率。刈幅宽 W 可由下式计算得到：

$$W = 2H' \tan\theta \tag{4.2}$$

式中：W 表示刈幅宽；H'表示地面之上的航高；θ 表示扫描仪总扫描视场角的一半。

垂直航迹扫描仪的大部分几何畸变，可通过抑制靠中心部分的图像刈幅宽来降至最低。而且像我们讨论的那样，这类畸变可通过数学方法补偿。但畸变的影响很难全部消除。因此，垂直航迹图像很少作为精确绘图的工具；取而代之的是，对一些基础地图，当解译过程需要准确的位置时，需要配准从图像中提取出的数据。

表 4.1　90°视角和 IFOV 为 2.5mrad 时的垂直航迹扫描仪，在不同飞行高度下获得的天底点地面分辨率和刈幅宽分辨率

高　度	离地航高/m	天底点地面分辨率/m	刈幅宽分辨率/m
低	300	0.75	600
中	6000	15	12000
高	12000	30	24000

4.6.2　比例尺切向畸变

除非进行过垂直航迹图像的几何校正，否则它在垂直于飞行方向的方向上将出现明显且严重的比例尺畸变。这是由下列原因造成的：在对地面扫描时，扫描镜以恒定的角速度旋转并不能保证地面的扫描仪的 IFOV 速度也是恒定的。如图 4.10 所示，在任意一个增量时间内，扫描镜总是摆动扫描一个恒定的增量弧度 $\Delta\theta$。因为扫描镜以恒定的角速度旋转，所以扫描角 θ 的 $\Delta\theta$ 总是相同的。然而，随着天底点与地面分辨单元之间距离的增大，分辨单元的地面线速度也增大。因此，单位时间所覆盖的地面分辨单元 ΔX 也将随着与天底点距离的增大而增大。这就造成远离天底点的各点上，图像比例尺缩小，因为地面扫描点以其增大的地面速度来覆盖的距离更大。这样产生的畸变就称为*比例尺切向畸变*。注意，这种畸变只发生在沿垂直于飞行方向的扫描方向上。飞行方向上的影像比例尺基本上是常数。

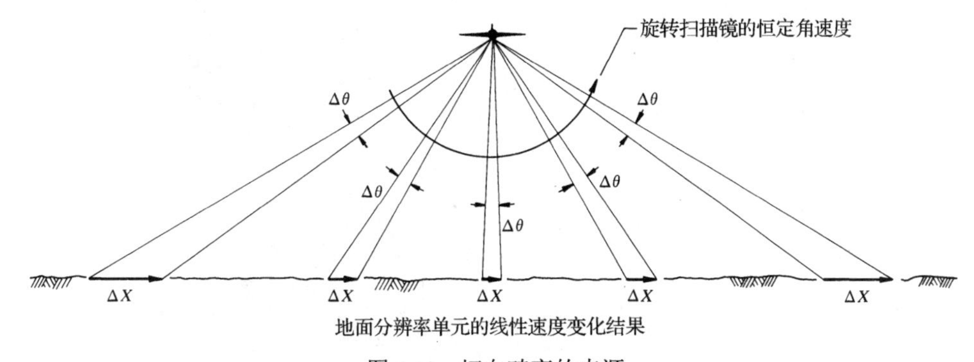

图 4.10　切向畸变的来源

图 4.11 简要说明了切向畸变效应。其中，图 4.11(a)是一幅假设的垂直航空照片，它包括各种模式的平坦地形。图 4.11(b)则是同一地区未经校正的垂直航迹扫描仪图像。可以看出，扫描仪热图像由于纵向比例尺固定而横向比例尺变化，使得物体不可能保持其原有形状。其线性特征（除了与扫描线平行或垂直的特征）有 S 形的*扭曲*。还可从图中看出，在图像的边缘附近，

地面特征明显变小。这种效应在图 4.12 中看得很清楚，这是同一地区的航空照片与热图像的比较。热图像的航线与纸面垂直。注意，航空照片和热图像沿航线上的比例尺相同，但热图像的比例尺在垂直于航线的方向上缩小了。这样，两条斜交的公路在航空照片上是笔直的，而在热图像上却呈 S 形。还可以看到在夜间拍摄的热图像上呈浅色的水域和树木（这一现象将在 4.10 节讨论）。

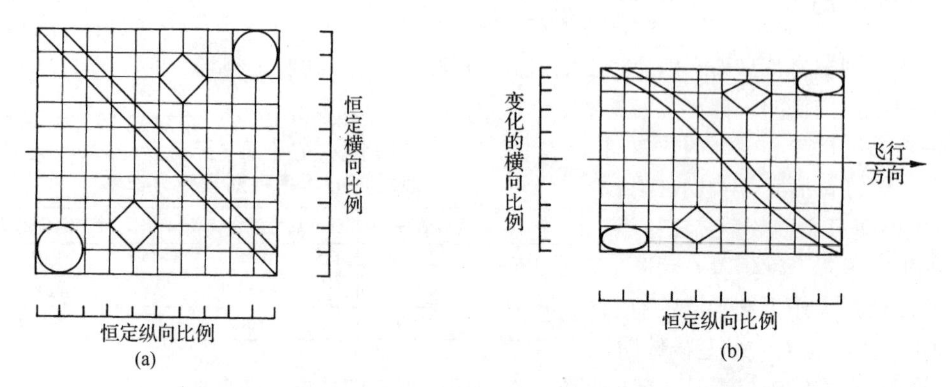

图 4.11　未校正垂直航迹扫描仪下的切向畸变：(a)垂直航空照片；(b)垂直航迹扫描图像

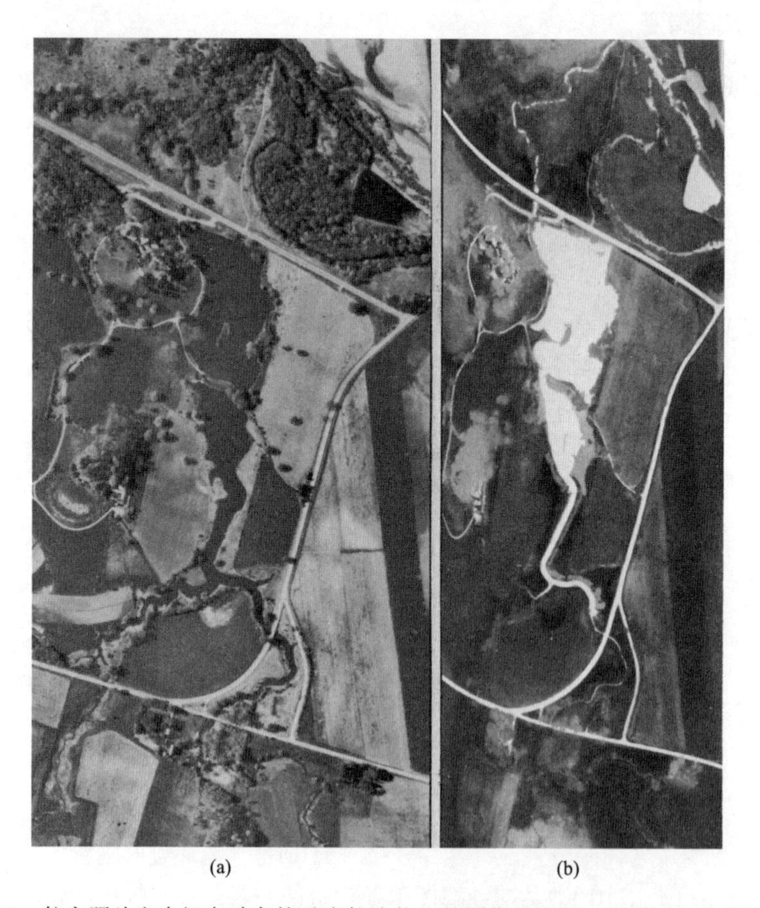

图 4.12　航空照片和含切向畸变的垂直航迹热红外图像的比较，美国威斯康星州洛瓦市：(a) 全景航空照片，航高为 3000m；(b) 未校正的热图像，上午 6:00，航高为 300m［图(a)由 USDA-ASCS 提供，图(b)由美国国家大气研究中心提供］

图 4.13 深入说明了比例尺切向畸变。这是一组反映圆柱形储油罐的扫描仪图像，航线从左到右。可以看到，图像比例尺在图的顶部与底部的变形极为明显，尤其是油罐顶部的圆形变形最显著。还可看到扫描仪对两侧的扫描以及远离航线的顶部特征的扫描。

比例尺切向畸变通常会妨碍人们对未经校正的垂直航迹扫描仪图像边缘部分的解译。因此，在未校正扫描仪图像上做几何测量时必须校正这种畸变。图 4.14 显示了根据对一幅存在畸变的图像的测量值来计算地面真实位置时，所应包含的各种因素。在未校正的图像上，坐标 y 与角度大小直接相关，而与线段长度无关。这就产生了如图 4.14 所示的几何关系，其中把胶片平面视为航空器下面的曲面。为了确定对应于像点 p 的地面位置 Y_p，首先要根据如下关系式算出 θ_p：

图 4.13 显示切向畸变的垂直航迹扫描仪热红外图像，航高为 100m（德州仪器公司供图）

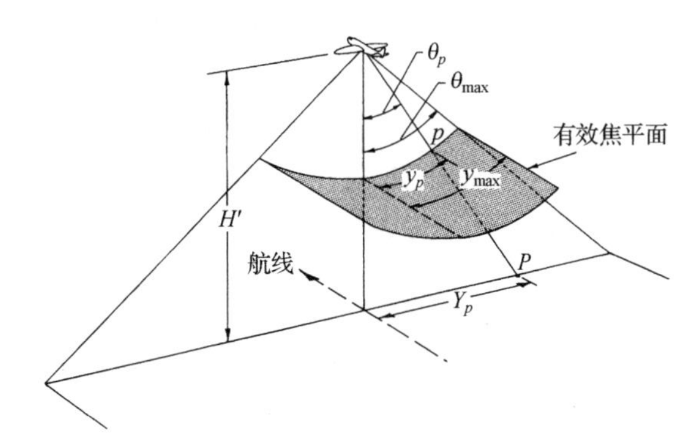

图 4.14 切向畸变校正

$$\frac{y_p}{y_{max}} = \frac{\theta_p}{\theta_{max}}$$

变换得

$$\theta_p = \frac{y_p \theta_{max}}{y_{max}} \tag{4.3}$$

式中：y_p 是在图像上测量的天底点线到点 p 的距离；y_{max} 是天底点线到图像边缘的距离；θ_{max} 是扫描仪总视场的一半。

只要求出了 θ_p，便可写出它与地面距离 Y_p 的三角关系式：

$$Y_p = H' \tan \theta_p \tag{4.4}$$

要在未校正的图像上确定地面位置，必须将上述过程应用到每个 y 坐标的测量中。或者用代替方法，在图像记录过程中通过电子、数字方式来实现校正，从而获得直线图像。直线图像除了能直接测定位置，还能改进图像边缘地区的解译。

4.6.3 分辨单元大小的变化

垂直航迹扫描仪不同于辐射计，它能感应大小不断变化的全部地面分辨单元的辐射能量。当扫描仪的 IFOV 从飞行天底点向外移动时，便可获得增大的分辨单元。确定地面分辨单元大小的几何要素如图 4.15 所示。在天底点线上，地面分辨单元的大小是 $H'\beta$，转动扫描角 θ 后，飞机与地面分辨单元的距离变成 $H'_\theta = H'\sec\theta$。因此，地面分辨单元增大。于是，该地面分辨单元在飞行方向上的大小是$(H'\sec\theta)\beta$，在扫描方向上的大小是$(H'\sec^2\theta)\beta$。实际上，它们都是分辨单元的标称大小，地面分辨单元的真实大小和形状不仅与 β、H'和 θ 有关，而且与扫描仪电子装置的响应时间有关。响应时间是指扫描仪对地面辐射能量变化产生电子响应所花的时间。了解这一外加限制后，就会明白扫描仪的光学系统与电子元件都将影响扫描方向上的分辨单元的大小，而扫描仪光学系统又控制着飞行方向上分辨单元的大小。

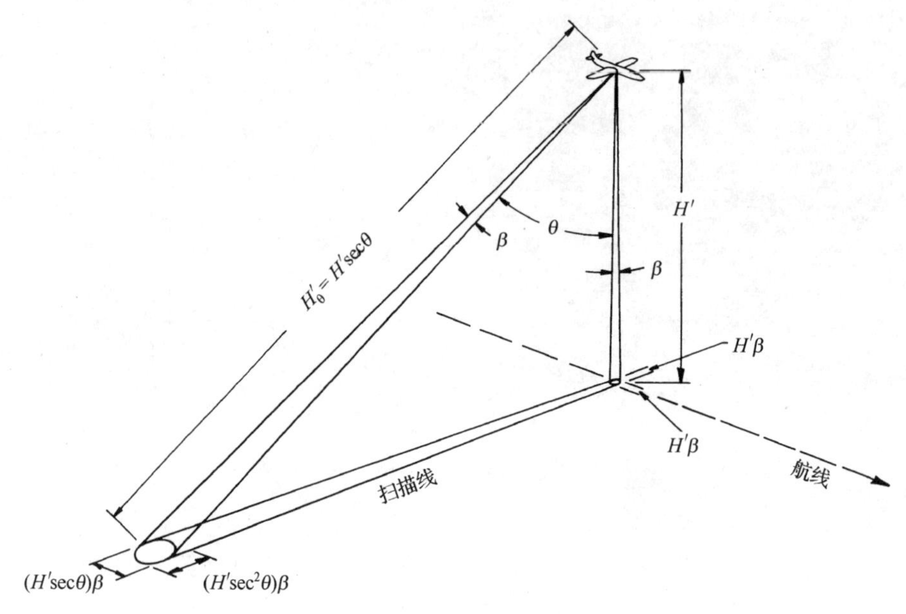

图 4.15　分辨单元大小的变化

虽然要精确了解分辨单元的大小变化非常困难，但认识这一变化对各种扫描角度成像的解译性能的影响却是重要的。扫描仪任何一点的输出信息都代表地面分辨单元内所有地面要素的综合辐射率。由于图像边缘部分的分辨单元变大，只有大的地形要素才能完全充满瞬时视场并在图像上单独地分辨出来。当物体在小于瞬时视场所观测的范围内成像时，背景要素也会对所记录的信号产生影响。因此，在应用适当的辐射温度来记录一个物体时，物体的大小必须大于地面分辨单元。这一效应甚至在完成直线化处理后还可能限制热图像中心位置的图像分析。因此，改变地面分辨单元大小的优点是，它能弥补偏离天底点的辐射衰减。假设地面分辨单元的大小一定，则扫描仪接收的辐射通量密度将减小为$1/H'^2_\theta$。但是，由于地面分辨单元大小增大到 H'^2_θ，辐射通量密度的衰减也相应地得到了补偿，同时可记录均匀表面上一致的辐射率。

4.6.4　一维投影差

图 4.16 展示了垂直航迹扫描仪图像投影差的性质。扫描仪只沿“侧视”扫描线观测所有的地面特征，因此投影差只发生在该方向上（见图 4.13）。投影差的优点是，一方面能看到目标的一侧，另一方面能使所需观测目标变得模糊不清。例如，当我们计划用热图像来探测城市蒸汽管道的散热情况时，便可使最接近观测对象的高楼变得模糊不清。在这种情况下，必须垂直于航向两次覆盖所研究的地区。

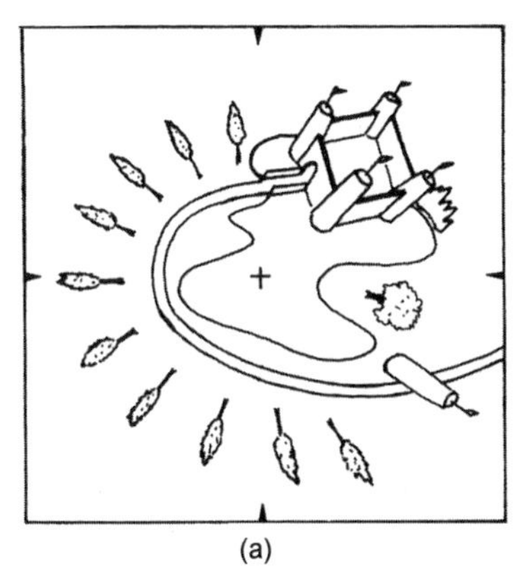

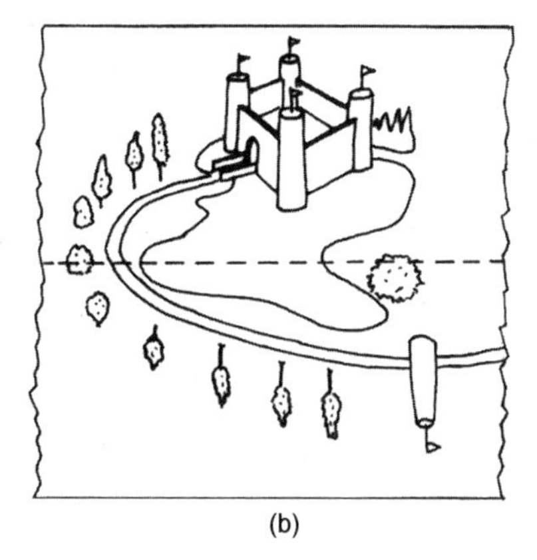

图 4.16　照片和垂直航迹扫描仪图像投影差的比较：(a)在垂直航空照片上，垂直地面特征从像主点开始向外辐射状位移；(b)在垂直航迹扫描仪图像上，垂直地面特征从与天底点线成直角的方向向外位移

图 4.17 是说明一维投影差的热图像。注意，从天底点开始，随着距离的增加，高层建筑群的顶部位移变大。

图 4.17　示例了一维投影差的热图像，美国加州旧金山黎明前，航高为 1500m，IFOV 为 1mrad（NASA 供图）

4.6.5　飞行参数畸变

垂直航迹扫描仪图像是以连续的形式产生的，因此它们缺乏像点的一致相对方位，而这种性质在瞬时成像的航空照片上却是具备的。也就是说，垂直航迹扫描是一种动态的、不断变化的过程，而不像摄影那样断断续续地用透视投影选取样景。因此，在扫描过程中，飞机航线的任何变化都会影响记录在图像上的各像点的相对位置。

与飞机姿态（方位角）变化相关的各种畸变如图 4.18 所示。它表明各种畸变都会影响地面上的正方形网格影像。这种正方形网格如图 4.18(a)所示。

图 4.18(b)是飞机在恒定高度和恒定姿态时所获取的垂直航迹扫描仪图像示意图。这时只出现了比例尺的切向畸变。图 4.18(c)显示了飞机绕其飞行轴线横向摇摆时产生的影响。由于飞机摇摆，扫描镜旋转一周使地面网格线在不同时刻内成像，从而导致图像出现波状起伏。这种影响可用摇摆补偿法来消除，即用陀螺仪控制飞机在逐条航线上飞行时的摇摆，以及适当地提前或推后胶片记录仪每次记录的启动时间。

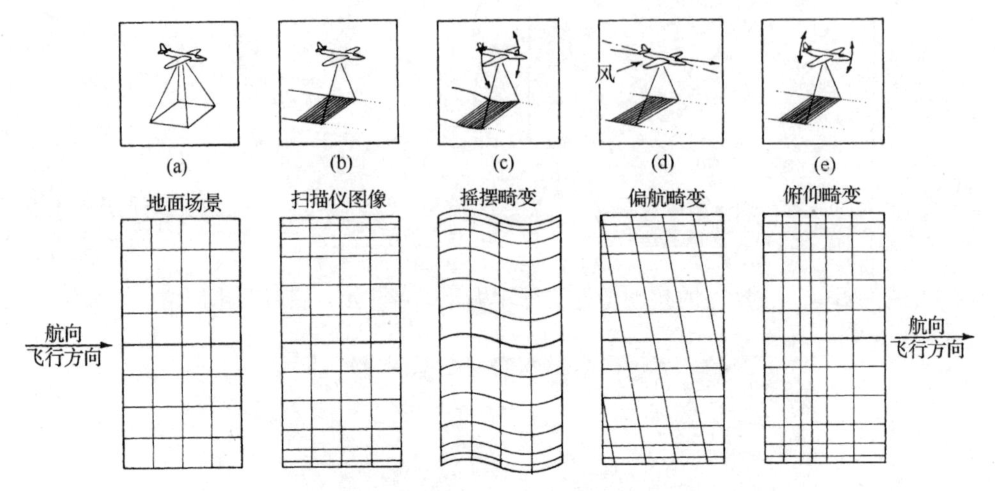

图 4.18　垂直航迹扫描图像由航高导致的畸变：(a)地面场景；(b)扫描仪图像；(c)摇摆畸变；(d)偏航畸变；(e)俯仰（倾斜）畸变

在获取图像数据的过程中，如果遇到侧风（也称横风）时，则要使飞机的轴线稍微偏离飞行轴线才能抵消这种风的影响。这称为偏航，偏航会使图像变得歪斜［见图 4.18(d)］。偏航变形可通过在飞行过程中随时转动环形座中的扫描仪来校正，或者用计算机处理所存储的数据来校正。但在遇到强侧风的大多数情况下，不再进行扫描，以避免偏航畸变。最后，如图 4.18(e)所示，飞机俯仰的变化也会导致扫描影像变形。

左右摇摆、偏航和俯仰等的影响通常可通过 GPS/IMU 与扫描仪的整合来减轻，因此在数据获取期间 GPS/IMU 数据同时用于飞行管理和传感器控制，而在后处理过程中用于几何校正传感器数据。

4.7　沿航迹扫描仪影像的几何特性

沿航迹扫描仪图像的几何特点和垂直航迹扫描仪图像的有很大不同。沿航迹扫描仪无扫描镜，而记录每条扫描线的固态探测器元件存在固定的几何关系。如图 4.19 所示，传感器阵列中间隔均匀的探测器感测地面分辨率要素的间隔是一致的。不同于垂直航迹扫描仪，沿航迹扫描仪不受切向比例尺畸变的影响，因此从平坦地形上方获得的垂直图像在垂直于飞行方向上的比例尺是一致的。

像垂直航线扫描仪一样，沿航线扫描仪也显示了一维投影差，地面上的物体发生了垂直偏离天底线的位移，如图 4.20 所示。沿天底线方向的物体没有发生位移，而随着每条扫描线角度的增加，其位移也增加。如果图中建筑物顶部的高度相同，那么这些建筑物顶部的比例尺相同（因为没有切向形变），但那些离天底线更远的物体会有进一步的位移［见图 4.20(b)］。

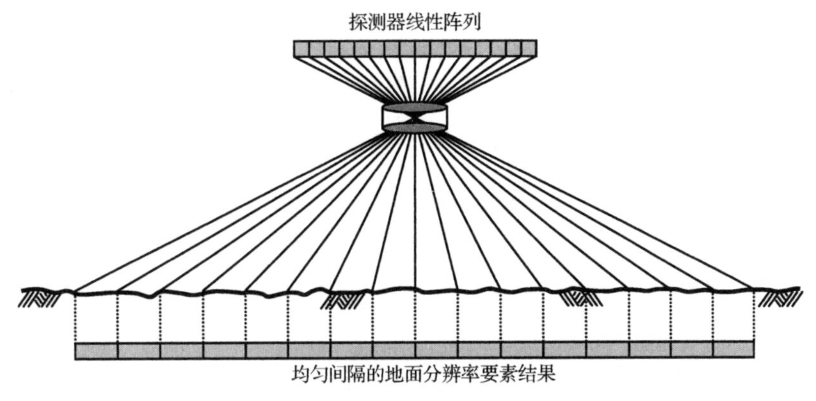

图 4.19　沿航迹扫描仪一条航线上的几何形状

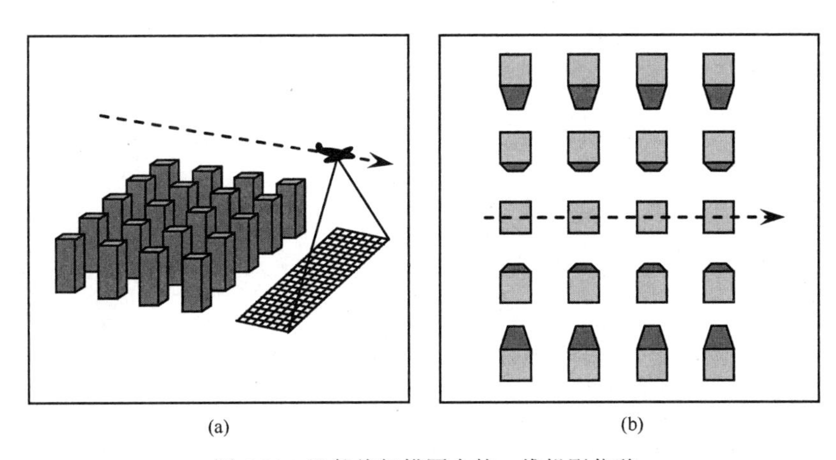

图 4.20　沿航线扫描图中的一维投影位移

本质上，沿航迹扫描图像的每条扫描线都和航空照片在几何图形方面相仿。图像中线与线的几何变化仅由航空器沿航线飞行的高度和航向（角度）的随机变化引起。机板上的惯性测量单元装置和 GPS 系统通常用来测量这些变化，并从几何关系上校正沿航迹扫描仪扫描到的数据。

4.8　热红外成像

如前所述，热扫描仪不过是一种特殊的垂直航迹多光谱扫描仪，即其探测器只感测光谱的热量部分。如第 1 章所述，这些波长的能量本质上是物体的发射能量，是物体自身温度的函数，详见下一节的讨论。因此，与本书前面讨论的大多数图像不同，热红外图像不依赖于日光辐射，因此这些系统可以全天候工作。人眼对热红外辐射不敏感，因此没有自然的方法来表示一幅热扫描视觉图像。在大多数情况下，这些图像都是灰度图，图中每个像元的灰度值由相应的地面分辨单元的热辐射强度决定。观察地表时有一个通用规则，即辐射温度高的地区，其对应的图像色调浅（亮）。而在气象领域，规则与此相反，即云彩（比地面冷）看起来呈浅色。热扫描图有时会显示为其他视觉格式，如使用从蓝色（低温）到红色（高温）的彩虹条表示温度。

由于大气的影响，这些系统只能工作在 3～5μm 和/或 8～14μm 的波长范围内（见 1.3 节），因此通常使用量子或光子探测器。这类探测器的响应速度非常快（小于 1μs），工作原理如下：辐射入射的光子和探测器物质内电荷载体的能级之间直接相互作用。探测器要冷却到接近热力学零度才能将自己的热散射减至最少，从而获得最高的灵敏度。通常将探测器放在充满液氮且温度为 77K

的真空瓶内，真空瓶的工作原理类似于保温瓶，它是一个双层绝缘容器，可使液体冷却剂不至于很快沸腾。

表 4.2 列出了 3 种广泛使用的光子的光谱范围。

表 4.2 广泛使用的光子的光谱范围

类　型	缩　写	光谱范围/μm
掺汞的锗	Ge:Hg	3～14
铟锑化物	InSb	3～5
汞镉碲化物	HgCdTe（MCT）	3～14

20 世纪 60 年代后期开始出现商用热扫描仪。早期的系统使用垂直航迹扫描配置，通常只有一个或几个探测器；数据为电子探测但直接使用胶片记录影像。当前的热扫描成像系统可以采用沿航迹扫描（线性阵列）传感器，探测器超过 1000 个，可提供高辐射分辨率和直接数字化记录的图像数据。

图 4.21 显示了 ITRES 公司研制的一个沿航迹扫描的机载热扫描成像系统 TABI-1800。该系统有 1800 个汞镉碲化物探测器阵列，辐射分辨率为 0.05℃，采用 3.7～4.8μm 的宽波段测量热辐射。该系统的整个视场为 40°，瞬时视场为 0.405mrad。工作于地面上 250～3000m 时，生成的影像空间分辨率为 10cm～1.25m。

图 4.21 TABI-1800 热扫描成像系统（ITRES 公司供图）

图 4.22 显示了一幅 TABI-1800 图像，图中所示为加拿大阿尔伯塔省巴尔扎克附近的一个燃气发电站和天然气加工厂，成像时间为日落很长时间后的当地时间下午 11:30；该图像的全分辨率版本的空间分辨率为 15cm，每个特征亮度是发射的热辐射量的函数，由该特征的温度和组成材料决定，这将在本章的下一节讨论。图中更亮的色调通常意味着更高的辐射温度，因此，右上角的烟囱排出的羽状热气看上去是亮白色的，而图像左下角未启用的烟囱看上去暗得多（还要注意两个烟囱的投影差方向相反，表明传感器的天底线落在这两个传感器中间）。在图像中几个不同位置埋藏的蒸汽管道为浅色但不明显的线性特征，比如图像中心附近的突出 L 形管道。尽管这些管道在地面之下，但它们温暖的表面能量明显提高了热红外影像的亮度。最后我们注意到图中很多非常暗的特征（包括一些金属屋顶和地面上的管道）的温度非常低；如接下来要讨论的那样，它们看上去较暗的原因是裸露金属固有的低发射特性。

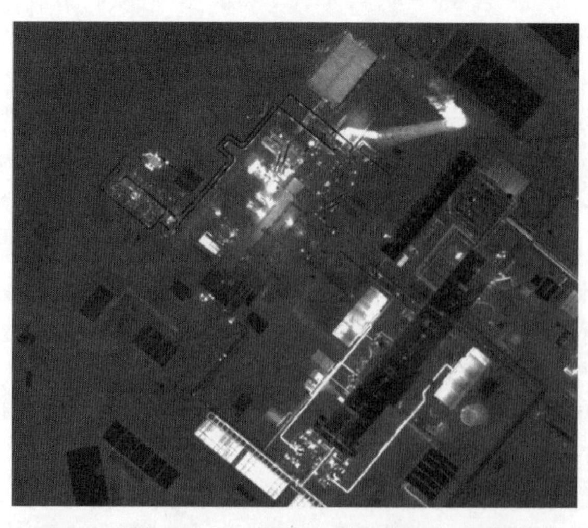

图 4.22 来自 TABI-1800 系统的热红外影像，加拿大阿尔伯塔省巴尔扎克附近的一个燃气发电站和天然气加工厂，亮色调表示更高的辐射温度（ITRES 公司供图）

4.9 热辐射原理

正确解译热红外图像或热图像的前提是，至少要基本了解热辐射的性质。本节回顾并推广 1.2 节中介绍的黑体辐射的一些原理，讨论热辐射如何与大气层、各种地面特征相互影响。

4.9.1 辐射与动力学温度

通常认为，将温度测量仪与人体相连接，或将温度测量仪置于人体内来测量人体的温度时，测出的温度就是*动力学温度*。动力学温度是组成物体的分子的平均转换能量的一种“内部”表现形式；此外，物体有温度，因此也能辐射能量。物体发射能量就是物体能量状态的外部表现形式。使用热扫描可以感测到这种物体能量的外部表现形式，因此可以利用其发射的能量来测定地面特征的*辐射温度*。稍后将讨论如何将动力学温度和辐射温度关联起来。

4.9.2 黑体辐射

前面描述了与黑体辐射概念一致的电磁辐射的物理性质（见 1.2 节）。回忆可知，温度高于热力学零度（0K或–273℃）的物体都产生辐射，其辐射强度与光谱成分是物体组成材料的类型和物体温度的函数。图 4.23 显示了在不同温度下，一个黑体表面所辐射能量的光谱分布，这些黑体的曲线都很相似，随着温度的增加，能量峰值朝波长减少的方向移动。前面也提过（见 1.2 节），对于一个黑体，*维恩位移定律*给出了其峰值光谱辐射度的波长与具体温度之间的关系式：

$$\lambda_m = A/T \tag{4.5}$$

式中：λ_m 为最大光谱辐射度的波长（μm）；$A = 2898$（μmK）；T 为温度（K）。

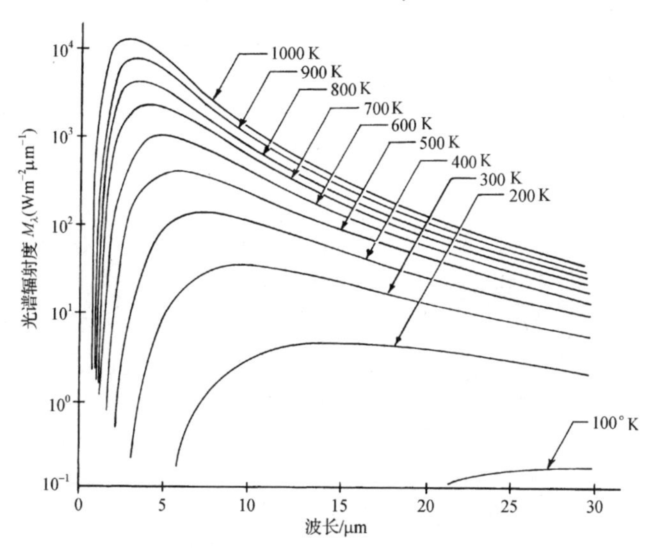

图 4.23　不同温度下一个黑体表面所辐射能量的光谱分布

任何给定温度的黑体表面的总辐射度，可由其光谱辐射度曲线与波长轴围成的面积给出。即在所有波长范围内，如果一个传感器能测量黑体辐射度，那么记录的信号与给定温度下黑体辐射度曲线下面和波长轴围成的面积成正比。*斯忒藩–玻尔兹曼定律*给出了该面积的数学公式：

$$M = \int_0^\infty M(\lambda)\,\mathrm{d}\lambda = \sigma T^4 \tag{4.6}$$

式中：M 为总辐射度（Wm^{-2}）；$M(\lambda)$为光谱辐射度（Wm^{-2}μm^{-1}）；σ 为斯忒藩–玻尔兹曼常数，

其值为 5.6697×10^{-8}（$Wm^{-2}K^{-4}$）；T 为黑体温度（K）。

式（4.6）表明，黑体表面的总辐射度与其热力学温度的 4 次方成正比。因此，感测出来自黑体表面的辐射度 M，就能推断出其表面温度 T。实际上，热感测利用的就是这种间接测温方法。我们可在不止一个不连续的波长范围内量测辐射度 M，进而求得辐射表面的辐射温度。

4.9.3 实体辐射

黑体是便于描述辐射原理的一种理论载体，而真实物体的性状并不同于黑体；在相同温度下，实体辐射的能量只是黑体所辐射能量的一部分。与黑体的“辐射能力”相比，实体的“辐射能力”是指物质的发射率（又称辐射系数）ε。

发射率 ε 是一个因子，它描述如何有效地将一个物体辐射的能量比作黑体能量。其定义是

$$\varepsilon(\lambda)=\frac{\text{给定温度下一个物体的辐射度}}{\text{相同温度下一个黑体的辐射度}} \tag{4.7}$$

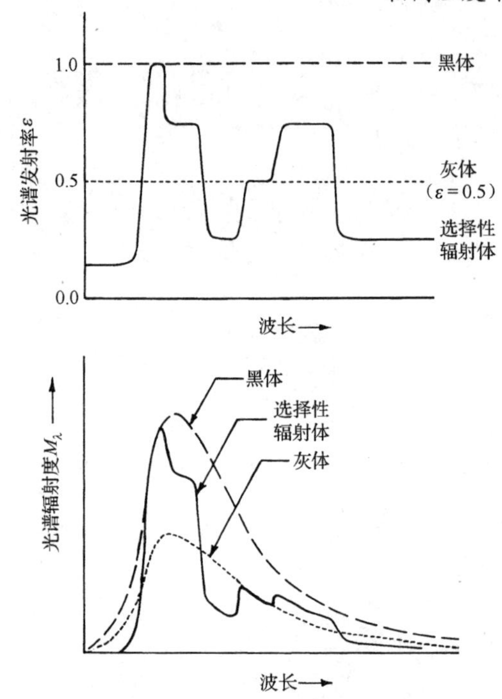

图 4.24 黑体、灰体和选择性辐射体三者的发射率与光谱辐射度（摘自 Hudson，1969）

注意，ε 的值可在 0 和 1 之间变化。就像反射率（系数）一样，发射率也随波长和观测角度的变化而变化；取决于材料，物体的发射率也可能随温度的变化而变化。

灰体的发射率小于 1，且对所有波长都是一个常数。对于任何给定的波长，来自灰体的辐射度都是黑体的一个常分数。如果一个黑体的发射率随波长变化而变化，则称这个物体为选择性辐射体。图 4.24 比较了黑体、灰体（发射率为 0.5）和选择性辐射体三者的发射率与光谱辐射度。

很多物质在某个波长间隔内都会像黑体一样辐射。例如，如图 4.25(a)所示，水（ε 为 0.98～0.99）在范围 6～14μm 内就近似于一个黑体辐射体。其他物质如石英，就是一个选择性辐射体，波长在范围 6～14μm［见图 4.25(b)］内变化时，发射率会相应地变化。

在波长范围 8～14μm 内的光谱辐射度有特殊含义，因为它不仅包括一个大气窗口，而且包括绝大多数地表特征的峰值能量辐射。也就是说，地表特征周围的环境温度通常约为 300K，在这一温度下，约在 9.7μm 波长处发生峰值辐射。因此，大部分热遥感都工作在光谱波长范围 8～14μm 内；在该范围内，不同物体的发射率随物质类型的不同而有很大的变化。然而，对于给定的物质类型，当使用宽波段的传感器时，通常认为发射率在范围 8～14μm 内是不变的。这就意味着我们通常将该光谱范围内的物质当作灰体来看待。不过，在这个波长范围内对发射率和物质的波长的深入检查表明，发射率值会随着波长的变化而相应地变化。因此，在范围 10.5～11.5μm 内（NOAA AVHRR 波段 4）被感测的物质的发射率，与在范围 10.4～12.5μm 内（陆地卫星 TM 波段 6）被感测的物质的发射率不一定相同。此外，物质的发射率随着物质所在的环境变化而变化。干燥土壤的发射率为 0.92；湿润土壤的发射率为 0.95（充水土壤的发射率接近于水的发射率）。例如，落叶树的叶子，感测单片叶子时的发射率（0.96）与感测整个树冠时的发射率（0.98）是不同的。

表 4.3 列举了一些常见物质在波长范围 8～14μm 内的典型发射率。

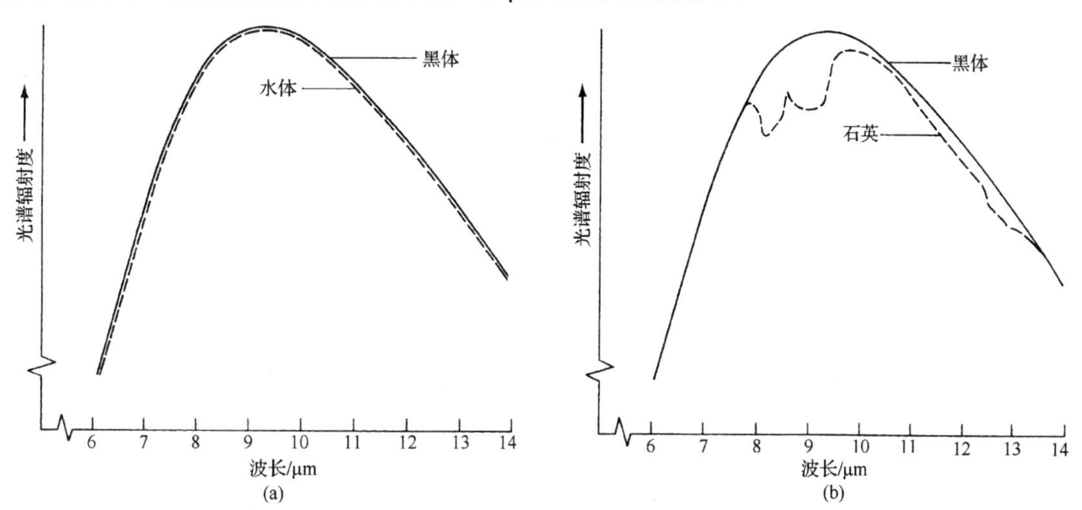

图 4.25　光谱辐射度的比较：(a)水体与黑体；(b)石英与黑体（其他曲线见 Salisbury and D'Aria，1992）

表 4.3　一些常见物质在 8～14μm 波长范围内的典型平均发射率

物　　质	典型平均发射率 ε（8～14μm*）
清澈的水	0.98～0.99
湿的雪	0.98～0.99
人体皮肤	0.97～0.99
粗糙的冰	0.97～0.98
健康的绿色植物	0.96～0.99
潮湿土壤	0.95～0.98
柏油混凝土	0.94～0.97
砖	0.93～0.94
木头	0.93～0.94
玄武岩	0.92～0.96
干矿物油	0.92～0.94
波特兰水泥混凝土	0.92～0.94
油漆	0.90～0.96
干的植物	0.88～0.94
干的雪	0.85～0.90
花岗岩	0.83～0.87
玻璃	0.77～0.81
（生锈的）薄铁板	0.63～0.70
抛光的金属	0.16～0.21
铝箔（薄片）	0.03～0.07
高光泽的黄金	0.02～0.03

*表中列出了一些常用物质在波长范围 8～14μm 内的典型平均发射率（从高到低排列），发射率的变化范围较大。此外，所列的这些物质的发射率随环境和物质排列的不同而明显变化（如松散土壤与固结土壤、单片树叶与树冠）。

注意，当物体被加热而使其温度比周围环境的温度高时，其发射的辐射峰值朝波长变短的方向移动。在特殊应用中，例如森林大火测绘，系统工作在波长为 3～5μm 的大气窗口范围内。这些系统可通过牺牲环境温度下的周围地物来提高热物体的清晰度。

4.9.4 大气影响

在所有的被动遥感系统中，热系统所记录能量的强度和光谱组成明显受到大气的影响。前面提过，测量热能信号时，大气窗口（见图 4.26）将直接影响其光谱波段的选择。在给定的窗口中，介于热传感器和地面之间的大气层会明显增加或减少来自地面的辐射。大气对地面信号的这种影响取决于感测时当地的大气吸收、散射和辐射的程度。

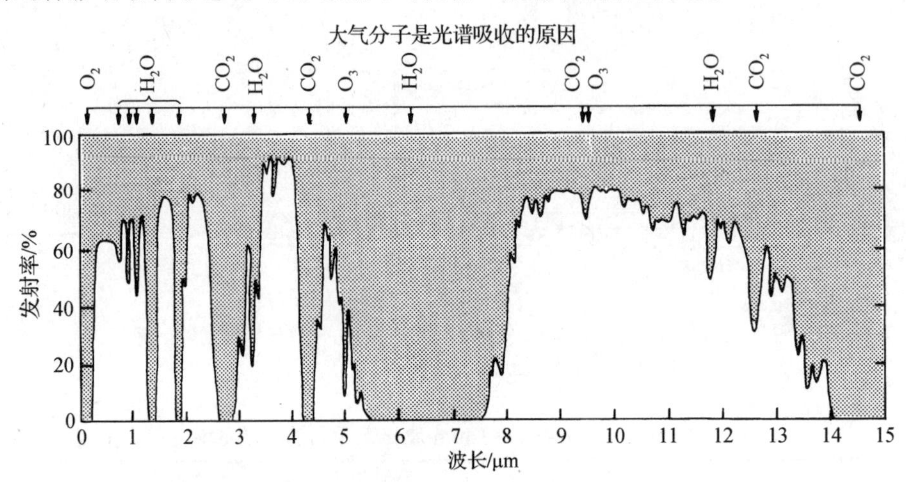

图 4.26 波长范围 0～15μm 内的大气吸收情况。注意，在 3～5μm 区域和 8～14μm 区域内存在大气窗口（摘自 Hudson，1969）

大气层中的烟雾和悬浮颗粒物都会吸收来自地面物体的辐射，因此到达热传感器的能量会减少，地面信号也可能因为悬浮颗粒物的存在而散射变弱。另一方面，大气中的烟雾和悬浮颗粒物自身也可能产生辐射，它们夹杂在被感测的辐射中。因此，大气吸收和散射容易使得来自地面物体的信号看起来比实际的信号冷，而大气辐射容易使得来自地面的物体看起来比实际的热；至于二者的影响谁大谁小，则由成像时的大气环境决定，两者都与感测辐射所通过的大气通道长度或距离直接相关。

在海拔高度低于 300m 的地方，热传感器对温度测量可能会偏差 2℃或更多。当然，气象条件对热大气效应的形式和强度也有很大的影响；雾和云本质上对热辐射是不传热的，即使是在晴天，空气中的烟雾也可能引起感测信号发生较大的变化；灰尘、炭粒、烟和小水滴也能改变热测量；这些大气组分也随地点、海拔、时间和当地气象条件变化。

测量辐射温度时，一般不能忽略大气对它的影响。本章稍后描述几种通常用来补偿大气效应的方法，下面考虑热辐射与地面物体相互作用的过程。

4.9.5 热辐射和地面要素的相互作用

在热感测中，我们感兴趣的是来自地形要素发出的辐射。然而，从一个物体辐射出来的能量通常都是某种要素的入射能量的结果，1.4 节介绍了入射到地面要素表面的能量能够被吸收、反射或透射的基本概念。按照能量守恒定律，我们可以得到入射能量和它与地面要素相互作用时的分布关系：

$$E_{\mathrm{I}} = E_{\mathrm{A}} + E_{\mathrm{R}} + E_{\mathrm{T}} \tag{4.8}$$

式中：E_{I} 是在地面要素表面的入射能量；E_{A} 是地面要素吸收的入射能量成分；E_{R} 是地面反射的入射能量成分；E_{T} 是地面要素透射的入射能量成分。

式（4.8）两边同时除以 E_I 得

$$\frac{E_I}{E_I} = \frac{E_A}{E_I} + \frac{E_R}{E_I} + \frac{E_T}{E_I} \tag{4.9}$$

式（4.9）右边的各项可进一步描述热能量相互作用的性质。令

$$\alpha(\lambda) = \frac{E_A}{E_I},\ \rho(\lambda) = \frac{E_R}{E_I},\ \tau(\lambda) = \frac{E_T}{E_I} \tag{4.10}$$

式中：$\alpha(\lambda)$为地面要素的吸收率；$\rho(\lambda)$为地面要素的反射率；$\tau(\lambda)$为地面要素的透射率。

将式（4.8）改写为

$$\alpha(\lambda) + \rho(\lambda) + \tau(\lambda) = 1 \tag{4.11}$$

这就定义了地面要素的吸收、反射和透射属性间的相互关系。

此外，基尔霍夫辐射定律认为，一个物体的光谱发射率等于其光谱吸收比：

$$\varepsilon(\lambda) = \alpha(\lambda) \tag{4.12}$$

即好的吸收体也是好的发射体。基尔霍夫定律以热平衡条件为基础，对大多数感测条件，这一关系式都成立。因此，将式（4.12）应用于式（4.11），即将 $\alpha(\lambda)$替换为 $\varepsilon(\lambda)$，可得

$$\varepsilon(\lambda) + \rho(\lambda) + \tau(\lambda) = 1 \tag{4.13}$$

最后，在很多遥感应用当中，我们总假设待处理的物体对热辐射是不传热的，即 $\tau(\lambda) = 0$，所以由式（4.13）可以得出

$$\varepsilon(\lambda) + \rho(\lambda) = 1 \tag{4.14}$$

式（4.14）说明在光谱红外区域，物体的光谱发射率和反射率有直接的关系。一个物体的反射率越低，其发射率就越高；反之，一个物体的光谱反射率越高，其发射率就越低。例如，水在热光谱区的反射率几乎可以忽略不计，所以其光谱发射率就接近 1。相反，像金属薄片这类物质，其热能量反射率相当高，所以其发射率远小于 1。

在测量辐射温度时，物体的发射率非常重要。回忆斯忒藩–玻尔兹曼定律［见式（4.6）］在黑体辐射中的应用，我们可通过发射率因子 ε 来降低辐射度 M，从而将黑体辐射原理推广到实体上：

$$M = \varepsilon\sigma T^4 \tag{4.15}$$

式（4.15）描述了热传感器所感测到的信号 M、温度和发射率参数之间的相互关系。注意到由于发射率的不同，地表要素的温度可以相同，但其辐射度却完全不同。

热传感器的输出信息是物体辐射温度的测量值 T_{rad}。通常，用户感兴趣的是物体的辐射温度及其动力学温度 T_{kin} 之间的关系；如果传感器所感测的对象是黑体，则有 $T_{rad} = T_{kin}$；但对所有实体，我们还要考虑发射率因子。因此，物体的动力学温度与其辐射温度的关系为

$$T_{rad} = \varepsilon^{1/4} T_{kin} \tag{4.16}$$

式（4.16）反映了如下事实：传感器记录的每个给定物体的辐射温度总低于该物体的动力学温度。表 4.4 显示了这一影响，比较了动力学温度相同但发射率不同的 4 种物典型物质的动力学温度与辐射温度。注意，在分析热遥感数据时，若未考虑发射率的影响，则其动力学温度总会被低估。

表 4.4　4 种典型物质的动力学温度与辐射温度

物　质	发射率 ε	动力学温度 T_{kin}		辐射温度 $T_{rad} = \varepsilon^{1/4} T_{kin}$	
		K	℃	K	℃
黑体	1.00	300	27	300.0	27.0
植被	0.98	300	27	298.5	25.5
湿土	0.95	300	27	296.2	23.2
干土	0.92	300	27	293.8	20.8

最后要说明的一点是，热传感器探测来自地面要素表面（约在第一个 50μm 处）的辐射。这种辐射可能是也可能不是一个物体内部温度的反映。例如，在低湿度的白天，温度高的水体会在水面表现出蒸发的冷却效应，虽然水体内部的温度实际上可能比水体表面的温度高，但热传感器仅记录水体表面的温度。

4.10 热红外影像解译

在很多领域的应用中，人们已成功实现了热红外图像的解译。这些应用包括各种各样的任务，譬如确定岩石的类型和结构，探测地质断层，绘制土壤类型图和土壤湿度图，探测运河的渗漏位置，确定火山的热特征，研究植被的水分蒸发损失总量，探测冷水泉，探测温泉和间歇泉，确定江、河、湖中卷流的范围和特征，研究水体的自然循环模式，确定森林大火的范围，探测草原的地下暗火或煤废弃物堆等。

大多数热扫描工作（譬如地质填图和土壤测绘图）实际上是定性的。在这种情形下，通常不需要知道绝对的地面温度和发射率，而只需要研究场景中辐射温度间的相对差异。然而，有些热扫描工作需要进行定量数据分析，以便确定热力学温度，例如，某个州的自然资源部门利用热扫描作为执行工具来监视核电站所排放废水的表面温度。

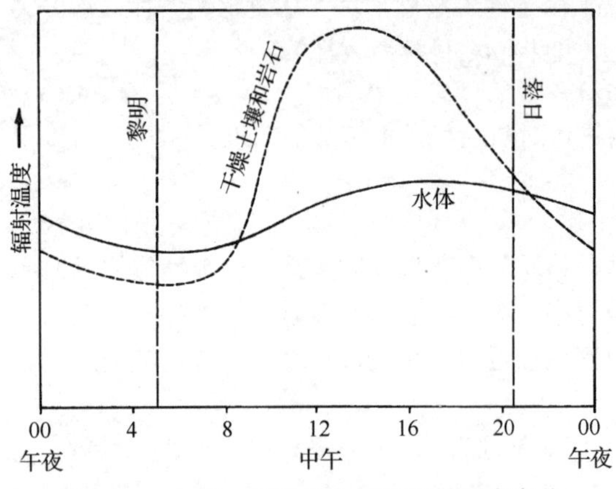

图 4.27　土壤、岩石与水体的辐射温度变化

热扫描研究常用一天中不同时间的热红外图像。很多因素会影响到数据的最佳时间选择，任务规划和图像解译必须考虑白天温度变化的影响，图 4.27 列举了土壤、岩石和水体一天 24 小时内的相对辐射温度，显示了一天中的温度变化对热扫描影响的重要性；注意，刚好在黎明之前，这些物质的温度曲线的斜率非常小，达到了准平衡状态；黎明之后，平衡被打破，这些物质慢慢变暖（土壤与岩石的温度升高），午后达到顶峰；最大的场景反差就发生在这时，之后逐渐冷却。

温度极限和变冷变热的速率通常提供了地面物体类型和环境的重要信息。例如，水体的温度曲线在两个方面是与众不同的。首先，水体的温度变化相对于土壤和岩石来说非常小；其次，水体在其他物质达到温度最大值后的一两个小时才达到最大值。所以，地表温度白天通常比水体的温度高，而夜晚则比水体的温度低。黎明到来时和接近日落时，水体和其他物质的温度曲线相交，交点称为*热交点*，它表示在某个时刻两种物质之间不存在辐射温度差。

地表物质的温度极限和变化速率是由物质的热传导性、热容量和热惯量决定的。**热传导性**是热通过某一物质的快慢的量度，例如，热通过金属要比通过岩石快得多。**热容量**是指某物体能够存储热的大小，水相对于其他物质来说有更高的热容量。**热惯量**是指物体对温度变化的响应的量度，它随物体的导热性、容量和密度的增加而增加。通常，高热惯量的物质比低热惯量的物质在白天和晚上有更均匀的表面温度。

白天，由于物体的热特征和日光吸收差异，直射的日光（尤其是光谱的可见光和近红外波段）加热物体；日光反射在使用 3～5μm 波段扫描的图像中非常明显；虽然反射的日光对使用 8～14μm 波段扫描的图像没有直接影响，但白天的图像在阴冷区域包含热“阴影”，原因是树木、建筑物和一些其他地形要素遮挡了日光。同样，斜坡由于方位的不同，会得到不同程度的加热。在北半球，向南的斜坡比向北的斜坡得到更多的日光。很多地质学者喜欢黎明前扫描的图像，原因是这时地表温度稳定的时间最长，且“阴影”效应和斜坡方位效应都最小。但天黑时飞行员看不见地面要素，因此通过飞机飞行获得某个指定区域的热图像相当困难。执行热扫描任务时，还要有其他后勤的参与，譬如对电厂所排污水的扫描必须在发电高峰期进行。

本节剩余的部分列举了很多热图像，在所有情况下，图像的色调越暗，表示辐射温度越低，图像的色调越亮，表示辐射温度越高，这种表示在地面要素的热图像中最常用。如 4.8 节所述，气象应用中以正好以相反的方式来保持云彩的淡色调。

图 4.28 对比了同一地区白天(a)和晚上(b)的两幅热量图像，该场景中的水体（注意图像右边的黑色大湖和中心偏下方的树叶状池塘）看起来白天比周围冷（发暗），晚上则要比周围暖（发亮），在过去的几小时（从扫描这两幅图像的时间可以算出）中，水体的动力学温度变化较小；但周围的土地却在夜间冷却了许多；此外，在白天的热图像中，水体通常显得比周围更冷，晚上的热图像中水体比周围更暖；但也有一个例外，即冰雪覆盖地带未结冰的水看起来比较暖（无论是白天还是黑夜）。在这些图像中，多处都可以看到树（注意池塘上面和右边的区域），树在白天看起来比周围冷，而晚上则显得较暖。白天的图像中能够看到的树的阴影（注意左上方的住宅区），晚上则不明显。街道和停车场在白天和晚上都显得比周围的环境暖和；白天，公路因表面受热而比周围环境温度高，晚上热量慢慢散失，但公路的温度还是要比周围环境的高。

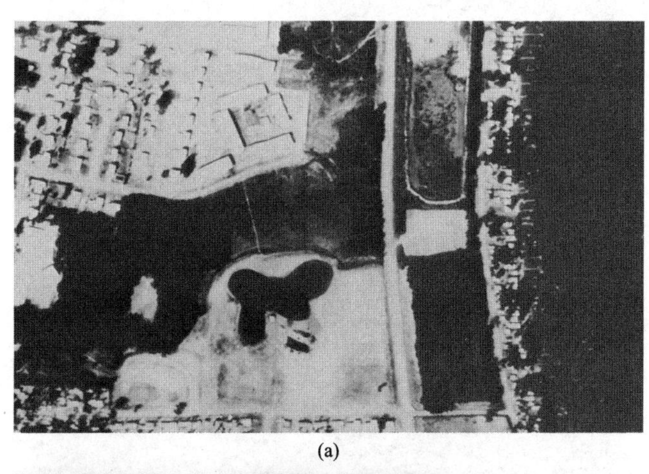

(a)

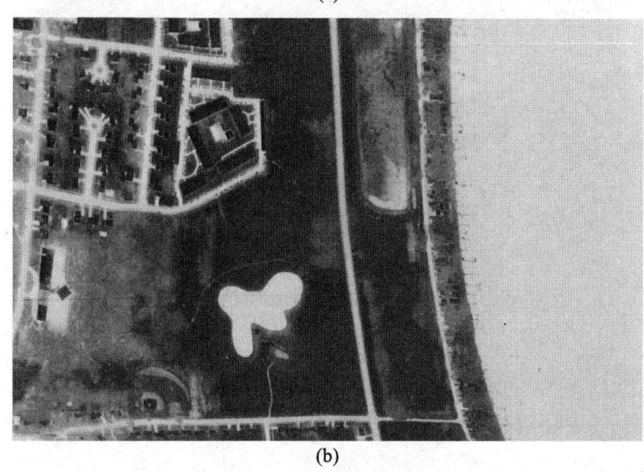

(b)

图 4.28 美国威斯康星州米德尔顿白天和晚上的两幅热量图像：(a)下午 2:40；(b)晚上 9:50；航高为 600m，IFOV 为 5mrad（美国国家大气研究中心供图）

图 4.29 是一幅白天的热图像，它显示了美国威斯康星州米德尔顿冰川湖以前的湖岸线，现在米德尔顿这个短暂性的冰川湖已是一个主要农业区。这个湖泊很小，水位最高时的面积约为 800 公顷，水位最低时的面积约为 80 公顷。与这个最低湖位相连的是一个滩脊，如图 4.29 中的 B 所示，该滩脊在右下部最明显，因为在其形成时，主要风向是从左上部吹来的。该滩脊是一个很小

的要素，只有 60m 宽，且只比周围的湖床高 0.5～1m。滩脊有细砂质的表面土壤，表土厚 0.3～0.45m，底部是砂质物。湖床土壤（A）是厚度至少为 1.5m 的粉砂壤土，且由于早春时地表下 0.6m 内有地下水层而季节性变得潮湿。在扫描这幅热图像时，图中显示的大部分区域都覆盖有农作物，因此扫描仪感测的是土壤上面植被的辐射温度，而不是裸露土壤本身的辐射温度。基于土地辐射测量，在这块干砂质的滩脊土壤上，植被的辐射温度是 16℃，而在更潮湿的粉砂质湖床土壤上，辐射温度是 13℃。滩脊在这幅热量图像中虽然清晰可见，但实际上在全色航空摄影照片中经常是看不到的，而且在这个区域的土壤图中只绘制了一部分。在这幅热量图像上还可以看见 C 是树木、D 是裸露土壤、E 是精心耕作过的草场。

图 4.29　美国威斯康星州米德尔顿白天的热图像。上午 9:40，航高为 600m，IFOV 为 5mrad（美国国家大气研究中心供图）

图 4.30 是美国威斯康星州米德尔顿晚上的热量辐射图像，显示了大比例尺图像对相对较小地面要素的探测能力。在图 4.30(a)中（上午 9:50），左上角附近可以看到一些白色的小点，那是 28 头奶牛。在图 4.30(b)（下午 1:45）中，白点移动到了图像的底部附近（在没有植被遮挡的平坦区域探测到了一些鹿）。图 4.30(a)中右上部分色调非常暗的长方形大物体，是发射率非常低的、由薄片金属屋顶构成的建筑物，尽管屋顶的动力学温度与周围地面比起来可能一样，或者前者更暖和，但由于其低发射率值，辐射温度也低。

图 4.31 显示了美国弗吉尼亚州恩提科美市白天热红外图像中的阴影是如何导致可能的误判的，该高分辨率图像是使用 IFOV = 0.25mrad 的扫描仪得到的。相应地面分辨单元的大小约为 0.3m。可以看到一些停在架子旁边的直升机。这些直升机投射的“热阴影”不是真实的阴影，它

们看上去暗是因为温度更低，而不是因为照明源被阻挡而形成的，后者通常不是热扫描遥感的一个因素，因为图像中的物体和地面本身就是照明源。相反，这些“热阴影”之所以看上去暗，是因为直升机下面的硬路面在太阳的阴影下，温度更低，这些热阴影的形成和消散可能需要相当长的时间。注意到图 4.31 中有两处直升机留下的此类阴影（尽管此时飞机已离开）。停在右下部的直升机起飞和降落时，可以看出两架飞机的桨叶在旋转，而它们下面的地面并没有阴影，因为地面处于太阳阴影中的时间不够长，不能使温度明显下降。

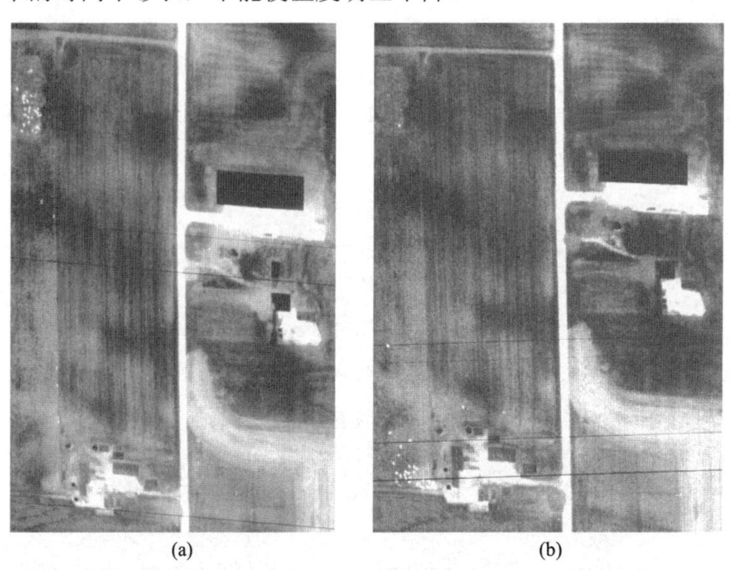

(a) (b)

图 4.30 美国威斯康星州米德尔顿的热辐射图像：(a)上午 9:50；(b)下午 1:45。航高为 600m，IFOV 为 5mrad

图 4.31 美国弗吉尼亚州匡恩提科美市白天的热图像，IFOV 为 0.25mrad（美国国家大气研究中心供图）

图 4.32 显示了美国威斯康星州奥克里克火力发电厂排放到密歇根湖的加热水。这幅白天的热图像表明，发电厂的制冷系统循环使用了加热水。最初，加热水流向右边，右上方 5m/s 的风速导致了热水倒流，最终流回水道。湖泊周围的环境温度约为 4℃。热柱上的水表面温度在靠近流出的位置附近为 11℃，在进水道中是 6℃。冬天，由于湖水的温度很低，如这里所看到的一样，循环水流并未给发电厂的工作带来什么问题和影响。但是，这样的情况如果在夏天发生就可能导致问题，因为进水道的水有可能比制冷系统可接受的水的温度还要高。

很多城市已经使用航空热扫描系统来调查、研究楼房的热散失情况。图 4.33 显示了这些研究中获得的典型图像，注意到各种不同屋顶的辐射温度明显不同，不同屋顶和同一房屋的车库屋顶之间的温度也不相同。这些图像在评估破损的绝缘屋顶材料时很有用。在房屋之间的地面空地上，从右上方到左下方排列的暗色条纹是由雪地上的风造成的。

图 4.32 美国威斯康星州奥克里克发电厂白天的热图像，下午 1:50，航高为 800m，FOV 为 2.5mrad（Goodrich ISP Systems 公司供图）

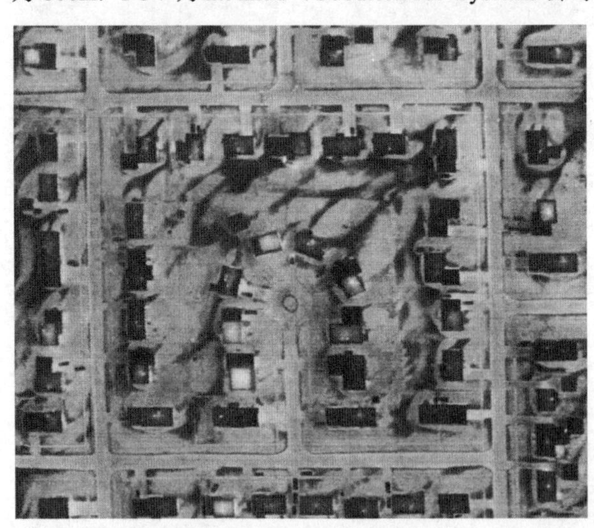

图 4.33 洛瓦市建筑物的热散失夜景图，约凌晨 2:00，雪地，空气温度约为–4℃，航高为 460m，IFOV 为 1mrad（艾奥瓦州应用协会供图）

尽管使用航空热扫描可估计从建筑物屋顶辐射的总能量，但要知道的是，**屋顶表面的发射率决定了屋顶表面的动力学温度**。图 4.30 中未刷油漆的金属屋顶例外，它的发射率非常低；刷过油漆的屋顶的发射率在 0.88 和 0.94 之间变化（刷过油漆的金属表面呈现油漆的辐射特性）。

为使太阳热量所带来的影响最小，应在寒冷冬天日落后至少 6～8 小时开始进行估计热散失的屋顶热扫描；调查也可在非常寒冷的冬天进行，但屋顶要保持干燥且不被雪覆盖。由于扫描图像的侧视特征，扫描仪垂直观察飞机正下方的屋顶；在扫描的边缘，它观测屋顶和房屋侧面的一部分。屋顶的倾斜度影响屋顶的温度；直面黑夜的天空平顶比周围的空气温度低 20℃～30℃，因此会通过辐射而散失热量；倾斜屋顶通常接收来自周围建筑物和树木的辐射，因此其表面温度比平屋顶的要高。在分析屋顶的热散失时，还要考虑顶楼的通风装置。

通过航空热扫描绘制热量散失图时，必须意识到，屋顶的热散失量仅是楼房散失热量的一部分，原因是热量还会从墙、门、窗户、地基等位置散失。据估计，一栋所有位置绝热良好的房屋，屋顶会散失 10%～15%的热量。一幢房屋，如果墙壁绝热良好，而天花板绝热很差，那么屋顶的热散失较多。

航空热扫描法的一种替代和补充方法是，采用基于地面的地热扫描系统。从故障电子仪器（如过热转换器）的检测到医疗诊断的工业处理过程监测，都属于这类成像系统的应用范围。根据所用的探测器，这类系统的工作波段范围是 3～5μm 或 8～14μm。在 3～5μm 波段扫描时，应注意避免场景内的反射日光。

图 4.34 显示了加利福尼亚州圣巴巴拉附近卡茨火灾的热红外扫描图像。2007 年夏天的这场大火烧毁了近 1000 平方千米的荒地，图像由一个工作在可见光、近红外、中红外和热光谱波段的多光谱扫描仪自主模块传感器（AMS）获得，装载在美国航空航天局的 Ikhana 无人机［见图 1.24(a)］上。如第 1 章所述，无人机作为机载遥感平台正变得越来越普遍。图 4.34 显示了 AMS 第 12 波段（当前工作模式下的波长范围为 10.26～11.26μm）的图像。右上方和左下角的暗色区域表示未烧到的森林，因为树的阴影和水分蒸发的降温效果，这些森林保持着相对较低的温度。图像中心的浅色调表示树木已烧光而露出裸露土壤的区域。图像右下四分之一处的最亮斑块表示正在燃烧的大火。其他地方，如最近烧毁的陡峭山坡地的向阳面看上去也很亮，因为太阳加热了这些无植被覆盖的坡面。

图 4.34　加利福尼亚州圣巴巴拉卡附近卡茨火灾的热红外扫描图，AMS 传感器，NASA 的 Ikhana 无人机。对比的彩图见彩图 9（NASA 机载科学研究计划供图）

比较图 4.34 与彩图 9，发现长波长热红外辐射具有穿透烟雾的能力。彩图 9(a)显示了 Ikhana AMS（来自同一幅图像镶嵌图，如图 4.34 所示）可见光波段的真彩色合成图。注意该区域的大部分在该可见光波长彩色合成图中，绝大部分或全部被烟雾覆盖。彩图 9(b)显示了热波段（显示为红色）和两个中红外波段（显示为绿色和蓝色）的假彩色合成图。在假彩色合成图中，很容易区分正在燃烧的区域、最近烧毁的区域和未烧到的区域。

4.11 热红外影像辐射校准和温度制图

如前所述，热红外图像由于几何性质的不完整而不能作为一种精确测绘的工具。因此，通常应同时获取摄影照片和热图像。事实上，在夜间飞行取得热图像的同时又进行照片摄影是不容易办到的。在这种情况下，可以在取得热图像之前或之后的白天拍摄照片。有时也可以不用再拍摄而使用原有照片的方法。在任何情况下，进行拍摄既能够加速辨认目标和有助于研究空间的细节，又能够准确地确定位置。因此，热图像只利用了其辐射信息量，为了从扫描仪数据中取得准确的辐射信息，就要对扫描仪做辐射校准。校准扫描仪的方法有多种，每种方法都有一定的准确性和有效性。在任何给定环境下，用什么方法校准不仅与获取、处理数据的设备有关，而且与目标应用的要求有关。限于篇幅，这里仅简要介绍两种最通用的校准方法：

（1）黑体校准源的内标校准。

（2）空地相关。

前一种方法与后一种方法的主要区别是，前者不考虑大气的影响，而后者则要考虑。Schott 在 1997 年介绍了其他校准方法。

4.11.1 黑体校准源的内标校准

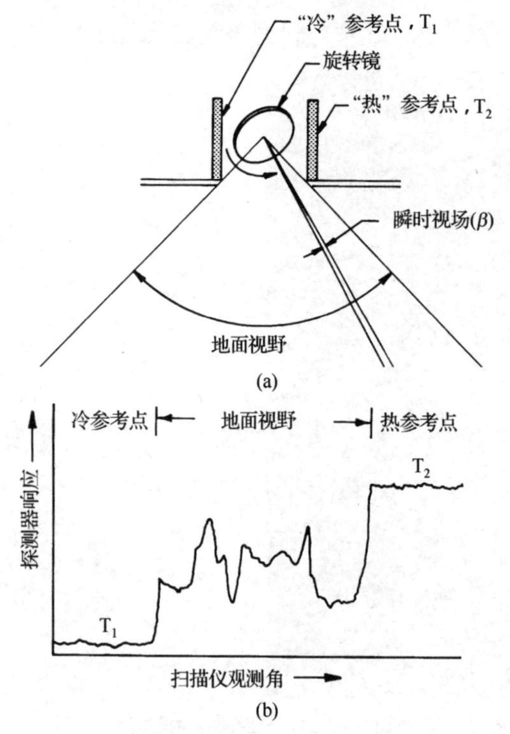

图 4.35　黑体校准源内标校准：(a)参考板配置；(b)探测器的一条典型扫描线输出

目前所用的热扫描仪一般内部都装有固定的温标。仪器通常也安装有两个“黑体”辐射校准源，扫描镜在每次扫描时，都能扫到它们。这些校准源的温度可以准确控制，并且通常把温度设定在要监测地面实况的最“冷”和最“热”上。扫描仪镜头沿每条扫描线有序地观测其中的一个辐射温标，然后横扫机下的地面，再观测另一个辐射温标。每条扫描线都如此循环重复。

图 4.35 显示了内标校准型扫描仪的构造（见 4.4 节）。与扫描仪视场相关的参考校准源（或称参考“板”）的排列位置如图 4.35(a)所示。图 4.35(b)显示了探测器在一条扫描线上的典型信号。扫描镜有规律地照射一次冷校准板（T_1），然后对地面扫描，最后照射一次热校准板（T_2）。这样，扫描仪在两个温度板上的输出信号就与图像数据一起被记录下来，因此能提供连续且及时的校准值，根据这一校准值，其他的扫描仪输出值就可与绝对的辐射温度建立联系。

沿航迹的热扫描成像系统，如 4.8 节讨论的 TABI-1800，尽管其设计与垂直航迹系统（见图 4.35）不同，却也采用内部黑体参考源进行辐射校正。该方法在各方面的应用中都具有很高的校正精度。在晴朗的天气条件下，对于航高为 600m 的扫描来说，允许实际温度与预测温度之差小于 0.3℃。但这一校正方法仍未考虑大气的影响。如前所述（见 4.9 节），在经常飞行的天气条件下，大气对扫描仪温度测量值的影响达 2℃。

4.11.2 空地相关

校正热扫描仪时，是用经验或理论大气模型来计算大气影响的。理论大气模型是在数学关系式上利用各种环境参数（如气温、气压和 CO_2 浓度）的观测值，预先算出大气对感测信号的影响。由于影响大气效应的各个因素的测量和建模的复杂性，通常根据经验利用实际地表量测数据与有关扫描仪数据的相关性来消除这些影响。

人们常用空地相关来校正水体的热扫描数据，如对排放的热废水进行扫描获得数据。地表的温度测量值可在航空器通过时同时取得。通常用装在舱内的温度计、热敏电阻或热辐射计来测量。假定在大面积范围内某一观测点的温度典型值为一常数。对于基于地面的表面温度测量的每一点，可以确定相应点的扫描仪输出值。然后，通过对扫描输出值与相应的基于地面的辐射温度（见图 4.36）的相互关系构建校准曲线。确定校准关系（通常使用线性回归处理）后，便可应用它估计没有地面数据的扫描仪图像各点的温度。

图 4.37 显示了可以测量空地相关的热辐射计。这种特殊的设备是一种手持式“红外线温度计”，其工作范围为 8～14μm，可在液晶显示板上显示辐射温度。它的温度测量范围是–40℃～+100℃，分辨率是 0.1℃，精度是 0.5℃，该设备用作植物应力监测器，其液晶显示板显示了干植物球茎的空气温度和温度差（辐射温度和空气温度差）。

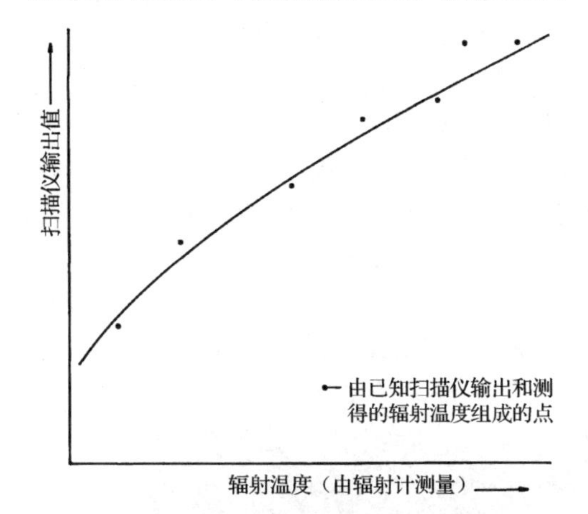

图 4.36 样本校正曲线用于相关扫描仪输出值与辐射计测量的辐射温度

图 4.37 红外温度计（热辐射计），点辐射温度可从液晶显示板读出（Everest Interscience 公司供图）

4.11.3 用热红外图像制作温度图

在许多热扫描技术的应用中，值得注意的是用它制作的表面温度分布“图”。热扫描仪记录的数字式数据能得到处理、分析，并以各种形式显示。例如，对扫描数据需要加以考虑的是，在扫描输出值和地面热力学温度之间建立起联系，这个校准关系可应用到数字式数据库的每一点，从而得到一个热力学温度值矩阵。

校准关系式的精确形式会随问题中温度的变化而变化，但为了便于举例，我们假设对辐射度的数字式数据进行线性拟合是合理的。在这一前提下，扫描仪记录的 DN 可表示为

$$\mathrm{DN} = A + B\varepsilon T^4 \tag{4.17}$$

式中：A、B 是根据前面介绍的传感器的某种校准方法确定的系统响应参数；ε 是测量点的发射率；T 是测量点的动力学温度。

求出 A、B 后，就可给出任何观测值 DN 的动力学温度 T：

$$T = \left(\frac{\mathrm{DN} - A}{B\varepsilon} \right)^{1/4} \tag{4.18}$$

参数 A、B 可通过黑体校准源、空地相关或其他校准方法得到。当值最小时，通过两个相应的温度（T）和 DN 来求解未知量 A、B。若参数 A 和 B 已知，就可使用式（4.18）来求地面上每点（DN 和发射率已知）的动力学温度。已校正的数据可以得到进一步处理，并以各种不同的形式显示（如等温线图、彩色编码图像、GIS 图层等）。

4.12 FLIR 系统

在对航空热敏成像法的讨论中，我们强调了扫描仪，它安装在航空器下，可直接感测地形。前视红外系统（FLIR）可以获得航空器前方的倾斜地形图像。类似于 4.8 节讨论的那些系统，一些 FLIR 系统使用冷却探测器，另一些系统则使用非冷却探测器，每个探测器都充当一个微型热辐射计，这种类型的探测器需要从周围环境的热辐射中隔离，若暴露于热辐射，其电阻会迅速改变。通常情况下，使用冷却探测器的系统更重、成本更高，但能提供更好的辐射分辨率，并且可以更快地成像。而基于非冷却微型热辐射的红外成像仪通常更轻、成本更低，但不能提供高精度的温度测量值，它们通常也不包括 4.11 节讨论的随机携带的基于黑体的校正标准，取而代之的是，这些轻型系统通常在需要时（如一年一次）使用外部数据源在实验室中进行校正。

图 4.38 显示了 FLIR 系统获取的两张照片。图 4.38(a)是白天获取的一个油罐存储设备图片。从概念上说，FLIR 系统产生图像的基本原理与垂直航迹线扫描系统的相同；但 FLIR 系统上的扫描镜向前瞄准，并在越过感兴趣场景时扫过热检测器线性阵列的视场。图 4.38(b)是由直升机搭载的一个 FLIR 系统获取的，可以看到图像左侧停泊的汽车旁边的热阴影，而图像中央移动的汽车则没有相关的热阴影。还要注意图像右侧附近的一个人和那些刚停下的汽车车篷发射的热量。

现代 FLIR 系统非常轻巧（典型质量低于 30kg），可安装在直升机的固定机翼或地面移动平台上。前视图像可广泛用于军事领域。民用主要体现在消防、传真线路维护、法律强制活动和汽车夜视系统。

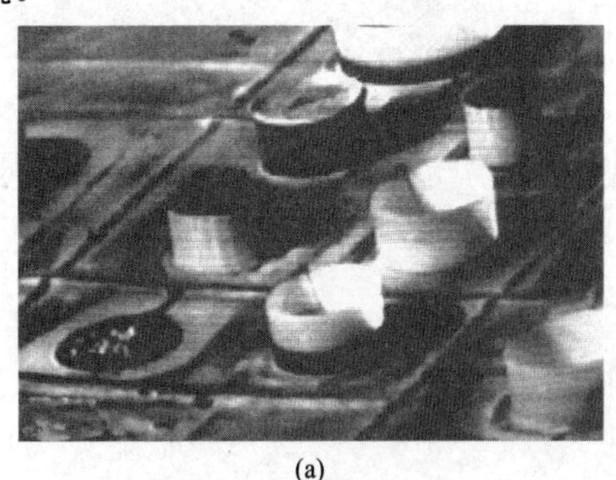

(a)

(b)

图 4.38　FLIR 图像：(a)油罐存储设施图片。注意每个油罐中液体的容量（Raytheon Company 公司供图）；(b)城市街道图片。注意毗邻停泊汽车的热阴影和街道右侧行人的图像（FLIR Systems 公司供图）

4.13 高光谱遥感

高光谱（又称超光谱）传感器是一类可以在许多很窄的毗邻光谱波段（包括整个可见光、近红外、中红外、热红外的部分光谱）获取图像的仪器（它们可以采用垂直航迹或沿航迹扫描，或者采用二维成帧阵列）。这类系统可以采集 100 个或更多波段的数据，因此可以保证为场景（见

图 4.39）中的每个像素提供持续的反射率（对于热红外能量而言就是辐射度）光谱。这类系统可以在很窄的波长间隔内识别具有诊断吸收和反射特征的地物，而这些间隔不在传统的多光谱扫描仪各波段相对粗糙的带宽范围内。图 4.40 说明了这一概念，它展示了实验测得的一些矿物在波长范围 2.0～2.5μm 内；注意到这些矿物在该光谱范围内的诊断吸收特征，该图还展示了陆地卫星 TM（第 5 章）7 波段的带宽。陆地卫星 TM 传感器在光谱波段宽度 0.27μm 的范围内仅获得对应于综合响应的一个数据点，而高光谱传感器使用了更细的 0.01μm 级波段，因此能在该波段获得很多数据点。于是，高光谱传感器能够产生光谱分辨率足够的数据来直接确认矿物，而波段更宽的 TM 则无法分辨出这些诊断光谱的差异。因此，当一个宽波段的系统只能大致区分不同物质时，高光谱传感器却可以为物质的详细鉴定和丰度的准确估计提供潜在的可能性。

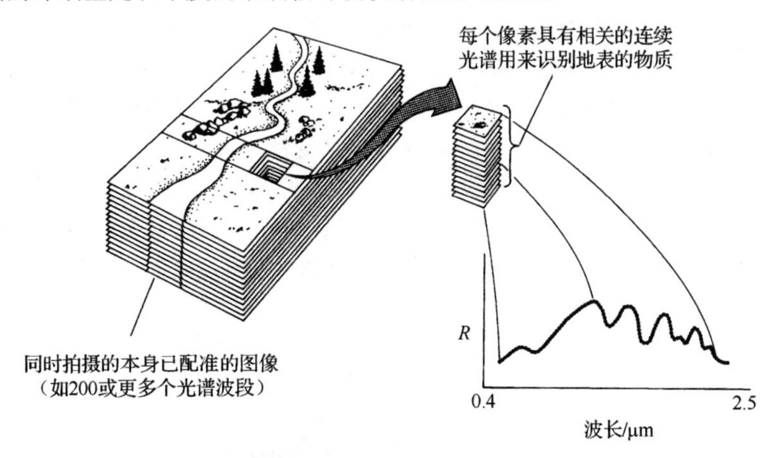

图 4.39　成像光谱测量的概念（摘自 Vane，1985）

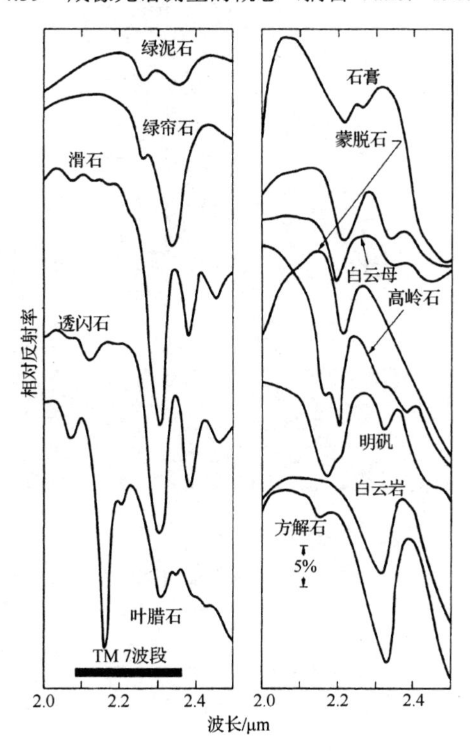

图 4.40　表明诊断吸收和反射特征的矿物的部分实验光谱。为了避免重叠，光谱在垂直方向被放大。还显示了陆地卫星 TM（见第 5 章）7 波段的带宽（摘自 Goetz et al.，1985。Copyright 1985，AAAS）

由于有大量窄波段的样例，高光谱扫描数据使得遥感数据的采集代替了原来受制于实验室和费用高昂的地面野外调查的数据采集。高光谱遥感的应用体现在诸多方面，如确定表面矿物类型、水质、水深测量、土壤类型和侵蚀、植被类型、植物、叶子含水量、树冠化学、庄稼类型和条件、雪和冰的属性。

高光谱遥感的深入发展需要机载成像光谱仪（AIS）。该系统可采集 128 个波段的数据，宽约 9.3nm。在其“树模式”下，AIS 在 0.4μm 和 1.2μm 之间的邻近波段采集数据；在“岩石模式”下，则在 1.2μm 和 2.4μm 之间的邻近波段采集数据。AIS 的 IFOV 为 1.9mrad，系统通常工作在离地面 4200m 的高处。AIS-1 在飞行路线正下方产生的窄刈幅宽为 32 像素（AIS-2 为 64 像素），其地面像素大小约为 8m×8m。

图 4.41 显示了一幅 AIS 图像，该图像来自加利福尼州梵奈斯的第一次工程试验飞行。图像覆盖位置在图像马赛克的背景上用黑线重点描出。图像的明显特征包括：图像下部是一块田地，图像中心是一处住宅，图像上部是一所学校。在这次测试飞行中，在范围 1.50～1.21μm 内获取了 32 个相邻光谱波段的图像。图像下部显示了一幅由 32 幅 AIS 图像合成的图像，每幅图像在不同的 9.3nm 宽光谱波段，每个有 32 像素宽。AIS 图像上最明显的特征是，丢失了以 1.4μm 为中心的大气层水吸收带的细节。不过，在该波段光谱图像还是有看得见的细节。与反射率变化有关的细节用箭头指明。例如，与无水田地（位置 b）的反射率相比，校园内地面（位置 a）上有水井的庭院草坪的反射率，在波长超出 1.4μm 时明显下降。

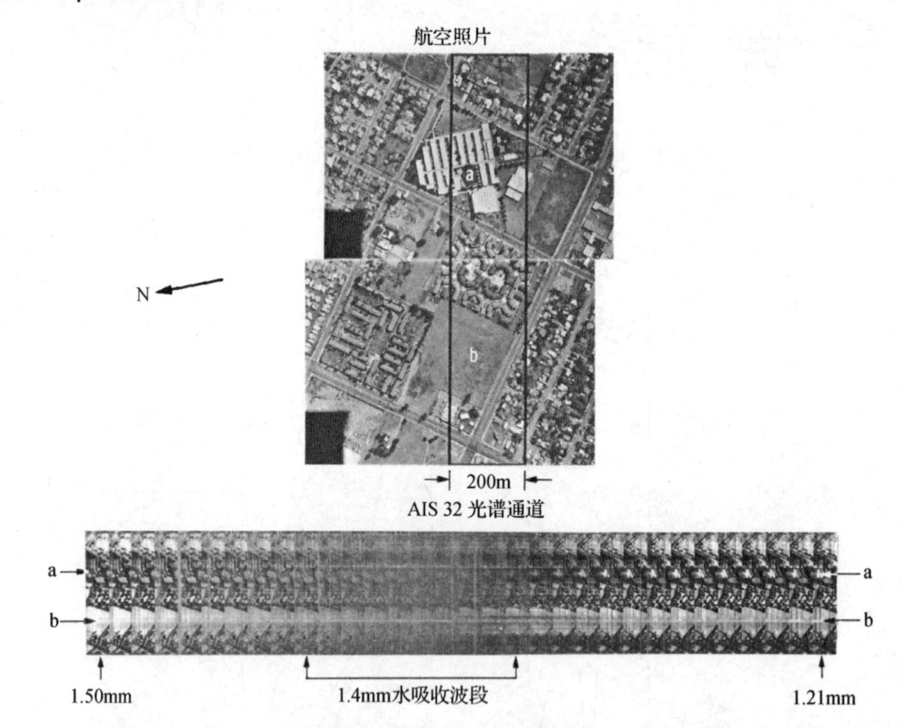

图 4.41　覆盖相同地区一部分（加州梵奈斯）的航拍镶嵌图和 32 个光谱波段的 AIS 图像：(a)学校大院；(b)一块空地。在范围 1.50～1.21μm 内的 32 个光谱波段下，用竖直黑线画出了 32 像素宽的 AIS 图像。单个 AIS 图像接收 9.3nm 宽的毗邻光谱间隔显示在底部。有水井的庭院草坪和空地的光谱反射率特性差异明显，这与它们的灌溉程度相关（摘自 Goetz et al.，1985。Copyright 1985，AAAS）

图 4.41 还表明水汽蒸发对高光谱遥感在 1.40μm 吸收带附近获得的数据有显著影响。其他大气水分蒸发吸收带发生在约 0.94μm、1.14μm 和 1.88μm 处。除了很强的吸收能力，大气水分蒸发

在时间和空间分布上变化明显。在单一场景中，水汽的分布非常不调和，并会按分钟变化。由于地面海拔的不同而造成的传感器和地面间的空间距离的不同，也会使得水汽有很大的差异。考虑给定水汽效应的浓度和变异性对于高光谱数据采集和分析的影响是下一步要研究的课题。

图 4.42 是高光谱传感器在 1.98～2.36μm 范围内的 20 个离散波段图像，用于评估内华达州火山岩地区的热液蚀变赤铜矿。这 20 个波段代表了 AVIRIS 机载高光谱传感器 171 波段到 209 波段之间的所有奇数波段。宽波段传感器如陆地卫星 TM、ETM+和 OLI（见第 5 章）在该光谱区不能清楚地区分矿物的类型。图 4.42 依次展示了从左上角的 171 波段到右下角的 209 波段的 20 个波段，通过选择图像中的一个区域，并观察该区域的 20 个波段，我们能目视估计物质的相关光谱特性。譬如，在波段 189 标 a 的部分，图像左边的几块黑点是明矾矿物露头。这些明矾区在波段 187 到波段 191 最黑，原因是它们在波长 2.14～2.18μm 处具有吸收特性。在其他波段（如波段 209，波长 2.36μm），明矾区色调很亮，表明在相应波长，它们的反射强烈。

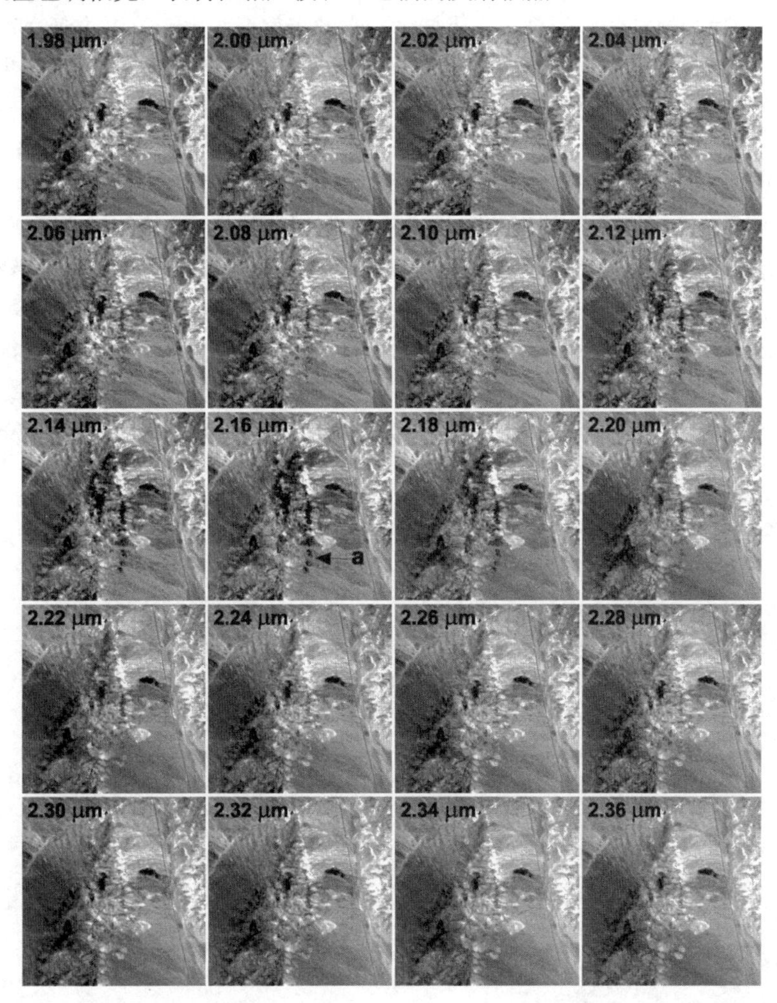

图 4.42　波段 171 到波段 209 的图像（1.98～2.36μm），采用 AVIRIS 的 224 通道成像光谱仪，显示了内华达州赤铜矿的热液蚀变火山岩。仅显示了奇数通道（NASA/JPL/Caltech 供图）

高光谱数据的彩色合成存在一次同时只能显示三个波段的限制（三个波段中一个波段显示红色，一个波段显示绿色，另一个波段显示蓝色）。为了传递光谱特性和高光谱图像的复杂性，高光谱数据通常以彩图 10 的形式显示。该图显示了来自 EO-1 卫星（见第 5 章）的沿航迹扫描传感器

（即 Hyperion 高光谱传感器）的两个连续影像段，原图像要长得多，来自中国南部。在彩图左侧，这两段的北部是工业城市深圳的大部分；而在彩图右侧，这两段的南部是香港大屿山的一部分（图像右侧的北部底部与图像左侧的南部边缘有一些重叠）。

在这两个等距视图中，数据可视为行×列×波段的立方体。立方体的前段是近红外的彩色合成，中心波长为 0.905μm、0.661μm、0.56μm 的波段分别显示为红色、绿色和蓝色。沿立方体前部的顶点和右边的每个边界像素，立方体的顶端和边表示对应于感测的 183 个光谱波段的颜色编码反射率值。这些波段从紧挨着立方体前部的 0.47μm 到立方体后部的 2.3μm。在该颜色编码方案中，冷色如蓝色对应于低光谱辐射值，而暖色如红色则对应于高光谱反射值。

立方体侧面的最短波长显示了因瑞利散射而升高的辐射值（见第 1 章）。在两个图像立方体中，山上的森林区域在可见光谱都有相对较低的辐射值，用蓝色、青色和绿色表示。城区、道路和其他人工特征在可见光谱段趋于显示高得多的辐射，在立方体侧面以黄色和红色表示。而在超过 0.7μm 的近红外波段，植被区反而显示了比城区更高的辐射值。大屿山周边海湾和水道中的水在最短波长（0.47～0.55μm）显示了相对较高的辐射值，但在近红外波段辐射值则明显降低。

对于近红外和中红外的不同波长，彩图 10 中的立方体侧面显示出了明显的黑线。它们是吸收波段——大气"墙"，即没有辐射穿过大气层。由于这些吸收谱段的信噪比很低，Hyperion 数据处理器并不总是包括这些波段的测量数据（数据集中一些吸收波段的所有像素值被零填充），这就是它们在彩图 10 所示立方体侧面呈现不起眼的黑色外观的原因。

图 4.43 是来自彩图 10 的 EO-1（Hyperion）图像立方体不同表面要素的光谱特征的代表性实例。树木、草地、灌木和城区的防渗表面等的详细特征光谱，可用来进行很多复杂的定量分析，如表征健康植被和混合光谱分析等（见第 7 章）。类似地，海洋、蓄水池（彩图 10 立方体左侧的左上角）和鱼塘（彩图 10 的中心）中像素光谱的细微差别，可用来诊断这些不同水体的生物光学特性（本节后面将详细讨论高光谱数据对湖泊建模的光谱特性）。

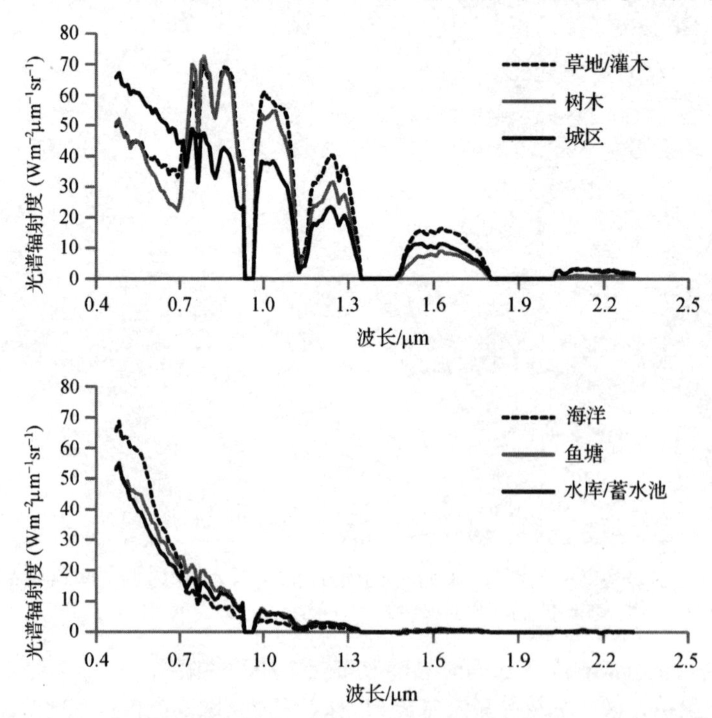

图 4.43　彩图 10 中 EO-1 Hyperion 图像表面特征的光谱特性。上部：地形特征；下部：水体

实质性研究已开始着手自动分析与高光谱数据集的所有像素相关的详细光谱反射率曲线。许多成功方法的通用处理步骤如下（Kruse，2012）：

（1）高光谱遥感影像数据转换过程中的大气校正。

（2）降低噪声和数据容量的图像增强处理。

（3）影像“纯”光谱（端元）识别或从光谱辐射场或光谱库获取参考光谱。

（4）使用端元或步骤 3 得到的参考光谱进行影像光谱分类或混合建模。

第 7 章将介绍这些技术和其他高光谱数据分析技术。

很多政府机构和制图/咨询公司都维护有光谱发射率曲线的数据库。例如，USGS 就维护着一个“数字光谱库”，其中包括超过 500 种矿物、植物和其他物质的反射率光谱。NASA 的喷气动力实验室维护着高级机载发射与反射辐射计（ASTER）的光谱库，编辑了近 2000 种天然和人造物质的光谱。美国陆军地形学工程中心维护着波长范围为 0.40～2.50μm 的“高光谱特征图”，这些数据是通过实验室和实地测量得到的关于植物、矿物、土壤、岩石和人文的特征。从这些光谱库中选取的某些光谱例子如图 1.9 所示。注意，为了与光谱库进行有效的对比，必须对高光谱数据进行大气校正。

图 4.44 说明了 AISA Eagle 空载高光谱成像系统影像的使用，这里用来测量与湖中水质相关的生物光学特性。AISA Eagle 数据获取使用了米尼通卡湖上方和米尼通卡附近湖泊的 11 条航线，时间在 8 月底。米尼通卡湖是一个错综复杂的湖泊，拥有高度复杂的湖岸线和众多的湖湾，有些几乎和湖泊的其他部分分离。在这些不同的水域，湖泊的水质很不相同。AISA 数据的空间分辨率为 3m，有 86 个光谱波段，波长范围为 0.44～0.96μm。在进行水质分析前，首先按航线扫描图拼接并掩蔽所有的非水体区域，随后基于光谱反射和吸收特征分析来构建数学模型，以便计算每个水体像素的叶绿素 a 的浓度（Gitelson et al.，2000）。

图 4.44(b)比较了图 4.44(a)中 AISA 影像用圆圈划定的代表性位置的光谱响应。位置 1 的光谱特征是一处典型的富营养水体，反演的叶绿素浓度超过 120μg/L。其光谱曲线因为叶绿素的原因在蓝波长（0.5μm 以下）和红波长（0.68μm 附近）有一个吸收谷，在 0.5μm 和 0.6μm 之间有一个反射峰，另一个反射峰位于 0.7μm 处，在这个波长位置，细胞结构的散射率有所提高，且水体和藻类的色素吸收率相对较低。因为该位置的叶绿素水平极高，在该例中，0.7μm 波长的反射峰高于图 4.10 所示湖泊的任何光谱。相反，位置 2 的光谱响应是典型的清澈水体，反演的叶绿素浓度低于 8μg/L。

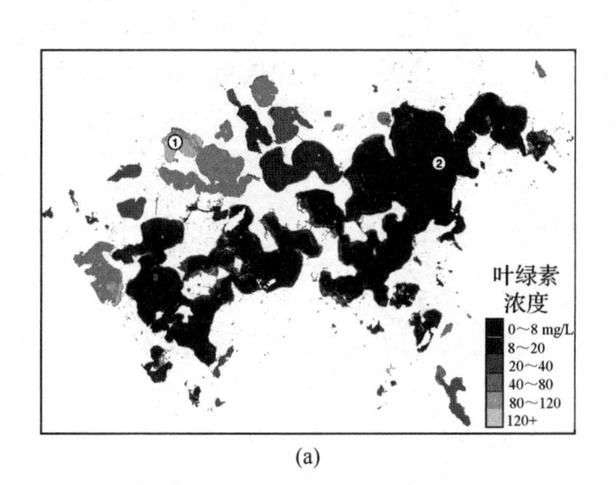

(a)

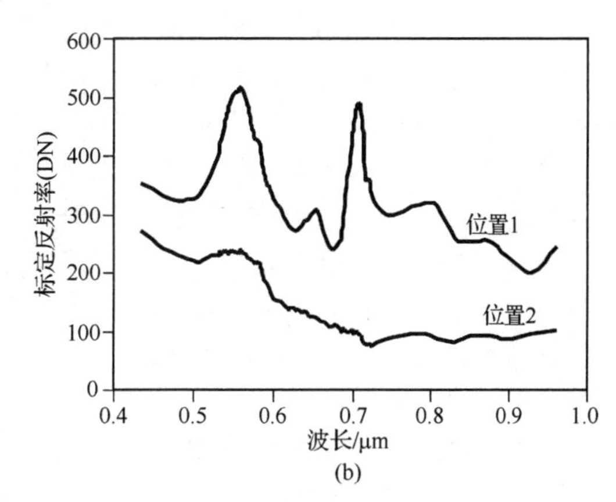

(b)

图 4.44　(a)米尼通卡湖的叶绿素浓度，来自 AISA Eagle 空载高光谱影像，成像时间是 8 月底（内布拉斯加州林肯大学先进土地管理信息技术中心供图）；(b)图(a)中圆圈画出的两个位置的光谱响应

目前，人们已经开发了许多机载高光谱扫描设备，这里只介绍几种广泛使用的设备。表 4.5 总结了它们的关键性技术指标。近年来的发展趋势是适合装载在 UAV 和其他小型平台上的轻型、便携式高光谱设备。

表 4.5　部分机载高光谱传感器

传　感　器	传感器类型	传感器波段数	波长范围/μm	波段宽/nm	样本数/行
CASI 1500	线性阵列	288	0.365～1.05	低达 1.9	1500
SASI 600	线性阵列	100	0.95～2.45	15	600
MASI 600	线性阵列	64	3.0～5.0	32	600
TASI 600	线性阵列	32	8.0～11.5	250	600
AISA Eagle	线性阵列	高达 488	0.4～0.97	3.3	高达 1024
AISA Eaglet	线性阵列	高达 410	0.4～0.97	3.3	1600
AISA Hawk	线性阵列	254	0.97～2.5	12	320
AISA Fenix	线性阵列	高达 619	0.38～2.5	3.5～10	384
AISA Owl	线性阵列	100	7.6～12.5	100	384
Pika II	线性阵列	240	0.4～0.9	2.1	640
Pika NIR	线性阵列	145	0.90～1.70	5.5	320
NovaSol visNIR	线性阵列	120～180	0.38～1.00	3.3	1280
NovaSol Alpha-vis	线性阵列	40～60	0.35～1.00	10	1280
NovaSol Alpha-SWIR	线性阵列	160	0.90～1.70	5	640
NovaSol SWIR 640C	线性阵列	170	0.85～1.70	5	640
NovaSol Extra-SWIR	线性阵列	256	0.86～2.40	6	320
AVIRIS	垂直航迹扫描	224	0.4～2.5	10	677
HyMap	垂直航迹扫描	200	可变	可变	可变
Probe-1	垂直航迹扫描	128	0.4～2.5	11～18	600

第一种商用可编程机载高光谱扫描仪是盒式机载光谱成像仪（CASI），该系统使用 578 像素的 CCD 线性阵列来采集范围 0.4～0.9μm 内间距为 1.8nm 的 288 个波段的数据。波段的精确数量、位置和波段宽度在飞行中都可编程，因此在一次任务中不同的数据采集配置适用于不同的地貌。系统探测器的 IFOV 可达 1.2mrad，该系统还可集成竖直的陀螺仪和 GPS，以校正飞行中因高度和方向变化而记录的数据。

机载可见光-红外成像光谱仪（AVIRIS）采用扫描成像方式的成像光谱仪，在波长范围 0.40～2.45μm 内采集间隔约为 9.6nm 的 224 个连续光谱波段的数据，波段宽度为 10nm。当 NASAER-2 研究型飞机在 20km 高空飞行时，垂直航迹扫描仪的刈幅宽约为 10km，图像地面分辨率达 20m。

高光谱数字图像采集试验（HYDICE）是一个政府项目，目的是发展和应用先进高光谱扫描仪系统，它有 AVIRIS 类似的特征，但具有更高的空间分辨率。

地球物理与环境研究公司（GER）生产了一些高光谱扫描仪，包括数字机载成像光谱仪（DAIS），这是一种能在 0.40～12.0μm 范围内感测 211 个波段的扫描仪。

高级机载高光谱成像光谱仪（AAHIS）是一种商用沿航迹高光谱扫描仪，在范围 0.40～0.90μm 内感测的波段多达 288 个。

TRW 成像光谱仪（TRWISIII）能在范围 0.30～2.50μm 内获取 384 个波段，它主要是为航空器和航天器设计的。在航天器上，其名称为小卫星技术主动式高光谱成像仪（SSTIHSI），工作波长为 0.40～2.50μm。

高光谱测图（HyMap）系统是由 Integrated Spectronics 公司生产的垂直航迹机载高光谱扫描仪，

最多可以获取 200 个波段的数据。该扫描仪的一个变体是 Integrated Spectronics 公司为地球调查科学公司（ESSI）建造的 Probe-1，Probe-1 作为高光谱扫描仪时，能在波长范围 0.40～2.50μm 内获取 128 个波段的数据。

彩图 11 所示的 HyMap 数据说明了对于与实验室光谱发射率曲线相似的各种矿物，如何使用机载高光谱数据构造源于影像的各种矿物光谱反射率曲线，以及如何使用这些数据评估并在图像上标出各种矿物的位置。彩图 11(a)和彩图 11(b)显示的区域大小为 2.6km×4.0km，位于南澳大利亚的菲顿地区；该地区有很厚的沉积岩（含侵入岩）。HyMap 数据是在 0.40～2.50μm 范围内的 128 个波段获取的，地面分辨单元大小是 5m/像素；彩图 11(a)是彩色红外合成图像，使用波段中心波长 0.557μm、0.665μm 和 0.863μm 分别显示蓝色、绿色和红色。为选取图像上出现的矿物，彩图 11(c)显示了实验室的光谱反射率曲线。彩图 11(d)部分展示了这些相同矿物基于 HyMap 高光谱数据的光谱反射率曲线，通过与实验室绘出的曲线目视对比，可鉴定（分辨）这些曲线。彩图 11(b)显示了 HyMap 数据灰度图像中部分矿物的颜色覆盖图。彩图 11(b)中的颜色和彩图 11(c)、彩图 12(d)中的光谱点一致。这里显示了 6 种不同的矿物。对没有先验信息和仅在 2.0～2.5μm 波长范围内的 HyMap 数据的初步分析表明，这里的矿物种类超过 15 种。

4.14 小结

总之，针对高光谱遥感开发的设备数量已有明显增长，所获取地面特征的光谱数据质量也有了很大的提升。因此，研究主要集中在如何对这类系统获取的大量数据的分析技术进行优化上。

以数以千计的非常窄的光谱波段提供数据的“超谱”传感器也在研究中。这种水平的光谱灵敏度对确定某种特定物质、浮质成分、瓦斯热点和其他污水应用十分必要（Meigs et al., 2008）。

本章介绍了多光谱、热红外和高光谱遥感系统的基本理论与工作过程，举例说明了所选图像的解译、处理和显示，着重强调了如何使用机载系统来采集数据。第 5 章将讨论太空（航天）平台的多光谱、热红外和高光谱遥感，第 7 章将深入介绍如何数字处理这些系统的数据。

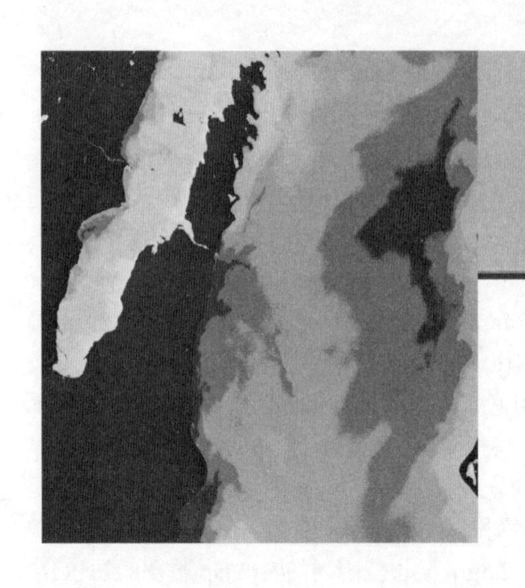

第5章

地球资源卫星的光谱应用

5.1 引言

空间遥感在世界范围内应用非常普遍，在科研机构、政府和企业中都有着大量应用。这些应用范围覆盖了从全球资源监测到诸如土地利用规划、房地产开发、自然灾害应对和车辆导航等。许多现有的卫星遥感技术成果直接或间接来自Landsat（陆地卫星）计划，该计划于1967年发起，前身为地球资源技术卫星（ERTS）计划。陆地卫星计划是美国首个正式的民用研究和开发活动，旨在利用卫星监测全球范围内的土地资源。该计划由美国航空航天局（NASA）与美国内政部一起合作进行。陆地卫星1于1972年发射，该计划一直在持续，2013年发射的卫星是陆地卫星系列中的陆地卫星8。

促使地球资源卫星项目形成的主要因素之一是最初气象卫星的开发和成功发射。随着首颗电视和红外观测卫星（TIROS-1）于1960年发射，早期气象卫星返回的是粗糙的云模式视图和模糊的地表图像。然而，卫星气象领域发展迅猛，传感器的改进和数据处理技术的进步，使得人们可以获得更清晰的大气和地形特征图像。看穿而非浏览地球大气层已成为可能。在20世纪60年代的太空计划（水星、双子星和阿波罗计划）中，宇航员拍摄的照片也强化了这一概念，即从太空对地表进行成像在一系列科学和实际应用中具有巨大的潜在价值。

从陆地卫星计划的发展，伴随着众多国家和商业公司定期开发和推出新的系统，卫星遥感事业的发展目前是一个高度国际化的计划。全球覆盖数据现在可通过因特网轻易地从多个来源获得。由此做出的“空间智能”相关决定，比过去的任何时候都要多。同时，也有助于将地球设想为一个系统。航天遥感将我们对地球上的自然奇观和自然过程的影响以及人类对地球脆弱性和相关基础资源的影响，提升到了新的层面。

本章介绍的卫星系统运行在光谱范围0.3～14μm内，包括紫外线、可见光、近红外、中红外和热红外波长（它们被称为光谱，因为透镜和反射镜可用于折射和反射这样的能量）。也有大量空间遥感使用微波（波长范围为1mm～1m）部分的系统。微波遥感是第6章的主题。

空间遥感的主题正在迅速发生变化，不仅包括技术层面的变化，而且包括机构安排方面的变化。例如，许多新的商业企业正在不断创立，而其他企业则被合并或解散。此外，一些卫星系统正在由国际财团合作经营。同样，许多国家制定了“双用途”的系统，即可同时服务于军用和民用领域。同样，单一的大卫星系统正被增强，或完全由许多较小的“小型卫星”（100～1000kg）、

“微型卫星”（10～100kg）或“纳米卫星”（1～10kg）替代。小卫星与大卫星相比有几个优点。它们一般是不太复杂的单有效载荷系统，降低了系统的工程设计和制造成本。因为小，它们通常可在飞行中作为第二有效载荷，降低发射成本。由于这种成本的节省，系统运营商往往有能力购买更多卫星，进而提高图像覆盖频率，提供系统冗余。更频繁的卫星发射也提供更多地引进新系统技术的机会。例如，许多新卫星的运行几乎完全是自主的，而且经常是一个传感器网络的一部分。传感器网络通常允许在众多的传感器、卫星系统和地面指挥资源中进行相互沟通和协调。

在这种动态环境下，比以往更重要的是，那些空间遥感数据的潜在用户需要了解这些系统的基本设计特点，并进行各种折中，以决定某个特定的传感器是否适合特定的应用。因此，下一节将首先介绍所有地球资源遥感卫星系统的一般特性，然后介绍各种各样的卫星系统，并参照它们的设计来举例说明这些基本特性。

虽然我们的目标是探讨当前的星载遥感系统，但这一领域的快速发展表明，本章中关于某些特定系统的内容可能会迅速过时。

因为不可能为读者罗列出所有的历史系统、当前系统和未来系统，所以本章重点讨论一些有代表性的主流卫星系统：中等分辨率卫星系统（4～80m）、高分辨率卫星系统（小于 4m）和高光谱传感器。我们将简要说明气象卫星、海洋监测卫星、地球观测系统和空间站遥感。读者可根据个人的专业或工作情况跳过某些小节。我们在撰写此部分内容时始终记着这种可能性。总之，本章的两个目的如下：提供足够的背景知识，以便读者了解各种过去、现在和计划中的对地观测卫星，以及可以选择的大致范围；提供一个了解当前和未来线上资源的参考框架，以获取任何特定系统的更多细节。

5.2 卫星遥感系统的光谱特征

细节层面上的很多技术设计和操作特性，会使得一个卫星系统相比其他系统更适合某个特定的应用。同时，所有这些系统也有一些一般的特性。如果主要目的是为处理数据而非技术设计的应用选择特定的系统，那么遥感卫星数据用户要考虑的因素很多。本节介绍一些基本术语和概念，希望能为给定应用评估替代系统提供一般的基础知识。

5.2.1 卫星平台和任务子系统

地球上的所有监测遥感卫星都包括两个主要的子系统：平台和任务系统。平台是承载任务系统的交通工具，而任务系统是传感器系统载荷本身。平台构成卫星的整体结构，由许多支持任务系统的子系统构成。当卫星在其轨道上能被日光照射时，子系统提供太阳能板为电池充电；当卫星在地球的影子中时，电池为其供电。其他子系统提供如下功能：星载轨道调整推进、姿态控制、遥测和跟踪、热控制。当卫星进入地面站范围时，为卫星提供微波传输命令、传感器数据、应对延迟广播的必要数据存储。该平台一般都配有经过验证的重量较轻且实用的组件。设计良好的平台可以整合各种任务系统。例如，用于陆地卫星 1、2 和 3 的平台来自稍加修改的 Nimbus 气象卫星平台。

图 5.1 显示了过去 40 年来用在陆地卫星计划中的各种平台和任务系统。图 5.1(a)是陆地卫星 1、2 和 3 中装备的观测台配置示意图，图 5.1(b)是陆地卫星 4 和 5 中装备的观测台配置示意图，图 5.1(c)是陆地卫星 7 中装备的观测台配置示意图（陆地卫星 6 发射失败），图 5.1(d)是整合后的陆地卫星 8 的任务系统与航天器平台，它是在实验室拍摄的（为了发射需要，照片中的太阳能电池板已被收起）。

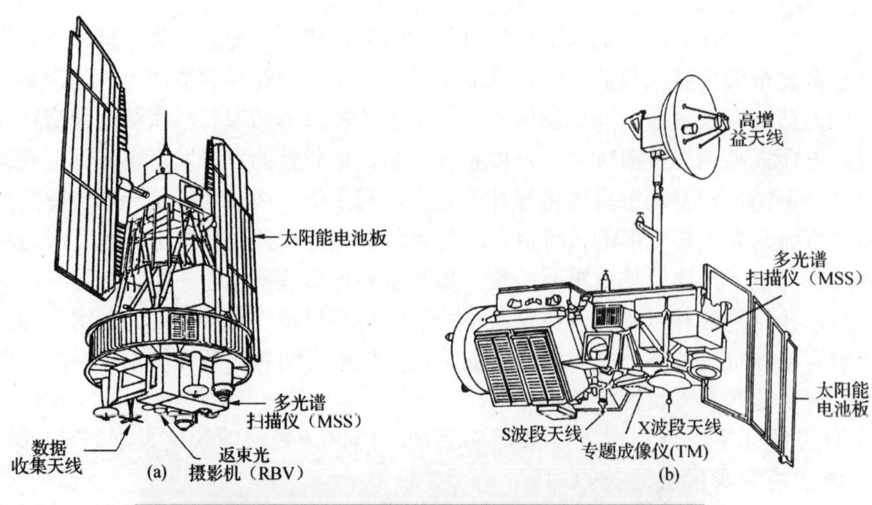

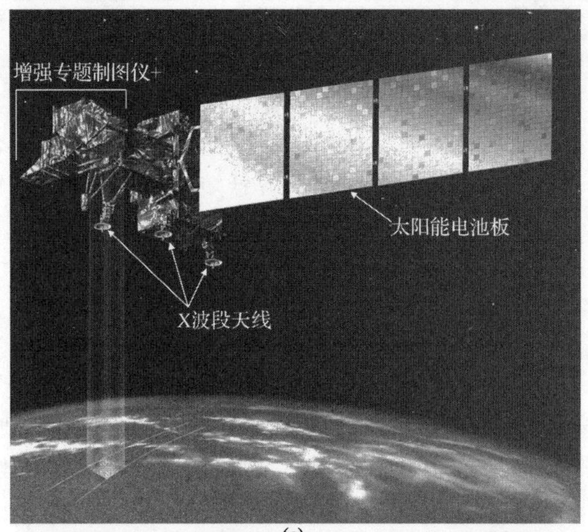

(c)

(d)

图 5.1　(a)陆地卫星 1、2、3，(b)陆地卫星 4、5，(c)陆地卫星 7，(d)陆地卫星 8 上使用的卫星平台和传感器系统（摘自 NASA 图表）

5.2.2 卫星轨道设计

卫星遥感系统的一个最基本的特性是其轨道。地球轨道上的卫星以椭圆轨道运动，地球位于椭圆轨道的一个焦点上。轨道的重要元素包括高度、周期、轨道倾角和赤道穿越时间。对于大多数地球观测卫星来说，其轨道近似为圆形，高度约为400km。根据公式（Elachi，1987），卫星高度和环绕地球的轨道周期有如下关系：

$$T_o = 2\pi(R_p + H')\sqrt{\frac{R_p + H'}{g_s R_p^2}} \tag{5.1}$$

式中：T_o为轨道周期，单位为s；R_p为地球的半径（约为6380km），单位为km；H'为轨道高度（地球表面以上），单位为km；g_s为地球表面的重力加速度（约为0.00981km/s^2）。

卫星的轨道倾角是指其穿过赤道的角度。接近90°倾角的轨道在极地附近，因为该卫星轨道将通过南北两极附近。赤道轨道上的飞行器的地面轨迹和赤道线重合，倾角为0°。有两种特殊的轨道，即太阳同步轨道和地球同步轨道。太阳同步轨道的轨道周期和倾角能使卫星随着地球的自转而随太阳向西运行。因此，卫星总是准确地在同一当地太阳时穿过赤道（在一定时区内，其地方时刻会随位置而变化）。地球同步轨道是一个高度约为36000km的赤道轨道，轨道周期恰好为24小时。因此，地球同步轨道卫星围绕地球完成一个周期需要的时间，与地球自转一周需要的时间相同，在赤道上空卫星保持恒定的相对位置。

图5.2显示了陆地卫星4、5、7、8的轨道的上述要素。这些卫星被发射到了地面上空705km高度的圆形近极地轨道上。求解式（5.1）可得该高度的轨道周期约为98.9分钟，相当于每天约14.5个周期。这些卫星选择的轨道倾角为98.2°，因此产生了一个太阳同步轨道。

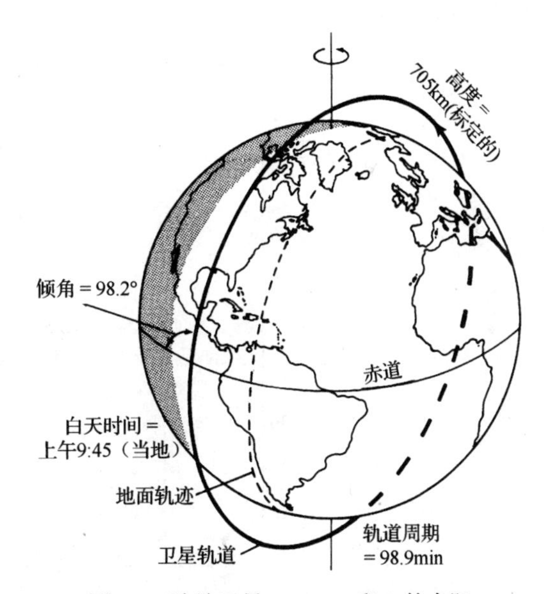

图5.2　陆地卫星4、5、7和8的太阳同步轨道（摘自NASA图表）

太阳同步轨道的重要意义是，它能保证在一定的季节里获得重复的光照条件。这有助于在轨道附近镶嵌相邻影像和比较土地覆盖与其他地面条件的年度变化。虽然陆地卫星的太阳同步轨道能确保重复光照条件，但这一条件又随地区和季节的变化而发生变化。也就是说，日光是以不同的太阳高度角照射到地球上的，而太阳高度角则随纬度和时间而变化。同样，光照方位角的大小也随季节和纬度而变化。简而言之，陆地卫星不可能校正太阳高度角、太阳方位或光照强度的变化。这些因素总在变化，并且受图幅之间大气条件变化的影响。

5.2.3 传感器设计参数

一些传感器设计参数会影响任何给定卫星遥感系统的实用性。系统的空间分辨率肯定是非常重要的。在第4章中讨论的决定机载传感器的空间分辨率的原理，同样适用于星载系统。例如，天底点垂直航迹扫描仪的空间分辨率由轨道高度和瞬时视场（IFOV）确定，远离天底点时地面分辨单元尺寸同时在沿航迹和垂直航迹方向增大。然而，对星载系统来说，地球的曲率进一步降低了远离天底点视图的空间分辨率。这对指向性系统和具有总宽视场的系统特别重要。

正如我们在前面讨论摄影系统空间分辨率时指出的那样（见 2.7 节），这个参数很大程度上受场景对比的影响。例如，中等分辨率卫星系统可以获取空间分辨率为 30～80m 的数据，但我们经常看到这样的图像：其线性特征窄到只有几米，与它们的环境具有对比鲜明的反射率（如两车道公路、跨越水体的混凝土桥梁）。另外，一个物体的大小即使远大于 GSD 时，也可能不明显，因为此时它们与周围环境的对比度非常低，具有在一个频谱中可见但在另一个频谱中不可见的特征。

卫星遥感系统的光谱特征包括传感器的光谱波段的数量、宽度和位置。极端情形下是全色传感器和高光谱传感器，前者具有单一的宽光谱波段，后者具有 100 个或更多连续的狭窄光谱波段。

每个传感器的光谱波段的相对感光度是波长的函数，它由传感器的校准确定。每个波段的光谱感光度通常使用术语半最大值全宽度（FWHM）表示。术语 FWHM 的含义如图5.3所示，这是一张假想图，记录了以 1.480μm 为中心的蓝光波长传感器的相对光谱感光度。注意，探测给定波段内的相对光谱感光度不恒定，在邻近每个波段的光谱灵敏度曲线的中间部分的感光度要大得多。因此，使用光谱灵敏度曲线的整个宽度作为光谱的感光度有效范围没有意义（因为在感光度曲线的尾部感光度非常低）。因此，光谱宽度表达的实际感光度限制由传感器感光度最大值的 50%定义。

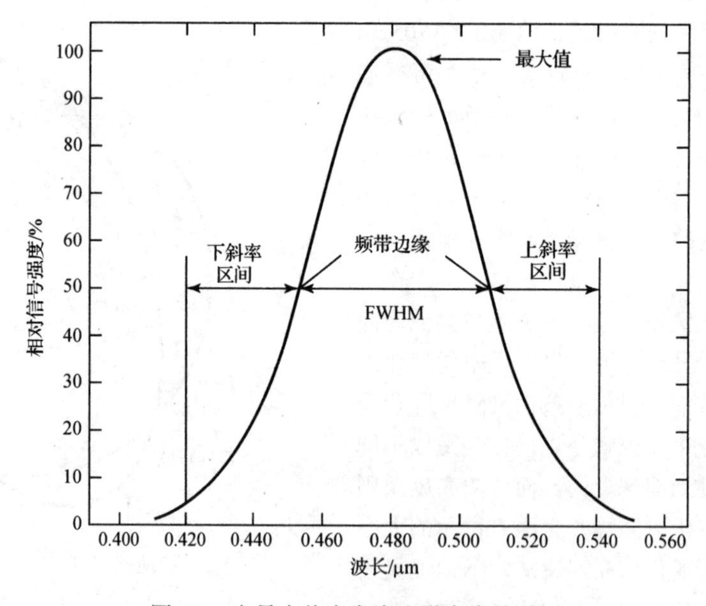

图 5.3　半最大值全宽度光谱宽度的说明

图 5.3 中 FWHM 与光谱响应曲线的交点，定义了光谱波段的下频带边缘（0.454μm）和上频带边缘（0.507μm）。频带边缘之间的间隔，通常用来指定由给定传感器解析的最窄实用光谱范围（即使在此范围之外有一些敏感性）。给定传感器的设计或校准规范，通常会描述每个波段中心波长的位置及其下频带边缘和上频带边缘（以及这些值的容差）。规范中可能还描述了光谱感光度曲线在特定灵敏度范围（通常是 1%～50%和 5%～50%或这两者）的边缘斜率。在图 5.3 给出的例

子中，感光度范围 5%～50%内的下波长边缘斜率区间（简称下斜率区间）和上波长边缘斜率区间（简称上斜率区间）被用来表征光谱响应曲线的斜率。在该例中，下斜率区间和上斜率区间的间隔宽度为 0.034μm。

遥感系统的辐射属性包括辐射分辨率，通常表示记录所观察到辐射的数据位的数量。辐射属性还包括传感器的信噪比和增益设定（见 7.2 节），其中后者确定系统能被感应的动态范围。在某些情况下，一个或多个波段的增益设定可以在地面上调节，以便允许在不同的条件下获取数据，如在黑暗的海洋和明亮的极地冰盖下的数据。应指出的是，提高空间和光谱分辨率都可导致被感测到的能量降低。高空间分辨率意味着每个检测器从一个较小的区域接收能量，而高光谱分辨率意味着每个探测器在一个较窄的波长范围内接收能量。因此，要在空间遥感系统的空间分辨率、光谱分辨率和辐射特性之间有所侧重和折中。

图 5.4 显示了辐射分辨率所具有的区分图像中细微亮度水平差异的能力。所有图像都有相同的空间分辨率，但对每幅图像进行编码的 DN（数字值）分别是 2（1 位）、4（2 位）、16（4 位）和 256（8 位）。

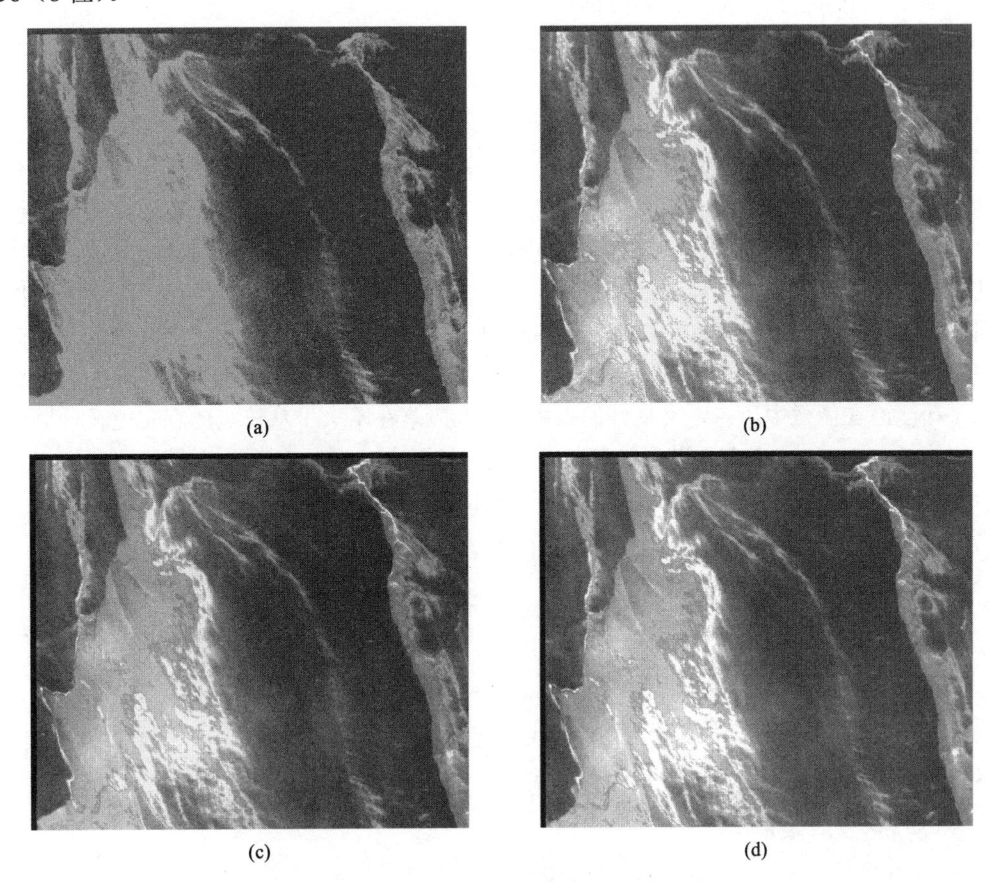

图 5.4　墨西哥湾漏油事件中一小片区域的全色图像（50cm GSD），分别在不同辐射分辨率下显示：(a)1 位，2 级；(b)2 位，4 级；(c)4 位，16 级；(d)8 位，256 级（原始数据由 DigitalGlobe 提供，威斯康星大学麦迪逊分校 SSEC 处理）

评估卫星系统时还要考虑一些其他的因素，包括卫星覆盖区域、再访周期（连续覆盖之间的时间）和远离天底点的成像能力。对于远离天底点的传感器，所述刈幅宽由轨道高度和传感器的总视场确定，而再访周期由轨道周期和刈幅宽决定。例如，美国陆地卫星 8 的传感器和 Terra/Aqua

MODIS 设备所在的卫星平台共用同一个轨道高度和周期，但 MODIS 拥有更宽的视场。这就给它一个大得多的刈幅宽，而这又意味着地球上的任何给定地点会更频繁地出现在 MODIS 图像上。如果使用垂直航迹定位，刈幅宽和再访周期将受到影响。对于某些对时间敏感的应用，如监测洪水、火灾和其他自然灾害的影响，频繁的再访周期显得尤为重要。垂直航迹或沿航迹定位可用于收集立体图像，进而辅助图像解译和地形分析。沿航迹定位在立体图像获取应用上的主要优点是，组成立体像对的两幅图像将在某个很短的时间间隔内获得，通常不超过几秒或几分钟，而垂直航迹立体图像的获取往往需要几天时间（期间的大气和地表条件会随之变化）。

但在评估给定传感器系统时需要考虑的另一个重要因素是，该系统产生的图像数据的空间精度。注意，不要将空间精度和空间分辨率混淆，尽管这两个概念有着松散的联系，但它们不应被等同地对待。空间分辨率仅指一个像素的地面尺寸，而不论该像素如何精确地定位于真实世界坐标系中。地面坐标制图系统中一个像素位置的绝对精度，取决于传感器的几何特性被建模得有多好，以及处理传感器数据来消除地形位移的程度。虽然大多数影像经过地理坐标定位，但是它们不一定需要完全正射校正（地形位移修正）。

图像数据的绝对空间精度的测量和表示，可以使用许多不同的统计测度和制图标准。美国的制图标准是空间数据精度国家标准（NSSDA），详见 www.fgdc.gov/standards（包括数值实例）。Congalton and Green（2009）中包含了该标准的更多细节。

NSSDA 给出了估计图像数据绝对空间精度的方法，即比较由若干可识别图像检查点得到的图像源地面坐标与由更准确、独立的方法（如地面调查）测定的这些特征的坐标。图像源地面坐标值(X, Y, Z)和由至少 20 个检查点得到的精确测量值（GCP）之间的误差，根据均方根误差（RMSE）进行估算。该标准可应用于各种数据类型。对于涉及平面数据(X, Y)和高度数据（Z）的数据集，应使用地面距离单位分别报告水平精度和垂直精度。本节仅讨论图像数据水平精度的测定，这涉及对一个点的真实位置的二维误差（X 和 Y）或“圆形”误差的评估。因此，根据 NSSDA 标准计算的水平精度，在图像中所有定义良好的点中，95%应落在不大于从该点的真实位置计算得到的精度以上的径向距离内。例如，若所计算的精度对给定的图像是 6.2m，则在图像中所有定义良好的点中，只有 5%的定位离它们的真实位置大于 6.2m。

为了定义如何根据 NSSDA 标准计算出水平精度，设

$$\mathrm{RMSE}_x = \mathrm{sqrt}\left[\sum (x_{\mathrm{image},i} - x_{\mathrm{check},i})^2 / n\right]$$

$$\mathrm{RMSE}_y = \mathrm{sqrt}\left[\sum (y_{\mathrm{image},i} - y_{\mathrm{check},i})^2 / n\right]$$

式中：$x_{\mathrm{image},i}$、$y_{\mathrm{image},i}$ 是图像中第 i 个检查点的地面坐标；$x_{\mathrm{check},i}$、$y_{\mathrm{check},i}$ 是控制点数据集中第 i 个检查点的地面坐标；n 为检查点的数量；i 为从 1 到 n 的整数。

任何检查点 i 处的水平误差为

$$\mathrm{sqrt}\left[(x_{\mathrm{image},i} - x_{\mathrm{check},i})^2 + (y_{\mathrm{image},i} - y_{\mathrm{check},i})^2\right]$$

水平均方根误差（RMSE）为

$$\mathrm{RMSE}_r = \mathrm{sqrt}[\mathrm{RMSE}_x^2 + \mathrm{RMSE}_y^2]$$

最后，在 95%的置信水平上，

$$\text{水平精度} = 1.7308\mathrm{RMSE}_r \tag{5.2}$$

注意，上述公式假定最大限度上消除了所有系统误差，该误差的 x 分量和 y 分量是正态分布的和独立的，且 RMSE_x 和 RMSE_y 相等。当 RMSE_x 和 RMSE_y 不相等时，有

$$\text{水平精度} = 1.2239(\text{RMSE}_x + \text{RMSE}_y) \tag{5.3}$$

通常使用 CE 95 这样的术语来表示卫星图像产品的水平精度。"CE"代表圆概率误差，"95"表明精度测定采用了 95%的置信水平。大部分卫星图像数据的水平精度都采用 CE 95 或 CE 90 规范。但要指出的是，不论如何定义图像产品的空间精度，数据的潜在用户都要评估这样的精度是否能用于特定的预期用途。

5.2.4 其他系统注意事项

确定任何应用中给定卫星遥感系统可用性的其他因素还有很多，包括卫星任务流程、数据传送选项、数据归档、许可/版权限制、数据格式（包括从原始图像数据中导出的数据产品，如植被索引图像）和数据成本。卫星图像的预期用户通常会忽略许多这样的因素，但这些因素的确会从根本上改变给定系统图像的可用性。

5.3 中等分辨率系统

陆地卫星 1 于 1972 年 7 月 23 日发射。在系统性、可重复性、中等分辨率和多光谱的基础上，陆地卫星 1 是专门设计用来收集地球资源数据的第一颗卫星。地球资源卫星项目最初时纯粹是实验项目，后来演变成了一项计划。计划实施以来，所有陆地卫星数据依照"开放领空"原则来收集，这意味着在全世界任何地方都可一视同仁地使用收集到的数据。该计划一直持续到 2014 年，最新的卫星是 2013 年 2 月 11 日发射的陆地卫星 8。

美国第二个全球规模的、长期的中等分辨率地球资源卫星监测项目是 SPOT 计划。SPOT-1 卫星于 1986 年 2 月 21 日发射，2012 年 9 月发射的是 SPOT-6。

因为存在从陆地卫星和 SPOT 系统形成的长期全球档案，因此接下来的两节首先简要总结这些"遗留"计划的运营情况，然后简述自陆地卫星和 SPOT 项目后开始商业运营的其他中等分辨率系统。

5.4 陆地卫星 1～7

在已发射的 8 颗陆地卫星中，只有一颗（陆地卫星 6）入轨失败。值得注意的是，即使有发射失败和一些资金与行政上的拖延问题，陆地卫星 1、2、3、4、5 和 7 也获取了 40 年不间断的宝贵数据（许多人认为这种情况就像是好运与"过度设计"的综合结果，因为每个系统只有 5 年的设计寿命）。为简单起见，下面首先简要介绍陆地卫星 1～7 任务的明显特征，然后讨论陆地卫星 8。

表 5.1 总结了陆地卫星 1～7 任务的系统特征。要指出的是，这些任务中应用了 5 种不同类型的传感器及这些传感器的组合。这些传感器包括返回光束摄影机（RBV）、多光谱扫描仪（MSS）、专题成像仪（TM）、增强型专题成像仪（ETM）和增强型专题制图仪（ETM+）。表 5.2 总结了上述每种传感器在不同任务中的光谱灵敏度和空间分辨率。

表 5.2 中列出的 RBV 传感器是类似于电视机的模拟摄影机，它使用快门获取一帧图像，并存储在每台摄影机的光敏面上，然后以光栅形式用固有电子束对这一光敏面扫描，产生模拟视频信

号，再后打印出硬拷贝底片。每个 RBV 场景覆盖地表的面积约为 185km×185km。图 5.5 是陆地卫星 3 的一幅 RBV 图像。

表 5.1　陆地卫星 1～7 任务的系统特征

卫　星	发射时间	退役时间	RBV 波段	MSS 波段	TM 波段	轨　道
陆地卫星 1	1972-7-23	1978-1-6	1～3（同步摄影）	4～7	无	18 天/900km
陆地卫星 2	1975-1-22	1982-2-25	1～3（同步摄影）	4～7	无	18 天/900km
陆地卫星 3	1978-3-5	1983-3-31	A～D（单波段并行摄影）	4～8[a]	无	18 天/900km
陆地卫星 4	1982-7-16[b]	—	无	1～4	1～7	16 天/705km
陆地卫星 5	1984-3-1[c]	—	无	1～4	1～7	16 天/705km
陆地卫星 6	1993-10-5	发射失败	无	无	1～7，全色波段（ETM）	16 天/705km
陆地卫星 7	1999-4-15[d]	—	无	无	1～7，全色波段（ETM+）	16 天/705km

[a]8 波段（10.4～12.6μm）发射后不久即宣告失败。

[b]TM 数据在 1993 年 8 月传送失败。

[c]MSS 于 1995 年 8 月关闭；2005 年 11 月太阳能电池板的驱动器出现问题；2009 年 8 月临时供电异常；TM 于 2011 年 11 月暂停运行；2012 年 4 月 MSS 重新激活，以进行有限的数据收集。

[d]2003 年 5 月 31 日扫描线校正器（SLC）发生故障。

表 5.2　陆地卫星 1～7 任务所用的传感器

传　感　器	计　划	灵敏度/μm	分辨率/m
RBV	1、2	0.475～0.575	80
		0.580～0.680	80
		0.690～0.830	80
	3	0.505～0.750	30
MSS	1～5	0.5～0.6	79/82[a]
		0.6～0.7	79/82[a]
		0.7～0.8	79/82[a]
		0.8～1.1	79/82[a]
	3	10.4～12.6[b]	240
TM	4、5	0.45～0.52	30
		0.52～0.60	30
		0.63～0.69	30
		0.76～0.90	30
		1.55～1.75	30
		10.4～12.5	120
		2.08～2.35	30
ETM[c]	6	上述 TM 波段	30（热波段为 120m）
		0.50～0.90 波段	15
ETM+	7	上述 TM 波段	30（热波段为 60m）
		0.50～0.90 波段	15

[a]陆地卫星 1～3 的分辨率为 79m，陆地卫星 4 和 5 的分辨率为 82m。

[b]发射后不久即宣告失败（陆地卫星 3 的 8 波段）。

[c]陆地卫星 6 发射失败。

图 5.5　陆地卫星 3 的 RBV 图像，佛罗里达州卡那维拉尔角，比例尺为 1∶500000（NASA 供图）

与 MSS 系统相比，RBV 图像是陆地卫星 2、3 获取数据的第二种来源。促成这一局面的因素有两个。首先，RBV 操作被各种技术故障所困扰。更重要的是，MSS 系统是能以数字格式制作多光谱数据的首个全球监测系统。

MSS 系统是垂直航迹多光谱扫描仪，它用摆动（而非旋转）扫描镜在东西方向前后扫描，扫描仪的总视场约为 11.56°。每个反射的光谱波段将同时扫描 6 条线。同时扫描 6 条线需要每个光谱波段使用 6 个探测器，但它将扫描镜的扫描频率降低了 6 倍，因此改善了 MSS 系统的响应性能。扫描镜每 33ms 摆动一次，而扫描仪只能在东西方向扫描以采集数据。为了获得每个场景，它需要约 25s 的时间。像所有陆地卫星的场景一样，MSS 影像的幅宽约为 185km。

图 5.6 是覆盖纽约中部部分地区的陆地卫星 MSS 第 5 波段的整幅图像。注意，图像呈平行四边形而非正方形，因为卫星从图像的顶端运动到底端要 25s 的时间，而在这段时间里由于地球的自转使得图像呈平行四边形。美国的 MSS 场景档案包含近 614000 幅图像。世界范围的 MSS 和 RBV 数据库中包含 130 万个场景的图像。

从表 5.2 可以看出，用于陆地卫星 4～7 的 TM 类传感器相比早期任务中使用的 RBV 和 MSS，在空间和光谱分辨率方面改善明显。TM 类传感器与此前的传感器（6 位）相比，提供 8 位辐射分辨率和改进的几何完整性。表 5.3 列出了用于 TM 类设备的光谱波段，并且简要描述了每个波段的预期应用。

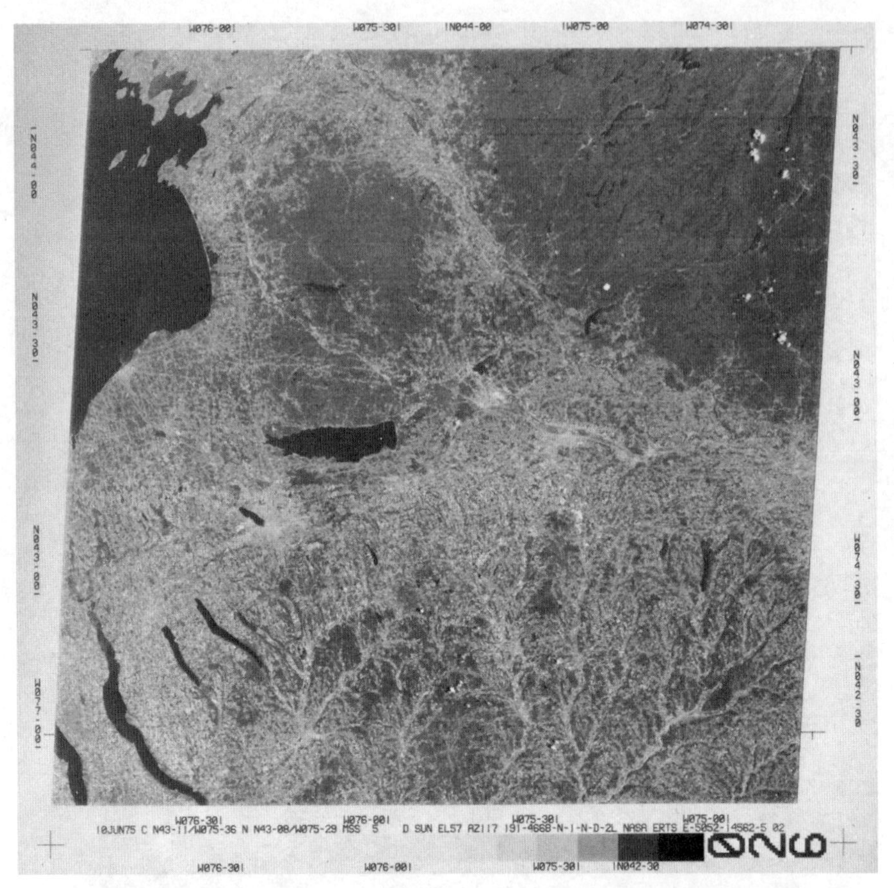

图 5.6 陆地卫星 MSS 第 5 波段获取的完整图像（纽约州中部），比例尺为 1∶1700000。在左上方可看到安大略湖，在右上方可看到阿迪伦达克山，在左下方可看到五指湖湖群（NASA 供图）

表 5.3 专题成像仪的光谱波段

波　段	波长/μm	标定光谱区域	主要应用
1	0.45～0.52	蓝	用于穿透水体，适用于海岸制图，也适用于土壤/植被识别、森林类型制图及人文特征鉴定
2	0.52～0.60	绿	用于植物识别中绿反射峰值（图 1.9）的测量和植物活力评价，同样有助于人文特征的鉴定
3	0.63～0.69	红	用于叶绿素吸收区（图 1.9）的判断，帮助进行植物种类的鉴别，同样有助于人文特征的鉴定
4	0.76～0.90	近红外	用于确定植物的类型、活力、生物量，也用于水体和土壤湿度的辨别
5	1.55～1.75	中红外	可指示植物含水量和土壤湿度，也用于将雪从云中区分开来
6[a]	10.4～12.5	热红外	用于植物压迫分析、土壤湿度辨别和热力制图
7[a]	2.08～2.35	中红外	用于辨别矿物和岩石的类型，也对植物含水量敏感

[a] 波段 6 和波段 7 未按波长顺序编号，因为在最初的系统设计中波段 7 是后来才添加进来的。

图 5.7 是陆地卫星图像的一小部分，它比较了陆地卫星 TM 的 7 个波段的图像。在波段 1（蓝）和波段 2（绿）的图像中，湖泊、河流、池塘的蓝绿色水体有中等强度的反射率，在波段 3（红）的图像中，它们的反射率很小，而在波段 4、波段 5、波段 7（近红外与中红外）的图像中，它们实际上未被反射。道路和城市街道的反射率在波段 1、波段 2、波段 3 的图像中最高，而在波段 4 的图像中最低（其他人文特征如新的次级分界线、砂砾坑和采石场等也有相似的反射率）。

农作物在波段 4（近红外）的图像中的反射率一般最高。注意，位于河流和湖泊右边的高尔夫球场在波段 4 的图像中同样有很高的反射率。从图像的右上（东北）到左下（西南）有一个明显的线状色调，它是威斯康星州最近冰河的遗迹。冰河的冰从东北向西南运动，留下许多冰堆丘和经过冲刷的小山状基岩地形。当今的谷物和土壤湿度模式反映了这一排列成行的凹槽地形。热波段（波段 6）的明显地物特征要少于其他波段，因为其地面单元的分辨率是 120m。它呈模糊的块状外观，因为这些像元被重采样到了 30m。与预想的一样，在夏季白天记录的热图像中，道路和城市拥有最高的辐射温度，而水体的辐射温度最低。

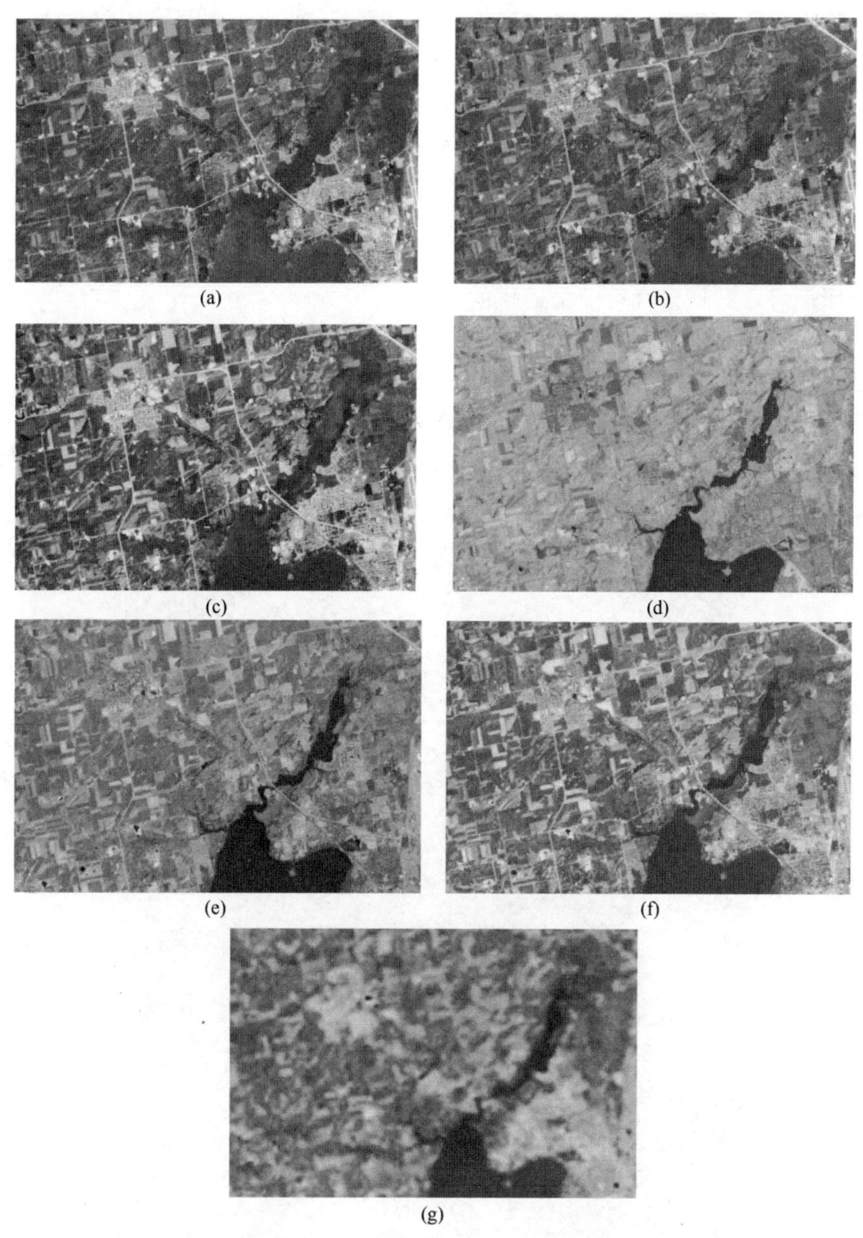

图 5.7　美国威斯康星州麦迪逊郊区的陆地卫星 TM 单波段图像（比例尺为 1∶210000）：(a)波段 1，0.45～0.52μm（蓝）；(b)波段 2，0.52～0.60μm（绿）；(c)波段 3，0.63～0.69μm（红）；(d)波段 4，0.76～0.90μm（近红外）；(e)波段 5，1.55～1.75μm（中红外）；(f)波段 7，2.08～2.35μm（中红外）；(g)波段 6，10.4～12.5μm（热红外）

表 5.4　彩图 12 中的 TM 波段-色彩组合

彩图 12	彩色合成图像中的 TM 波段-色彩赋值		
	蓝	绿	红
(a)	1	2	3
(b)	2	3	4
(c)	3	4	5
(d)	3	4	7
(e)	3	5	7
(f)	4	5	7

彩图 12 显示了图 5.7 中同一区域的 6 张彩色合成图像，表 5.4 中列出了生成这些合成图像的色彩组合方式。注意彩图 12(a)是“标准彩色”合成图像，彩图 12(b)是“彩红外”合成图像，彩图 12(c)～(f)是“假彩色”合成图像。USGS EROS 的研究（NOAA，1984）给出了针对不同地物特征进行解译时应优先选择的几个特定波段-色彩组合。波段 1、波段 2 和波段 3 的标准彩色合成（依次显示为蓝、绿、红）对水沉积物制图来说最好。对大多数城市特征和植被类型制图等其他应用而言，下述几种波段组合为首选：①波段 2、3、4（彩色红外）合成；②波段 3、4、7（蓝、绿、红）合成；③波段 3、4、5（蓝、绿、红）合成。一般而言，在彩色合成图中含有一个中红外波段（波段 5 或波段 7）能增强对植物的辨别，任意一个可见光波段（波段 1 到波段 3）、近红外波段（波段 4）和一个中红外波段（波段 5 或波段 7）的组合同样非常有用。但在图像解译中，许多人偏爱使用波段-色彩组合，而对特定的应用而言，其他组合可能是最优的。

图 5.8 显示了陆地卫星 TM 波段 6（热波段）的图像，它拍摄的是绿湾和密歇根湖（位于威斯康星州和密歇根州之间）。在这幅图像中，陆地面积被屏蔽而显示为黑色（屏蔽所用的技术将在第 7 章中描述）。基于与野外观测的水面温度之间的相关性，图像数据被“分割”为 6 个灰度级，色调最暗的水面温度小于 12℃，色调最亮的水面温度大于 20℃，其他 4 个灰度级分别代表 14℃、16℃、18℃和 20℃。

图 5.8　陆地卫星波段 6（热红外）的图像，绿湾与密歇根湖，威斯康星州-密歇根州，7 月中旬，比例尺为 1∶303000

图 5.9 是由陆地卫星 7 ETM+获得的首幅图像的一部分，它是一幅“全色波段”图像，显示的区域是南达科他州的苏福尔斯及其邻近地区。在这幅分辨率为 15m 的图像中，机场（中上部）、主要道路、新住宅开发区等特征清晰可辨。这幅全色波段图像可以和 ETM+的其他 30m 分辨率的波段（即波段 1～波段 5 和波段 7）融合，产生实际分辨率为 15m 的“全色增强”后的彩色图像（见 7.6 节）。其他几幅陆地卫星 7 ETM+图像将在本书的其他位置展示。

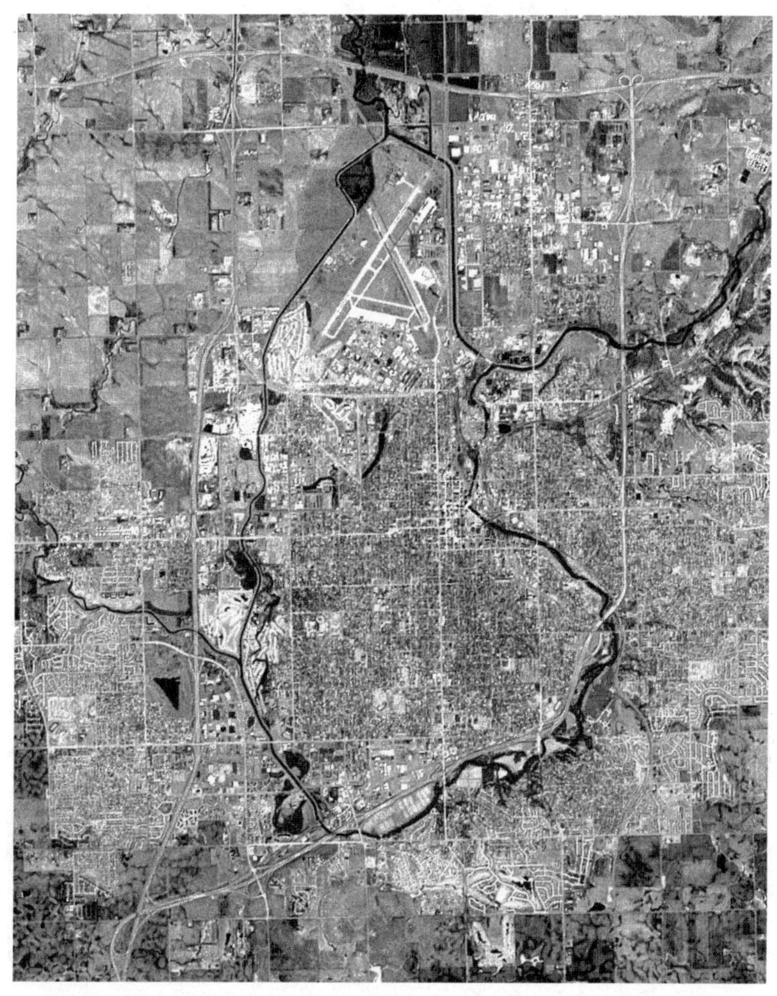

图 5.9　陆地卫星 7 获得的第一幅 ETM+图像。全色波段（15m 分辨率），南达科他州苏福尔斯，1999 年 4 月 18 日拍摄。比例尺为 1∶88000（EROS 数据中心供图）

MSS 仅在其瞬时视场（IFOV）沿扫描线从西向东扫过时，才沿 6 条扫描线收集数据，而 TM 和 ETM+的扫描镜在从西向东与从东向西两个方向上扫过时，都获取 16 条扫描线上的数据。因此，TM 和 ETM+传感器中集成了*扫描线校正器*（SLC）。图 5.10 说明了扫描线校正器的功能。在扫描镜的每次扫描中，扫描线校正器沿卫星地面轨迹方向向后旋转传感器视线，以补偿卫星的前向运动，防止扫描线重叠和图像变窄，产生垂直于地面轨迹的整齐扫描线。

陆地卫星 7 数据的潜在用户应该知道，该系统的 SLC 组件已于 2003 年 5 月 31 日失效。因此，这使得卫星所获“原始”图像沿卫星地面轨迹方向出现锯齿［见图 5.10(a)］。原始图像包含的数据间隙和重复沿场景的东边和西边最明显，向场景的中心则逐渐减弱。这个问题的性质如图 5.11 所示，图中显示了 2003 年 9 月 17 日拍摄的加州索尔顿湖地区的一张全幅图像。

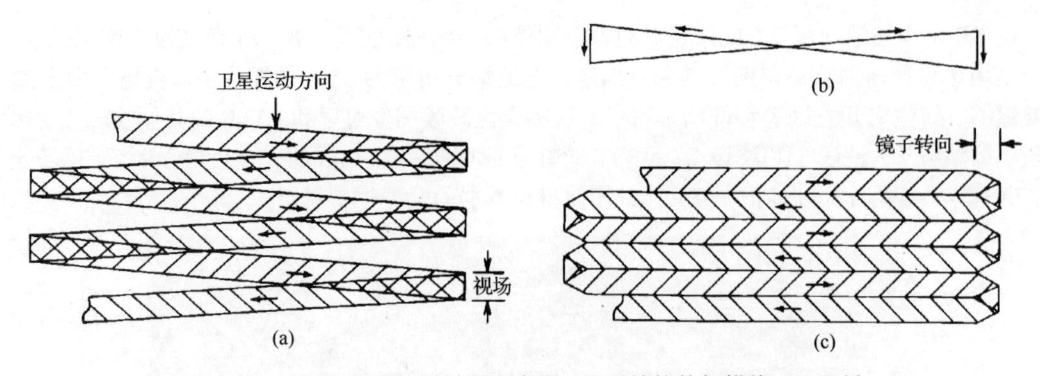

图 5.10　TM 扫描线校正过程示意图：(a)无补偿的扫描线；(b)卫星运动的校正；(c)补偿后的扫描线（摘自 NASA 图表）

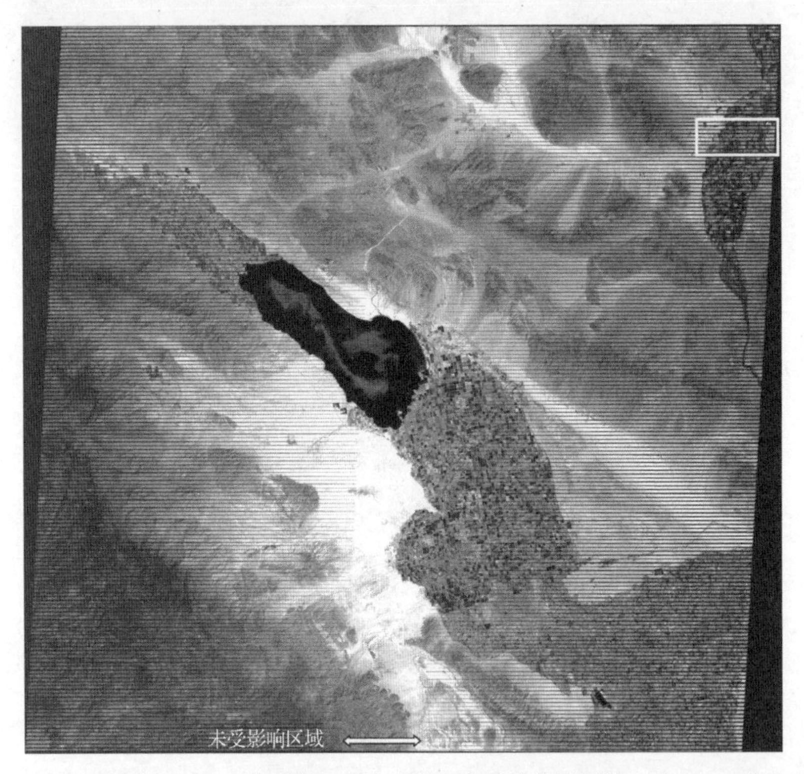

图 5.11　2003 年 9 月 17 日拍摄的加州索尔顿湖地区的全幅图像，无 SLC，陆地卫星 7，波段 3。1G 级（几何校正）。数据间隙问题不影响图像中心，但在图像边缘非常明显。白色矩形区域在图 5.12 中已放大显示（USGS 供图）

图 5.12 显示了图 5.11 中东部边缘区域的放大图像。图 5.12(a)显示了需要优先消除的场景边缘附近的重复数据，图 5.12(b)显示了消除重复像素且经几何校正后出现的缝隙。

为了改善扫描线校正失效后获取的“SLC 故障”图像的可用性，人们开发了几种方法：在这些缝隙中填充从周边扫描线内插而来的数据，或者使用来自一个或多个日期获取的数据，从中选择像素值数据进行填充。图 5.12(c)说明了使用某年前同一天获得的无 SLC 故障的同一场景的图像数据像素值（2002 年 9 月 14 日）填补图 5.12(b)中数据缝隙后的情形。SLC 故障后的一幅或多幅图像也可用于缝隙填充。显然，SLC 故障图像或其衍生的图像产品的可用性，很大程度上取决于所述数据的预期应用。

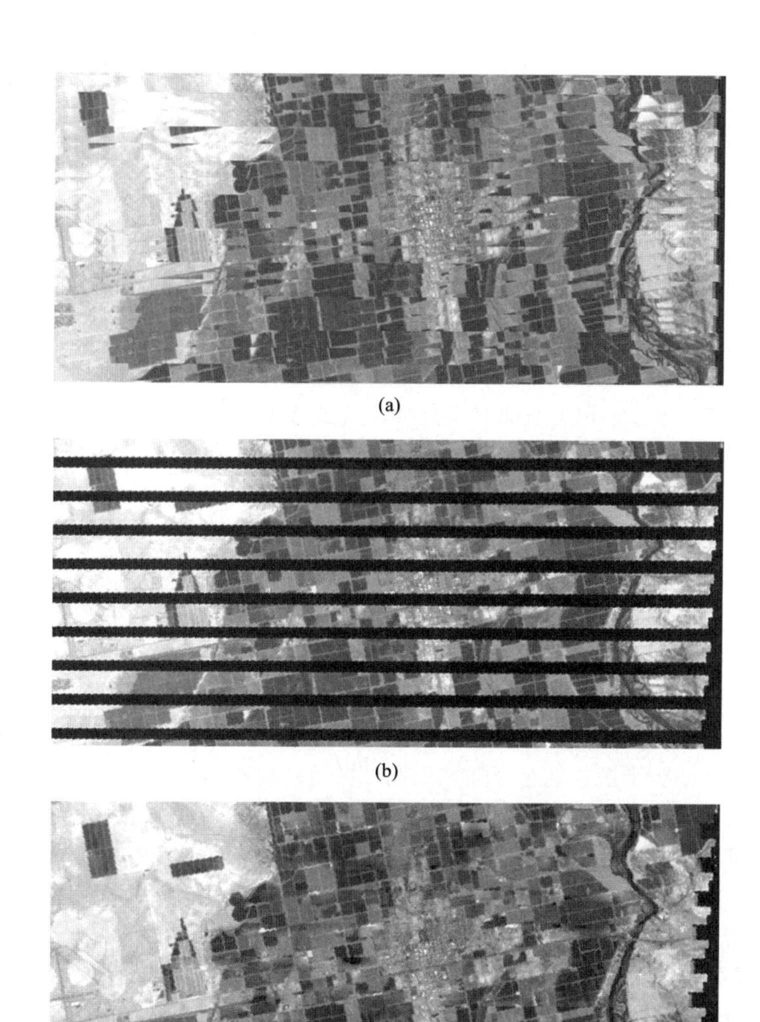

图 5.12　图 5.11 中白色矩形区域的放大图：(a)场景边缘附近需要预优消除的重复像素；(b)消除重复像素且经几何校正后的缝隙；(c)缝隙填充后的图像，填充的数据来自较近周年日（2002 年 9 月 14 日）SLC 故障前同一场景的数据（USGS 供图）

陆地卫星 1～7 任务提供了超过 40 年的覆盖地球陆地表面、沿海浅滩和珊瑚礁的宝贵图像。这些数据现在构成了持续动态气候监测及中等空间和时间分辨率全球资源与发展的基础。与此同时，陆地卫星 1～7 任务存在许多行政管理和技术上的挑战。美国总统府和美国国会的一些会议对美国国土遥感项目的适当政策和运营进行了争论。项目资金和从项目获得数据的预算都是持久的议题（以后也会如此）。随着时间的推移，美国陆地卫星数据的分发经历了 4 个阶段：实验阶段、过渡阶段、商业阶段和政府阶段。自 2008 年以来，美国地质调查局（USGS）已通过地球资源观测和科学中心（EROS，位于南达科他州的苏福尔斯）免费向所有用户提供所有陆地卫星场景档案的资料下载。在此政策实施之前，每年最多有近 25000 幅陆地卫星图像售出。根据新政策，在不到 4 年的时间里，人们已下载了超过 900 万幅图像。

USGS 的档案中包含超过 280 万幅图像，同时正在努力增加由国际合作伙伴接收站收集的非冗余图像。预计这一举措将使得 EROS 的总存档图像数量增加 300 万～400 万幅，75%的新图像将来自欧盟、澳大利亚、加拿大和中国。

陆地卫星 1～7 任务的历史和技术细节超出了这里的讨论范围［有关这些任务的详细信息，请参阅 Lauer et al.（1997）、PERS（2006）、Wulder and Masek（2012）和本书的前几版］。剩余讨论的重点是陆地卫星 8 任务。

5.5 陆地卫星 8

如前所述，2013 年 2 月 11 日，陆地卫星 8 使用阿特拉斯五号火箭在肯尼迪航天中心发射。在陆地卫星 8 发射前期，该计划称为陆地卫星数据连续性任务（LDCM）。因此，LDCM 和陆地卫星 8 指的是同一任务，且在其他参考文献或文件中可以互换使用。如 LDCM 这一名称所示，此次任务的主要目的是在运营基础上扩大未来对地球资源卫星数据的收集。NASA 和 USGS 是该任务在构想和运营上的主要合作伙伴。NASA 主要负责此次任务的太空阶段，包括航天器和传感器的开发、航天器发射、系统工程、发射前的校准以及太空阶段的在轨检查；USGS 负责地面系统的研发并承担在轨检查结束后的任务运行。这些操作包括启动后校准、数据收集的时间安排、接收、归档和分发所得到的数据。

该任务的高层次目标是：①收集和归档中等分辨率（30m GSD）反射的多光谱图像数据，允许不少于 5 年的全球陆地面积的周期性覆盖；②收集和归档中等到低分辨率（120m）的热红外多光谱图像数据，允许不少于 3 年的全球陆地周期性覆盖；③确保所得数据与以前陆地卫星任务中的数据在以下方面具有足够的连续性：采集几何结构、覆盖范围、光谱和空间特性、校准、输出数据质量和数据可用性，以允许对超过几十年的土地覆盖和土地使用变化进行评估；④无差别地将标准数据产品分发给普通公众，且价格不高于满足用户请求的边际成本（在不需要成本的互联网上将数据分发给用户，实现后一目标）。

需要注意的是，陆地卫星 8 的光学元件的最短设计寿命为 5 年，其中热组件的寿命仅为 3 年。导致这一差异的原因是，热系统被审核批准的时间要比光学系统晚很多。规范上解释放宽设计使用年限的原因是加速热组件的开发。设计师可以选择冗余子系统组件来节省开发时间，而不必追求 5 年设计寿命所决定的鲁棒性冗余。在任何情况下，陆地卫星 8 都包括足够的燃料，至少可以运行 10 年。

陆地卫星 8 发射到了一个重复的、接近圆形的、太阳同步的、邻近极地的轨道，在功能上等同于陆地卫星 4、5 和 7 的轨道。如图 5.2 所示，该轨道在赤道上有 705km 的标称高度和相对于赤道 98.2°（偏离标准 8.2°）的倾角。在当地时间上午 10:00 左右（±15 分钟），卫星的每次轨道周期由北向南穿越赤道。每个轨道周期需要约 99 分钟，一天内刚好完成 14.5 次轨道周期。由于地球自转，在赤道附近，连续轨道的地面轨迹之间的距离约为 2752km（见图 5.13）。

上述轨道导致卫星每 16 天重复一个周期。如图 5.14 所示，卫星的相邻覆盖轨迹之间的时间间隔是 7 天。陆地卫星 8 每个场景的东西幅宽仍是 185km，每幅图像的南北幅长为 180km。所有图像根据全球参考系 2（WRS-2）中的位置进行配准。在该系统中，一个周期内的每个轨道被指定为一条路径。在这些路径中，单独的传感器帧中心被指定为行。因此，一个场景可以通过指定路径、行和日期来唯一地标识。WRS-2 由 233 条路径构成，自西向东编号为 001～233，路径 001 在西经 64°36′处跨越赤道。编号为 60 的行适逢赤道轨道的降交点。每条路径的第 1 行始于北纬 80°47′。WRS-2 也用于陆地卫星 4、5 和 7。每条 WRS-2 路径的陆地卫星 7 覆盖和陆地卫星 8 覆盖之间有 8 天的偏移（陆地卫星 1、2 和 3 使用 WRS-1 配准，具有不同的轨道模式。WRS-1 具有 251 条路径和与 WRS-2 相同的行数）。

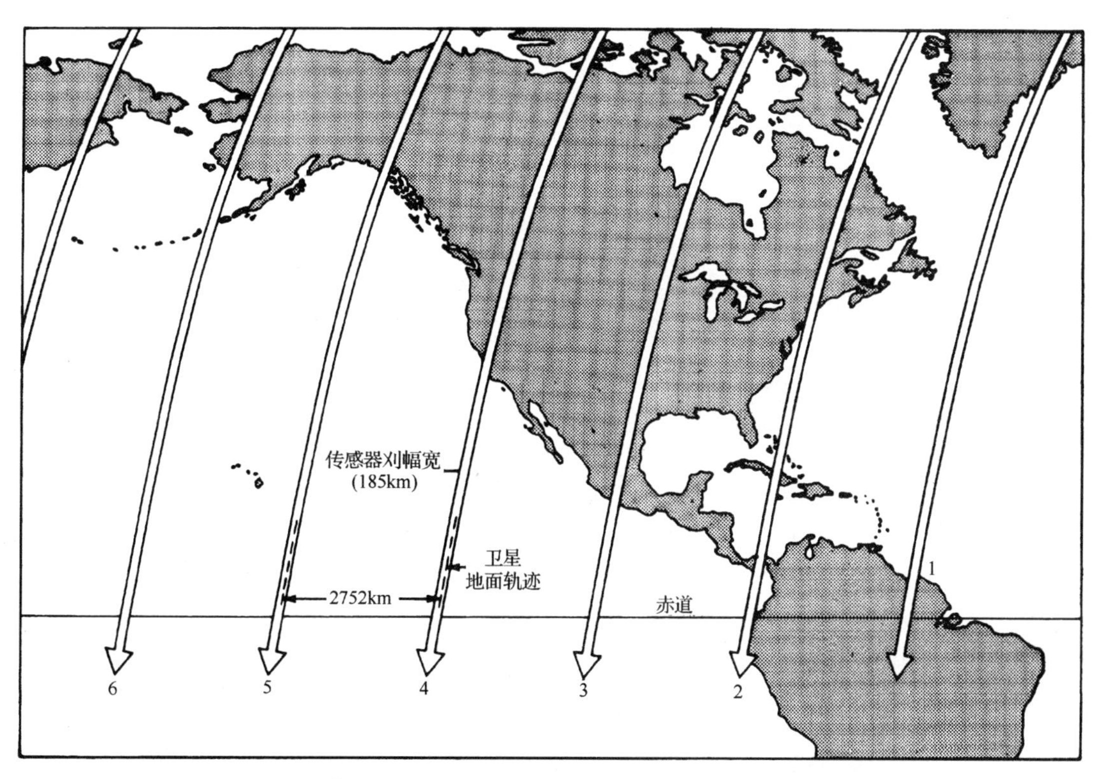

图 5.13　赤道处陆地卫星 8 相邻轨道之间的间距。在轨道两次通过之间，地球向东运行 2752km（摘自 NASA 图表）

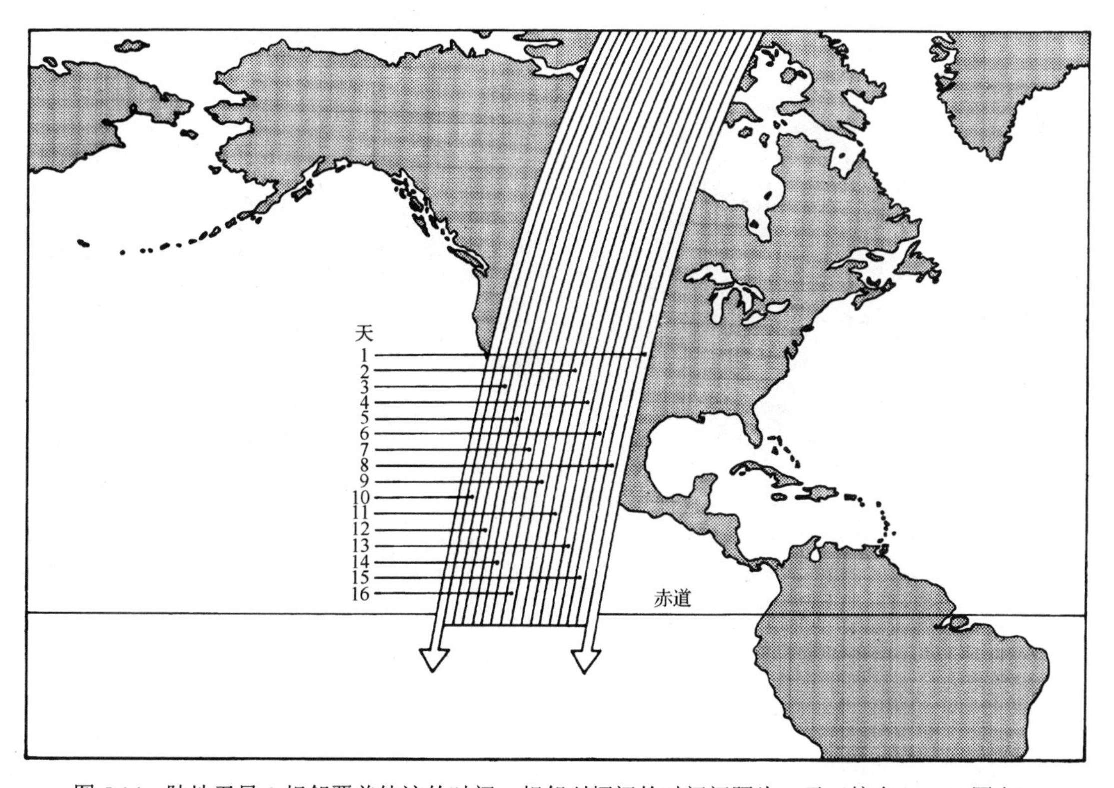

图 5.14　陆地卫星 8 相邻覆盖轨迹的时间。相邻刈幅间的时间间隔为 7 天（摘自 NASA 图表）

陆地卫星 8 集成了两个传感器，即陆地成像仪（OLI）和热红外传感器（TIRS）。这两个传感器具有相同的 15° 视场和能收集相同地面区域的数据集，最后这些数据集在地面处理期间将每个 WRS-2 场景合并为单一的数据产品。该数据最初存储在一个机载固态记录仪中，并经由 X 波段数据流传输到若干地面接收站。这些接收站不仅包含美国的 EROS 中心，而且包含那些参与地球资源卫星项目合作的外国政府资助的接收站，它们称为国际合作者（IC）。各种地面接收站将数据转发到 EROS 中心，该中心运行的数据处理和归档系统（DPAS）对陆地卫星 8 的所有数据进行接收、处理、存档和分发。DPAS 平均每天处理至少 400 个场景，可以在 24 小时内查看。由陆地卫星 8 的两个传感器获得的 12 位数据，通常被处理为“Level 1T”正射（地形校正后的）GeoTIFF 图像产品，这种产品经过了辐射测量校正，并且与 UTM 地图投影（WGS84 数据）进行了配准，或者在极地场景情况下，与极地立体投影进行了配准。OLI 多光谱数据重采样为 30m GSD，全色波段被重采样为 15m GSD。为了和 OLI 数据对齐，TIRS 数据从原来的 100m 传感器分辨率过采样（超过了热波段的最低要求 120m）到了 30m GSD。数据的指定空间精度约为 12m CE 90。

OLI 传感器［见图 5.15(a)］和 TIRS 传感器［见图 5.15(b)］都采用了线性阵列技术和推帚式扫描，这是首次在陆地卫星计划中应用这些技术。推帚式技术的主要优点是改进了信噪比，这可归因于更长的侦测停留时间、移动部件的缺失、成像平台稳定性的提升和内部图像几何特性的一致性。与扫帚式扫描相比，推帚式扫描的主要缺点是，需要交叉校准数千个探测器才能在每个探测器的焦平面上实现整个光谱和辐射的均匀性。因此，OLI 的每个多光谱波段集成有 6500 个传感器，全色波段集成有 13000 个传感器，它们分布在 14 个焦平面模块中。该系统还包含覆盖“盲区”波段的检测器，用于估算图像采集过程中的传感器误差。因此，集成在 OLI 中的传感器总数是 75000 个。

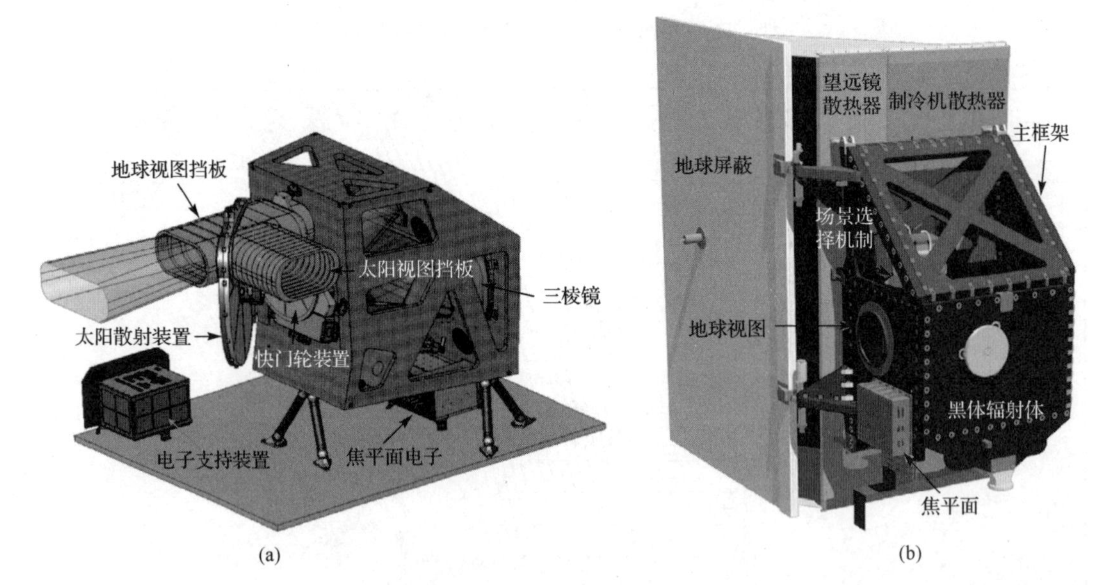

图 5.15 陆地卫星 8 的传感器：(a)OLI（Ball Aerospace and Technologies Corporation 供图）；(b)TIRS（NASA 供图）。经 Elsevier 许可，分别印自 *Remote Sensing of Environment*, vol. 122, Irons, J. R.., Dwyer, J. L 和 J. A. Barsi, *The next Landsat satellite: The Landsat Data Continuity Mission*, pp. 13 and 17, copyright 2012

使用位于低温冷却焦平面上的 3 个量子阱红外探测器（QWIP）阵列进行推帚式扫描，可得到 TIRS 图像。每个阵列在垂直航迹方向上有 640 个探测器，每个探测器的 GSD 均为 100m。3 个阵列略微重叠，使得它们组成了一个拥有 1850 像素、185km 幅宽的高效复合阵列。TIRS 是首个采用量子阱红外探测器技术的航天设备。传感器的校准是使用由场景选择器机制［在天底（地球）、黑体校准源、深空观测点的探测器视场之间交替切换］控制的镜子来实现的。

表 5.5 总结了结合 OLI 和 TIRS 图像数据得到的光谱波段。为了与陆地卫星 7 ETM+波段保持数据一致性，陆地卫星 8 的几个反射波段和 ETM+的反射波段是相同的或非常接近的。然而，若干 OLI 波段的宽度经过了改善，以减轻或避免在 ETM+波段中出现的各种大气吸收特性的影响。例如，OLI 波段 5（0.845～0.885μm）不包括水汽吸收特性的 0.825μm 波段，而靠近 ETM+的近红外波段（0.775～0.900μm）的中部。相对于 ETM+全色波段，OLI 全色波段 8 也被缩小，以提高植被和非植被区域的对比度。

表 5.5　陆地卫星 8 的光谱波段

波　段	标定光波位置	波长/μm	空间分辨率/m	传　感　器	ETM+波长范围波段/μm
1	滨海/气溶胶	0.433～0.453	30	OLI	
2	蓝	0.450～0.515	30	OLI	1: 0.450～0.515
3	绿	0.525～0.600	30	OLI	2: 0.525～0.605
4	红	0.630～0.680	30	OLI	3: 0.630～0.690
5	近红外	0.845～0.885	30	OLI	4: 0.775～0.900
6	SWIR 1	1.560～1.660	30	OLI	5: 1.550～1.750
7	SWIR 2	2.100～2.300	30	OLI	7: 2.090～2.350
8	全色	0.500～0.680	15	OLI	8: 0.520～0.900
9	卷云	1.360～1.390	30	OLI	
10	TIR 1	10.6～11.2	100	TIRS	6: 10.4～12.5
11	TIR 2	11.5～12.5	100	TIRS	

除了在光谱波段宽度上进行改善，OLI 还包含两个新波段。第一个是波段 1，这是一个深蓝色波段（0.433～0.453μm），主要用于在沿海地区监测海洋水色，并估算气溶胶特性（如反射率、浓度、光学厚度）。第二个是波段 9，这是一个红外短波波段（1.360～1.390μm），它包含强水吸收特征，便于在 OLI 图像上检测卷云。卷云是薄束状云，往往有在某个相同方向上对齐的趋势，一般不会完全覆盖天空。卷云出现在非常寒冷的大气高空，所以由冰晶而非水滴构成。因为非常薄，卷云在光谱的可见光部分不能反射太多能量。在波段 9 的图像中，卷云具有相对于大部分土地更亮的特点，因此可以辅助评估其他波段中的卷云污染。

两个 TIRS 波段在任务设计阶段后期才加入陆地卫星 8 的图像数据，主要用来辅助测量灌溉农田的水消耗量，特别是在美国西部的半干旱区。美国西部各州水利局领导下的水资源管理局极力主张获得这样的数据。为了以更快的进度设计和建立 TIRS，决定为热成像波段制定 120m 的分辨率（实际的最终设计分辨率为 100m）。相对于从陆地卫星 7 ETM+获得的 60m 分辨率热成像数据，尽管这是一种退步，但 120m 的分辨率足以满足水消费应用，它主要涉及监测由中心枢轴灌溉系统灌溉的区域，美国大平原和世界上的许多其他地区都有这样的区域。这些系统通常将水洒在直径为 400～800m 的圆形区域，除了测量蒸发量和耗水量，热成像数据还可用在许多其他的领域，包括绘制城市热通量、监控发电厂附近的热水排放等。

使用“窗口分裂”算法，可选择用于获取 TIRS 数据的特定波段来修正热成像数据的大气影响。这个算法的依据是，在 10.0～12.5μm 范围内，大气吸收所致的地表辐射的减少，正比于在两个不同波长处同时测量的传感器辐射之差（Caselles et al.，1998；Liang，2004；Jiménez-Muñoz and Sobrino，2007）。

总体而言，陆地卫星 8 传感器和数据经过了很好的校正，这对长期地表变化的精确检测和定量非常必要。陆地卫星 8 的数据完整性不仅归因于发射前的校准，而且归因于入轨后在整个任务生命周期中持续不断地进行的传感器校准（通过地面测量增强）。这涉及在一定范围的标称时间尺度内执行的许多不同类型的校准操作，具体包括：

- 每个地球成像轨道周期两次（约每 40 分钟）。采集图像时，光线通过地球视域挡板进入 OLI 光学系统［见图 5.15(a)］。在每次地球成像间隔之前和之后，遮光轮组件按指令旋转到某个位置，并在该位置形成一个 OLI 视场的快门，防止光线进入设备。这提供了一种方法来监测和补偿成像过程中系统探测器的辐射响应暗偏差。TIRS 探测器的暗偏差在每次成像轨道周期期间监测两次，首先在深空中定位 TIRS 视场，然后在已知星载黑体上定位和控制温度［见图 5.15(b)］。
- 每天一次。OLI 包括两个激发灯组件，每个半球装置中含有 6 个小灯。这些小灯有能力在快门关闭时穿过整个 OLI 光学系统照亮 OLI 焦平面。第一组灯每天用于监视相对已知灯组件照明的 OLI 辐射响应的稳定性。第二组灯用于在每周（或更长）的时间间隔内帮助将主要灯组件强度的内在变化从 OLI 传感器本身的辐射响应时间变化上区别开来。
- 每周一次。OLI 太阳视域校准名义上通过每周监测传感器的整体校准及传感器到传感器标准化来执行。这些校准要求卫星机动，将太阳视孔指向太阳，并使用 3 个定位太阳漫射轮组件。

当 OLI 用于成像时，太阳漫射轮转动到一个包含小孔的位置，小孔允许光直接通过地球视域快门进入传感器。在其他两个漫射轮位置，太阳漫射板被引入，以阻止光线通过地球视域快门，太阳视域挡板对准太阳，漫射板反射日光照到 OLI 光学系统。漫射轮的一个位置将一个“工作”面板引入光路，另一个位置则曝光一个“原始”面板。工作面板名义上每周执行一次，原始面板的曝光频率更低（约每半年一次）。原始面板的主要目的是，监测由于经常被太阳照射而导致的工作面板光谱反射率的变化。

- 每月一次。一些地球观测卫星，其中包括 EO-1 系统，使用月球作为校准源。因为月球表面的反射性能稳定，而且可以建模为视图和照明几何的函数（Kieffer et al.，2003）。OLI 辐射校准是由在陆地卫星 8 系统的轨道上对接近满月状态下的月球成像进行每月验证的。
- 不定期。与许多其他卫星系统相似，包括以前的陆地卫星，陆地卫星 8 不定期地采集表面校准站的图像数据，以进一步验证传感器校准。校准站包含的特征如下：卫星飞过站点上空时已知表面温度的大湖区和干旱沙漠内的湖区经地面测量的地表反射率与大气条件，以及高精度的地面控制点信息。

关于陆地卫星 8 概况的详细信息，特别是其传感器载荷，可参阅 Irons et al.（2012），这是上述内容的主要来源。

图 5.16 展示了在夏季由陆地卫星 8 在美国阿拉斯加州首府朱诺及附近地貌上空拍摄的影像的几个光谱波段的子场景。彩图 13 显示了由相同数据产生的 4 张彩色合成图像。朱诺是阿拉斯加的首府，位于朱诺自治市（阿拉斯加的自治市类似于美国其他地方的县）。朱诺自治市约有 32000 人，面积近 8430km^2。

朱诺市位于阿拉斯加高约 1100m 的陡峭山脉之下狭长地带的加斯蒂诺海峡（阿拉斯加州东南），在子场景的右下角可以看到城镇位于一座横跨海峡的大桥的东侧。头顶上的那些山是朱诺冰原，其中约有 30 个流动冰川，包括门登霍尔冰川（位于此子场景覆盖区域之外）。该子场景的左下角显示了这些冰川流产生的富含泥沙的融水通过门登霍尔河进入阿拉斯加湾的情形。其中两个冰川（雷鸟冰川和柠檬溪冰川）可以在这个子场景的右上方看到。朱诺自治市与东部加拿大不列颠哥伦比亚省毗邻，但它是内陆，没有道路可以翻山进入不列颠哥伦比亚省。进入朱诺需要通过水运和空运。汽车经常从该区域摆渡进出。在这个子场景中心稍微靠左的地方，可以看到朱诺机场。

图 5.16 和彩图 13 中的土地覆盖类型与特性范围，有助于说明陆地卫星 8 的各种波段在区分众

多地貌要素时的相对作用。例如，除了机场本身，还可以看到城市和建筑用地等几个地区，包括公路和高速公路、朱诺中心城区以及位于朱诺峡谷对面的市区。在图 5.16(a)～(e)和彩图 13(a)所示的标准彩色合成图中，陆地卫星 8 的可见光波段以最佳方式显示了这些区域。

在该子场景的左下方，寒冷的含沙融水从门登霍尔冰川进入阿拉斯加湾的海水。羽状含沙水在图像的可见光波段显示得非常清晰，图 5.16(a)～(e)和彩图 13(a)～(c)的彩色合成图中至少包含一个可见光波段。还可以看到，羽状水流的外观会随每个波段的水渗透率（和分辨率）变化。在热红外波段，门登霍尔冰川融水比其进入的盐水更暗（冷）（进入较温暖沿海地区的航道，一般显得比受纳水体温暖）。

图 5.16 右上角显示的冰雪覆盖，包括雷鸟和柠檬溪冰川，它们在所有可见光波段(a)～(e)和近红外波段(f)显示出高反射特性。但这种类型的覆盖在短波红外波段具有高吸收特性，因此在波段(g)和(h)中显得非常暗。在彩图 13 中，冰雪也可和其他覆盖类型相区分，特别是在(c)和(d)波段。同样，彩图 13 中的植被区与其他覆盖区是最好区分的类型。

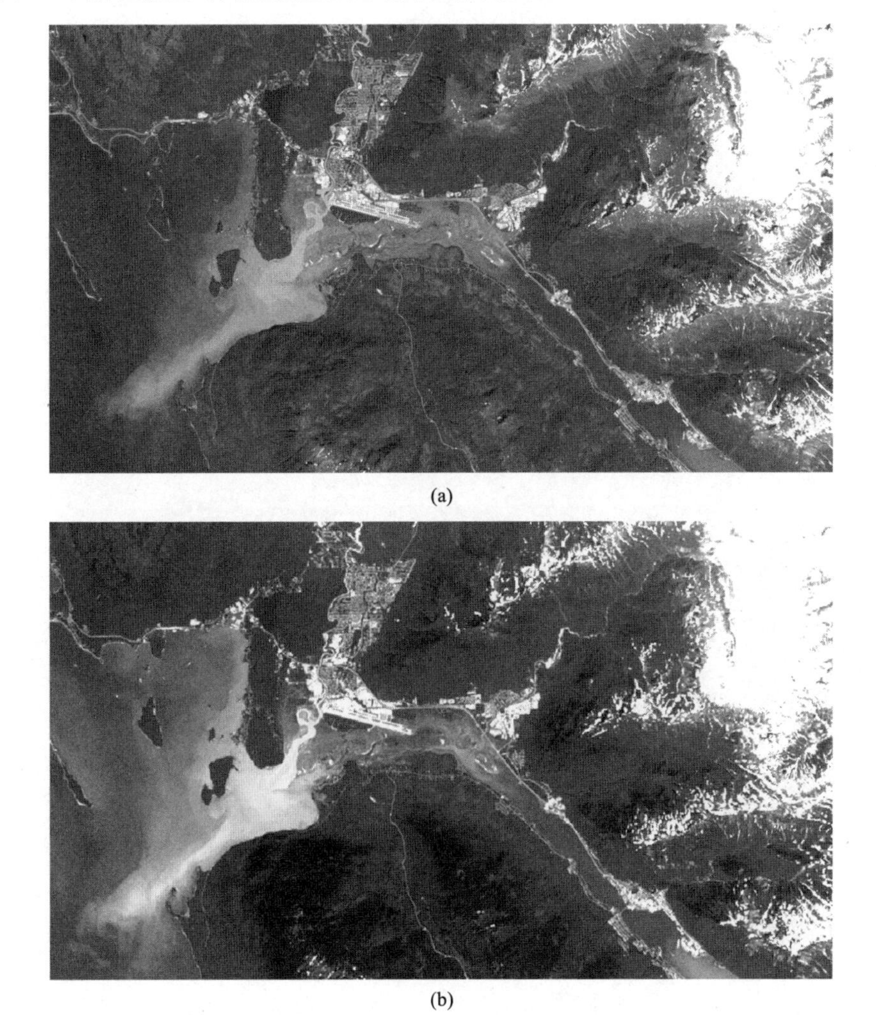

(a)

(b)

图 5.16　陆地卫星 8 的部分 OLI 和 TIR 波段，阿拉斯加朱诺及周边地区，2013 年 8 月 1 日，比例尺为 1：190000：(a)波段 8，0.500～0.680μm（全色）；(b)波段 1，0.433～0.453μm（沿海气溶胶）；(c)波段 2，0.450～0.515μm（蓝色）；(d)波段 3，0.525～0.600μm（绿色）；(e)波段 4，0.630～0.680μm（红色）；(f)波段 5，0.845～0.885μm（近红外）；(g)波段 6，1.560～1.660μm（SWIR1）；(h)波段 7，2.100～2.300μm（SWIR2）；(i)波段 10，10.6～11.2μm（TIR1）（这些波段的其他信息见表 5.5）

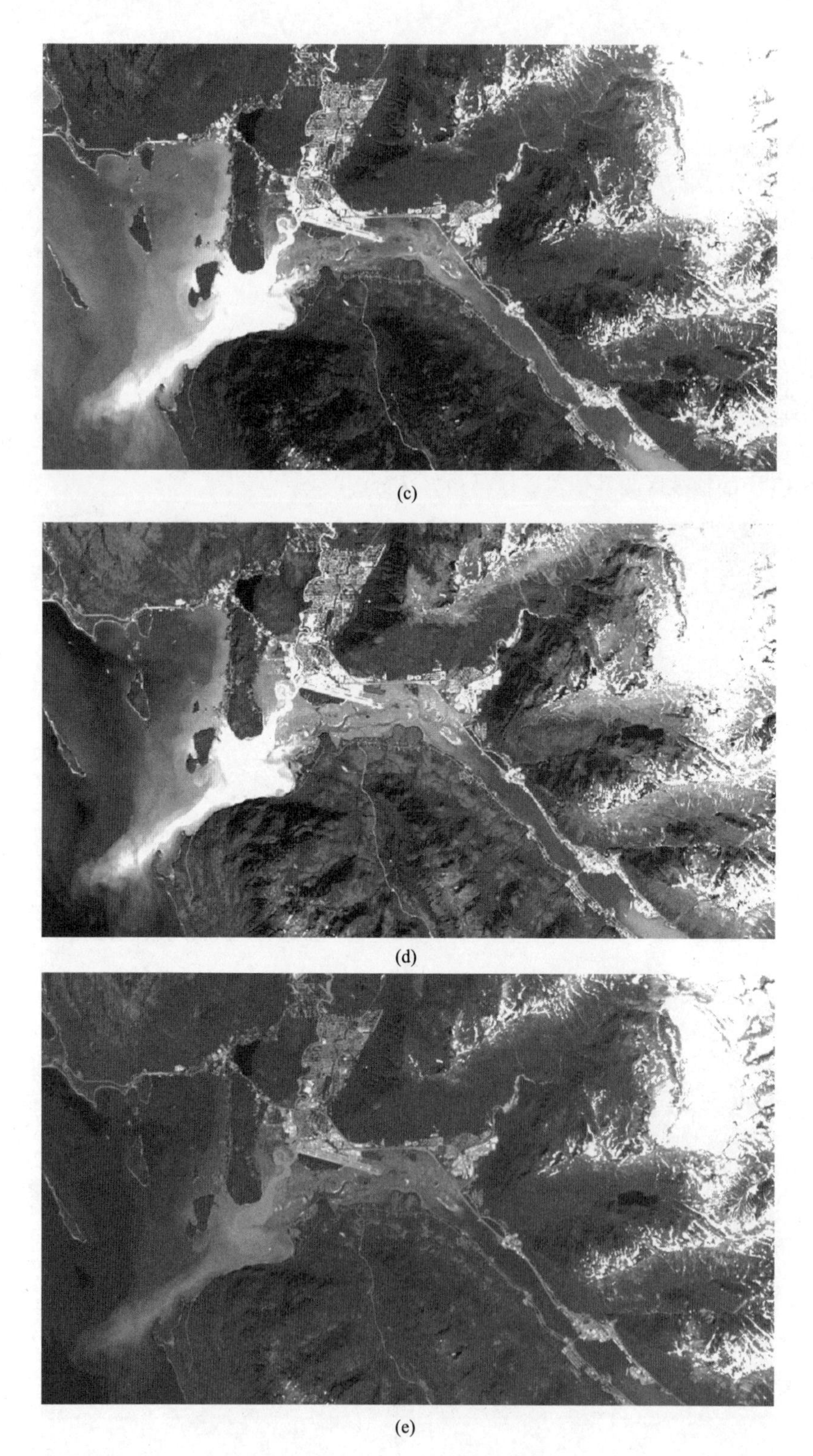

图 5.16（续） 陆地卫星 8 的部分 OLI 和 TIR 波段，阿拉斯加朱诺及周边地区，2013 年 8 月 1 日，比例尺为 1：190000：(a)波段 8，0.500～0.680μm（全色）；(b)波段 1，0.433～0.453μm（沿海气溶胶）；(c)波段 2，0.450～0.515μm（蓝色）；(d)波段 3，0.525～0.600μm（绿色）；(e)波段 4，0.630～0.680μm（红色）；(f)波段 5，0.845～0.885μm（近红外）；(g)波段 6，1.560～1.660μm（SWIR1）；(h)波段 7，2.100～2.300μm（SWIR2）；(i)波段 10，10.6～11.2μm（TIR1）（这些波段的其他信息见表 5.5）

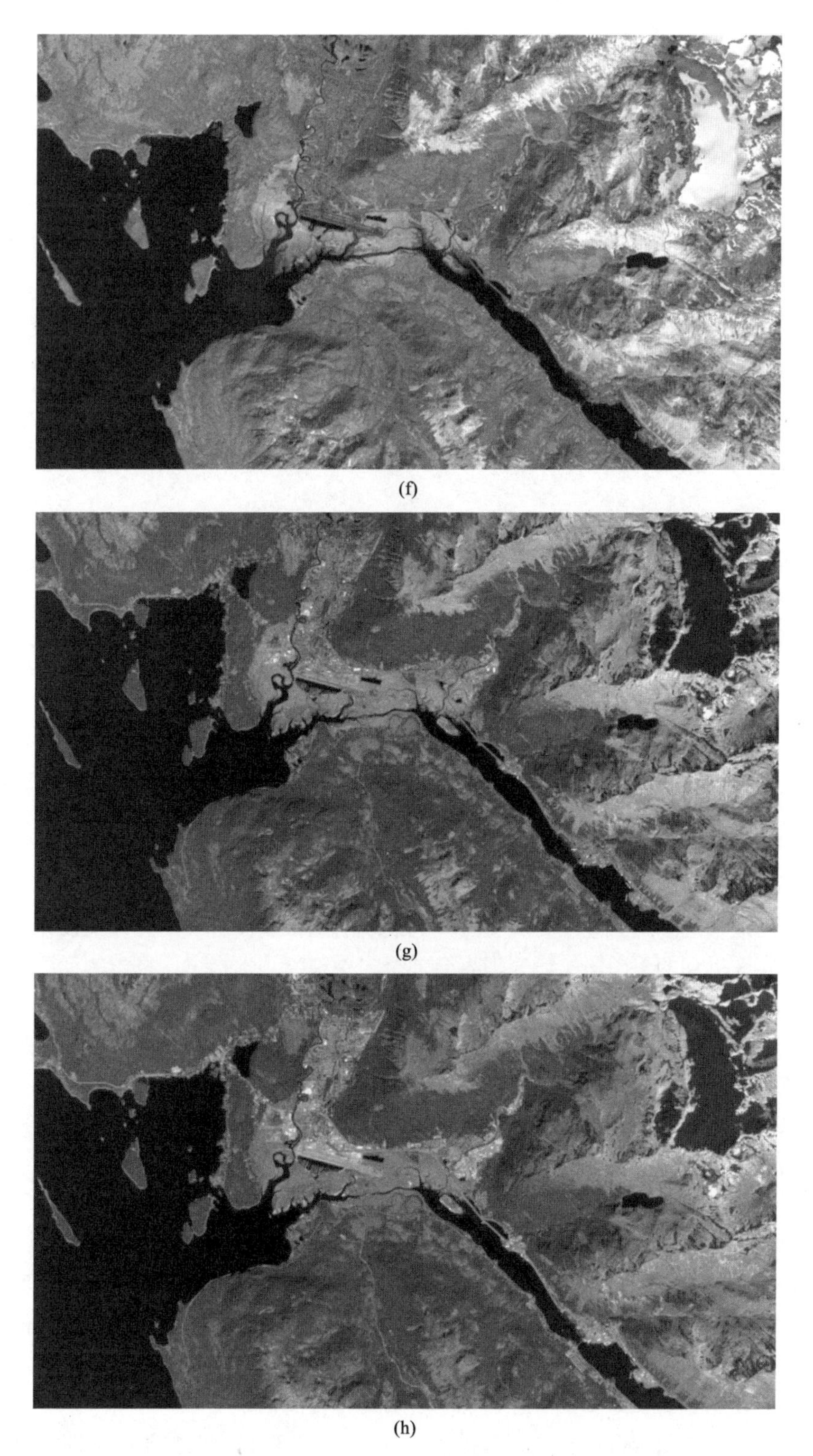

(f)

(g)

(h)

图 5.16（续） 陆地卫星 8 的部分 OLI 和 TIR 波段，阿拉斯加朱诺及周边地区，2013 年 8 月 1 日，比例尺为 1∶190000：(a)波段 8，0.500～0.680μm（全色）；(b)波段 1，0.433～0.453μm（沿海气溶胶）；(c)波段 2，0.450～0.515μm（蓝色）；(d)波段 3，0.525～0.600μm（绿色）；(e)波段 4，0.630～0.680μm（红色）；(f)波段 5，0.845～0.885μm（近红外）；(g)波段 6，1.560～1.660μm（SWIR1）；(h)波段 7，2.100～2.300μm（SWIR2）；(i)波段 10，10.6～11.2μm（TIR1）（这些波段的其他信息见表 5.5）

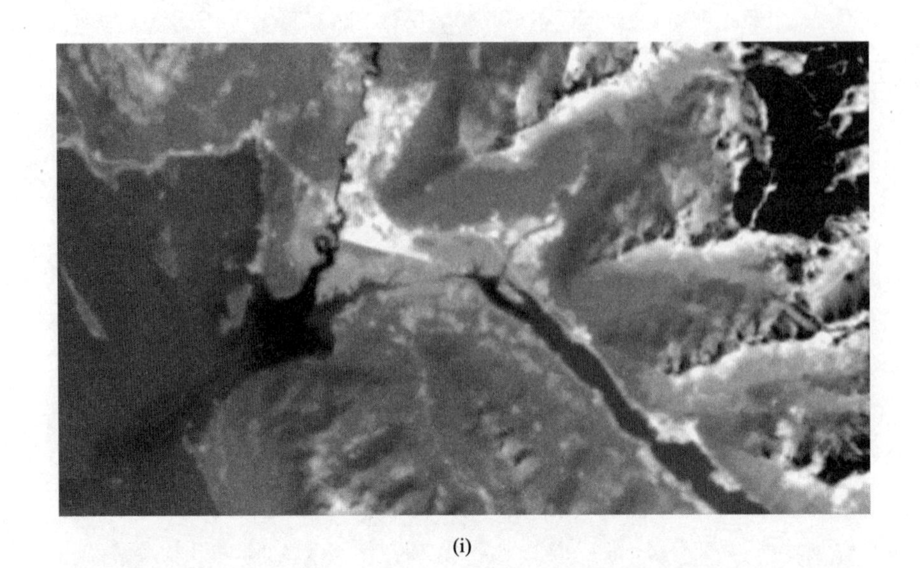

(i)

图 5.16（续） 陆地卫星 8 的部分 OLI 和 TIR 波段，阿拉斯加朱诺及周边地区，2013 年 8 月 1 日，比例尺为 1：190000：(a)波段 8，0.500～0.680μm（全色）；(b)波段 1，0.433～0.453μm（沿海气溶胶）；(c)波段 2，0.450～0.515μm（蓝色）；(d)波段 3，0.525～0.600μm（绿色）；(e)波段 4，0.630～0.680μm（红色）；(f)波段 5，0.845～0.885μm（近红外）；(g)波段 6，1.560～1.660μm（SWIR1）；(h)波段 7，2.100～2.300μm（SWIR2）；(i)波段 10，10.6～11.2μm（TIR1）（这些波段的其他信息见表 5.5）

5.6 未来的陆地卫星任务和全球对地观测系统

纵观重要而成功的陆地卫星项目历史，我们发现它从来就没有长期的方案设计和清晰的预算计划。这一事实在近期的美国国家研究理事会的报告中被恰当地指出，报告的标题为“陆地卫星与超越：维持和增强国家陆地成像计划”（NRC，2013）。报告的前言指出：

这个国家的经济、安全和环境的活力依赖于对地表进行的例行观察，以了解地方、区域和全球尺度下地貌的变化。NASA 为一项研究活动构思和建造了第一颗陆地卫星。这些年来，陆地卫星任务与不同的、依赖于陆地卫星图像的持续可用性和派生数据产品的用户群体一起承担了运营者的角色。然而，资金、管理、发展和运营陆地卫星系列的责任已在政府机构和私营部门实体之间转手多次。虽然美国能源部（DOI）下属的 USGS 建立和维护了土地遥感数据的采集、存档和分发管理，但清晰定义和可持续的土地成像计划还未建立。

因此，在这个时刻（2015 年），陆地卫星项目的未来前景将与持续的政治讨论和预算的不确定性紧密相联。就像上述报告中强调的那样：“陆地卫星 8 只有 5 年的设计寿命，且没有确信的后继者。陆地卫星 9 正在美国行政与国会机构中讨论，但其配置仍然处于争议中。期望超越陆地卫星 9 的任务是不明确的，且企业和外国资助者的责任分担尚未阐明。”

除了对陆地卫星项目混乱历史的细节描述和感叹，以及项目方向的不确定性，NRC 的报告还指出了一些需要认真考虑的机会，以便在未来创造一个充满活力的“维持和增强国家陆地成像计划”（SELIP）。这些内容包括改变卫星的购置和采购过程，充分结合国际和商业合作伙伴运营的系统来生成数据源，整合陆地卫星设计，扩大陆地卫星刈幅宽以减少重访时间，采用小型卫星组成的卫星星座增强或替换一颗装配完备传感器的卫星。在任何类似技术的情况下，很明显，成本是一个主要的考虑因素。从陆地卫星 4 开始，按 2012 年的美元计算，每个陆地卫星任务的生命周期成本约为 10 亿美元。这些费用是方案可持续性的明显障碍。

第一次民用地球观测国家行动计划的构思和发布，为陆地卫星计划带来了希望。该计划由美国科学技术政策局（OSTP，2014）的白宫办公室公布。它确立了所需的优先事项和相关行动，以继续加强美国所有有关地球陆地表面、海洋和大气的资源监测能力。报告强调了一系列从太空进行民用对地观测的重要性。对于陆地成像方面，它特别强调 NASA 和 USGS 联合实施的一项为了延续陆地成像的 25 年计划，这将导致未来的数据“与 42 年来的陆地卫星计划记录完全兼容”。该计划还强调了非光学传感器补充光学成像的作用，以及国际合作的需要。

不论其未来的计划和技术形态如何，充满活力的 SELIP 计划将继续成为美国对地观测组织（USGEO）的中心。科学技术政策局（OSTP）环境和自然资源委员会领导的 USGEO 成立于 2005 年，致力于领导联邦机构，努力在国家层面上形成一个完整的地球观测系统。USGEO 包括来自 17 个联邦机构和总统执行办公室的代表。USGEO 是对地观测国际组织（GEO）的创始成员和重要贡献者。GEO 包括超过 85 个成员国、欧盟委员会，以及 65 个以上的其他参与组织，并且正在开发全球对地观测系统（GEOSS）。

GEOSS 开发的基本前提是在全球范围内存在许多基于遥感的、现场的、地面的、海洋的地球观测系统，但这些系统通常只具有单一目的。“GEOSS 认识到无论我们所有的单目标对地观测系统多么有效，当它们协同工作时，价值将会倍增”（www.usgeo.gov）。GEOSS 通过创造观察和信息系统的联系与互操作性，促进国际和跨学科的协同合作，最终监测和预报全球环境的变化。这样做的目的是，鼓励以科学为基础而非“快速评估”来进行政策性开发。9 个“社会福利领域”形成了 GEOSS 活动的当前重点：农业、生物多样性、气候、灾害、生态、能源、人体健康、水和天气。详细信息见 www.earthobservations.org。

5.7 SPOT 1～5

法国政府在 1978 年初决定承担 SPOT 项目的开发，此后不久瑞典和比利时也同意参与这一计划。SPOT 由法国国家空间研究中心（CNES）构思和设计，目前已发展成一个大范围的国际性计划，SPOT 数据的地面接收站和数据分发地分布于 40 多个国家，自项目开始，已有超过 3000 万幅图像数据。SPOT 计划的首颗卫星（SPOT 1）于 1986 年 2 月 21 日从法国圭亚那的库鲁发射场发射，发射所用火箭为阿里亚娜。因为这是第一颗包含线性阵列传感器并采用推帚式扫描技术的地球资源卫星，因此开创了空间遥感的新纪元。SPOT 同时也是第一个拥有可定向光学器件的系统，因此具有在非天底进行并行拍摄的能力，它还可以用两幅覆盖同一区域的不同卫星轨迹的图像来提供全幅立体成像。

表 5.6 总结了 SPOT 1～5 任务中使用的传感器。所有这些早期的系统均由欧洲航天局的阿里亚娜火箭发射，并且引入了一些形式的政府资助。但 SPOT 计划的远景目标是使之成为全资商业赞助的企业。这一目标通过开发 SPOT 6 和 7 计划得以实现，因此是余下讨论的部分主题。

与陆地卫星一样，SPOT 卫星轨道也是圆形近极地太阳同步轨道，飞行高度是 832km，倾角为 98.7°。SPOT 的下降段在当地时间上午 10:30 穿过赤道，它们穿越北纬某一纬度的时间略迟于这个时间，而穿越南纬某一纬度的时间则略早于这个时间。例如，SPOT 在上午 11:00 左右穿过北纬 40° 区域，而在上午 10:00 穿过南纬 40° 区域。

表 5.6　SPOT 1～5 任务中使用的传感器

任　　务	发射时间	高分辨率设备	光谱波段	植被设备	植被光谱波段
1～3	1986 年 2 月 21 日 1990 年 1 月 21 日 1993 年 9 月 25 日	2HRV	1 全色（10m） 绿（20m） 红（20m） 近红外（20m）	—	—
4	1998 年 3 月 23 日	2HRVIR	1 全色 10m） 绿（20m） 红（20m） 近红外（20m） 中红外（20m）	是	蓝（1000m） 红（1000m） 近红外（1000m） 中红外（1000m）
5	2002 年 5 月 3 日	2HRG	2 全色（5m） 绿（10m） 红（10m） 近红外（10m） 中红外（20m）	是	蓝（1000m） 红（1000m） 近红外（1000m） 中红外（1000m）

SPOT 的轨道模式每隔 26 天重复一次，这意味着它能够以这样的频率和拍摄角度来拍摄地球上的任意地点。但当卫星交替经过 1 天和 4 天（偶尔为 5 天）后，系统的可定向光学器件会使得它能够拍摄到非天底点的图像。交替的时间取决于被摄区的纬度（见图 5.17）。例如，对于赤道上的一个点，在 26 天中有 7 次拍摄机会（第 D 天和第 $D+5$ 天、第 $D+10$ 天、第 $D+11$ 天、第 $D+15$ 天、第 $D+16$ 天、第 $D+21$ 天），而对纬度为 45°的地区，共有 11 次拍摄机会（第 D 天和第 $D+1$ 天、第 $D+5$ 天、第 $D+6$ 天、第 $D+10$ 天、第 $D+11$ 天、第 $D+15$ 天、第 $D+16$ 天、第 $D+20$ 天、第 $D+21$ 天、第 $D+25$ 天）。这种“再访”能力有两方面的重要意义。一方面，在经常出现云层覆盖的地区，这种再访实际上潜在地增加了该区域可拍摄的频率；另一方面，对地面上的同一地区，它提供按照某一频率来进行拍摄的机会，这种频率可以是连续两天，或者隔几天，或者隔几财等。一些应用区域（尤其是农业区和森林区）需要按这样的时间频率来进行重复观测。

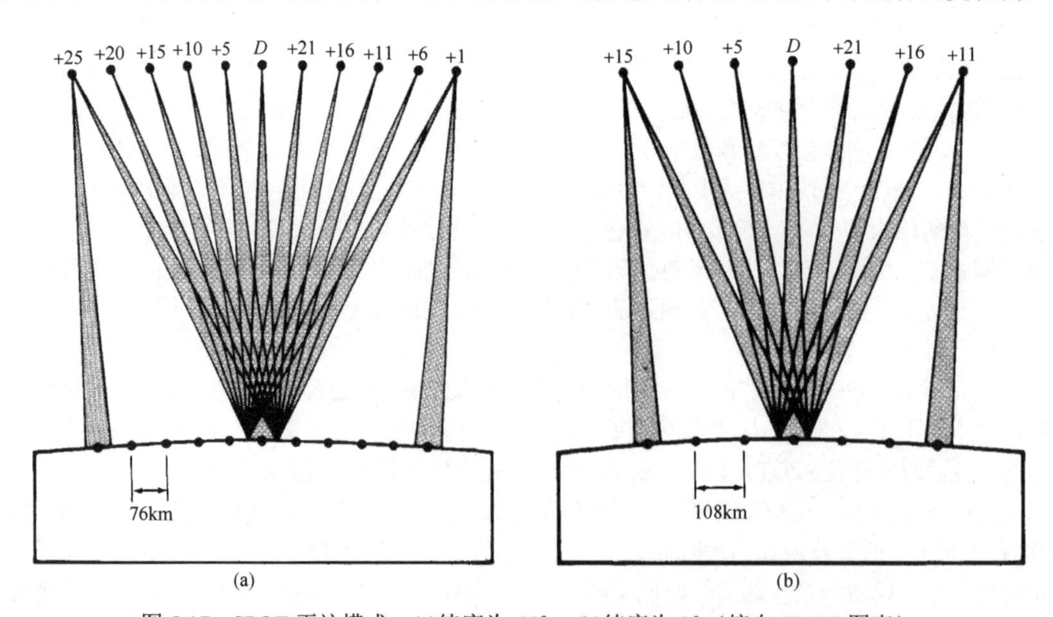

图 5.17　SPOT 再访模式：(a)纬度为 45°；(b)纬度为 0°（摘自 CNES 图表）

SPOT 1、2、3 的传感器的有效载荷包括两个相同的可见光高分辨率（HRV）成像系统和备用的磁带记录器，每个 HRV 可按如下两种模式中的任意一种工作：①一种 10m 分辨率的“全色”（黑白）模式，其光谱为 0.51～0.73μm；②一种 20m 分辨率的多光谱（彩红外）模式，其光谱分别为 0.50～0.59μm、0.61～0.68μm 和 0.79～0.89μm。由 6000 个元件构成的阵列用于记录分辨率为 10m 的数据，而 3 个由 3000 个元件构成的阵列则用于记录分辨率为 20m 的数据。每台设备的视野是 4.13°，因此在天底点拍摄时，每幅 HRV 图像的地面宽度为 60km。

在每个 HRV 光学系统中，第一个元件是一块平面镜，它由地面发出的指令控制，向两侧的任意一侧旋转，旋转角度达±27°（分为 45 级，每级的间隔为 0.6°）。这就使得每台设备可以拍摄到卫星地面轨迹两侧 475km 范围内的任意地区（见图 5.18）。随着拍摄角度的变化，所拍摄图像的实际地面宽度也发生变化，在最大旋转角度（27°），每台设备拍摄的图像宽度为 80km，若两台设备都定向于拍摄天底点的两幅相邻图像，那么获得的图像总宽度为 117km，其中在两幅相邻图像上的重叠部分的宽度为 3km（见图 5.19）。每台 HRV 设备能够同时收集全色数据和多光谱数据，因此产生 4 个数据流，但在某个时刻只能同时传送两个数据流，因此在 117km 的宽度上要么传送全色数据，要么传送多光谱数据，而不能同时传送全色数据与多光谱数据。图 5.20 显示了美国马里兰州巴尔的摩港，给出了 SPOT 1、2 和 3 的空间分辨率。

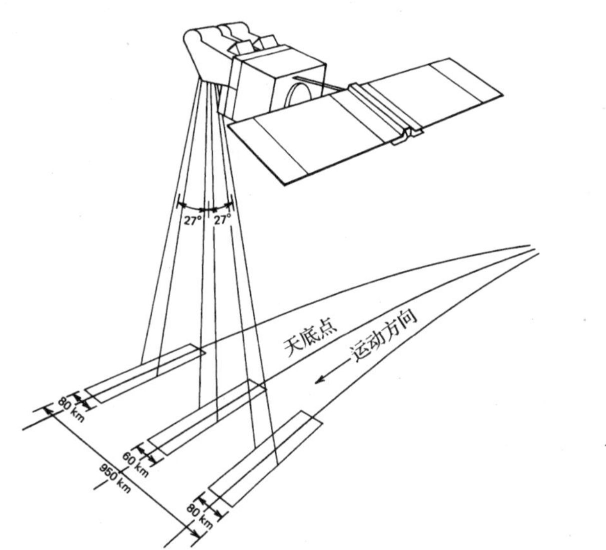

图 5.18　SPOT 非天底点观测范围（摘自 CNES 图表）

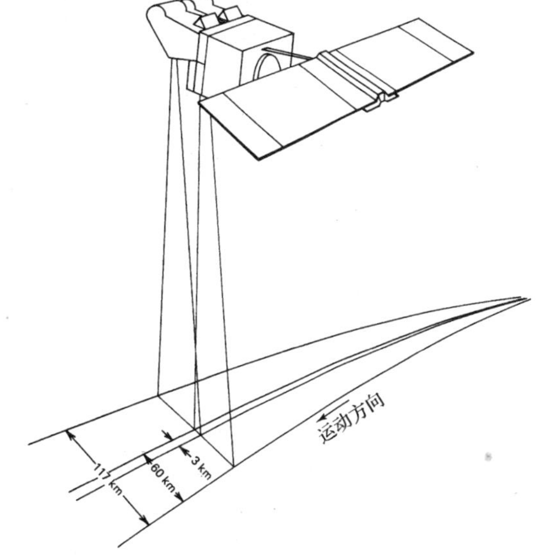

图 5.19　使用 SPOT 的 HRV 拍摄相邻的地面覆盖（摘自 CNES 图表）

HRV 具有拍摄非天底点的能力，因此同样可以进行立体拍摄，即在不同的卫星轨迹上拍摄的图像区域能以立体方式进行观察（见图 5.21）。它直接与卫星的再访联系在一起，因此能够得到的立体图像的频率随纬度的变化而变化，当纬度为 45°［见图 5.17(a)］时，在卫星的 26 天周期中有 6 次机会获得连续两天的立体图像（第 D 天与第 $D+1$ 天、第 $D+5$ 天与第 $D+6$ 天、第 $D+10$ 天与第 $D+11$ 天、第 $D+15$ 天与第 $D+16$ 天、第 $D+20$ 天与第 $D+21$ 天、第 $D+25$ 天与下周的第 D 天）。而处在赤道上［见图 5.17(b)］时，在连续两天里只有两次立体观测的机会（第 $D+10$ 天与第 $D+11$ 天、第 $D+15$ 天与第 $D+16$ 天）。立体图像的基高比也随纬度的变化而变化，当纬度为 45°时，它约为 0.50，而在赤道上时约为 0.75（若立体观测的地区不要求在相邻的两天内进行，则进行立体观测的可能性大大增加）。

图 5.20　SPOT 1 全色图像，马里兰州巴尔的摩港，8 月下旬，比例尺为 1∶70000（CNES 供图）

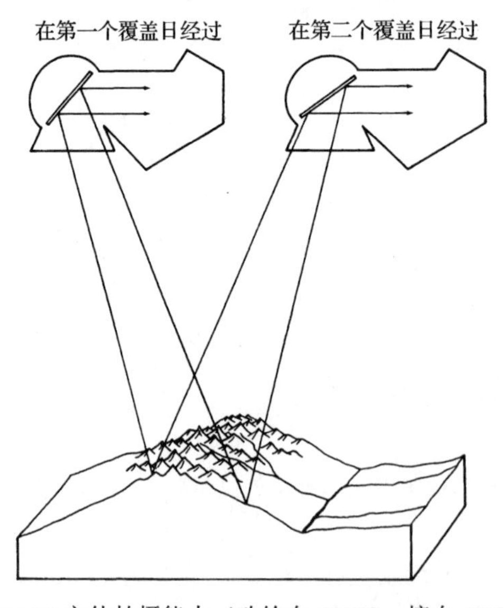

图 5.21　SPOT 立体拍摄能力（改绘自 CNES，摘自 CNES 图表）

图 5.22 举例说明了 SPOT 卫星的立体成像能力，它是 SPOT 1 发射后第 3 天和第 4 天拍摄的立体像对。在这些拍摄于利比亚的图像中，被侵蚀过的高原位于图像的上部和中部，冲积扇显示在图像的下部，从中可以看到一些垂直分布的条纹，在图像的左边尤其明显。这说明其 CCD 中的个别探测器在早期并不能被完全校正。

图 5.22　SPOT 1 全色图像，立体像对，1986 年 2 月 24 日和 25 日，利比亚（© CNES 1986. Distribution Airbus DS/Spot Image）

当 SPOT 数据在两个不同轨道中接收时，利用视差能够计算和显示一幅图像的透视图。图 5.23 显示了法国阿尔卑斯山艾伯特威尔地区的一幅透视图。这种透视图也可由单幅图像加上该地区的数字高程数据产生（将在第 7 章讨论）。

图 5.23　法国阿尔卑斯山艾伯特威尔地区的一幅透视图，它完全由 SPOT 数据产生，日期是 7 月下旬（© CNES 1993. Distribution Airbus DS/Spot Image）

尽管 SPOT 1、2 和 3 一样有效，但 SPOT 4 计划设计用于提供长期的连续数据集（与陆地卫星一样），相比之下，它的传感器系统在技术能力和功能上得到了相应的改善。SPOT 4 上的主要成像系统是高分辨率可见光红外（HRVIR）传感器和用于植被监测的设备。HRVIR 系统包括两个相同的传感器，它们能够拍摄天底点宽度为 120km 的地带。在该系统的众多改进中，一个主要改进是增加了一个分辨率为 20m 的中红外波段（1.58～1.75μm），这个波段能够改善系统在植被监测、矿物辨别、土壤湿度制图等方面的性能。此外，20m 分辨率和 10m 分辨率的数据集的配置是在卫星而非地面上使用“红”波段（0.61～0.68μm）替换 SPOT 1、2、3 的全色波段（0.49～0.73μm）来完成的，这个波段用于生产 10m 分辨率的黑白图像和 20m 分辨率的多光谱数据。

在 SPOT 4 中，另一个主要的改进是在有效载荷中添加了一台植被设备，它主要设计用于植被监测。这个系统在一些应用中非常有用，因为这些应用需要频繁获取信息，而且覆盖的面积非常大（我们将在关于气象和海洋监测卫星中的介绍列出几个这样的应用）。这台设备使用线性阵列技术来提供非常广的角度，基跨度为 2250km，在天底点的空间分辨率约为 1km，以一天为基准来覆盖全球（在靠近赤道的地区每隔一天覆盖一次）。如表 5.7 所示，植被设备使用 3 个与 HRVIR 系统同样的光谱波段，分别为红、近红外、中红外波段，它还有一个用于海洋监测的蓝波段（0.43～0.47μm）。

表 5.7　用于 SPOT 4 的 HRVIR 和植被设备的光谱波段

光谱波段/μm	标定的光谱位置	HRVIR	植被设备
0.43～0.47	蓝	—	有
0.50～0.59	绿	有	—
0.61～0.68	红	有	有
0.79～0.89	近红外	有	有
1.58～1.75	中红外	有	有

结合使用植被设备和 HRVIR 系统，既可在较大的面积上获取分辨率粗糙的数据，又可在较小的面积上获取分辨率很高的数据。它们在设备和光谱波段上使用了同一个几何参照系统，因此两个系统的数据可以很方便地进行比较（见表 5.7）。由于这种组合系统的灵活性，使用这些数据的用户可以制定具体的采样策略，将植被设备的再访优点与 HRVIR 系统高空间分辨率的优点结合起来，从而用高分辨率数据来验证低分辨率数据。这种数据的结合可应用于区域作物产量预报、森林监测、长期环境变化观测等方面。

彩图 14 显示了 4 幅由 SPOT 植被设备获得的图像。在彩图 14(a)中，红色与西欧旺盛的绿色植被相关，它与北非沙漠地区的黄褐色形成了鲜明对比；同样，阿尔卑斯山的雪被也很明显。在彩图 14(b)中，红海周围的大多数地区不适合植被的大量生长，但图像左上部附近的尼罗河泛滥平原和三角洲地区突出显示为红色。在彩图 14(c)中，很多东南亚的陆地区域显示为亮红色，它与茂盛的热带植被相关。彩图 14(d)是红、近红外、中红外三波段的合成图，它们分别用于图像(a)、(b)、(c)中，彩图 14(d)中的图像颜色与之前彩色波段合成图的颜色相差很大，这张图像覆盖的地区为美国太平洋西北地区和加拿大西部地区，这些地区中存在明显积雪和裸岩的多山地区呈明亮的粉红色，而在华盛顿州与俄勒冈州喀斯喀特山脉西部，以及大不列颠哥伦比亚省的温哥华岛这些有繁茂植被生长的地区，则为褐色（之所以为褐色，是因为在近红外和中红外波段上有较高的反射率）。此外，在图像左上部的海洋上出现的白色条纹是飞行器的飞行轨迹，而在图像的左下部则是沿海生成的雾。

SPOT 5 卫星采用两台高分辨率几何（HRG）设备、一台高分辨率立体（HRS）设备以及类似 SPOT 4 的植被设备。HRG 系统设计用于提供高空间分辨率的图像，其中全色图像的分辨率为 2.5m 或 5m，绿色、红色和近红外多光谱波段的分辨率为 10m，中红外波段的分辨率为 20m。该卫星的全色波段有一个与 SPOT 1、2 和 3 卫星上的 HRV 类似的频谱范围（0.48～0.71μm），而不是为 SPOT 4 HRVIR 采用的高分辨率红色波段。全色波段高分辨率模式是使用两个线性阵列 CCD 来实现的，在焦平面内水平偏移 CCD 的二分之一宽度。各线性阵列具有 5m 的标称地面采样距离。在地面站处理期间，来自两个线性阵列的数据经过交错和内插，产生分辨率为 2.5m 的单幅全色图像。

图 5.24 显示了采集自瑞典斯德哥尔摩的一幅 SPOT 5 HRG 图像的一部分。该图像是 SPOT 5 在 2002 年 5 月发射后最早获取的，图 5.24(a)显示了 10m 分辨率的红色波段，图 5.24(b)显示了 2.5m 分辨率的中心城市的全色图像。斯德哥尔摩沿水道位于梅拉伦湖［图 5.24(a)的左侧］和波罗的海的入口之间。城市和大海之间是约由 24000 个岛屿组成的群岛，其中一些岛屿可在图像的右侧看到。古城区包括王宫，它位于斯塔德斯所罗门岛的北端，即图 5.24(b)的中心。沿城市的水道，在 2.5m 分辨率下可以看到无数的桥梁、码头和船只。

(a)

(b)

图 5.24　瑞典斯德哥尔摩的 SPOT 5 HRG 图像，2002 年 5 月：(a)波段 2，10m 分辨率；(b)全色波段，2.5m 分辨率（© CNES 2002. Distribution Airbus DS/Spot Image）

HRS 设备采用纵向立体采集全色图像的方式，以便在 10m 分辨率下对正射产品和数字高程模型（DEM）进行预处理。另外，也可使用双 HRG 设备获取垂直航迹立体影像，它指向远离天底点的±31°处。表 5.8 总结了 SPOT 5 的 HRG 和 HRS 设备的空间与光谱特性。

表 5.8　SPOT 5 的 HRG 和 HRS 设备的空间与光谱特性

传　感　器	光谱波段/μm	空间分辨率/m	刈幅宽/km	立体覆盖
HRG	Pan: 0.48～0.71	2.5 或 5[a]	60～80	垂直航迹指向±31.06°
	B1: 0.50～0.59	10		
	B2: 0.61～0.68	10		
	B3: 0.78～0.89	10		
	B4: 1.58～1.75	20		
HRS	Pan: 0.49～0.69	5～10[b]	120	沿航迹立体覆盖
植被 2[c]	B0: 0.45～0.52	1000	2250	
	B2: 0.61～0.68	1000		
	B3: 0.78～0.89	1000		
	B4: 1.58～1.75	1000		

[a]HRG 全色波段有两个线性阵列，可以由 2.5m 分辨率合并成 5m 的空间分辨率。

[b]HRS 全色波段沿航迹方向的分辨率为 10m，沿垂直航迹方向的分辨率为 5m。

[c]为了与其他 SPOT 传感器波段编号一致，植被设备的蓝色波段编号为 0，红色波段编号为 2；无波段编号为 1。

5.8　SPOT 6 和 7

如前所述，SPOT 6 和 7 完全是由商业资助的系统，其引领 SPOT 项目在 2009 年进入一个全新的开发和运营阶段。最初，这些系统由 Astrium 地理信息服务公司运营，自 2013 年开始，由空客防务与航天公司管理。SPOT 6 和 7 任务的目标是持续提供 SPOT 数据直到 2024 年。尽管这些系统符合我们对“高分辨率”卫星的定义，但这里还是小结一下目前运营的所有 SPOT 卫星。

SPOT 6 和 7 卫星是 SPOT 家族的第一对“双胞胎”，它们在同一轨道上相隔 180°。这提供了最少每日重访全球的能力。SPOT 6 发射于 2010 年 9 月 9 日，由印度空间研究组织（ISRO）利用其极地卫星运载火箭（PSLV）发射。SPOT 7 以相同的方式在 2014 年 6 月 30 日发射（如表 5.16 所示，SPOT 6 和 7 的轨道与高分辨率卫星 Pleiades 1A 和 1B 的一样。这 4 颗卫星以卫星星座的方式运营，因此对地面上任何一点的当天重访都是可能的）。

相对于之前的 SPOT 卫星，SPOT 6 和 7 系统在图像采集、任务处理和数据传送方面都有所改进。标称采集模式提供的图像覆盖了垂直航迹方向上 60km 宽和南北方向上 600km 长的区域。但在单一路径（非南北）上以多条带格式收集若干较小的图像也是可能的。这两颗卫星还可获得前后立体像对和三维立体图。它们提供的图像间的观测角为 15° 或 20° ，基高比在 0.27 和 0.40 之间。

每 4 小时，每颗卫星可被重新分配任务，为应急天气和用户临时通知的请求提供即时响应。通过在线交付可实现快速的数据可用性。目前的数据产品包括具有 10m CE 90 定位精度的正射影像，可参考 DEM 数据。

表 5.9　SPOT 6 和 7 NAOMI 光谱波段和光谱分辨率

标定光谱区域	波长/μm	空间分辨率/m
全色	0.450～0.745	1.5
蓝	0.450～0.520	6
绿	0.530～0.590	6
红	0.625～0.695	6
近红外	0.760～0.890	6

SPOT 6 和 7 系统上的星载成像传感器是推帚式设备，称为新 AstroSat 光学模块化仪器（NAOMI）。它被设计和开发成可以多种不同的方式进行配置，以用于其他各种任务。SPOT 6/7 上的配置可同时在 1 个 1.5m 全色波段和 4 个 6m 多光谱波段上采集 12 位数据。表 5.9 列出了这 5 个波段的光谱灵敏度。

图 5.25 显示了法属波利尼西亚波拉波拉岛，这是一个重要的国际旅游目的地。波拉波拉岛大约形成于 400 万年前的海底火山爆发。火山沉没到了太平洋中，形成了海岸线前的环状珊瑚礁（环礁）。珊瑚礁和其所围绕的小岛之间形成了潟湖。小岛的面积约为 39km^2，常住人口约为 9000 人。图 5.25(a)是 2012 年 9 月 12 日 SPOT 6 数据成像的子场景，此时是卫星发射 3 天之后。该图像显示了岛屿及其周围的珊瑚礁，以及珊瑚礁和岛之间的大潟湖。由 6m 空间分辨率的原始蓝、绿、红波段数据形成的彩色合成图像在这里显示为灰度图像。图 5.25(b)显示了珊瑚礁北部一部分的放大图，包括岛上的机场。游客乘船从机场进入主岛。图 5.25(c)和(d)是珊瑚礁东北的部分区域，其中显示了两套“水上别墅”。这些流行的别墅都配有玻璃地板，客人可通过地板观察下面的海洋生物。潟湖中同样点缀有其他的别墅酒店。

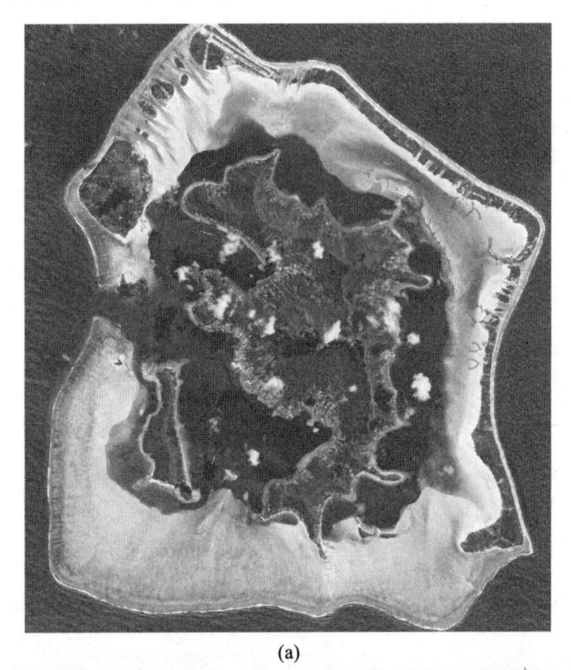

(a)

(b)

图 5.25　法属波利尼西亚波拉波拉岛的图像：(a)2012 年 9 月 12 日波拉波拉岛 SPOT 6 卫星数据成像的子场景，显示了岛屿及其周围的珊瑚礁，以及珊瑚礁和岛之间的大潟湖。原始蓝、绿、红波段数据形成的彩色合成图像在这里显示为灰度图像，空间分辨率为 6m；(b)珊瑚礁北部一部分的放大图，包括岛上的机场；(c)放大后的珊瑚礁东北部分区域，其中显示了两套“水上别墅”；(d)别墅的低空倾斜航空图像（Atea 数据航空成像公司供图）

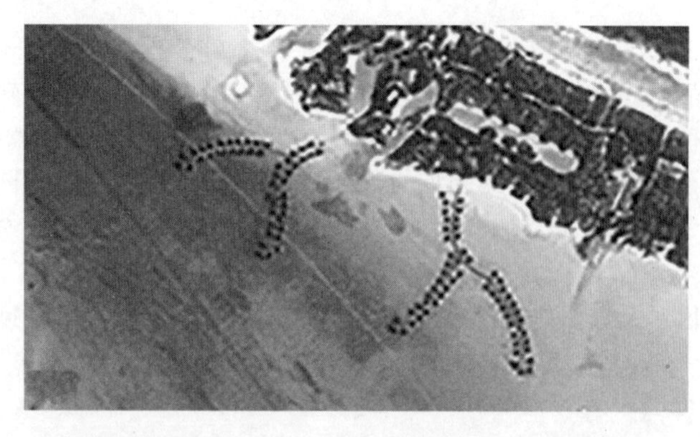

(c)

(d)

图 5.25（续） 法属波利尼西亚波拉波拉岛的图像：(a)2012 年 9 月 12 日波拉波拉岛 SPOT 6 卫星数据成像的子场景，显示了岛屿及其周围的珊瑚礁，以及珊瑚礁和岛之间的大潟湖。原始蓝、绿、红波段数据形成的彩色合成图像在这里显示为灰度图像，空间分辨率为 6m；(b)珊瑚礁北部一部分的放大图，包括岛上的机场；(c)放大后的珊瑚礁东北部分区域，其中显示了两套“水上别墅”；(d)别墅的低空倾斜航空图像（Atea 数据航空成像公司供图）

5.9 其他中等分辨率卫星的演化

陆地卫星和 SPOT 数据的历史长、实用性很广，因此本章着重讨论了这两种卫星。但其他 100 多个光学卫星系统要么提供了历史数据，要么在继续收集数据，要么在不久的将来即将发射。显然，描述所有这些系统超出了我们的讨论范围。我们的目的是简述这些系统的一般演化，并强调空间遥感已成为具有科学、社会和商业意义的重大国际活动。

陆地光学遥感卫星系统的演变分为三个时期：①陆地卫星和 SPOT“遗产”时期，在此期间这两个系统完全统治了民用空间遥感；②直接“后继”的时期（约 1988—1999 年），在此期间其他一些中等分辨率系统应运而生；③自 1999 年以来的时期，在此期间两个“高清晰度”和中等分辨率系统担任互补的数据源。最后一个时期还包括空间高光谱遥感系统的发展。

接下来的两节简单总结 1999 年以前发射的主要“后继”中等分辨率系统，然后讨论 1999 年之后发射的高分辨率和高光谱系统。在讨论中需要强调的是，术语“中等分辨率”是指系统的空间分辨率为 4～60m，术语“高分辨率”是指系统的空间分辨率小于 4m。有些系统在不同的光谱波段中具有不同的空间分辨率。我们依据这些系统所有波段中最高或最好的分辨率（通常是全色波段），将这些系统划分为中等或高分辨率系统。还应指出的是，将中等分辨率和高分辨率之间的界限定为 4m 是随意的。随着技术的发展，这一界限很可能移向到较低的值。此外，从用户的角度看，是什么构成了中等和高分辨率数据源完全取决于应用。

5.10　1999 年以前发射的中等分辨率系统

SPOT 1 发射后不久，随着 IRS-1A 于 1988 年发射，印度开始运营其中等分辨率卫星——印度遥感（IRS）系列卫星。表 5.10 汇总了这个系列从 IRS-1A 到 IRS-1D 的早期卫星的特征。图 5.26 是 IRS 全色图像的一部分，它包含了丹佛国际机场，显示了从太空获取的 5.8m 分辨率数据的详细程度（就像我们在接下来的两节中强调的那样，印度自运营其初始系统开始，就持续成为卫星遥感发展的主要参与者）。

其他一些具有地球资源管理能力的早期成员也参与了卫星系统的设计和运营事业，其中就有苏联，它于 1985 年和 1988 年发射了两颗 RESURS-01 卫星。随后俄罗斯继续执行 RESURS 计划，1994 年发射了 RESURS-01-3 卫星，1998 年发射了 RESURS-01-4 卫星，使得该卫星系列第一次可在苏联之外的地区获取相应的数据（见表 5.11）。

日本于 1992 年发射了首颗陆地遥感卫星（JERS-1）。JERS-1 卫星的设计主要是为了雷达遥感任务（见第 6 章），但它也装备了光学传感器（OPS）—— 一个沿航迹的多光谱传感器。OPS 系统包含一个用于测绘地形的沿航迹立体像对。

1996 年，日本发射了先进地球观测卫星（ADEOS），其中包括一个先进可见光和近红外辐射仪（AVNIR）传感器。该系统包括一个 8m 分辨率的波段和 4 个 16m 分辨率的波段，具有用于立体数据采集的垂直航迹指向能力。

日本还与美国合作开发了先进星载热辐射和反射辐射仪（ASTER），它于 1999 年搭载在特拉卫星上发射升空。5.19 节中将讨论该系统。

表 5.10　IRS-1A 到 IRS-1D 卫星的概要特征

卫　星	发射时间	传　感　器	光谱分辨率/m	光谱波段/μm	刈幅宽/km
IRS-1A	1988	LISS-I	72.5	0.45～0.52	148
				0.52～0.59	
				0.62～0.68	
				0.77～0.86	
		LISS-II	36.25	0.45～0.52	146
				0.52～0.59	
				0.62～0.68	
				0.77～0.86	
IRS-1B	1991	同 IRS-1A			
IRS-1C	1995	全色	5.8	0.50～0.75	70
		LISS-III	23	0.52～0.59	142
				0.62～0.68	
				0.77～0.86	
			70	1.55～1.70	148
		WiFS	188	0.62～0.68	774
			188	0.77～0.86	774
IRS-1D	1997	同 IRS-1C			

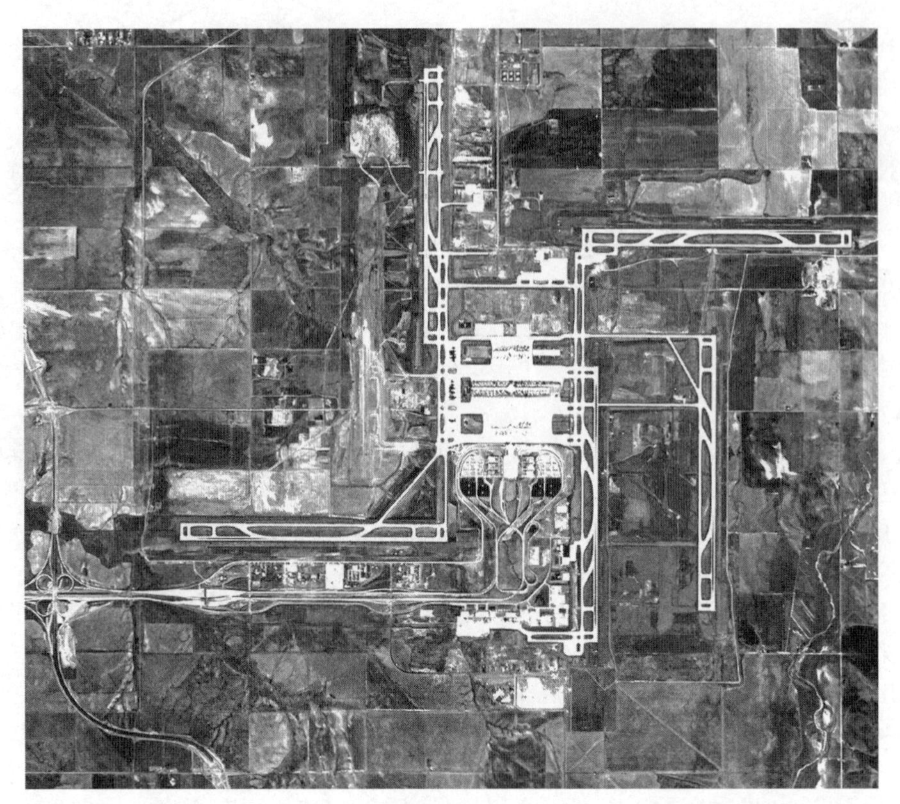

图 5.26　IRS 全色图像（5.8m 分辨率），丹佛国际机场。比例尺为 1：85000（EOTec LLC 供图）

表 5.11　RESURS-O1-3 和 RESURS-O1-4 卫星的概要特征

卫　星	发射日期	传感器	沿航迹分辨率	垂直航迹分辨率	光谱波段/μm	刈幅宽/km
RESURS-O1-3	1994	MSU-E	35	45	0.5～0.6 0.6～0.7 0.8～0.9	45
		MSU-SK	140	185	0.5～0.6 0.6～0.7 0.7～0.8 0.8～1.0	600
			560	740	10.4～12.6	
RESURS-O1-4	1998	MSU-E	33	29	0.5～0.6 0.6～0.7 0.8～0.9	58
		MSU-SK	130	170	0.5～0.6 0.6～0.7 0.7～0.8 0.8～1.0	710
			520	680	10.4～12.6	

5.11　1999 年以后发射的中等分辨率系统

表 5.12 总结了部分自 1999 年以来发射的众多中等分辨率系统（计划中的卫星准备于 2016 年发射）。本书的版面显然限制了我们描述这些系统的细节（比如轨道参数、传感器的设计和性

能、任务、数据可用性、格式选项和成本）。如果读者想获得这些信息，请参考众多能提供这些细节的在线资源，包括但不限于：

- 专门讨论特定任务或系统的商业或政府网站。
- 欧洲航天局地球观测门户网站的地球观测任务数据库（www.eoportal.org）。
- 特文特大学地球信息科学与地球观察学院 ITC 的卫星和传感器数据库（www.itc.nl/research/products/sensordb/searchsat.aspx）。

表 5.12　自 1999 年以来发射和计划发射的部分中等分辨率卫星

发射年份	卫　星	国　家	全色分辨率/m	多光谱分辨率/m	刈幅宽/km
1999	CBERS-1	中国/巴西	20，80	20，80，260	113，120，890
	KOMPSAT-1	朝鲜	6.6	—	17
2000	MTI	美国	—	5，20	12
	EO-1	美国	10	30	37
2001	Proba	ESA	8	18，36	14
2002	DMC AlSat-1	阿尔及利亚	—	32	650
2003	CBERS-2	中国/巴西	20，80	20，80，260	113，120，890
	DMC BilSat	土耳其	12	26	24，52，650
	DMC NigeriaSat-1	尼日利亚	—	32	650
	UK DMC-1	英国	—	32	650
	资源卫星 1	印度	6	6，24，56	23，141，740
2004	ThaiPhat	泰国	—	36	600
2005	MONITOR-E -1	俄罗斯	8	20	94，160
	DMC 北京 1	中国	4	32	650
2007	CBERS-2B[a]	中国/巴西	20	20，80，260	113，120，890
2008	RapidEye-A，B，C，D，E	德国公司	—	6.5	77
	X-Sat	新加坡	—	10	50
	HJ-1A，HJ-1B	中国	—	30	720
2009	DMC Deimos-1	西班牙	—	22	650
	UK DMC-2	英国	—	22	650
2011	DNC NigeriaSat-X	尼日利亚	—	22	650
	资源卫星 2	印度	6	6，24，56	70，140，740
2013	陆地卫星 8	美国	15	30，100	185
	Proba-V	比利时/ESA	—	100	2250
	CBERS-3[b]	中国/巴西	5	10，20，64	60，120，866
2015	VENμS*	以色列/法国	—	5	28
	CBERS-4[c] *	中国/巴西	5	10，20，60	60，120，866
	哨兵 2A	ESA		10，20，60	290
	资源卫星 2A*	印度		5.8，24，55	70，140，740
2016	哨兵 2B*	ESA		10，20，60	290

[a] 还包括一台全色高分辨率摄影机，具有 2.7m 的分辨率和 27km 的刈幅宽。

[b] CBERS-3 在 2013 年 12 月 9 日发射失败。

[c] 还包括一台设备，具有 40m 分辨率的可见光、近红外和中红外波段和一个 80m 的热波段，120km 刈幅宽。

*表示 2014 年后计划发射的卫星。

表 5.12 所列的卫星系统中有几个发挥了特殊的作用，它们是验证新的概念或设计的实验床，以后的系统将遵循它们进行设计。例如 EO-1 任务，它是作为 NASA 的新千年计划（NMP）的一部分发射的。NMP 的目的通常是开发和测试太空飞行任务中的新技术。EO-1 任务验证了一系列新技术，包括轻型材料、探测器阵列、分光计、通信、能量生成、推进器和数据存储。它为地球观测系统的不断开发搭建了一个舞台，可以明显地提高性能，同时也具有较低的成本、体积和质

量。它还展示了“自主”卫星运行或自我导向卫星运行的能力。这样的操作覆盖从星载功能检测到修改图像采集任务的决定，使卫星成为传感器网络的一部分。

传感器网络通常允许在众多原位传感器、卫星系统和地面指挥资源之间进行沟通与协调。传感器网络对于监测瞬态事件特别有用，如野火、洪水和火山爆发。在这样的情况下，人造卫星的组合可用于形成一个特设的卫星星座，使其可在检测事件出现之后触发协同自主图像采集。这个用于规划、调度和控制合作收集数据的软件既可以是空间的，又可以是地面的，且通常包含建模和人工智能功能。这种方法是 5.6 节中讨论的 GEOSS 概念的核心。

EO-1 任务最初的设计是一个为期一年的技术验证和示范，以支持后续系统如陆地卫星 7 的设计。该任务的初期阶段非常成功，以至于一年后该方案作为扩展任务得以继续进行，而资金则由 USGS 支持。EO-1 计划包括 3 个陆地成像仪：大气校准器（AC）、亥伯龙神（Hyperion）和高级陆地成像仪（ALI）。前两者将在高光谱卫星系统中描述。

ALI 用来验证一些最终集成到陆地卫星 8 OLI 中的设计特性。例如，ALI 采用推帚式扫描，一个未延伸到近红外光谱的全色波段，1 个与 OLI（波段 1）上一样的海岸/气溶胶波段，以及 1 个出现在 OLI（波段 5）上的非常接近近红外的波段。

小型、低成本和高性能的地球成像“微卫星”系统的概念，随着 2011 年发射的欧洲航天局项目“天基自主计划”(Proba) 而成型。类似于 EO-1，Proba 计划主要用于为期一年的技术示范。卫星的大小为 60cm×60cm×80cm，质量仅 94 kg。它的运作基本上是自治的，这意味着诸如导航、控制、日常调度、计算和控制传感器指向及有效载荷资源管理等任务的执行，都只需最少的人工干预。主要的星载地球成像仪包括高分辨率摄影机（HRC）和紧凑型高分辨率成像光谱仪（CHRIS）。HRC 是一个全色系统，可生成 8m 分辨率的图像。我们将在高光谱系统中讨论 CHRIS 系统。

2002 年阿尔及利亚 DMC AlSat-1 的发射，标志着包括灾害监测卫星星座（DMC）的一系列微型卫星的首次发射。DMC 是由英国萨里卫星技术有限公司（SSTL）构想的一个国际项目。该卫星星座由 SSTL 的子公司 DMC 国际成像公司（DMCii）协调。项目目标是在发射卫星上进行国际合作，特别是专门为灾害监测（及其他一系列有用的应用）设计卫星星座。而在卫星星座中的每颗卫星则由各个独立的国家建造和拥有，它们被发射到相同的轨道上并协调工作。以这种方式，计划的参与者可以获得同步轨道上卫星星座的权益，同时保持独立的所有权和低成本。

虽然各种 DMC 卫星的设计不完全相同，但所有星座中较早的卫星都提供中等分辨率（22m、26m 或 32m）的数据，使用的波段是绿、红和近红外光波段（相当于陆地卫星 ETM+波段 2、3 和 4）。刈幅宽超过 600km，每颗卫星至少每 4 天覆盖全球一次。因此，飞行在同一轨道中的 4 颗卫星可在一天之内覆盖全球。如表 5.12 所示，自 AlSat-1 后，进入 DMC 的中等分辨率系统的卫星由土耳其、尼日利亚、英国、中国和西班牙运营。土耳其的 BilSat-1 卫星包括一个 12m 分辨率的全色成像仪和一个 8 波段多光谱系统。中国的北京 1 号卫星还集成了 4m 分辨率全色成像仪。

表 5.12 中的 IRS 资源卫星 1 和 2 携带了 3 个成像系统，它们与 IRS-1C 和 IRS-1D 卫星上的类似，但有更高的空间分辨率。表 5.13 列出了这些传感器的一般特性。虽然这些卫星携带了高性能的候补传感器，但数据收集缺乏光谱的蓝色部分限制了这些系统在某些应用（如水质研究）中的使用。

表 5.13 IRS 资源卫星 1 和 2 星座概要

传感器	光谱分辨率/m	光谱波段/μm	刈幅宽/km
LISS-IV	6	0.52～0.59	70（任何单波段模式）
		0.62～0.68 0.77～0.86	23（多光谱模式）
LISS-III	24	0.52～0.59 0.62～0.68 0.77～0.86 1.55～1.70	141
AWiFS	56（天底点）	同 LISS-III	740

表 5.12 中列出的德国系统是由 RapidEye 公司开发的，它是由 5 颗相同的 150 kg 小型卫星组成的星座。一次发射就将所有卫星放到在同一个轨道平面上构成星座。这些卫星的高度约为 630km，倾角为 98°，间隔均匀地分布于太阳同步轨道上。该系统可在 1 天内重访±70° 纬度之间的地区。

RapidEye 地球成像系统（REIS）是五波段多光谱成像仪，采用线阵推帚式扫描。该系统主要针对欧洲和美国的农业与制图市场。但市场对数据的需求实际上是全球性的，并延伸到了许多其他应用领域。表 5.14 中列出了每个 REIS 采用的光谱波段。

表 5.14　REIS 采用的光谱波段

波段	波长/μm	标定光谱区域	空间分辨率/m
1	0.440～0.510	蓝	6.5
2	0.520～0.590	绿	6.5
3	0.630～0.685	红	6.5
4	0.690～0.730	红边缘	6.5
5	0.760～0.850	近红外	6.5

表 5.12 中列出的 VENμS 和哨兵任务都支持欧洲的哥白尼计划，此计划以前称为全球环境和安全监测（GMES）计划，是由欧盟委员会（EC）与欧空局和欧洲环境署（EEA）联合自发合作的计划。该计划的总体目标是通过集成卫星观察、现场数据和建模，为安全信息决策者、企业和广大公众提供更好的环境与安全信息。哥白尼计划所提供的广泛信息服务主要支持土地管理、海洋和大气环境监测、应急管理、安全和气候变化等。哥白尼计划是欧洲对全球观测系统（GEOSS）的主要贡献。

VENμS 支持在新型微卫星下监控植被和环境。它是由以色列航天局（ISA）和国家空间研究中心联合推出的调研任务。这次飞行任务的科学目的主要是植被监测和水色特征。每隔两天卫星将覆盖 50 个能代表地球上主要内陆和沿海生态系统的地点。它采用 12 波段成像仪，具有 5.3m 的空间分辨率和 28km 的刈幅宽，感应波段为 15～50nm。

哨兵 2A 和 2B 系统是相同的，代表由哥白尼计划支持的哨兵任务五大家族之一。哨兵 1 计划是极地轨道卫星雷达飞行计划，主要执行陆地和海洋应用（这些任务将在 6.13 节中描述）。哨兵 2 计划将在下面描述。哨兵 3 计划涉及极轨多设备任务，为海洋和土地应用提供高精度的光学、雷达和测高数据。哨兵 4 和 5 从静止轨道和极地轨道上分别提供大气监测数据（哨兵 5 的前任是在哨兵 5 之前发射的一个系统，以弥补 2012 年 Envisat 卫星上的 SCIMACHY 分光仪失效后出现的数据缺口，该仪器在对流层和平流层绘制污染气体和气溶胶的浓度）。

如表 5.12 所示，哨兵 2A 卫星预定的发射时间为 2015 年。在哥白尼计划的支持下，从这个系统（和哨兵 2B）中获得的数据，将支持运营产生两种主要类型的制图产品：通用的土地覆盖、土地利用和变化检测；地球物理变量，如叶面积指数、叶片含水量和叶绿素含量。每颗卫星占据一个太阳同步轨道，高度为 786km，倾角为 98.5°，降交点越过时间是当地上午 10:30（与 SPOT 相同，并且非常接近陆地卫星）。凭借其 290m 的刈幅宽，每颗卫星提供在赤道上全球 10 天的重访周期（两颗卫星运作相差 180°时，重访时间为 5 天）。这些卫星将从 56°S 到 84°N 的区域系统地获取陆地和沿海地区的数据。大于 100km^2 的岛屿、欧盟的岛屿、所有其他距海岸线 20km 以内的岛屿、整个地中海、所有内陆水体和封闭海域都将采集数据。该系统在紧急情况下的侧向指向模式，可在 1～2 天内访问其全球覆盖范围内的任何地点。

哨兵 2 的数据将通过多谱段成像仪（MSI）收集，采用推帚式扫描方式。表 5.15 中列出了 MSI 数据收集的光谱波段。13 个光谱波段的收集光谱范围包括 0.4～2.4μm（可见光、近红外和 SWIR）。这些数据将量化为 12 位。如表 5.15 所示，4 个波段获取的空间分辨率为 10m，6 个波段获取的空间分辨率为 20m，3 个波段获取的空间分辨率为 60m。60m 空间分辨率的波段仅用于数据校正或修正。表 5.15 中带有“*”号的波段的主要任务是土地覆盖分类、植被状况评估、雪/冰/

云分化和矿物质的区分。一些波段（2、8、8_a和 12）同时支持校准和修正处理，以及主要制图处理。还应指出的是，位于频谱“红边”部分的 3 个相对狭窄的波段（5、6 和 7）有助于区分植被的类型和条件。

还应指出的是，在表 5.12 中，Proba-V 任务中的“V”代表“植被”。Proba-V 任务由欧洲空间局和比利时联邦科学政策办公室发起，目的是扩大和改善 SPOT 4 和 5 获取的超过 15 年的植被类型数据。

Proba-V 卫星（2013 年 5 月 7 日发射）的体积小于 $1m^3$，总质量为 140kg。星载传感器的质量只有 40kg，运行只需要 35W 的电源。该系统使用紧凑“三镜消像散透镜”（TMA）上的 3 个地球观察望远镜和连续的焦平面阵列进行推帚式扫描。以这种方式，在传感器上可以记录 102° 的视场角。每个 TMA 记录 4 个光谱波段，这 4 个波段功能上等同于 SPOT 植被传感器波段，包括蓝（0.44～0.49μm）、红（0.61～0.70μm）、近红外（0.77～0.91μm）和 SWIR（1.56～1.63μm）。

Proba-V 运行在高度为 820km 的太阳同步轨道上，倾角为 98.73°，本地降交点时间为上午 10:30～11:30。系统的刈幅宽约为 2250km，每日的纬度覆盖范围为 75°N～35°N 和 35°S～56°S，每天可覆盖大部分陆地地区，每两天完成一次土地覆盖。

Proba-V 传感器的分辨率在天底点为 100m，在图像边缘为 350m。典型的数据产品为每天和每十天的合成图像，包括三分之一的 1km 分辨率的可见光和近红外波段，以及三分之二的 1km SWIR 波段。它在 2013 年中期投入使用，彩图 15 显示了系统收集的第一手未经校准的全球植被数据镶嵌图像。鉴于 Proba-V 数据的覆盖范围、时间、空间和光谱分辨率，它们的应用超出了植被监测领域（如极端天气跟踪、内陆水域监测等）。

表 5.15 Sentinel-2 MSI 光谱波段

波　段	标定光谱区域	中心λ/μm	波段宽度/μm	描述或应用	空间分辨率/m
1	可见光	0.433	0.020	蓝［气溶胶修正］	60
2*	可见光	0.490	0.065	蓝［气溶胶修正］	10
3*	可见光	0.560	0.035	绿	10
4*	可见光	0.665	0.030	红	10
5*	NIR	0.705	0.015	红边	20
6*	NIR	0.740	0.015	红边	20
7*	NIR	0.775	0.020	红边	20
8*	NIR	0.842	0.115	［水汽修正］	10
8_a*	NIR	0.865	0.020	［水汽修正］	20
9	NIR	0.940	0.020	［水汽修正］	60
10	SWIR	1.375	0.030	［须边检测］	60
11*	SWIR	1.610	0.090	雪/冰/云	20
12*	SWIR	2.190	0.180	雪/冰/云和［气溶胶修正］	20

*号表示的波段主要用于土地覆盖分类、植被状况评估、雪/冰/云分化和矿物识别。[ ]表示单独或后补用于校准或修正的波段。

5.12 高分辨率系统

如前所述，民用高分辨率（小于 4m）卫星系统时代始于 1999 年，表 5.16 中列出了 30 个或已发射或计划到 2015 年发射的高分辨率系统。从该表中可以看出，与中等分辨率系统相比，许多高分辨率传感器的运营商已是并将继续是商业公司。在很大程度上，这要归功于比中等分辨率数据更广阔的高分辨率数据商业市场。高分辨率数据的应用范围包括基础设施的规划和管理、商业和军事情报、救灾、水资源管理、林业管理、农业管理、城市规划与管理、站点设计和评估、土地利用和交通规划等。

首先发射的 4 个高分辨率系统都是商业开发和运营的，其中包括 3 个美国的商业系统（IKONOS、QuickBird 和 OrbView-3）和 1 个以色列的商业系统（EROS-A）。所有初始美国系统功能特性等同的谱带如下：1 个全色（0.45～0.90μm）和 4 个多光谱（1：0.45～0.52μm；2：0.52～0.60μm；3：0.63～0.69μm 和 4：0.76～0.90μm）。在 EROS-A 系统中只包括一个全色波段（0.50～0.90μm）。

表 5.16 自 1999 年起已发射/计划发射的部分高分辨率卫星

发射年	卫星	国家或地区	全色分辨率/m	多光谱分辨率/m	刈幅宽/km
1999	IKONOS	美国（商业）	1	4	11
2000	EROS A	以色列（商业）	1.9	—	14
2001	QuickBird	美国（商业）	0.61	2.44	16
2003	OrbView-3	美国（商业）	1	4	8
2004	FormoSat-2	中国台湾	2	8	24
2005	Cartosat 1	印度	2.5	—	30
	TopSat	英国	2.5	5	10，15
2006	ALOS	日本	2.5	10	35，70
	EROS B	以色列（商业）	0.7	—	7
	Resurs DK-1	俄罗斯	1	3	28
	KOMPSAT-2	韩国	1	4	15
2007	Cartosat 2	印度	0.8	—	10
	WorldView-1	美国（商业）	0.45（0.5）[a]	—	16
	THEOS	泰国	2	15	22，90
2008	CartoSat-2A	印度	0.8	—	10
	GeoEye-1	美国（商业）	0.41（0.5）[a]	1.64（2）[b]	15
2009	WorldView-2	美国（商业）	0.46（0.5）[a]	1.84（2）[b]	16
	EROS C	以色列（商业）	0.7	2.80	11
2010	CartoSat-2B	印度	0.8	—	10
2011	DMC NigeriaSat-2	尼日利亚	2.5	5，32	20，20，320
	Pleiades-1	法国	0.7	2	20
2012	KOMPSAT-3	韩国	0.7	2.8	17
	Pleiades-2	法国	0.7	2	20
2013	GeoEye-2*	美国（商业）	0.34（0.5）[a]	1.4（2）[b]	14
2014	CartoSat-1A*	印度	1.25	2.5	60
	DMC-3（A，B，C）*	中国（商业）	1	4	23，23
	CartoSat-2C*	印度	0.8	2	10
	WorldView-3	美国（商业）	0.31（0.4）[a]	1.24（1.6）[b]，3.7（7.5）[c]	13
	KOMPSAT-3A*	韩国	0.7	2.8	17
2015	CartoSat-3*	印度	0.3	—	15

[a] 对非美国政府数据用户，全色数据重采样至 0.4m。直到 2015 年 2 月 21 日向所有用户提供全分辨率数据。

[b] 多光谱数据（波长比短波红外短）最初重采样到 1.6m 交付给非美国政府数据用户。

[c] 短波红外数据最初重采样至 7.5m 交付给非美国政府数据用户。

*表示系统计划在 2014 年后发射。几个系统可能比这里标明的发射时间晚。GeoEye-2 原被用作地面备用卫星，是为满足日益增加的用户需求而发射的，用以取代在轨卫星 DigitalGlobe。

由于第一颗 IKONOS 卫星未发射成功，第二颗 IKONOS 卫星自然就成为第一颗发射成功的高分辨率卫星。该系统采用线性阵列技术收集 1m 的全色数据和 4m 的多光谱数据。全色波段和多光谱波段能够结合在一起生成“全色增强”多光谱图像（有效分辨率为 1m）。该系统是高度机动的，可利用“身体定向”功能使整个卫星在天底点 45°内的任何方向上收集数据。

图 5.27(a)显示了第一幅 IKONOS 卫星影像，采集时间是 1999 年 9 月 30 日。图中被放大的部分分别显示在图 5.27(b)和图 5.27(c)中，其中图 5.27(b)所示为罗纳德・里根华盛顿国家机场的一条跑道，图 5.27(c)所示为华盛顿纪念碑。放大部分的图像显示了在 1m 分辨率的全色图像中可以看到的细节。拍摄这幅图像时，华盛顿纪念碑正在翻修中，因此可在面对传感器的一面看到脚手架。图像上的纪念碑还显示了投影差效果。

(a)

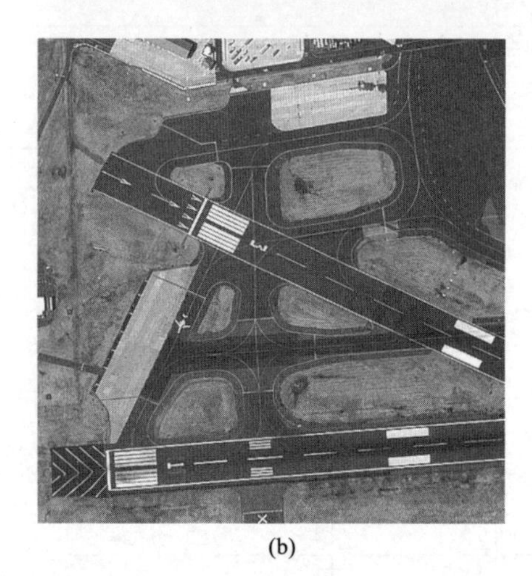

(b)

(c)

图 5.27 第一幅 IKONOS 卫星影像，于 1999 年 9 月 30 日在华盛顿特区上空采集：(a)全彩色图像；(b)放大显示的罗纳德・里根华盛顿国家机场的一条跑道；(c)放大显示的华盛顿纪念碑（可以看到正在翻修中的脚手架）（DigitalGlobe 供图）

彩图 16 显示了一幅在初夏获取的威斯康星州东部农业区 IKONOS 卫星影像的一小部分，包括：一幅使用原始 4m 分辨率合成的伪彩色多光谱图像，光谱波段为 2、3、4；一幅全色波段的 1m 分辨率图像；一幅全色增强处理（见 7.6 节）后的融合图像。锐化后的这幅图像所具有的频谱信息存储在原始多光谱数据中，但只有 1m 的有效空间分辨率。

近年来，由 QuickBird 卫星提供的最高分辨率卫星图像已开始分发给公众使用。图 5.28 显示了印度泰姬陵的全色图像（61cm 分辨率），它由 QuickBird 卫星于 2002 年 2 月 15 日拍摄。主体结构四角尖塔的高度可由它们的阴影长度显示。此外，因为图像的投影差效应，穹顶的最高点似乎偏移了中心位置。

图 5.28　印度泰姬陵的 QuickBird 全色图像，61cm 分辨率（DigitalGlobe 供图）

彩图 17 说明了如何使用全色增强技术来产生有效分辨率为 61cm 的彩色 QuickBird 图像。该图像示出了从 QuickBird 全色数据和多光谱波段 1、2 和 3（分别显示为蓝色、绿色和红色）合并生成的真彩色复合图像。它于 2002 年 5 月 10 日在汉堡港的 Burchardkai 集装箱码头上空获取。在这种分辨率的图像中，可很容易地地区分每个货运集装箱的轮廓和颜色。

在表 5.16 可见，QuickBird 系统的分辨率已被 WorldView-1（2007）、GeoEye-1（2008）和 WorldView-2（2009）系统的分辨率取代。若美国政府用户使用这三个系统产生的数据，则要将数据重采样至 0.5m 分辨率。在 GeoEye-2 的 CartoSat-3 之后，第三代高分辨率系统是于 2014 年开始发射的 WorldView-3。该系统将在 0.3～0.34m 的原生分辨率下收集全色数据。

如果说自 1999 年发射 IKONOS 后，高分辨率卫星遥感已逐步成长，并且快速地改变了行业的动向，那么该行业已经历的不仅是大量的技术更新，还有制度的更新。例如，在美国，IKONOS 最初由空间成像公司运营，OrbView-3 由 ORBIMAGE 公司运营，QuickBird 卫星由 DigitalGlobe 公司运营。2006 年 1 月，ORBIMAGE 公司收购了空间成像公司，并开始以 GeoEye 品牌运营卫星。该公司运营着 OrbView-3 和 IKONOS 卫星，并在 2008 年发射了 GeoEye-1 卫星。GeoEye-1 的建设支持了来自美国国家地理空间情报局（NGA）的 NextView 计划的一项合同。该计划的目的是为美国的商业卫星运营商提供财政支持，以帮助它们开发下一代商业成像系统，发展非政府市场的数据和服务。NextView 计划也支持 DigitalGlobe 公司的 WorldView-1 系统的开发（DigitalGlobe 公司独立资助 WorldView-2 卫星）。

自 2010 年起，在 NextView 计划完成后，GeoEye 和 DigitalGlobe 公司都得到了 NGA 的 EnhancedView 计划的支持。但 2012 年基金中 GeoEye 的预算削减，导致 2013 年年初 DigitalGlobe 公司最终购买了 GeoEye，并由合并后的公司继续在 DigitalGlobe 品牌下运营。

DigitalGlobe 最初联合了由 5 颗卫星组成的卫星星座：IKONOS、QuickBird、WorldView-1、

GeoEye-1 和 WorldView-2。2013 年，该公司建设完成的 GeoEye-2 作为陆地备用卫星，是其他在轨卫星的后备，目的是满足客户对图像数据需求的增长。此外，2014 年年中还发射了 WorldView-3。

商业高分辨率卫星公司显然并不限于美国。本次活动的国际范围不断扩大。与此同时，在国际基础上，由政府运作的计划越来越多（如由表 5.16 中所列的国家和地区）。例如，DMC-3 卫星星座将由 DMCii 在 2014 年后期或 2015 年年初发射。

GeoEye-1 能够采集 0.41m 分辨率的全色数据和 1.64m 分辨率的多光谱数据。但在这一分辨率下的全色数据只提供给那些得到授权的美国政府用户。提供给商业客户的图像会重采样至 0.5m，这是系统运行许可下的最高分辨率。

表 5.17　GeoEye-1 数据的光谱波段

波段/μm	标定光谱区域	光谱分辨率/m
0.450～0.800	全色	0.41
0.450～0.510	蓝	1.64
0.520～0.600	绿	1.64
0.655～0.690	红	1.64
0.780～0.920	近红外	1.64

GeoEye-1 的轨道是太阳同步轨道，高度为 684km，倾角为 98°，赤道穿越时间为上午 10:30。该系统的标称刈幅宽为 15km，但系统可在天底点高达 60° 的范围内指向任何方向，因此可以生成宽范围的单视场产品、立体图像产品和 DEM。不使用地面控制点的数据地理定位精度为 3m 或更小。该系统的重访周期是 3 天或更少，具体取决于纬度和观测角。表 5.17 总结了 11 位 GeoEye-1 数据的光谱波段。

WorldView-1 星载成像系统只提供全色数据。在其上收集的数据光谱范围为 0.40～0.90μm。该系统的天底点的空间分辨率为 0.45m，但为非美国政府数据用户提供重采样至 0.5m 的数据。

WorldView-1 的轨道是太阳同步轨道，高度为 450km，倾角为 97.2°，赤道穿越时间为上午 10:30。系统天底点的标称刈幅宽为 16km。系统可转体达 40°，因此可得到 775km 的总视场。在 1m GSD 情况下，其平均重访周期为 1.7 天或更少。

WorldView-2 卫星于 2009 年发射升空，该系统的全色数据以 0.5m 的空间分辨率提供给非美国政府用户。系统在波长范围 0.450～0.800μm 内收集全色数据。系统还提供天底点 1.85m 的 8 个波段的多光谱数据。系统的标称光谱区域的多光谱波段包括：海岸（0.400～0.450μm）、蓝（0.450～0.510μm）、绿（0.510～0.580μm）、黄（0.585～0.625μm）、红（0.630～0.690μm）、红边（0.705～0.745μm），近红外 1（0.770～0.895μm）和近红外 2（0.860～1.040μm）。

WorldView-2 卫星的轨道是太阳同步轨道，高度为 770km。这个更高的轨道（与 WorldView-1 的 450km 相比）能得到更宽的总视场（16.4km），平均重访周期刚好超过 1 天。类似于 WorldView-1，WorldView-2 卫星在上午 10:30 穿越赤道，收集 11 位的量化数据。

WorldView-3 被有些人称为高光谱卫星。该系统不仅使用和 WorldView-2 卫星一样的波段收集 0.31m 的全色数据和 1.24m 的多光谱数据，而且收集 8 个 SWIP 波段（3.7m）和 12 个 CAVIS 波段（30m）的数据。所选的 SWIR 波段用于改善霾、雾、烟雾、灰尘、烟、薄雾和卷云的穿透性。CAVIS 波段用于校正云、气溶胶、蒸汽、冰和雪的影响。收集的全色和多光谱波段数据为 11 位；SWIR 波段为 14 位。表 5.18 中总结了系统收集的 SWIR 和 CAVIS 波段。

WorldView-3 的轨道上是太阳同步轨道，高度为 617km，赤道穿越时间为下午 1:30。在北纬 40° 的重访周期略少于 1 天，收集 1m GSD 的数据。无地面控制的预测空间精度小于 3.5m CE 90。如其前任那样，WorldView-3 采用控制力矩陀螺（CMG），可在 4～5s 内重新调整卫星的收集区域，而传统姿态控制技术需要的时间为 35～45s。

如表 5.16 所示，2014 年和 2015 年将发射的其他一些高分辨率系统包括印度的 CartoSat 系列的后继卫星和中国的 DMC-3 卫星星座。DMC-3 任务的设计包括由共同发射的 3 颗相同卫星组成的星座，它们等距离地运行在同一轨道上。卫星星座可以远离天底点 45°，提供了每日重访的能力。该卫星星座代表了一种新的国际化经营模式，DMCii 拥有和运营卫星，但其容量由中国的一家名为 21AT（二十一世纪航天科技企业有限公司）的公司租用。

由于篇幅所限，这里无法深入讨论过去、现在和未来的高清度卫星系统。但要注意的是，因为高分辨率不断扩大的数据需求，未来许多系统的计划可能有变，几个额外的系统可能会过时。获取当前信息最好的方式是咨询相关的互联网网站。

表 5.18　WorldView-3 SWIR 和 CAVIS 光谱波段总结

SWIR 波段	波段宽度/μm	CAVIS 波段	波段宽度/μm
SWIR1	1.195～1.225	沙漠云	0.405～0.420
SWIR2	1.550～1.590	Aerosol-1	0.459～0.509
SWIR3	1.640～1.680	绿	0.525～0.585
SWIR4	1.710～1.750	Aerosol-2	0.620～0.670
SWIR5	2.145～2.185	水体 1	0.845～0.885
SWIR6	2.185～2.225	水体 2	0.897～0.927
SWIR7	2.235～2.285	水体 3	0.930～0.965
SWIR8	2.295～2.365	NDVI-SWIR	1.220～1.252
		卷云	1.350～1.410
		雪	1.620～1.680
		Aerosol-3	2.105～2.245
		Aerosol-3[a]	2.105～2.245

[a] 两个相同的 Aerosol 3 探测器位于焦平面的不同端，以便提供视差来估计云的高度。

5.13　高光谱卫星系统

尽管中等和高分辨率多光谱卫星系统的发展迅速且广泛，但高光谱卫星系统的开发已在目前相关的少数系统中存在了较长时间。在大量狭窄且相邻的光谱波段收集数据的卫星系统是复杂而昂贵的。它们还会生成海量数据，因此会使得图像数据的采集、传输、存储和处理过程变得复杂。

开发和发射高光谱卫星系统的一些早期尝试因发生故障或计划取消而告终，导致几十年未能实现太空高光谱遥感。但技术的巨大进步正在改变这种情况。基于前几个高光谱系统发射的成功经验，各种第二代系统已经规划了发射计划，高光谱图像分析软件的可用性和性能也得到了提升，未来几年，星载高光谱成像的利用率可能会大幅增加。

其中最早发射成功的高光谱卫星传感器是 EO-1 上携带的 Hyperion 和 AC 系统，以及 Proba 任务中的 CHRIS 传感器。EO-1 的 Hyperion 设备提供波长范围 0.36～2.6μm 内的 242 个光谱波段数据，每个波段的宽度都为 0.010～0.011μm。有些波段，特别是在范围两端的那些波段，信噪比较低。因此，在第一阶段的处理过程中，242 个波段中只有 198 个进行了校准；对于大多数数据产品，会将剩余波段的辐射测量值设为 0。Hyperion 包含两个不同的线性阵列传感器，一个有 70 个波段，分别位紫外、可见光和近红外位置；其他 172 个波段则位于近红外和中红外光谱位置（两个阵列的光谱灵敏度有一些重叠）。该实验传感器的空间分辨率为 30m，刈幅宽为 7.5km。从 Hyperion 系统得到的数据由 USGS 分发（彩图 10 中展示了 Hyperion 数据）。

EO-1 AC（也称 LEISA AC 或 LAC）是一个拥有粗糙分辨率的高光谱成像仪，其覆盖的波长范围是 0.85～1.5μm。它的目的是，校正获取由水蒸气和气溶胶引起的大气变化的其他传感器的图像。AC 传感器在天底点的空间分辨率为 250m。尽管 2014 年 Hyperion 仍在继续收集数据，但

EO-1 任务之后的第一年，AC 数据获取的任务就已结束。

CHRIS 是 Proba 卫星的主要传感器，是一台体积小（79cm×26cm×20cm）、质量轻（14kg）的设备，能在 62 个几乎连续和狭窄的光谱波段上以 34m 分辨率成像，还可在 17m 的空间分辨率上进行操作。在更高的分辨率模式下，典型的最低点图像的图幅是 13km×13km，包括 18 个光谱波段的数据。该系统工作在可见光/近红外范围（400～1050nm），最小的频谱采样间隔范围是 1.25nm（400nm 处）～11nm（1050nm 处）。该系统还可以在沿航迹和垂直航迹方向上进行指向操作。可以在沿航迹方向上每 2.5 分钟以-55°、-36°、0°、36°和 55°这些角度获取同一区域的 5 幅图像。在这种方式下，可以评估双向反射的特征属性。CHRIS 的设计寿命为 1 年，但已运行了 9 年多，产生的数据服务了 50 个国家和地区中的 300 多个科学团体。数据的应用范围从地表监测到海岸带研究和气溶胶监测。

近期和未来的几个高光谱卫星系统正处于各种规划和发展阶段。这类系统的代表是意大利航天局（ASI）2015 年发射的 PRISMA（*高光谱先驱及应用任务*）。PRISMA 传感器集成了高光谱（30m GSD）和全色（5m GSD）设备，它们共用同一台光学采集设备。该系统采用推帚式扫描，具有 30km 的刈幅宽。该高光谱成像仪使用两个光谱仪收集数据：可见光/近红外（VNIR）光谱仪收集 66 个波段的数据，波长范围是 0.4～1.01μm，另一个 SWIR 光谱仪收集 0.92～2.50μm 范围内的 171 个波段的数据。每个波段的带宽为 10nm。全色波段工作在波长范围 0.40～0.70μm 内。该卫星在高度约 770km 的太阳同步轨道上，倾角为 98.19°，赤道穿越时间为上午 10:30。数据收集集中在感兴趣的区域，包括整个欧洲和地中海地区。

德国环境测绘和分析任务（EnMAP）的主要设计目的是作为一个跨学科的、科学的全球规模高光谱卫星任务。EnMAP 的总体目标是测量与建模陆地和水生生态系统的变化动态，以支持处理与人类活动和气候变化相关的重大环境问题（Kaufmann et al.，2012）。重点是基于广泛的生物物理、生物化学和地球化学变量监测来进行全球生态参数的观测。这样做的目的是增加人们对资源可持续性中生物/地球化学过程的理解。该任务是在德国地球科学研究中心（GFZ）下属的德国航空航天中心（DLR）宇航局的科学领导下进行管理的。EnMAP 卫星计划于 2015 年发射。

EnMAP 高光谱成像仪采用推帚式扫描，共 244 光谱波段，在 0.42～2.45μm 范围内获取数据。在可见光和近红外（0.42～1.00μm）处，89 个波段以 6.5nm 的采样间隔和 8.1nm 的带宽收集数据。在 SWIR（0.9～2.45μm）处，155 个波段以 10nm 的采样间隔和 12.5nm 的带宽收集数据。所有数据的 GSD 为 30m，标称空间精度小于 100m。数据以 14 位辐射分辨率进行记录，具有优于 5%的辐射测量校准精度。

EnMAP 卫星占据高度为 643km 的太阳同步轨道，倾角为 97.96°，赤道穿越时间为上午 11:00。天底点的刈幅宽是 30km，且系统可在垂直航迹方向上指向达 30°。系统标称重访时间为 23 天（天底点图像），指向 30°时重访时间最短为 4 天。因此，该系统能提供相对较高的空间分辨率、非常高的光谱分辨率和相对较高的时间分辨能力。因为具有这些优点，该科学任务获取的数据将有多种商业应用。

海岸海洋高光谱成像仪（HICO）是于 2009 年安装在国际空间站（ISS）上的高光谱传感器。HICO 最初由美国海军研究办公室资助，2013 年年中被转移到 NASA 的空间站（IIS）计划中。该传感器有 87 个光谱波段，在 0.4～0.9μm 波长范围内获取数据，采样间隔为 5.7nm。大多数水体遥感应用该范围。在天底点时，标称空间分辨率为 90m。HICO 的缺点是，地理覆盖受限于国际空间站 52° 的轨道倾角，因此不能覆盖高纬度地区（5.20 节将深入讨论国际空间站遥感）。

还有几个计划在未来发射的高光谱卫星系统。例如，意大利航天局（ISI）和以色列航天局（ISA）正在为*星载高光谱陆地和海洋应用*（SHALOM）设计一台高光谱仪。系统的设计正被系统数据的潜在应用所推动，如环境监测和风险管理。与此同时，NASA 正在设计一个称为 HyspIRI 的高光谱任务，该计划任务上安装的设备包括一台可见短波红外（VSWIR）成像光谱仪和一台热扫描仪（TIR）。成像光谱仪将以 10nm 的宽度记录 0.380～2.50μm 波长范围内的光谱。TIR 将记录 3～12μm 波长范围内的 8 个波段的数据。这两种设备的空间分辨率都为 60m。卫星将采用高度为 626km 的太阳同步轨道，赤道穿越时间为上午 10:30。可见光谱仪的重访周期为 19 天，TIR 的重访周期为 5 天。卫星的预计发射日期是 2022 年后。

5.14 观测常规地表特征的气象卫星

气象卫星主要用于辅助天气的预报和监测，与定位于陆地监测的其他卫星系统相比，气象卫星搭载的传感器的空间分辨率通常很低。另一方面，气象卫星的优势是它在全球范围内具有很高的时间分辨率。因此，气象卫星数据可用于自然资源领域，因为该领域的应用需要频繁地拍摄大面积区域，而不需要详细的细节。除了拍摄面积大与拍摄时间分辨率高这两个优点，气象卫星的粗糙空间分辨率对某个特定应用来说，同样在很大程度上降低了数据量。

气象卫星可以使用任意一种极轨和地球同步轨道设计。这种卫星的运营是规模巨大的国际活动，涉及美国、欧洲、印度、中国、俄罗斯、日本、南非和韩国等国家。在欧洲，气象卫星的发射和运营由欧洲气象卫星开发组织（EUMETSAT）协调，超过 30 个成员国和合作国加入了 EUMETSAT 组织。由于篇幅所限，这里不介绍所有正在运营或计划发射的气象卫星，而只讨论三个由美国运营的气象卫星系列，它们在过去和现在都有代表性。第一个系列是刚刚退役的极地轨道环境卫星（POES）系列，它由美国国家海洋和大气管理局（NOAA）管理。第二个系列是联合极地卫星系统（JPSS），它正在取代 POES 系列。第三个系列是 NOAA 地球静止运行环境卫星（GOES）系列。三个计划都采用了一系列气象传感器。这里只介绍那些在陆地（和海洋）遥感应用中常使的传感器的突出特点。

5.15 NOAA POES 卫星

NOAA POES 系列中使用过几代卫星。本书此前版本中讨论了前几代系统，最早可追溯到 1978 年。这里讨论 POES 系列的最后一代系统。这些系统包括 NOAA-15 任务到 NOAA-19 任务，所有系统都包括第三代传感器——先进甚高分辨率辐射计（AVHRR/3）（这些卫星分别在以下日期发射：NOAA-15，1998 年 5 月 13 日；NOAA-16，2000 年 9 月 21 日；NOAA-17，2002 年 6 月 24 日；NOAA-18，2005 年 5 月 20 日；NOAA-19，2009 年 2 月 6 日）。NOAA-15、17、19 在白天（上午 7:30 和上午 10:00）从北向南穿过赤道。NOAA-16 和 18 在晚上（约凌晨 2:00）从北向南穿过赤道。这些卫星轨道的高度为 830～870km，轨道周期为 102 分钟，倾角为 98.7°。表 5.19 中列出了 AVHRR/3 的 6 个光谱波段（只有其中 5 个光谱波段可以随时传到地面）的基本特征和主要应用。图 5.29 展示了 NOAA 卫星 2600km 刈幅宽的系统特征。在天底点接收的图像的地面分辨率为 1.1km，随着非天底点拍摄角度的增大，地

表 5.19 AVHRR/3 光谱波段

波段	波长/μm	标定光谱区域	典型应用
1	0.58～0.68	红	白天的云、雪、冰和植被制图
2	0.725～1.00	近红外	白天的陆地/水体边界、雪、冰和植被的制图
3A	1.58～1.64	中红外	雪/冰检测
3B	3.55～3.93	热红外	昼/夜云和表面温度测绘
4	10.30～11.30	热红外	昼/夜云和表面温度测绘
5	11.5～12.50	热红外	海面温度、云制图，校正大气中的水蒸气程辐射

面分辨率自然而然变得更加粗糙。NOAA 以完整分辨率接收 AVHRR/3 数据并以两种不同的方式存档。若所选数据以完整分辨率记录，则称为*局部区域覆盖*（LAC）；若所有数据都采样至 4km 分辨率，则称为*全球区域覆盖*（GAC）。

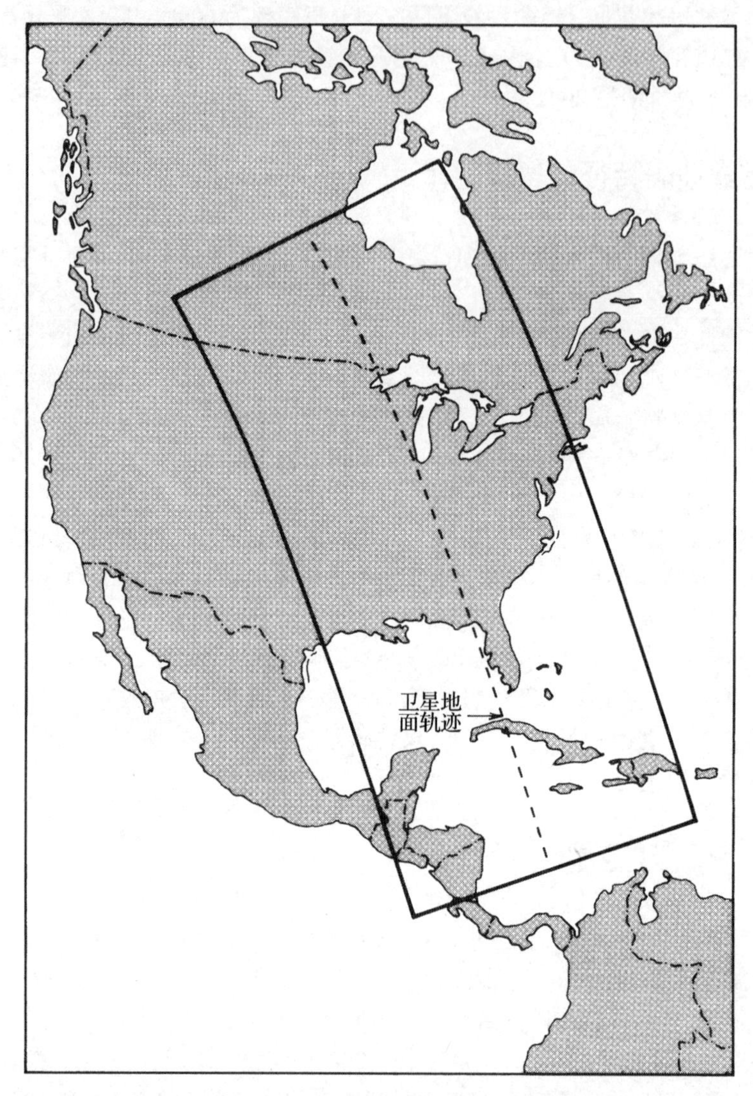

图 5.29　NOAA AVHRR/3 覆盖范围实例

NOAA 卫星每天都可以提供可见光图像，并提供两幅热红外图像。这样的图像常被用在时效性较高的应用中。除了水面温度制图，AVHRR 数据还广泛用于其他领域，包括雪被制图、洪水制图、火灾探测、尘土及沙尘暴监测以及多种地质应用（如火山爆发的观测、区域排水与地学要素制图等）。POES 与 GOES（将在下面描述）数据同样可用于区域气候变化研究，如 Wynne et al.（1998）使用 14 年的数据监测了湖冰的形成，研究了生物气候学，并且将它们作为美国中西部地区北部和加拿大部分地区气候变化的指标。

AVHRR 数据广泛用于大面积的植被监测。用于该目的典型光谱波段为通道 1 可见光波段（0.58～0.68μm）和通道 2 近红外波段（0.25～1.00μm），通道 1 与通道 2 的不同数学组合可用作植被存在与植被条件的指标，因此称这些数学量为植被指数。根据 AVHRR 数据可以计算出两个广泛使用的植被指数，其中一个指数是简单植被指数（VI），另一个指数是归一化差异植被指数（NDVI），计算公式如下所示：

$$VI = Ch_2 - Ch_1 \tag{5.4}$$

和

$$NDVI = \frac{Ch_2 - Ch_1}{Ch_2 + Ch_1} \tag{5.5}$$

式中：Ch_1 与 Ch_2 分别代表 AVHRR 的通道 1 和通道 2，在辐射率或反射率方面能更明确地表示其含义（见第 7 章）。

一般来说，这两个植被指数中的任何一个在有植被生长的地区都有较高的值，因为它们的近红外反射率相对较高，而可见光反射率相对较低。相反，云层、水体、积雪的可见光反射率大于近红外反射率，因此这些地物的植被指数为负值。而岩石和裸土在这两个波段的反射率相当，因此它们的植被指数接近零。

在全球植被监测中，归一化差异植被指数（NDVI）要优于简单指数（VI），因为 NDVI 有助于弥补光照条件、地表坡度、方位和其他外部因子的变化。

彩图 18 显示了美国的 NDVI 分布图，它是从 1998 年的 AVHRR 数据得到的 6 幅以两周为周期的 NDVI 分布图。在这些图上，植被 NDVI 值的变化范围从 0.05 的低值变化到 0.66 的高值，它们显示为不同的颜色（见彩图底部的图例）。云、雪和高亮度非植被地表的 NDVI 值小于零。每个像元的 NDVI 值选取 14 天周期中该像元的最大 NDVI 值（假定最大 NDVI 值代表这一时期的最大植被“绿度”）。这种最大值合成方法能够消除云的影响（若某些地区 14 天都有云，则这些地区的云无法消除）。

EROS 的科学家同样生产了许多全球的 NDVI 合成数据，以满足国际社会的需要。除了 NOAA 在记录数据，还有 29 个国际接收站在收集数据，这些数据以天为时间尺度，针对全球范围进行（始于 1992 年 4 月 1 日）。该计划已经生产了数万幅 AVHRR 图像，而且生产了许多根据 10 天最大 NDVI 合成法合成的图像（Eidenshink and Faundeen，1994）。

许多调查者研究了 NDVI 与几种植被现象的关系，这些现象包括全球尺度和大陆尺度上的植被的季节动态、叶面积指数测量、生物量估计、植被覆盖百分比的测定、光合辐射的估计。之后，这些相关的植被属性被用于不同的模型，以研究植被的光合作用、生态系统的碳收支、水循环和其他过程。

尽管 AVHRR 的 NDVI 应用广泛，但要指出的是，很多因素会影响 NDVI 的观测，它们与植被条件无关。这些因素包括入射太阳辐射、传感器的辐射响应、大气影响（包括气溶胶的影响）、非天底点观测影响等。回顾可知 AVHRR 非天底点的扫描角超过±55°（与之相比，陆地卫星的扫描角只有±7.7°，而 SPOT 的扫描角要小于±2.06°），因此所拍摄图像的实际变化不仅体现在 AVHRR 扫描线的地面分辨单元的大小上，而且体现在拍摄时大气、地物角度和拍摄距离的变化上。如何使这些影响因素标准化，是当前研究的一个课题（7.19 节将深入讨论植被指数）。

5.16 JPSS 卫星

JPSS 是由美国运营的第二代极轨气象卫星。JPSS 项目的建设有赖于 NOAA 与 NASA 40 多年的伙伴关系，NASA 负责卫星的设计和采购，NOAA 负责管理和运营卫星。JPSS 计划中有 3 颗卫星：索米国家极轨伙伴卫星（SNPP）、JPSS-1 和 JPSS-2。SNPP（通常称为索米 NPP）于 2011 年 10 月 28 日发射，JPSS-1 计划于 2017 年发射，JPSS-2 预期在 2022 年发射。

SNPP 是为纪念威斯康星大学麦迪逊分校气象学家、气象卫星之父维尔纳·索米而命名的。该卫星为在 JPSS-1 和 JPSS-2 上运行的传感器、算法、地面操作和数据处理系统提供在轨测试和验证。SNPP 是太阳同步轨道卫星，高度为 824km，倾角为 98.74°，赤道穿越时间为上午 10:30。卫星上搭载了 5 台设备，其中 4 台设计用于测量一些气象参数，如大气温度和水分、臭氧浓度和地球辐射收支的空间与时间。针对土地（和海洋）应用的是第 5 台设备，即可见光红外成像辐射仪（VIIRS）。VIIRS 采用了 NPOSAVHRR 的辐射精度，具有改进的频谱和空间分辨率。

如表 5.20 所示，VIIRS 包括 22 个光谱波段，其中 5 个波段称为影像分辨率波段（I1～I5），天底点（扫描边界 0.8km）的空间分辨率为 0.375km。其余 17 个波段中的 16 个中等分辨率波段（M1～M16）在天底点的分辨率为 0.75km（扫描边界 1.6km）。第 17 个中等分辨率波段（DNB）是一个宽广（0.5～0.9μm）的"昼夜波段"，可用于收集夜间可见光/近红外图像，整个刈幅宽的分辨率为 0.75km。VIIRS 系统采用扫帚式扫描，总视场角为 112°，可产生 3000km 的刈幅宽，能提供每天的全球影像覆盖。每个光谱波段的覆盖位置和刈幅宽可以单独编程控制（可提供经过选择的天底点附近覆盖区域的改进分辨率）。

表 5.20 VIIRS 光谱波段

波　段	主要驱动参数	波段宽度/μm	标定光谱区域	天底点光谱分辨率/km	边空间分辨率/km
I1	可视图像/NDVI	0.600～0.680	红	0.375	0.8
I2	陆地图像/NDVI	0.846～0.885	近红外	0.375	0.8
I3	雪/冰	1.580～1.640	SWIR	0.375	0.8
I4	云图	3.550～3.930	TIR	0.375	0.8
I5	云图	10.50～12.40	TIR	0.375	0.8
M1	海洋颜色/气溶胶	0.402～0.422	蓝	0.75	0.8
M2	海洋颜色/气溶胶	0.436～0.454	蓝	0.75	1.6
M3	海洋颜色/气溶胶	0.478～0.498	蓝	0.75	1.6
M4	海洋颜色/气溶胶	0.545～0.565	绿	0.75	1.6
M5	海洋颜色/气溶胶	0.662～0.682	红	0.75	1.6
M6	大气校正	0.739～0.754	近红外	0.75	1.6
M7	海洋颜色/气溶胶	0.846～0.885	近红外	0.75	1.6
M8	云颗粒/雪颗粒尺寸	1.230～1.250	近红外	0.75	1.6
M9	云边缘	1.371～1.386	SWIR	0.75	1.6
M10	雪指数	1.580～1.640	SWIR	0.75	1.6
M11	云/气溶胶	2.225～2.275	SWIR	0.75	1.6
M12	SST	3.660～3.840	TIR	0.75	1.6
M13	SST/火监测	3.973～4.128	TIR	0.75	1.6
M14	云顶	8.400～8.700	TIR	0.75	1.6
M15	SST	10.263～11.263	TIR	0.75	1.6
M16	SST	11.538～12.488	TIR	0.75	1.6
DNB	昼夜波段	0.5～0.9	VIS/NIR	0.75	0.75 全宽

图 5.30 显示了由 VIIRS 的"昼夜波段"数据合成的 3 幅图像，数据分别在 2012 年 4 月期间的 9 天和 2012 年 10 月间的 13 天获取。它需要 312 次轨道运行和 2.5TB 的数据来得到整个大陆陆地表面和地球岛屿的无云图像。图 5.30(a)包括北美和南美，图 5.30(b)包括欧洲、非洲和亚洲西部。注意图像中尼罗河谷和三角洲的独特外观。该区域仅为埃及国土面积的 5%，但包括了该国近 97%的人口。图 5.30(c)包括亚洲东部的一部分和澳洲。

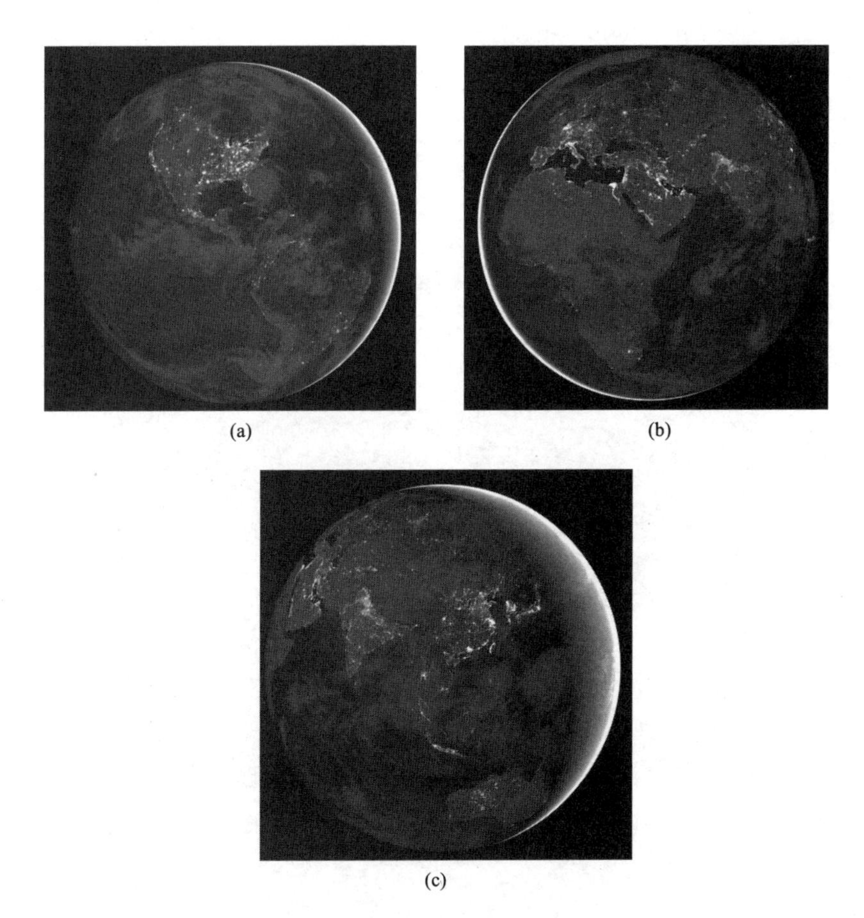

图 5.30 索米 NPP VIIRS 于 2012 年 4 月和 10 月获取的城市灯光合成图像：(a)北美和南美；(b)欧洲、非洲和亚洲西部的一部分；(c)亚洲东部的一部分和澳洲（NOAA、NASA 和 DOD 供图）

VIIRS 传感器能逐个像素地“调整”其增益，因此为避免过饱和，可使用低增益记录非常亮的像素，还可以使用高增益来记录暗淡的区域以尽可能地放大信号。因此，该系统往往会记录一些与特征相关联的信号，如野火、石油和天然气闪光、极光、火山和月光反射。在图 5.30 中，为了突出城市灯光，消除了具有这些特征的光。

5.17 GOES 卫星

地球同步环境卫星（GOES）是气象卫星网络的一部分，它们位于地球静止轨道上。美国通常运营两个这样的系统，它们一般位于西经 75°（和赤道）和西经 135°（和赤道），因此这两颗卫星分别称为*东部地球同步环境卫星*（GOES-EAST）和*西部地球同步环境卫星*（GOES-WEST）。世界气象组织中的其他几个国家也计划发射与 GOES 类似的系统。

GOES 的优点是能观测到地球的整个半平面（见图 5.31），因此，其重复频率只受限于扫描和传输图像所花的时间。第一颗 GOES 卫星 GOES-1 于 1975 年发射。2014 年最新的卫星是 2010 年发射的 GOES-15。GOES 成像系统的设计这些年来有了很大的变化。接下来要发射的系统（即将成功在轨运行的 GOES-R）标志着新一代成像能力的开端。GOES-8 与 GOES-15 采用了 5 个分辨率为 4～8km 的光谱波段（1 个可见光波段和 4 个热波段），GOES-R 卫星配备 16 波段成像仪，称为*先进基线成像仪*（ABI）。如表 5.21 所示，ABI 包括 2 个可见光波段、1 个近红外波段、3 个 SWIR 波段和 10 个热波段，分辨率为 0.5～2km。ABI 每 5 分钟就进行一次完全盘扫描，而现在的 GOES 卫星需要 25 分钟。

图 5.31　9 月初获取的半球图像（包括北美和南美），使用 GOES 可见光波段（0.55～0.7μm）。墨西哥湾的飓风清晰可见（NOAA 供图）

表 5.21　API 光谱波段

波　段	主要驱动参数	波段宽度/μm	标定光谱区域	天底点光谱分辨率/km
1	白天陆地气溶胶/海岸制图	0.45～0.49	蓝	1
2	白天云/雾，日照/风	0.59～0.69	红	0.5
3	白天植被/水上气溶胶/风	0.846～0.885	近红外	1
4	白天的卷云	1.371～1.386	SWIR	2
5	白天云顶，云颗粒/雪	1.58～1.64	SWIR	1
6	白天土地/云属性/植被/雪	2.225～2.275	SWIR	2
7	表面和云/雾在夜间/火/风	3.80～4.00	TIR	2
8	高层大气水汽/风/雨	5.77～6.6	TIR	2
9	中层大气水汽/风/雨	6.75～7.15	TIR	2
10	低层大气水汽/风/ SO_2	7.24～7.44	TIR	2
11	稳定水总量/云相/尘/ SO_2/雨	8.3～8.7	TIR	2
12	臭氧总量/湍流/风	9.42～9.8	TIR	2
13	表面和云	10.1～10.6	TIR	2
14	影像/ SST/云/雨	10.8～11.6	TIR	2
15	总水量/灰/ SST	11.8～12.8	TIR	2
16	气温/云高度和数量	13.0～13.6	TIR	2

ABI 在光谱、空间和时间分辨率上相对于当前一代 GOES 卫星有重大改进，因此未来几年应

用于陆地和海洋遥感的 GOES 数据可能大幅增加。GOES-R 计划在 2015 年发射，GOES-S 计划在 2017 年发射，GOES-T 计划在 2019 年发射，GOES-U 计划在 2024 年发射。

5.18 海洋监测卫星

地球上被海水覆盖的面积超过地表面积的 70%，因此海洋对全球大气与气候都有重要影响。类似于大气，以循环动力学为特征的海洋既不稳定又不流畅，在大范围的空间和时间尺度上也是高度变化的。事实上，如果利用传统的海洋测量技术，这些任务是不可能完成的。这些动态加上海洋的庞大规模，使得它们难以只从船只、浮标、漂流器甚至航空平台上进行监测。因此，在从一点或小面积区域的观测进行推算方面，卫星观测是非常有用的，因为它可在大范围的空间和时间尺度上提供海洋的空间大气细节。

海洋监测卫星系统使用光学光谱部分、热红外辐射和水体颜色作为主要参数来辅助地表面温度、叶绿素、固体悬浮物、环流和黄色凝胶有机化合物的绘制，特别是在近海和沿海水域。雷达和激光雷达卫星系统（见第 6 章）的观测可能集中在表面形状、环流、波场和风应力方面。主动和被动系统广泛用于监测海冰。此外，许多有用的海洋观测通常由陆地导向卫星系统和气象卫星完成。

卫星海洋学领域很大程度上受益于 1978 年发射的两个第一代海洋监测系统：Seasat 卫星和 Nimbus-7 卫星。Seasat 卫星（见 6.11 节）携带了几台专门用于海洋监测的设备，它们运行在光谱的微波部分。Nimbus-7 携带了*海岸带水色扫描仪*（CZCS），它们在有限的覆盖上进行“基本原理的验证”。海岸带水色扫描仪设计用于测量海洋海岸带的颜色和温度。CZCS 在 1986 年中期停止运作。后续系统包括日本于 1987 年发射的*海洋观测卫星*（MOS-1）和 1990 年发射的 MOS-1b。有关这些早期系统的更多信息，可以在本书以前的版本中看到。

海洋遥感的另一个主要数据源是*海洋观测宽视野传感器*（SeaWiFS）。SeaWiFS 有一台含有 8 个波段的垂直航迹扫描仪，其工作光谱范围为 0.402～0.885μm（见表 5.22）。该系统主要设计用于研究海洋生物地球化学，由 NASA 和私有企业共同创建。

表 5.22　SeaWiFS 系统的主要特性

光谱波段	402～422nm
	433～453nm
	480～500nm
	500～520nm
	545～565nm
	660～680nm
	745～785nm
	845～885nm
地面分辨率	1.1km
刈幅宽	2800km

经过所谓的“数据购买”斡旋，NASA 与轨道科学公司（OSC）缔结了在 OSC 公司的 OrbView-2 卫星上建立、发射、运营 SeaWiFS 的协议，以满足 NASA 科学家对海洋监测数据的需要，轨道科学公司（现在属于 DigitalGlobe）保留销售这些结果数据用于商业应用的权利。这是首次由企业主持整个任务的开发。该系统于 1997 年 8 月 1 日发射，生产数据一直持续到 2010 年 12 月 11 日。

从科学观点来看，SeaWiFS 数据已用于研究下列现象：海产品和浮游生物的形成；碳、硫、氮的循环；海洋对自然气候的影响，包括上层海水热量的存储和海洋气溶胶成分。SeaWiFS 的商业应用包括捕鱼、导航、天气预报、农业。

SeaWiFS 产生两种主要类型的数据。一种是*局部范围覆盖*（LAC）数据，其天底点的分辨率为 1.13km，LAC 数据以广播方式直接由地面接收站接收；另一种是*全球范围覆盖*（GAC）数据（在卫星上以每 4 线、每 4 像元做子采样），GAC 数据记录在 OrbView-2 卫星上，随后再发送。系统设计获取整个地球覆盖的周期为 2 天。在研究优先的基础上，不经常收集 LAC 数据。卫星的飞行高度为

705km，它往南穿过赤道的时间是中午 12:00，扫描角为±58.3°，因此卫星的刈幅宽约为 2800km。

尽管 SeaWiFS 最初设计用于海洋观测，但也提供了研究陆地和大气过程的机会。在独自运行的第一年，SeaWiFS 为许多现象提供了新的科学知识：厄尔尼诺气候过程；一系列自然灾害，包括佛罗里达州、加拿大、印度尼西亚、墨西哥和俄罗斯的火灾，中国的洪水；撒哈拉沙漠和戈壁的沙尘暴；许多地方的飓风；以及空前繁盛的浮游植物等。在 SeaWiFS 系统第一年的运作中，代表 35 个国家和地区的 800 多位科学家使用了它的数据，全球有 50 多个地面站开始接收它的数据。从某种意义上说，SeaWiFS 能够同时观测海洋、陆地和大气过程，因此是对地观测系统（EOS）系列设备的先驱。

彩图 19 是 SeaWiFS 的 GAC 的 11 个月数据的合成图，显示了海洋中叶绿素 a 的含量与陆地上的归一化差异植被指数。

韩国 1999 年发射的 KOMPSAT-1 卫星并入了称为*海洋扫描多光谱成像仪*（OSMI）的全球海洋水色监控系统。OSMI 是一台推帚式扫描仪，能操作多达 6 个光谱波段（0.4～0.9μm）。每个波段的中心和带宽可通过地面指令进行控制。系统的天底点分辨率为 850m，刈幅宽为 800km。

欧洲航天局于 2002 年 3 月 1 日发射的 Envisat-1 卫星搭载了 10 台光学和雷达设备，其中包括*先进合成孔径雷达*（ASAR，将在 6.13 节讨论）和*中等分辨率成像光谱仪*（MERIS）。MERIS 的主要任务是测量海洋和沿海地区的颜色（还能对大气和陆地进行观测）。

MERIS 采用的是推帚式设备，其刈幅宽为 1150km，为便于接收数据，刈幅宽被分成 5 部分。5 个相同的传感器阵列并行收集数据，在相邻扫描带上稍有重叠。在海岸带和陆地区域，它收集的数据在天底点的分辨率为 300m；在开阔的海洋上，它收集的数据的分辨率降至 1200m。它通过合并沿航迹方向和垂直航迹方向的 4×4 个相邻像元来获取数据。

MERIS 能在 15 个波段上收集数据。该系统可由地面命令编程来控制，每个波段的数量、位置和宽度能在 0.4～1.05μm 范围内变化。MERIS 每 3 天覆盖地球一次。

如果读者要进一步了解海洋监测卫星的详细信息和应用，可查阅关于这一主题的大量参考资料。另一个有关海洋颜色传感器的来源是*国际海洋颜色协调组织*（IOCCG），该组织维护了一个网上列表，且在 www.ioccg.org 上列出了目前的海洋水色传感器。

5.19 对地观测系统

对地观测系统（EOS）是 NASA 所倡导的思想的主要组成部分，最初称为*行星地球计划*（MTPE），后来更名为*地球科学计划*（ESE）和*地球太阳计划*。2014 年，EOS 是美国航空航天局科学任务理事会地球科学部的重要组成部分，它包括众多的卫星任务和相关的研究项目。EOS 的关注点是增进人们对地球作为一个完整系统的理解，以及地球对自然和人为引起的变化的响应。这样做的目的是在科学研究与国家决策的支持下改善气候、天气和自然灾害的预测。

EOS 系统中的第一个运营卫星系统是陆地卫星 7。最初，该计划就拥有当前运营的观测系统、正在开发的新计划以及为未来设计的计划。无疑，该计划的数量、成本、复杂性注定会发生变化；同样，EOS 计划包含了许多陆地遥感领域之外的平台和传感器。这里不介绍整个计划，而只介绍最初的 EOS 平台，即 Terra 和 Aqua，它们是 EOS 的*旗舰*。Terra 于 1999 年 12 月 18 日发射，Aqua 于 2002 年 5 月 4 日发射。这两个平台都是复杂的系统，都有多台遥感设备。Terra 平台上包含以下 5 种传感器：

- ASTER：先进星载热发射与反射辐射计。
- CERES：云与地球的辐射能量系统。

● MISR：多角度成像分光辐射计。
● MODIS：中等分辨率成像分光辐射计。
● MOPITT：对流层污染测量。

Aqua 携带 6 台设备，其中 2 台设备（MODIS 和 CERES）在 Terra 上。剩下的 4 台设备如下：

● AMSR/E：先进微波扫描辐射计 EOS。
● AMSU：高级微波探测装置。
● AIRS：大气红外探测器。
● HSB：巴西湿度计。

表 5.23 总结了 Terra 和 Aqua 上的传感器的特点与应用。

表 5.23 Terra 和 Aqua 上的传感器

传 感 器	Terra/Aqua	通用特征	主要应用
ASTER	Terra	3 台扫描仪在可见光、近红外、中红外和热红外波段操作，分辨率为 15～90m，沿航迹立体扫描	研究植被、岩石类型、云、火山；产生 DEM；为总体任务提供高分辨率数据
MISR	Terra	4 通道 CCD 阵列提供 9 个单独的视角	提供地表特征、云数据和大气气溶胶多个视角，校正 ASTER 和 MODIS 的大气影响
MOPITT	Terra	3 通道近红外扫描仪	测量一氧化碳和甲烷
CERES	Both	2 台宽带扫描仪	测量大气上方的辐射通量，监测地球的辐射总能量平衡
MODIS	Both	36 通道成像光谱仪；分辨率为 250m～1km	用于多种陆地和海洋应用、云量、云属性
AIRS	Aqua	2378 个通道的高光谱传感器，空间分辨率为 2～14km	测量大气的温度和湿度、云属性、辐射能量通量
AMSR/E	Aqua	12 通道微波辐射计，6.9～89GHz	测量降水量，地表湿度和积雪，海洋表面特性，云属性
AMSU	Aqua	15 通道微波辐射计，50～89GHz	测量大气的温度和湿度
HSB	Aqua	5 通道微波辐射计，150～183mHz	测量大气的湿度

设计 Terra 和 Aqua 的目的是，在每个平台上提供一套高度协同的工具。例如，在 Terra 上的 5 台设备中，4 台以互补方式获取有关云层的属性数据。同样，由一种设备获得的数据（如 MISR）可用于另一种数据（如 MODIS）的大气校正。这颗卫星以集成方式提供了详细的测量，有助于许多相关科学目标的实现。

Terra 和 Aqua 都是相当巨大的对地观测卫星。Terra 长约 6.8m，直径为 3.5m，质量为 5190kg。Aqua 的尺寸为 16.7m×8.0m×4.8m，质量为 2934kg。卫星在近极点太阳同步轨道运行，高度为 705km。它们的轨道适合那些 WRS-2 编号为陆地卫星 4、5、7、8 的卫星。Terra 的赤道穿越时间（下降）是上午 10:30，这是云层最少的时间。Aqua 的赤道穿越时间（上升）为下午 1:30。在这些设备中，读者最感兴趣应是 MODIS、ASTER 和 MISR。

5.19.1 MODIS

MODIS 搭载在 Terra 卫星、Aqua 卫星及其追随者之上，是一台传感器，目的是同时对陆地、海洋和大气过程提供综合数据。其设计源于早期的各种传感器，或者像 AVHRR 和 CZCS 这样的传统仪器设备。但与这些早期的系统相比，MODIS 得到了改进。MODIS 不仅提供比 AVHRR 高的分辨率（250m、500m 或 1000m，具体分辨率取决于波长）、重复周期为 2 天的全球覆盖，而且在 36 个经过认真挑选的波段上收集数据（见表 5.24）。MODIS 的辐射灵敏度采用 12 位存储；另外，MODIS 在几何校正和辐射校正方面也得到了明显改善，对 MODIS 所有 36 个波段进行的波段到波段的配准达到了 0.1 个像元或更好，20 个反射太阳辐射的波段进行了辐射的完全校正，校正精度在5%以内或者更好，16个热红外波段的校正精度也在1%以内或者更好。这些苛刻的校正标准是EOS的要求，它要求进行长期的、连续的系列观测，以证明全球气候的细微变化。所要求的这些数据必须与传感器无关，因此传感器的校正就成了重点。

表5.24　MODIS的光谱波段

主要用途	波　段	波段宽度	分辨率/m
陆地/云	1	620～670nm	250
边界层	2	841～876nm	250
陆地/云	3	459～479nm	500
属性	4	545～565nm	500
	5	1230～1250nm	500
	6	1628～1652nm	500
	7	2105～2155nm	500
海洋颜色/浮游生物/生物地球化学	8	405～420nm	1000
	9	438～448nm	1000
	10	483～493nm	1000
	11	526～536nm	1000
	12	546～556nm	1000
	13	662～672nm	1000
	14	673～683nm	1000
	15	743～753nm	1000
	16	862～877nm	1000
大气水汽	17	890～920nm	1000
	18	931～941nm	1000
	19	915～965nm	1000
表面/云温度	20	3.660～3.840μm	1000
	21[a]	3.929～3.989μm	1000
	22	3.929～3.989μm	1000
	23	4.020～4.080μm	1000
大气温度	24	4.433～4.498μm	1000
	25	4.482～4.549μm	1000
卷云	26[b]	1.360～1.390μm	1000
水汽	27	6.538～6.895μm	1000
	28	7.175～7.475μm	1000
	29	8.400～8.700μm	1000
臭氧	30	9.580～9.880μm	1000
表面/云温度	31	10.780～11.280μm	1000
	32	11.770～12.270μm	1000
云层高度	33	13.185～13.485μm	1000
	34	13.485～13.758μm	1000
	35	13.785～14.085μm	1000
	36	14.085～14.385μm	1000

[a]波段21与波段22类似，但与328K时相比，波段21在500K时饱和。

[b]波长未按顺序列出，因为传感器的设计有变化。

MODIS的总视场角为±55°，扫描数据的宽度为2330km。可以由MODIS数据得到大量有关大气、海洋和地表的数据产品。现有大气产品是气溶胶、云属性、水汽和温度分布。代表性的海洋产品包括海面温度和叶绿素浓度。陆地产品包括但不限于：表面反射率，地表温度和发射率、土地覆盖/变化、植被指数、热异常/火、叶面积指数/光合分数有效辐射、净原生植被的生产、BRDF/反照率和植被转换。

彩图 20 显示了基于 MODIS 的西大西洋海洋表面温度图，其中包含部分墨西哥暖流。土地面积和云层已被移除。约 7℃的冷水以紫色显示，用蓝、绿、黄和红表示水温的增加，温度高达约 22℃。深红色清晰地显示了墨西哥暖流。

MODIS 数据尤其适合人们了解复杂的区域规模系统及其动态。彩图 21 同时描绘了劳伦湖区五大湖的表面温度图像。在时间频率上收集 MODIS 数据，在无云覆盖情形下可以了解此类景象在一定时间尺度范围内的动态。

5.19.2 ASTER

ASTER 成像仪是 NASA 与日本国际贸易与产业部合作的成果。从某种意义上说，ASTER 充当的是 Terra 上其他设备的“变焦透镜”，其空间分辨率是这些设备中最高的。ASTER 包含 3 个独立的设备子系统，每个子系统都工作在不同的光谱区，使用独立的光学系统，并由不同的日本公司制造。这些子系统分别工作在可见光与近红外（VNIR）、短波红外（SWIR）、热红外（TIR）波段。表 5.25 简要说明了每个子系统的基本特征。

表 5.25 ASTER 的设备特征

特　征	VNIR	SWIR[b]	TIR
光谱范围	波段 1：0.52～0.60μm，朝向天底点	波段 4：1.600～1.700μm	波段 10：8.125～8.475μm
	波段 2：0.63～0.69μm，朝向非天底点	波段 5：2.145～2.185μm	波段 11：8.475～8.825μm
	波段 3：0.76～0.86[a]μm，朝向天底点	波段 6：2.185～2.225μm	波段 12：8.925～9.275μm
	波段 3：0.76～0.86[a]μm，朝向后方	波段 7：2.235～2.285μm	波段 13：10.25～10.95μm
		波段 8：2.295～2.365μm	波段 14：10.95～11.65μm
		波段 9：2.360～2.430μm	
地面分辨率/m	15	30	90
垂直航迹方向的定向扫描角/度	±24	±8.55	±8.55
垂直航迹方向的定向扫描长度/km	±318	±116	±116
刈幅宽 km	60	60	60
量化/位	8	8	12

[a]立体成像子系统。[b]2008 年 4 月 SWIR 系统失效。

VNIR 子系统有 3 个光谱波段，地面分辨率为 15m。设备由两台望远镜组成：一个朝向天底点，带有一个 3 波段的 CCD 探测器；另一个朝向后方（非天底点 27.7°），带有一个单波段（波段 3）探测器。这种外形使得它可在第三波段沿轨迹立体成像，立体像对的基高比为 0.6。因此，人们可以利用立体数据来构建 DEM，垂直精度为 7～50m。VNIR 在垂直航迹方向的定向扫描角在轨道路径的任意一侧均可达 24°，是通过旋转整个望远镜装置来实现的。

SWIR 子系统通过一台瞄准天底点的望远镜工作在 6 个光谱波段上（2008 年 4 月），提供的空间分辨率为 30m，垂直航迹方向的定向扫描角可达 8.55°，使用定向镜来实现。

TIR 子系统工作在热红外区的 5 个波段上，空间分辨率为 90m。与其他设备子系统不同，TIR 装载了一个推帚式扫描镜。它在每个波段上使用 10 个探测器，扫描镜的任务有两项，即扫描任务及在垂直航迹方向上的定向扫描任务，定向扫描角可达 8.55°。

所有 ASTER 波段图像的刈幅宽都是 60km，它们在垂直航迹方向上的定向扫描能力可覆盖天底点±116km 的范围。这意味着每隔 16 天，地球上任意一点至少可被 ASTER 中 VNIR、SWIR（直到 2008 年 4 月）、TIR 的所有 14 个波段访问一次。VNIR 子系统有较大的定向能力，能够提供天底点±318km 范围的数据，因此 VNIR 在赤道的再访周期仅为 4 天。

图 5.32 显示了模拟 ASTER 数据集的三个单独波段，所示为加利福尼亚州的死谷，图幅大小为 13.3km×54.8km。注意该区域仅显示了完整 ASTER 刈幅宽的一部分。彩图 22 显示的是与图 5.32 中区域相同的模拟 ASTER 数据。彩图 22(a)是由 VNIR（可见光与近红外）的三个波段合成的图像，彩图 22(b)显示了 3 个 SWIR（中红外）波段，彩图 22(c)显示了 3 个 TIR（热红外）波段。这三幅彩图显示了不同的地质与植被差异。例如，彩图 22(a)中的亮红色区域是弗尼斯河冲积扇上的植被斑块，它在近红外波段的反射率比光谱中的绿色或红色部分更高。在彩图 22(b)中它们显示为绿色，而在彩图 22(c)中则很难辨别，彩图 22(c)的热红外波段的分辨率为 90m，彩图 22(a)的分辨率为 15m，彩图 22(b)的分辨率为 30m。在彩图 22(c)中可以看到地质矿产的显著差异，含有较高石英矿物的表面显示为红色。

图 5.32 ASTER 数据，加利福尼亚州的死谷：(a)波段 2（红），5 月中旬；(b)波段 5（中红外），5 月中旬；(c)波段 13（热红外），4 月上旬。比例尺为 1∶300000

波段 3 有朝向天底点和朝向后方的传感器，因此能从两个不同的角度获得同一区域的数据，立体 ASTER 数据可用于生产 DEM。不同波段的 ASTER 图像数据可以“悬挂”在 DEM 之上，进而生成区域透视图，如图 5.33 所示，它显示的是模拟 ASTER 的完整图像（60km×6km）（图 5.32 显示的区域和彩图 22 是这幅全景图的子集）。这样的透视图可以帮助图像解译人员总体了解研究区。例如，在这幅图中，基岩山位于图像的左边（西）和右边（东）。图像中央广阔且明亮的色调区是死谷的谷底。在基岩山和谷底之间能够看到许多冲积扇（基本上在谷底西部连续分布）。

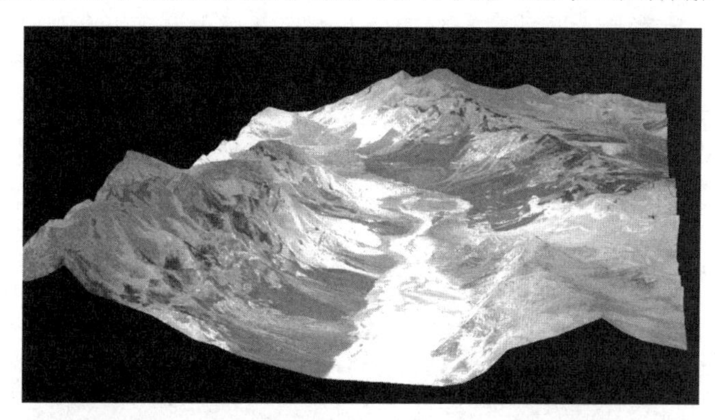

图 5.33　ASTER 数据悬挂在一个数字高程模型上，加利福尼亚州的死谷（向北观看）。它是可见光、近红外、中红外三波段彩色合成图的黑白复制品（NASA 提供）

5.19.3　MISR

不同于其他大多数遥感系统，MISR 有 9 个传感器，能同时以不同的角度观测地球。每个传感器都由一组线性阵列组成，可以覆盖 4 个光谱波段（蓝色、绿色、红色和近红外）。1 个传感器朝向天底点（0°）；4 个传感器分别以角度 26.1°、45.6°、60.0°和 70.5°朝向前方；另 4 个传感器以类似的角度朝向后方。系统的刈幅宽为 360km，天底点视角传感器的空间分辨率为 250m，偏离天底点传感器的分辨率为 275m。

MISR 的可视角度可选择应用到不同的目标上。在天底点，视角传感器提供的图像的大气干扰最小。离天底点 26.1°的两个传感器分别用来提供云顶高度测量的立体覆盖和其他目的。45.6°处的传感器提供有关大气气溶胶的信息，这是对全球变化与地球辐射收支研究来说非常重要的信息。60.0°处的传感器可最小化云层散射光线的方向差异影响，并可用来估计地表特征的半球反射率。最后，70.5°处的传感器可以提供实际的最大斜角限制，以最大化偏离天底点散射现象的影响。

对 MISR 图像的分析有助于地球气候的研究，帮助监测颗粒物污染和不同类型雾霾的全球分布。例如，彩图 23 显示了美国东部的一系列 MISR 图像，是在一个轨道（3 月上旬）的 4 个不同角度上获取的。显示区域从安大略湖和伊利湖到佐治亚州北部，并且涵盖了阿巴拉契亚山脉的一部分。在这一日期，伊利湖的东端被冰覆盖，因此在图像上非常明亮。彩图 23(a)是在 0°（天底点视角）获取的，而彩图 23(b)、(c)和(d)分别在前向 45.6°、60.0°和 70.5°处获取。广泛覆盖阿巴拉契亚山脉上空的雾霾在 0°图像上几乎看不见，但在 70.5°图像上非常明显，因为大气路径长度增加了。彩图 23(c)和(d)所示的图像显得更亮，由于路径辐射增加，颜色鲜明是向光谱蓝移的结果。导致这种结果的原因是，瑞利散射在大气中与波长的 4 次方成反比（见第 1 章）。

5.20　空间站遥感

自 20 世纪 60 年代初的水星任务开始，宇航员就使用手持式摄影机和其他感应系统拍摄地球。

1973 年，第一个美国空间工作平台 Skylab（空间实验室）开始用于获取各种形式的遥感数据。1996 年发射的俄罗斯和平号空间站上装有专用的遥感模块（PRIRODA）。经过 12 个国家的资助，PRIRODA 任务包括了各种各样的传感器、众多的光学系统，以及主动和被动微波设备。

国际空间站（ISS）为在空间站中继续对地观测提供了一个理想的平台。国际空间站轨道的纬度覆盖范围是从 52°N 到 52°S。它在 400km 高度上每 90 分钟绕地球一周，在任何给定赤道点上（偏离天底点 9°）的重访周期为 32 小时。因此，约 75%的地表、世界上大多数国家的海岸线、快速变化的所有热带区域和 95%的世界人口都可由这个平台观测。

随着时间的推移，两个地球观测口促进了从国际空间站收集地球观测图像。第一个观测窗是 2001 年在 Destiny 实验室模块中安装的直径为 50cm 的高光学品质窗。2010 年开始从 Cupola 观察模块获取图像，如图 5.34 所示。它是国际空间站外的一个圆顶状模块，可提供 360° 的视角。Cupola 模块的直径约为 2m，高为 1.5m，采用 6 个侧面窗口，最低点观测窗口的直径约为 79cm。截至 2013 年 8 月 1 日，国际空间站的成员已使用胶片和数码相机等多种传感器拍摄了 120 万帧以上的图像。

图 5.34　在国际空间的观测窗中，NASA 宇航员克里斯·卡西迪正使用 400mm 镜头数码相机拍摄地球（NASA 提供）

图 5.35 是国际空间站的宇航员在休闲时间进行拍摄的例子。这幅图像摄于 2006 年 5 月 23 日，显示了克利夫兰火山喷发柱。国际空间站宇航员首先观察到了火山喷发，并且提醒了阿拉斯加火山观测站。火山喷发只持续了 6 小时。克利夫兰火山是山顶高度为 1730m 的活火山，是阿拉斯加第二活跃的火山。太平洋板块俯冲到北美板块之下产生的克利夫兰火山岩浆，形成了火山灰和熔岩流。构造板块俯冲到另一个板块下方，俯冲板块上面和里面的物质熔化后产生岩浆，最终运移到地表并

通过排气口喷发。美国西北部喀斯喀特火山（如瑞尼尔山和圣海伦斯山）喷发的原因同样如此。

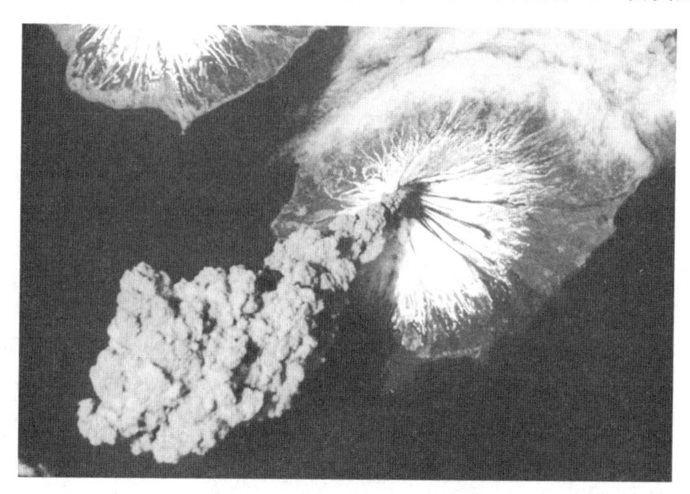

图 5.35　阿拉斯加克利夫兰火山爆发，2006 年 5 月 23 日摄于国际空间站（美国航空航天局约翰逊航天中心图像科学与分析实验室提供）

图 5.36 显示了旧金山湾周边晚上的亮灯环，包括旧金山（中左）、奥克兰（旧金山对面的海湾东侧）和圣何塞（海湾南面）。这张照片是国际空间站的宇航员于 2013 年 10 月 21 日晚上用尼康相机拍摄的。图像中人口较稠密区和主要道路最亮，还能看到 5 座海湾大桥。

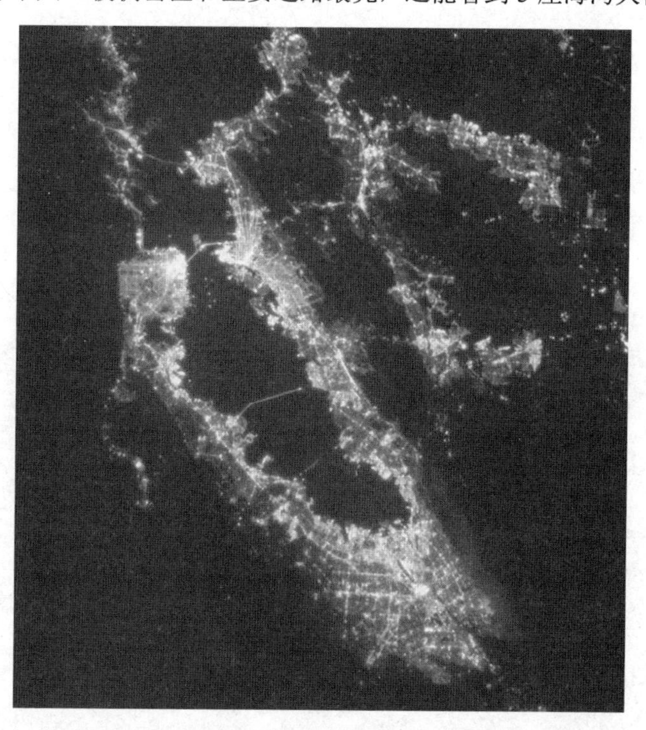

图 5.36　加利福尼亚州旧金山和周边地区的城市灯光，2013 年 9 月 23 日晚摄于国际空间站。拍摄图像的相机是配有 50mm 焦距透镜的尼康 D35 数码相机（美国航空航天局约翰逊航天中心图像科学与分析实验室提供）

如在 5.13 节所述，自 2009 年开始，HICO 传感器开始在国际空间站运行，它可以采集 90m 分辨率的高光谱影像，主要用于沿海和内陆水生生物遥感研究。图片每天从 ISS 下载并加入一个不断增长的地球视角数据库（超过 1700000 幅图像，自美国太空计划早年宇航员拍摄开始）。这个在线数据库目前由 NASA 约翰逊航天中心维护（从 2013 年开始，NASA 不再维护）。从国际空间站收集的数据被用于验证全球地面数据集、短期的实时监测和人为导致的全球变化。在人类监管下即时获取这些数据，对本章讨论的各种卫星系统的能力是极大的补充。

5.21 空间碎片

本章的目标之一是突出过去、现在和将来地球观测卫星任务的巨大数量。但是，越来越多的此类任务和其他类型的卫星与太空任务，已导致人们开始严重关切不可持续发展的数量和空间碎片的空间密度。空间碎片也称空间垃圾和空间废品，包括已经失去利用价值但现在仍在绕地球轨道上运行的对象，如用过的火箭、无法使用的卫星以及空间物体碰撞产生的碎片与灰尘。取决于高度，这种碎片可在太空存留数十年、数百年、数千年，甚至数百万年（高度极高）。

如图 5.37 所示，空间碎片在两个主要碎片区域最为集中：一个是在地球同步轨道（GEO）上的物体环，另一个是在低地球轨道（LEO）上的碎片云。LEO 由海拔低于 2000km 的轨道构成（大多数是极轨卫星）。轨道碎片可能以相对轨道的速度 15.5km/s 在 LEO 轨道上运行。如果它们的轨道重叠并且出现碰撞，那么碎片很容易损坏或摧毁运行的卫星和航天器。NASA 轨道碎片项目办公室估计，在 LEO 上有超过 21000 个直径大于 10cm 的物体，其中只有约 1000 个物体是运行的航天器，其余物体不再有任何用处。常规跟踪对象中约 64%是卫星或火箭碰撞引发爆炸而产生的碎片。LEO 上 1～10cm 的物体约有 500000 个，还有超过 1 亿个小于 1cm 的碎粒。最大空间密度的空间碎片在高度 800～1000km 和 1400km 附近。GEO 和邻近导航卫星轨道的空间密度要少 2～3 个量级。

1978 年，NASA 的科学家唐纳德·凯斯勒提出了一种可能的现象：LEO 轨道中的碎片密度最终会高到足以使得物体发生连锁碰撞，每次碰撞产生的空间碎片都会进一步增加碰撞的概率，即一种“多米诺骨牌效应”（Kessler and Cour-Palais，1978）。这种情况通常称为凯斯勒综合征或凯斯勒效应。这种情况的影响巨大，如果碎片在轨道上的密度变得如此之大，LEO 卫星运行和太空探索将变得非常困难和昂贵，并不是因为不可行，而是因为 LEO 已变得无法通行。

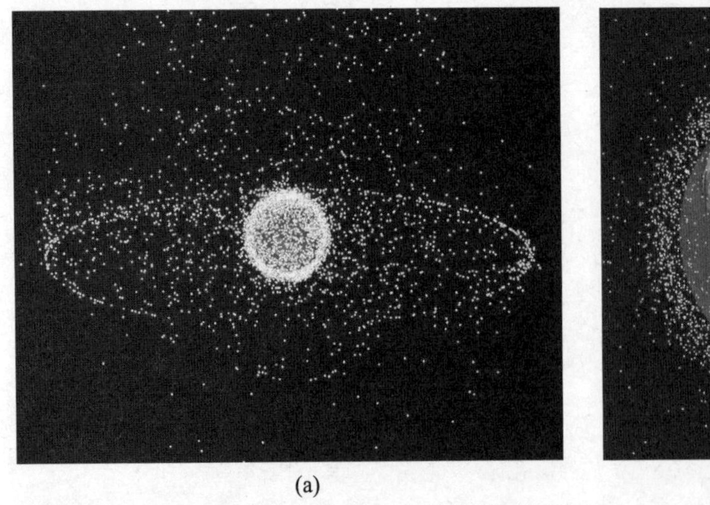

(a)

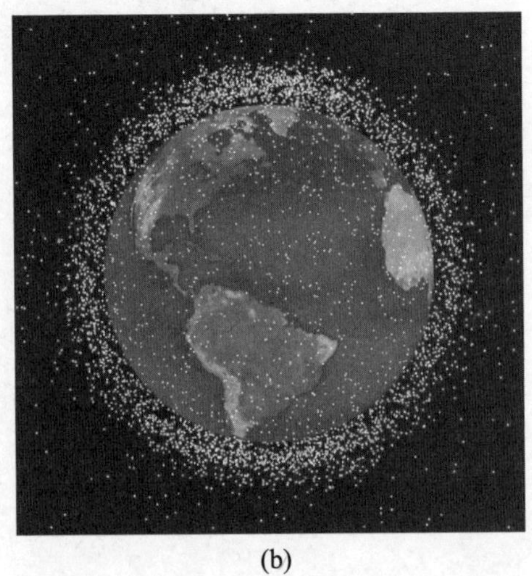

(b)

图 5.37 空间碎片群：(a)地球同步轨道外部斜视图显示了两个主要的碎片区域（地球同步轨道上的环状碎片和低地球轨道上的碎片云）；(b)低地球轨道上的碎片的放大图（NASA 提供）

2011 年美国国家研究委员会的研究得出结论，LEO 轨道碎片现在正处于导致凯斯勒现象的“临界点”（NRC，2011）。第六届欧洲空间碎片会议（2013）得出了这样的结论，就像欧洲航天局空间碎片办公室主任海纳·克林哈德所说：“我们对空间碎片问题的理解可以与 20 年前我们对地球气候变化的理解相比。”他进一步指出，“虽然防止进一步产生碎片的措施和积极将废弃卫星拖离轨道的技术要求高、成本高，但我们没有其他方法来保护对地球来说非常重要的资源——太空”。

空间碎片的减少需要由经济、公民服务、资源管理工作和科学的共同努力。在这种情况下，卫星运营商遍布世界各地，包括那些设计和飞行中的地球资源、电信、广播、天气和气候监测与导航任务，目前正在积极采取措施控制空间碎片。例如，欧洲航天局提出了减少空间碎片的许多倡议，包括但不限于：预防在轨爆炸、移除高密度地区物体和在轨寿命长的物体（5～10 个物体每年）、转轨低轨航天器使其重返大气层、转轨进入 2000km 轨道、转轨地球同步轨道环附近的航空器进入 GEO 环上空 300km 处的“墓地轨道”。目前正在开发一些技术来捕获和脱轨各类碎片。显然，减少空间碎片将成为接下来几年的研究和开发主题。成功减少空间碎片的努力，将继续依赖于大量的国际合作（www.iadc-online.org）。

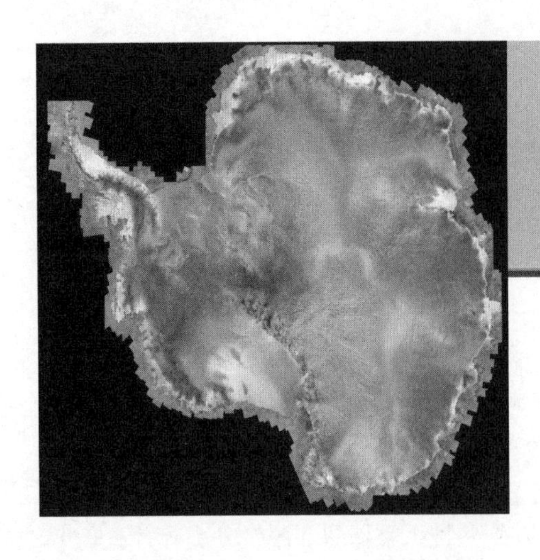

第 6 章

微波和激光雷达遥感

6.1 引言

人们正越来越多地采用传感器在电磁波谱的微波波段工作，以获取有用的资源和环境信息。在传感器部分，我们说过所谓的微波根本不是微小的波，也就是说，电磁波谱微波波段的波长为 1mm～1m。因此，最长的微波波长比最短的可见光波长要长约 2500000 倍！

从遥感的角度说，微波能量有两个明显的特征：

（1）在各种条件下，微波能够穿透大气层。在包含的波长范围内，微波能“看穿”雾霾、小雨、小雪、云、烟尘等。

（2）来自地面物体的微波反射或发射，与类似的可见光或热（红外）光谱波段的反射或发射无直接关系。例如，光谱可见光看来“粗糙”的平面在微波看来可能是光滑的。一般来说，微波响应能让我们得到一种与经过光和热感测得到的有明显区别的“图像”。

本章既讨论航空和航天微波遥感系统，又讨论主动与被动微波遥感系统。回顾可知，术语“主动”是指传感器使用本身的能源获得能量或照明。雷达是一种主动微波传感器，也是本章要重点强调的内容。我们还要介绍与雷达配对的被动传感器，即微波辐射计。这种设备能够响应能级很低的微波能量，即自然发射和/或因地形特点导致对周围能源（如太阳）反射的能量。

本章还将简要介绍遥感激光雷达。像雷达一样，激光雷达传感器是主动遥感系统，但它们是用激光脉冲代替微波能量来照射地面的。在过去 10 年里，机载激光雷达系统（主要用于地形制图）得到了快速发展。像雷达一样，该系统的应用前景也很看好。

6.2 雷达的发展

雷达（Radar）一词是英文 RAdio Detection And Ranging 的首字母缩写。就像其名所示的那样，雷达是一种工作方式，它使用无线电波，主要用于探测目标物体是否存在并且确定其距离，有时也测定目标物体的角度位置。这一工作过程要求在感兴趣方向上发射短脉冲，并记录系统观测范围内目标物返回或反射回来的脉冲强度及其来源。

雷达系统有的能够产生图像，有的不能；雷达系统既可装在地面上，又可装在航空飞行器或航天飞行器上。非成像雷达的一种典型应用是测量车辆的速度。这种系统称为多普勒雷达系统，因为它们在发射或接收信号时利用了多普勒频移效应来测量目标的速度。多普勒频移是传感系统和反射物的相对速度的函数。例如，对于从身旁驶过汽车的喇叭声和火车的鸣笛声，我们能感觉音调的变化，这就是声波的多普勒频移。多普勒频移原理常用来分析成像雷达系统产生的数据。

另一种普通雷达是平面位置显示器（PPI）系统。这种系统有一个圆形的显示屏幕，径向扫描将雷达回应的位置显示在该屏幕上。本质上，PPI 雷达连续更新旋转天线周围的目标平面视图。PPI 系统通常应用于天气预报、空中交通控制和海上导航。但 PPI 系统的空间分辨率较差，不适合多数遥感应用。

机载和星载雷达遥感系统称为成像雷达。成像雷达系统采用固定在航空器/航天器下方且指向侧面的天线。因此，这样的系统最初称为侧视雷达（SLR），或者在航空系统中称为机载侧视雷达（SLAR）。不管用来表示它们的术语是什么，成像雷达系统都能产生与飞机航线平行的广大地面区域的连续图像。

成像雷达于 20 世纪 40 年代最初开发用于军事侦察目的。它之所以成了理想的军事侦察系统，不仅因为它具有几乎全天候的工作能力，而且因为它是一个主动昼夜成像系统。源于军用的成像雷达对随后的民用遥感主要有两个基本影响。首先，在军事开发而后降低密级到民用之间有一个时间滞后。另一个虽然不太明显，但依然重要的影响是，军用成像雷达系统的开发是用来观测军事目标的。在最初的设计中，人们对“干扰”成像雷达图像和掩盖重要军事目标的地形特征自然不感兴趣。然而，随着军事的不再保密和非军用能力的改善，成像雷达已成为获取自然资源数据的有力工具。

在本书第一版出版以来的这些年，雷达遥感科学与技术突飞猛进。目前至少有 8 个主要的卫星雷达系统为全球范围内的海洋、陆地和冰川全天时监测提供影像。这些数据支撑工作覆盖了从农业预测到自然灾害响应等领域。科学家对雷达信号与不同环境条件的交互方式进行了大量研究，而这些研究的发现又被用于开发新的雷达技术应用。

最早的一些雷达遥感大规模应用出现在那些因为持续云雾覆盖而很难获得光学影像的地区。第一个用机载侧视雷达制作大范围地图的计划是对巴拿马达连省的全面测量。这次测量从 1967 年开始，得到了面积为 20000km^2 的一幅镶嵌图。在此之前，该区域上空长期覆盖云层，因此从未被照相或完全绘制过。巴拿马雷达绘图计划的成功，引发了全球性雷达遥感的应用。

1971 年，委内瑞拉为了对一片面积约为 500000km^2 的地区进行制图，进行了一次雷达测量。借助于这一计划，委内瑞拉与邻国的边界得到了精确定位；得到了国家水资源系统的全面清单，并对水资源进行了绘图，其中包括几条主要河流上以前未知的资源；还得到了改进的国家地质图。

同样，始于 1971 年的还有亚马孙雷达计划，它对亚马孙和巴西东北邻近地区进行了全面勘测。此次雷达制图计划之大，超过了以往的任何一次。到 1976 年底，最终完成了近 8500000km^2 区域的超过 160 个雷达镶嵌图幅。科学家将雷达镶嵌图作为底图进行了大量研究，包括地质分析、木材总量清单、交通线路定位和矿产勘测。对雷达探测到的新特性进行细致分析，发现了一些重要的大型矿床。这项计划的成果还包括对以前从未绘制过的火山锥进行了制图，甚至还有一些重要的大河流。在世界上这些被云覆盖的偏远地区，雷达制图是信息调查的一种基本来源，包括蕴藏的矿产资源、森林和山脉资源，水供应，交通线路，适于农业的地点。这些信息对于规划生态学敏感地区的可持续发展非常重要。

与潮湿的热带地区一样，南北极区域给光学遥感提出了一些最具挑战性的条件。在高纬度地区，云层覆盖频繁且天空中的太阳高度低，甚至一年中的大部分时间也见不到太阳。在这种条件下，成像雷达可用来跟踪海冰的扩张和移动，以确保海上航运的安全。在极地大陆，雷达也可用来测量冰川的速度，并对那些人迹罕至地区进行表面特征制图。图 6.1 显示了整个南极洲的第一幅图像镶嵌图，该图由南极雷达制图计划（RAMP；Jezek，2003）制作于 1971 年。从这幅图可以看到，存在广泛的雷达反射较高或较低区域，这与积雪和表面熔融的不同条件相关；冰下地形的不同粗糙度表明，南极看似平常的扩张大大超出了我们此前的想象。除了该镶嵌图，利用Radarsat-2 重复测量获得了连续若干年冰川穿过整个南极大陆的速度的影像，我们可以利用雷达干涉技术（见 6.9 节）对雷达影像进行处理，生成整个大陆的数字高程模型。

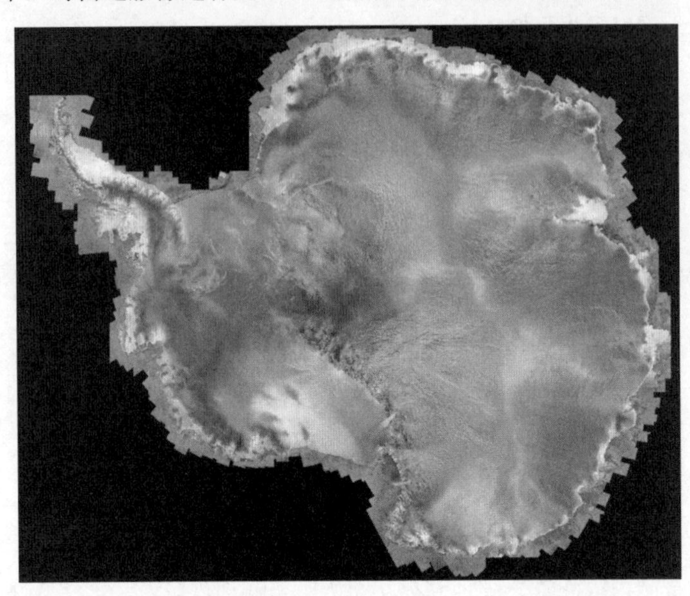

图 6.1　南极大陆的雷达镶嵌图，由超过 3150 幅单独的雷达影像镶嵌而成（加拿大空间局供图）

大量其他的雷达影像应用体现在地质制图、矿产勘查、洪水泛滥制图以及林业、农业、城市和区域规划等方面。在海洋方面，雷达影像广泛用于确定风、浪和冰冻状况，以及绘制海面溢油的扩张和移动地图。最后，用在雷达干涉中的精密数据处理方法，如今已被广泛地用于地形图绘制以及由地下水开采或火山岩浆运动等引起的地表沉降监测。

空间雷达遥感始于 1978 年海洋卫星（Seasat）的发射，接着出现了 20 世纪 80 年代的航天飞机成像雷达（SIR）和 1980 年苏联宇宙号的实验。20 世纪 90 年代早期，由苏联、欧洲空间局、日本和加拿大独自发射的 Almaz-1、ERS-1、JERS-1 和 Radarsat-1 系统，开启了可用星载雷达遥感数据的全新时代。21 世纪，随着德国的 TerraSAR-X/ TanDEM-X 星对、意大利的 COSMO-SkyMed 卫星套件及由加拿大和欧洲空间局计划的多卫星任务等多卫星星座的发展，雷达卫星数量激增。因此，星载雷达遥感领域继续冠有技术快速进步、数据来源范围不断扩大和国际参与水平高的特点。

6.3　成像雷达系统的工作原理

成像雷达系统的基本工作原理如图 6.2 所示。微波能量通过天线的短脉冲发出。发射高能脉冲的时间间隔约为 1μs（10^{-6}s）。在图 6.2 中，通过在连续的时间间隔内指明波前位置来显示一个脉冲的传播。以实线表示开始（1～10），集束（或窄）脉冲从飞机上以辐射方式发射。在时间 6，脉冲抵达房屋，到时间 7 时显示一个反射波（虚线）。在时间 12，返回信号到达天线并同时记录到天线响应图上［见图 6.2(b)］。在时间 9，发射波阵面被树反射回来，这个返回信号在时间 17 到达天线。因为树对雷达信号的反射率低于房屋的反射率，所以下一个记录是较弱的返回信号，如图 6.2(b) 所示。

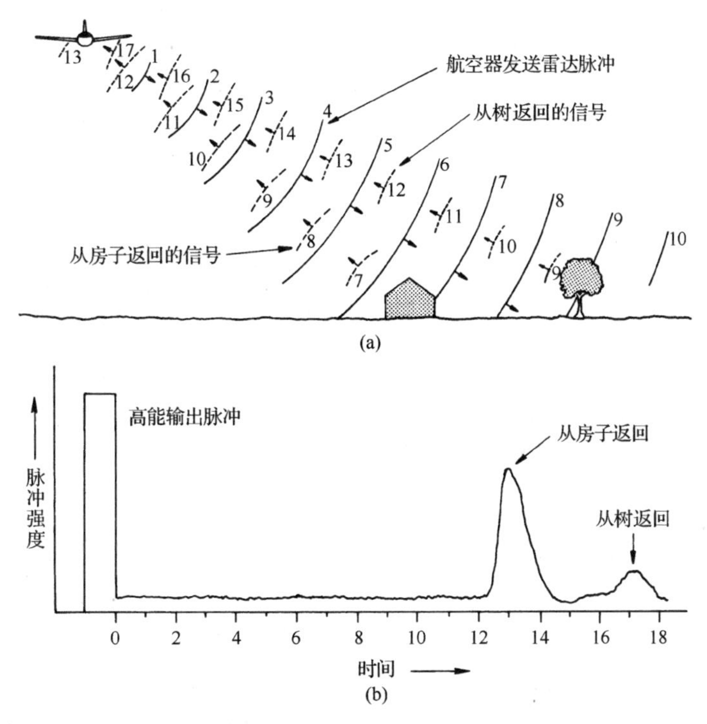

图 6.2　成像雷达的工作原理：(a)一个雷达脉冲的传播（指示时间间隔 1～17 的波前位置）；(b)天线返回结果

对返回信号时间进行电子测量，可以算出发射体和反射目标之间的距离。因为在空气中能量的传播速度与光速 c 相近，对任何一个给定目标，斜距 $\overline{SR}$ 可以表示为

$$\overline{SR}=\frac{ct}{2} \tag{6.1}$$

式中：$\overline{SR}$ 是斜距（发射体和目标之间的直线距离）；c 是光速（3×10^8m/s）；t 是从脉冲从发射到返回接收的时间。

注意，在式中加入因子 2 是因为所测量的时间是脉冲经历全程的时间，包括抵达目标和从目标返回的距离或双倍距离。用电子方法测量传播和返回的时间，进而算出距离，这一原理是所有成像雷达系统的核心。

成像雷达系统成像的一种方式如图 6.3 所示。当航空器前进时，天线（1）沿着以速度 V_a 航行的航空器飞行方向连续改变位置。同步转换器（2）将天线从发射机转换为接收机。这些发射脉冲（3）的一部分从一个信号天线波束宽度所覆盖的地面地物上返回。（4）中显示的是一条数据线上表示的返回信号。返回信号经过航空器天线的接收、处理，然后进行记录（5）。航天飞行器系统的一般工作原理与此相同。

注意，雷达系统并不直接感测地表的反射。相反，它们记录表面的后向散射辐射强度，即直接向传感器后面反射的入射能的一小部分。例如，考虑雷达图像内部的一个非常暗的区域，一种解释是该模式是在雷达波谱段内反射很低的一个表面，另一种解释该模式是一个高反射表面，但因为足够光滑而可视为一个镜面反射器（见第 1 章）。这两种情形都产生一个低水平的后向散射度量值，但原因却大相径庭。

量化和表征雷达天线获取的返回脉冲强度的方法有多种。一个普遍使用的辐射表征是信号能量，或者是能量值本身，或者是以分贝（dB）为单位的对数化结果。雷达图像的视觉效果通常通过将它们转换成幅度的格式来改善，即图像的像素灰度值与能量的平方根成正比。就图像数字化而言，这是一种简单的图像格式转换。附录 C 中详细地讨论了这些概念和术语。

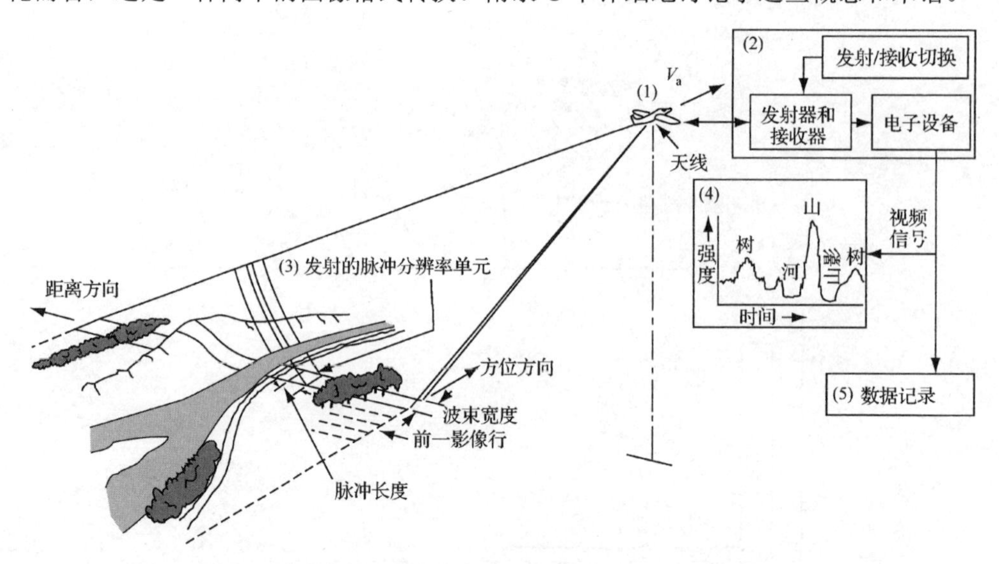

图 6.3 成像雷达系统的工作方式（引自 Lewis，1976）

图 6.4 显示了一幅高分辨率星载雷达图像，该图像是中国三峡大坝的 TerraSAR-X 卫星雷达图像。大坝高 181m，长 2300m。就装机容量而言，它是世界上最大的发电站，同时起到了降低长江下游地区遭受洪涝灾害的作用。在该图中，长江显示为一条从左到右（自西向东）横跨图像中心的黑色条带，其明显的暗色调是因为光滑的水面发生了镜面反射，导致雷达后向散射很少，返回的雷达信号辐射度低。大坝本身及周围的结构由于几何结构和所用建筑材料的原因，看上去比较明亮；类似地，江面的船舰和游艇产生了很强的后向散射，因此在图上表现为亮点或矩形亮片。长江以南和以北的陆地表面因为不规则的地形看上去比较粗糙。在 6.5 节和本章的其他地方，我们需要注意雷达图像的侧视几何特性将加强地貌特征，面向传感器的坡面显示为亮区域，而背向传感器的坡面比较暗，特别是陡峭地形区域形成了突出阴影。在本图中，山脉突出向右指向的形状表明成像时 TerraSAR-X 卫星是自右侧开始感测该区域的。

图 6.4 中国长江三峡大坝的 TerraSAR-X 图像（比例尺为 1∶170000）。该图像的空间分辨率为 1～5m，成像时间为 2009 年 10 月（DLR e.V.2009，Distribution Airbus DS/InfoterraGmbH 版权所有）

图 6.5 进一步演示了雷达图像揭示潜在地形的有效性，该图是宾夕法尼亚州阿巴拉契亚山脉的一片褶皱沉积岩区域的雷达图像。在这里，雷达图像获得的“侧面光线”性质上与图 6.3 所说明的相同。在图 6.5 中，航天器上的雷达系统的信号向本书页面底部发射，雷达系统接收的反射信号则指向本书页面的顶部。注意，陡直的山和与皱褶沉积岩石相关的山谷的地形坡面，若正对航天器，则返回信号很强，而平整的地区和背向航天器的坡面，返回信号则很弱。还要注意，由于镜面反射方向远离传感器，与图 6.4 中的长江一样，图 6.5 左上部的河流呈深黑色（6.8 节将描述地表特征对雷达返回信号影响的细节）。

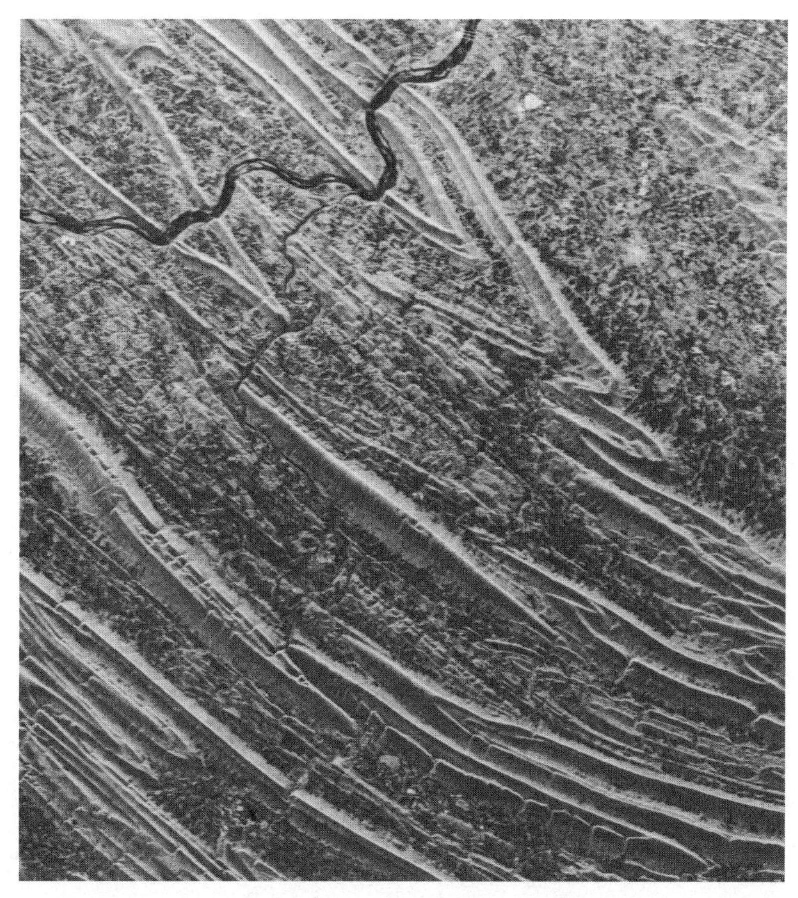

图 6.5　宾夕法尼亚州阿巴拉契亚山脉的海洋雷达卫星 Seasat 图像，工作波段为 L 波段，成像时间为仲夏，比例尺为 1：575000（NASA/JPL/Caltech 供图）

图 6.6 图解了描述雷达数据采集几何的常用术语。雷达系统视角是天底点与地面目标点的夹角。视角的余角称为俯角。入射角是地面入射点的雷达入射波束与地面法线之间的夹角。航空器在平坦地形上方观测时，入射角与视角近似相等。在空间中进行雷达观测时，由于地球的曲率，入射角要比视角稍大。本地入射角是地面的入射雷达波束与入射点地面的法线之间的夹角。仅在地面水平时，入射角与本地入射角才相等。

成像雷达系统的地面分辨单元的大小由两个互相独立的传感系统参数控制：脉冲长度和天线波束宽度。雷达信号的脉冲长度由天线发射脉冲能量的时间长度决定。如图 6.7 所示，信号脉冲长度指示了能量传播方向上的空间分辨率。这里的方向又称距离方向。天线束的宽度决定了航向（或方位）的分辨单元大小。下面分别讨论控制雷达空间分辨率的各个因素。

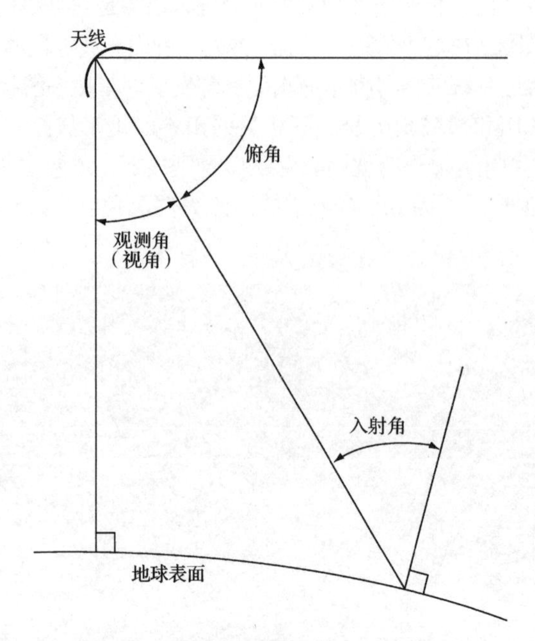

图 6.6　雷达数据采集几何的常用术语

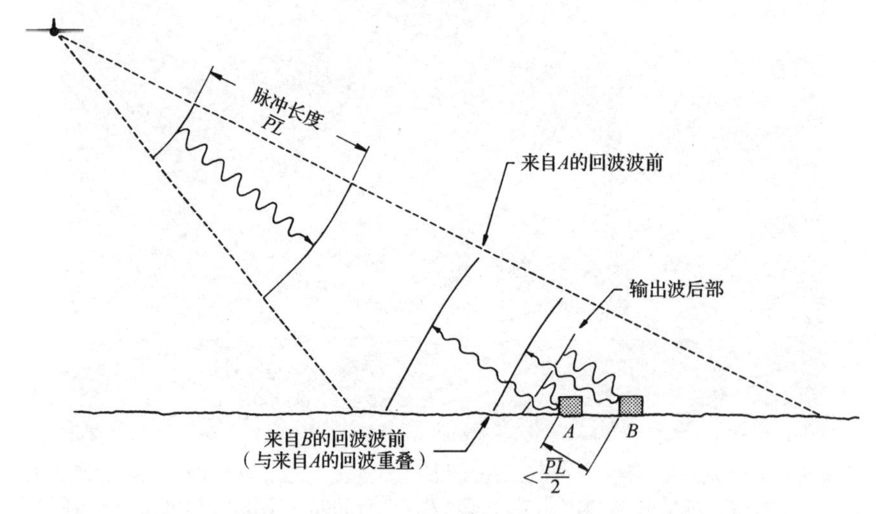

图 6.7　距离分辨率对脉冲长度的依赖性

6.3.1　距离分辨率

若成像雷达系统要分别对两个地面特征进行成像，而这两个地面特征在距离方向上又离得很近，则要用天线分别接收两个目标所有部分的返回信号。来自两个目标的信号出现任何时间交叠时，都会使两幅图像模糊不清。图 6.7 阐明了这个概念。长度为 $\overline{PL}$ 的一个脉冲（由脉冲传播的持续时间决定）发送到建筑物 A 和 B。注意这两栋建筑物之间的斜距（传感器到目标之间的直线距离）小于 $\overline{PL}/2$。因此，脉冲有足够的时间先到达建筑物 B，而它反射回建筑 A 时，到达建筑物 A 的脉冲末端继续被反射。因此，两个信号出现交叠，从而产生的图像就

像从建筑物 A 延伸到建筑物 B 的一个大目标物。如果建筑物 A 和建筑物 B 之间的斜距大于 $\overline{PL}/2$，就会分别收到两个信号，结果图像感应就分成两部分。所以，成像雷达系统的斜距分辨率等于发射脉冲长度的一半，而与航行器的距离无关。

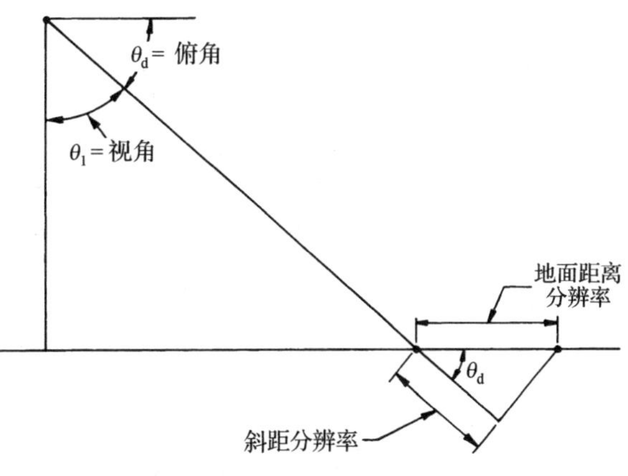

图 6.8　斜距分辨率与地面距离分辨率之间的关系

虽然成像雷达系统的斜距分辨率不随航行器的距离而改变，但相应的地面距离分辨率却会改变。如图 6.8 所示，距离方向的地面分辨率随俯角的余弦成反比变化。这意味着当增大斜距时，地距分辨率会变小。

考虑到这一俯角的影响，距离方向的地面分辨率 R_r 可由下式表示：

$$R_r = \frac{c\tau}{2\cos\theta_d} \tag{6.2}$$

式中：τ 是脉冲的持续时间。

【例 6.1】 某机载成像雷达系统（SLAR）所发射脉冲的持续时间为 0.1μs。求俯角为 45°时该系统的地面距离分辨率。

解： 由式（6.2）得

$$R_r = \frac{(3\times10^8\,\mathrm{m/s})\times(0.1\times10^{-6}\,\mathrm{s})}{2\times0.707} \approx 21\mathrm{m}$$

6.3.2　方位分辨率

早期的成像雷达系统严重受限于它们的方位分辨率。随着合成孔径雷达等一系列数据处理技术的发展，这些系统的方位分辨率已大大提高。下面从未经合成孔径处理的简单雷达的固有分辨率开始讨论方位分辨率，然后讨论合成孔径雷达系统分辨率的极大提高。

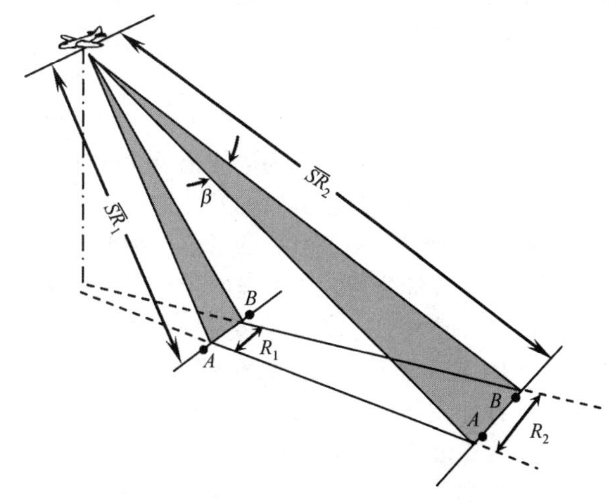

图 6.9　方位分辨率（R_a）与天线束宽（β）和斜距（$\overline{SR}$）的关系

如图 6.9 所示，成像雷达系统的方位分辨率 R_a 取决于天线与地面距离 $\overline{SR}$ 间的波束宽度角 β。当与航行器的距离不断增大时，天线束呈扇形展开，方位分辨率降低。当图 6.8 中 A 和 B 的地面距离为 $\overline{SR_1}$ 时，可以分辨两点的目标（分别成像），而两点的地面距离为 $\overline{SR_2}$ 时则无法分辨两点的目标。也就是说，当距离为 $\overline{SR_1}$ 时，A 点和 B 点能够得到分开的返回信号，而当距离为 $\overline{SR_2}$ 时，A 点和 B 点由于同时处于同一波束内而不能分辨。

方位分辨率 R_a 由下式给出：

$$R_a = \overline{SR}\cdot\beta \tag{6.3}$$

【例 6.2】某机载成像雷达系统（SLAR）的天线束宽为 1.8mrad，求距离为 6km 和 12km 时该系统的方位分辨率。

解：由式（6.3）得

$$R_{a\,6\,km} = (6\times10^3\,m) \times (1.8\times10^{-3}) = 10.8m$$

和

$$R_{a\,12\,km} = (12\times10^3\,m) \times (1.8\times10^{-3}) = 21.6m$$

成像雷达系统的天线束宽与发射脉冲的波长 λ 成正比，与天线长度 $\overline{AL}$ 成反比，即

$$\beta = \frac{\lambda}{\overline{AL}} \tag{6.4}$$

对于任意给定的波长，有效天线束宽可用两种调节方式之一来控制：①调节天线的物理（实际）长度或②调节合成天线的有效长度。我们将用天线的物理长度来调节系统束宽的系统称为强力系统、真实孔径系统或非相干雷达系统。如式（6.4）所示，强力系统在天线束宽很窄时，要求天线为波长长度的多倍。例如，要得到 10mrad 的束宽，5cm 波长的雷达就要求 5m 长的天线［$(5\times10^{-2}\,m)/(10\times10^{-3}) = 5m$］。要达到 2mrad 的分辨率，就要求天线长度为 25m。显然，在强力系统中，若目标是想要在长距离上获得好的分辨率，则目前来说天线长度要求是一个值得考虑的逻辑问题。

强力系统的优点是，设计和数据处理都相对简单。但由于分辨率的问题，它们的工作通常限制在相对短的距离和低海拔高度上，一般用于相对短的波长范围内。这种局限性令人遗憾，因为短距离和低海拔操作限制了该系统获得的覆盖区域，短波长要经受更多的大气衰减和散射影响。

6.4 合成孔径雷达

合成孔径雷达（SAR）系统克服了强力系统操作时的不足。该系统只需要物理上很短的天线，但通过改进数据记录和处理技术，可以合成长天线所能达到的相同效果。这种工作模式使用一个很窄的有效天线束宽，即使是对很远的距离，也不要求物理上很长的天线或很短的工作波长。

在细节层面上，合成孔径雷达系统的工作非常复杂。下面基于如下原理来解释系统的工作方式：传感器沿航迹运动，使单个物理上的短天线变换为一个天线阵列，它们在数学上连接在一起，成为数据记录和处理过程的一部分（Elachi，1987）。这一概念如图 6.10 所示。“真实”天线显示为航线上的几个连续位置。这些连续位置经过数学处理（或电子处理），就像是一个长合成天线的连续单元。近距离的地面点和远距离的地面点相比，可以成比例地减少天线单元来观测，即有效天线长度随着距离的增加而增加。这就使得方位分辨率本质上成为一个与距离无关的常量。通过这一过程，航天合成孔径系统便能用来合成几千米长的天线。

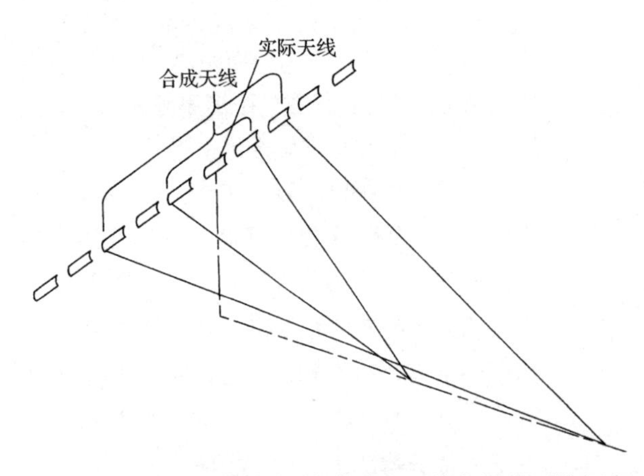

图 6.10　组成一个合成孔径的实际天线位置阵列的概念

图 6.11 描绘了解释合成孔径系统工作原理的另一种方法，即通过测定多普勒频移，识别仅从真实天线束宽的近中心返回的信号。回顾可知，多普勒频移是指波的频率的变化，它是发射物和反射物的相对移动速度的函数。在宽天线射束情形下，来自航空器前方区域物体的反射存在多普勒频移效应，出现频率上移（升高）。反之，来自航空器后方区域的反射有频率下移（降低）。当从靠近波束宽度中线的物体返回时，几乎或完全没有频移。依照多普勒频移来处理返回信号，可以产生一个非常小的有效波束宽度。

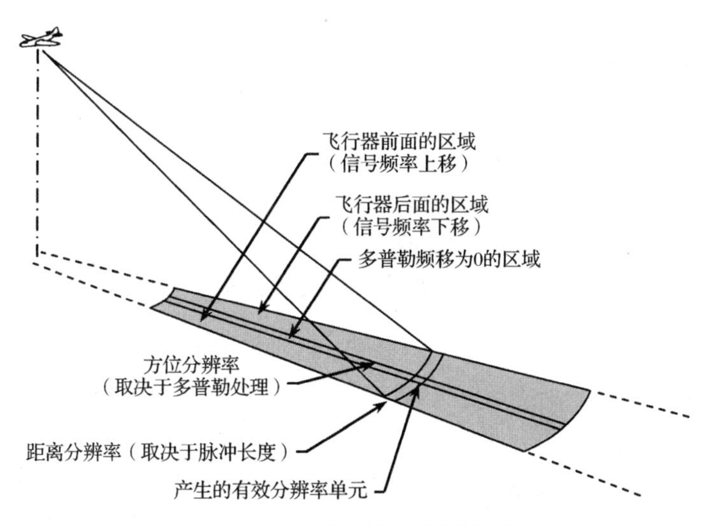

图 6.11　合成孔径侧视雷达分辨率的决定因素

图 6.12 显示了在真实孔径系统(a)和合成孔径系统(b)中，地面分辨单元大小随距离变化的对比。注意，当与航行器的距离增加时，真实孔径系统的方位分辨大小增加，合成孔径系统的方位分辨率则保持为常量，两个系统的地距分辨率都将减少。

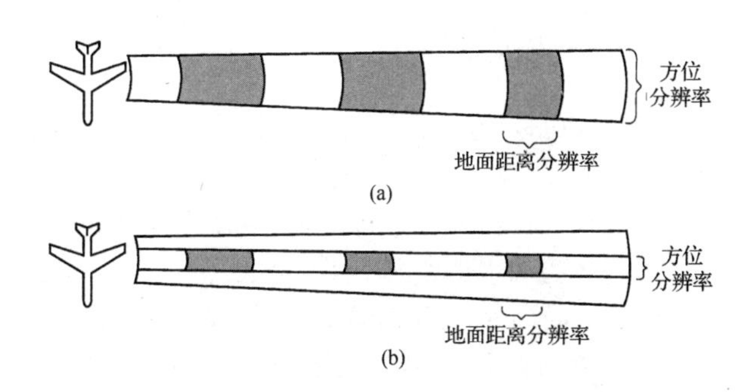

图 6.12　真实孔径侧视雷达系统(a)和合成孔径成像雷达系统(b)的空间分辨率随距离的变化

上述讨论假设单个物理天线同时作为发射机和接收机，这种结构被称为单站合成孔径雷达，是成像雷达系统中最常用的配置。不过，该结构也可以双基配置的方式操作两个雷达天线，如图 6.13 所示。在这种情形下，一个天线在传送信号的同时，两个天线接收来自地表的反射信号。如图 6.13(b)所示的双基配置对干涉 SAR（见 6.9 节）尤其有用。当我们利用雷达对给定区域从两个稍微不同的角度成像时，需要使用干涉 SAR 技术。图 6.13(c)显示了一个双基雷达的变体，该装置的成像区域对面放置被动（只接收信号）天线，因此记录的是前向散射雷达信号而非后向散射雷达信号。航天飞机雷达地形测绘任务（见 6.19 节）和 TerraSAR-X/ TanDEM-X 小卫星群（见 6.16 节）就是使用双基雷达成像的例子。

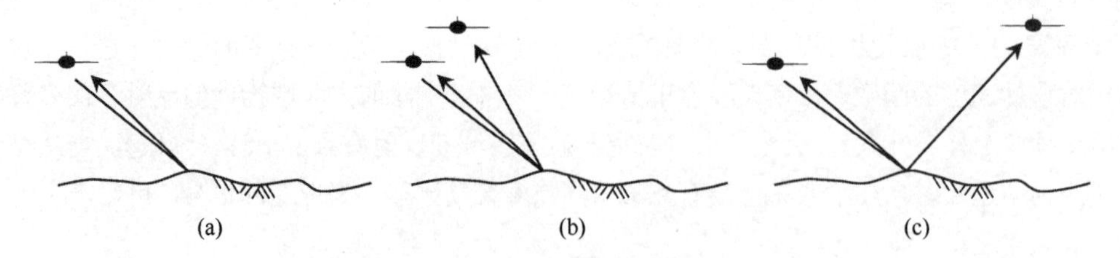

图 6.13 (a)单站、(b)双基配置对和(c)前向散射雷达成像

合成孔径雷达系统也可分为非聚焦和聚焦两种系统。这两种系统的细节超出了这里的讨论范围。对于这两个系统，有趣的一点是，非聚焦系统理论上的分辨率是波长和距离的函数，而不是天线长度的函数。聚焦系统理论上的分辨率则是天线长度的函数，而不用考虑距离或波长。尤其特殊的是，聚焦合成孔径系统的分辨率约为实际天线长度的一半，即天线越短，分辨率越好。理论上，对于 1m 长的天线，分辨率约为 0.5m，而不管系统是工作于航空器还是工作于航天器。雷达系统的设计完全是工作距离、分辨率、波长、天线尺寸和整个系统复杂度的折中。关于合成孔径雷达系统的其他技术信息，见 Raney（1998）。

6.5 雷达图像的几何特性

雷达图像的几何与摄影和扫描图像都有根本的不同，主要原因在于雷达是一种距离测量系统而非角度测量系统，它对图像几何的影响是多种多样的。这里的讨论仅限于雷达图像的获取和解译涉及的几何元素：比例失真、地形偏移和视差。

6.5.1 斜距比例失真

雷达图像可以用两类几何格式来记录。斜距图像上返回信号的间距与邻近地面特征的回波之间的时间间隔成正比。这一间隔与传感器和任何给定物体的斜距成正比，而不与水平距离成正比，因此使得图像比例出现近距离压缩和远距离扩大的现象。相反，在地面距离格式图像中，像素间距与地面物体间的水平地面距离成正比。

图 6.14 展示了斜距和地面距离图像记录的特性。符号 A、B 和 C 表示同样大小的目标，它们被等同地分离到近距、中距和远距位置，到航行器星下地面点的距离分别为 $\overline{GR_A}$ 、 $\overline{GR_B}$ 和 $\overline{GR_C}$ 。斜距图像直接依赖于信号回波时间，图像显示出物体间的距离不相等，物体的宽度也不相等，使得近距离时图像尺度最小，远距离时尺度最大，变化呈双曲线增长。因此，在斜距上，物体宽度有 $A_1 < B_1 < C_1$，物体间距离有 $\overline{AB} < \overline{BC}$ 。应用双曲校正，能够形成宽度 $A = B = C$、距离 $\overline{AB} = \overline{BC}$ 这样的基本常量比例尺的地面距离图像。对于给定的刈幅宽（覆盖区宽度），图像横向比例尺的改变将随飞行高度的升高而减小。因此，与航空系统的图像相比，卫星系统图像的横向比例变化较小。

显然，斜距图像固有的比例失真使得它不能直接用于精确的平面制图。然而，在假定平坦的地面上，由斜距 $\overline{SR}$ 、飞行高度 H' 可以得到近似的地面距离 $\overline{GR}$ 。由图 6.14 有

$$\overline{SR}^2 = H'^2 + \overline{GR}^2$$

所以有

$$\overline{GR} = \sqrt{\overline{SR}^2 - H'^2} \tag{6.5}$$

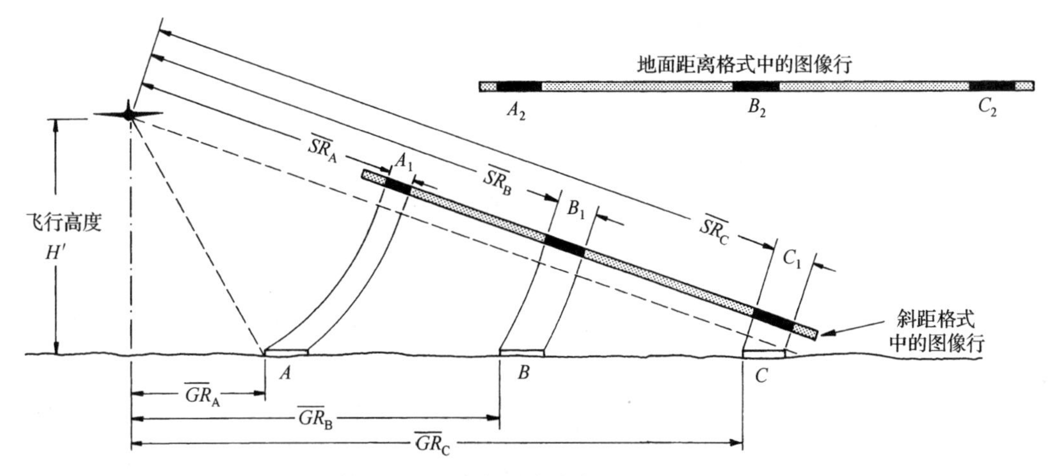

图 6.14　斜距与地面距离图像格式对比（Lewis，1976）

因此，若飞行高度已知，则可以由图像的斜距计算出地面距离。但要注意地面是平坦的这一假设，此外，飞行参数也会影响距离和方位的比例。距离比例会随航空器飞行高度的改变而改变，方位比例则依赖于航空器的地面速度与数据记录系统之间的准确同步。

采集和记录雷达影像时，保持比例一致是一项复杂的任务。鉴于距离（或垂直航迹）方向的比例由光速决定，方位（沿航迹）方向的比例由航空器或航天器的飞行速度决定，要使各自的比例协调和均衡，就需要严格控制数据的采集参数。在多数航空系统中，这由 GPS 和惯性导航与控制系统提供，该装置引导航空器沿正确的路线以适当的高度飞行。角度传感器测量飞机的翻滚、偏航和俯仰，并使相关飞行航线中天线波束维持在某个恒定的角度。航天系统则提供一个更加稳定的飞行平台。

6.5.2　地形起伏的偏移影响

像线性扫描仪图像一样，雷达图像中地形起伏的偏移影响是一维的和垂直于航线的。然而，与扫描图像和摄影不同的是，地形偏移的方向刚好相反，因为雷达图像显示的是从地物到天线的距离。当某个垂直物体遇到雷达脉冲时，脉冲到达物体顶部的速度总是快于到达底部的速度，从垂直物体顶部返回的信号也总是比物体底部返回的信号先抵达天线。因此，垂直物体会“叠掩”较近的物体，使物体向天底点倾斜。这种雷达叠掩效应在距离较近时尤其严重（高入射角），图 6.15 是其与摄影时的地形偏移对比。

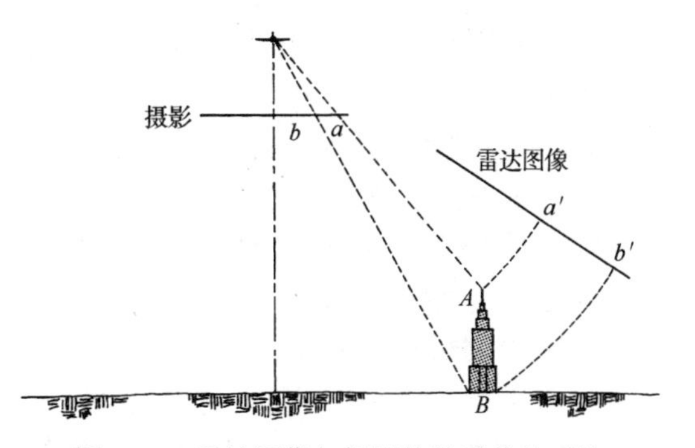

图 6.15　雷达图像与摄影的地形偏移对比

地形坡度在近距离正对天线时经常出现惊人的叠掩效应。这种情况发生在地形坡度比雷达脉冲垂直方向上的线更陡时，可用其视角表示。图 6.16 中的金字塔 1 就出现了这种情况，金字塔处于图像的近距离位置，因此雷达信号以十分陡的入射角抵达（用来描述雷达成像几何的术语见 6.3 节）。在这种情况下，塔顶先于塔底成像［见图 6.16(b)］，导致叠掩效应［见图 6.16(c)］。从图像中我们看到，出现的叠掩偏移量在短距离处最大，而此时的视角较小。

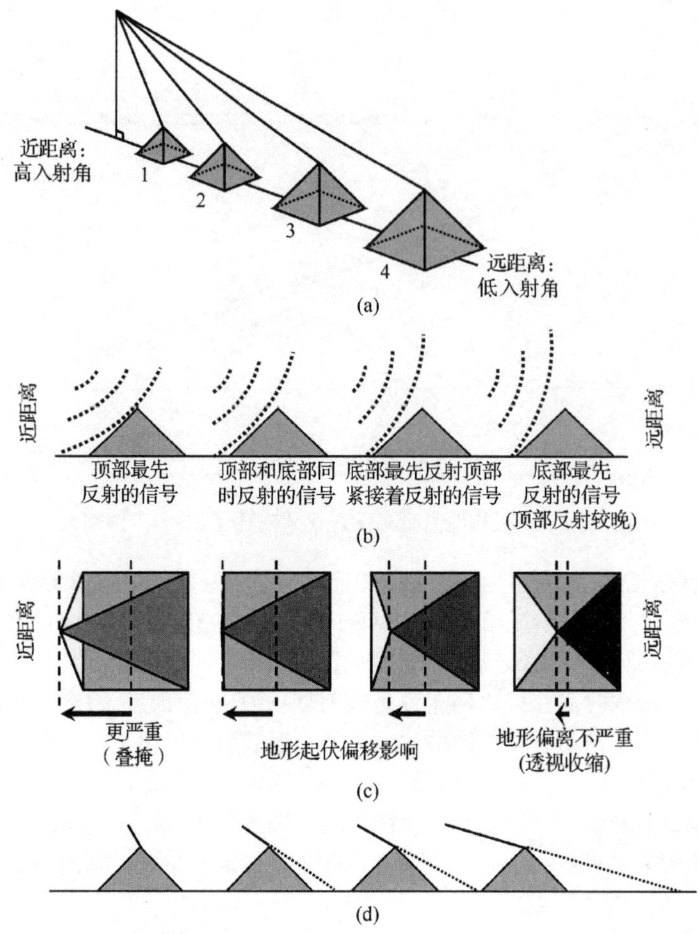

图 6.16 雷达图像中地形起伏的偏移影响和阴影：(a)距离和入射角的关系；(b)入射雷达前波和地形坡度的关系；(c)结果图外观，显示了亮度和几何特征。注意从叠掩（金字塔 1）到轻微透视收缩（金字塔 4）的地形起伏偏移影响的严重程度差异；(d)在低入射角条件下，阴影长度增大。注意无阴影金字塔 1 和金字塔 4 的阴影长度

当地形更平坦或入射角不那么陡时，不会出现叠掩效应。也就是说，雷达脉冲到达物体底部比到达顶部要快。然而，表面坡度不会以真实大小出现。如图 6.16(c)所示，对于金字塔 4（位于远距离位置）的情形，坡度表面的大小在图像上被轻微压缩。这种透视收缩的影响是一种不如叠掩效应严重的地形起伏的偏移影响。当斜坡的倾角接近观测方向的正交方向时，透视收缩变得更为严重，当塔顶和塔底同时成像时，前坡的图像被透视收缩到长度为零。当距离更短或入射角更陡时，前视收缩就被叠掩效应替代［见图 6.16(c)］。

这些几何影响可在图 6.4 所示三峡大坝周围的山地地形中看到，在图 6.17 中更明显，该图是加拿大不列颠哥伦比亚温哥华岛西海岸的一幅卫星雷达图像。在该图中，叠掩效应非常明显，原因在于雷达系统相对陡峭的观测方向和该图中包含的山地地形（卫星轨迹到图像的左边）。

视角和地形坡度也会影响雷达阴影现象。背对雷达天线的斜面所返回的信号很弱，或者根本就没有信号。在图 6.16 中，每个塔的右侧背对航行器，塔 1 的坡度和观测方向相比不够陡，因此被雷达脉冲照射到。但这种照射非常微弱，因此返回的信号也很微弱，形成了一片相当暗的图像区域。对位于远距离位置的塔 4 来说，其右侧的坡度比雷达脉冲的入射角陡，雷达脉冲无法照射到它，所以相应的图像区域完全呈黑色。实际上，塔 4 投射的雷达阴影会延伸到远距离方向［见图 6.16(d)］。随着入射角变平，该阴影区域将随着距离的增加而增长。

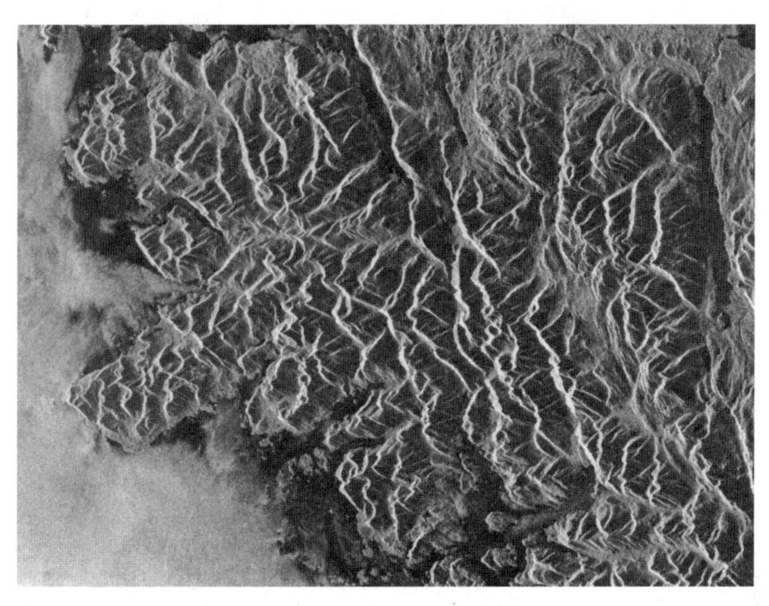

图 6.17　ERS-1 雷达图像，C 带，不列颠哥伦比亚省温哥华岛。比例尺为 1∶625000（ESA，加拿大遥感中心供图）

总之，地形起伏引起的偏移影响和阴影之间存在某种平衡。以高入射角获取雷达图像时，存在严重的透视收缩和叠掩效应，但几乎没有阴影；当获取图像的入射角变小时，较少地形变化所致的偏移影响会导致更大范围的阴影。雷达图像的阴影影响将在 6.8 节中讨论。

6.5.3　视差

从两条不同的航线上对一个目标成像时，雷达图像上会因地形偏移的不同而引起图像视差，因此可以立体观察图像。在航线的两侧观测地形特征并获得数据，可得到立体雷达图像［见图 6.18(a)］。但在立体像对的两幅图像上，雷达的侧面照射（“侧灯”）是反向的，因此很难使用这种技术进行立体观察，所以人们通常在地物同侧同一高度的两条航线上得到立体雷达图像。此时，两幅图像上的照射方向和侧灯影响变小［见图 6.18(b)］。在同侧方位也能得到立体雷达图像，方法是在同一航线上采用不同的飞行高度并改变天线的视角。

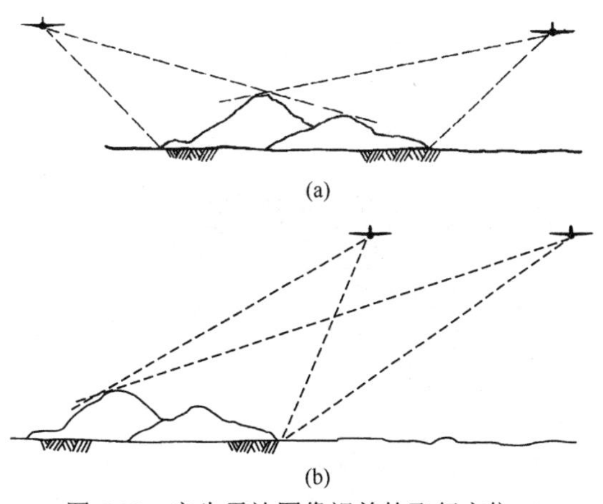

图 6.18　产生雷达图像视差的飞行方位：(a)异侧组合；(b)同侧组合

图 6.19 是智利火山地形空间雷达图像的立体像对，它是从火山同侧同一高度的两条侧向错开的航线上得到的，因此数据收集时有两个不同的视角（45°和 54°）。尽管立体会聚角相对较小（9°），但由于地形陡峭且高低不平，图像的立体感还是不错的。靠近图像底部的火山是比周围地形高 2400m 的明钦马维达火山。火山被雪覆盖的坡面呈暗色调，因为雷达信号都被积雪吸收。

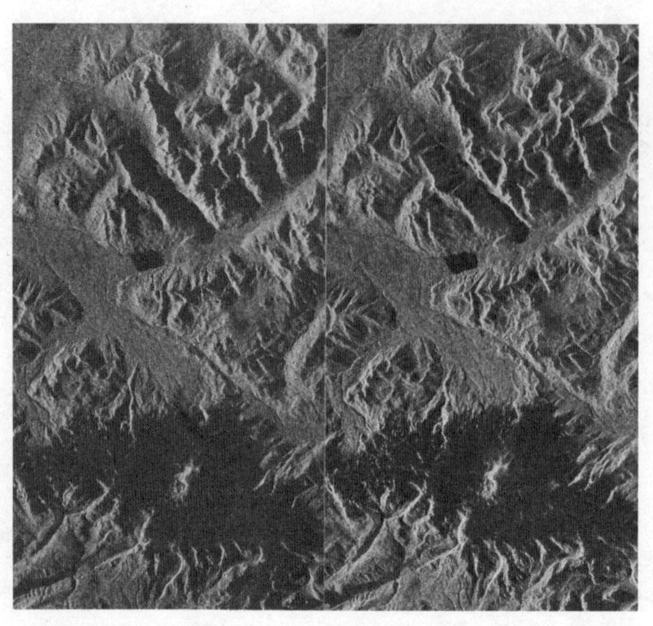

图 6.19　航天飞机成像雷达的立体对（SIR-B），智利智鲁省的明钦马维达火山，比例尺为 1∶350000。立体对的数据是在同一高度、同侧照射的两个入射角的情况下收集到的（NASA/JPL/Caltech 供图）

还有一种立体观测，它可以测量出图像视差并用其计算出近似的地物高度。与航空摄影情形相同，视差是通过测量组成一个立体模型的两幅图像的共有影像位移得到的。这种测量方法是雷达摄影测量学的一部分，但该领域已超出了本书的范畴（雷达摄影测量学的详细信息见 Leberl，1990，1998）。

6.6　雷达信号的传输特性

任何雷达系统的信号传输特性都有两个主要的影响因素，即所用能量脉冲的波长和极化。表 6.1 中列出了脉冲传输中常用的波长波段。表示各波段的字母（如 K、X 和 L）是最初在雷达发展的早期阶段为了确保军事安全而任意选定的，出于方便人们沿用了这种表示，只是不同专家在设计不同的波段时，波长范围会稍有不同。

表 6.1　雷达波段名称

波段名称	波长 λ/cm	频率 $v = c\lambda^{-1}$/MHz
K_a	0.75～1.1	40000～26500
K	1.1～1.67	26500～18000
K_u	1.67～2.4	18000～12500
X	2.4～3.75	12500～8000
C	3.75～7.5	8000～4000
S	7.5～15	4000～2000
L	15～30	2000～1000
P	30～100	1000～300

自然，雷达信号的波长决定了其所受大气衰减和散射的程度。雷达信号只在工作于较短波长（小于 4cm）时才受到大气的严重影响。即使是这些较短的波长，在多数工作条件下大气对信号的衰减也很小。如人们预期的那样，衰减通常随工作波长的减小而增大，而云和雨的影响则是可变的。尽管雷达信号相对来说不受云的影响，但大雨的回波却相当可观。单个雨滴的降雨回波与 D^6/λ^4 成比例，其中 D 是雨滴的直径。由于短波长的使用，小水滴的雷达反射大到足以在平面位置显示系统（PPI）中区分降雨区域。例如，当雷达波长为 2cm 或更小时，雨和云会影响雷达的返回信号。同时，当工作波长大于 4cm 时，雨的影响最小。对于 K 波段和 X 波段的雷达，雨可能极大地衰减和散射雷达信号。

图 6.20 显示了大雨所致的一个不常见的阴影效应，以及雷达系统的波长相关性。在这幅 X 波段的航空雷达图像中，明亮的“类云”特征源于大雨的后向散射。该特征“后面”的黑暗区域（右下部分特别明显）由两种机理之一产生。一种解释是雨彻底衰减了入射能量，阻止了地表的光亮，使得它们“藏起来了”。另一种解释是，在雷达信号传输期间，一部分能量穿透了雨，但是后向散射后又被彻底衰减。这称为*双路衰减*。在任何情形下，返回接收天线的能量都非常少。当信号未被彻底衰减时，还可以接收到一些后向散射（左上部分）。

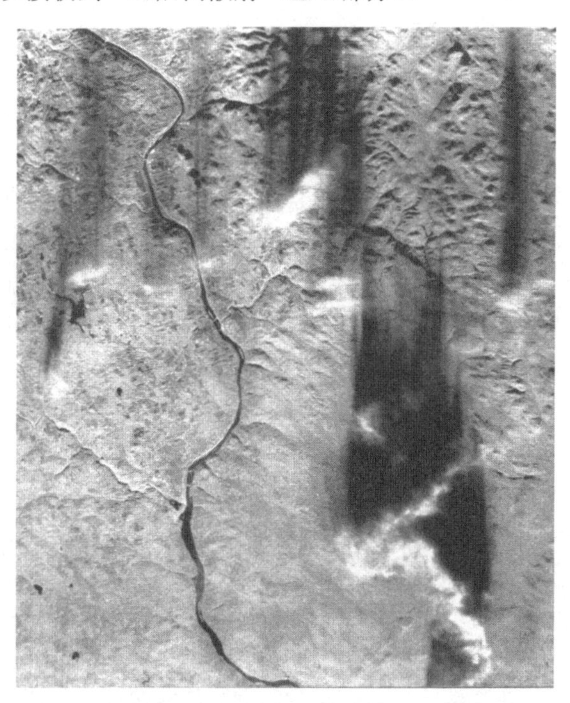

图 6.20 在靠近加拿大新布兰思维克·乌德斯托克的空中获得的 X 波段机载雷达图像，显示了由大雨和雷达信号衰减造成的不常见的阴影效应（加拿大农业和农副产品局，弗雷德里克顿，新不伦瑞克省，加拿大）

大雨对雷达图像的另一个影响是正在获取数据时有雨，雨会改变地面土壤和植被的物理特性与介电特性，进而影响到后向散射。土壤表层或内部湿度，以及植物和其他地表特征对后向散射的影响将在 6.8 节中讨论。

若不考虑波长，雷达信号的发射和/或接收就可以不同的模式*极化*。电磁波的极化方式描述了振动电场的几何平面。在多极化雷达系统中，信号能以这样一种方式滤波，即其电波振动严格限制在一个与波传播垂直的平面上（非极化能量在所有垂直于传播的方向上振动）。雷达信号既可平行于天线坐标系的极化平面（*水平极化*，H）发射，又可在一个垂直平面上（*垂直极化*，V）发射，如图 6.21 所示。同样，雷达天线可设置为只接收特定极化方式的信号。因此，我们可以处理 4 种信号传播和接收的组合：H 发射，H 接收（HH）；H 发射，V 接收（HV）；V 发射，H 接收（VH）；V 发射，V 接收（VV）。HH 组合或 VV 组合产生*同极化*图像，而 HV、VH 组合产生*交叉极化*图像。

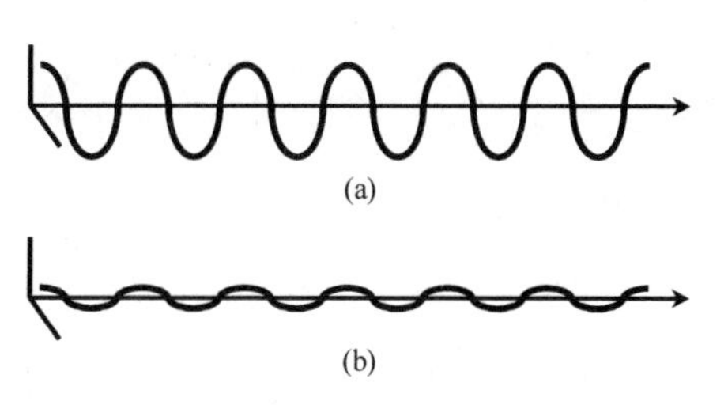

图 6.21 雷达信号的极化：(a)垂直极化波；(b)水平极化波

许多地物会通过反射部分极化和部分去极化信号来对偏振入射辐射做出响应。在这种情形下，极化程度定义为极化成分能量与全部反射能量之比。地物反射模式的极化特性度量称为*偏振测定*。显然，偏振测定需要有在多种极化方式下度量反射能的能力。偏振测定雷达的一种普遍配置有两个通道，一个通道工作在 H 模态，另一个通道工作在 V 模态。当一个通道发送一个脉冲时，两个通道都用来采集返回信号，从而形成 HH 和 HV 测量。在下一个瞬间，第二个通道发送信号，而两个通道同时记录增强的 VH 和 VV 返回信号。

任何能测量不止一种极化（如 HH 和 HV）的系统均称为极化分量或*多极化雷达*。测量所有 4 种正交极化状态的系统称为“全极化”或*正交极化系统*。这是一种特别有用的设计，因为它为雷达信号和被成像地表之间交互的物理特性提供了深入的观察。例如，我们可能需要区分单冲激和双冲激散射，区分表面散射和体散射并测量地表的不同物理特性。

正交极化也为计算地表在任何极化平面而非 H 和 V 平面的理论后向散射特性提供了充分的信息。实际上，H 和 V 极化只是一个更复杂极化状态集合的两种特殊情形（但在遥感中是最常用的情形）。理论上，计划状态可以用两个参数描述，即*椭圆率*（χ）和*方位或倾角*（ψ）。椭圆率指的是波绕其传播坐标系旋转极化平面的倾角，变化范围是–45°～+45°。椭圆率为 0°的波称为*线性极化波*，椭圆率为正的波称为*左旋极化波*，椭圆率为负的波称为*右旋极化波*。在极端情形下，+45°和–45°极化分别称为*左圆*和*右圆*。

波的极化方向角可从 0°变化到 180°。从技术上讲，水平极化波的椭圆率为 0°，方向角为 0°或 180°，而垂直极化波的椭圆率为 0°，方向角为 90°。

当一个正交极化系统组合 HH、HV、VH 和 VV 测量时，可以使用矩阵变换计算以任何组合发射（χ_T, ψ_T）和接收（χ_R, ψ_R）信号时的地表响应理论值。

因为不同地物会修改从不同角度反射的能量极化角，所以信号极化模式会影响到地物在结果图上的外观，这将在 6.8 节中介绍。更多关于雷达极化的信息请参阅 Boerner et al.（1998）。

注意，如图 6.21 所示，雷达信号可以表示为波峰和波谷循环往复的正弦波。波的相位指的是在某个给定时刻波的位置——要么位于波峰，要么位于波谷，要么位于波峰和波谷之间。雷达信号相位的测量是干涉雷达的核心（见 6.9 节）。此外，雷达波的相位在雷达图像光斑现象中起着重要作用，这将在下一节中讨论。

对于高海拔（高于 500km）的长波长（P 波段），电离层会对雷达信号的传输产生严重影响。这种影响至少以两种方式发生。第一种，经过电离层时导致传输延迟，进而导致斜距测量时出现错误。第二种，因为存在*法拉第旋转*现象，所以极化平面有一些旋转，它与地球磁场的电离层活动程度成正比。对于极化测定、长波长、轨道合成孔径雷达系统，这些因素会导致严重问题（这些作用的更多信息，见 Curlander and McDonough，1991）。

6.7 其他雷达图像特征

其他影响雷达图像外观的特性有*雷达图像光斑*和*雷达图像距离亮度变化*。下面描述这些因素。

6.7.1 雷达图像光斑

所有雷达图像都包含一定程度的*光斑*，即图像中看似随机模式的亮和暗像元。雷达脉冲相干发送，因此会使得发送的波相位彼此振荡。然而，如图 6.22 所示，在一个地面分辨单元（一个像素）内的后向散射波在从天线到达地表和背面时，将经过稍微不同的距离。距离的这种差异意味着当传感器接收到从地表某一给定位置（一个像素范围内）返回的微波信号时，信号可以是同相的，也可以是异相的。当回波彼此同相时，合成信号强度会因相长干涉而放大，而当来自单个像素的回波的相位完全相反时（即一个波在该周期的波峰，另一个波在该周期的波谷），那么它们将倾向于彼此抵消而削弱合成波的强度（称为相消干涉），因此产生了看似随机模式的亮和暗像元的雷达图像，图像呈明显的粒状（称为光斑）。

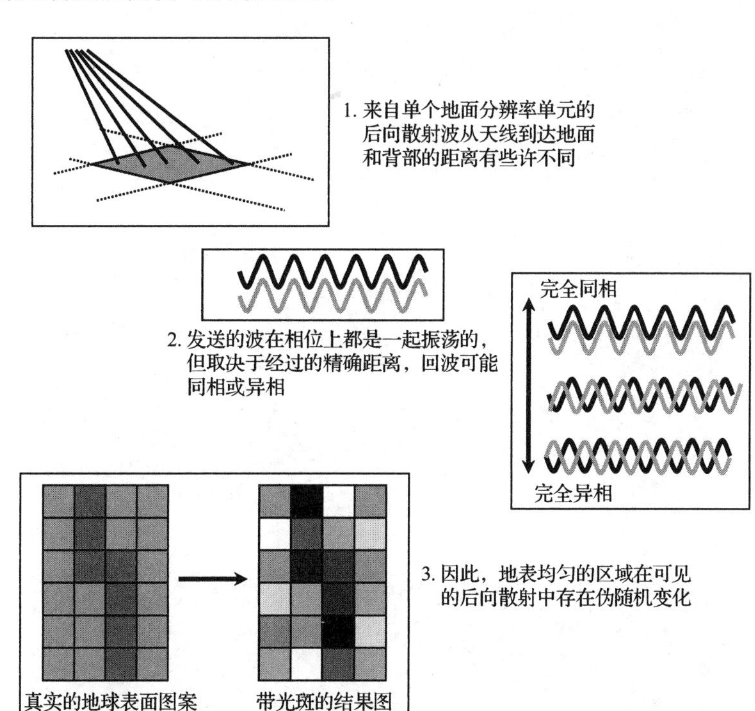

图 6.22　雷达图像的光斑形成

例如，图 6.22 的第三部分显示了一个由 24 个像素组成的网格，表示一个具有均匀暗特征的地表区域（可能是一段光滑的道路），与之交叉的是一个均匀的亮色调背景。因为光斑的影响，结果雷达图像将显示来自每个像素的可见后向散射的伪随机变化，这使得识别和区分图像特征变得更加困难。光斑常被粗略地描述为“随机噪声”，但我们应认识到后向散射那些看似随机的变化其实是雷达照射条件下亚像素级几何特性的直接结果。因此，如果获取两幅图像的位置、波长和极化方式相同，且地表状况相同，则这两幅图像的光斑模式将高度相关。实际上，该理论已用于部分干涉雷达处理中（见 6.9 节）。

使用图像处理技术可减少光斑，譬如平均邻域像素值技术或特殊滤波和平均技术，但不能彻底消除光斑。减少光斑的一种有用技术是多视处理。该处理过程平均同一地区的几幅相互独立的图像（使用合成孔径的不同部分产生），生成一幅平滑图像。被平均的统计独立图像数量称为视图数，光斑数量与这个数的平方根成反比。给定输入数据特征为常量，输出图像的分辨像元大小与视图数成正比。例如，一幅 4 视图像的分辨单元比一幅 1 视图像的大 4 倍，而其一个光斑的标准差是一个视图光斑的标准差的一半。因此，视图数和系统分辨率都会影响到整个雷达图像的质量。关于视图数和其他雷达图像特性的更多信息，如光斑和分辨率，请参阅 Raney（1998）和 Lewis, Henderson, and Holcomb（1998）。

图 6.23 显示了具有不同视图数的同一景雷达图像。4 视图(b)的光斑数较 1 视图(a)的光斑数少

很多，16 视图(c)的更少。这些图像经过特殊处理后，图中三幅图的图像分辨率相同；生成(c)图像所要求的数据是生成(a)图像的 4 倍。

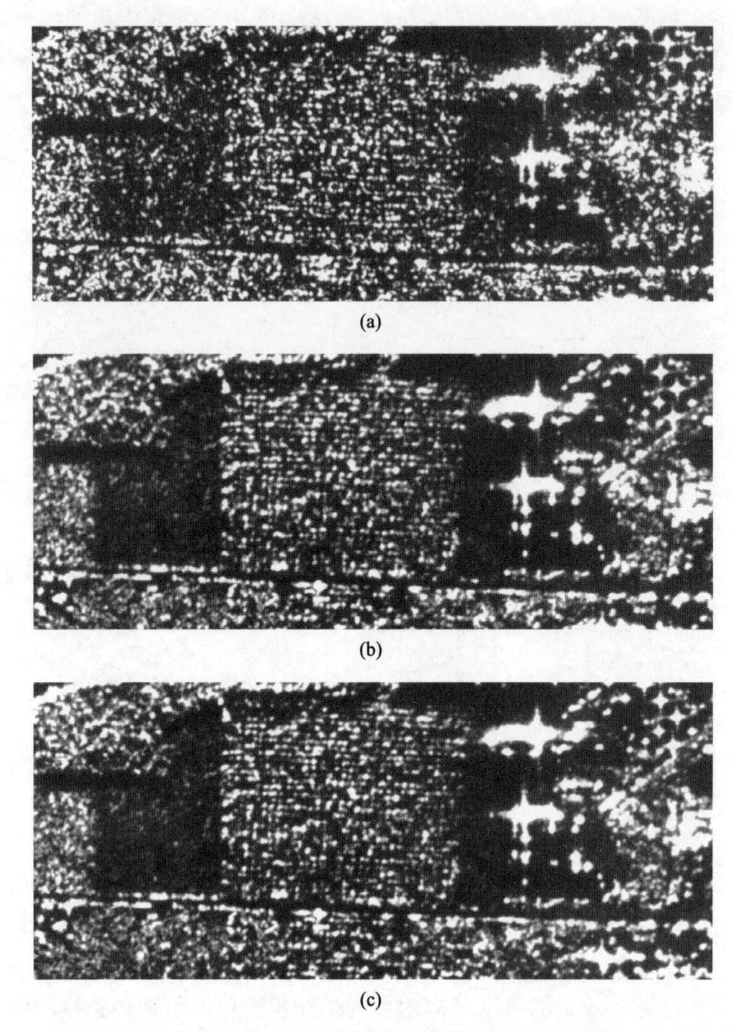

(a)

(b)

(c)

图 6.23　一个多视图处理的例子及其对图像光斑的影响：(a)1 视图；(b)4 视图；(c)16 视图。X 波段航空合成孔径雷达图像。注意，当视图数增加时，光斑减少。这些图像经过了特殊处理，使得三幅图的图像分辨率相同；产生(c)图像要求的数据量是产生(a)图像的 4 倍（引自美国摄影测量与遥感学会，1998）

6.7.2　雷达图像距离亮度变化

当沿距离方向扫描图像时，合成孔径雷达图像的亮度通常包含系统梯度。这主要由两个几何因素引起。第一，随着距离从近到远，地面分辨单元减小，返回信号的强度降低。第二，后向散射和本地入射角反相关（即本地入射角增大，后向散射减小），所以可以再次说与距离方向上的距离相关。因此，雷达图像随着距离的增加而趋于变暗。航空雷达系统与航天雷达系统相比，这种影响尤为严重，因为航空器的飞行高度较低，观测角的范围较大（对于相同的刈幅宽）。在某种程度上，这种影响会使图像上没有可见区的那种亮度照射效果，但可用数学模型来补偿。一些合成孔径雷达系统（如 SIR-C）会校正这些几何因素中的第一项（减小地面分辨单元），但不会校正影响更复杂的第二项（增大本地入射角）。

图 6.24 是一幅航空合成孔径雷达图像，由近及远的视角差别约为 14°。图 6.24(a)未补偿与距离有关的亮度变化，图 6.24(b)则用一个简单的经验模型补偿了这种影响。

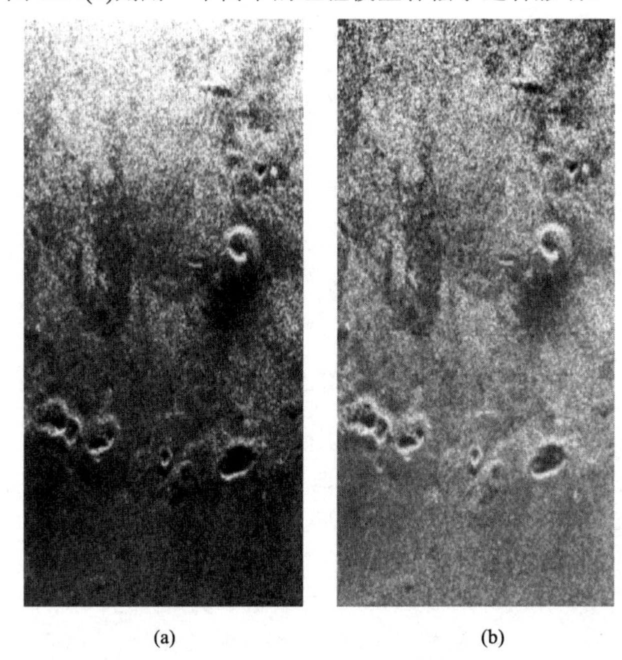

(a) (b)

图 6.24 航空合成孔径雷达图像，夏威夷华拉纳火山：(a)未对距离亮度的下降进行补偿；(b)对距离亮度的下降进行了补偿。从近距离（图顶）到远距离（图底）的视角差别为 14°（NASA/JPL/Caltech 供图）

6.8 雷达图像解译

侧视雷达图像的解译在很多应用领域都很成功，譬如绘制主要岩石单元和地表材料图，绘制地质构造图（褶皱、断层和节理），绘制植被类型图（天然植被和作物），探测海冰类型，以及绘制地表水系特征图（河流和湖泊）。

由于“侧光”特性，侧视雷达图像类似于低太阳高度角条件下的航空摄影。但是，许多地物的特性和波长、入射角及雷达信号的极化，共同决定了从不同目标返回的雷达波强度。这些因素是多种多样的，而且很复杂。尽管已经发展了几个理论模型来描绘不同的目标是怎样反射雷达能量的，但这一主题的主要知识都来自经验观察。业已发现，影响目标返回信号强度的主要因素是它们的几何特性和电特性，这将在下面描述。雷达信号的极化影响已给出，雷达波与土壤、植被、水和冰以及城市区域的相互作用也将在下面描述。

6.8.1 几何特性

在雷达图像中，我们最容易看到的特性是其“侧光”特征。它是通过与不同地形方位有关的传感器（地形几何）的变化发生的，如图 6.16 所示。本地入射角的改变，导致正对传感器的坡面的相对较高的返回信号，以及背离传感器坡面的相对较低的返回信号或无返回信号。

在图 6.25 中，回波强度与时间曲线图放在地面上方，以使信号和产生信号的特征相互关联。曲线上方是相应的图像线，示意信号强度已被转换成亮度值。最初的雷达脉冲响应显示了正对传感器的坡面的高返回信号。随后是无返回信号期，该区域阻挡了雷达波的照射。这个雷达阴影完全呈黑色，需要特别说明的是，它不同于摄影中由于大气能量散射而引起的微弱照射暗区。注意雷达阴影在本章的几幅图像中都存在。阴影记录了未对准传感器的地表返回的相对较弱的响应。

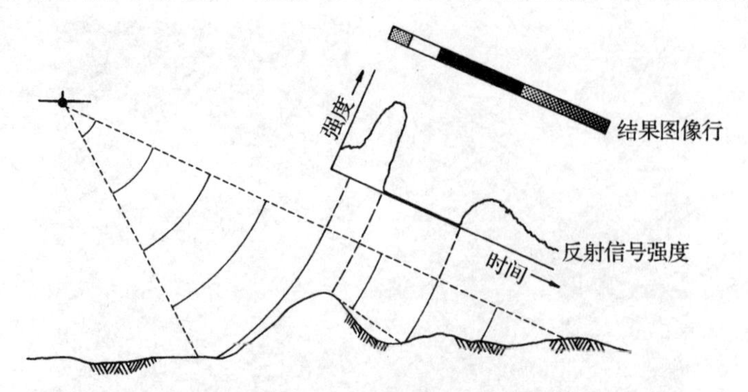

图 6.25　传感器/地形几何对雷达图像的影响（Lewis，1976）

雷达后向散射和阴影区域在本地入射角范围内受不同地表特性的影响。一般来说，当本地入射角的范围为 0°～30° 时，雷达的后向散射由地形坡度决定。当本地入射角的范围为 30°～70° 时，雷达的后向散射则由地表粗糙度决定。当入射角大于 70° 时，图像中将以雷达阴影为主。

图 6.26 示例了具有不同粗糙度和几何表面的雷达反射。瑞利准则叙述了表面如果被认为是“粗糙”的，当地表高度变化的均方根大于遥感发出波长的八分之一（$\lambda/8$）除以本地入射角的余弦值这个条件时（Sabins，1997），它相当于漫反射体［见图 6.26(a)］。这种表面在每个方向上都散射入射能量，并向雷达天线返回部分入射能量。表面如果被瑞利准则认为是“光滑的”，若高度变化的均方根小于 $\lambda/8$ 除以本地入射角的余弦值，它就相当于镜面反射体［见图 6.26(b)］，这种表面向远离传感器的方向反射能量，因此返回信号非常弱。

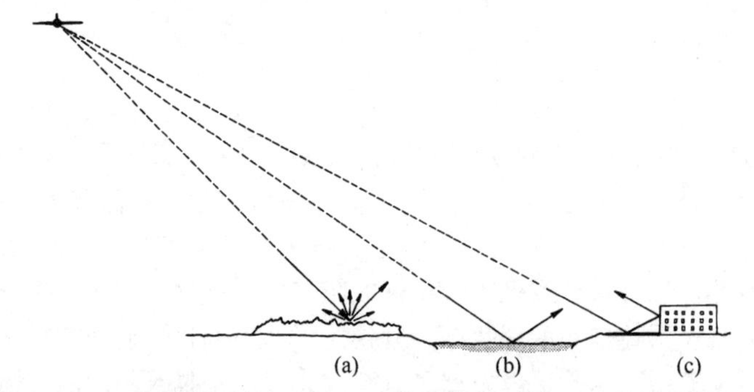

图 6.26　不同表面的雷达反射：(a)漫反射；(b)镜面反射；(c)角反射

瑞利准则并不考虑粗糙表面和平滑表面之间的地面起伏类别。改进后的瑞利准则可用于表示这种情形。该准则认为粗糙表面是均方根高度大于 $\lambda/4.4$ 除以本地入射角余弦的那些表面，而平滑表面是均方根高度变化小于 $\lambda/4.4$ 除以本地入射角的余弦的那些表面（Sabins，1997）。中间的值则具有中等粗糙度。表 6.2 列出了表面高度变化，这些变化在本地入射角分别为 20°、45°和 70°时，对几个雷达波段而言分别是平滑的、中等的和粗糙的（其他波长波段和入射角的值也可由上面给出的信息计算得出）。

图 6.27 展示了给定表面粗糙度随波长变化时，漫反射与镜面反射的度量。表 6.3 利用上面改进的瑞利准则，描述了各种波长的雷达脉冲遇到不同粗糙表面时的响应。注意，有些特征如谷物地在可见光和微波部分可能是粗糙的，而另一些表面如路面在可见光区间可以是漫反射体，而在微波能量部分则是镜面反射体。一般来说，雷达图像与摄影相比，会出现更多的镜面。

表 6.2　对于三种本地入射角，合成孔径雷达粗糙度的定义 [a]

粗糙类别	表面高度变化的均方根/cm		
	K_a 波段（$\lambda = 0.86$cm）	X 波段（$\lambda = 3.2$cm）	L 波段（$\lambda = 23.5$cm）
(a)本地入射角为 20°			
光滑	< 0.04	< 0.14	< 1.00
中等	0.04～0.21	0.14～0.77	1.00～5.68
粗糙	> 0.21	> 0.77	> 5.68
(b)本地入射角为 45°			
光滑	< 0.05	< 0.18	< 1.33
中等	0.05～0.28	0.18～1.03	1.33～7.55
粗糙	> 0.28	> 1.03	> 7.55
(c)本地入射角为 70°			
光滑	< 0.10	< 0.37	< 2.75
中等	0.10～0.57	0.37～2.13	2.75～15.6
粗糙	> 0.57	> 2.13	> 15.6

[a] 该表基于修改的瑞利准则（Sabins，1997）。

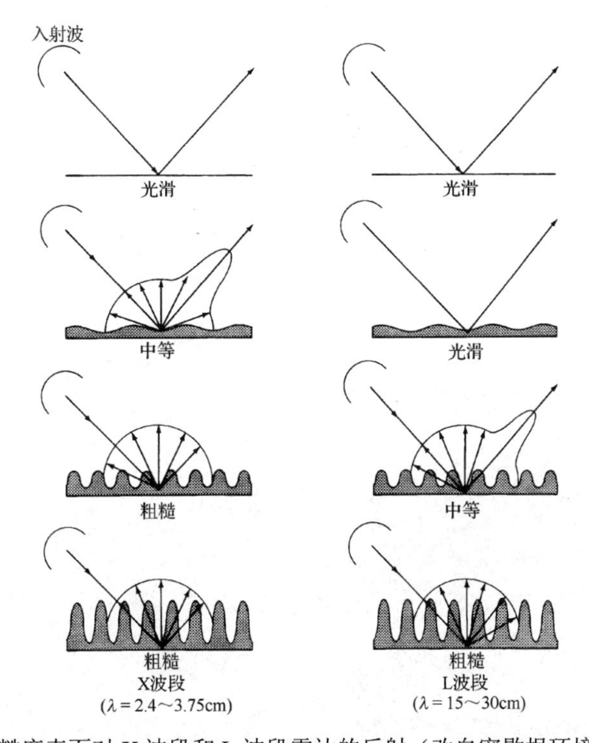

图 6.27　不同粗糙度表面对 X 波段和 L 波段雷达的反射（改自密歇根环境研究所的图解）

表 6.3　本地入射角为 45°时的合成孔径雷达粗糙度

表面高度变化的均方根/cm	K_a 波段（$\lambda = 0.86$cm）	X 波段（$\lambda = 3.2$cm）	L 波段（$\lambda = 23.5$cm）
0.05	光滑	光滑	光滑
0.10	中等	光滑	光滑
0.5	粗糙	中等	光滑
1.5	粗糙	粗糙	中等
10.0	粗糙	粗糙	粗糙

来源：Sabins，1997。

评测雷达返回信号时，必须像考虑表面粗糙度那样来考虑物体的形状和方向。一个特别强的响应由角反射体产生，如图 6.26(c)所示。在这种情形下，邻近的光滑表面引起双倍反射，产生了非常高的回波。因为角反射体一般只覆盖景物的一小片区域，所以在图像上通常表现为亮点。

6.8.2 电特性

地物的电特性和几何特性共同决定了雷达返回信号的强度。物体电特性的一个度量标准是复介电常数，该参数是不同材料反射率和传导率的标志。

在光谱的微波区，大多数天然材料干燥时的介电常数为 3～8。另一方面，水的介电常数近似为 80。因此，土壤或植被的湿度都会极大地提高雷达反射率。事实上，当物质材料从一种变为另一种时，雷达信号强度与湿度的联系通常要比物质本身的变化更紧密。植物有着很大的表面积，并且经常有较高的湿度，因此它们是特别好的雷达能量反射体。植物冠层的复介电常数的变化和它们的微起伏，通常支配着雷达图像色调的纹理。

需要注意的是，植被的介电常数会随大气条件变化而变化。云层限制了地表上的入射辐射，改变表层植被的含水量。特别地，云层会减少或停止植被的蒸发，进而改变储水量、介电常数和植被的后向散射。

金属物体也有很高的反射率，金属桥梁、竖井、铁轨和电杆在雷达图像上以很亮的目标出现。图 6.28 显示了中国香港和东南部周边地区 X 波段的合成孔径雷达图像（X 波段合成孔径雷达系统将在 6.12 节中讨论），成像时间为 1994 年 10 月 4 日。香港是世界上最繁忙的港口之一，大量船只在图像上显示为较小的明亮特征。这些船只有着极强后向散射的部分原因是因为它们的成分是金属，另一部分原因是它们的结构及水面与船体侧面夹角导致的角反射。城区因为存在发生类似角反射的高大建筑，也表现为较强的后向散射。海面充当一个镜面反射器，因此呈暗色调。同样要注意到图中右侧香港岛陡峭山脉地区的叠掩效应。

图 6.28　合成孔径雷达图像，中国香港，X 波段，比例尺为 1∶170000（DLR 和 NASA/JPL/Caltech 供图）

图 6.28 中像船只和大型建筑等特别明亮的特征，显示了大量从中心点向外扩散的十字形图案。这是因为物体（通常是金属角反射器）的后向散射强到超过雷达系统天线的电子饱和动态范围。这些“侧瓣模式”通常可在存在大角反射物体（如桥梁、船舶和海上石油钻井平台等）的暗背景、光滑水面环境下成像时观测到。

6.8.3 极化作用

图 6.29 示例了结果图像上雷达信号的极化作用效果。该图是覆盖部分印度尼西亚苏门答腊岛的 SIR-C 星（见 6.12 节）L 波段雷达图像对，获取时间是 1994 年 10 月。这里所示的大部分地区包括相对未受干扰的热带雨林，穿插着大片开垦好准备种棕榈油的种植园。新开垦的地区（如在图像采集前 5 年内被移除的热带雨林覆盖区）在 HH 极化图像中是明亮的多边形。早期开垦并已种上芭蕉树的地区，在 HH 极化图像中不易区分，但在 HV 图像中看上去暗得多。在该地区的右下角，位于海岸沼泽带的一系列湖泊由于镜面发射，在两幅图像中都显示为暗色调。一般来说，选择哪种极化方式取决于被研究区的地貌特征。地表物体的详细信息可通过提供全部 4 种极化方式的全极化雷达系统获得。但在不能获得全极化数据的情况下，雷达系统的设计涉及空间分辨率、覆盖范围和可用极化方式数量之间的折中，包括两个同极化和交叉极化波段的双极化系统通常会产生大量的表面特征信息。

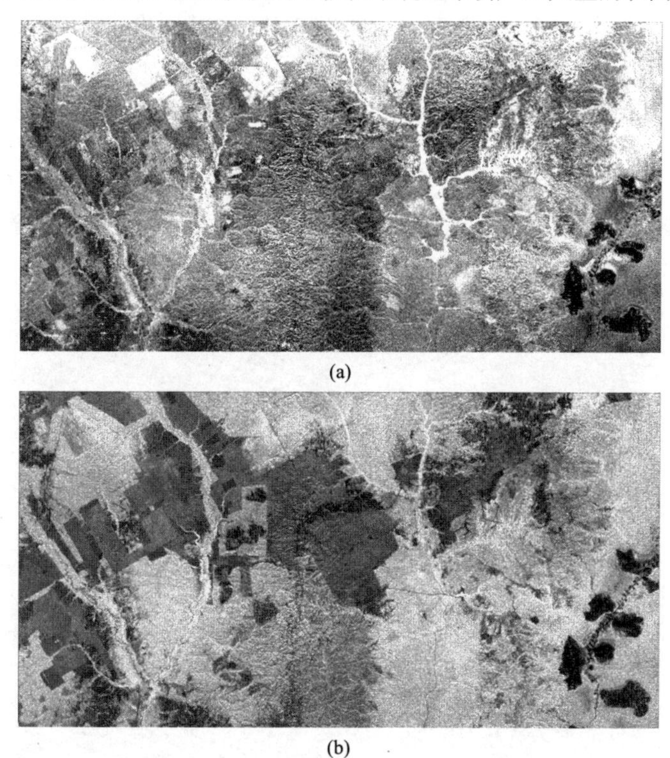

图 6.29　印度尼西亚苏门答腊岛的 SIR-C 雷达图像：(a)L-HH；(b)L-HV（NASA/JPL/Caltech 提供）

彩图 24 显示了由 NASA 的 UAVSAR（一种安装在无人机上的雷达系统，见 1.8 节）获取的 L 波段极化影像对。在这些影像中，HH 极化显示为红色，HV 极化显示为绿色，而 VV 极化显示为蓝色。在彩图 24(a)中，图像上部冰岛的霍斯乔库尔冰川显示为绿色和品红色，这些颜色反过来验证了不同的散射机制可用来绘制关于冰川表面状况的推断。例如，从切削区去极化散射的绿色色调结果，可以推测出冰面粗糙和冰融的发生。在纬度更高的地区，冰川表面更光滑，雷达响应主要是 HH 和 VV 后向散射。在霍斯乔库尔冰川四周，可以看到许多熟悉的冰川地貌，包括冰碛、冲积平原、辫状河、冰缘湖和其他特征。

彩图 24(b)显示了围绕巴伊亚德山洛伦左地区的一幅 UAVSAR 图像，该地区是丰塞卡海湾延伸到洪都拉斯的一臂。海湾周边是一个流经红树林沼泽地的自然排水道。1999 年，该地区的红树林被指定为国际湿地公约下的“国际重要湿地”。图像左下角和右上角的突出小山，由于生长在过于陡峭而不能种植作物的山坡上的树木的交叉极化响应，而呈明亮的绿色。在低海拔地区，农业用地出现在较为干燥的土地和养殖池塘与红树林沼泽的交汇区域。沼泽中的绿色斑块（相对较高的 HV 后向散射）表明沼泽地存在更大的木质生物量，而红色、品红色和蓝色通常表示裸露区域，不同颜色表示由表面粗糙度决定的 HH 和 VV 后向散射的相对比例、植被类型和雷达入射角大小。

6.8.4 土壤响应

水的介电常数至少是干土的 10 倍，因此可在雷达图像中探测到裸露（无植被生长）土壤表层几厘米深处的水分。波长越长，土壤湿度和表面湿润条件变得越明显。土壤湿度通常将雷达波的穿透深度限制在几厘米。但人们已观察到，在极端干燥的土壤条件下使用 L 波段雷达，信号可以穿透几米深。

图 6.30 比较了在埃及东南方的撒哈拉沙漠用陆地卫星 TM 得到的图像(a)和用航天合成孔径雷达得到的图像(b)。该地区的大部分区域覆盖了一层薄薄的流沙，因此掩盖了许多潜在的基岩排水特征。对该地区的实地研究表明，L 波段（23cm）雷达信号可以穿透这片沙地达 2m 深，因此能揭示其底部的基岩结构。图 6.30(b)中的暗色编织图案表示一个古老河谷的早期排水渠，它现在充满了超过 2m 深的流沙。这些水渠有些可以追溯到几千万年前，有些则形成于过去该地区经历潮湿气候的 50 万年间。该领域的考古学家发现早期人类使用石器工具至少是 10 万年前。其他在雷达影像上可见的特征主要与包括沉积岩、片麻岩和其他岩石类型在内的基岩结构有关。然而，由于流沙覆盖造成的模糊干扰，这些特征在 TM 影像上几乎看不到。

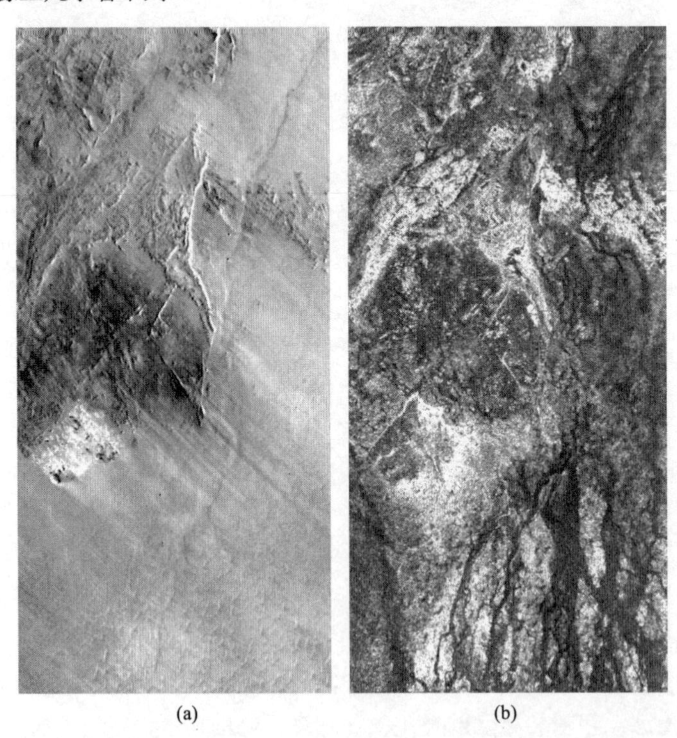

图 6.30 埃及东南方的撒哈拉沙漠：(a)TM 影像；(b)SIR-C 影像，L 波段，HH 极化，入射角为 45°，正北指向左上角，比例尺为 1：170000（NASA/JPL/Caltech 提供）

6.8.5 植被响应

雷达波与植被冠层相互作用，植被冠层就像一组由大量离散植物成分（叶、茎、梗、枝等）组成的散射体。植被冠层下面是土壤，因此可能引起穿透植被冠层的能量表面散射。当雷达波长与植物组成部分的平均尺寸相近时，体散射很强，如果植物冠层很浓密，植被上将有很强的后向散射。一般来说，作物（玉米、大豆、小麦等）冠层和树叶，对较短波长（2～6cm）的敏感性更好。在这些波长，体散射占优势而下面土壤的表面散射最小，而较长波长（10～30cm）对树干和树枝的敏感性更好。

除了树的尺寸和雷达波长，植被表面的雷达后向散射还受很多因素的影响。湿度高的植被与干燥的植被相比，返回的能量更多。同样，作物在雷达传感方位方向上排列成行与在距离方向上排列成行相比，返回的能量也更多。

加拿大艾伯塔省温尼伯农业区 L 波段的一对雷达影像如图 6.31 所示。图像由美国航空航天局的 UAVSAR（前面在讨论彩图 24 时已提及）分别于 6 月 17 日［见图 6.31(a)］和 7 月 17 日［见图 6.31(b)］获取。亮色调特征是土壤湿度更高或作物含水量比暗色调区域更高的农耕区域。圆形特征代表灌溉系统的中心枢纽。图 6.31(a)和图 6.31(b)中相应地块雷达亮度的诸多差异，主要是在获取两幅图像相差 1 个月的时间间隔内，由作物的长势和土壤湿度的变化引起。健康作物含水量高，介电常数也高，使得作物表面的反射增强。也就是说，高湿度的叶面比干燥叶面、裸露土壤或其他特征的雷达波反射更强。同样，与典型裸露光滑地块的镜面反射相比，作物冠层的垂直结构增大了雷达的后向散射。

图 6.31 中自左上到右下的亮色调线性特征是一条水道，沿堤是树、荆棘或其他河岸植被。该特征的亮度成因一方面是植被的存在导致粗糙度增大，另一方面是湿度增大。通常，被淹没或毗邻平静水域的种植区可能导致角反射效应。每片植被均与平静水面形成直角排列，可能产生垂直的雷达回波，这是植被下方存在水的有用指示之一（见图 6.34）。

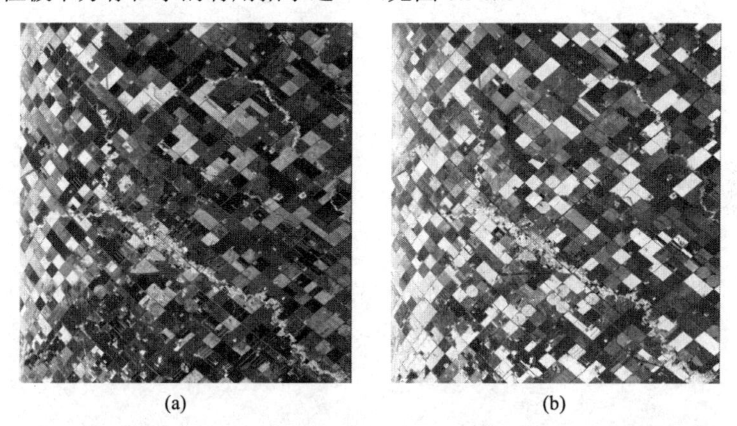

图 6.31　艾伯塔省温尼伯农业区的雷达影像，它由工作在无人机雷达系统的 L 波段获取：(a)6 月 17 日；(b)7 月 17 日（NASA/JPL/Caltech 提供）

图 6.32 示例了航天合成孔径雷达（SAR）图像上波长的影响。这里，景物通过三种不同的波长来成像。大多数作物类型对三种波段的反射都不相同，通常 C 波段呈较亮色调，P 波段呈暗色调。比较三种不同波段后向散射的相对量，可以分辨出图像中的很多作物类型。

图 6.33 显示了威斯康星州多林多湖北部地区的 C 波段图像［见图 6.33 (a)］和 L 波段图像［见图 6.33(b)］。从左上到右下穿过图 6.33(b)中央的暗色线性特征是龙卷风过后的痕迹。龙卷风发生在该图成像的 10 年前。风暴沿途毁坏了很多建筑并吹倒了很多树木。龙卷风过后，木材抢救工作移走了大多数倒下的树木，并且种上了小树。获取这些航天雷达图像时，被龙卷风破坏的地区正在生长的小树与四周森林区域的大树融为一体，在 C 波段（6cm）图像中看起来非常粗糙，因此显示为与周边差不多的色调。而在 L 波段（24cm）图像中，它们看来比周围森林区域光滑，所以被龙卷风破坏的地区呈现为暗色的线性特征。

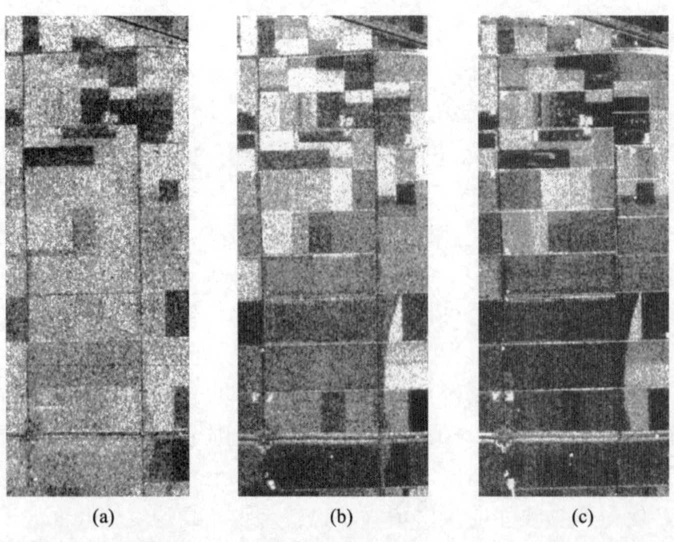

图 6.32　荷兰农业区的航空 SAR 图像：(a)C 波段（3.75～7.5cm）；(b)L 波段（15～30cm）；(c)P 波段（30～100cm）。HH 极化（美国摄影测量与遥感学会，1998）

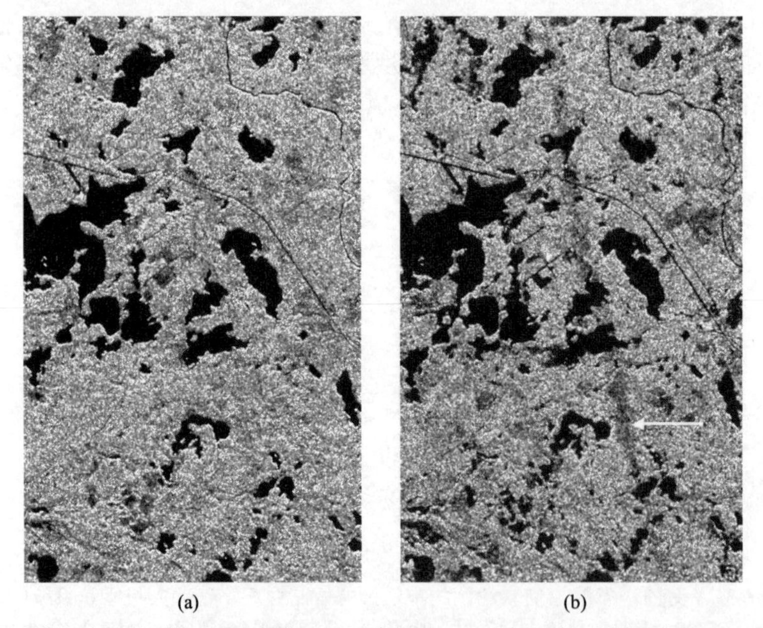

图 6.33　威斯康星州北部森林地区的 SIR-C 图像：(a)C 波段图；(b)L 波段图。比例尺为 1∶150000。注意图像中深色的湖泊和仅在 L 波段可见的龙卷风痕迹（NASA/JPL/Caltech 和 UW-Madison 环境遥感中心供图）

入射角对植被的雷达后向散射也有重要影响。图 6.34 显示了佛罗里达北部森林地区的航天 SAR 图，该图进一步展现了多入射角成像对雷达影像解译的影响。这里地形平坦，平均高度是 45m。含沙土壤覆盖着风化的石灰石；湖是污水湖。在图 6.34(b)中，由色调、纹理和形状可以识别各种土地覆盖类型。水体（W）是暗色的，并且有光滑的纹理。砍伐区（C）呈昏暗的斑状纹理和矩形到有角度形状的暗色调。公路输电线路（P）和道路（R）呈暗色、狭窄的线性刈幅。松树林（F）覆盖了该图的大部分，呈有杂色纹理的中等色调。柏树-紫树湿地（S）组成了每年落叶树的主要种类，具有亮色调和杂色纹理。但森林地区的相对色调随入射角的改变而出现相当大的改变。例如，柏树-紫树湿地区域在入射角为 58° 时呈暗色调，视觉上无法与松树林区分。当入射角为 45° 时，这片湿地要比松树林的色调稍亮一些，当入射角为 28° 时，则比松树林的色调亮得多。当入射角为 28°

时，这些湿地具有非常高的雷达回波，相信是由镜面反射引起的，而镜面反射的起因则是这些地区的死水与树干的反射共同产生了复杂的角反射体效应（Hoffer et al.，1985）。这种效应在入射角为28°时比在更大入射角时要明显得多，因为雷达波对森林冠层的穿透在小角度时较大。

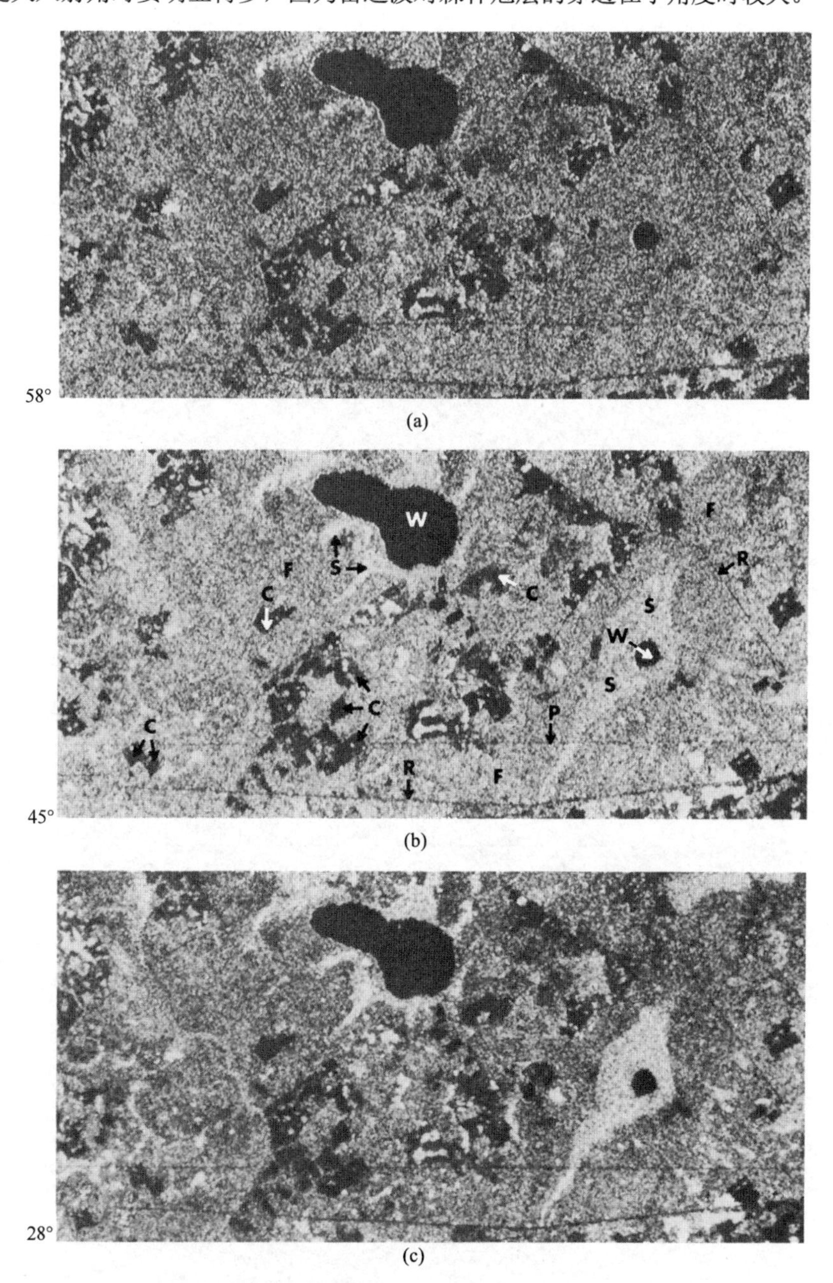

图 6.34　SIR-B 图，佛罗里达北部，L 波段（比例尺为 1∶190000）：(a)58°入射角，10 月 9 日；(b)45°入射角，10 月 10 日；(c)28°入射角，10 月 11 日。C 表示砍伐地区，F 表示松树林，P 表示公路输电线，R 表示道路，S 表示柏树-紫树湿地；W 表示开阔水面（普度大学森林与自然资源系和 NASA/JPL/Caltech 供图）

6.8.6　水和冰的响应

对于雷达波，光滑水面形成镜面反射体，不向天线产生返回信号，但粗糙水面返回强度变化的雷达信号。海洋资源卫星雷达系统（L 波段系统，视角为 20°～26°，见 6.11 节）实验运行显示，当浪高大于 1m、表面风速超过 2m/s 时，可以探测到波长大于 100m 的浪（Fu and Holt，1982）。实验还发现，当波浪在距离方向上移动（朝向或远离雷达系统移动）时，比在方位方向上移动时更易被探测到。

空间雷达图像揭示了有趣的图案，并且已证实与海底结构相关。图 6.35(a)是多佛附近英吉利海峡的一幅航天 SAR 图。这里，海峡的特色是潮汐变化可以上升到 7m，回流速率超过 1.5m/s。同样，海峡两侧沿着法国海岸和英国海岸都有广阔的沙洲。海峡沙洲形成了长而窄的、10～30m 深的山脊状，有些地方比 5m 还浅。加之大量的轮船运输，这些沙洲使得在海峡中航行非常危险。比较该图和图 6.35(b)可以看出，在该区域中，雷达图像表面的图案很接近沙洲的图案。获得图像时的潮汐流速是 0.5～1.0m/s，方向一般是从东北方向流向西南方向。沙洲的深度为 20m 或更浅时，可以看到更明显的图案。

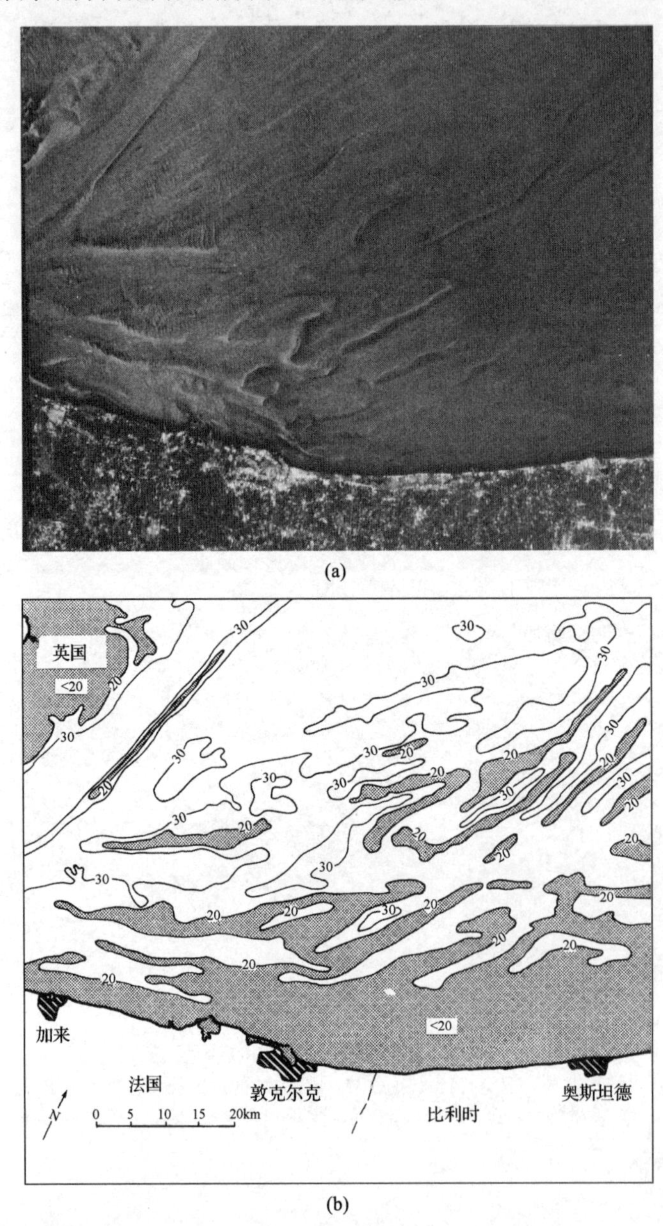

图 6.35　多佛附近的英吉利海峡：(a)海洋资源卫星 SAR 图，L 波段，仲夏；(b)地图显示了以米为间隔的海底等高线地形（NASA/JPL/Caltech 供图）

冰的雷达后向散射取决于介电特性和冰的空间分布。另外一些因素，如冰龄、表面粗糙度、内部几何结构、温度和积雪覆盖也会影响雷达的后向散射。X 波段和 C 波段雷达系统已被证明可用于通过推论来确定冰的类型和厚度。L 波段雷达可以展现冰的全部范围，但通常无法识别冰的类型和厚度。

6.8.7 城市区域响应

如图 6.36 所示，在雷达图像中，典型城市区域显示为亮色调，因为城市区域存在很多角反射体。

图 6.37 是亚利桑那州太阳城的一幅航空 SAR 图，显示了城市建筑方位在雷达反射中的影响。环形街道系统的部分建筑上存在“角反射”，该处房屋宽大的（前和后）立面正对雷达波源方向，因此提供了最强的雷达回波信号。在该方向的垂直位置还有一个相对较强的雷达回波信号，在该处房屋的侧面正对雷达波源的方向。这种效果有时称为*基作用*，是雷达遥感早期遗留的术语。那时人们注意到了城区的反射，于是经常依照罗盘基准方向摆放位置，当线状物体在其直角方向被照射时，便产生了重要的高信号回波，因此称为*基作用*（Raney，1998）。其他地面特征也有类似的效果。例如，排列成行的作物方向也会影响它们的响应，如本节较早前描述的那样，海浪的方向也极大地影响着它们的响应。

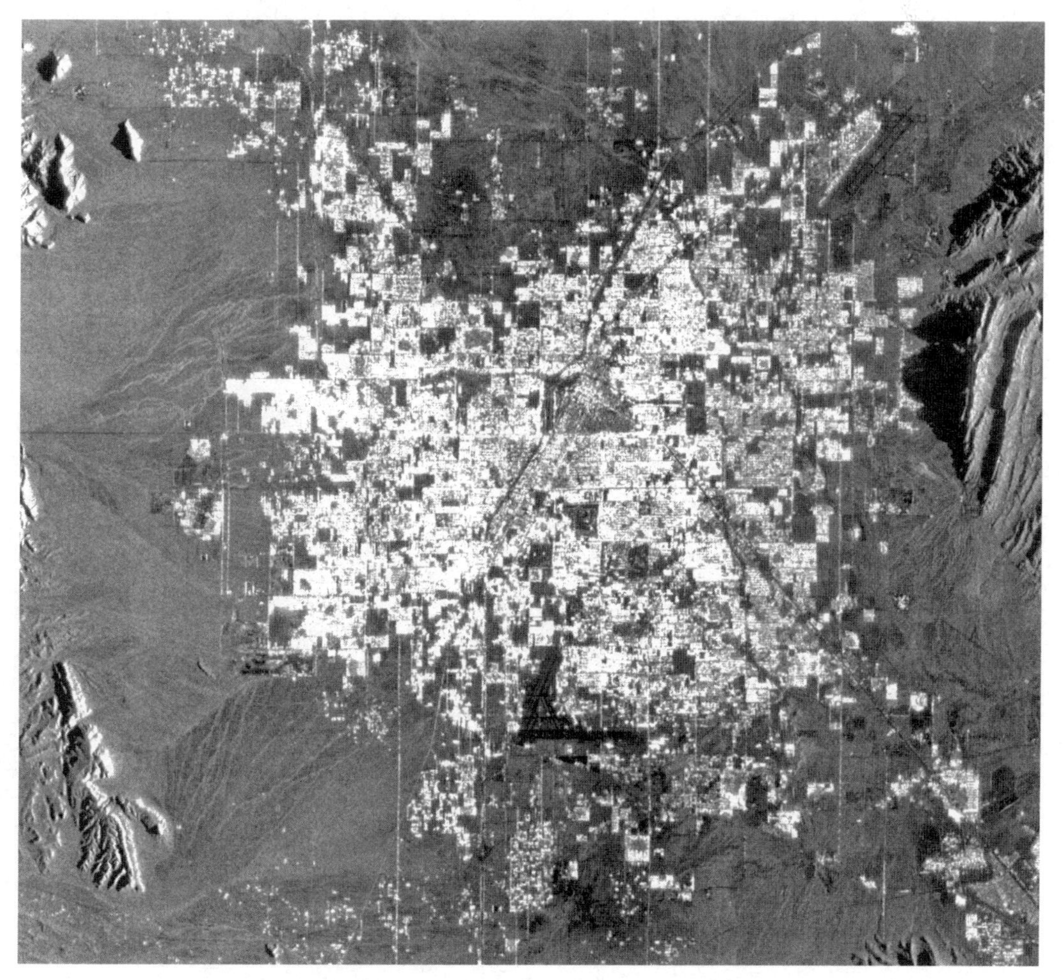

图 6.36　内华达州拉斯维加斯的航空 SAR 图，X 波段，HH 极化。顶部为北方，观察方向从图像右边至左边。比例尺为 1∶250000（美国摄影测量与遥感学会，1998）

图 6.37　亚利桑那州太阳城的航空 SAR 图像，X 波段，观察方向是图像顶部，比例尺为 1∶28000（美国摄影测量与遥感学会，1998，John Wiley & Sons 公司版权所有）

6.8.8　小结

总之，能接收到较大雷达回波信号的目标有面向航行器的坡面、粗糙物体、高湿度物体、金属物体、城市区域和其他建筑区域（角反射的结果）。形成漫反射体的表面回波信号从弱到中等，并且通常有大量的图像纹理。形成镜面反射的表面接收到很低的回波信号，如光滑水面、公路、沙漠盆地（干湖床）。不能从雷达“阴影”区域接收到信号。

6.9　干涉测量雷达

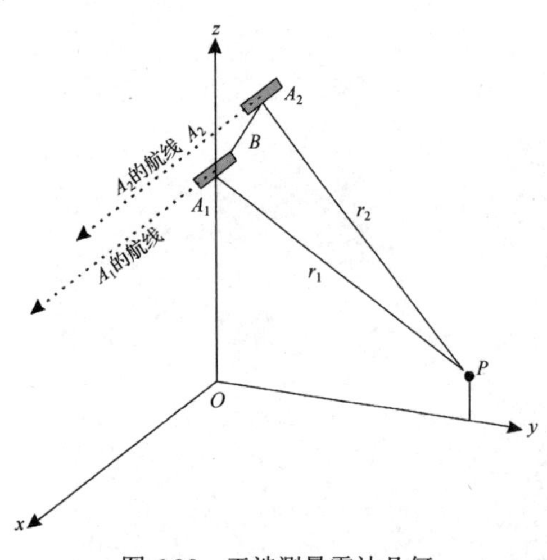

图 6.38　干涉测量雷达几何

如 6.5 节讨论的那样，从不同的航线上获得的重叠雷达图像，出现不同地形偏移时将产生图像视差。图像视差类似于在航空照片或光电扫描仪数据中出现的视差。如同摄影测量学可以用光学图像测量表面地形和特征高度一样，雷达测量学也可对雷达图像进行相似的测量。近年来，人们开始高度重视选择使用雷达来绘制地形图。成像雷达干涉测量基于雷达信号的相位分析，信号由位于空间不同位置的两个天线接收（雷达信号相位的概念已在 6.6 节中引入，详见附录 C）。如图 6.38 所示，从地表点 P 返回的雷达信号分别经过斜距 r_1 和 r_2 到达天线 A_1 和 A_2。长度 r_1 和 r_2 的差使信号出现范围从 0 到 2π 弧度的相位差 ϕ。如果干涉测量基线（B）是几何高精度的，那么这个相位差就可用来计算 P 点的高度。

图 6.39 图示了用干涉测量法求地表高度的方法。图 6.39(a)是一个座大火山的 SAR 图。图 6.39(b)是一幅干涉图，展示了干涉测量法雷达数据集的每个像素的相位差。干涉图案由一系列条纹或须边组

成，表现了表面高度和传感器位置的差异。消除传感器位置的影响后，产生了一幅展平的干涉图，图中的每个须边对应于特定的高度范围［见图 6.39(c)］。

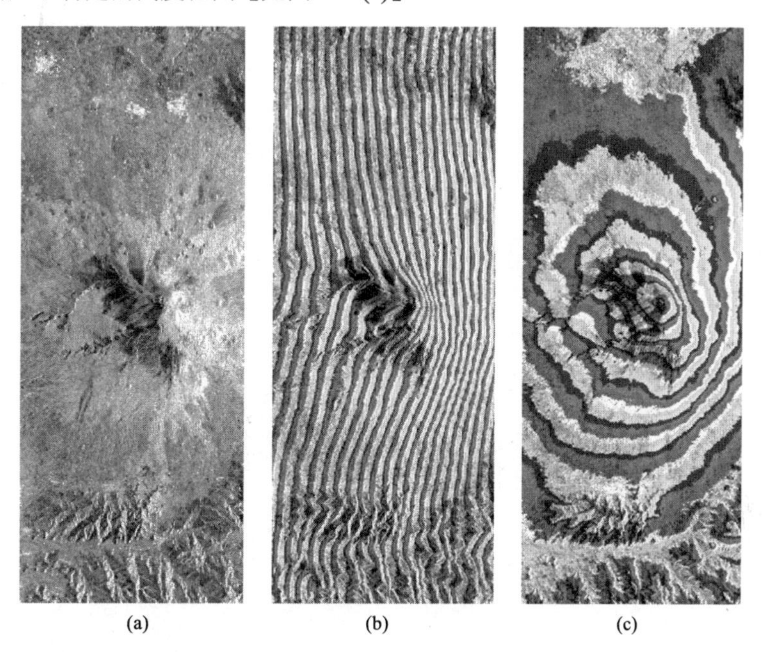

图 6.39 雷达图像和雷达干涉图像：(a)意大利埃特纳火山的 SIR-C 雷达图像；(b)原始干涉图；(c)展平的干涉图显示了高程范围。(b)和(c)是彩色干涉图的黑白负片（NASA/JPL/Caltech 和 EROS 数据中心供图）

收集干涉测量雷达数据的方法有多种。最简单的方法称为*单次通过干涉测量法*，此时两根垂直但分离的天线放在同一个航空器或卫星平台上。一根天线既作为发射机又作为接收机，第二根天线仅作为接收机。在这种情形下，如图 6.38 所示，干涉测量的基线是两个天线间的物理距离。另一种方法称为*重复通过干涉测量法*，此时航空器或卫星上只有一个雷达天线，因此需要通过感兴趣区域两次或两次以上，每次通过时天线既作为发射机又作为接收机。干涉测量基线就是两条航线或运行轨道之间的距离。一般希望使传感器尽可能近地经过原来的位置，以使基线最小。对于航空重复通过干涉测量法，航线间的距离通常不应大于数十米，但航天系统的这个距离可达数百米或数千米。

在重复通过干涉测量法中，地面目标的位置和方向在多次通过之间可以持续改变，特别是在多次通过之间的间隔为几天或几周时，会导致称为*暂时去相关*的状态，此时两个信号间的精确相位匹配退化。例如，在一片森林区域，冠层顶端的各片树叶可能在一天内由于风吹而改变位置。短波长系统，譬如 X 波段的 SAR，对各片树叶和其他一些小特征有很高的灵敏度，因此这种去相关可能限制重复通过干涉测量法的充分使用。在更多的干旱景观情形下，植被非常稀疏，暂时去相关不会导致问题。同样，与短波长相比，长波长干涉测量雷达系统基本不受暂时去相关的影响。单次通过干涉测量的使用避免了在多次通过之间的表面变化问题，因此消除了去相关的影响。

短波长重复通过雷达干涉测量法中的去相关影响如图 6.40 所示。C 波段和 L 波段的图像由 SIR-C 雷达系统分别于 1994 年 10 月 8 日和 10 月 10 日通过威斯康星州西北地区站点时获取（VV 极化）。通过合成两个时相的图像创建了重复干涉图，并利用附录 C 中讨论的原理提取了数据的幅度和相位差。在幅度图［见图 6.40(a)和图 6.40(c)］中，可以看到非森林地区，如牧场和砍伐干净区域明显为较深颜色的斑块，特别是在波长较长的 L 波段。从 C 波段的相位图［见图 6.40(b)］可见，影像的某些部分有比较清晰的条纹图案，特别是非森林区域，而其他区域由于两个时相相位相消导致条纹消失。相比之下，L 波段的相位数据［见图 6.40(d)］使得整幅图像都显示了清晰的相干条纹（注意，因为L波段的波长是C波段的4倍，所以L波段相位图的条纹间隔比C 波段的宽得多）。而条纹图案清晰度在L和C波段的差异则是因为短波波段对某个位置的细小特征（如一片孤立的叶子和森林冠层顶部的树枝）变化更敏感。最后，在此情形下，时间去相关会使得从C波段干涉数据构建数字高程模型（DEM）失败，而L波段的数据则可以成功导出DEM。

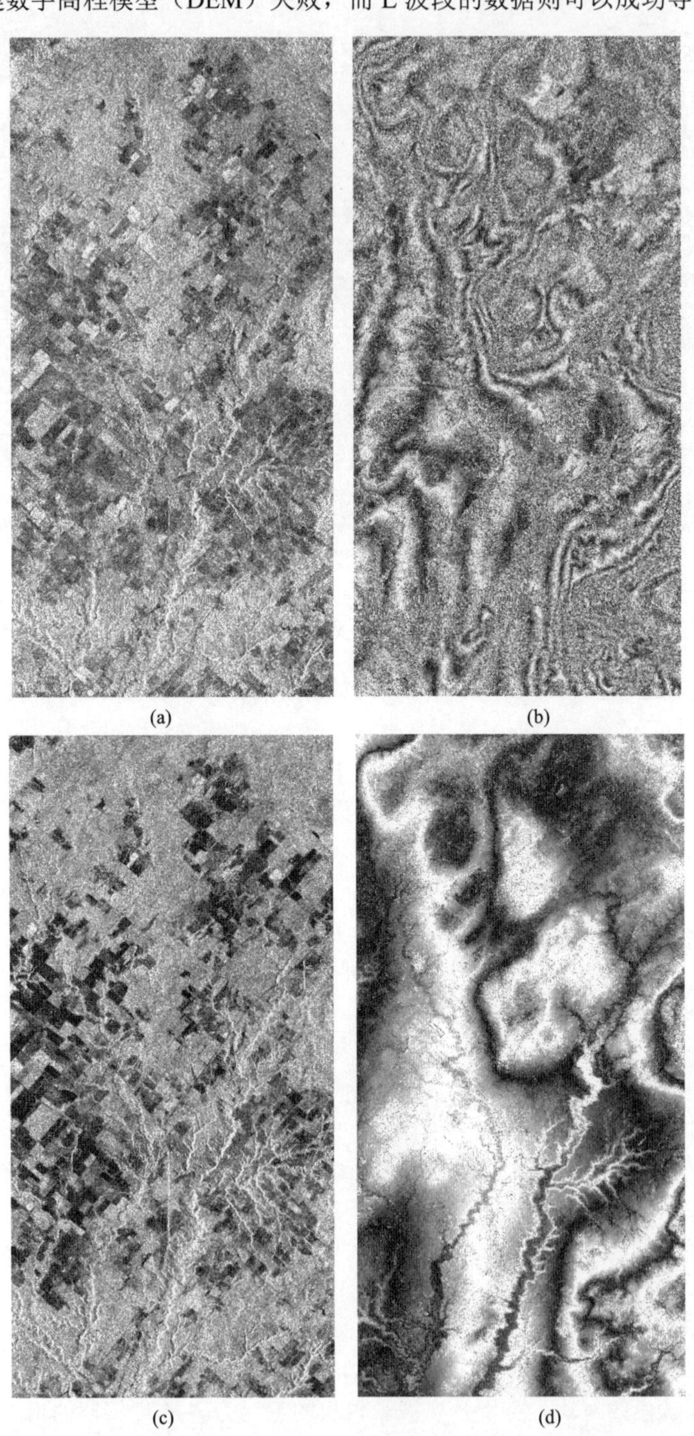

图 6.40　威斯康星州西北地区的C波段和L波段雷达干涉图：(a)C波段幅度图；(b)C波段相位图；(c)L波段幅度图；(d)L波段相位图

在某些情况下，重复通过干涉测量法实际上可用来研究两次过境之间发生的地表变化。除了“以前”和“之后”的两幅图像，这种称为*差分干涉测量*的方法还需要了解关于基础地形的先验知识，这种先验知识可以是已有的 DEM，但 DEM 的误差会导致地表变形预测不准确。一种更好的方法是获得地表变形发生前一段时间内的干涉测量图像对，使之与变化发生后获得的第三幅图像合并。无论哪种情形，都可校正变化发生前后的图像相位差，以说明通过表征地表位置特征变化的剩余相位差表示的地表变形。如果两幅图像间的干涉测量相关性高，那么这些变化可通过雷达系统的一个小波长范围（通常小于 1cm）精确测量。如果使用单个图像对，表面的变化就只能通过视线位移测量，这意味着只能测量某点朝着或背离雷达观测方向移动的角度。如果可以获得不同观测方向的两个干涉测量图像对，如从卫星的上升段和下降段分别获取的影像对，则可导出二维运动表面。

这种方法最适合测量影响较大区域的空间相关变化，如整个冰川表面从山顶滑下，而不适合空间无关的变化，如森林中树木的生长。彩图 25 给出了应用差分干涉测量的三个例子。在彩图 25(a)中，该技术用来评估 2011 年 3 月 11 日日本东部地震造成的地表形变。此次震级为 9 级的地震和随之而来的海啸对日本本州岛的东北沿海地区造成了极大的破坏。该雷达干涉图是利用日本 ALOS PALSAR 卫星雷达系统（见 6.14 节）的震前、震后数据生成的。如图底部的图例所示，从青色边缘到下一种颜色边缘的每个颜色周期，近似表示了地表在雷达视线方向的 12cm 移动（额外的运动可能垂直于该坐标轴）。日本航空测量局（JAXA）的科学家分析了这些数据，估计该地区受影响最严重的部分地表位移达 4m。

彩图 25(b)给出了利用雷达干涉测量监测地形缓慢变化的例子。在该例中，俄勒冈州中部由于地下火山岩浆累积引发了持续的地面隆起。USGS 喀斯喀特火山观测站的科学家联合其他研究机构，证实南峰火山以西的地面发生了半径约为 5km 的大面积缓慢隆起。彩图 25(b)所示的雷达干涉图是利用欧洲空间局的 ERS 卫星数据生成的。在该干涉图中，每个从蓝到红的全色波段表示在雷达卫星方向约有 2.8cm 的地表运动（未着色区域没有可用信息，如森林覆盖或其他因素导致人们无法获得有用的雷达数据）。这 4 个中心波段显示地表在 1996 年 8 月至 2000 年 10 月间，朝卫星方向移动了 10cm 之多。由深处岩浆累积引发的地表隆起可作为地表火山活动的先兆。

第三个差分干涉测量的例子如彩图 25(c)所示。该差分干涉图由 ERS-1 和 ERS-2 图像生成，显示了内华达州拉斯维加斯 1992 年 4 月到 1997 年 10 月间的表面位移。在过去一个世纪的大部分时间里，从地下含水层取水给住宅区和商业区使用，造成拉斯维加斯地面以几厘米每年的速度沉降，给城市基础设施带来了极大的危害。近年来，人们一直在通过人工补给地下水的方式来努力减少沉降。雷达干涉图结合地质图的分析表明，沉降的范围受制于地质构造［断层，彩图 25(c)中的白线］和泥沙成分（黏土厚度）。从 1992 年到 1997 年，检测到的最大沉降是 19cm。差分雷达干涉测量的其他潜在应用包括冰川和冰盖运动监测、石油开采、采矿和其他活动造成的陆地沉降。

6.10 空间雷达遥感

最早的民用（非涉密）星载成像雷达任务包括实验性的星载系统 Seasat-1（1978）和三个在轨运行时段为 1981—1994 年的航天飞机成像雷达系统（SIR-A、SIR-B 和 SIR-C）。2000 年 2 月，再次为航天飞机雷达地形测绘任务（SRTM）起用了 SIR-C，航天飞机雷达地形测绘任务是采用雷达干涉测量技术绘制全球地形图的高效运营计划。

20 世纪 90 年代研制出了首批真正实用（非实验性）的雷达遥感卫星。在从 1991 年到 1995 年的 4 年时间里，苏联、欧洲空间局、日本和加拿大的国家航空局陆续发射了雷达卫星。自那以后，雷达卫星系统的数量急速增长，最后转向到多卫星星座，以提供快速的全球覆盖监测并串联单通道干涉测量。这些多卫星计划包括德国的 TerraSAR-X/TanDEM-X 卫星对，印度由 4 颗 COSMO-SkyMed 卫星组成的星座，欧洲空间局即将发射的 Sentinel-1 卫星对，以及规划中的雷达卫星小星座计划项目。

航空雷达系统的优势显而易见。因为雷达是一个主动传感器，可以全天候采集数据，可以在自南向北（上升）的轨道方向采集数据，也可以在自北向南（下降）的轨道方向采集数据，而光电遥感系统通常只能获得每个轨道上日光照射部分的影像。航天雷达也可在云雾和其他不能获取光学影像的气候条件下成像。因此，航天雷达系统是需要全天时、全天候获得影像的应用的理想选择。

通常，小入射角（小于 30°）获得的图像强调表面坡度的变化，尽管山区的叠掩效应和透视收缩几何失真可能很严重。大入射角的图像减少了几何失真，强调了表面粗糙度的变化，但增加了雷达阴影。

扫过图像刈幅时，入射角的变化较大，因此航空雷达影像的利用受到了限制。此时，在那些事实上与图像所呈现表面材料的结构和成分相关的条件下，通常很难区分由入射角变化引起的后向散射差异。航天雷达图像克服了这一缺点，因为它们的入射角变化很小，图像解译更容易。

自 1994 年的 SIR-C 开始，大多数航天雷达系统都开始采用先进的波束控制技术在三大类成像模式下收集数据。基础配置通常称为条带成像模式，代表本章前面各部分讨论的成像处理。对于广域覆盖，ScanSAR 成像模式通过电子转向雷达波束在距离方向来回扫描成像。效果上，第一个刈幅的远距离边缘到第二个刈幅的近距离边缘的光束是连续的，以此类推，交替照射两个或更多的相邻刈幅。多个刈幅随后被处理成单一的刈幅宽图像。扫描 SAR 模式的不足之处是空间分辨率降低了。

另一种成像模式称为聚光灯模式，在这种模式下，为了针对给定地点长时间地采集数据，雷达波束沿着方位方向而非距离方向转动。当卫星接近目标区域时，光束比其正常的传播角度稍微向前；接下来在卫星过境时，波束回扫以实现对目标区域的持续覆盖。通过扩展合成孔径原理，聚光灯模式允许利用一段更长的轨道路径来获取目标区域的更多“视”图，进而实现更精细的分辨率。这种分辨率提高是以连续覆盖为代价的，因为当天线瞄准目标区域时，就失去了对地面其他部分成像的机会。大多数最新的高分辨率雷达卫星都采用聚光灯模式来实现 1～3m 的分辨率。

SIR-C 率先提供了 ScanSAR 和聚光灯两种成像模式的测试。图 6.41 显示了首幅 ScanSAR 影像（南极洲威德尔海，1994 年 10 月 5 日），图像大小为 240km×320km。图像的左上部分呈灰色色调，是这片开阔海洋的一部分。第一年季节性的浮冰（厚度为 0.5～0.8m）占据图像的右下角。在这两个区域中间，即图像的左下方和中心，有两个海洋环流特征或漩涡，每个近 50km 宽，并顺时针方向旋转。在漩涡内部和邻近漩涡的深色区域是新形成的冰，其光滑表面充当一个镜面反射器。这种类型的 ScanSAR 影像是海冰范围跟踪、大面积冰山运动监测和辅助高纬度海洋航运等应用的重要资源。

图 6.41 南极洲威德尔海的 SIR-C ScanSAR 图像，10 月，比例尺为 1∶2500000（NASA/JPL/Caltech 供图）

6.11 Seasat-1 和航天飞机成像雷达任务

Seasat-1 是海洋研究系列卫星中的首颗卫星。Seasat-1 于 1978 年 6 月 27 日进入 800km 高的近极地轨道。卫星每 36 小时交替提供白天和黑夜覆盖。系统可覆盖约 95%的海洋。但发射 99 天后因主要动力系统失效，限制了卫星获得图像数据的能力。

Seasat-1 采用 HH 极化的航天 L 波段（23.5cm）合成孔径雷达系统。它在 100km 的刈幅上生成图像，观测角为 20°～26°，距离和方位的 4 个观测分辨率都是 25m。表 6.4 总结了这些特性（与 SIR 系统的特性一样）。

表 6.4 实验合成孔径雷达系统的主要特性

特　性	Seasat-1	SIR-A	SIR-B	SIR-C
发射日期	1978 年 6 月	1981 年 11 月	1984 年 10 月	1994 年 4 月，1994 年 10 月
持续时间	99 天	3 天	8 天	10 天
标称高度/km	800	260	225	225
波段	L 波段	L 波段	L 波段	X 波段（X-SAR）、C 波段和 L 波段（SIR-C）
极化	HH	HH	HH	HH、HV、VV、VH（X 波段仅有 HH）
视角	20°～26°（固定）	47°～53°（固定）	15°～60°（可变）	15°～60°（可变）
刈幅宽/km	100	40	10～60	15～90
方位分辨率/m	25	40	25	25
距离分辨率/m	25	40	15～45	15～45

尽管 Seasat-1 平台上的成像雷达系统的基本作用是监测全球表面的波场和极地海洋的冰情，但海洋图像却显示了更宽波谱范围内的海洋和大气现象，包括内波、水流边界、涡流、锋面、测

深特征、暴风雪、降雨等。Seasat-1 还覆盖了全球的陆地地区，得到许多极好的影像，示范了地质、水资源、土地覆盖制图、农业评价等方面的应用，还获得了与土地相关的其他应用。（前面所述的）图 6.5 和图 6.35 就是 Seasat-1 图像的实例。

Seasat-1 任务成功后，早期的一些航天雷达实验开始采用 SIR 系统（1981 年的 SIR-A 和 1984 年的 SIR-B）实施。1994 年实施了两次 SIR-C 发射。表 6.4 中归纳了这三个系统的特性。

6.11.1 SIR-A

SIR-A 实验是 1981 年 11 月在航天飞机上实施的。这是航天飞机的第二次飞行，且是第一次有效载荷飞行。SIR-A 系统具有许多与 Seasat-1 平台雷达系统相同的特性。这两个系统的主要差别是，与 Seasat-1 相比，SIR-A 的天线（9.4m）能以较大的视角（47°～53°）照射地表。Seasat-1 使用一个 HH 极化的 L 波段（23.5cm）系统。成图刈幅宽为 40km，距离和方位分辨率都是 40m。SIR-A 能获得地表 10000000km^2 的图像，首次得到了许多热带、干旱地区和山区的雷达图像。

图 6.42 是一幅 SIR-A 图，显示了中国东部的村庄、道路和耕地。这幅图上数百个白点中的每个都是一个村庄。这片地区的普通作物是冬小麦、高粱、玉米和粟米。两侧带有白线的特征和黑色的弯曲线性特征，是河流和位于防洪堤之间的排水渠。

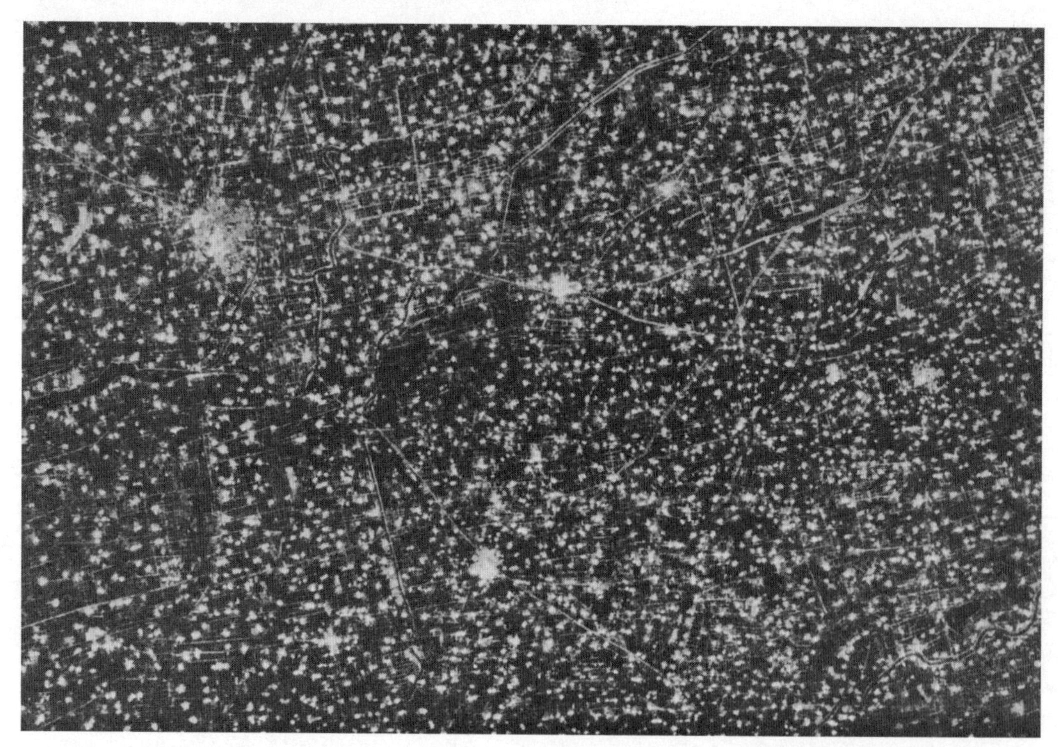

图 6.42　中国东部的 SIR-A 图，L 波段。比例尺为 1∶530000（NASA/JPL/Caltech 供图）

6.11.2 SIR-B

SIR-B 实验是 1984 年 10 月在航天飞机上实施的。实验再次使用了 HH 极化的 L 波段系统。SIR-A 和 SIR-B 雷达系统之间的主要差别是 SIR-B 装备的天线可以机械倾斜，因此视角可以变化（15°～60°），以向地面发送雷达信号，提供评价雷达在入射角变化时的回波影响的科学研究机会。

另外，它还提供获得立体雷达图像的机会。SIR-B 的方位分辨率是 25m；距离分辨率可变，从视角为 60°时的 15m 到视角为 15°时的 45m。

图 6.43 显示了沙斯塔火山的 SIR-B 图像，沙斯塔火山是加利福尼亚州北部一座高 4300m 的火山。这些图像显示了高度偏移时入射角的影响。在图 6.43(a)中，入射角为 60°，山峰成像在图像中心附近。在图 6.43(b)中，入射角为 30°，山峰成像在图顶附近（图中观测方向是从上到下）。可以看到在这座火山的侧面有几个亮色调的熔岩舌。在这幅雷达图的左上方，有年代很近的熔岩流表面，该表面由无植物生长、大小为 1/3～1m 的有棱大块玄武岩组成，对 L 波段雷达波呈现出非常粗糙的表面。另外，沙斯塔火山侧面稍带暗色调的熔岩流的年代要久远一些，风化更严重，植被更多。

(a)

(b)

图 6.43　加利福尼亚州沙斯塔火山的 SIR-B 图，中秋（比例尺为 1∶240000）：(a)60°入射角；(b)30°入射角。注意图(b)中的山顶有严重的叠掩效应（NASA/JPL/Caltech 供图）

6.11.3 SIR-C

SIR-C 任务于 1994 年 4 月和 10 月实施。SIR-C 设计用于研究空间探测有多种波长的雷达传感器。SIR-C 的平台上置有 NASA 的 L 波段（23.5cm）和 C 波段（5.8cm）系统，以及德国空间局（DARA）和意大利空间局（ASI）联合研制的 X 波段（3.1cm）系统（以 X-SAR 系统著称）。获得多个波长段可让科学家以多达三种波段来观测地球，既可以使用单个波段，又可以使用波段组合。SIR-C 的视角可变，能以增量 1°从 15°改变到 60°；可用 4 种极化（HH、HV、VV、VH）。

获取 SIR-C 图像时，站点选择的科学重点是，研究 5 种基本的海洋主题、生态系统、水文学、地质学和云雨。研究的海洋特性包括巨大表面和内波、海洋表面的风力运动和洋流运动，以及海冰的特性和分类。研究的生态系统特性包括土地利用、植被类型和范围、火灾影响、洪水泛滥和森林砍伐。水文学研究的重点是水和湿地条件、土壤湿度模式、雪与冰川覆盖。地质应用包括地质结构制图（包括那些埋藏在干沙地下面的部分）、土壤侵蚀研究、搬运和沉积、活火山监测。此外，还研究雨和云对 X 波段和 C 波段波长的雷达信号的衰减。

SIR-C 的多波段、多极化方式设计，为观看和分析影像提供了更多的选择。对目视解译而言，三种不同的波长-极化方式组合可用来生成彩色合成图，一种组合显示为蓝色，一种组合显示为绿色，另一种组合显示为红色。如果不同的波长-极化图像表现为不同地物以不同的强度反射，那么这些地物将以不同的颜色显示。这可在彩图 26 中看到，图中显示了非洲中部的火山景观；卢旺达、乌干达和刚果共和国的部分都显示在该图像中。图中，HH 极化的 C 波段数据显示为蓝色，HV 极化的 C 波段数据显示为绿色，HV 极化的 L 波段数据显示为红色。图上部中间的火山是卡里斯穆巴火山，其高度为 4500m。卡里斯穆巴火山较低坡度的绿色带一直延伸到山峰的右侧，这是一片竹林，是为山区大猩猩保留的几个为数不多的天然栖息地之一。图像中间的右边是奈拉共贡火山，这是一座 3465m 高的活火山。图像下面的部分主要是尼亚穆拉吉拉火山，其高度为 3053m，其侧面有很多熔岩流出（图像中的紫色区域）。

彩图 27 所示为美国怀俄明州黄石国家公园一部分的 SIR-C 图像。黄石公园是世界上的第一个国家公园，以其地质特征如间歇泉和温泉闻名。这个公园及其周边地区也是灰熊、麋鹿、野牛的栖息地。1988 年，公园中突发面积达 3200km^2 的大规模森林大火，烧毁度变化很大，留下了一个严重烧毁区域、轻度烧毁区域和未烧毁区域的复杂镶嵌场景，这是未来几十年继续主导公园的景观。这场大火的影响在 1994 年 10 月 2 日获取的 L_{VH} 波段 SIR-C 影像(a)中清晰可见。未烧毁黑松林在 L_{VH} 波段返回了强响应，因此在图像上看上去相对明亮。烧毁度增大的区域所对应的存留森林量降低；这些区域在 L_{VH} 波段的后向散射较少，因此在图像上显得更暗。而图像底部附近的黄石湖由于镜面反射，后向散射可以忽略不计，因此看上去是黑色的。

彩图 27(b)显示了由彩图 27(a)所示 SIR-C 数据导出的一幅森林生物量分布图，实地考察由黄石国家生物量调查机构完成。图中的颜色表明了生物量，它从棕色（生物量少于 4 吨/公顷）到深绿色（未烧到的森林生物量大于 35 吨/公顷）变化。河流和湖泊显示为蓝色。长波长和交叉极化组合的雷达系统预测森林生物量的能力，为自然资源管理者和科学家提供了对火灾和台风等自然灾害进行预警或进行常规森林清查的有用工具。

与收集地球陆地表面主体数据的航天飞机雷达地形测绘任务（见 6.19 节）不同的是，SIR-C 仅收集感兴趣研究区域的数据，而且由于 SIR-C 系统的实验性质，并非所有来自这两个航天任务的数据都处理成了全分辨率的精度级。已经处理的数据（该计划于 2005 年年中截止）存档在 USGS 的 EROS 数据中心，可通过 EarthExplorer 在线订购。

6.12 Almaz-1

苏联于 1991 年 3 月 31 日发射了以商业应用为主的 Almaz-1，因此成为首个运营地球轨道雷达系统的国家。Almaz-1 运行 18 个月后，于 1992 年 10 月 17 日返回地球。其他的 Almaz 任务都由苏联规划，但苏联解体后则取消了。

Almaz-1 平台上的主要传感器是一个工作于 HH 极化 S 波段（10cm 波长）波谱区间的 SAR 系统。该系统的视角随卫星转动而变化，范围是 20°～70°，该范围细分成 32°～50° 的一个标准范围以及 20°～32° 和 50°～70° 的两个实验范围。取决于成像区域的距离和方位，有效的空间分辨率为 10～30m。数据刈幅宽约为 350km。平台上的磁带记录仪用来记录所有的数据，直到它们以数字形式发射到地面接收站。

6.13 ERS、Envisat 和 Sentinel-1

欧洲空间局（ESA）于 1991 年 7 月 17 日发射了第一颗遥感卫星 ERS-1，于 1995 年 4 月 21 日发射了第二颗遥感卫星 ERS-2。两颗卫星的设计寿命都至少是 3 年。实际上，ERS-1 于 2000 年 3 月 10 日就停止了服务，而 ERS-2 于 2011 年 9 月 5 日结束了使命。ERS-1 和 ERS-2 的特性本质上相同，都处于高度为 785km 的太阳同步轨道上，倾角为 98.5°。1995—2000 年，重要关注点是重复雷达干涉测量的串联运行。

ERS-1 和 ERS-2 携带的三个主要传感器是：①C 波段的主动微波仪器（AMI）舱；②K_u 波段的雷达高度计（在天底点观测高度、风速和主要波高的测量仪器）；③沿航迹方向扫描的辐射计（由一个红外辐射计和一个微波发射机组成的被动传感器）。AMI 的 SAR 系统可以工作在图像模式或波模式，还有一个微波散射计工作于风模式。在图像模式下，AMI 产生的 SAR 数据覆盖 100km 的右视刈幅，约 30m 的 4 视分辨率，VV 极化，23°视角。波长和极化方式及视角的选择主要是为了支持海洋成像，尽管 ERS-1 和 ERS-2 的影像已用于很多陆地应用。

前面介绍的图 6.17 是 ERS-1 图像的一个例子。6.9 节介绍的彩图 25(b)和彩图 25(c)显示了 ERS-1 和 ERS-2 在差分雷达干涉串联中的应用。

欧洲空间局于 2002 年 3 月 1 日发射了 Envisat，在这个较大的卫星平台上，搭载了一系列设备，包括海洋监测系统 MERIS（见 5.18 节）和一个先进成像雷达系统。成功发射后，Envisat 进入与 ERS-2 匹配的轨道，它仅比 ERS-2 提前 30 分钟覆盖 1km 范围内的相同地面轨迹。该卫星平台运行了 10 年，直到 2012 年 4 月 8 日彻底失去联系。

该卫星平台上的传感器系统是先进合成孔径雷达（ASAR）系统，表示其与前任 ERS 相比有了实质性提升。与 ERS-1 和 ERS-2 平台上的 SAR 系统类似，Envisat 的 ASAR 工作于 C 波段。但 ASAR 拥有多个成像模式，因此可以提供不同的幅宽、分辨率、视角和极化方式组合。在常规的图像模式下，ASAR 产生 4 视高分辨率（30m）图像（HH 或 VV 极化），刈幅宽的范围是 58～109km，视角范围是 14°～45°。其他基于扫描 SAR 技术的 ASAR 模式已在 6.10 节中讨论过，这些模式提供 HH 极化或 VV 极化、覆盖 405km 刈幅宽的中等分辨率图像（150～1000m）。最后一种 ASAR 模式是交替极化模式，它代表了一种改进的扫描 SAR 技术，可在同一刈幅中交替使用极化方式，而不需要在近距离刈幅和远距离刈幅之间交替。提供 30m 分辨率的双极化与三种极化方式之一组合影像（HH 和 VV、VV 和 VH 或 HH 和 HV），因此 Envisat 是首颗提供多极化雷达影像的雷达卫星。

图 6.44 是一幅 ASAR 图像，显示了大西洋西班牙海岸海面上的一次浮油。2002 年 11 月 13

日，“信誉”号油轮经过西班牙西海岸时船体破裂。油轮在一次暴风雨中受损，最终于 11 月 19 日沉没。图 6.44 所示影像的成像时间是 11 月 17 日，即事故发生后的第 4 天，图中显示受损油轮在大范围油膜的源头显示为一个亮点。此次事故导致超过 380 万升燃油从油轮中溢出。油膜有抑制海浪的作用，浮油水面更光滑，与周围的海水相比更像是镜面反射器，因此看上去更暗。

如同 Envisat 代表早期 ERS 卫星雷达的一种改进那样，继承 ESR 和 Envisat 并结合若干先进技术的 ESA 的 Sentinel-1A 和 Sentinel-1B 卫星，同样是一种改进。第一颗 Sentinel-1 卫星发射于 2014 年 4 月 3 日，第二颗计划在 2016 年发射。当这两颗卫星同时工作时，每隔 1～3 天提供覆盖中高纬度的 C 波段、单极化或双极化影像，且影像将在采集后的 1 小时内传送到互联网。这种快速数据传输设计是为了给船舶跟踪、海冰监测、溢油监测与制图、自然灾害（如洪涝、迅速扩散的火灾等）响应等时间敏感的应用提供支持。

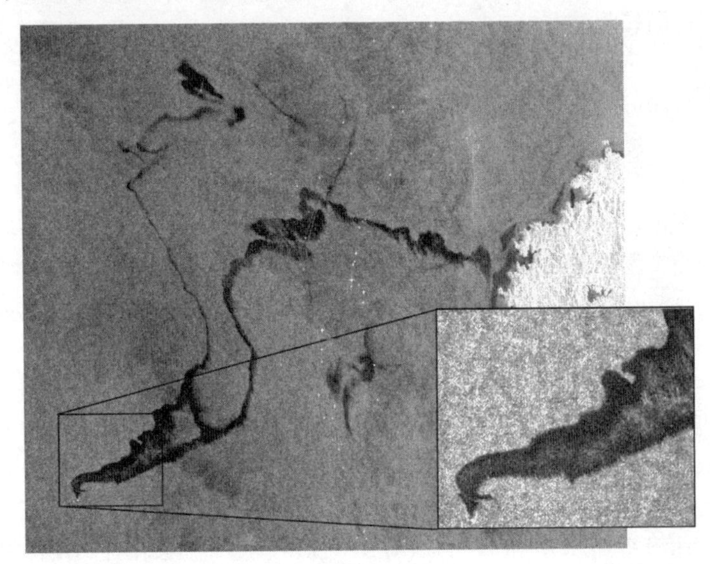

图 6.44　Envisat ASAR 影像，显示了大西洋西班牙海岸海面上的一次浮油（ESA 供图）

Sentinal-1 SAR 的成像模式包括条带成像模式（5m 分辨率、80km 幅宽）、超宽刈幅模式（提供 40m 分辨率、幅宽超过 400km 的数据）、单次通过干涉测量模式（串联两颗卫星来获取干涉测量数据，幅宽超过 250km，分辨率为 20m）。如下面几节所述，人们正在广泛采用多雷达卫星编队形成星座的方法，促进全球数据的快速获取，并通过卫星串联对收集干涉测量数据。

6.14　JERS-1、ALOS 和 ALOS-2

JERS-1 卫星由日本国家空间发展局（NASDA）开发，发射于 1992 年 2 月 11 日，截止工作时间是 1998 年 10 月 12 日。它既包括一个 4 波段的光学传感器（OPS），又包括一个 HH 极化的 L 波段（23cm）SAR。雷达系统有 18m 的 3 视地面分辨率，视角为 35°时覆盖 75km 的刈幅宽。

2006 年 1 月 24 日，NASDA 发射了一颗先进陆地观测卫星（ALOS），其运行截止日期是 2011 年 5 月 12 日。该平台上的系统之一是一个相控阵 L 波段合成孔径雷达（PALSAR）系统。PALSAR 仪器设计是日本早期 L 波段雷达卫星系统（JERS-1）的一种改进。ALOS 的 PALSAR 具有入射角从 8°变化到 60°的交轨定位能力。在精细分辨率模式下，PALSAR 能收集单极化或双极化影像。在扫描 SAR 模式下，PALSAR 能覆盖较大的区域，采集的影像分辨率为 100m。最后，PALSAR 也提供全极化模式，可以采集全部4种线性极化方式（HH、HV、VH和VV）的影像。

图6.45显示了日本主要港口城市名古屋的一幅PALSAR图像，成像时间是2006年4月21日。在图中可见连同桥梁、船舶和水道在内的大量与港口设施相关的结构。图像左侧是一个人工岛，岛上有这个城市的机场，即中部国际机场。此前讨论的彩图25(a)给出了采用ALOS的PALSAR数据进行差分干涉测量的一个例子。

随着ALOS的成功，日本国家空间发展局于2014年5月发射了ALOS-2卫星。ALOS-2平台上的PALSAR-2雷达系统的很多特性与前一个PALSAR系统的相同，但提高了空间分辨率和在轨道航迹两侧成像的能力。

表6.5给出了ALOS-2雷达成像模式的特性。与JERS-1和ALOS-1采用较长波长一样，ALOS-2是目前唯一工作在波长相对较长的L波段的雷达卫星（所有当前和不久将要发射的其他成像雷达卫星都工作在波长较短的C波段或X波段）。由此可见，日本的NASDA似乎填补了1978—1994年间的Seasat-1和SIR任务以来，其他航天雷达系统的主要不足。

图6.45 ALOS的PALSAR影像，日本名古屋，4月，比例尺为1∶315000，L波段彩色多极化图像的黑白副本（NASDA提供）

表6.5 ALOS-2 PALSAR-2成像模式的特性

成像模式	极化方式	分辨率/m	刈幅宽/km
聚光灯	单极化（HH或VV）	1～3	25
条带制图（超精细）	单极化或双极化	3	50
条带制图（高敏感度）	单、双、全极化	6	50
条带制图（精细）	单、双、全极化	10	70
扫描SAR（标称）	单、双极化	100	350
扫描SAR（宽幅）	单、双极化	60	490

6.15 Radarsat

Radarsat-1发射于1995年11月28日，是第一颗加拿大遥感卫星。它由加拿大空间局联合美国、各省政府、私营部门共同合作开发。加拿大负责设计、控制和整个系统的实施，NASA则提供发射服务。Radarsat-1的预期寿命是5年，最终于2013年3月29日停止运行，服役期超过预期寿命。它的主要成就之一是，首次完成了南极洲的完整高分辨率制图，这在本章开始时讨论过。

Radarsat-1 SAR 是 HH 极化的 C 波段（5.6cm）系统。不同于之前的 ERS 和 JERS-1 系统，Radarsat-1 SAR 系统可工作于多种波束选择模式，提供变化的刈幅宽、分辨率和视角。实际上，此后的所有航天雷达都采用了这种灵活的方法。

接替 Radarsat-1 的 Radarsat-2 于 2007 年 11 月 14 日发射，它同样工作在 C 波段，但其 SAR 具有 HH、VV、HV 和 VV 极化选择。像 Radarsat-1 一样，它可选择波束模式，但增加了模式数量。不同模式支持的刈幅宽为 10～500km，视角为 10°～60°，分辨率为 1～100m，视数为 1～10。

Radarsat-2 的轨道与太阳同步，高度为 798km，倾角为 98.6°，轨道周期为 100.7 分钟，重复周期为 24 天。其雷达天线可以是右视或左视调制的，系统可在一天内重复覆盖高纬度北极地区，约 3 天后重复覆盖中纬度地区。

表 6.6 和图 6.46 总结了该系统的工作模式。

表 6.6　Radarsat-2 的成像模式

波束方式	极化方式选择	刈幅宽/km	视角/度	分辨率[a]/m
标准模式	单、双	100	20～49	27
宽模式	单、双	150～165	20～45	27
精细模式	单、双	45	30～50	8
超高模式	单、双	75	49～60	24
超低模式	单、双	170	10～23	34
窄扫描 ScanSAR 模式	单、双	305	20～47	50
宽扫描 ScanSAR 模式	单、双	510	20～49	100
精细全极化模式	全极化	25	18～49	10
标准全极化模式	全极化	25	18～49	27
超精细模式	单极化	20	20～49	3
聚光灯模式	单极化	18	20～49	1
多视精细模式	单极化	50	37～48	10

[a] 分辨率值是近似的。方位和距离分辨率不同，距离分辨率随距离变化而变化（继而随视角变化而变化）。

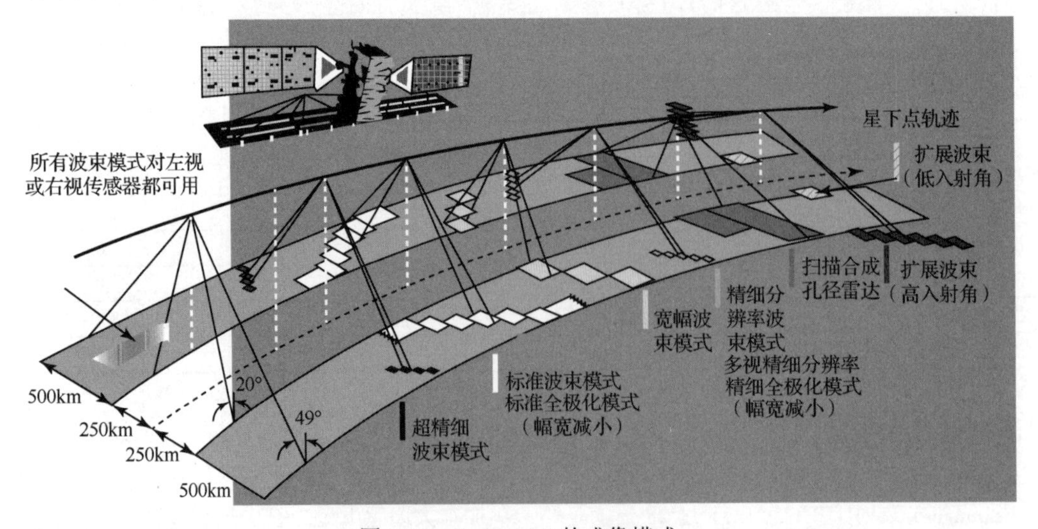

图 6.46　Radarsat-2 的成像模式

加拿大空间局正在开展雷达卫星星座任务计划，该计划至少包括 3 个相同的系统，而不用另一个航天器替换 Radarsat-2，计划于 2018 年开始发射，将来可能增加另外 3 颗卫星。与 Radarsat-1

和 Radarsat-2 一样，雷达卫星星座也工作在 C 波段，采用多种几何和极化方式。一种新的运行模式是“低噪声”配置，用来监测海面溢油和平坦海冰（它们都可作为镜面反射器，雷达传感器接收到的回波信号很弱）。3～6 颗相同的卫星按列队飞行，使得重访周期缩短，可为全球大部分地区提供一天内无云或全天重访的机会。不同卫星访问同一地点的时间间隔短，有助于通过减少前后两次数据采集时延的重复通过干涉测量的使用，降低相应时间去相关的风险。

已设计的 Radarsat-1 和 Radarsat-2 的主要应用引导了雷达卫星星座任务的设计，包括海冰勘测、海岸监测、土地覆盖制图以及农业和森林监测。为了降低北极船只的航行危险，对海冰的近实时监测非常重要。其他用途包括灾害监测（如石油泄漏监测、泥石流评估、洪水监测）、雪分布制图、波浪预测、海面经济区的船只监视和土壤湿度的测量。系统的不同工作模式都允许实现宽泛的监测项目，也可利用精细的分辨率模式做更详细的调查。

图 6.47 显示了 1996 年 5 月加拿大马尼托巴省红河的洪水泛滥。从图像右下到顶端宽广而黑暗的地区是平静而停滞的水体。左边和右上方的较亮区域是较高而没有洪水的地面。当停滞的水体在树或灌木下方时，发生角反射，因此呈现亮色调，这在靠近红河的地方特别明显（图 6.33 也是这种效果的一个例子）。可以识别出莫里斯城是洪水中的一个亮色矩形区域。城市因为有大堤保护而没有洪水。另外，在图中还可看到一些较小而没有洪水（但被水包围）的区域。

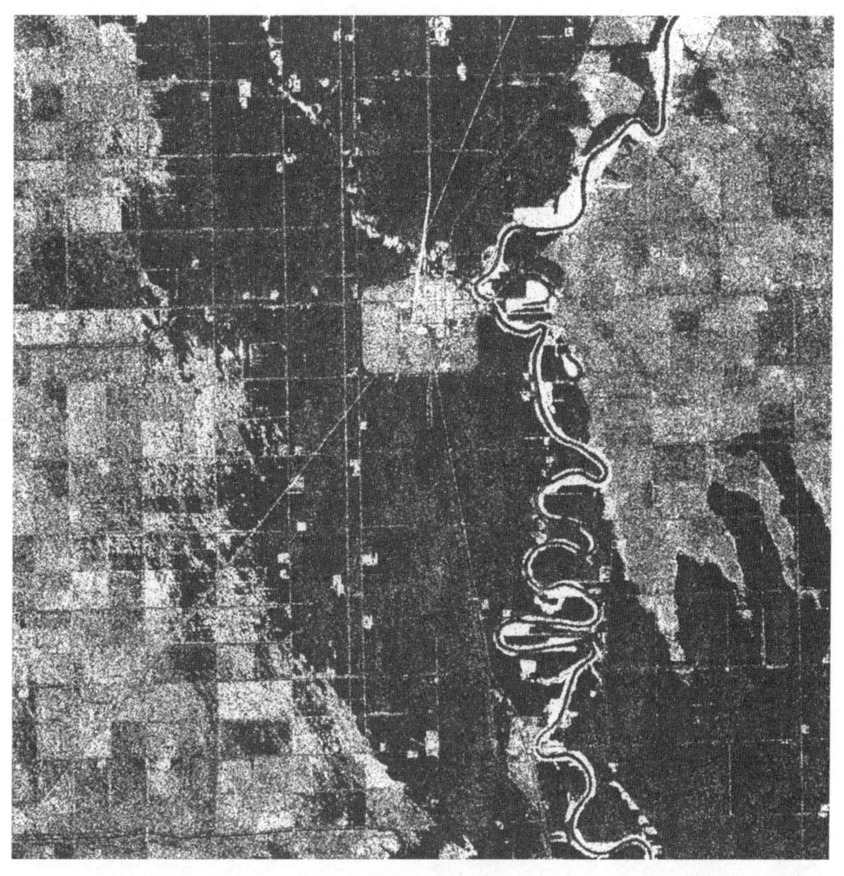

图 6.47　Radarsat-1 图像，1996 年 5 月加拿大马尼托巴省红河的洪水泛滥。标准波束模式，入射角为 30°～37°。比例尺为 1∶135000（加拿大空间局，1996。加拿大遥感中心接收，国际 Radasat 处理和分发，加拿大遥感中心增强和解译）

6.16 TerraSAR-X、TanDEM-X 和 PAZ

2007 年 6 月 15 日，德国航空航天中心发射了一颗 X 波段雷达卫星 TerraSAR-X，以提供分辨率精细到 1m 的影像。3 年后（2010 年 6 月 21 日），又发射了一组几乎相同的双卫星，称为 TanDEM-X。这两个系统以串联和双基配置（见 6.4 节）方式运行，一个系统发送雷达信号，两个系统同时记录后向散射响应的幅度和相位，从而形成了一个有效的大型 X 波段单次通过干涉测量雷达。该系统满足对地球任何地区进行 2m 精度地形制图的需求，比以前的任何航天系统都好。

对成像而言，这两颗卫星均提供多种模式。在标准条带制图模式下，影像分辨率接近 3m，刈幅宽为 30km（单极化数据）或 15km（双极化）。几种聚光灯模式可提供 1～3m 分辨率、刈幅宽 5km（单极化）～10km（双极化）的影像。在 ScanSAR 模式下，设备可覆盖刈幅宽 100km，航向分辨率分别为 3m 和 18m。

在串联配置模式下，TerraSAR-X 和 TanDEM-X 的运行轨道轨迹距离为 200～500m。在这种配置下采集的干涉数据可用来生成全球归一化地形数据集，像素间距为12.5m×12.5m。该 DEM 的相对精度优于 2m，绝对精度为 10m。任务完成后，该卫星组合提供的数据将取代 6.19 节讨论的航天飞机雷达地形测绘任务获得的几乎全球覆盖但分辨率较粗的数据。这个新型的全球 DEM 初次数据收集仅花了一年多时间，处理结果自 2014 年开始就可获取，紧接着的是第二年的数据收集，以提高粗糙地形区域的精度。

基于 TerraSAR-X 设计并飞行在同一轨道上的第三颗卫星计划于 2015 年发射，它称为 PAZ，它通过一系列 X 波段的 SAR 进一步增加了数据的收集机会，重访十分频繁，可以获得更多的干涉测量图像对来实现动态的地表地形制图。

图 6.48 显示了 TerraSAR-X 影像的一个例子，该影像来自智利的丘基卡马塔铜矿，是以高分辨率聚光灯模式获取的。该铜矿位于智利北部的阿塔卡沙漠，是世界上储量最大的铜矿。该影像由来自两个独立轨道航迹的数据镶嵌而成，地面距离分辨率的变化范围是 1.04～1.17m。图像左上角纹理相对较暗的大漩涡团是一个露天矿，有一条盘旋公路通向它。图案中的亮点是在矿上工作的交通工具。图像的其他特征包括建筑、道路和矿井作业相关的尾矿堆。

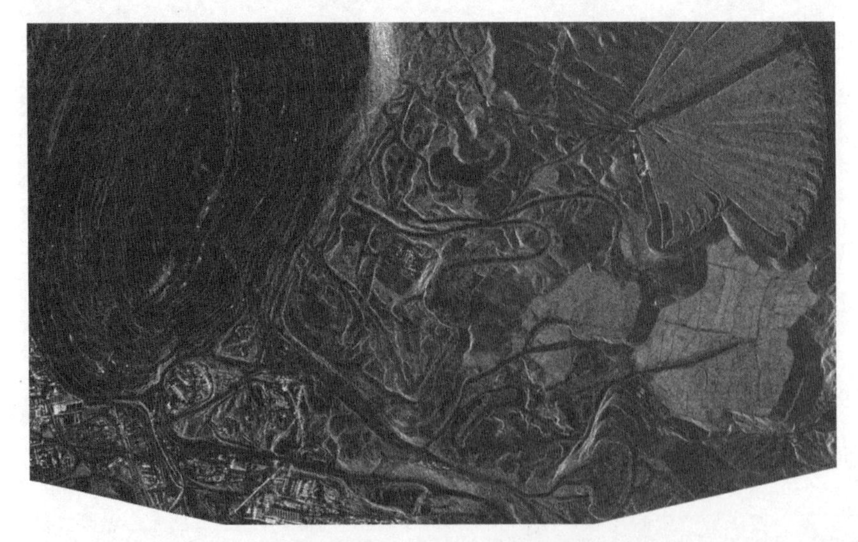

图 6.48 TerraSAR-X 的高分辨率聚光灯影像，智利丘基卡马塔铜矿，比例尺为 1∶44000，综合分辨率为 1.04～1.17m（DLR e.V. 2009 所有，Distribution Airbus DS/Infoterra GmbH）

TerraSAR-X 高分辨率聚光灯模式的另一幅图像显示在图 6.49 中。该图覆盖了巴黎戴高乐机场的一部分。位于图像中心左侧的 1 号航站楼形似一条章鱼。例中，因为极其相近的大面积平坦表面（因镜面反射呈现暗色调）和由高亮度角反射器（呈现亮色调）主导的角状金属结构，所以机场的雷达图像对比度偏高。

图 6.49　法国戴高乐机场的 TerraSAR-X 高分辨率聚光灯图（比例尺为 1∶67000），综合分辨率为 2.4m（DLR e.V. 2009 所有，Distribution Airbus DS/Infoterra GmbH）

6.17　COSMO-SkyMed 星座

2007 年见证 TerraSAR-X 家族的首颗卫星发射后，同年 6 月 8 日和 12 月 9 日，意大利空间局 COSMO-SkyMed 星座的前两颗卫星也成功发射。COSMO-SkyMed 星座的另外两颗卫星分别于 2008 年 10 月 25 日和 2010 年 11 月 5 日成功发射。与德国的 TerraSAR-X 系列卫星一样，COSMO-SkyMed 也工作在 X 波段。该星座中的卫星共享高度为 620km 的轨道平面。每颗卫星的重访周期都是 16 天，但相隔几天，这就使得多卫星整体重访周期是 1 天到若干天；但 SAR 天线具有交轨定向能力，因此大多数地方可以每隔 12 小时成像一次。

与这里介绍的其他 SAR 系统一样，COSMO-SkyMed 提供多种成像模式，包括分辨率为 1m 的聚光灯模式（覆盖范围为 10km×10km）和几种 ScanSAR 模式，刈幅宽为 100～200km，单视分辨率为 16～30m。该系统的重点是任务的快速完成和图像的频繁采集，以满足从灾害响应到国防安全等的应用需求。它也可用于时间基线短到 1 天的重复通过干涉测量。

第二代 COSMO-SkyMed 系列卫星目前正在计划中，预计 2017 年开始发射。如果按计划进行，就可在第一代卫星达到设计寿命时确保数据获取的连续性。

6.18　其他高分辨率星载雷达系统

如第 5 章所述，印度太空研究组织（ISRO）已投入大量资源来研发和发射工作在可见光和红外波段的电光卫星，但 ISRO 同时并未忽略雷达遥感领域的研发。ISRO 研制的第一颗民用 SAR 卫星 RISAT-1 于 2012 年 4 月 26 日发射，它有一个 C 波段 SAR，具有单极化、双极化和全极化多种可选方式，分辨率范围为 1～50m。发射该卫星的基本目的是监控农业和自然资源。

另一个成功发射光学卫星并进入雷达遥感领域的机构是英国的萨里卫星科技有限公司（SSTL），其发射的典型轻型卫星为第 5 章和第 8 章讨论的国际灾害监测星座（DMC）作出了贡献。SSTL 目前正在准备它的首颗 NOVASAR-S 卫星，这是一家公司希望的雷达卫星系统，是一系列雷达卫星的先驱。尽管该雷达系统的典型特点是体积和能量需求巨大，但 NOVASAR-S 的体积将不到印度 RISAT-1 的四分之一，因此会大大降低发射成本，进而能更容易地构建多卫星星座。

如果按计划发射，NOVASAR-S 将是自 Almaz-1 于 20 多年前终止运行以来的首颗 S 波段雷达卫星。对雷达系统较短波长 C 波段和较长波长 L 波段的散射性质进行研究的团体很多，但对中等波长的研究几乎没有。在任何既定的图像采集期间，NOVASAR-S 能够收集 4 种线性极化方式中的 3 种组合数据（HH、HV、VH 和 VV），改进了双极化模式，但未提供理论上完整的极化散射测量，因此不能提供完整的全极化系统。

鉴于很多与天气相关的自然灾害（包括热带风暴、洪涝和龙卷风）通常伴随着严重的云层覆盖，在 DMC 中增加一颗或多颗雷达卫星必然会增强卫星星座在灾害监控和响应中的作用。S 波段雷达系统是对当前正在运行和计划发射的其他 X 波段、C 波段和 L 波段雷达卫星的有益补充，也有助于农业和自然资源管理应用，但还需要对该领域进行更多、更深入的研究。

与前面各节描述的大量短波高分辨率 SAR 系统截然不同的是，NASA 计划的土壤湿度主/被动（SMAP）任务将包括一个空间分辨率很粗、视野很宽（刈幅宽为 1000km）的 L 波段雷达。尽管单视 SMAP 的分辨率在如此宽的图幅上有很大的不同，但其数据可通过多视处理抽样成 1km 网格的均匀分布。

与共享相同平台的一个被动微波辐射计相结合，SMAP 的雷达有助于测量土壤湿度和水分状态（结冰或液态）。这些数据的目的是促进水圈、气候、生态系统和大气间的水交换系统的全球监测，它还支持天气、洪水/干旱、作物产量预测和其他土壤湿度与土壤状态相关的处理。

6.19 航天飞机雷达地形测绘任务

航天飞机雷达地形测绘任务（SRTM）是国际影像和制图机构（NIMA）与 NASA 绘制全球三维图的联合计划。在 2000 年 2 月 11 日到 12 日的单次航天飞机任务期间，SRTM 收集了覆盖 11.951 亿平方千米的地表单次通过雷达干涉图，包括从北纬 60°到南纬 56°的 99%的陆地面积，它是全球陆地总面积的近 80%，居住着世界上近 95%的人口。

从 1994 年的 SIR-C/X-SAR 航天飞机任务（见 6.11 节）开始，C 波段和 X 波段均用来采集数据。为了提供适合航天数据采集的干涉基线，当航天飞机在轨时，一根长为 60m 的刚性桅杆随着桅杆末端的第二对 C 波段和 X 波段天线伸展。作为航天飞机有效载荷的基础天线用于发送和接收数据，而桅杆上的外置天线只用于接收数据。我们可以在图 6.50 中看到测试发射机的可伸缩桅杆。如图 6.50(a)所示，桅杆大部分隐藏在背景中可见的容器中，而图 6.50(b)所示的桅杆拉伸到了最大长度。SRTM 期间在轨航天飞机的照片展示如图 6.51 所示，该图展示了 SRTM 各种组件的位置和方向，包括作为有效载荷的主要天线、收置桅杆的容器和桅杆自身以及桅杆末端的外置天线。

该系统在 11 天的任务时间内收集了 1200 万兆字节的原始数据，数据量足以装满 15000 张 CD-ROM，处理工作花了近两年时间。高程数据由 USGS 分发。SRTM 处理器生产的数字高程模型数据的像素间隔为 1 秒纬度和经度（约 30m[①]）。数据的绝对水平精度和垂直精度分别优于 20m 和 16m。除了高程数据，SRTM 处理器还生产雷达影像产品和达到期待误差级别的高程模型地图。

---

① 2014 年前，美国之外地区的像素分辨率达到 3 秒（约 90m）。

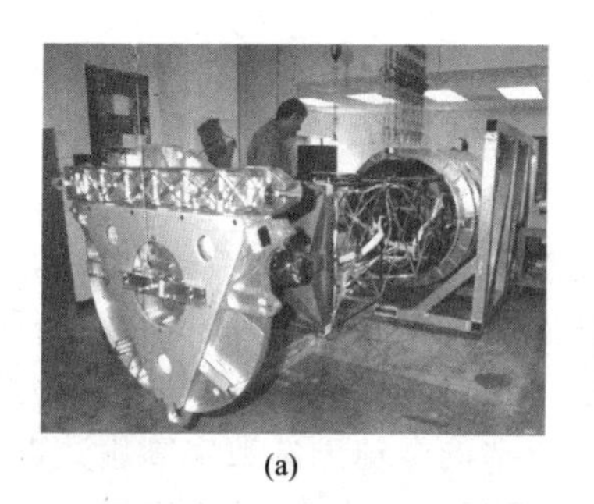

(a)

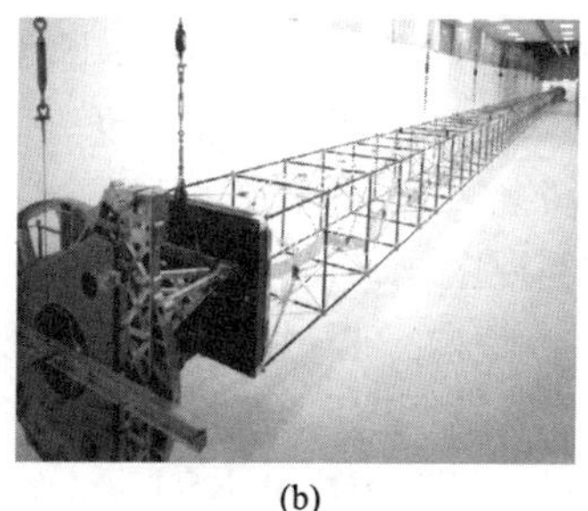

(b)

图 6.50 发射前测试用的 SRTM 可伸缩桅杆：(a)出现在容器（在发射和降落期间桅杆都收缩于其中）中的桅杆；(b)完全伸长的桅杆（NASA/JPL/Caltech 供图）

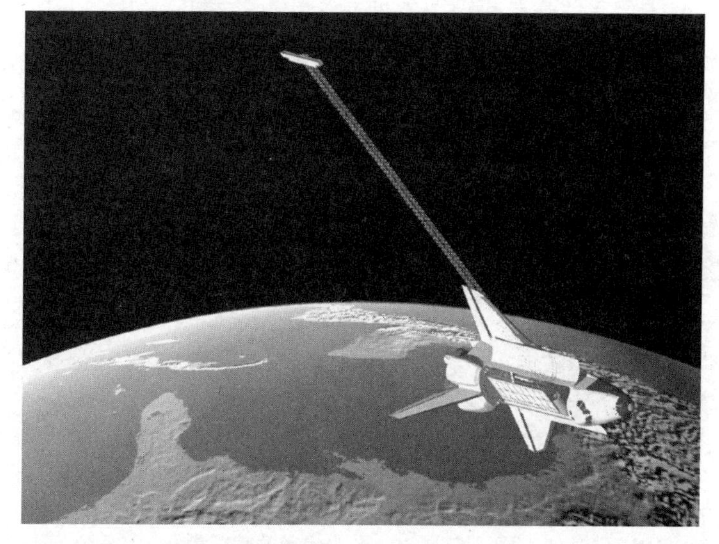

图 6.51 SRTM 在轨航天飞机渲染图，显示了有效载荷内的主体天线、容器和外置天线的位置（NASA/JPL/Caltech 供图）

图 6.52 显示了洛杉矶都市区的 DEM 透视图。该 DEM 由对 SRTM 影像的干涉测量分析导出，表层覆盖了一幅陆地卫星 7 的 ETM+图像。主要景象是圣加布里埃尔山脉一带，右侧底部是圣莫妮卡和天平洋，左侧是圣费尔南多谷。

图 6.52 洛杉矶地区的 DEM 透视图，它是对 SRTM 影像进行干涉测量分析导出的，表层覆盖了一幅陆地卫星 7 的 ETM+图像（NASA/JPL/Caltech 供图）

因为技术问题，SRTM 的航天飞机任务漏掉了 5000km^2 的目标陆地区域，这些区域不足计划覆盖陆地面积的0.01%。漏掉的区域全部在美国国境内，其地形数据可通过其他途径获得。

事实证明，作为第一次利用航天单次通过雷达干涉测量法进行地形测绘的大规模努力，SRTM计划取得了极大的成功。地形结果数据和雷达影像是地球空间应用独特而极具价值的资源。然而，因此预计将来人们需要全球一致的高分辨率航天雷达地形数据（如 TerraSAR-X 正在编制的数据库和 TanDEM-X 干涉数据，见 6.16 节），所以开创性的 SRTM 数据集可能成为通往全球范围分辨率不断提高的地形数据持续更新之路的重要基石。图 6.53 中比较了内达华州拉斯维加斯附近的一个地点，它来自 TerraSAR-X/TanDEM-X 的 12.5m 分辨率的全球一致数字高程数据与 2014 年 SRTM 的 3 秒分辨率（90m）的高程数据。正如十年前 SRTM 计划代表了全球数字高程数据的可用性和一致性的革命性进步那样，目前航天雷达卫星生产的高分辨率 DEM 与 3 秒分辨率的 SRTM 数据集相比，标志着分辨率和细节方面有了相同量级的跃升。

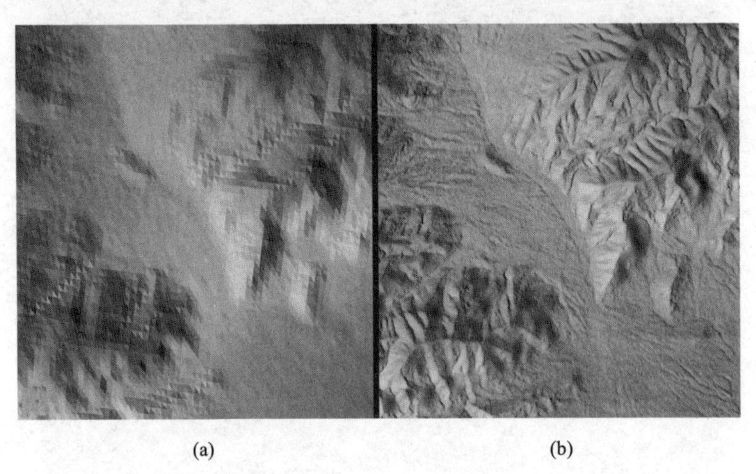

(a) (b)

图 6.53 数字高程数据比较：(a)SRTM 的 3 秒分辨率（90m）数据集；(b)由 TerraSAR-X 和 TanDEM-X 目前收集的全球范围 12.5m 分辨率的高程数据（德国空间中心 DLR 提供）

6.20 航天雷达系统小结

新雷达卫星和多卫星星座的增长及其提供的运行模式的多样性，使得小结各种航天雷达传感器的任务日益困难。表 6.7、表 6.8 和表 6.9 通过汇编过去、现在和计划发射的航天雷达的基本特性，可以帮助我们实现这一目的。注意，总体趋势是提高设计的成熟度，包括多极化、多视角和多分辨率与刈幅宽的组合。但没有一个系统的工作波段多于一个，这个事实表明设计航天多波段雷达系统存在技术挑战。

表 6.7 过去运行的主要航天合成孔径雷达系统的特性

运行年份	卫　星	国家或机构	雷达波段	极化模式	视角/度	分辨率/m
1991—1992	Almaz-1	苏联	S	HH	20～70	10～30
1991—2000	ERS-1	欧洲空间局	C	VV	23	30
1992—1998	JERS-1	日本	L	HH	35	18
1995—2011	ERS-2	欧洲空间局	C	VV	23	30
1995—2013	Radarsat-1	加拿大	C	HH	10～60	8～10
2002—2012	Envisat	欧洲空间局	C	双极化	14～45	30～1000
2006—2011	ALOS	日本	L	全极化	10～51	10～100

表 6.8　当前运行的主要航天合成孔径雷达系统的特性

发射年份	卫　星	国家或机构	雷达波段	极化模式	视角/度	分辨率/m
2007	TerraSAR-X	德国	X	双极化	15～60	1～18
2007	COSMO-SkyMed 1	意大利	X	全极化	20～60	1～100
2007	COSMO-SkyMed 2	意大利	X	全极化	20～60	1～100
2007	Radarsat-2	加拿大	C	全极化	10～60	1～100
2008	COSMO-SkyMed 3	意大利	X	全极化	20～60	1～100
2010	TanDEM-X	德国	X	双极化	15～60	1～18
2010	COSMO-SkyMed 4	意大利	X	全极化	20～60	1～100
2012	RISAT-1	印度	C	全极化	12～50	1～50
2014	ALOS-2	日本	L	全极化	10～60	1～100
2014	Sentinel 1A	欧洲空间局	C	双极化	20～47	5～40

表 6.9　将来计划发射的主要航天合成孔径雷达系统的特性

预计发射年份	卫　星	国家或机构	雷达波段	极化模式	视角/度	分辨率/m
2015	SEOSAR/Paz	西班牙	X	双极化	15～60	1～18
2015	NOVASAR-S	英国	S	三极化[a]	15～70	6～30
2015	SMAP	美国	L	三极化[b]	35～50	1000+
2016	Sentinel 1B	欧洲空间局	C	双极化	20～47	5～40
2017	COSMO-SkyMed 2nd Generation-1	意大利	X	全极化	20～60	1～100
2017	COSMO-SkyMed 2nd Generation-2	意大利	X	全极化	20～60	1～100
2018	Radarsat 星座 1、2、3	加拿大	C	全极化	10～60	3～100

[a] NOVASAR-S 可以按 4 种极化方式 HH、HV、VH 和 VV 的任意组合收集数据，对任何成像模式，它最多记录其中的 3 种。
[b] SMAP 雷达极化方式固定为 HH、HV 和 VV 极化。

6.21　雷达测高法

本章前面各节介绍的雷达系统都是侧视设备，用来横跨广阔的空间区域逐像素地采集图像数据。另一类雷达遥感系统则设计为向下垂直测量从雷达天线到地表的精确距离，这些传感器称为雷达测高计。虽然它们通常不产生图像数据本身，但收集的海洋、湖泊、冰山、陆地表面和海底空间数据已广泛用于地球科学和实际应用中，包括水资源管理监控、厄尔尼诺/南方涛动的预测等。

雷达高度计的基本原理很简单：雷达天线发射微波脉冲到地面，测量返回脉冲的时延，进而计算出天线到地表的距离。如果天线位置精确已知，则地表的高程也能以相似的精度求出。这看上去很简单，但在雷达天线的实际设计和操作方面都存在挑战。

雷达测高的很多应用都要求垂直精度达到厘米。为此，发射脉冲的持续时间必须很短，要求达到纳秒级，这就需要一个功率大得无法实现的发送信号。雷达高度计（和很多成像雷达）利用信号处理的经验方法规避了这一问题，如一种与信号调制有关的脉冲压缩方法（称为调频）。

在信号从天线发送到地表的过程中，它向外呈扇形，使得航天雷达高度计的脉冲覆盖区的正常直径达 5～10km 甚至更大。天线记录的返回信号的形状（称为波形）是成千上万个来自该广阔覆盖区散射点的独立回波的合成。表面粗糙度会影响波形，因此随着表面粗糙度的增加，确定高度计覆盖区的某个特定高度就变得更困难。图 6.54 说明了雷达高度计发射的脉冲与理想光滑平面之间的相互作用。在时刻 $t=1$，脉冲还未与表面相交。在时刻 $t=2$，只有波前中心的位置散射回来，形成了一个微弱但快速增强的信号。在时刻 $t=3$ 演示了一个更大的区域，因为该区域是传感器正下方的平静平面，它产生了很强的回波。在时刻 $t=4$ 和时刻 $t=5$，波前从高度计覆盖区中心向外扩散，返回信号因此变得越来越弱。这就产生了一个雷达高度计的特征波形，它有一个急速上升的前缘和一个逐渐变细的后缘。纹理粗糙的复杂表面的波形前缘没有这样陡峭，波峰也不是很明显，但后缘有更多的噪声（见图 6.55）。

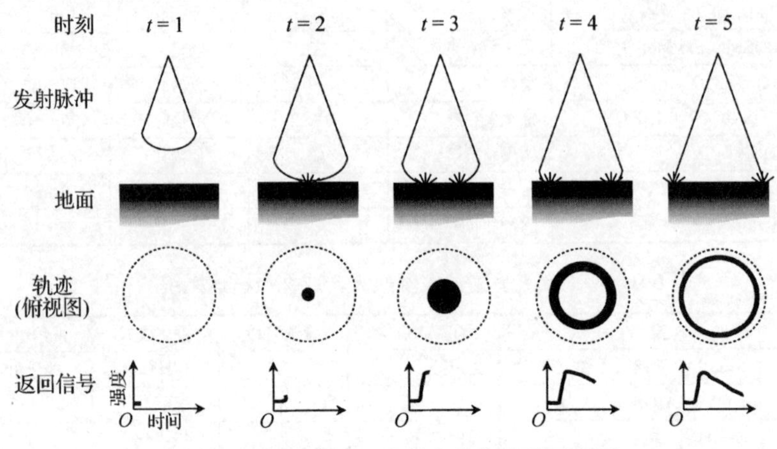

图 6.54　雷达高度计发射和接收信号原理图

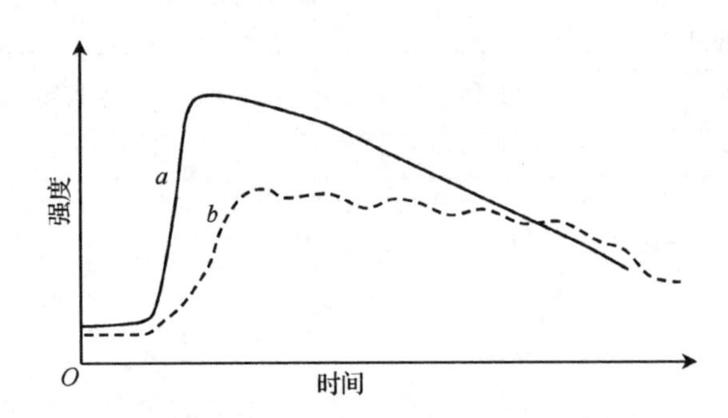

图 6.55　雷达高度计对光滑表面（实线 a）和粗糙表面（虚线 b）测量的返回脉冲

自 20 世纪 90 年代早期起，航天雷达高度计就已运行在各种卫星平台上，如 ERS-1、ERS-2、Envisat 卫星（见 6.13 节）、Topex/ Poseidon 任务（1992—2005 年）、Jason-1（2001 年至今）和 OSTM/Jason-2（2008 年至今）等，后三个平台都由美国和法国联合研制。值得关注的是，2010 年 4 月 8 日欧洲空间局成功发射了雷达测高卫星 Cryosat-2，这颗卫星的主要任务是地球陆冰和海冰的季节性监测和长期动态监测，包括格陵兰岛和南极洲的大型极地冰盖、其他地区较小的冰盖和冰川，以及南极和北极海冰的季节性扩张和收缩。

彩图 29 显示了海洋探测的全球数据集，这些数据源于雷达高度计（主要是 Topex/Poseidon）对海洋平均高度长期测量数据的空间演变分析。虽然人们可能认为海平面是平坦的，但事实上，无论是在长时间尺度上还是在短时间尺度上，海平面都是不规则的。海平面的个别区域会因当地气压、风向和强度及海洋环流动力的变化而上升或下降。长期来看，因为海洋表面反映了海底山脊、山谷和深海平原的存在，某些地区的海平面倾向于高于其他地区［概念上，这类似于英吉利海峡局部地形的更精细尺度的表现（在图 6.35 所示的 Seasat-1 SAR 影像上可见）］。再次重申，雷达高度计不是直接透视海洋，而是绘制大范围海底特征的地表图。

6.22 被动微波遥感

被动微波系统与雷达工作在相同的光谱范围，因此产生了对环境的另一种“看”，但“看”的方式完全不同于雷达。所谓被动系统，是指系统自身不提供照射源，而在其视野内感应天然微波能量。它们的工作方式类似于热辐射计和扫描仪。实际上，被动微波遥感原理和所用设备在许多方面都与热红外遥感的相似，且和热红外遥感一样，黑体辐射理论是我们从概念上理解被动微波遥感的重点。与热红外遥感类似，被动微波传感器有辐射计和扫描仪两种形式，但被动微波传感器利用天线而非光子探测元件工作。

多数被动微波系统与短波长雷达（30cm 左右）工作在同一个光谱区。如图 6.56 所示，被动微波传感器工作在很低的能量，即代表陆地特征的 300K 黑体辐射曲线的尾部。自然环境中的所有物体都在这个光谱区发出微弱的微波辐射。物体包括地表要素和大气。事实上，被动微波信号一般包括许多来源：一些是发射的，一些是反射的，一些是传播的。在任意给定的物体上，被动微波信号可以包括：①与目标物体的表面温度和物质属性相关的发射成分；②来自大气的发射成分；③日光和天光的表面反射成分；④地下成因的传播成分。简而言之，任意给定目标上的遥感被动微波辐射强度不仅依赖于物体的温度和入射辐射，而且依赖于物体的辐射强度、反射率和透射性质。此外，这些性质还受到如下因素的影响：目标物体表面的电特性、化学特性和结构特性，以及其整体构造、形状和观测角度。

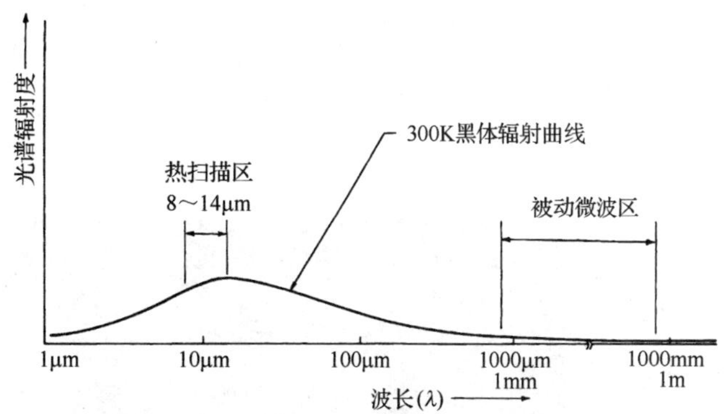

图 6.56 热红外遥感和被动微波遥感的光谱区比较

因为信号的来源多种多样，且强度极其微弱，所以从不同地面区域得到的信号与相机、扫描仪或雷达提供的信号相比是“噪声”。因此，这种信号的解译比已讨论的其他传感器的解译更复杂。尽管存在种种困难，但被动微波系统仍可以有效利用，一方面可以测量大气的温度，另一方面可以分析地表下土壤、水和矿物成分的变化。

6.22.1 微波辐射计

典型微波辐射系统的基本构造很简单。天线收集景物的能量。微波开关允许在天线信号和标准温度参考信号之间快速交替采样。低能量天线信号得到放大，并且与内部的参考信号进行比较。电子设备检测天线信号和参考信号之间的差别，并以某些方式输入读出器和记录器（注意，这里大大简化了微波辐射计的操作和许多设计变化）。

所有辐射计设计的共同点是，在天线波束宽度和系统灵敏性之间进行折中。因为对微波区的被动遥感来说，得到的辐射能量水平非常低，而为了获得可检测的信号，要求相当宽的天线波束来收集能量。因此，低空间分辨率是被动微波辐射计的特点。

简单地说，*微波辐射计*是用来测量航天或航空飞行器下方单一轨道的微波辐射的非成像设备。在白天工作期间，能够同时获得照片以提供剖面数据的视觉参照。通常，辐射计输出的术语表示为*表面天线温度*。也就是说，根据天线上的黑体温度来校准系统，黑体必须使得发射的能量与实际上从地面景物收集到的能量相同。

6.22.2 被动微波扫描仪

概念上讲，除了天线视野是相对航线横向扫描的，成像微波辐射计和非成像辐射计的工作原理相同。人们开发了航空和航天成像微波辐射计，与雷达系统一样，这些被动微波系统可以全天时、全天候工作。它们也可以设计为微波波谱段的多光谱段遥感。通过使用大气窗口内的光谱段，被动微波系统可用来测量地表性质。对于气象应用，可能会指定其他光谱段来测量大气的温度分布、大气中的水蒸气和臭氧分布。类似于雷达系统，成像微波辐射计也可设计成发射微波的极化测量仪（Kim，2009）。

图 6.57 显示了一种机载扫描被动微波辐射计或扫描仪获取的条带影像的三个片段。图像覆盖了从西（左）端加利福尼亚州的科林加到东（右）端圣乔奎因谷的图雷里湖（已干涸，现在是农业区）的横断面（注意，图像在色调和几何外观上与热扫描图一样，但图中的亮区是辐射计测定的“冷”区，而暗区则是“热”区）。沿断面可以看到农业用地。几个地块中的条纹是灌溉作用的结果。较暗地块是自然植被或干而裸露的土壤。利用这种数据类型进行辐射率测量，发现与土壤表层 50mm 的水分具有相关性。

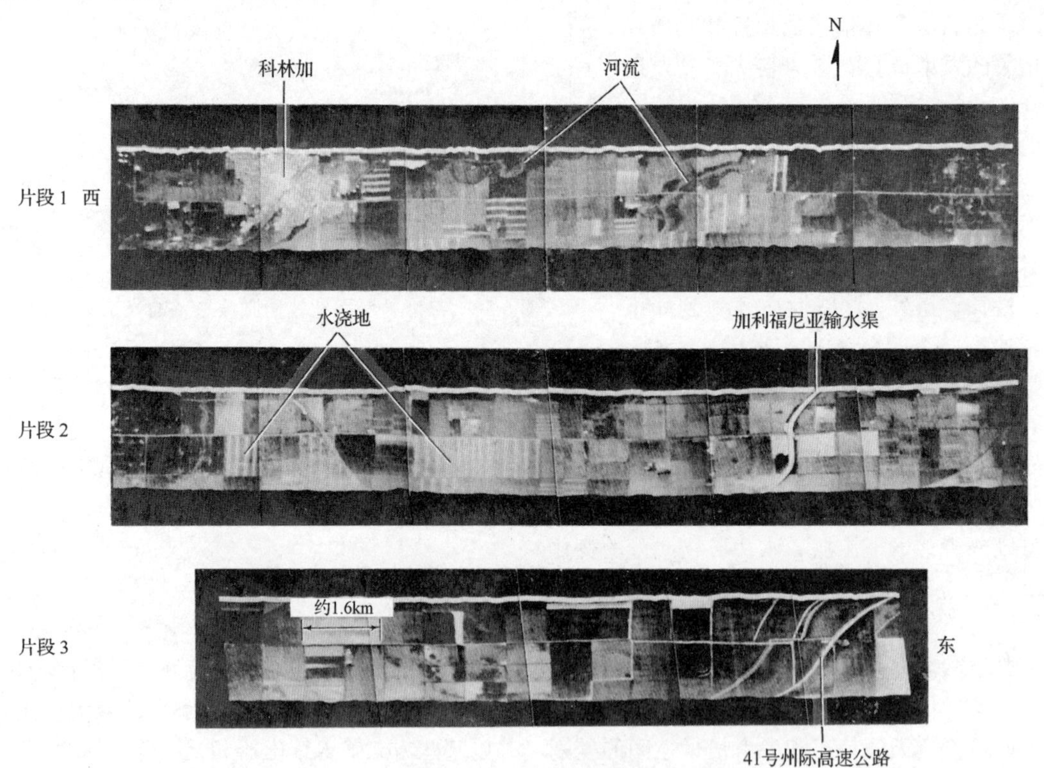

图 6.57 被动微波图像截面，从加利福尼亚州的科林加到图雷里湖，仲夏，飞行高度为 760m

像雷达成像一样，被动微波遥感的应用领域近几年也得到了发展，但被动微波数据的解译进展不理想。这种遥感形式必然有其内在的确定性。像雷达一样，被动微波系统可在白天或黑夜（事实上可在所有气候条件下）工作。适当地选择工作波长，系统既可穿透大气观察，又可在大气内观察。也就是说，在微波区中存在许多大气“窗口”和“墙壁”，这主要是由水蒸气和氧气的选择性吸收造成的。现在，气象学者可以使用选择的微波遥感波长来测量大气温度剖面，进而确定大气中水和臭氧的分布。

被动微波遥感在海洋学领域非常有用，具体包括海冰的监测、洋流和风的监测，以及微量石油污染的监测。尽管当前有关被动微波遥感在水文学中有效利用的调查为数很少，但已显示出了提供大面积雪融化状况、土壤温度和土壤湿度信息的潜在能力。

被动微波系统粗糙的分辨率并不能排除它们对地表和大气特征的概要测量价值。事实上，这种系统是对全球环境进行大尺度监控的一种重要资源。例子之一是 AMSR2，它搭载在 GCOM-1 卫星上，也称 SHIZUKU。AMSR2 可以用来测量降水、水蒸气、土壤水分、积雪、海面温度和海冰范围等参数。它有 6 个工作波段，波长范围是 3.3mm～4.3cm（频率为 89～7GHz）。设备上直径为 2m 的天线以 40 次/分钟的速率垂直于航线扫描，可以覆盖 1450km 的扫描表面视场，采样距离为 5～10km。AMSR2 图像适合全球尺度的大陆状况监测。

图 6.58 显示了一张由 AMSR2 影像（成像时间为 2013 年 6 月 10 日）生成的北冰洋海冰分布图。格陵兰北部和加拿大北极地区位于图像下方的中心位置和左侧，其中哈得孙湾在左下角以远的位置，而西伯利亚北部海岸及近海岛屿则位于图像的中上和右上位置。从 AMSR2 微波辐射计数据导出海冰浓度的方法是 Spreen et al.（2008）描述的用于上一代成像微波辐射计 AMSR-E 的方法。

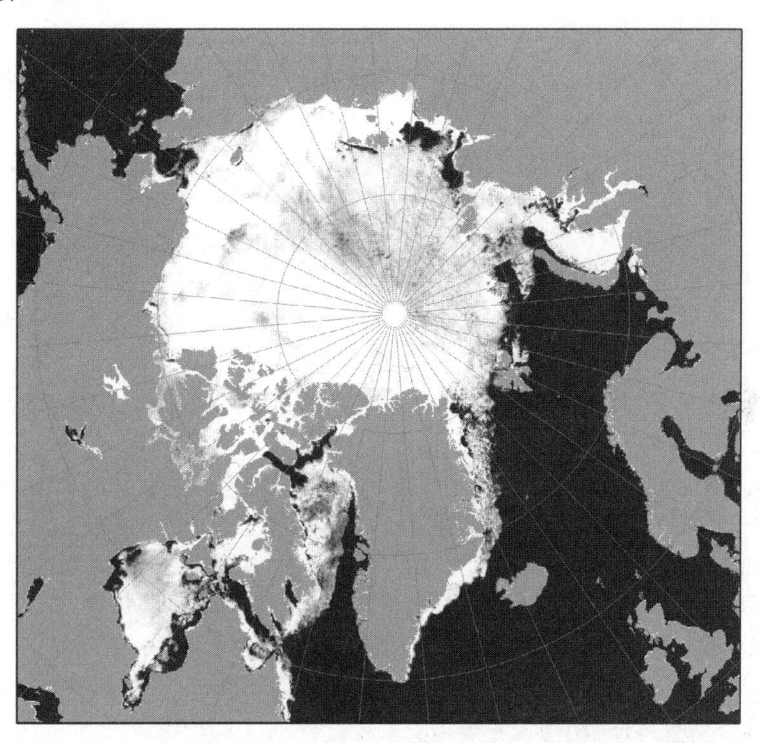

图 6.58　由 AMSR2 被动微波辐射计影像生成的北冰洋海冰分布图，6 月（JAXA 和德国不来梅大学环境物理研究中心供图）

地图上最亮的色调表示百分之百的冰盖，较暗的色调表示海冰集中度较低。在北极地区，有些冰年年都留在盆地中部，而盆地外面的冰盖则随季节扩张和收缩。北极的冰盖范围自 1979 年以来逐渐减少，近期该地区的海冰缩减特别明显。有的气候模型推测北冰洋将在 21 世纪后期近乎或完全失去常年海冰，而从过去 30 年的发展趋势来看，多年积冰的消失要早得多。海冰在全球气候圈中起重要作用，它负责调节盐度在海洋中的传输，并将热量和水蒸气传送到大气中。因此，监测海冰范围的努力是全球气候多样性和气候变化研究计划的重要组成部分。

6.23 Lidar 的基本原理

Lidar（光探测和测距雷达，简称激光雷达）像雷达一样，是一种主动遥感技术。这种技术使用激光脉冲定向照射地面并测量脉冲返回的时间。通过处理每个脉冲返回传感器的时间，可计算出传感器和地面（或地上）不同表面间的各种距离。

用激光雷达来精确确定地形高度，始于 20 世纪 70 年代后期。最初的系统是仿型设备，仅能获得在航行器路径正下方的数据。这些最初的激光地形系统非常复杂，不一定适合大范围获取廉价的地形数据，因此利用受到了限制（主要在于原始激光数据的精确地理参考系的限制，因为既没有航空 GPS 又没有惯性导航设备）。比较成功的早期激光雷达应用是精确地测定水深。在这种情形下，依次记录了从水面反射的回波和从水体底部反射的微弱回波，由这两个脉冲回波的传播时间之差，可以计算出水的深度（见图 6.59）。

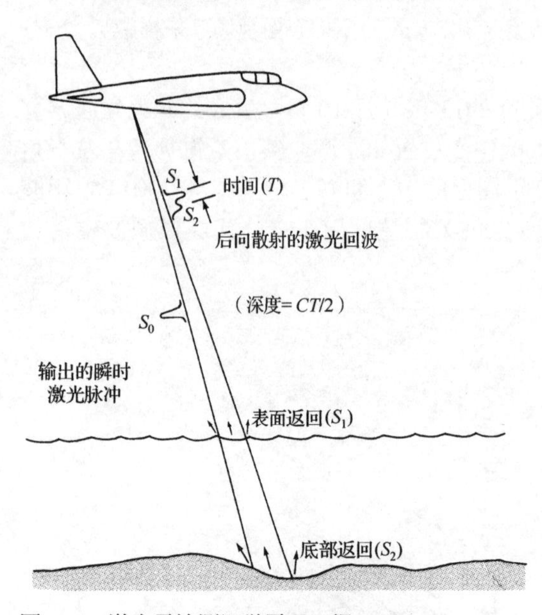

图 6.59　激光雷达测深学原理（据 Measures，1984）

对于地形和表面特征制图，使用激光雷达的优势在于，其补充或代替了传统的摄影测量方法，促进了高性能扫描系统的发展。这些系统的优点之一是，提供了收集大坡度斜坡、阴影区（如大峡谷）和难以接近地区（如泥地和防波堤）地形数据的可能。

现代激光雷达的获取始于“摄影测量飞机”，它装备了航空 GPS（测量 X, Y, Z 传感器位置）、惯性测量设备（测量传感器相对于地面的角方向）、快速的脉冲调制（15000 次脉冲/秒）激光、高精度的时钟、牢固的机载计算机支持、可靠的电子元件和智能的数据存储。飞行计划至关重要，因此飞行使用数字飞行计划而无须考虑地面的能见度，并且经常在夜间进行。单次飞行航线计划具有充分的重叠（30%～50%），以确保地形陡峭地区不会出现数据空白。植被覆盖密度大或地形陡峭的区域通常需要较窄的视场，因此大多数激光雷达脉冲几乎垂直地面发射，这些地区同样也要求每平方米的激光脉冲密度更大，而该密度（有时表示为脉冲之间的距离或后间距）由航空器的高度和速度、扫描角度和扫描速度导出。图 6.60 给出了航空激光雷达扫描系统的操作方式。

除了快速的脉冲调制，现代系统能够记录每个脉冲的 5 次返回，表明激光雷达不但能区分像森林冠层和裸露地表这样的特征，而且能区分处于其间的表面（如中部森林结构和林下叶层）。图 6.61 示例了这样的过程：激光雷达系统发出一个理论上的脉冲，沿着视线传播，穿过森林冠层并记录多次返回，就像是不同的表面被“击中”那样。此时，发射脉冲的首次返回代表某个位置的森林冠层顶部。如果冠层存在足够的缝隙，使得部分发送脉冲到达地面并返回，则末次返回可能代表地面表层，否则末次返回代表地面以上的某点。在城区，屋顶等未被阻挡的表面将产生单次返回，而有树木存在的区域则产生来自树冠和地面的多次返回。

表面的复杂性（如变化的植被高度、地形改变）使得数据量非常大。对于较粗分辨率的大面积制图，一次激光雷达采集在 1 平方米的区域可能产生 0.5～2 个点（每平方千米产生 50 万～2000 万个点）。而对被茂密植被覆盖的小区域详细制图时，每平方米需要激光雷达系统产生 10～50（或更多）个点（每平方千米产生 1000 万～5000 万个点）。

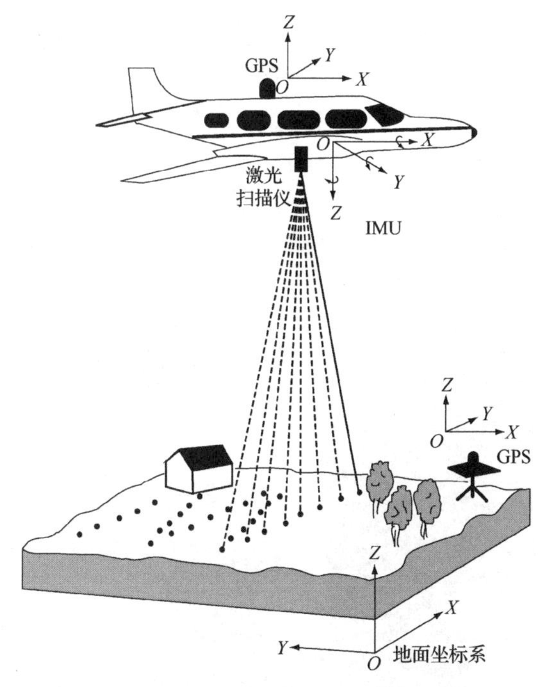

图 6.60　航空激光雷达扫描系统的组成（EarthData International 和 Spencer B. Gross 公司供图）

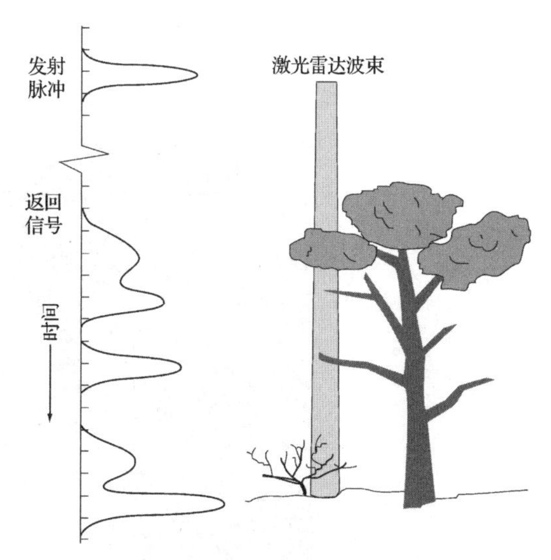

图 6.61　记录多次返回的激光脉冲，就像森林冠层变化的表面被“击中”那样（EarthData International 供图）

同任何机载 GPS 活动一样，激光雷达系统需要在项目区内或附近建立一个或多个用于调查的地面基站，以完成机载 GPS 数据的差分校准。此外，为了确保激光雷达数据集的精度，还需要校准传感器的 GPS 位置和方位参数。

激光雷达数据存储和分发的典型格式是 LAS 文件，这是由美国摄影测量与遥感学会（ASPRS）推荐的一种数字化格式，目前已成为行业标准。为便于使用，来自激光雷达航线重叠区的数据将首先无缝拼接为镶嵌图，然后切割成多个以 LAS 文件存储的“瓦片”。

6.24　Lidar 数据分析和应用

原始 Lidar 数据经 GPS 差分校正和去噪后，就成为一个关于各点的(*X*, *Y*, *Z*)坐标的文件。这些数据被可视化为点云（见 1.5 节和第 3 章），每次返回脉冲的反射点都表示为三维空间中的一个点。图 6.62 显示了内华达山脉一片针叶常绿乔木的 Lidar 点云。点云中可区分每棵独立树冠的形状。在进一步处理和分析前，这些 Lidar 数据常被分类为不同的特征和表面类型。最简单的分类方法是将数据点分成地面点和非地面点，但最好能够提供更细的分类，如地面、建筑、水体、高低植被和噪声。典型的处理方式是自动分类与人工编辑相结合。Lidar 数据点一经分类，就可用于生成多种衍生产品，

图 6.62　加州内华达山脉一片针叶常绿乔木的 Lidar 点云（加州大学默塞德分校的 Qinghua Guo 和 Jacob Flanagan 供图）

如 DEM 和其他三维模型及高分辨率地形等高线地图。Lidar 的一个明显优点是，所有数据都带有地理参考，因此它们本质上与 GIS 应用兼容。

图 6.63 显示了夏威夷西毛伊岛海岸机载 Lidar 数据集的一小部分。数据采集采用的是 Leica Geosystems ALS-40 机载激光扫描仪，高度为 762m，视角超过 25°。采样率为 20000 个脉冲/秒，雷达地面采样点间距为 2m。系统飞行的位置和方位测量采用 GPS 和一个带有静态 GPS［用于差分校准（见第 1 章），位于附近机场］的 IMU。高程测量结果的垂直精度的均方根误差达 16cm。

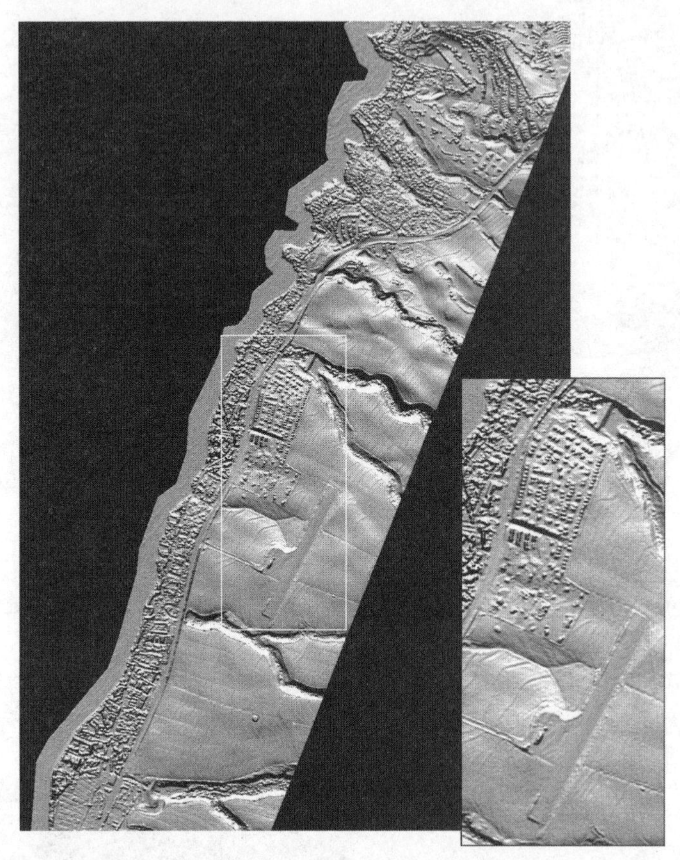

图 6.63　夏威夷西毛伊岛的渲染地形 DEM，由 Leica Geosystems ALS-40 机载激光扫描仪的数据生成，主图的比例尺为 1∶48000，插图的比例尺为 1∶24000（NOAA 海岸服务中心供图）

由图 6.63 所示的 Lidar 数据可以识别很多小地形要素。Lidar 刈幅的左边（西）包括窄长的海面，上面可见到许多波浪。海岸线和 Honoapiilani 沿海公路间有段狭窄的陆地，显示了很多的街道、房屋和树木。公路对面原用于种植甘蔗的土地扩展了坡地，其间布满了陡峭的沟壑。图像北端可以识别出大量与高尔夫球场相关的要素。插图（尺寸为 1000m×2200m）显示了一条机场跑道、大量的小结构以及大沟中的树与灌木。

彩图 28 显示了缅因州瑞德国家公园萨加达霍克县海岸线的机载 Lidar 图像。Lidar 数据以 2m 的表面采样点间距获取，时间是 5 月。这些数据用来生成 DEM，此处显示为带颜色编码的高程阴影图（表示地形数据的方法见第 1 章），缅因湾近岸海域在这个可视化结果中呈蓝色，而低洼地呈绿色。许多这样的低洼地为盐沼，在 DEM 中有一致的平坦外观，但被微小但清晰的潮汐通道网络阻断。图像右侧平行于海岸线的较长线性特征是沿堰洲嘴出现的沙丘，在其背后可以看到穿过盐沼的堤道和公路。在该 Lidar 可视化图中的其他位置，可以看到其他的公路、建筑和要素。在潮汐沼泽以上的海拔高度，DEM 看上去非常粗糙，它对应的是茂密的森林景观。与图 6.63 一样，彩图 28 显示了一个数字表面模型（DSM），每个点的第一次 Lidar 返回表示植被冠层的顶部。

Lidar 遥感最具革命性的方面是，具有检测从植物冠层和地面的多次返回脉冲的能力。对地形制图而言，这就允许仅采用每个点的后一次脉冲来创建裸露地面的 DEM。另一方面，也可采用多次回波来表征出现在每个发射脉冲信号覆盖区内的树、灌木和其他植被。第 1 章讨论的彩图 1 和图 1.21 都是通过分析 Lidar 数据集中最早和最晚从地表返回的脉冲而分离出地面以上植被的例子。彩图 1(c)所示的冠层高度模型，是用来监控森林长势、预测木材容量或地面上木质生物量的碳储量，以及创建从野生动物栖息地到潜在野火等森林管理应用的典型示例。

在更精细的空间尺度上，很多研究集中在采用树冠的水平和垂直高度测量值来开发独立树冠形状的地理模型上，该模型可用 Lidar 或多波长干涉雷达系统完成（雷达干涉已在 6.9 节中讨论）。图 6.64 显示了各棵树的侧视模型，它伴随着树冠（浅色球体）和地面（深色球体）的遥感点测量。在图 6.64(a)中，影像采集使用的是双波长机载干涉雷达系统 GeoSAR，工作波长为 X 波段（3cm）和 P 波段（85cm）。短波长 X 波段对树冠顶部敏感，而长波长 P 波段则穿过树冠形成地面的后向散射。在图 6.64(b)中，Lidar 传感器测量同一片树木，记录每个发射脉冲的多次返回。接下来，人们可对结果“点云”进行分析，进而创建各棵树的结构模型（Andersen，Reutebuch，and Schreuder，2002）。在同一支架上数日采集 Lidar 数据或干涉雷达影像，可以预测树木的生长速率。

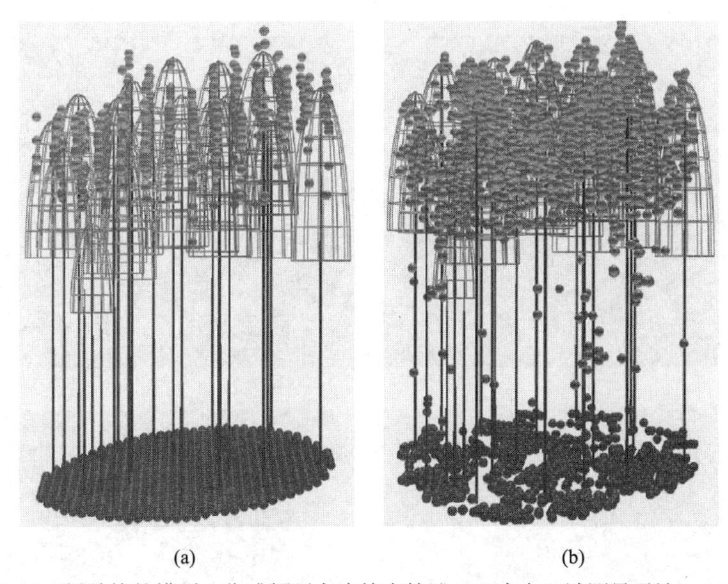

(a)　　　　　　　　(b)

图 6.64　树结构的模型，华盛顿州卡皮特森林站：(a)来自干涉测量雷达；(b)来自 Lidar（USDA 森林服务局 PNW 研究站的 Robert McGaughey 供图）

近期，Lidar 领域的另一个研究热点是全波形分析（Mallet and Bretar，2009）。尽管“传统”的 Lidar 系统可记录每个发射脉冲的一次或多次返回，但全波形 Lidar 可以均匀的采样率对连续的返回信号进行数字化。本质上，这些系统记录的是波形自身的整个形状而非返回波形的 4～5 个峰值时刻。一般来说，全波形 Lidar 分析包括以 1ns 的间隔对 Lidar 脉冲形状进行采样，每个采样间隔的信号幅度记录为 8 比特的数字。处理结果是一个数字 Lidar 波形，该波形可视为高光谱系统的模数转换结果。通过分析该波形，就可全面地表征发射脉冲到达地面时所穿过媒介（如树冠）的物理特性。全波形 Lidar 分析也可用来对 Lidar 点返回进行更充分的自动分类。

全波形分析系统的一个实例是 NASA 的实验性先进机载研究激光雷达（EAARL）。从 300m 的高度获取数据时，EAARL 激光雷达斑点的表面直径为 20cm。每个斑点的回波以 1ns 的分辨率数字化，对应空气和水中的垂直精度分别为 14cm 和 11cm。该系统已用于海岸带和海洋制图调查，譬如研究新兴的沿海植被群落和珊瑚礁（Wright and Brock，2002）。

第三个活跃的研究着眼于使用 Lidar 数据监测和量化物体或表面的三维位置、形状与体积变化。通过及时重复获取目标区域多点的 Lidar 数据集，可以记录精细尺度的地形变化，譬如侵蚀、河道/河床迁移、冰雪质量变化和其他现象。图 6.65 显示了缅因州莫尔斯河口海岸（靠近彩图 28 的位置）的 3 幅 DEM 图，这里发生了块体运动、河道迁移和沙丘运动。通过比较 2004 年、2007 年和 2010 年的 DEM，可以计算出此处每部分物质迁入或迁出的体积。

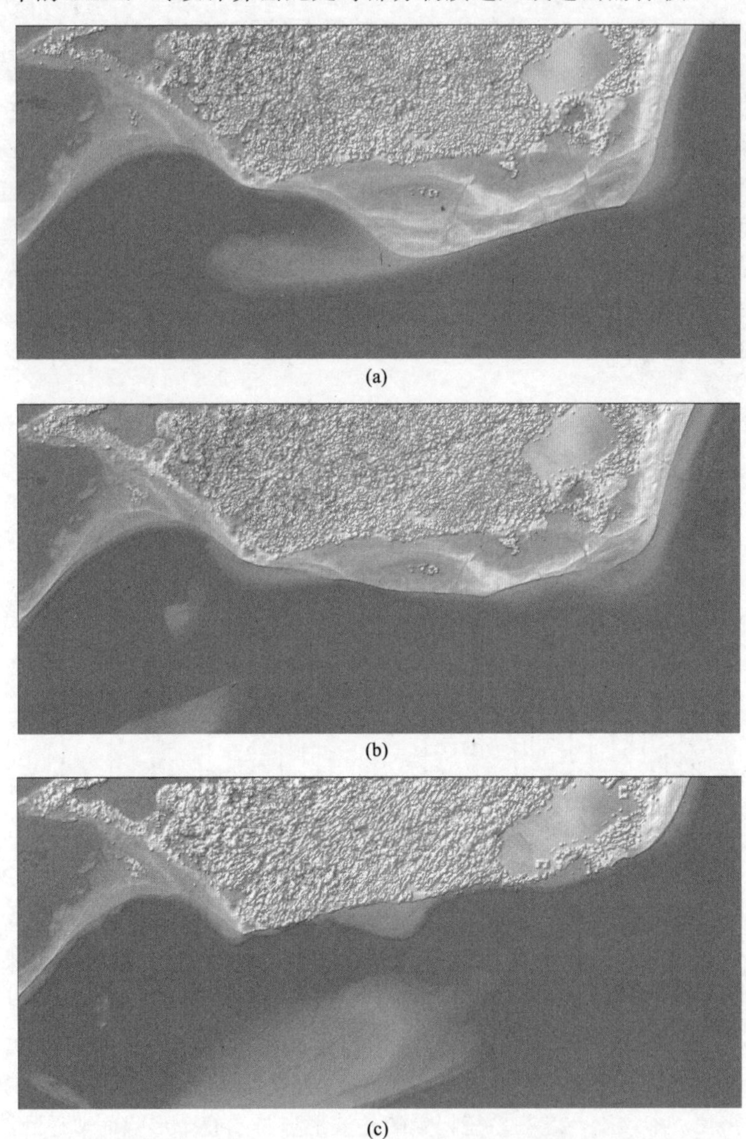

(a)

(b)

(c)

图 6.65　缅因州波帕姆海滩、莫尔斯河口海岸侵蚀和沙丘迁移的 Lidar 监控。由机载 Lidar 数据导出的 DEM 阴影图：(a)2004 年 5 月 5 日；(b)2007 年 6 月 6 日；(c)2010 年 5 月 24 日。比例尺为 1∶12000（NOAA 海岸服务中心供图）

基于地面的 Lidar 系统也得到了发展，它可用来表征如建筑群和桥梁等复杂物体的三维形状以及景观地貌的精细“微地形”。Leica HDS6000 就是一个这样的系统，它通过 360°×310° 的完整扫描角，每秒可记录 500000 个点，在 10m 距离内，位置测量精度优于 6mm。

现代激光雷达系统具有捕获回波反射率数据和三维坐标的能力。类似于雷达回波强度，Lidar 的

"回波"强度随源能量波长和反射输入信号的物质成分的变化而变化。例如，商业 Lidar 系统经常采用波长为 1.064μm 的近红外脉冲。在这个波长上，雪的反射率为 70%～90%，混合森林覆盖的反射率为 50%～60%，黑色沥青的反射率为 5%。Lidar 测量的这些反射率值称为激光雷达强度，经过处理后它可生成带有地理坐标的栅格图像。强度图像的空间分辨率由激光雷达的点距决定，而图像的辐射特性受激光轨迹形状和脉冲扫描角的影响（譬如增大扫描角将增加一次森林区树冠的观测量）。这些强度图像有助于识别广阔的土地覆盖类型，可作为后处理的辅助支撑数据。

图 6.66 是激光雷达强度图的一个例子。该图覆盖了艾奥瓦州刘易斯顿/内兹佩尔塞县机场的一部分，由 Leica Geosystems 的 ALS 40 机载激光扫描仪每秒发射 24000 个 2m 后间距的脉冲生成。

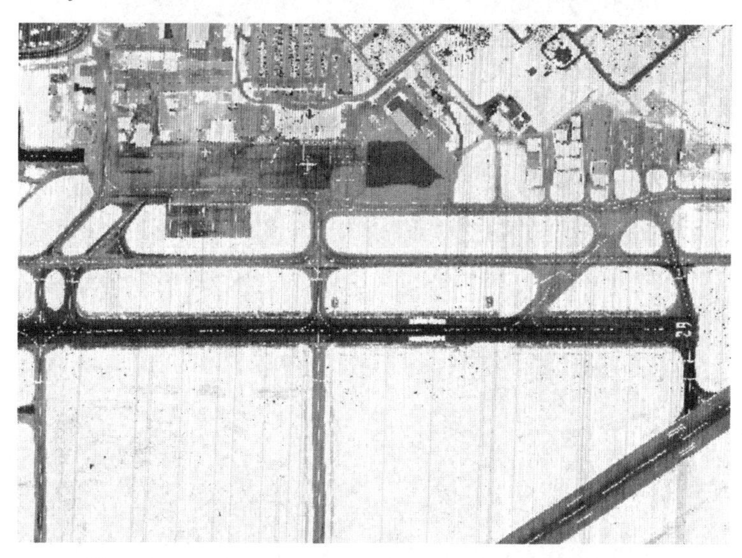

图 6.66 艾奥瓦州刘易斯顿/内兹佩尔塞县机场一部分的 Lidar 强度图。数据由 Leica Geosystems 的 ALS 40 机载激光扫描仪获取，每秒 24000 个脉冲，脉冲后间距为 2m（i-TEN Associates 供图）

6.25 航天 Lidar

首个自由飞行的卫星雷达系统于 2003 年 1 月 12 日成功发射，2010 年 4 月 14 日终止运行。这个冰、云和陆地高程卫星（ICESat）系统是 NASA 的地球观测系统（EOS）的组成部分（见 5.19 节）。ICESat 携带了一台设备，即地球科学激光高度计系统（GLAS），该系统包括工作在近红外和可见光波段（波长分别为 1.064μm 和 0.532μm）的激光雷达。GLAS 以不伤眼的强度水平每秒发射 40 次脉冲，且在 1ns 内测量接收到的返回脉冲的时间。地面激光轨迹的直径约为 70m，轨道间距约为 170m。

ICESat 的主要目的是，精确测量极地冰盖物质的质量平衡，研究地球气候如何影响冰盖和海平面。当求得大面积的数据平均值时，ICESat 激光雷达可用于测量冰盖的微小变化，进而使得科学家能够确定格陵兰岛和南极冰盖对每十年全球海平面变化 0.1cm 的贡献。除了测量地面高程，GLAS 还可以利用敏感的探测器记录来自 0.532μm 波长激光的后向散射，采集大气中云和气溶胶的垂直剖面。

图 6.67 显示了埃及南部沙漠中一个湖泊的双次通过 GLAS 数据的例子。图 6.67(a)显示了附加到同日获得的 MODIS 图像上的各个 GLAS 亮度光斑（来自 2003 年 10 月 26 日获取的数据），图 6.67(b)显示了沿 GLAS 条带的一个剖面，其中实线表示从 SRTM 的 DEM（数据获取时间为该湖流域充满水

之前的 2000 年 2 月)获得的地面地形。因此,这条曲线表示该湖的水深或沿条带的湖底高程。图 6.67(b)中的暗点表示 2003 年 10 月 26 日 GLAS 测得的高程。落到陆地上的那些点与从 SRTM 的 DEM 获得的地表高程紧密对应。跨过湖面的那些点则显示了当日的湖面高程。为便于比较分析，图 6.67(b)中的灰点为 2005 年 10 月 31 日获得的 GLAS 高程数据。那些年的 GLAS 测量数据表明，湖面下降了 5.2m（Chipman and Lillesand，2007）。若结合湖区变化的测量结果，还可计算出湖水的体积变化。

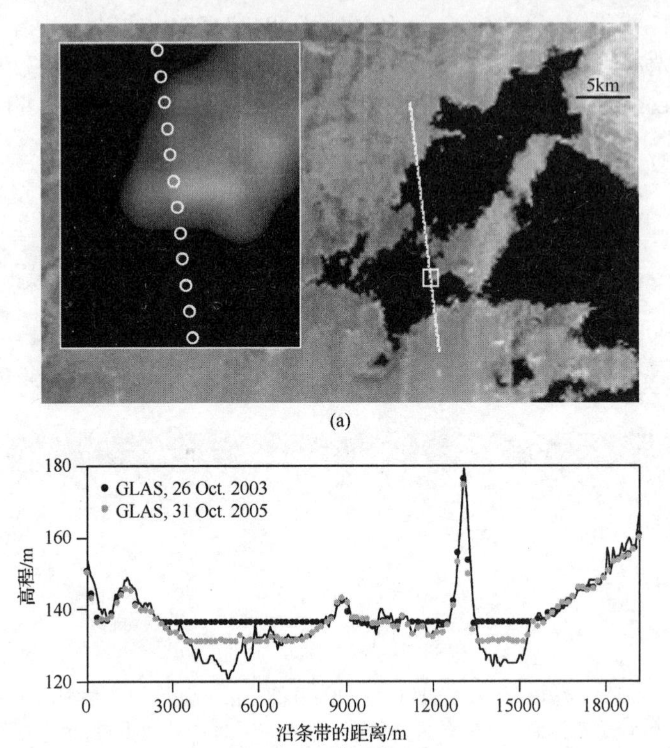

图 6.67　埃及南部的 ICESat-2 GLAS 数据：(a)叠加到 MODIS 影像上的 GLAS 亮度光斑，2003 年 10 月 26 日；(b)显示两个日期的 GLAS 测量（点）剖面，伴随有来自 SRTM DEM 数据的表面高程（引自 Chipman and Lillesand，2007；Taylor & Francis，*International Journal of Remote Sensing*，http://www.tandf.co.uk/journals）

接下来的 ICESat-2 卫星计划于 2016 年发射。该系统继续上一代卫星对极地、山地冰盖和海冰的研究，有助于全球生物量的研究。系统将采用波长为 0.532μm 的可见光（绿光）激光，但与 ICESat-1 每秒发送 40 个脉冲的速率不同，ICESat-2 的速率为 10000 个脉冲每秒，接近于机载激光雷达的速率。激光分为 6 个波束，形成 3 个波束对，每对间隔 3.3km。由于脉冲速率很高，沿航迹测量的间距将达 70cm。该配置将极大改善 ICESat-2 对全球冰盖和生态系统观测的空间细节。

如本章讨论的那样，雷达和激光雷达遥感正在迅速扩展遥感的前沿。随着应用的多样化，譬如地面沉降测量（通过差分雷达干涉测量）和利用激光雷达点云数据构建各棵树的树冠模型等，这些系统提供了过去几十年间人们不曾设想的全新对地观测能力。在这些进展自身已经足够引人注目的同时，遥感领域也受益于多个传感器的协同作用。通过融合基于不同原理和技术（高分辨率商业卫星系统、基于空间的雷达干涉测量或机载激光雷达系统）获得的多源信息，遥感将有助于改进我们对地球系统和我们所处“位置”的了解。接下来的两章将讨论分析和解译这些不同传感器获取信息的不同方法。第 7 章重点讨论数字图像处理技术的应用，第 8 章介绍已得到发展的大量遥感影像应用。

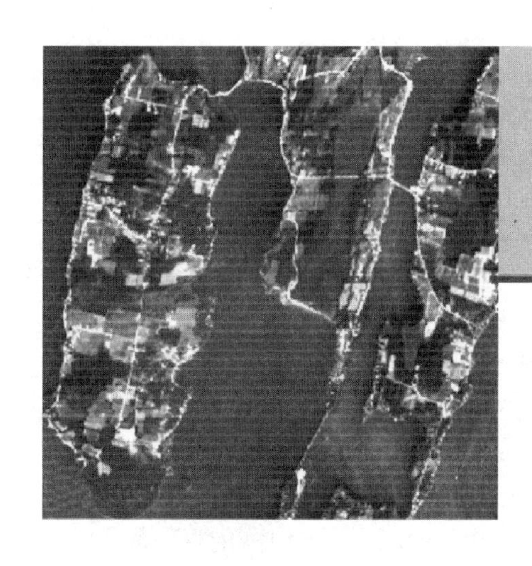

第7章

数字图像分析

7.1 引言

数字图像分析是指在计算机的帮助下对数字图像进行处理（见1.5节），范围包括从业余摄影爱好者使用免费软件调整数码相机画面的对比度和亮度，到科学家利用神经网络进行分类，再到在航空高光谱图像上绘制矿物类型图。本章从简单和广泛应用的方法入手，介绍如何对数字图像进行增强和误差校正，以便在进一步目视解译或数字分析之前，一般地改善图像的质量。遥感的各种数据类型中广泛应用了许多技术，因此本章随后将深入介绍这些先进的专业技术。数字图像的增强、处理和分析所涉及的主题非常广泛，经常包含一些复杂的数学过程。对于本章中的多数主题，我们重点强调其概念和原理，而不太关心数字分析方法所用的数学知识和算法。

利用计算机技术进行数字处理和分析始于20世纪60年代，早期的研究针对的是机载多光谱扫描数据和数字化后的航空照片。但自1972年后，随着陆地卫星1的发射，数字图像数据才真正广泛应用于陆地遥感应用中。那时，不仅数字图像处理的理论和实践都处于初期阶段，而且当时的数字计算机的成本很高，与现在的计算机的处理能力相比，当时的计算机的效率也相当低。如今，只需要少量的投资就可以使用高效的计算机硬件和软件，而且可供使用的数字图像数据的资源种类和数量也较以前有了很大的增加。这些数字图像数据的来源包括商业和政府的土地资源卫星系统数据、气象卫星数据、机载扫描仪获取的数据、机载数字相机拍摄的数据以及由摄影测量扫描仪和其他高分辨率数字化系统获取的图像数据。这些类型的数据都可以用本章描述的技术进行处理和分析。

数字图像处理的核心概念十分简单。一幅或多幅图像输入计算机，然后把该幅或多幅原始图像的像元值作为计算机输入，利用方程或方程组进行计算机编程运算。在多数情况下，输出是一幅新的数字图像，其像元值就是计算的结果。输出的图像要么以图形格式显示，要么供其他程序做进一步处理。数字图像处理的可能形式实际上是无穷的，但所有处理的类型可以归为以下7种主要计算机辅助处理类型中的一种（或几种）。

（1）**图像预处理**。这些操作的目的在于校正变形的或低品质的图像数据，以便更真实地反映原始场景，并改善今后做进一步处理的图像可用性。图像预处理通常包括原始图像数据的初始处理，如去除数据中出现的噪声、校准数据的辐射度、校正几何畸变、通过拼接或取子图扩大和缩小图像的范围等。这些过程常称预处理操作，因为这一处理过程通常处于为提取特定信息而进行的进一步图像处理和分析之前。7.2 节将简单讨论这些处理。

（2）**图像增强**。这些处理图像数据的过程是为了在以后进行解译时，能有效地利用数据。通常，图像增强技术包括增大景物中地物特征的视觉差异，进而增大数据解译的信息量。7.3 节将简述几种主要的增强方法；7.4 节将讨论调整图像对比度的详细过程（灰度分割与对比度拉伸）；7.5 节将论述空间特征的处理（空间滤波、卷积、边缘增强和傅里叶分析）；7.6 节将介绍图像的多光谱波段增强（光谱比、主成分与典型成分、植被成分以及明度-色调-饱和度的彩色空间变换）。

（3）**图像分类**。图像分类处理的目的是对图像使用地物特征自动识别的定量技术来代替图像数据的目视解译。它一般包括多光谱图像的数据分析（通常有多光谱、多时相、偏振测定或其他补充信息源），以及应用统计决策规律来确定图像中每个像元的土地覆盖类型。当这些决策规则仅基于观测到的光谱辐射率时，我们称这种分类过程为*光谱模式识别*。与之相对照，决策规则也可以基于几何形状、大小和图像数据所呈现的模式，而这些过程属于*空间模式识别*的范畴。混合方法即空间模式和光谱模式混合分类正变得越来越普遍。无论哪种情况，分类过程的目的都是将数字图像中的所有像元分成几种土地覆盖类型或“主题”中的某种类型。这些分类数据可用于生产图像的土地覆盖*专题地图*，和/或生成每种土地覆盖类型面积的总体统计。由于这些内容很重要，本章三分之一以上的内容将论述图像分类过程（见 7.7～7.17 节）。在引入更多的专题以前，例如面向对象的分类、混合像元分类、神经网络分类过程，我们重点介绍“监督分类”“非监督分类”和“混合分类”等以光谱为基础的分类方法。最后，我们将介绍用于图像分类结果的精度评价和报告的多种过程。

（4）**时间变化分析**。许多遥感项目包括分析两幅或多幅不同时间的图像，以确定随时间变化的程度和类型。7.18 节介绍如何使用“变化检测”方法来识别明确的变化区域。随着时间而增加的数据集在数周或数年内，对给定的区域需要数十幅或数百幅图像，因为人们对于遥感图像的时间序列分析产生了新的兴趣，如季节周期分析、年际变化率、密集多时相数据集的长期趋势。

（5）**数据融合和 GIS 集成**。这些处理将给定地理区域的图像数据与该区域的其他地理参考数据集合并。这里所说的其他数据集可能仅包括由同一传感器或不同传感器在其他日期拍摄的图像数据。但数据合并的目的通常是将遥感数据与其他辅助信息来源在 GIS 环境下合并。例如，遥感图像数据常与土壤、地形、行政区、评估信息等结合。7.20 节将讨论数据的融合。

（6）**高光谱图像分析**。实际上，本章介绍的与多光谱图像分析相关的所有图像处理原则，都可直接推广到高光谱数据分析。然而，高光谱数据集的基本特性和大量数据集导致了多种不同的图像处理过程，因此人们开发了专门分析这类高光谱数据的技术。7.21 节将介绍这些处理。

（7）**生物物理建模**。生物物理建模（见 7.22 节）的目的是，把由遥感系统记录的数字数据和地面测量的生物物理特征及现象定量地关联起来。例如，遥感数据可用于评估诸如作物产量、污染物浓度、水深这样的变化参数。

希望以上有关数字图像处理的各个主题能帮助读者更好地学习本章。虽然我们将这些处理当成不同的工作来对待，但所有这些操作都是操作链的一部分，开始时是原始图像，结束时是一些变换了的输出产品。例如，去噪的恢复处理通常被视为一种增强过程；同样，特定的增强过程（如主成分分析）不仅可用于增强图像数据，而且可用于改善分类处理的有效性。类似地，数据融合也可用于图像分类，以提高分类的准确性。因此，我们分别讨论的各种处理在实际应用中并无明显的界线。

7.2 图像预处理

在所有情况下，原始图像数据在进行进一步增强、解译或分析以前，都要做某些预处理操作。

有些处理是为了校正数据中的瑕疵，而有些处理则是使数据的下一步处理更容易。本章将讨论这些预处理过程，如去噪、辐射校正、几何校正、子图像生成和图像拼接等。在图像提供给解译分析人员以前，数据提供者可能会完成其中的某些处理。有时，用户需要自己完成某种或多种预处理步骤。

7.2.1 去噪

图像噪声是图像数据中我们不希望出现的干扰，这种干扰来自传感器、信号数字化和数据记录过程的局限性。潜在的噪声来源包括探测器的定期漂移或故障，传感器组件之间的电子干扰，数据传播和记录的连续过程中出现的间歇性“问题”等。噪声会降低或全部掩盖数字图像的真实辐射信息量。因此，通常要在对图像数据进行增强或分类处理之前去除噪声，以使目标物体恢复到尽可能接近原始景物图像的状态。

在任何情况下校正噪声时，都需要了解噪声是有规律（周期）的还是随机的，或是这两种的混合。例如，多光谱传感器在同时扫过多条扫描线时，经常系统地产生条纹或条带。这是由每个波段的探测器响应中的差异造成的。这样的问题在早期美国陆地卫星数据采集时十分普遍。虽然在发射以前每个波段采用的多个探测器已被仔细地校正和匹配，但一个或多个辐射度响应还是随着时间出现了漂移，导致图像数据每隔 6 条扫描线出现了相对较高或较低的值。这时，有效数据会出现在有误差的扫描线上，因此必须利用相邻的观测数据来恢复。

为了处理上述问题，人们提出了几种*去除条纹*的方法。一种方法是编辑一组图像的直方图：在一个波段中，每个探测器产生一个直方图。然后，根据这些直方图的统计值（均值、中值、标准差等）进行比较，找出辐射值的差异或探测器的故障。再后，计算出经验校正模型来调整直方图，使有误差的探测器扫描线接近正常的数据线。这种调整因子只应用于问题扫描线上的每个像元，而其他部分则不做修改（见图 7.1）。

(a)

(b)

图 7.1　去条纹算法图示：(a)每 6 条线就出现条纹的原始图像；(b)应用直方图算法后恢复的图像

有时，数字数据中出现的另一种与扫描线有关的噪声问题是*掉线*。在这种情况下，一条扫描线上的大量相邻像元（或整条线）可能包含假 DN（数字值），即者经常是 0 值或“没有数据”。这一问题的常用处理办法是，用这条扫描线上面的扫描线和下面的扫描线的像元平均值代替错误的 DN（见图 7.2）。

数字数据中随机噪声问题的处理方式，与条纹和掉线问题的处理方式稍有不同。这种噪声的特点是，像元到像元的灰度级无系统变化，因此称为*比特错误*或*椒盐噪声*。这种噪声带有不规则的亮和/或暗像元，它们分散在全图上，使图像的外观看起来类似于“椒盐”或“雪”，也称“尖钉”。

比特错误的识别方法是，其噪声值与真实图像值相比，通常存在突然变化。这样，噪声可以通过比较图像上每个像元及其邻域像元来辨认。如果一个给定像元的值与其周围像元的值的差大于分析人员规定的阈值，这个像元就被认为带有噪声。这个像元的值可用其邻域的平均值代替。典型的处理步骤是移动邻域或移动 3×3 像元或 5×5 像元窗口。图 7.3 显示了对带有椒盐噪声的图像应用降噪算法的结果（无论是用于降噪目的还是用于其他目的，使用滑动窗口来对图像滤波的操作将在 7.5 节讨论）。

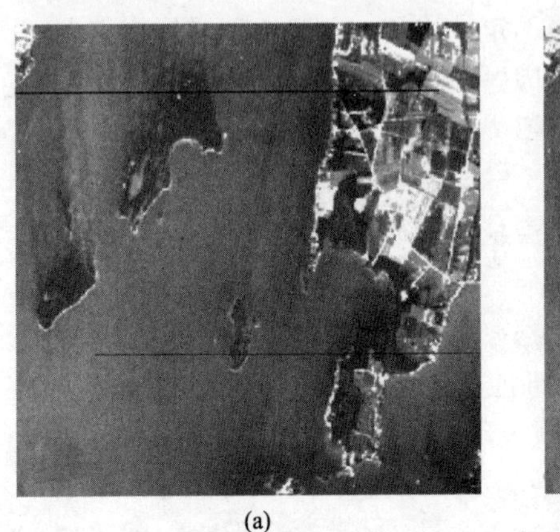

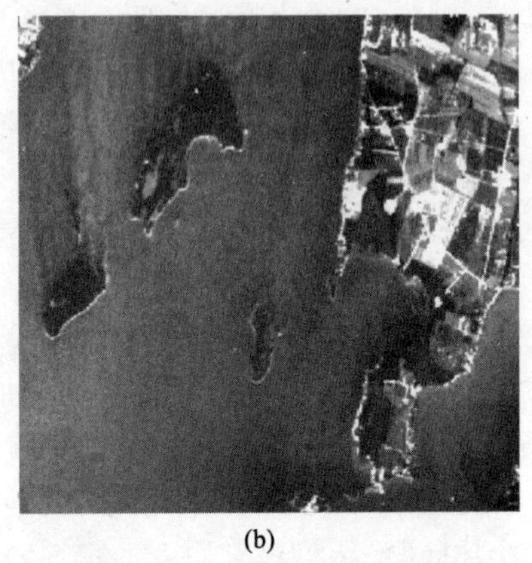

(a) (b)

图 7.2 掉线校正：(a)包含 2 条掉线的原始图像；(b)取错误线上方和下方像元值的平均值后恢复的图像

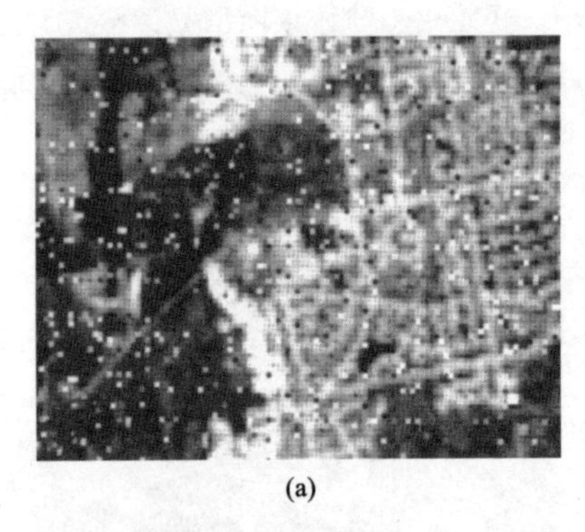

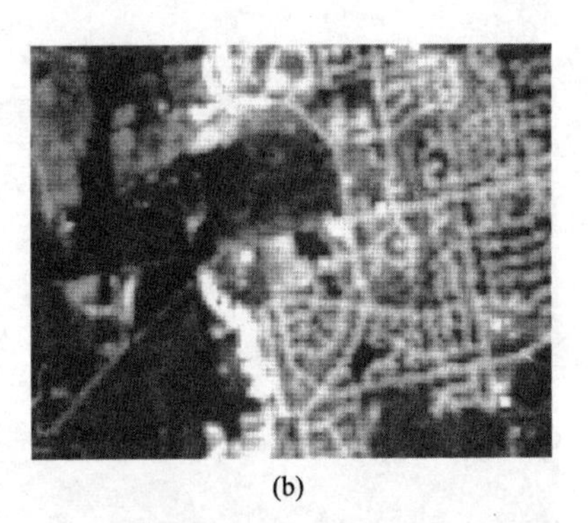

(a) (b)

图 7.3 运用降噪算法后的结果：(a)带有“椒盐”噪声的原始图像；(b)使用降噪算法后的图像

7.2.2 辐射校正

假定任何条纹、掉线或其他噪声均已去除，某个系统对给定物体的辐射测量都要受下列因素的影响：景物照度的改变、大气条件、传感器观测的几何变化和仪器响应特点等。这些影响，譬如传感器观测的几何变化，对机载设备收集的数据的影响要大于对星载设备获取的图像的影响。同时，对某种或全部影响进行校正的需求，又直接取决于某个特定的应用。

在一年中，太阳辐射入射到地表的强度会系统性地随季节变化。如果比较一年中不同时间获取的遥感图像，则要进行*太阳高度角校正*和*日地距离校正*。太阳高度角校正考虑了太阳相对地球位置的季节变化（见图 7.4）。通过这一过程，不同太阳高度角照射条件下图像数据的像元亮度值，就被归一化为太阳位于天顶时的像元亮度值。这种校正通常使用景物中每个像元的灰度值除以图像获取的特定时间和地点的太阳高度角的正弦值（或太阳天顶角的余弦值）。

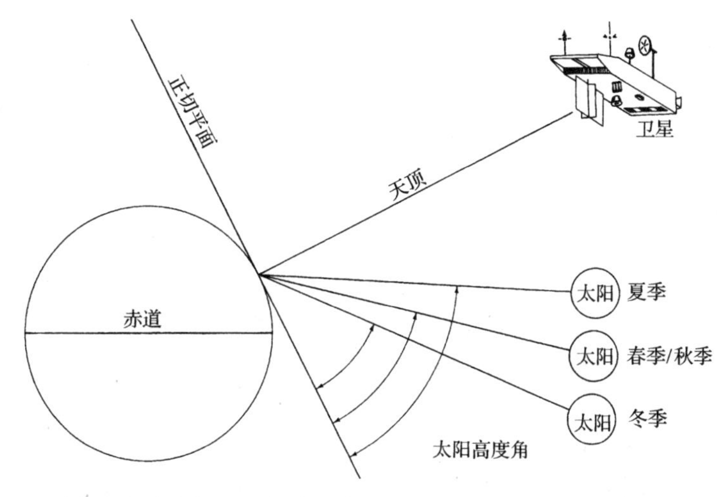

图 7.4　季节变化对太阳高度角的影响（太阳天顶角等于 90°减去太阳高度角）

日地距离校正用于归一化地球和太阳间的距离的季节变化。日地距离通常用天文单位来表示（1 天文单位就是地球和太阳之间的平均距离，约等于 149.6×10^{6}km）。太阳辐射随日地距离的平方而减小。忽略大气的影响，太阳天顶角和日地距离对地表辐射的综合影响可以表示为

$$E = \frac{E_0 \cos\theta_0}{d^2} \tag{7.1}$$

式中：E 为归一化的太阳辐射；E_0 为平均日地距离的太阳辐射；θ_0 为太阳到天顶的夹角；d 为日地距离，以天文单位表示（某景图像中的太阳高度角和日地距离的信息通常是数字图像数据的辅助数据中的一部分）。

像第 1 章中讨论的一样，太阳照度的变化综合了大气的影响，而大气以两种相反的方式来影响图像中任何地点测量的辐射。首先，大气削弱（减少）了照射到地面物体上的能量；其次，大气本身作为一个反射体，传感器检测到的信号中额外增加了散射的“程辐射”。因而，在任意给定的像元处，观测到的合成信号可以表示为

$$L_{\mathrm{tot}} = \frac{\rho E T}{\pi} + L_{\mathrm{p}} \tag{7.2}$$

式中：L_{tot} 是传感器测量到的总光谱辐射；ρ 是物体的反射率；E 是物体上的辐照度；T 是大气透射率；L_{p} 是程辐射［式（7.2）中的所有变量都与波长相关］。

在式（7.2）中，只有第一项包含地面反射率的有效信息，第二项代表散射程辐射，这种散射辐射将使图像出现雾霾，降低图像的对比度（散射量取决于波长，一般来说，波长越短，散射的影响越大）。*雾霾修正*步骤的目的是使程辐射的影响最小。修正多光谱数据雾霾的一种方法是，观测原来的零反射目标区域上所记录的辐射，例如，在光谱的近红外区域，清澈深水的反射率实际上是零。因此，在这样一个区域上观测到的任何信号都代表程辐射，且可以将该波段上所有的像元值减去这个值，这一过程称为*黑色物体减法*。

为方便起见，雾霾修正过程经常同样应用于整幅图像。这种方法可能有效也可能无效，有效与否取决于整幅图像上的大气影响是否一致。若获取图像时的观测角很大，就要对景物记录时不同长短的大气光程造成的不同影响进行补偿，在这些情况下，远离天底的像元值通常被标准化为天底的等量像元值（彩图 23 利用 MISR 在不同角度获取的图像，说明了雾霾与观测角的依赖关系）。

针对光学和热红外图像，人们开发了更先进的*大气校正*方法，因为简单的雾霾去除技术如黑

色物体减法是不够的。这些算法大体上分为两类：一类利用图像本身的光谱数据根据经验进行校正；另一类利用辐射传递方法根据物理原理对大气散射和吸收建模。在许多情况下，这些算法需要图像获取时的当地大气条件信息。

当需要比较一幅以上图像的光谱数据，但又没有得到完成大气校正过程所需的足够信息时，一种选择是图像的辐射度标准化。这一过程包括调整一幅或更多辅助图像的亮度值去匹配一幅基础图像。这些图像必须至少部分重叠，而且重叠区域必须包括几个随时间稳定的目标，同时假定这些目标的真实表面反射率不随时间变化。通常由分析人员确定一组在亮度值范围内的目标，然后利用统计方法如线性回归，来建立每幅辅助图像的亮度值与基础图像对应的亮度值的关系模型，然后每幅辅助图像利用自己的回归模型完成标准化。

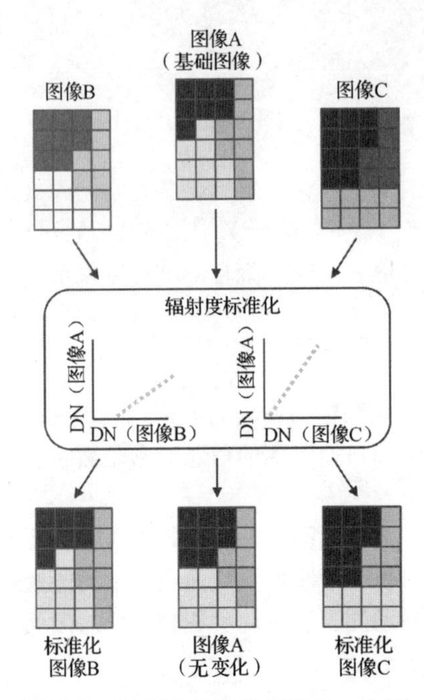

图 7.5　同一区域的三幅图像辐射度标准化。上图：原始图像；中图：用于标准化的线性回归模型，使图像 B 和 C 与图像 A 的辐射范围相匹配；下图：标准化后的图像

图 7.5 描述了辐射量的标准化过程，一幅基础图像和两幅辅助图像根据两者的土地覆盖变化和外部因子（大气条件、太阳照度、传感器标度改变等）产生了亮度变化。图像 A 中的像元与基础图像中对应的像元相比，由于大气雾霾的影响而色调较淡，图像 B 中的像元由于较低的太阳高度角而整体较黑。图像经标准化运算后，亮度值就匹配得很接近；若亮度有残差，它就是实际土地覆盖的变化。

在数字图像数据的许多定量化应用中，还存在其他的辐射测量数据处理，即 DN 到绝对辐射值（或反射值）的转换。这种处理考虑了某个给定传感器的模数转换响应函数的确切形式，在需要测量绝对辐射率的应用中，这种处理很重要。例如，如果在整个观测时间序列中，由不同传感器来测量物体的绝对反射率的变化，则这种转换是必需的（例如，比较陆地卫星 5 上的 TM 传感器和陆地卫星 8 上的 OLI）。同样，这种转换在开发数学模型方面也很重要，它可从物理上建立图像辐射或反射数据与地面定量测量数据（如水质测量数据）之间的联系。

通常，探测器和数据系统设计成产生照射光谱辐射的线性响应。传感器的每个光谱波段都有自己的线性响应函数，其特征通过星载校准灯（以及热红外波段的温度参照）来监控。响应函数把与给定级别的光谱辐射相关的原始电子信号转换成比例整数（DN）。颠倒这个响应函数允许图像分析人员把 DN 转换为光谱辐射值。

在许多情况下（如美国地质调查局提供的很多陆地卫星 8 的 OLI 图像），需要做这种转换的模型系数是乘性增益和加性截距（或偏移量），图像的每个光谱波段都有对应的值。然后对特定波段做变换，利用式（7.3）变换成光谱辐射值：

$$L = G \cdot \mathrm{DN} + B \tag{7.3}$$

式中：L 为光谱辐射率（整个通道的光谱带宽）；G 为校准函数的斜率（通道增益）；DN 为记录的

数字值；B 为校准函数的截距（通道偏移量）。

比例因子可用每个波段光谱辐射的最小值和最大值公式来计算，即对应的 DN 的最小值和最大值。通常，DN 的最小值是 0 或 1，而最大值由所用的位数确定（即 8 位数据是 255，10 位数据是 1023）。这时，式（7.4）用来将图像的单个波段从 DN 变换成光谱辐射值：

$$L = \left(\frac{L_{\text{MAX}} - L_{\text{MIN}}}{\text{DN}_{\text{MAX}} - \text{DN}_{\text{MIN}}}\right)(\text{DN} + \text{DN}_{\text{MIN}}) + L_{\text{MIN}} \tag{7.4}$$

式中：L 为光谱辐射率（整个通道的光谱带宽）；L_{MAX} 和 L_{MIN} 分别为最大和最小光谱辐射值；DN_{MAX} 和 DN_{MIN} 为别为最大和最小比例 DN；DN 为记录的数字值。

通常，给定传感器的 L_{MAX} 和 L_{MIN} 值的单位是 $\text{mWcm}^{-2}\text{sr}^{-1}\mu\text{m}^{-1}$，即这些值通常根据每个单位波长的辐射率来确定。在这种情况下，为了估计波段内光谱的总辐射率，从式（7.4）中获得的值必须乘以这个光谱波段的宽度。因此，要精确估计光谱波段中的辐射率，就需要了解每个波段光谱响应曲线的详细知识。描述图像辐射度单位的术语和概念将在附录 A 中讨论。

7.2.3 几何校正

原始图像包含严重的几何畸变，因此在进行后续处理前，不能直接作为底图使用。这些几何畸变源于传感器平台的纬度、姿态和速度的变化，以及诸如全景畸变、地球曲率、大气折射、地形起伏位移以及传感器的瞬时视场（IFOV）在扫描过程所具有的非线性特征等多种因素的影响。几何校正的目的是弥补由这些因素导致的畸变，以使校正后的图像具有最大的几何精度。图像数据的提供者已经完成一些或全部必要的几何校正工作。但有时图像分析人员还需要利用书中描述的方法来校正图像的一些几何畸变，并转换成标准的坐标系。

系统畸变较好理解，而且容易通过建立数学上的畸变源模型导出公式来校正。例如，卫星上的多光谱扫描仪在扫描成像时，下方地球自西向东的自转就是一个很强的系统畸变源。这会使得扫描仪每次光学扫描所覆盖的区域时，都稍微偏向前次扫描的西方，这种畸变称为倾斜畸变。去除倾斜畸变的过程是使图像最终弥补每次扫描线向西的偏移量，陆地卫星的多光谱扫描数据所呈现的倾斜平行四边形的外观，就是对地球自转进行校正后的结果。

随机畸变和其他未知的系统畸变是通过分析图像上分布良好的地面控制点（GCP）来校正的。正如相应的航空照片的校正一样，GCP 是已知地面位置的地物点，这些地物点的位置可在数字图像上精确定位。构成良好控制点的地物点应是公路交叉点和清晰的海岸线特征点。在校正过程中，大量 GCP 的定位可以根据畸变图像上的两个坐标（行数，列数），也可以根据它们的地面坐标（一般根据 UTM 坐标系或经纬度坐标系，从地图上测得坐标或由 GPS 在野外测得坐标）。然后根据这些值按最小二乘法进行回归分析，进而确定两个坐标变换方程的系数，该方程可用于关联几何校正（地图）坐标和畸变图像的坐标（附录 B 中列出了一种最常用的坐标变换，即仿射变换）。求出这些方程的系数后，就可精确地计算出畸变图像上任何位置的坐标。用数学符号表示的这种关系为

$$x = f_1(X,\ Y), \qquad y = f_2(X,\ Y) \tag{7.5}$$

式中：(x, y)是畸变图像的坐标（列，行）；(X, Y)是校正（地图）的坐标；f_1 和 f_2 是变换函数。

直觉上，上面的方程与几何校正思路相反。也就是说，这些方程定义了怎样通过正确的、无畸变的地图位置来确定它在畸变图像上的相应位置，但这的确就是在几何校正过程中所要做的。我们首先定义一个没有畸变的“空”地图单元的输出矩阵，然后在每个单元中用畸变图像中的对应像元或像元的灰度级来填充，这个过程如图 7.6 所示。这幅图表明几何校正后的输出单元（实线）的矩阵，重叠在最初有畸变的图像像元矩阵（虚线）之上。产生变换函数后，就使用重采样过程确定

从原始图像矩阵中填充到输出矩阵中的像元值。这一过程的步骤如下：

（1）无畸变输出矩阵中每个像元的坐标被变换成原始输入（畸变图像）矩阵中相应位置的坐标。

（2）一般来说，输出矩阵中的一个单元不直接覆盖输入矩阵中的一个像元，因此，最终分配给输出矩阵中某个单元的亮度值或数字值（DN）是通过初始输入矩阵变换后位置周围的相邻像元值确定的。

给输出单元或像元分配合适 DN 的重采样方案有多种。为了说明这个问题，可参考图 7.6 中带有阴影的输出像元。该像元的 DN 可以简单地根据输入图像中与这个像元最近的像元的 DN 来决定，而不考虑它们之间的微小差异。在该例中，标为 a 的输入像元的 DN 将被变换为带阴影的输出像元的值。这种方法称为*最近邻重采样*。最近邻法的优点在于计算简便，而且可以避免采样时原始输入的像元值改变。但是，输出矩阵的特征在空间上有大到 1/2 个像元的偏移，导致输出图像的显示不连续。图 7.7(b)是一幅陆地卫星 TM 图像按最近邻法进行重采样的例子，图 7.7(a)显示的是带有畸变的原始图像。

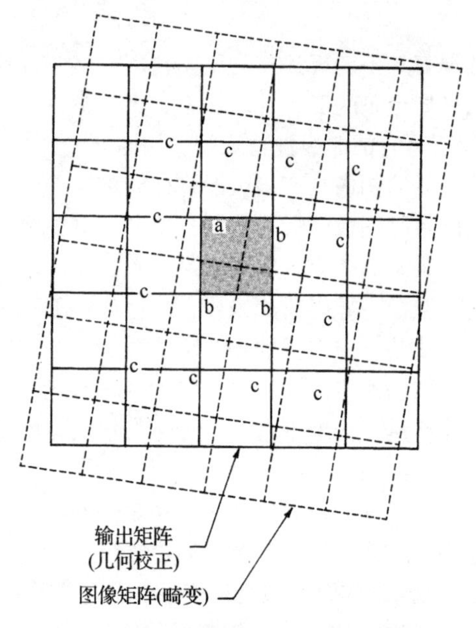

图 7.6　几何校正输出像元矩阵重叠在原始畸变输入像元矩阵之上

更完善的重采样方法是计算输入图像中某个像元周围的几个像元值，形成一个“合成”DN 来确定输出图像中对应的像元值。*双线性内插法*是取 4 个最近像元（图 7.6 所示畸变图像矩阵中标为 a 和 b 的像元）DN 的距离加权平均值。这个过程就是简单的二维线性内插。如图 7.7(c)所示，这种双线性内插技术可生成更加平滑的重采样图像。然而，双线性内插改变了原始图像的灰度级，因此在随后数据的光谱模式识别分析中可能出现一些问题（因此，重采样经常在图像分类处理之后而非之前进行）。

使用重采样的*双三次内插法*或三次卷积法，可以改进图像的复原。在该方法中，转换后的合成像元值通过评估每个输出像元周围的对应输入矩阵中的 16 个邻近像元块（图 7.6 中标注为 a、b、c）来确定该像元值。三次卷积法重采样［见图 7.7(d)］既避免了采用最近邻法所带来的不连续现象，又提供了比双线性内插法更清晰的图像（另外，这种方法在一定程度上改变了初始图像的灰度级，而为了使这种灰度值改变的影响最小，也可采用其他类型的重采样）。

如稍后讨论的那样，重采样技术不仅对原始图像的几何校正很重要，而且对一些数字处理运算也很重要。例如，重采样可用于覆盖或校准多时相图像数据，还可配准不同分辨率的多幅图像。此外，重采样过程还被广泛用于图像数据与 GIS 中其他数据源之间的配准。附录 B 中包含了完成本节讨论的多种重采样过程的细节。

如今，许多（但非全部）遥感图像数据源提供了高水平的几何校正方法，即*地形校正*。此时，图像通过数字高程模型（DEM）处理来补偿地形起伏位移和传感器倾斜的影响，并被转换成地图坐标系，这与第 3 章讨论的摄影测量原理一致。本质上，地形校正产生正射影像，这种影像可用于地图几何测量，并且可以叠加到其他地理数据源上。在斜坡陡峭和高程差很大的地区，地形校正结果的质量取决于校正过程中所用 DEM 的精度和分辨率。

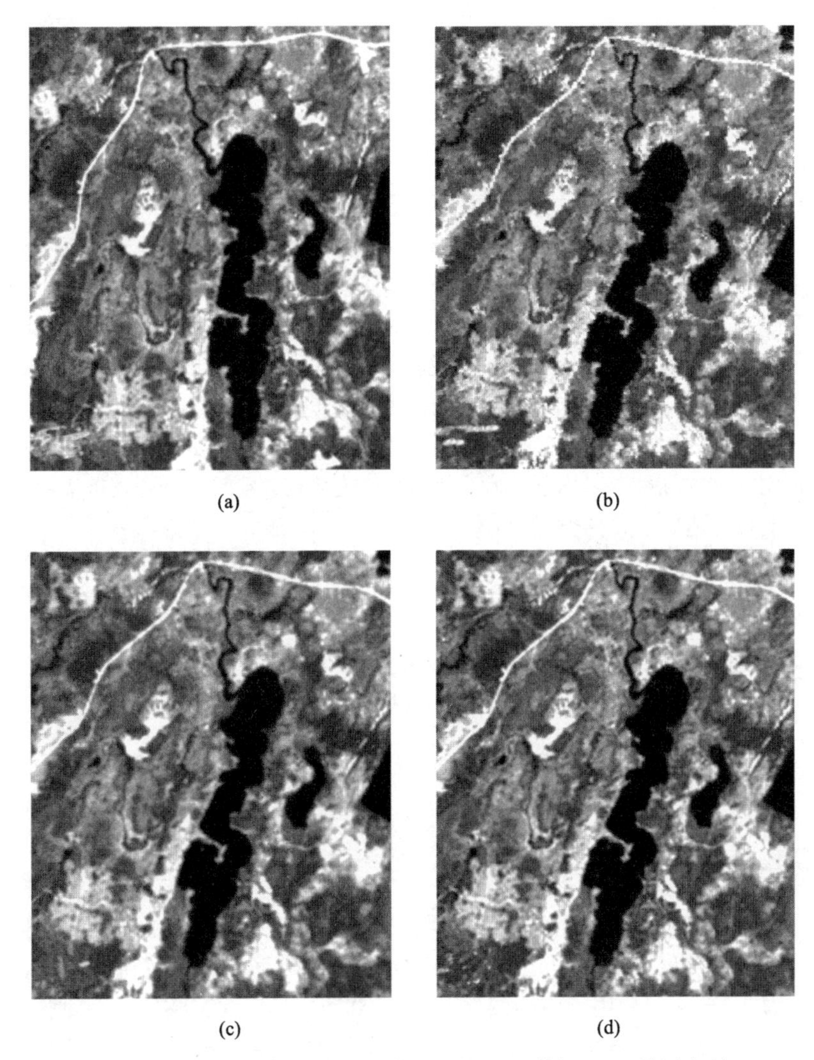

图 7.7　重采样结果：(a)原始陆地卫星 TM 数据；(b)最近邻法；(c)双线性内插法；(d)三次卷积法。比例尺为 1∶100000

7.2.4　子图、图层堆叠和镶嵌

图像预处理的最后一步通常包括如下处理：减少数据容量的图像*子图*运算；在单幅图像上结合多个不同波段或图层的*图层堆叠*；覆盖更广区域的多幅图像的*镶嵌*。子图运算可减少图像的空间范围，裁剪图像使其只覆盖特别感兴趣的区域，还包括只选择特定的光谱波段。图层堆叠经常在各个光谱波段分别由不同的文件提供时使用，这一功能也能用于结合两幅或多幅不同的图像（可能来自不同的日期或不同的传感器）。

若不同空间范围的多幅图像需要覆盖同一个感兴趣区域，镶嵌处理可以利用每幅图像的数据产生一幅覆盖全部镶嵌区域的图像。在这一过程中，要保证在镶嵌图像之间的边界没有辐射伪影（即图像亮度的意外变化）。在具有不同观测角的较宽地区获取图像时，需要避免由于大气雾霾和地表双向反射因子引起的这些伪影。通常，如果需要做进一步分析（即图像分类），分析人员会推迟镶嵌处理，而先执行对每幅图像的图像分析过程，在最后镶嵌出最终结果前，完成所有的处理和分析步骤。

7.3 图像增强

如前所述，图像增强的主要目的是增大图像中景物特征之间的外观区别，提高图像的目视解译性能。对于图像分析人员而言，图像增强的范围和可供选择的显示方式实际上是无限的。多数增强技术可分类为点处理或邻域处理。点处理是在图像数据集中单独地改变每个像元的亮度值。邻域处理是根据邻域内像元的亮度值来改变每个像元的值。这两种图像增强都能很好地应用在单波段（单色）图像或多图像合成的某个成分中。这种增强得到的结果图像可以以黑白或彩色方式记录或显示。对于特定的应用，选用合适的增强技术既是一门艺术，又是一种个人偏好。

图像的增强处理通常要在 7.2 节所述的合适预处理步骤之后进行。对大多数增强处理而言，去噪尤其是一个重要的前提。若未进行去噪处理，则图像解译就是分析增强噪声的结果！

下面讨论最常使用的几种数字增强技术，包括对比度处理、空间特征处理或多图像处理。在这些宽泛的类中，我们将论述如下几种类型：

（1）**对比度处理**。灰度级阈值处理、灰度分割和对比度（或反差）拉伸。

（2）**空间特征处理**。空间滤波、边缘增强和傅里叶分析。

（3）**多图像处理**。多光谱波段比值和差值、植被和其他指数、主成分、典型成分、植被成分、明度-色调-饱和度（IHS）、其他彩色空间变换和去相关拉伸。

7.4 对比度处理

7.4.1 灰度级阈值处理

灰度级阈值处理将输入图像分割为两种类型：一种是像元的灰度值在分析人员定义的灰度级之下，另一种是像元的灰度值在分析人员定义的灰度级之上。下面介绍如何利用阈值来为一幅图像准备二值掩模（模板），二值掩模用于将图像分为两类，以便对每个类分别进行其他的处理。

图 7.8(a)是陆地卫星 8 陆地成像仪（OLI）波段 4（可见光红色波段）的一幅图像，成像区域是新西兰南岛的海岸线。图像显示了陆地和水面很宽范围的灰度级。现在假设我们希望仅显示水体在该波段上的亮度变化。因为在该波段上陆地和水体的许多灰度级存在重叠，所以在该波段上设定将它们分为两种类型的阈值是不可能的。而图 7.8(b)所示的 OLI 波段 5（近红外波段）图像就不属于这种情况。波段 5 图像［见图 7.8(c)］的 DN 直方图表明，水体强烈吸收这个近红外波段入射的能量（低灰度值的 DN），而陆地区域在该近红外波段上却有着高反射率（高灰度值的 DN）。注意该直方图的 DN 超过了陆地卫星 OLI 提供的“原始”12 位范围，因为它们已被拉伸到了 16 位整数。若在 DN = 6000 处设定阈值，就可在波段 5 分离这两种类型。然后对波段 4 的数据应用这个二元分类，就可只显示水体在该波段的亮度值变化。图 7.8(d)给出了该方法的结果。在该图像中，根据波段 5 的二值掩模做了二值分类，在此基础上波段 4 中陆地部分像元的值全部置为 0（黑色）。波段 4 中水体部分的像元值则被保留，在沿海岸线和河流及池塘中的悬浮沉积物区域，波段 4 表现出了增强的变化外观。

7.4.2 灰度分割

灰度分割是一种图像增强技术，分析人员沿图像直方图的 x 坐标，将图像的 DN 分割成一系列指定的区间或“片段”。输入图像中所有落在给定区间内的 DN 将在输出图像中显示一个相同的 DN。因此，如果建立了 6 个不同的区间，输出图像就仅包含 6 个不同的灰度级。分界线之间区域的像元显示相同的 DN，此外，这个结果看起来像一幅等高线地图。每个灰度级还要用一种彩色来显示。

图 7.8(e)是对图 7.8(d)所示景物中“水体”部分应用灰度分割后的结果。这里陆地卫星 8 的 OLI 波段 4 的数据被灰度分割成多个灰度级，该区域由先前波段 5 的二值掩模确定为水域。

灰度分割广泛用于显示热红外图像，主要是为了表现不连续的温度范围，而这些温度值是以灰度级或颜色来编码的（见图 5.8）。

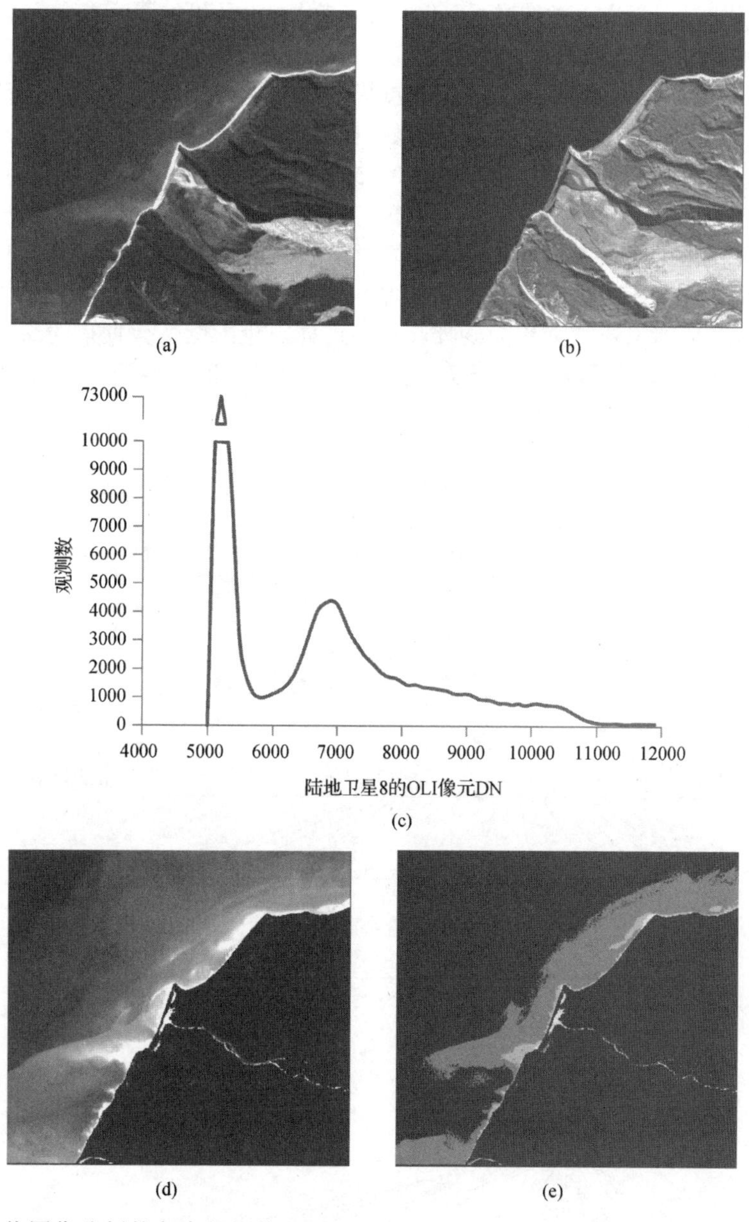

图 7.8　二值图像分割的灰度级阈值处理：(a)陆地卫星 8 陆地成像仪 OLI 波段 4（红色波段）灰度值连续分布的原始图像；(b)OLI 波段 5（近红外波段）图像；(c)OLI 波段 5 的直方图，原始 12 位 OLI 辐射范围被拉伸到 16 位 DN；(d)仅显示水体亮度值变化的 OLI 波段 4 图像；(e)对 OLI 波段 4 数据在确定为水域的地区做灰度分割处理

7.4.3 对比度拉伸

显示和记录图像的设备通常有 256 个以上的亮度级（8 位计算机编码所能表示的最大数）。而单幅图像中传感器的数据很少处于这一区间，它们可能只是 8 位区间的很小一部分（在低反差区域中），或者可能覆盖很宽的区间（传感器带有比 8 位还高的辐射分辨率，其成像在高分辨率区域）。因此，对比度拉伸的目的就是改变输入图像的亮度值范围，以便整个 8 位区间的显示值能得到最佳利用。结果是图像分析人员在输出图像中突出了感兴趣特征之间的对比度。

为了说明对比度（或反差）拉伸过程，我们可以考虑一个假设的遥感系统，其图像输出的灰度级在 0～255 之间变化。图 7.9(a)是记录在景物的一个光谱波段内的亮度直方图。假定我们设定的输出设备（如计算机显示器）能够显示 256 个灰度级（0～255）。注意从直方图中可以看出它显示的亮度值仅在有限范围 60～158 内。若将这些图像值直接用在显示设备中［见图 7.9(b)］，则仅使用了可以显示的全部范围中的一小部分，而未利用 0～59 和 159～255 这两个范围。因此，景物中色调信息的显示值被压缩在一个很小的范围内，降低了解译人员区分辐射细节的能力。

若能将景物内的图像亮度范围（60～158）扩大到与显示值范围（0～255）一致，就能获得更清晰的显示效果。在图 7.9(c)中，图像亮度值的范围已被均匀地扩大到与输出设备的整个亮度范围相一致。这种均匀的扩大称为线性拉伸。这样，输入图像数据值的微小变化就可在输出的色调中显示出来，进而被图像解译人员轻松地识别。这时，色调明亮的部分显得更明亮，阴暗的部分显得更阴暗。

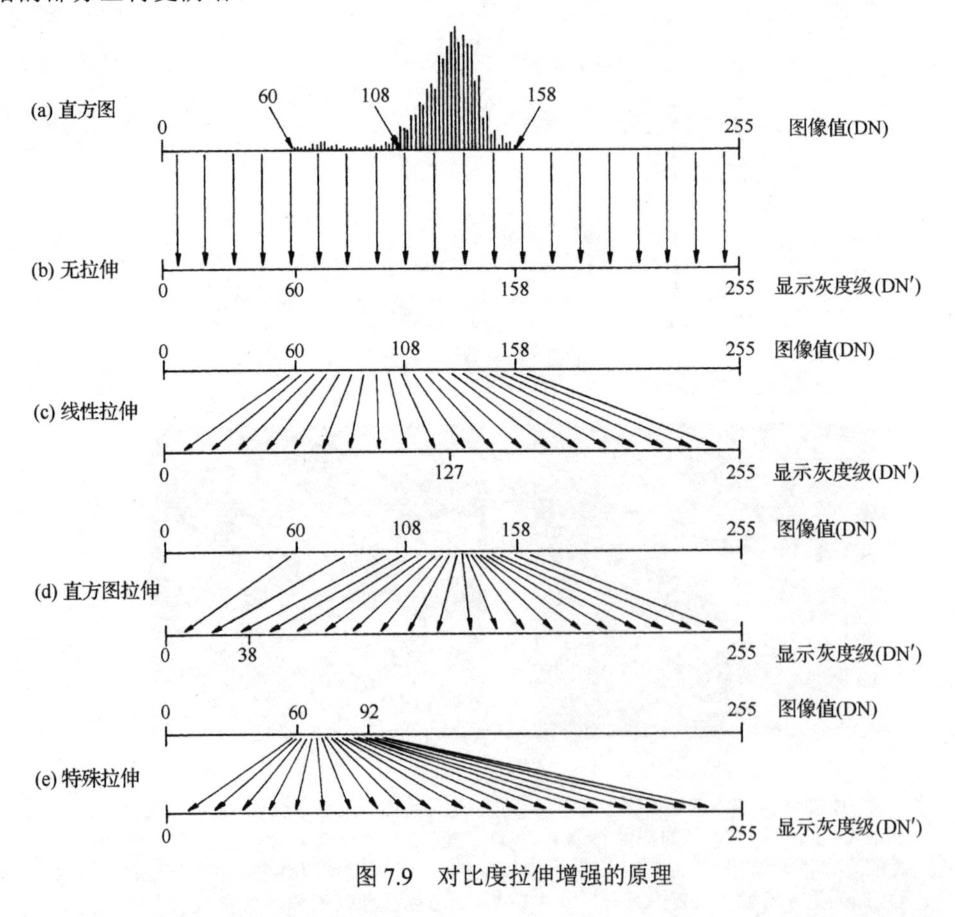

图 7.9　对比度拉伸增强的原理

在我们的例子中，线性拉伸采用下列算法计算图像中的每个像元值：

$$DN' = \left(\frac{DN - MIN}{MAX - MIN}\right) \cdot 255 \tag{7.6}$$

式中：DN′是输出图像中确定的像元数字值（灰度值）；DN 是输入图像中初始的像元数字值（灰度值）；MIN 是输入图像的最小值，在输出图像中指定为 0（本例中为 60）；MAX 是输入图像的最大值，在输出图像中指定为 255（本例中为 158）。

线性拉伸的一个缺点是，它会像处理频繁出现的亮度值那样，为图像亮度值范围内很少出现的亮度值同样分配许多灰度级。例如，在图 7.9(c)中，输出设备的动态范围有一半（0～127）被图像亮度值在范围 60～108 内的少量像元所占据，而在 109～158 之间的大量图像数据却被限制在输出亮度范围的另一半（128～255）中。尽管线性拉伸的效果比直接显示要好［见图 7.9(b)］，但它仍不能提供最佳的数据显示。

为改进上述状况，可使用*直方图均衡拉伸*方法。在这种方法中，图像值是根据图像亮度值的出现频率来分配显示范围的。在图 7.9(d)中，有更多的显示值（因而有更高的辐射清晰度）被分配到直方图上出现频率较高的部分。这样，范围 109～158 内的图像亮度值就扩大到了更大的亮度显示范围（39～255）内，而较小的一段亮度范围（0～38）则留给了出现频率较低的图像亮度值（60～108）。

就特定分析而言，我们可将某个图像亮度值范围拉伸到设计的显示范围，进而在更大的辐射清晰度下分析那些特定的特征。例如，若水体的特征在景物图像上显示范围很窄的亮度值，则可将这个小范围的图像亮度拉伸到整个显示范围，此时水体的特征一定会得到增强。如图 7.9(e)所示，输出亮度范围是由 60～92 这样一段小范围的图像亮度值显示的。经过拉伸显示，水体范围内微小的色调变化就被放大。另一方面，比较明亮的陆地特征则被“洗掉”而显示为单一的亮白色（255）。

图 7.10 说明了运用对比度拉伸算法的视觉效果。其中，图 7.10(a)显示了覆盖部分埃及尼罗河三角洲的陆地卫星 8 的原始 OLI 图像。开罗市位于三角洲的顶点即图的右边界处。该像幅的图像亮度值的范围很宽，因此原始图像显示的辐射细节很差，即亮度值类似的特征实际上难以区分。

在图 7.10(b)中，沙漠地区的亮度范围已被线性拉伸到输出显示的动态范围。在低对比度的原始图像中难以区分的地物特征，在这幅拉伸后的图像中却很容易识别。分析沙漠地区特征的图像解译人员可从这幅图像上提取更多的信息。

由于在这幅图像上所有显示的亮度级都赋给了明亮区，沙漠地区的增强无法显示较暗的具有灌溉网的三角洲区域的辐射细节，因此三角洲地区在图像上显示为黑色。如果解译人员要分析三角洲地区的特征，那么可以采用不同的拉伸方法，结果如图 7.10(c)所示。在这幅图像中，显示的亮度范围单独用于三角洲地区表现的亮度值范围。这幅原始图像的补偿处理增强了人口稠密、开垦充分的三角洲的亮度差异，而损失了明亮沙漠地区的全部信息。在这样的图像中，人口中心区表现得特别明显，且谷物类型之间的亮度差也得到了增强。

我们所论述的对比度拉伸例子仅是图像数据可能的转换处理的一小部分。例如，像正弦变换这样的非线性拉伸也可用于图像数据，以便增强诸如森林类或火山流这样一些“同类”特征内的微小差异。另外，我们的论述仅限于单波段的拉伸过程。彩色图像的增强也可由这些过程得到，即分别对图像数据的单波段进行拉伸，然后合成拉伸后的图像波段来显示结果。

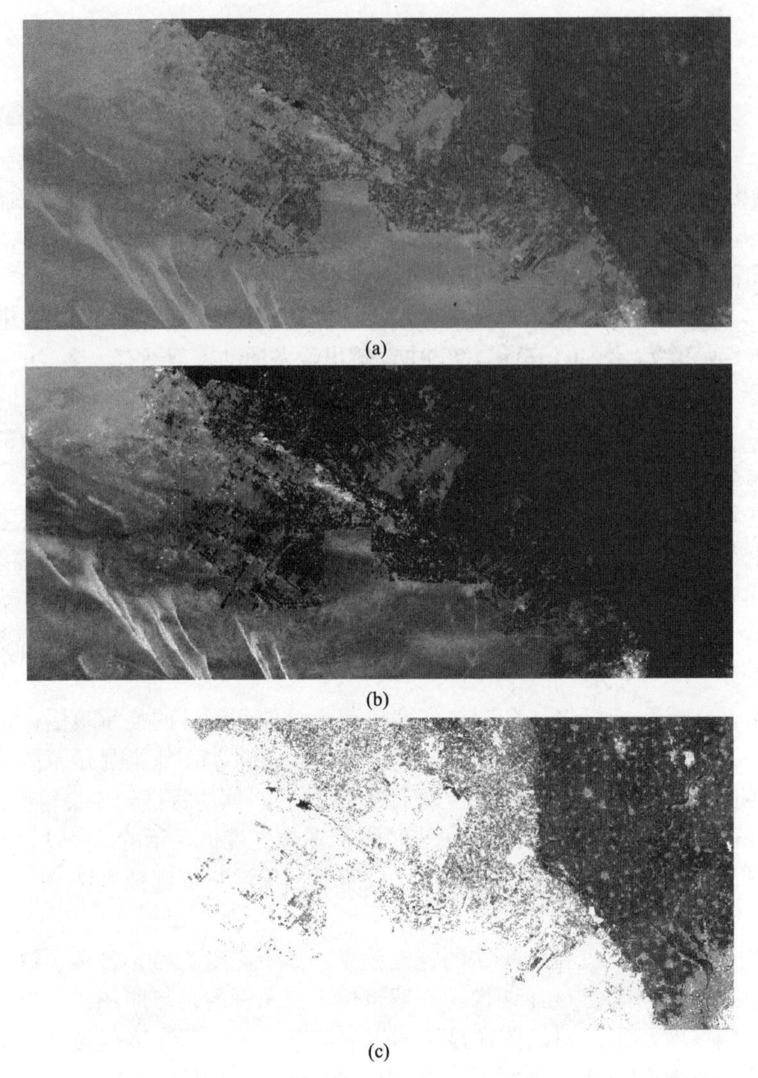

图 7.10 尼罗河三角洲地区陆地卫星 8 的原始 OLI 数据经过对比度拉伸后的效果：(a)原始图像；(b)图像拉伸以增强明亮区域对比度后的结果；(c)图像拉伸以增强黑暗区域对比度的结果

7.5 空间特征处理

7.5.1 空间滤波

光谱滤波器可阻挡或通过不同的光谱范围。和光谱滤波器相比，空间滤波器则突出或减弱图像的各种空间频率。空间频率是指图像中色调变化的"粗糙度"。具有高空间频率的图像区域在色调上是"粗糙的"。也就是说，这些区域的灰度级在相对少量的像元上存在突然变化（例如，穿过道路或田地的边界）。"平滑的"图像区域是指那些低空间频率的区域，在该区域中，灰度级只是逐步变化覆盖到相对较多的像元数（如有大片农作物的田地或水体）。而低通滤波器设计为加强低频特征（大面积亮度变化），减弱图像的高频成分（局部细节）。高通滤波器恰好相反，它加强图像细节的高频成分，而减弱普通的低频信息。

空间滤波是一种“邻域”处理，这种处理对原始图像的像元值，根据其邻域像元的灰度级进行修正。例如，简单的低通滤波器可以利用一个窗口滑过原始图像来实现，它产生新图像中每个像元的DN，新像元和原始图像中该位置的像元相对应，其DN是通过计算该像元的滑动窗口中多个邻域像元的平均值得到的。假定使用的是一个3×3像元窗口，新（滤波后）的图像中心像元的DN就是原始图像上包含该像元的滑动窗口的9个像元灰度值的平均值。在其他应用中，低通滤波器对于降低随机噪声是十分有用的（见7.2节关于去噪的讨论）。

简单的高通滤波可从未做处理的原始图像中减去低通滤波后的图像（逐个像元）来实现。图7.11给出了对图像采用这种处理后的目视效果，其中图7.11(a)为原始图像，图7.11(b)显示的是低频率成分图像，而图7.11(c)显示的是高频率成分图像。注意低频率成分图像［见图7.11(b)］由于邻域的平均值减少了差异，平滑或模糊了原始图像的细节，进而降低了灰度级范围，但它突出了原始图像上大面积的明亮区域。高频率成分图像［见图7.11(c)］增强了图像的空间细节，但是以损害大面积亮度信息为代价的。两幅图像都进行了对比度拉伸处理（空间滤波减小了图像中的灰度级范围，因此这种对比度拉伸处理通常是必需的）。

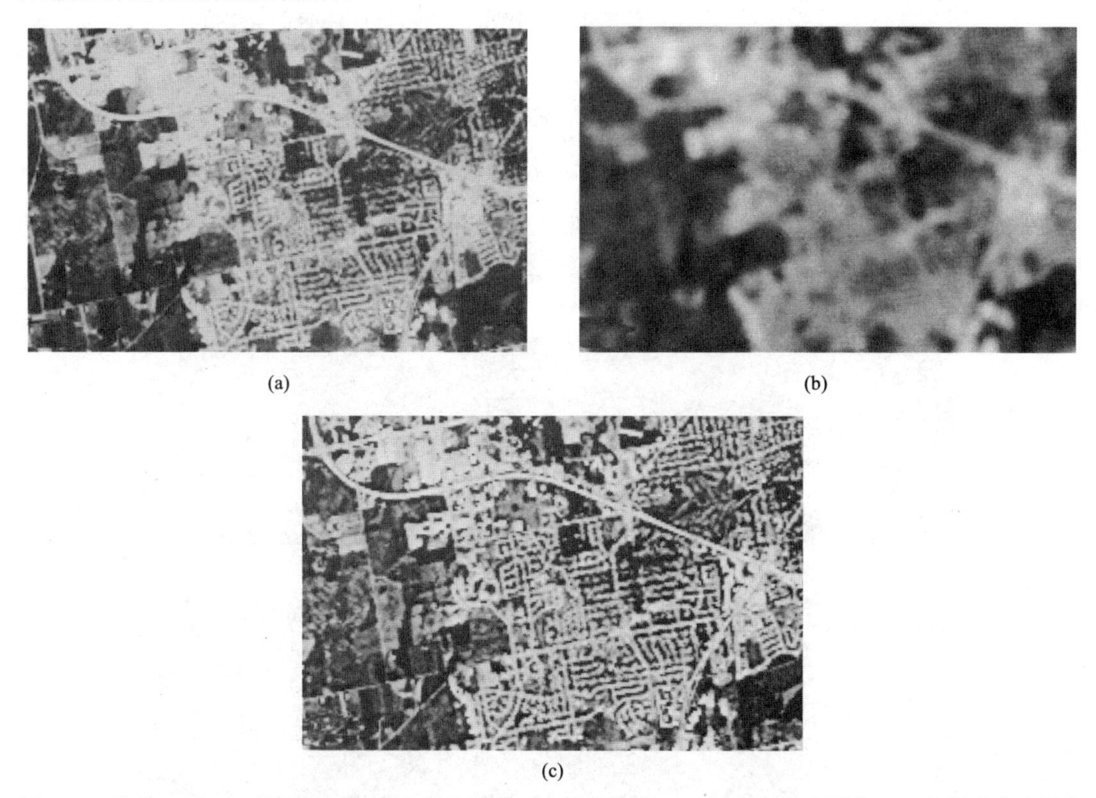

图7.11　陆地卫星TM数据经空间滤波后的效果：(a)原始图像；(b)低频率成分图像；(c)高频率成分图像

7.5.2　卷积

空间滤波是称为卷积的通用图像处理运算的一种特殊应用。图像的卷积操作包括以下步骤：

（1）建立一个由系数矩阵或权重因子构成的滑动窗口。这些矩阵称为掩模、模板、算子或内核，它们的大小一般为奇数个像元（如3×3、5×5、7×7）。

（2）内核在原始图像上移动，获取第二幅（被卷积的）输出图像内核中心DN的方式是：用原始图像中对应的像元DN乘以内核内的每个对应系数，然后将所有结果相加。这一处理是针对原始图像中的每个像元值进行的。

图 7.12 给出了所有系数都为 1/9 的 3×3 像元内核矩阵。用这个内核对图像进行卷积处理时，结果是该滑动窗口内像元值的简单平均值。这就是图 7.11(b)所示的低频增强过程。要突出图像中的其他空间频率，可以简单地改变卷积内核矩阵中的系数。图 7.13 依次说明了三种低频增强［见图 7.13(b)、图 7.13(c)和图 7.13(d)］，这三幅图像都是由同一原始数据集［见图 7.13(a)］得到的。

1/9	1/9	1/9
1/9	1/9	1/9
1/9	1/9	1/9

(a) 内核

67	67	72
70	68	71
72	71	72

(b) 原始图像的DN

	70	

(c) 卷积后图像的DN

卷积：1/9(67) + 1/9(67) + 1/9(72) + 1/9(70) + 1/9(68) + 1/9(71) + 1/9(72) + 1/9(71) + 1/9(72) = 630/9 = 70

图 7.12　卷积的概念，所有系数均为 1/9 的 3×3 像元内核矩阵。例中经过卷积处理后的图像中心像元值等于内核内 DN 的平均值

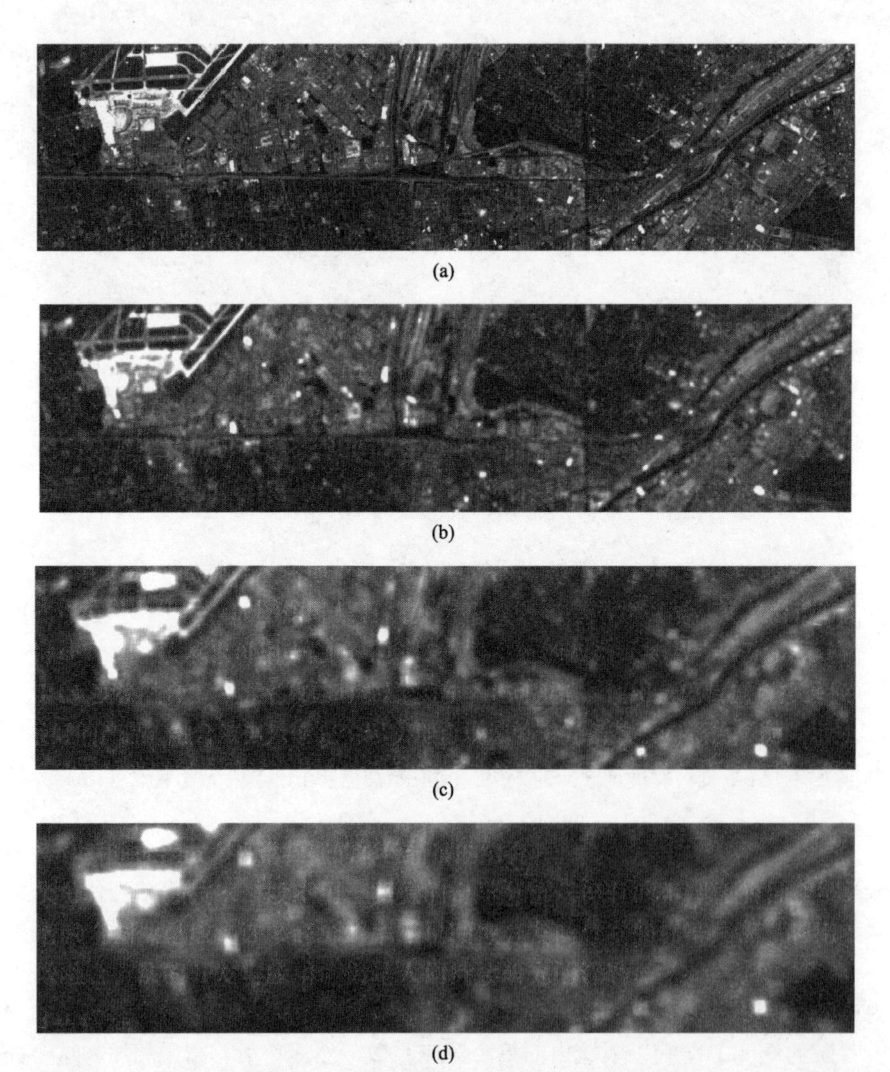

(a)

(b)

(c)

(d)

图 7.13　使用不同内核进行卷积变换后得到的图像频率成分：(a)原始图像；(b)～(d)不同的低频增强

影响图像卷积的因素包括所用内核的大小及内核中的系数值。内核的大小和权重的配置范围没有限制。例如，在选择合适的系数方面，可选择中心权重的内核，使它们的权重相同，或者根据特定的统计模型（如高斯分布）来构建权重值。总之，卷积是一种除了应用于空间滤波，还有大量应用的普通图像处理方法（参照“三次卷积”重采样过程的应用）。

7.5.3 边缘增强

高频成分图像能突出数字图像的空间细节。也就是说，这些图像夸大了局部对比度，且在描绘线状地物或图像数据的边界方面与未增强的原始图像相比具有优势。然而，高频成分图像未保留原始图像中所包含的低频亮度信息。边缘增强图像则试图既保留局部对比度又保留低频亮度信息，它是通过将原始图像的全部或部分灰度值“加回”到同一图像的高频成分图像上实现的。因此，边缘增强处理通常包括如下三个步骤：

（1）生成包含边界信息的高频成分图像。生成高频图像所用的内核大小根据图像的粗糙度来选择。“粗糙”的图像建议采用小滤波器尺寸（如 3×3 像元），而大尺寸滤波器（如 9×9 像元）则用于“平滑”的图像。

（2）将原始图像中每个像元值的所有灰度级或部分灰度级加回到该图像的高频成分图像上（加回到高频图像上的原始灰度级的比例可由图像分析人员决定）。

（3）将合成图像进行对比度拉伸处理。这样，新的结果图像上既包含了高频特征的局部对比度增强，又保留了图像中的低频亮度信息。

定向一阶差分是另一种图像增强技术，该技术旨在突出图像数据的边缘。一阶差分系统地将图像的每个像元与该像元直接相邻的像元进行比较，并将它们之间的差根据输出图像的不同灰度级显示出来。这个处理过程在数学上类似于根据给定的方向来确定灰度级的一阶导数。在定向一阶差分中所用的方向可以是水平方向，也可以是垂直方向或对角线方向。如图 7.14 所示，像元点 A 在水平方向的一阶差分是将像元点 A 的 DN 减去像元点 H 的 DN。像元点 A 在垂直方向的一阶差分是将像元点 A 的 DN 减去像元点 V 的 DN；对角线方向的一阶差分则是将像元点 A 的 DN 减去像元点 D 的 DN。

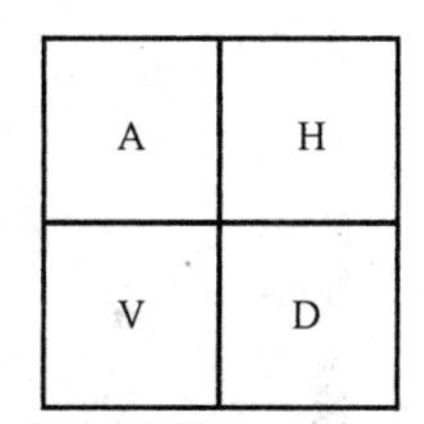

水平一阶差分 = $DN_A - DN_H$
垂直一阶差分 = $DN_A - DN_V$
对角线一阶差分 = $DN_A - DN_D$

图 7.14　主像元（A）及其在水平方向、垂直方向、对角线方向上一阶差分的参照像元（H、V 和 D）

注意，一阶差分的值可以是正数，也可以是负数，因此为了显示的需要，通常将一阶差分值加上一个常数，例如显示值的中值（对于 8 位数据而言这个常数为 127）。而且由于像元间的差通常很小，增强图像中的数据的取值通常位于显示中值的一个很窄范围内，因此必须对该输出图像做进一步的对比度拉伸处理。

一阶差分图像通常突出差分方向的垂直边界，而减弱与差分方向平行的边界。例如，在水平一阶差分图像中，在垂直边界的像元间将产生大的灰度级变化。另一方面，垂直一阶差分对同样的边界则有相对很小的值（也许为 0）。图 7.15 显示了这些影响，这里原始图像［见图 7.15(a)］的垂直特征在水平一阶差分图像［见图 7.15(c)］中得到了突出，而原始图像的水平特征在垂直一阶差分图像［见图 7.15(b)］中得到了突出。沿右边和左边对角线方向的一阶差分突出的特征分别显示在图 7.15(d)和图 7.15(e)中。

用于边缘增强的一种常见非线性滤波器是拉普拉斯滤波器。这种滤波器突出图像中的所有边缘，但忽略均匀或平滑变化的区域［见图 7.15(f)］。在许多情况下，拉普拉斯滤波器或其他无特定方向的边缘检测器都要与原始图像合成（或加回到原始图像上），如同先前讨论的那样（见图 7.16）。

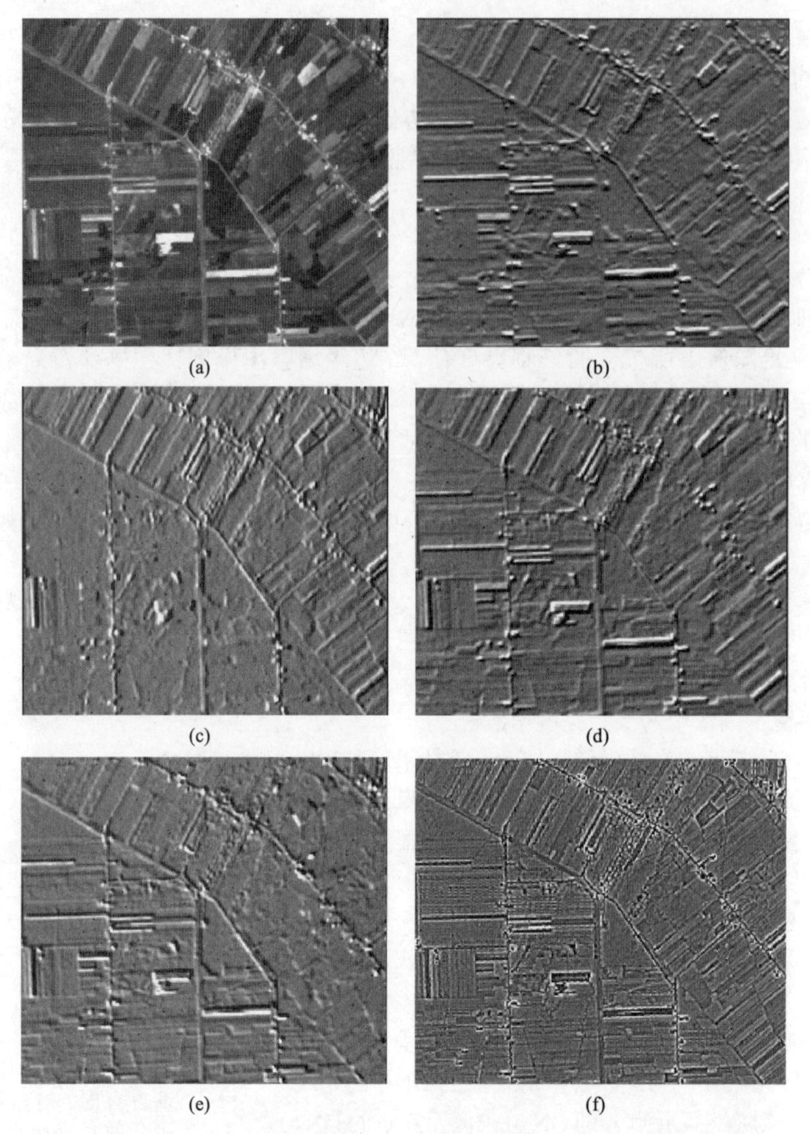
(a) (b) (c) (d) (e) (f)

图 7.15　通过定向一阶差分进行边缘增强：(a)原始图像；(b)垂直一阶差分图像；(c)水平一阶差分图像；(d)右对角线一阶差分图像；(e)左对角线一阶差分图像；(f)拉普拉斯边缘检测器

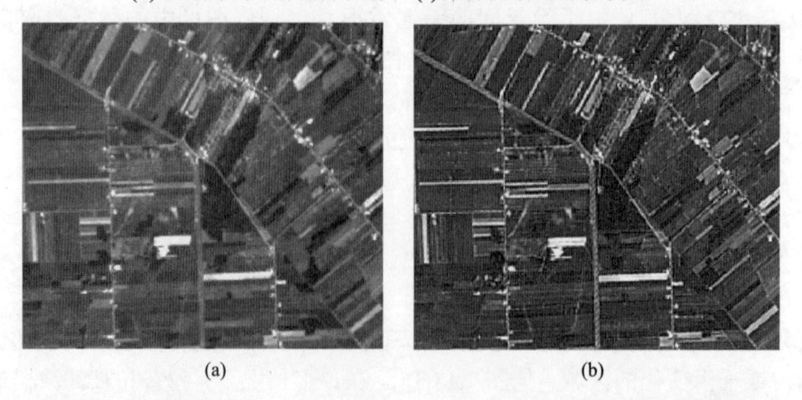
(a) (b)

图 7.16　使用边缘增强实现图像锐化：(a)原始图像；(b)边缘增强后的图像加回到原始图像后的结果

7.5.4 傅里叶分析

迄今为止，我们所讨论的空间特征的处理都是在空间域——图像的(x, y)坐标空间中进行的。此外，还有一种用于图像分析的坐标空间，即频率域。这种方法通过应用一种数学运算，将图像分为不同的空间频率成分，这种运算称为傅里叶变换。傅里叶变换如何定量计算这一问题并不属于这里的讨论范围。从概念上讲，如果离散的 DN 沿图像的行与列方向分布，那么这种方法就相当于把这些离散的 DN 拟合成一个连续函数。任何沿已知行或列出现的“波峰和波谷”，在数学上都可通过结合不同的振幅、频率及相位的正弦波和余弦波来描述。傅里叶变换就是由计算图像中每种可能空间频率的振幅和相位产生的。

一幅图像被分成空间频率成分后，就可在二维散点图中显示这些值，这种散点图称为傅里叶谱。图 7.17 显示了数字图像(a)和该图像的傅里叶谱(b)。景物的低频率在光谱的中心，而逐渐变高的频率在中心的周围。原始图像水平方向的特征在傅里叶谱中产生垂直要素，而原始图像垂直方向的特征在傅里叶谱中产生水平要素。

已知图像的傅里叶谱后，就可应用傅里叶逆变换复原原始图像。这种方法仅是数学上傅里叶变换的逆变换。因此，图像的傅里叶谱有助于许多图像处理运算。例如，空间滤波可以直接针对傅里叶谱进行，然后执行逆变换。这种方法的实例如图 7.18 所示。在图 7.18(a)中，环形高频阻塞滤波器用于图 7.17(b)所示的傅里叶谱，注意该图像是对原始景物进行低通滤波后的图像。图 7.18(c)和图 7.18(d)使用了环形低频阻塞滤波器(c)来产生高通滤波的增强图(d)。

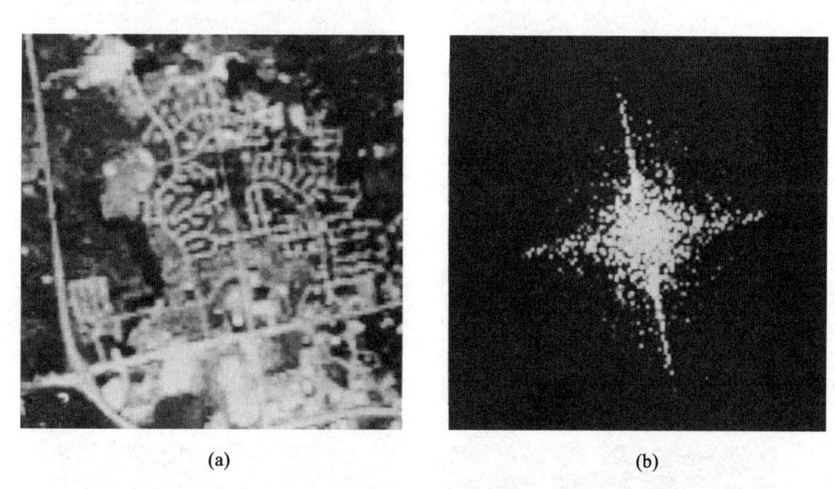

图 7.17 傅里叶变换的应用：(a)原始图像；(b)原始图像的傅里叶谱

图 7.19 显示了傅里叶分析的另一种普通应用——图像去噪。图 7.19(a)是包括实际噪声的航空多光谱扫描图像。图 7.19(b)显示了图像的傅里叶谱。注意这里的噪声模式，噪声出现在原始图像的水平方向，而在傅里叶谱中频带的走向是垂直方向。图 7.19(c)是将垂直楔形阻塞滤波器应用于光谱的结果。该滤波器通过图像的低频成分，阻挡原始图像中沿水平方向的高频成分。图 7.19(d)是图 7.19(c)的逆变换。注意这种处理是如何有效去除原始图像的固有噪声的。

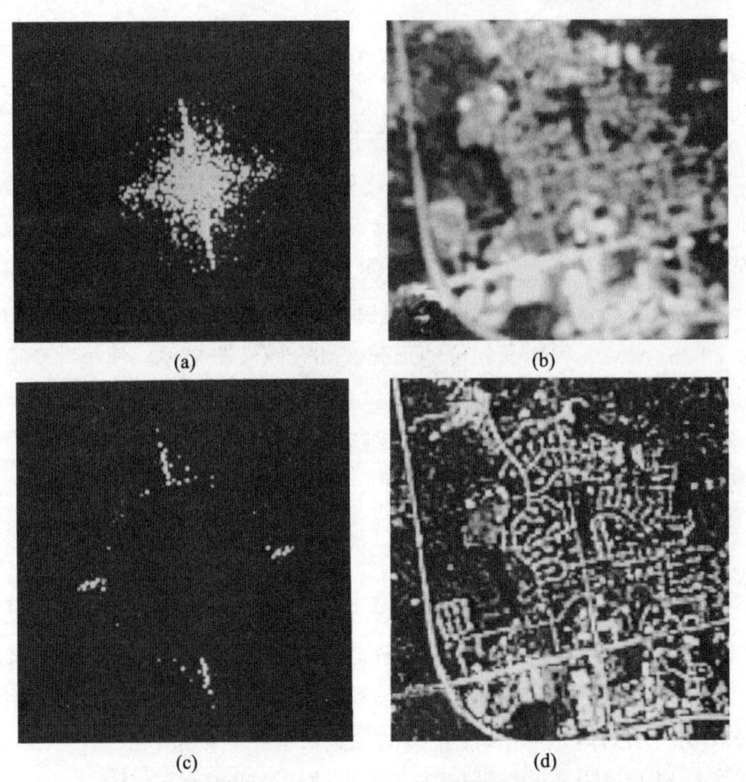

图 7.18　采用频率域方法进行空间滤波：(a)高频阻塞滤波器；(b)对图(a)所做的逆变换；(c)低频阻塞滤波器；(d)对图(c)所做的逆变换

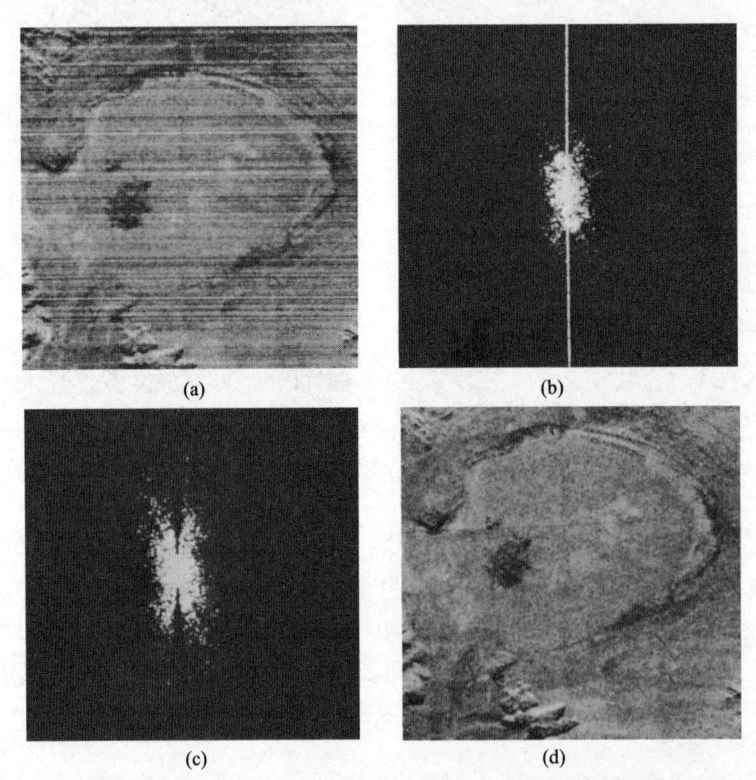

图 7.19　采用频率域方法去噪：(a)包含噪声的机载多光谱扫描图像（引自 NASA）；(b)图(a)的傅里叶光谱；(c)楔形阻塞滤波器；(d)图(c)的逆变换

7.6 多图像处理

7.6.1 光谱比值

比值图像是一种增强的结果，它是将一个光谱波段中的DN除以另一个波段图像中的对应DN得到的。比值图像的主要优点是，在传送图像的光谱特征或彩色特征时，无须考虑图像光照条件的变化。这一概念的说明如图7.20所示，该图描述的是山脊线阳面与阴面的两种不同土地覆盖类型（落叶林和针叶林）。在阴面观测到的每种类型的树的DN，总比阳面的低一些。然而，不管是阳面还是阴面，每种土地覆盖类型的比值都大致相等，它们与光照条件无关。因此，景物的比值图像能有效地弥补由地形变化引起的亮度变化，且能突出图像数据的色彩内容。

比值图像经常用于辨别图像中的细微光谱变化，而在单光谱波段或标准彩色合成图像中，这种细微的光谱变化则被**亮度**变化掩盖。这种辨别能力的增强是因为比值图像明显地描述了两个波段之间光谱反射率曲线的**斜率**变化，而不用考虑波段中观测到的绝对反射值的大小。在某个波段上，各种不同材料类型的斜率相当不同。例如，健康植被的近红外波段与红波段的比值一般都很高，而非健康植被的这个比值却很低（因为近红外波段的反射减小而红波段的反射增强）。因此，近红外波段与红波段（或红波段与近红外波段）的比值图像对区分健康与非健康植被区域是非常有用的。这种类型的比值同样广泛用于植被指数中，植被指数的目的是建立植被绿度与生物量之间的定量关系。

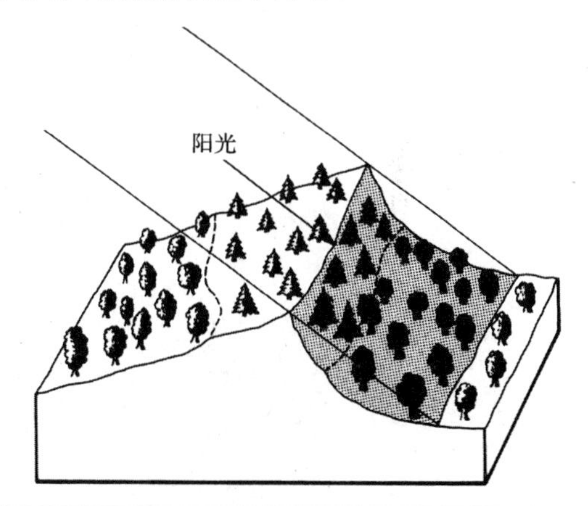

土地覆盖/光照	数字值（DN）		
	波段A	波段B	比值（波段A/波段B）
落叶林			
阳面	48	50	0.96
阴面	18	19	0.95
针叶林			
阳面	31	45	0.69
阴面	11	16	0.69

图7.20　通过光谱比值来减少景物光照条件的影响（引自Sabins，1997）

显然，任何给定光谱比值的应用取决于波段中地物的特定反射特征和应用。比值图像组合的形式和数值，既要图像分析人员可以得到，又要取决于数字数据的来源。有 n 个波段的数据源可以生成的光谱比值图像的数量是 $n(n-1)$。因此，对于有 6 个非热红外波段的陆地卫星 TM 或 ETM+数据而言，可以获得数量为 $6\times(6-1)$或30种比值组合。

图7.21给出了4种由TM数据产生的具有代表性的比值图像。在这些图像上较亮的色调描绘的是高比值。其中图7.21(a)是波段TM1与波段TM2的比值图像。因为在这幅图像中，这两个波段是高度相关的，因此比值图像具有较低的对比度。图7.21(b)是TM3与TM4的比值图像，它能很好地描绘水体与道路这样一些地物特征，因为它们在红光波段（TM3）有很高的反射率，而在近红外波段（TM4）的反射率却很低，因此在TM3与TM4的比值图像中，这些地物特征表现出较亮的色调。而对于诸如植被这样的一些特征，它们在红波段（TM3）具有较低的反射率，而在近红外波段（TM4）具有较高的反射率，因此在比值图像上显示为较暗的色调。图7.21(c)是TM5与TM2的比值图像。这里植被一般显示为亮色调，因为它们在中红外波段（TM5）具有相对较高的反射率，而在绿波段

（TM2）具有相对较低的反射率。注意，有些植被类型具有特殊的反射特性，因此并不遵循这一规律。在这种特殊的比值图像中，这些类型的植被显示为很暗的色调，因此可将它们从其他植被类型中区别开来。图 7.21(d)显示的是 TM3 与 TM7 的比值图像，在这幅图像中，道路和其他人文特征表现出较亮的色调，因为它们在红波段（TM3）具有相对较高的反射率，而在中红外波段（TM7）具有较低的反射率。类似地，在这幅比值图像中，很容易观测到水体浊度的差异。

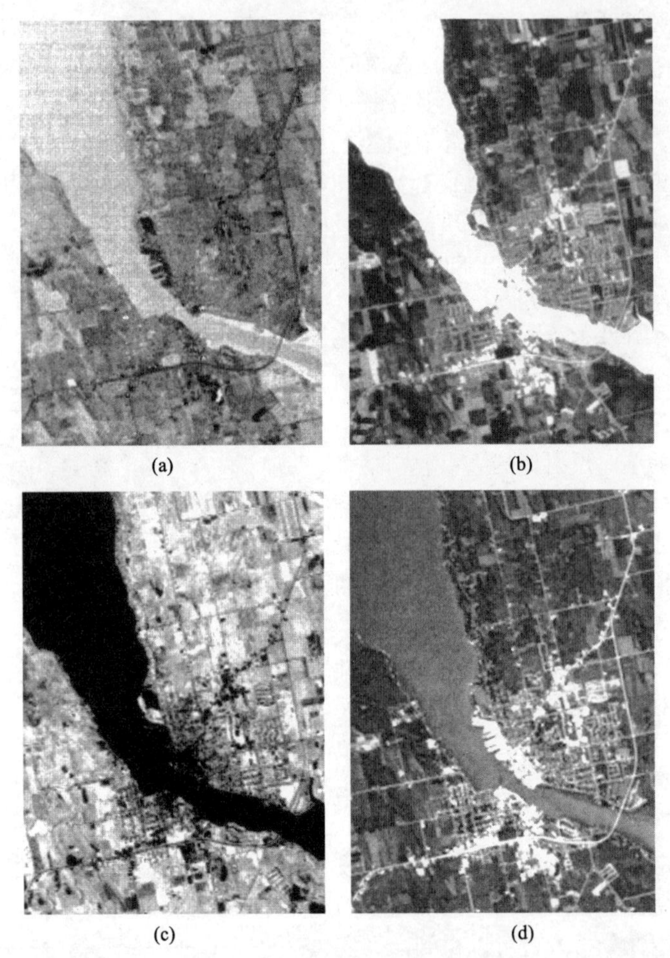

图 7.21　仲夏时从陆地卫星 TM 数据中获取的比值图像，美国威斯康星州斯特金湾附近（比值越高，图像显示越亮）：(a)TM1/TM2；(b)TM3/TM4；(c)TM5/TM2；(d)TM3/TM7

在生成和解译比值图像时应小心谨慎。首先，这些图像具有“强度盲区”。也就是说，它们具有不同的绝对辐射值，而在它们的光谱反射率曲线上，相似斜率的不同地物可能表现出相同的比值。当这些地物连续分布且在图像中具有相似的图像结构时，这一问题尤其棘手。在制作比值图像前，很重要的一项准备工作就是去噪，因为比值图像增强了噪声模式，而它们在合成图像中是无关的。此外，比值仅弥补了倍增光照效果。也就是说，两个波段的 DN 或辐射率相除，仅消除了那些在两个波段内同样起作用的因素，而不能消除那些附加因素。例如，大气雾霾是一种附加因素，为得到可接受的结果，这个因素可能需要在进行比值操作前剔除掉。还应注意，如果分母中波段的 DN 为 0，比值就会在数学上“溢出”（无定义）。同时，比值小于 1 是很普遍的现象，以四舍五入法取整时就会出现许多比值数据压缩成灰度值 0 或 1 的情况。因此，将比值计算结果存储为浮点数值而非整型值，或按比例将比值结果计算到覆盖更宽的范围是很重要的。

7.6.2 归一化差值指数和其他指数

利用归一化差值指数和其他数学变量可以解决简单比值运算的几种局限性。广泛使用的归一化差值指数之一是归一化差值植被指数（NDVI），它已在第 5 章和彩图 18 中出现过。该指数基于近红外波段和红波段的反射率差，即

$$\text{NDVI}=\frac{\rho_{\text{NIR}}-\rho_{\text{RED}}}{\rho_{\text{NIR}}+\rho_{\text{RED}}} \tag{7.7}$$

式中：ρ_{NIR} 和 ρ_{RED} 分别是传感器感知的近红外波段和红波段光谱反射率。显然，高 NDVI 值是近红外波段高反射率和红波段低反射率合成的结果。第 1 章已讨论这种典型的植被光谱"信号"的合成。非植被区域，包括裸露的土壤、地面的河流、雪/冰及许多建筑，都有很低的 NDVI 值。

图 7.22 是 NDVI 数据的实例，所示为中国新疆同一地区陆地卫星获得的两个时相的 NDVI。明亮的像元对应的是密集的植被区域，那里基本是灌溉的农田，生长着棉花和其他作物；这些区域的 NDVI 值大于 0.2。NDVI 图像最黑的部分（NDVI 值小于 0）是非植被区，包括一些河道中的地面水和沙漠中裸露的沙土区域。中灰色调代表天然植被区域，主要是胡杨树林地、各种类型的灌木以及其他岸栖植物群落，它们都沿现有河道和以前的河道生长（该地区进一步的 NDVI 数据实例是从 MODIS 而非陆地卫星得到的，如图 7.58 和图 7.59 所示，详细讨论见 7.19 节）。

(a)

(b)

图 7.22 从陆地卫星图像导出的归一化差值植被指数（NDVI）图像：(a)2000 年；(b)2011 年。中国新疆。最亮的地块是灌溉的农田；中灰色调是沿现在河道或以前的河道分布的岸栖植物；黑色区域是稀疏的植被或沙漠

NDVI 广泛用于植被检测和评估。它不仅与作物生物量积累有很好的相关性，而且与叶片的叶绿素含量、叶面积指数值以及被作物冠层吸收的光合有效辐射等有很好的相关性。但在一些条件下，NDVI 的影响也会变得很小，因此可使用多种可选择的植被指数来代替或补充 NDVI。土壤调节植被指数（SAVI）设计用于补充稀疏植被区域上有土壤背景的情况（Huete，1988）：

$$\text{SAVI}=\left(\frac{\rho_{\text{NIR}}-\rho_{\text{RED}}}{\rho_{\text{NIR}}+\rho_{\text{RED}}+L}\right)(1+L) \tag{7.8}$$

式中：L 是值在 0 和 1 之间的校正因子，默认值为 0.5（L 值越接近 0，SAVI 值就越接近 NDVI）。在相反的极端情况下，当植被覆盖达到中到高水平时，绿色归一化差值植被指数（GNDVI）可更可靠地作为作物状况的指示器。GNDVI 除了用绿色波段替代红色波段，形式上与 NDVI 是相同的。类似地，宽范围动态植被指数（WDRVI）可以改善中到高水平光合绿色生物量的敏感度（Viña, Henebry, and Gitelson, 2004）。

得到全球范围内的 MODIS 数据后，人们又提出了几种新的植被指数。例如，增强植被指数（EVI）

作为改进后的 NDVI，其调整因子可使土壤背景的影响最小化，且红色波段数据对蓝色波段校正可以减少大气散射的影响（彩图 32 给出了从 MODIS 导出的 EVI 数据的一个例子，详见 7.19 节的讨论）。同样，MERIS 地面叶绿素指数（MTCI）是利用 MERIS 传感器设置的标准波段获得叶绿素的最优量度（Dash and Curran，2004）。人们还提出了其他植被指数，且新传感器提供了光谱波段的通道，它们并不包含在先前的航天遥感平台上，将来可能会发展出更多的指数目录。

除了植被指数，还有其他一些数学指数，这些指数也利用光谱波段的组合来表现不同的地物表面特征类型。例如，归一化差值积雪指数（NDSI）是基于绿波段和中红外波段的指数（Hall et al.，1998），如陆地卫星 TM/ETM+中的波段 2 和 5，或陆地卫星 8 中的波段 3 和 6。因为积雪能强烈反射可见光谱，而吸收中红外的 1.6μm 辐射，因此这两个波段的归一化差值突出了积雪的覆盖。图 7.23 显示了绿波段和中红外波段的原始图像［见图 7.23(a)和图 7.23 (b)］，地点是秘鲁的安第斯山脉。绿波段明亮的部分是雪和冰，而在中红外波段的雪和冰却很暗。在 NDSI 的结果图像(c)中，雪和冰覆盖的部分呈高亮度（地面的水也在 NDSI 图中显示高亮度值，但在可见光区域很容易区分水和雪，因为在可见光区域水是暗的，而雪是亮的）。

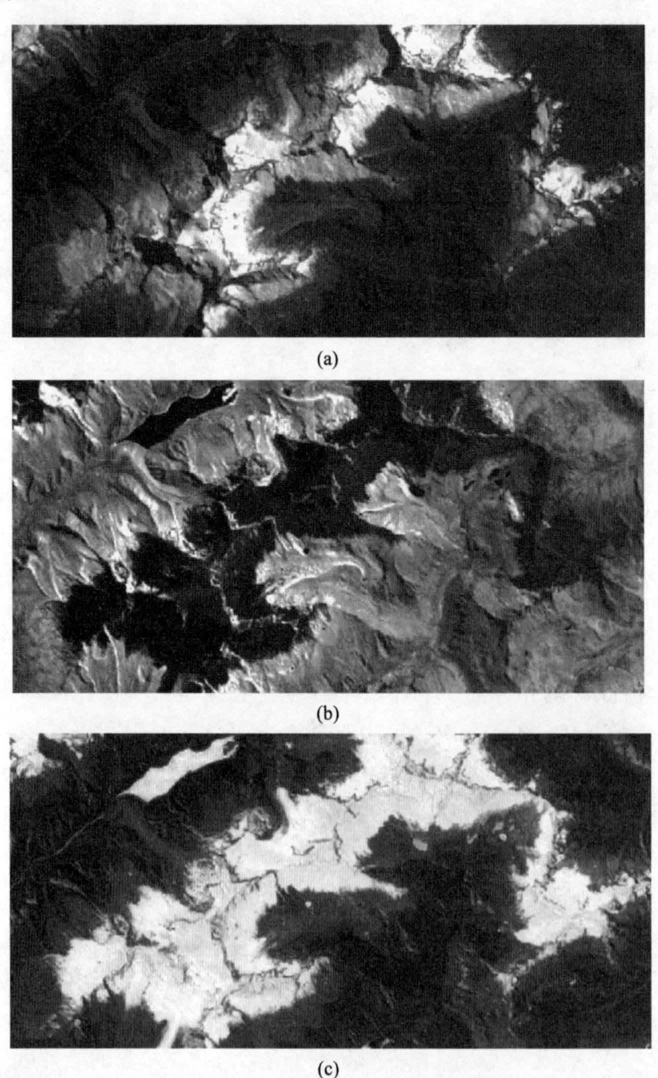

(a)

(b)

(c)

图 7.23　陆地卫星 7 ETM+图像和冰与雪的归一化差值积雪指数（NDSI）图像，地点是秘鲁的安第斯山脉：(a)ETM+波段 2（绿）；(b)ETM+波段 5（中红外波段）；(c)NDSI

与先前描述的简单比值不同的是，归一化差值指数有一个很明显的优点，即它们被限制在范围−1～+1内，这样就避免了简单比值计算带来的缩放比例问题。

7.6.3 主成分与典型成分

光谱波段之间存在的广泛相关性，是多光谱图像数据分析中经常遇到的一个问题。也就是说，各种波长波段的数字数据所产生的图像通常看起来是非常相似的，而且实际传递的也是相同的信息。主成分变换与典型成分变换是两种用来减少多光谱数据冗余的技术。这些变换可用于数据目视解译之前的增强处理，也可用于数据自动分类之前的预处理。如果在自动分类之前进行了主成分变换，那么一般会提高分类过程的计算效率，因为主成分与典型成分分析可以降低原始数据集的维数。换句话说，这些处理的目的是将包含在原始 n 个波段内的所有信息压缩到少于 n 的几个“新波段”中，然后用新波段的数据代替原始数据。

用于推导主成分和典型成分变换统计过程的详细描述超出了本书的讨论范围，但它涉及的概念可通过考虑两个波段的图像数据集来图形化表示，如图 7.24 所示。图 7.24(a)显示了根据原始波段 A 和 B 记录的灰度级，利用随机取样的像元画出的散点图。叠加在波段 A 和波段 B 的坐标轴上的是两个新坐标轴（坐标轴 I 和坐标轴 II），这两个新坐标轴是原始坐标轴进行相应的旋转后生成的，且它们的坐标原点在数据分布的平均值上。其中坐标轴 I 定义为*第一主成分*的方向，坐标轴 II 定义为*第二主成分*的方向。把原始坐标系波段 A 和 B 的数字值变换到新坐标系 I 和 II 的数字值，所需要的关系式是

$$
\begin{aligned}
\mathrm{DN_I} &= a_{11}\mathrm{DN_A} + a_{12}\mathrm{DN_B} \\
\mathrm{DN_{II}} &= a_{21}\mathrm{DN_A} + a_{22}\mathrm{DN_B}
\end{aligned}
\tag{7.9}
$$

式中：$\mathrm{DN_I}$ 和 $\mathrm{DN_{II}}$ 是新坐标系（主成分图像）的数字值；$\mathrm{DN_A}$ 和 $\mathrm{DN_B}$ 是旧（原始）坐标系的数字值；a_{11}、a_{12}、a_{21}、a_{22} 是变换系数。

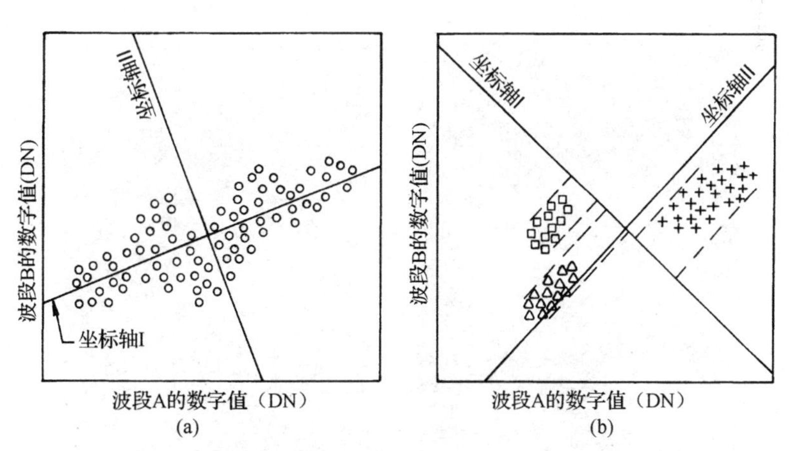

图 7.24 主成分和典型成分变换所用的旋转坐标轴：(a)主成分变换；(b)典型成分变换

简而言之，主成分图像数据的值是原始数据值与适当变换系数相乘后的简单线性组合。这些系数是称为*特征向量*或*主成分*的统计量，它们由原始图像数据的方差/协方差矩阵得到。

因此，由原始数据和全图像以像元为基础的特征向量的线性组合得到了主成分图像。主成分图像通常简单地称为*主成分*，理论上这是不正确的，因为特征值本身才是主成分，但我们在本书中有时并不指出这一区别。注意，在图 7.24(a)中，可以看出沿第一主成分（坐标轴 I）方向的数据比沿原始坐

标轴（波段 A 和波段 B）的数据有更大的方差或动态范围。沿第二主成分方向的数据的方差要小很多，这是所有主成分图像的特性。一般来说，第一个主成分图像（PC1）包含整个图像方差的最大百分比，而其后各主成分图像（PC2, PC3, …, PCn）包含的图像方差的百分比逐渐递减。而且，后面的成分与前面的所有成分都是正交的，因此所有主成分中包含的数据互不相关。

主成分增强是通过对变换后的像元值进行对比度拉伸来显示的。下面用图 7.25 所示的陆地卫星 MSS（多光谱扫描）图像来说明主成分显示的本质。这幅图是在沙特阿拉伯马德伦地区用 4 个 MSS 波段得到的。图 7.26 是这一地区的主成分图像。图 7.25 中用字母标出了一些具有地质意义的区域：（A）干旱河谷中的冲积物；（B）第四纪和第三纪层状玄武岩；（C）花岗岩和花岗闪长岩。

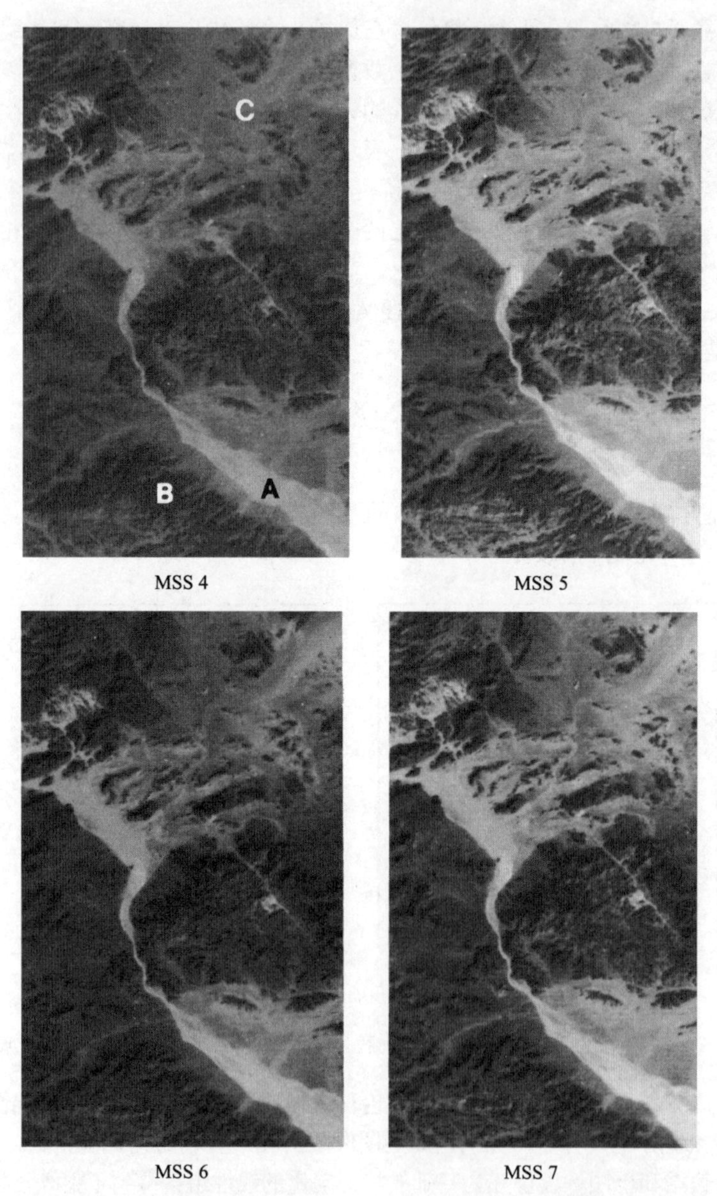

图 7.25　覆盖沙特阿拉伯马德伦地区的 4 个 MSS 波段。注意这些原始图像显示的信息冗余度（来自 NASA）

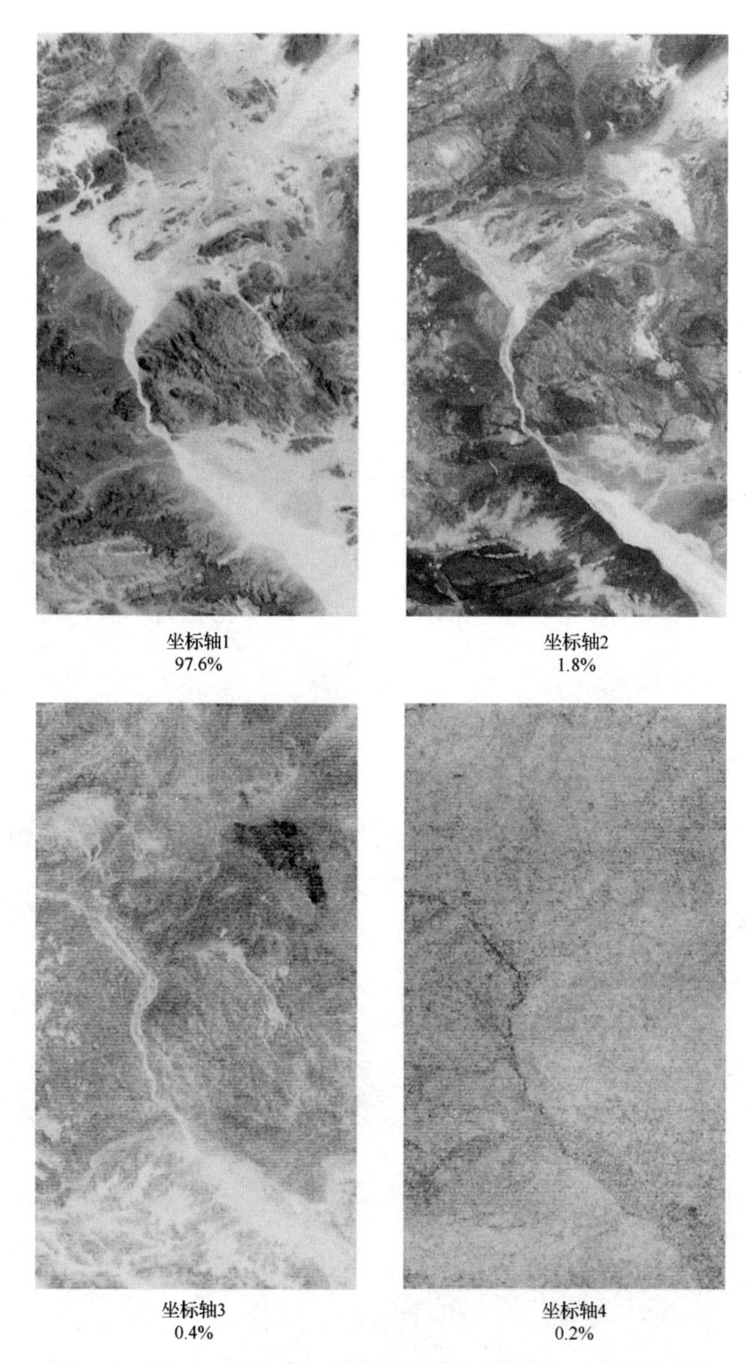

图 7.26　图 7.25 所示 MSS 数据经主成分分析变换后的结果。图上标出了每个旋转轴占景物方差的百分比（来自 NASA）

注意在图 7.26 中，主成分 PC1 解释了原始数据集内的多数方差（97.6%），而主成分 PC1 和 PC2 实际上解释了图像中的几乎所有方差（99.4%）。在陆地卫星多光谱扫描 MSS 数据中，通常会压缩前两个主成分图像的信息。因此，我们将陆地卫星 MSS 数据的本征维数取为 2。同样，在陆地卫星 MSS 数据中也经常遇到第四主成分 PC4 图像，它除了描述系统的噪声，实际上并未提供什么有用信息。但要注意第二主成分 PC2 与第三主成分 PC3 仍能反映一定的地物特征，而这些地物特征在第一主成分 PC1 所表现的主要模式中却很不明显。例如，一个半圆形的地物特征（在图 7.25 标记为 C）在 PC2 与 PC3 图像的右上方（分别呈亮色调和暗色调）可以清晰地辨认出来。但这一地物特征在 PC1 图像和原始数据所有波段的图像上，都被一些占优势的图像模式所掩盖。同样，PC2 和 PC3 中相反的色调也表明了这些主成分图像之间缺乏相关性。

图 7.27 描述了 MODIS 数据的主成分分析应用，目的是增强和跟踪威斯康星水镇轮胎再循环设施导致的大量烟流的范围（8.13 节包括了该火灾的倾斜航空摄影和陆地卫星 TM 图像）。Aqua 卫星在火势开始后 4 小时刚好经过火区上空。此时，烟流向东南方延伸了 150km，越过了威斯康星州密尔沃基市，并且覆盖了密歇根湖中心。注意，在图 7.27(a)所示的原始图像和图 7.27(b)所示的放大图中，要区分烟流扩展到密歇根湖的程度很困难。但在图 7.27(c)中，烟流的整个情形十分清楚，因此该图像有助于在烟流和下层陆地以及水面之间增加对比度。图 7.27(c)是从 MODIS 波段 1～5 和波段 8 的第三主成分生成的。

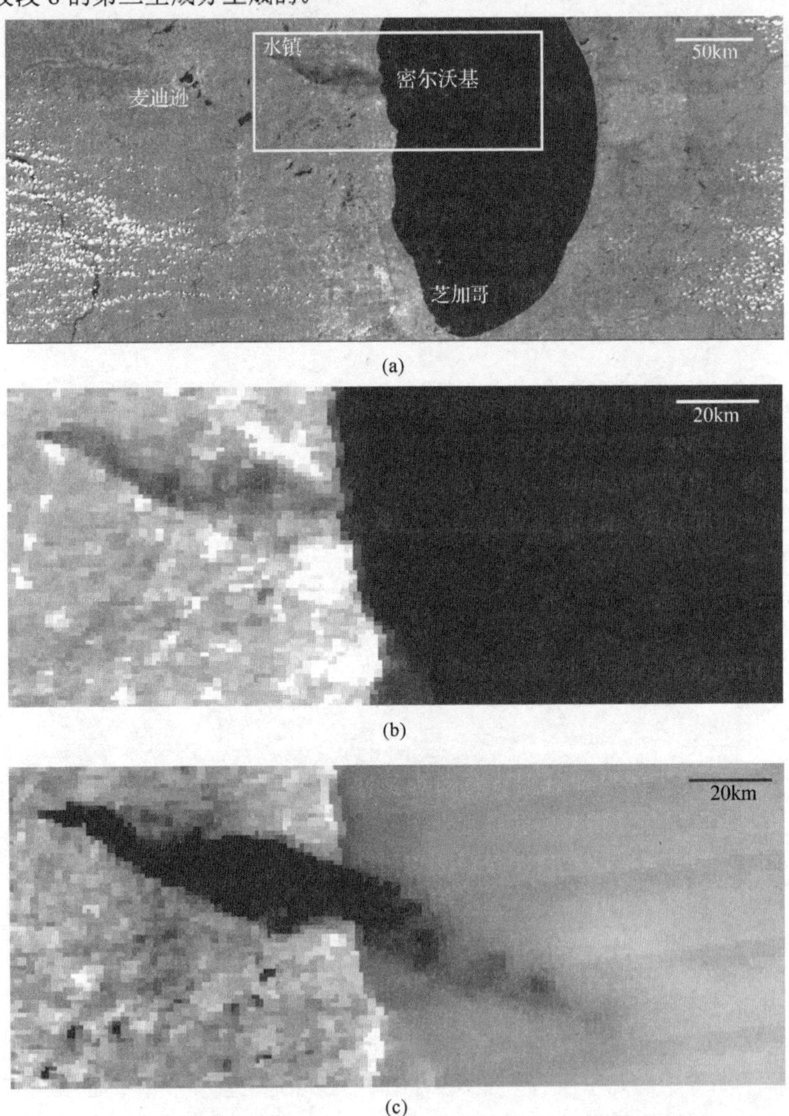

图 7.27　利用主成分分析来增加烟流与下层陆地和水域的对比度：(a)部分原始的 MODIS 区域图像，比例尺为 1∶4000000；(b)MODIS 波段 4 图像中放大的烟流区域，比例尺为 1∶1500000；(c)由 MODIS 波段 1～5 和波段 8 导出的第三主成分图像，比例尺为 1∶1500000

与比值图像的情况类似，主成分图像既可作为黑白图像单独分析（如该例所示），又可对其中的任何三个主成分图像进行彩色合成，以生成彩色合成图像。在使用主成分数据进行分类运算时，一般要把主成分数据简单地视为原始数据。但是，所用主成分的数量通常会减少数据的固有维数，因此，所需计算量的降低提升了图像分类处理的效率（例如，采用陆地卫星 TM、ETM+和 OLI 的可见光、近红外和中红外波段进行分类时，通常可减少到只有三个主成分图像）。

主成分增强技术特别适用于那些没有先验信息的地区。但是，如果所研究地区特定地物的信息已知，则把典型成分分析称为多元判别分析更合适。例如，图 7.24(a)所示主成分变换轴的位置是以像元值随机、无差别的取样为基础的。图 7.24(b)描绘了在图像区域内从分析人员定义的三种不同地物类型中得到的像元值（地物类型分别用△、□和＋表示）。在这幅图中，典型成分轴（轴 I 和轴 II）位于这些类型之间的最大可分离位置，且每种类型的类内方差最小。例如，图 7.24(b)中轴的位置，只用轴 I 即可分辨这三种地物类型，这正是以沿轴 I 的位置的第一典型成分图像为基础的（CC1）。典型成分不仅可以改善分类效果，而且增大了类的光谱可分性，因此也可提高识别地物的分类精度。

7.6.4 植被成分

除了前面介绍过的植被指数外，还有其他形式的数据线性变换用来监测植被，不同的传感器和不同的植被条件采用不同的变换。“缨帽”变换可产生一组监测作物的植被成分，主要信息包含在直接与物理景物特征相关的两个或三个成分中。第一个成分是亮度，它是所有波段加权的总和，定义为土壤反射中的主要变化方向。第二个成分是绿度，它几乎与亮度成分正交，表现了近红外和可见光波段之间的差异。绿度与图像中所呈现的绿色植被的数量有极大的相关性。第三个成分称为湿度，它与冠层和土壤湿度相关。

植被成分的应用方式有多种。例如，Bauer and Wilson（2005）对陆地卫星 TM 数据做缨帽变换，将其中的绿度成分与绿色植被的数量关联起来，来测量城市或开发区内的不渗透表面面积（道路、停车场、屋顶等）。此时，绿度成分可用来表明植被的相对缺乏。虽然在城区的 TM 数据中，多数像元都是两种或多种覆盖类型的混合，但该方法提供了每个像元中的一部分区域估算的均值，这部分正是不渗透表面层。该方法首先将 TM 数据的 6 个反射波段变换成绿度，然后在各个像元级建立绿度和不渗透层面积百分比之间关系的多项式回归模型。建立回归模型时，选择了约 50 个高分辨率陆地卫星图像数据的样本区域，仔细测量了不渗透表面的数量。这一过程用到了不渗透层区域的类别和数量的范围。回归模型建立后，就可应用到研究区域内，把所有的像元都分类为城区或开发区。

图 7.28 和图 7.29 描述了将上述过程应用到陆地卫星 5 的 TM 图像的情形，地点是明尼苏达州伍德伯里市-圣保罗市东部的一个快速发展的郊区。图 7.28(a)和图 7.28(b)分别显示了原始数据的 TM 波段 3（红色）和 TM 波段 4（近红外）图像。缨帽变换相关的亮度、绿度和湿度图像分别显示在图 7.28(c)、图 7.28(d)和图 7.28(e)中。一个像元的不渗透层面积百分比与其绿度值的相关性回归分析显示在图 7.28(f)中。

图 7.29 示例了从一幅 1986 年的图像和一幅 2002 年的图像开发的回归应用。注意，在该时间段内，不渗透表面面积的数量戏剧性增加。这种信息在处理暴雨径流速度和水量，以及使特定地区的污染最小化方面，特别有价值。美国明尼苏达州已在区域和全州范围内采用这种方法。美国已生产出不渗透表面层（和森林冠层密度）数据，它是美国国家陆地覆盖数据库（NLDC）项目的一部分（Homer et al.，2004）。

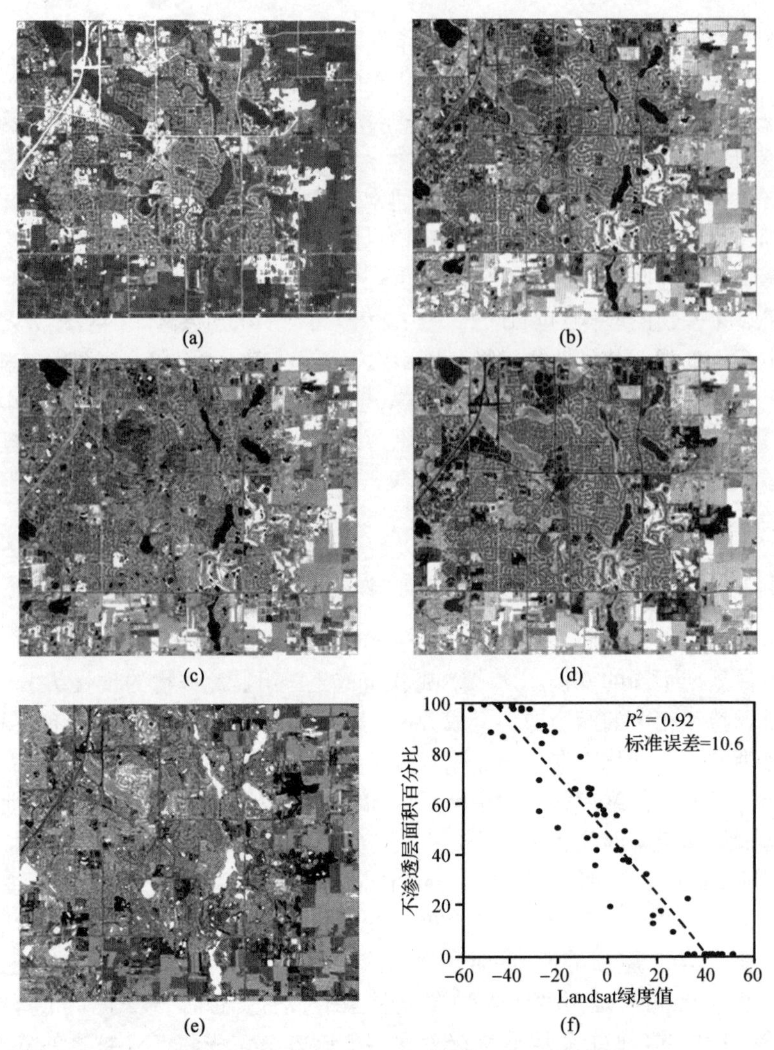

图 7.28　利用从明尼苏达州伍德伯里市陆地卫星 TM 数据导出的缨帽变换绿度成分，估算图像内每个像元中不渗透层面积百分比：(a)原始 TM 波段 3（红色）图像；(b)原始 TM 波段 4（近红外）图像；(c)亮度图像；(d)绿度图像；(e)湿度图像；(f)一个像元的不渗透层面积百分比与其绿度值的回归关系（摘自明尼苏达大学遥感与地球空间分析实验室和北美湖泊管理学会）

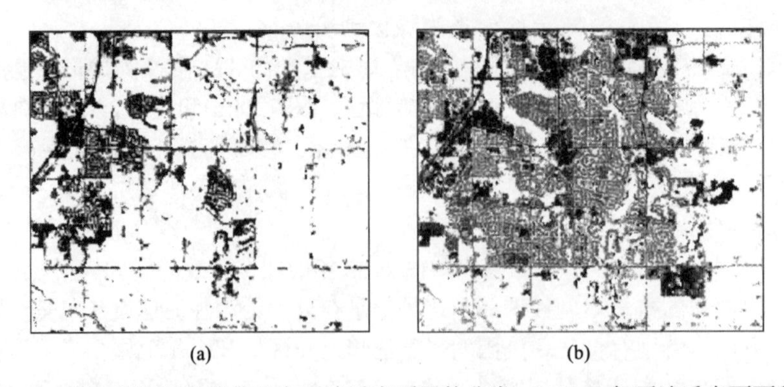

图 7.29　明尼苏达州伍德伯里市不渗透表面层的分类：(a)1986 年不渗透表面面积为 789 公顷（8.5%）；(b)2002 年不渗透表面面积为 1796 公顷（19.4%）（摘自明尼苏达大学遥感与地球空间分析实验室和北美湖泊管理学会）

7.6.5 明度-色调-饱和度彩色空间变换

数字图像通常是红、绿、蓝（RGB）三原色的加色合成图。图 7.30 说明了典型彩色显示设备（如彩色显示器）的 RGB 分量的相互关系。该图显示的是 RGB 彩色立方体，该立方体使用三原色中每种颜色的亮度级来定义。要显示一幅每个像元由 8 位二进制编码的图像，每种彩色成分的 DN 范围是 0～255。因此，由这样一种设备来显示彩色图像时，其红、绿、蓝 DN 的可能组合数为 256^3（即 16777216）。合成显示中的每个像元值可用彩色立方体某处的三维坐标位置表示。从立方体的原点到对角点之间的连线称为**灰度线**，因为这条线上所有点的 DN 有相等的红、绿、蓝成分。

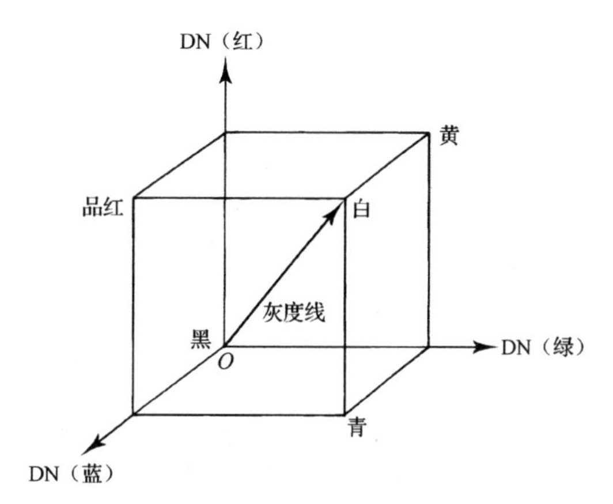

图 7.30　RGB 彩色立方体（摘自 Schowengerdt，1997）

RGB 显示广泛用于数字处理中，以显示标准的彩色合成图、假彩红外合成图以及任意彩色合成图。例如，一幅标准的彩色合成图可将 TM 或 ETM+波段 1、波段 2、波段 3 的值分别赋给蓝色、绿色、红色成分。而当波段 2、波段 3、波段 4 分别赋给蓝色、绿色和红色成分时，就会产生假彩色红外合成图。使用其他波段或色彩分配方案时，会产生任意的彩色合成结果。通过处理三个显示通道中每个色彩通道的对比度（对三种彩色成分中的每种使用各自的查找表），彩色合成可以实现 RGB 显示的对比度拉伸。

与 RGB 三原色合成彩色法相对应，另一种表示颜色的方法是**明度-色调-饱和度**（IHS）系统。明度和色彩的总亮度相关。色调指的是彩色中某种支配或平均色光的波长。饱和度指的是和灰度比较的色彩纯度。例如，粉红色这样的柔和色彩具有较低的饱和度，而与之对应的深红色则具有较高的饱和度。在图像处理前，将 RGB 合成转换为 IHS 合成，可以为颜色增强提供更多的控制。

图 7.31 显示了将 RGB 合成转换为 IHS 合成（多种转换方法中）的一种方法。这种特定的方法称为**六角锥模型**，它将 RGB 彩色立方体投影到一个与灰度线垂直的平面上，并且在距原点最远的角上与立方体相切。投影的结果是一个六边形。如果投影面沿灰度线从白到黑移动，就可投影一系列更小的彩色子立方体，进而在投影面上产生一系列尺寸逐渐减小的六边形。白色六边形最大，黑色六边形实际上已缩小为一个点。用这种方式形成的系列六边形定义了一个称为**六角锥**的立体图形[见图 7.32(a)]。

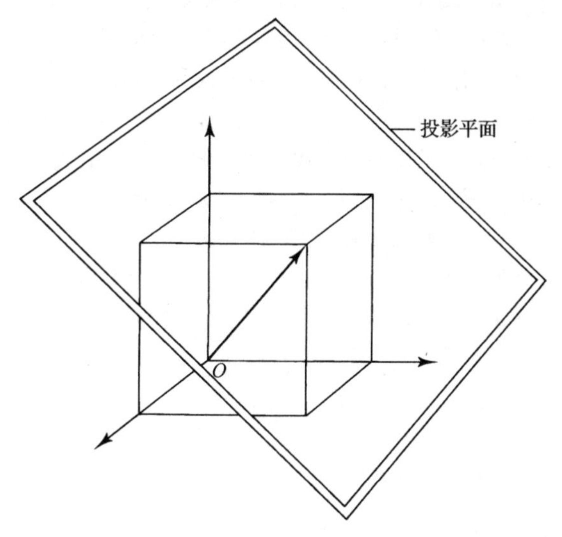

图 7.31　RGB 彩色立方体的平面投影。对黑白点之间逐步变小的子立方体进行投影，就产生一系列这样的投影

在六角锥模型中，明度定义为沿灰度线方向从黑色到任意给定六边形投影的距离。色调和饱和度根据合适六边形内给定的明度来定义[见图 7.32(b)]。色调通过环绕六边形的角度来表示，饱和度以距六边

形中心灰度点的距离来定义。离灰度点越远的点，其颜色越饱和［在图 7.32(b)中使用线性距离来定义色调与饱和度，因此无须进行三角函数的计算］。

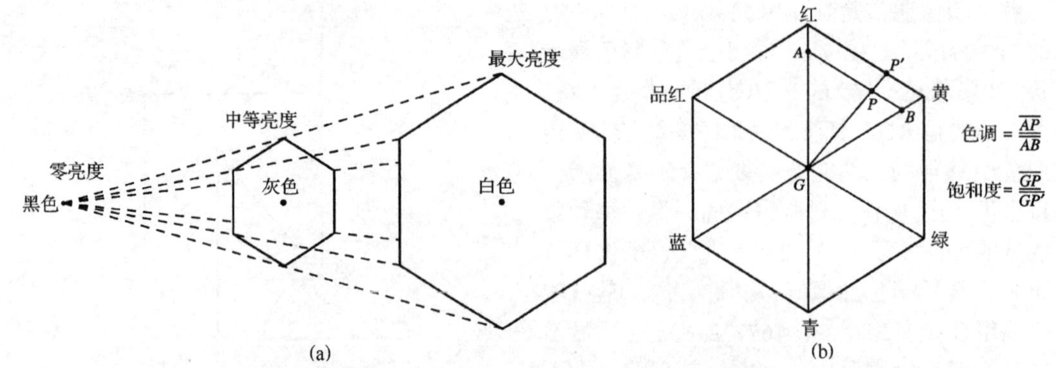

图 7.32　六角锥彩色模型：(a)六角锥的产生，任意一个六边形的大小由像元点的明度值确定；(b)对给定像元值 P 定义该像元点的色调与饱和度成分值，像元值 P 的明度通常非零（摘自 Schowengerdt，1997）

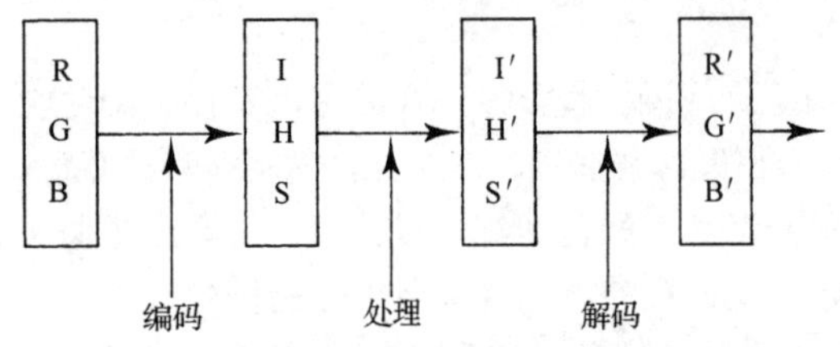

图 7.33　交互图像处理的 IHS/RGB 编码和解码（摘自 Schowengerdt，1997）

现在，我们可将 RGB 彩色空间中的任何一个像元转换成相应 IHS 空间中的一个对应点。这种转换作为图像增强处理的中间步骤通常很有用，详见图 7.33 中的说明。在该图中，显示图像的原始 RGB 成分首先被转换为对应的 IHS 成分，然后在 IHS 中对所需图像特性进行增强处理，再把这些修改后的 IHS 组合转换回 RGB 系统，成为最终的显示。

IHS 增强处理的优点是，能够单独改变每个 IHS 成分而不影响其他 IHS 成分。例如，对比度拉伸在应用于图像的明度成分时，图像增强过程中像元的色调和饱和度不变（它们普遍用于 RGB 中的对比度拉伸）。这种 IHS 方法也可用于显示具有不同空间分辨率的空间配准后的数据。例如，一个数据源的高分辨率数据可以作为明度成分显示，而另一个数据源的低分辨率数据可以作为色调和饱和度成分显示。又如，IHS 方法经常用于相同传感器、多分辨率数据集的融合处理（如 WorldView-2 卫星数据中 0.46m 全色波段和 1.84m 多光谱波段的融合，SPOT-6 卫星数据中 1.5m 全色波段和 6m 多光谱波段的融合，陆地卫星 ETM+或 OLI 数据中 15m 全色波段和 30m 多光谱波段的融合）。融合结果会使得合成图像既具有高分辨率数据的空间分辨率，又具有原始较粗糙分辨率数据的彩色特征。这一技术也可用于融合不同传感器系统的数据（如数字正射摄影与卫星数据）。

在应用 IHS 变换融合多分辨率数据时要注意的一个问题是，使用全色数据直接替换明度成分并非总能生产出最好的产品，融合数据只能完全忠实地再现原始多光谱数据的彩色平衡。此时，可以使用类似于 IHS 变换的其他光谱融合算法。其中的一种方法是彩图 16 所示产品应用的方法（见第 5 章）。这幅彩图显示了卫星 IKONOS 的 1m 分辨率全色数据和 4m 分辨率多光谱波段数据融合的结果，它是全色数据 1m 空间分辨率和原始 4m 多光谱数据的彩色特征的组合。

虽然此类分辨率增强技术一般不用于图像的定量分析，但有助于图像的目视解译。事实上，全色和多光谱融合图像已成为许多高分辨率卫星图像分发商分发的标准产品。利用 IHS 和其他变换来进行图像融合方法的开发与应用，仍是人们持续研究的课题。

7.6.6　去相关拉伸

去相关拉伸是多图像处理的一种形式，这种形式在显示具有高度相关的多光谱数据时特别有用。多光谱或高光谱传感器收集的数据，包括同一光谱区域的多个波段，通常属于这一类。作为 R、G、B 显示用的高度相关的数据，在进行传统的对比度拉伸时，通常只是扩大了它的明度范围，但很少扩大其显示的颜色范围，拉伸后的图像仍然只包含柔和的色调。例如，在高度相关的图像中，红光显示通道中不可能有高 DN 区域，绿色和蓝色显示通道中不可能有低 DN 区域（即没有区域产生纯红色）。相反，最红的区域只是一种略带红色的灰色。为了避免这一问题，去相关拉伸使用图像明度和色调的最小变化，根据图像的饱和度来夸大原始图像中最不相关的信息。

与 IHS 变换类似，去相关拉伸应用于一种转换后的图像空间，得到的结果又变换回 RGB 系统，再做最后的显示。去相关拉伸的主要不同是，所用的转换后的图像空间是原始图像的主成分。原始图像的各个主成分沿各自的主成分轴单独拉伸［见图 7.24(a)］。根据定义，这些轴在统计上是相互独立的，因此拉伸后的实际效果强调了原始数据中相关性差的成分。当拉伸后的数据最后变换回原来的 RGB 系统时，就会得到彩色饱和度有所增强的图像，但色调和明度通常并无差异。饱和度去相关拉伸后的信息得到夸大，因此增强后的图像更容易解译。以前柔和的色调在饱和度上增强了很多。

因为去相关拉伸基于主成分分析，所以这种方法很容易推广到任意数量的图像通道，而 IHS 过程每次只能用于三个通道。

7.7 图像分类

图像分类过程的总目标是对图像中的所有像元自动进行土地覆盖类型或专题分类。分类通常使用光谱模式来实现，即把具有类似光谱反射或辐射组合的像元按类分组，假定这些类代表了地物表面特征的特定种类。这里并不关心被分类像元的邻域或周围的情况。术语*光谱模式识别*指的是分类过程族，即把逐个像元的光谱信息作为自动土地覆盖分类的基础。

这种方法能够扩展到像元级数据的许多其他类型的应用。例如，偏振测定的雷达图像可以利用极化模式识别来分类，任何类型的多时相图像可以利用时相模式识别来分类，多角度图像［如从 MISR（多角度成像光谱仪）获得的图像］可以基于双向反射模式来分类等。所有这些例子都有一个共同点，即单独对每个像元分类，也就是基于一些统计或决策模式利用多个数据层（光谱波段、极化波段、时间波段等）对某个像元的值分类。

*空间模式识别*是非常不同的方法，它根据某个像元及其周围像元的空间关系来进行图像分类。空间分类器可以考虑图像的结构、像元的接近度、特征的大小、形状、方向性、重复度和环境等。这种分类方式试图重复目视解译过程中由人工分析得到的空间综合。因此，空间模式识别过程比光谱模式识别过程更复杂。

这两种类型的图像分类也可组合为一种混合模式。例如，*面向对象的图像分析*（OBIA）就组合利用了光谱模式识别和空间模式识别。要强调的是，图像分类问题不存在某种唯一“正确”的方法。我们可以针对被用来分析的数据的性质、可获得的计算资源和分类数据的应用目的采用某种特定的方法。

下面讨论处理土地覆盖制图的光谱图像分类。历史上，光谱方法已成为*多光谱分类*的主要手段(尽管目前可以广泛得到高分辨率数据，因此增加了面向空间过程的应用)。首先介绍监督分类。在这种分类中，图像分析人员可用指定的方法来“监督”像元的分类过程，指定的方法包括计算机算法、图像中出现的各种土地类型的数字描述等。分类时，使用称为*训练区*的已知覆盖类型的代表性采样地点，编制一个数字“解译标志”，该“解译标志”描述了每种主要特征类型的光谱属性。然后将数据集中的每个像元在数字上与解译标志中的每种类型进行比较，并用“看起来最像”的类名称来标注它。如下节所示，为了在未知类型像元和已知类型训练区像元之间进行比较，需要采用许多数值策略。

讨论完监督分类后，接着论述非监督分类。与监督分类一样，非监督分类过程也分为两个独立的步骤。这两种方法的主要差别在于，监督分类先选择训练区再进行分类，而非监督分类方法则首先根据光谱的自然特征对图像数据分组或聚类，然后图像分析人员比较分类图像数据与地面参考数据，以便确定这些光谱组的土地覆盖类型。非监督分类过程将在 7.11 节讨论。

讨论前面的方法后，我们讨论混合分类过程。这种技术既有监督分类的过程，又有非监督分类的过程，目的是改进分类过程的精度或效率（或两者兼而有之）。混合分类将在 7.12 节讨论。我们还将评估其他专题，如混合像元分类（7.13 节），利用空间信息和光谱信息的面向对象分类（7.15 节），神经网络在分类中的应用（7.16 节），以及评价和报告图像分类精度的方法（7.17 节）。

高光谱图像在分类中会表现出自身的特殊性，因此人们为这些数据的分类开发了一些专用流程。7.21 节将讨论这些方法和高光谱数据的其他分析方法。

7.8 监督分类

为便于讨论监督分类，我们将使用一个假设的例子。在该例中，我们假设处理的是 5 通道机载多光谱传感器数据（同样的过程适用于陆地卫星、SPOT 卫星、WorldView-2 卫星或其他任意多光谱数据源）。图 7.34 显示了例中在几种覆盖类型景观区域内收集数据的一条多光谱扫描线的位置。对于该扫描线上的每个像元，传感器测出了景物的发射率，它们以 DN 记录在传感器 5 个波段的每个波段中，这 5 个波段依次为蓝、绿、红、近红外、热红外波段。扫描线下方是地面 6 种不同覆盖类型所代表的典型 DN。方框内的各个竖线柱表示每个光谱波段内的相对灰度值。这 5 个波段的输出值粗略地描述了扫描线上各地面特征的光谱响应模式。如果这些光谱模式是每种特征类型所独有的，那么这些模式就可成为图像分类的基础。

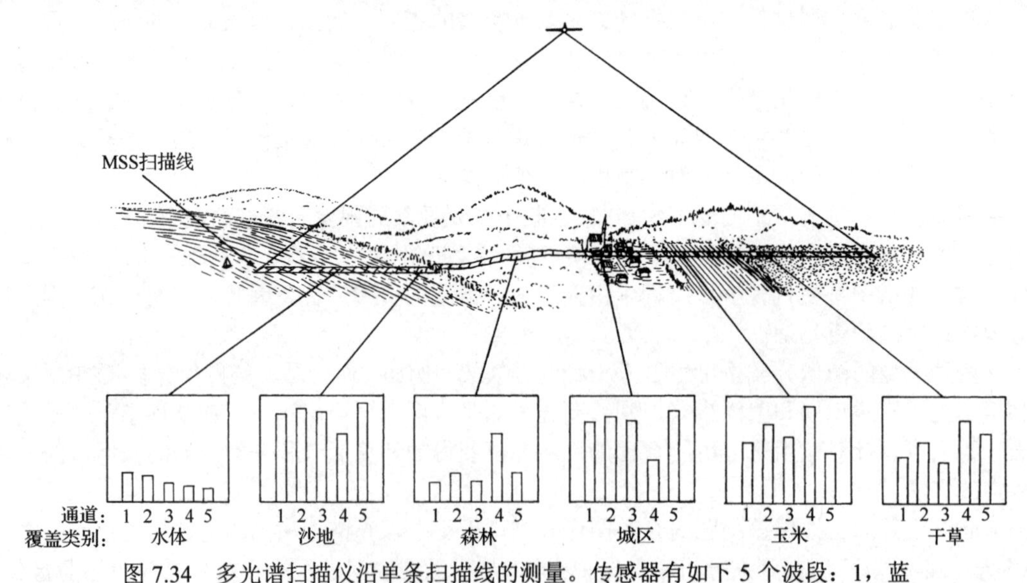

图 7.34　多光谱扫描仪沿单条扫描线的测量。传感器有如下 5 个波段：1，蓝波段；2，绿波段；3，红波段；4，近红外波段；5，热红外波段

图 7.35 概括了典型监督分类过程中的三个基本步骤：(1)训练阶段，分析人员辨别出有代表性的训练样区，给出图像上所要研究的每种土地覆盖类型的光谱属性的数字描述；(2)分类阶段，图像数据集中每个像元被归类为最接近的地面覆盖类型。如果像元与任何一类训练数据集都不足够相似，则将其标注为“未知”。在输入图像中的所有像元都被归类后，结果将反映在下一个阶段，即(3)输出阶段。

结果是数字特征，因此输出结果可用于许多不同的方面。输出产品有三种典型的形式，分别为专题图、各种土地覆盖类型的统计表，以及可用于 GIS 处理的各种数字数据文件。在最后一种情形下，分类后的“输出”变成 GIS 中的“输入”。

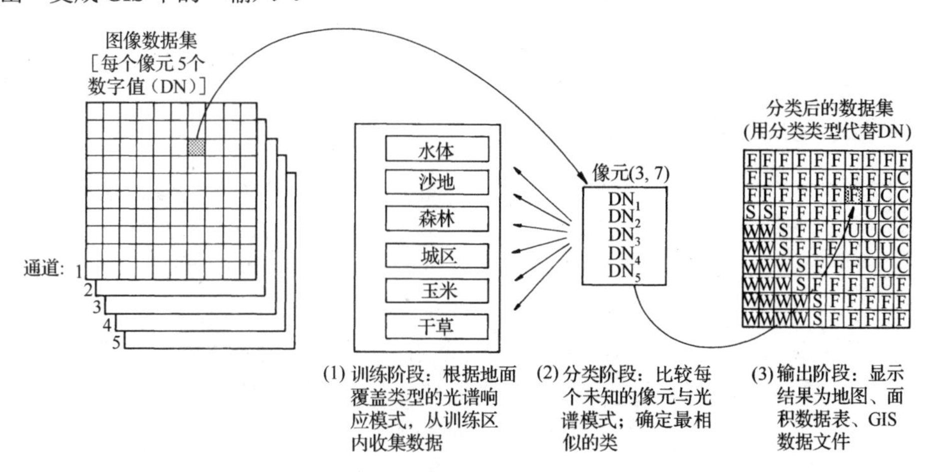

图 7.35　监督分类的基本步骤

之所以从讨论分类步骤开始，是因为它是监督分类过程的核心——在这一阶段中，计算机根据先验决策规则来对光谱模式进行评价，以确定每个像元的类。首先从分类阶段开始论述的另一个原因是，熟悉这一步有助于理解训练阶段必须满足的要求。

7.9　分类阶段

光谱模式识别的数学方法有多种，这里仅简单介绍这一主题。

我们使用假定的 5 通道多光谱传感器数据集的两个通道（波段 3 和波段 4）来阐明各种分类方法。尽管用两个通道来进行分析很少见，但这样做可以简化各种技术的图形描绘。只要用数字形式来表示，这些过程便能应用到任意数量的数据通道中。

假设从两个通道的数字图像数据集内选取像元观测值的样本。每个像元产生的二维数值或测量向量可用图形表示，例如将它们画在散点图上，如图 7.36 所示。在该图中，波段 3 的 DN 画在 y 轴上，而波段 4 的 DN 画在 x 轴上。由这两个轴上的 DN 可以确定该图二维“测量空间”中每个像元值的位置。因此，如果在波段 4 中像元的 DN 是 10，而在波段 3 中同一像元的 DN 是 68，那么该像元的测量向量可用“测量空间”[①]中标注坐标(10, 68)的点来表示。

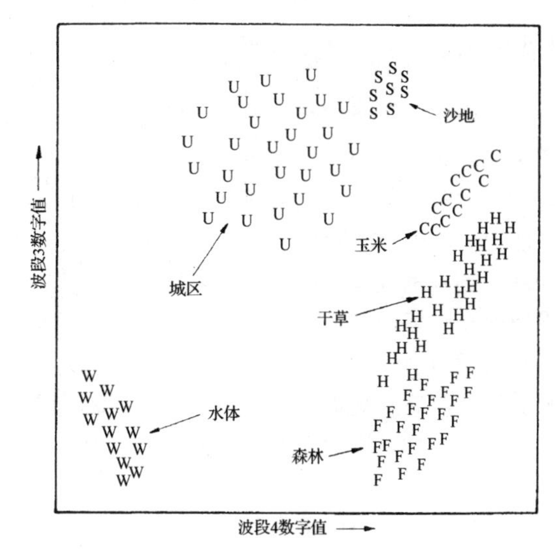

图 7.36　绘在散点图上的所选训练地点的像元观测值

① 模式识别文献经常把各个波段的数据称为特征，而把数据的散点图称为特征空间图。

还可假设图 7.36 中的像元观测值是从已知覆盖类型区域得到的（即取自经过选择的训练地区）。将每个像元值绘到散点图上，用字母表示其所属的已知类。注意每个类中的像元都不会有单一的重复光谱值。它们其实反映了每个覆盖类内光谱特性的自然聚集趋向（但它们是可变的）。这些“点云”代表了被解译的每种覆盖类型的光谱响应模式的多维性。下述各种分类决策都使用这些“训练集”的类光谱响应模式的描述作为解译关键，进而将未知覆盖类型的某个像元归为合适的类。

7.9.1 均值最小距离分类法

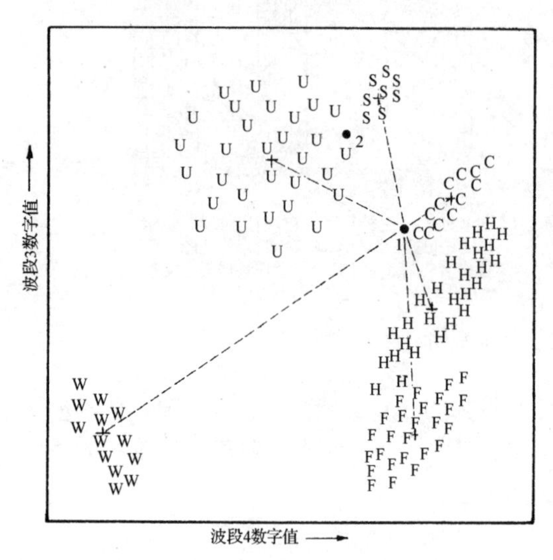

图 7.37 均值最小距离分类法

图 7.37 描述了一种比较简单的分类策略。首先为每个类确定每个波段中的光谱均值。这些值组成每个类的均值向量。在图 7.37 中，“+”号表示各个类的均值。将两个通道的像元值作为位置坐标（如散点图上所描绘的那样），便可通过计算出未知像元值与每个类的均值之间的距离，确定未知类的像元应属于哪个类。在图 7.37 中，点 1 是一个未知像元值。该点的像元值与每个类的均值之间的距离用虚线表示。算出这些距离后，即可确定这个未知像元应属于离它“最近”的一个类，在该例中是“玉米”。假如像元到分析人员定义的任何一个类均值的距离都很远，则把这种像元划为“未知”类。

这种均值最小距离分类法在数学上很简单，而且计算效率很高，但它也有一些局限性。最重要的是，它对有不同程度变化的光谱响应数据并不敏感。如图 7.37 所示，根据这种均值最小距离分类法，图中标注为 2 的像元值不顾“城市”类有较大的方差而被划为“沙地”类，而事实上该像元归为“城市”类才是更恰当的类分配。因此，当光谱类在测量空间相互接近且有较大的方差时，这种分类法并未得到广泛采用。

7.9.2 平行六面体分类法

考虑到每个类训练集内数值的变化范围，我们引入类方差灵敏度的概念。这个范围可由每个波段内的最高与最低数字值确定，它在二通道散点图上显示为一个矩形区域，如图 7.38 所示。依据这个类范围或决策区域来对未知像元分类，假设像元在该范围之内，则可将其归入所在的类；如果像元在所有类区域之外，则规定它为“未知”像元。这些矩形区域的多维类似体称为平行六面体。这种平行六面体分类方法在计算上极为高效。

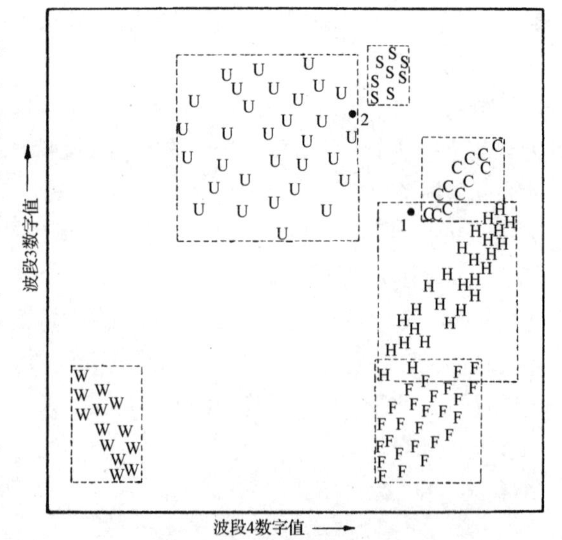

图 7.38 平行六面体分类法

我们可用一个例子来说明平行六面体分类法对于类方差的灵敏度，即对高度重复的“沙地”类，将其判决区域定义得较小，而对变化较大的“城市”类，将其判决区定义得较大。因此，把像元 2 划入“城市”类更合适。但在类范围相互重叠的情况下会出现问题。在互相重叠区域内出现观察的未知像元时，可将其分类为“未定”，或者随意将其归入两个重叠类中的任何一个。重叠产生的原因主要是因为展示相关性的类分布，或者用矩形决策区域难以描绘的高协方差。所谓协方差，是指两个波段内的光谱值有非常相似的变化趋势，导致在散点图上可以观测到细长的倾斜云。在上例中，“玉米”和“干草”这两个类具有正协方差（斜向右上方），这意味着在波段 3 内出现高值的同时在波段 4 内也出现高值，在波段 3 内出现低值的同时在波段 4 内也出现低值；而“水体”类则显示出负协方差（斜向右下方），即在波段 3 内出现高值的同时，在波段 4 内出现低值。“城市”类缺少波段之间的协方差，因此在散点图上几乎呈圆形分布。

存在协方差时，矩形决策区不适合拟合类训练数据，造成平行六面体分类法出现混乱。例如，对协方差不灵敏会使得像元 1 划为“干草”类而非“玉米”类。

遗憾的是，光谱响应模式通常是高度相关的，且高协方差通常是准则而非例外。

7.9.3 高斯最大似然分类法

在分类一个未知像元时，最大似然分类法可以定量地确定类光谱响应模式的方差和协方差。为了做到这一点，假定形成类训练数据的点云分布是高斯分布（正态分布）。这种正态假设对于常见的光谱响应分布来说一般是合理的。在这一假设的前提下，用均值向量和协方差矩阵能够完全描绘类响应模式的分布。只要给出这些参数，我们便能算出属于特定土地覆盖类的某一像元值的统计概率。图 7.39 是以三维图形描绘的概率值。垂直轴与作为某一类成员的像元值概率有关。所产生的钟形表面称为概率密度函数，每种光谱类都有这样一个函数。

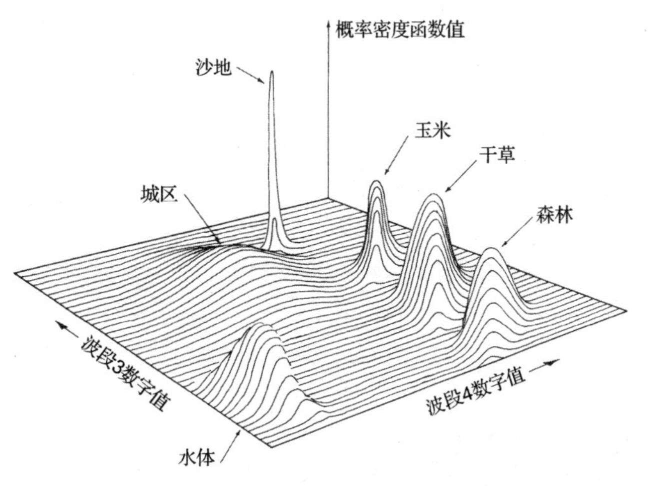

图 7.39　最大似然分类法确定的概率密度函数

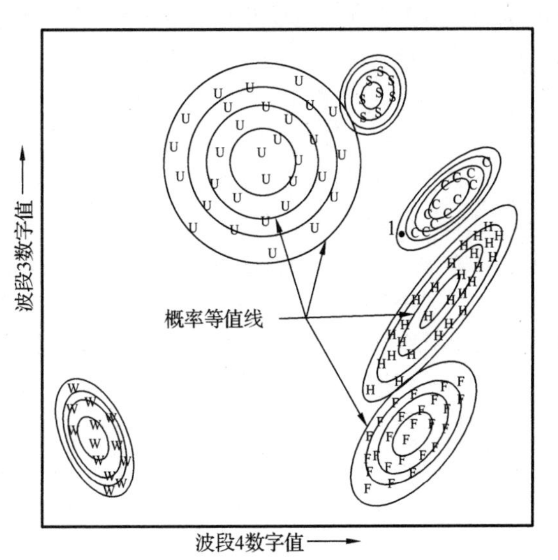

图 7.40　最大似然分类法定义的概率等值线

根据计算的属于每一类的像元值的概率，便可应用概率密度函数对未定像元进行分类。也就是说，计算机会算出像元值出现在“玉米”类分布中的概率，然后算出出现在“沙地”类分布中的概率等。在评价出现在每个类的概率后，像元就被归入最可能的类中（最高概率值）；若概率值全在分析人员确定的阈值以下，则可将该像元标为“未知”。

实质上，最大似然分类法在散点图上显示的是椭圆形的“等概率”线。这些判决区域如图 7.40 所示。等概率线的形状反映了似然分类法对协方差的灵敏度。例如，由于这种灵敏度，可以看出像元 1 恰当地划归到了“玉米”类。

最大似然分类法的扩展就是贝叶斯分类

法。这种技术在做概率估算时需要使用两个加权因子。首先，分析人员应确定“先验概率”或给定图幅中每个类出现的预期可能性。例如，在对某一像元分类时，对于很少出现的“沙地”类的概率，其权重可以小一些，而对于更多可能出现的“城市”类，其权重可以大一些。其次，对每个类应用与错误分类“代价”相关的权重，这些加权因子的作用是使得错误分类的“代价”最小，直到产生理论上的最佳分类。实际上，多数最大似然分类法都是在假设所有类的出现等概且错误分类代价相等的情况下执行的。如果这些因素有合适的数据，那么最好使用贝叶斯方法进行分类。

最大似然分类法的主要缺点是，在对每个像元分类时要进行大量计算。当既需要大量的光谱通道参与，又需要鉴别大量的光谱类时，计算量更大。此时，最大似然分类法在计算上比以前的方法更慢。然而，过去几十年来计算能力得到了快速提升，因此这种计算的复杂性不再是许多应用者主要考虑的问题。如果要增大速度，一种方法是减少执行分类时所用数据集的维数（因而降低了所需计算的复杂性）。就像 7.6 节所讨论的那样，原始数据的主成分或典型成分变换可用于这一目的。

决策树、分级或分层分类法也可用于简化分类的计算并保持分类的精度。这些分类法应用一系列步骤，在每个步骤中以最简单的方式将某些类区分开。例如，首先对近红外波段做简单的阈值设置，就可将水体从所有其他类中分离出来。某些其他类的分类可能仅需要两个或三个波段，且采用平行六面体分类法或许就已足够。而对那些测量空间中重叠类之间存在残存模糊的土地覆盖类，才需要使用更多波段或者使用最大似然分类法。

7.10 训练阶段

尽管多光谱图像数据的分类实际上是一个高度自动化的过程，但为分类收集训练数据的阶段不是自动的。在许多方面，监督分类所需的训练工作包括艺术和科学两个方面。这需要图像分析人员和图像数据之间进行紧密的交互，且对数据应用的地理区域具备充实的参照数据和完整的知识。最重要的是，训练过程的质量决定了分类阶段的成功与否，进而决定了从整个分类工作中所获得的信息的价值。

训练过程的整体目标是，收集描述图像分类中每种土地覆盖类型的光谱响应模式的统计数据集。相对于前面的图形例子，只在训练阶段才可决定每种土地覆盖类型的“点云”位置、大小、形状和方向。

要获得可接受的分类结果，训练数据就必须既有代表性又有完整性。这意味着图像分析人员必须为所有光谱类建立训练的统计数据，以构成可被分类器识别的每种信息类。例如，在最终的分类输出中，可能希望获得一个称为水体的信息类。如果所分析的图像仅包含一个水体，且该水体在整个区域的图像中有相同的光谱响应特性，就只需要一个训练区来代表水体类。然而，如果同一水体明显包括清澈水体部分和浑浊水体部分，那么在训练阶段至少需要根据这一特征选择这两种光谱类训练区。如果在图像中包含多种水体，就需要对水体覆盖区域中出现的其他光谱类中的每一种获取训练统计数据。因此，单一的信息类“水体”可被 4 种或 5 种光谱类来表现。反过来，4 种或 5 种光谱类最终被用来分类图像中包含的所有水体。

到现在为止，我们应该清楚训练过程是十分复杂的。例如，对于一种信息类如“农业区”来说，它可能包含几种作物类型，且每种作物类型可能表现为几种光谱类。这些光谱类又可能来自不同的种植日期、土壤湿度条件、作物管理方式、种子的种类、地形环境、大气条件或这些因素的组合。要强调的是，用于图像分类的训练样区的统计结果，一定要足以表现出构成每一信息类的所有光谱类。根据所发现的信息类的特性以及所分析地理区域的复杂性，从图像中 100 个甚至更多的训练区中获得数据，以充分反映光谱的可变性，就很普通了。

图 7.41 显示了以这种方式勾绘的几种训练区多边形的边界。注意到这些多边形将被仔细地定位，目的是避免像元定位在地面覆盖类型之间的边界线上，并避免在图像上出现任何视觉“粗糙”的区域。这些多边形向量的行和列坐标被用作（从图像文件）提取训练区边界内像元的数字值的基础。然后这些像元值形成样本，用来计算每个训练区的统计描述值（在最大似然分类器的情况下是均值向量和协方差矩阵）。

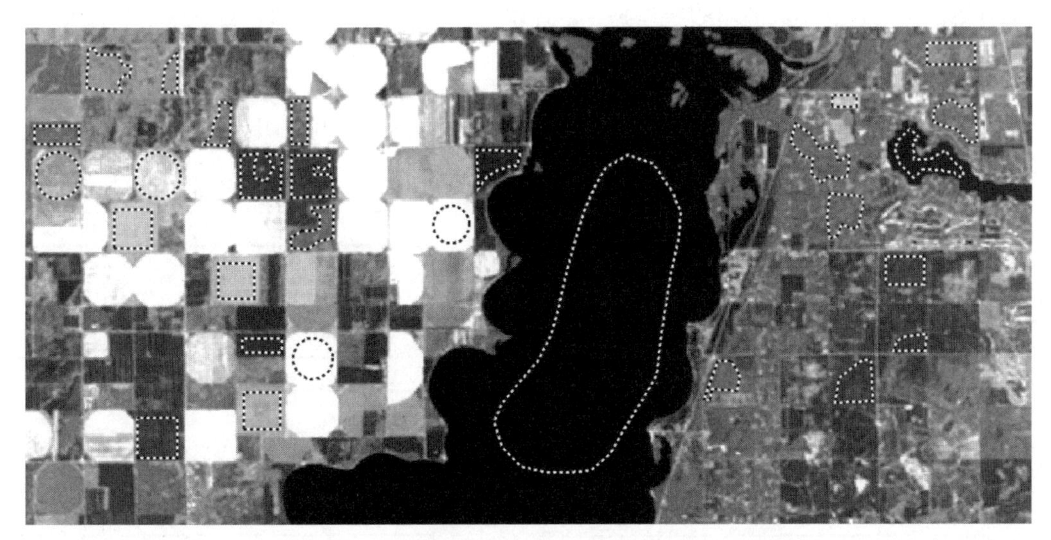

图 7.41　在计算机显示器上勾绘的训练区多边形

手工勾绘训练区多边形的一种可选方法是种子像元法。此时，显示光标放在预定的训练区内，并选择被认为是可代表周围区域的唯一“种子”像元。然后，根据各种统计基本准则，将那些邻近种子像元且有相似光谱特性的像元高亮显示，成为训练区的训练样本。

不论训练区怎样描绘，在使用任何基于统计的分类器（如最大似然法）时，理论上在每个训练集内必须包含的最少像元数为 $n + 1$ 个，其中 n 是光谱波段数。在上述两个波段的例子中，理论上只要求 3 个像元观测值。显然，假如少于 3 个观测值，就不可能正确地算出光谱响应值的方差和协方差。在实际中，最少也要用 $10n$～$100n$ 个像元，因为训练样区中像元数增加，计算的均值向量和协方差矩阵就能得到改进。因此，用作训练的像元数越多，每个光谱类的统计表现就越好。

在勾绘训练集的像元时，分析分布在整个图幅内的若干训练区很重要。例如，在确定某个类的训练模式时，分析给定类型的有 40 个像元的 20 个地区比分析有 800 个像元的 1 个地区效果要好。训练样区在图像中的分散性可使训练数据在整幅图像的覆盖类型中的所有变量更具代表性。

作为训练数据集精细化过程的一部分，需要评估每个初始候选训练区所包含的数据的总体质量，并研究各对训练集之间的光谱可分性。分析人员要确认所有数据集都呈单峰分布，并合理地接近高斯分布。若训练区数据呈双峰分布或高度不对称分布，就可能包含多于一个的光谱类，因此应该删除或分组。同样，无关的像元也要从一些训练组中删除。要删除的像元可能是沿农业耕地边界线的边缘像元或耕地像元中包含的裸露土壤，而非训练地的作物。还要把一些训练区合并（或删除），而对于某些代表性差的光谱类，则要增加一些训练样区。

在确定训练集的过程中，通常包含下列一种或几种分析类型：

（1）**光谱响应模式的图形表示**。训练区光谱响应模式的分布可用许多图形方式来表示。图 7.42(a)是 5 通道数据集中一种“干草”训练类的假设直方图（所有训练区都有相似的显示）。采用最大似然分类法时，直方图输出尤为重要，因为通过该图可以目视检查其光谱响应分布的正态性。注意在干草类的情况下，除了波段 2 的其余所有波段，干草的数据看起来都呈正态分布，而在波段 2 则呈双峰分布。这说明分析人员从训练区数据集内挑选出来的代表“干草”的数据，实际上是由两个子类组成的，这两个子类的光谱特征有一些差异。这些子类可能代表干草的两个不同的种属，或者代表不同的照明条件等。不管属于哪种情况，如果能把每个子类处理成分离的类，通常就能提高分类的精度。

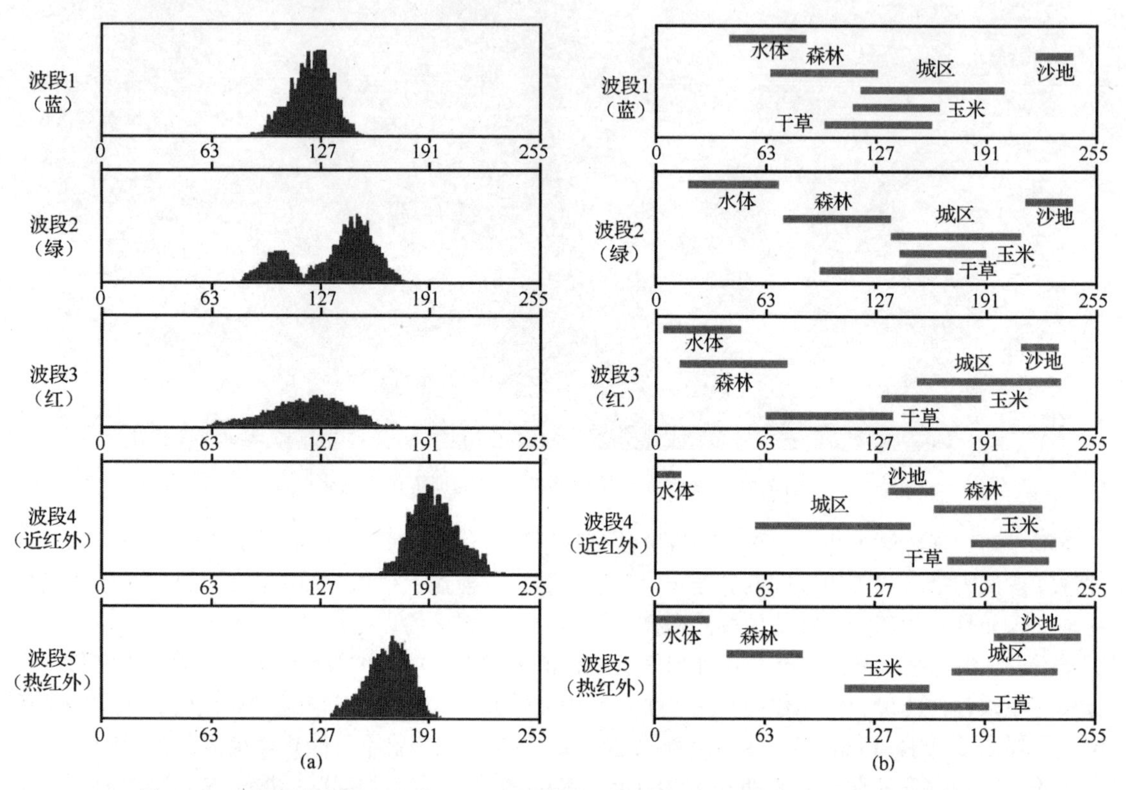

图 7.42　训练图数据的可视化：(a)包含在覆盖类型“干草”训练区内的取样数据直方图；(b)在 5 个波段中为 6 种覆盖类型获得的训练数据的重合光谱图

直方图很好地描绘了单一类的分布，但不便于在不同类之间进行比较。为了判断类之间的光谱可分性，可使用重合光谱图，如图 7.42(b)所示。从该图中可以看出每个光谱波段内的每个类（用字母表示）的平均光谱响应和分布方差（灰条表示标准差±2）。从该图中还可以看出各类的响应模式之间的重叠。例如，从图 7.42(b)可以看出，在所有光谱波段内，干草和玉米的响应模式重叠。从该图中还可看出，光谱响应出现相对翻转，因此可以确定哪些波段的组合可以得到最好的可分性（例如波段 3 和波段 5 可以分离出干草/玉米）。

光谱图干草和玉米在所有光谱波段上的重叠表明，任何单一的多光谱扫描仪波段都不可能精确地分类。但是，如果在分析时使用两个或更多波段，那么分类可能会成功（如最后一节要谈到的波段 3 和波段 4）。因此，二维散点图（见图 7.36～图 7.38 和图 7.40）更好地表现了光谱响应模式的分布。

图 7.43～图 7.45 进一步阐述了散点图表（或散点图）的使用。图 7.43 所示是 SPOT 卫星多光谱 HRV 图像，它显示了威斯康星州麦迪逊的一部分。波段 1（绿）、波段 2（红）和波段 3（近红外）图像分别显示在图 7.43(a)、图 7.43(b)和图 7.43(c)中。图 7.44 不仅显示了波段 1 和波段 2 的直方图，而且显示了这两个波段的联合散点图。从图中可以看到这两个波段中的数据具有高相关性，十分紧凑，而且在散点图上表现出近似线性的“点云”。

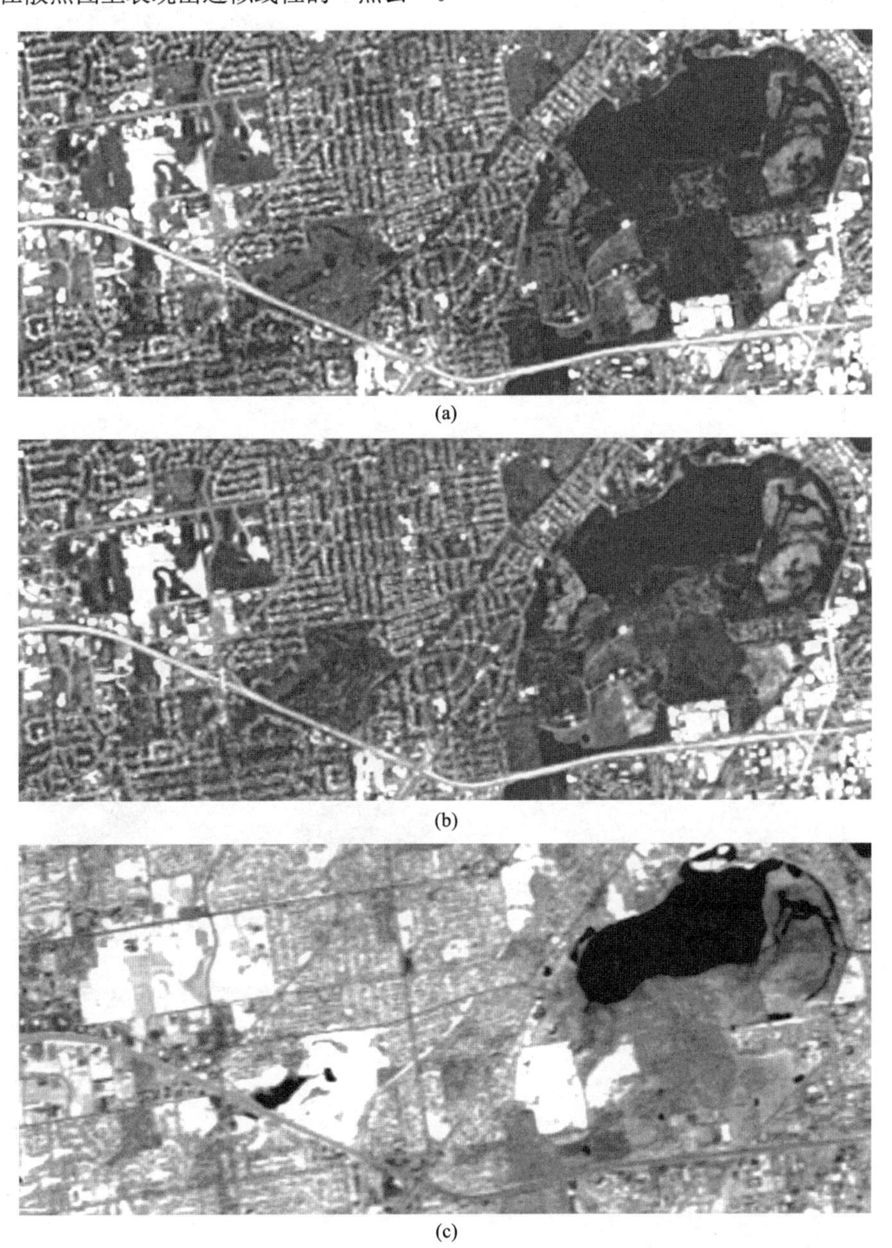

(a)

(b)

(c)

图 7.43　SPOT 卫星 HRV 多光谱图像，地点为威斯康星州麦迪逊：(a)波段 1（绿）；(b)波段 2（红）；(c)波段 3（近红外）

图 7.45 显示了波段 2 和波段 3 的直方图及散点图。与图 7.44 相比，图 7.45 中散点图显示的波段 2 和波段 3 的相关性远小于波段 1 和波段 2 的相关性。而在波段 1 和波段 2 中，各种地面覆盖类型可能是相互重叠的。实际上，仅用这两个波段中的一个就可实现这幅图像中的综合地面覆盖分类。

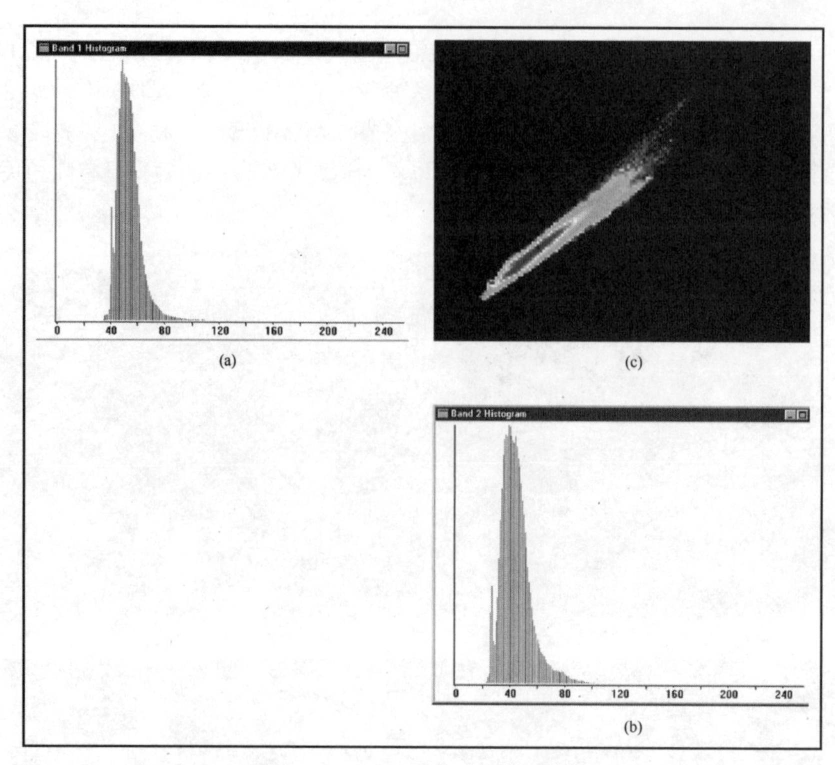

(a) (c) (b)

图 7.44 图 7.43(a)和图 7.43(b)中图像的直方图及二维散点图：(a)波段 1（绿）直方图；(b)波段 2（红）直方图；(c)波段 1（垂直轴）相对波段 2（水平轴）的散点图。注意这两个可见光波段高度相关

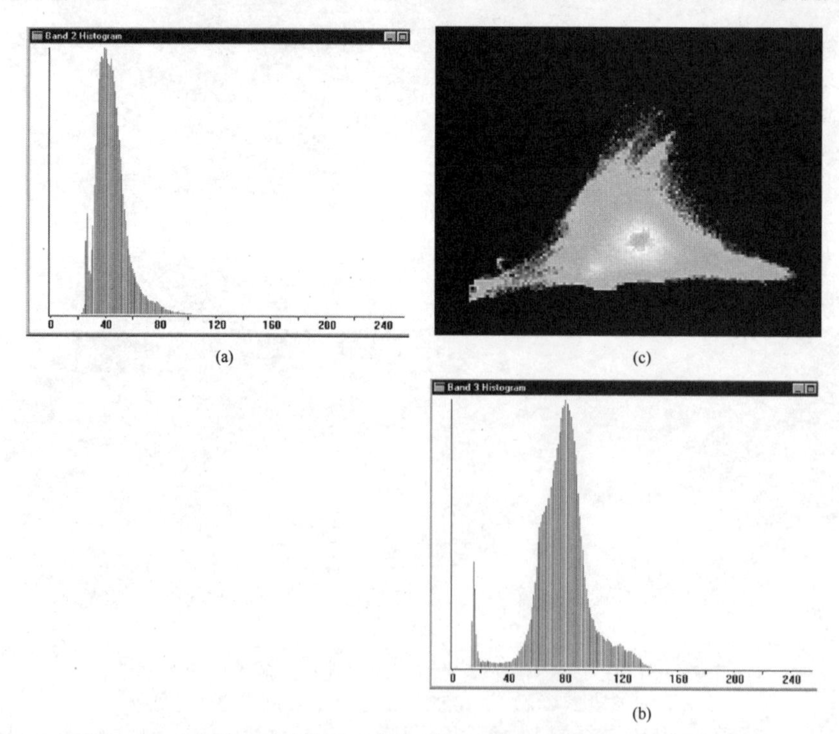

(a) (c) (b)

图 7.45 图 7.43(b)和图 7.43(c)中图像的直方图及二维散点图：(a)波段 2（红）直方图；(b)波段 3（近红外）直方图；(c)波段 2（垂直轴）相对波段 3（水平轴）的散点图。注意可见波段和近红外波段几乎不相关

（2）**类区分的定量表达**。对每一对类，都可计算出类响应模式间的统计区分度，并以矩阵形式

来表示。基于这一目的，经常采用的统计参数是*变换散度*，它是类均值之间的协方差加权距离。一般来说，变换散度越大，训练模式之间的“统计距离”就越大，正确分类的概率也越大。表 7.1 是部分散度值样本矩阵。在该例中，最大可能的散度值是 2000，如果它低于 1500，就说明是光谱相似类。因此，表 7.1 中的数据表明，几对光谱类之间存在光谱重叠。注意，W1、W2 和 W3 都具有相对的光谱相似性。然而，还要注意到这种相似性都源于同一个信息类（“水体”）的光谱类，而且所有“水体”类的光谱都显示出不同于其他信息类的光谱类。更多的不确定还有 H1 和 C3 光谱类之间的散度（860）所代表的情况。此时，“干草”光谱类和“玉米”光谱类间的重叠较为严重。

表 7.1　评价成对训练类光谱可分性的部分散度矩阵

光谱类[a]	W1	W2	W3	C1	C2	C3	C4	H1	H2…
W1	0								
W2	1185	0							
W3	1410	680	0						
C1	1997	2000	1910	0					
C2	1953	1890	1874	860	0				
C3	1980	1953	1930	1340	1353	0			
C4	1992	1997	2000	1700	1810	1749	0		
H1	2000	1839	1911	1410	1123	860	1712	0	
H2	1995	1967	1935	1563	1602	1197	1621	721	0
⋮	⋮								

[a] W：水体；C：玉米；H：干草。

另一种两个光谱类可分性的统计距离度量是 Jeffries-Matusita（JM）距离法。在图像解译中，这种方法类似于变换散度法，但其最大值为 1414。

（3）**训练集数据的自分类**。光谱可分性的另一种评价方法是训练组的像元分类。在这种方法中，只对训练样区集内的像元（而非整幅图像）做初步分类，以便确定把训练像元按照要求实际分类的百分比。这些百分比通常以*误差矩阵*的形式呈现（如 7.17 节描述的一样）。

重要的是，不能把以训练集的值为基础的误差矩阵当作整个图像总分类精度的度量，原因之一是在选择训练样区时可能忽略了一些覆盖类，原因之二是误差矩阵只是简单地告诉我们，采用这种分类方法对训练区中的像元分类时效果有多好，此外再无其他意义。选择的训练区通常是每种覆盖类型中品质好且均匀的样本，因此可以期望它们的分类精度肯定比同一图幅中其他地方不纯样本的分类精度高。总分类精度只有根据互不相同且比训练样区广泛得多的测试区域来评价。这种评价一般在全部分类过程完成后进行（见 7.17 节的讨论）。

（4）**交互式的初步分类**。大多数现代图像处理系统都提供一些交互显示设备，它能将训练数据应用于整幅图像的分类。通常包括执行一种初步分类，这种初步分类通常采用一些高效的算法（如平行六面体算法），以提供一个根据训练样区的统计数字对整个区域进行分类的可视化近似。这些区域通常以高亮度的彩色方式显示在原始图像上。

彩图 30 显示了使用图 7.43 和图 7.45（波段 2 和波段 3）中包括的数据子集的部分完成的分类。彩图 30(a)显示了所选的训练区，它勾绘在彩红外合成影像上，即用波段 1、2、3 分别赋予蓝色、绿色、红色合成。彩图 30(b)显示的是波段 2 和波段 3 的直方图与散点图。彩图 30(c)显示的是与初始训练区相关联的平行六面体，图像分析人员选择有代表性的 4 种信息类：水体、树木、干草和不渗透表面。彩图 30(d)显示了如何通过这些初始训练区的统计数字来对原始图像的不同部分进行分类。

（5）**有代表性的子图分类**。通常图像分析人员为了实现最后的分类，会先对整景图像中具有代表性的子集进行分类，然后以交互方式将这种初步分类的结果叠加到原始图像上，再在选择的类中逐个观察或在具有逻辑性的一组类中确定它们与原始图像的相关性。

一般来说，训练集的精选过程不能马虎。它通常是一个交互过程，在这一过程中，分析人员要修改类类型的统计描述方法，直到它们具有足够的光谱可分性。也就是说，要对“候选”训练集的统计数字的初始集合进行合并、删除、增加等修改，形成用于分类的“最终”统计集。

对于没有经验的数据分析人员来说，训练集的精炼通常是一项艰巨的任务。分析人员通常可简单地获得图像中明显“没有重叠”的光谱类的统计数字。如果有问题，那么问题一般源于信息类之间边界上的光谱类——“过渡”或“重叠”类。此时，可以通过反复实验来测试选择删除和合并训练类的影响。在这一过程中，采样的大小、光谱的变化、正态性及训练集的一致性都应该重新核对。为了不和大量出现的类混淆，可以从训练数据中去除那些图像中很少出现的有问题类。也就是说，为了保持大面积区域中光谱相似类的分类精度，分析人员可以接受图像中很少出现的类的错误分类。而且，分类最初是在假设可以保留精细信息类的特定集的条件下进行的。研究实际分类结果后，图像分析人员可能转而将一定精细的类合并成更一般的类（如“白桦”和“山杨”也许被合并为“落叶林”类，或“玉米”和“干草”被归为“农业用地”类）。

需要对多图像进行分类时，如较广阔区域或研究土地覆盖随时间的变化时，传统方法是从每幅图像中分别提取光谱训练数据。这样做是有必要的，因为每景图像的大气条件、太阳高度角和其他因素都有变化，而这些变化足以使得从一幅图像中提取的光谱“信号”对其他图像中的相同类没有代表性。如果有必要利用从单一图像中获得的实际光谱训练数据来做多图像分类，那么一种方法是利用相对辐射度正态化（见 7.2 节的图 7.5）来调整所有图像的辐射度特征，以便与分类之前单个“基础”图像相匹配。显然，这一方法的成功与否取决于第二幅图像与基础图像的匹配精度。另外，这一过程对非植被区域的图像或在同一点上的物候周期内获得的图像效果最好。

这里需要说明的最后一点是，训练集的精炼是提高分类精度所必需的。然而，如果图像中某些覆盖类型本质上有相似的光谱响应模式，那么无论怎样重新训练和精炼都不能使它们在光谱上可分！还要使用其他方法来区分这些覆盖类型，如包含其他传感器的附加图像，使用 GIS 中存储的数据，或者进行目视解译，就必须习惯区分这些覆盖类型。对于这些案例，也可应用多时相或空间模式识别过程。此外，土地覆盖分类还涉及结全遥感数据和 GIS 中存储的辅助信息。

7.11 非监督分类

如前所述，非监督分类法不使用训练数据作为分类的基础，而是检查图像中的未知像元，并根据图像数值中所呈现的自然归组或集群将它们分成若干类。其基本前提是，给定覆盖类型内的值在测量空间应该相互接近，而不同类的数据又应该具有比较明显的可分性。

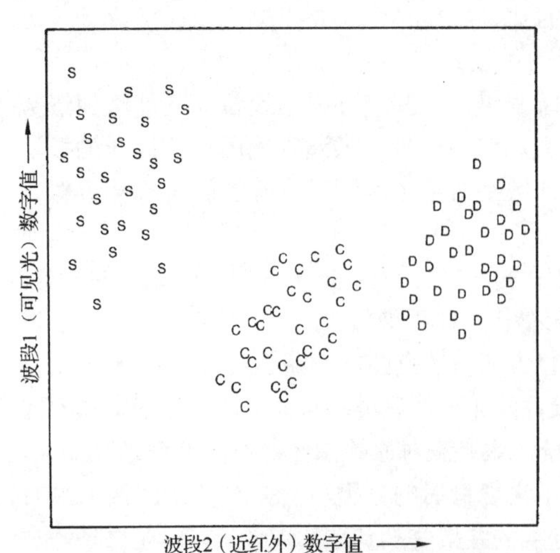

图 7.46 两个通道图像数据中的光谱类

用非监督分类法得到的结果类是光谱类。因为它们仅以图像值的自然归类为基础，因此最初并不知道这些光谱类的身份，分析人员必须将分类数据与某些形式的参考数据（如大比例尺图像或地图）进行比较，才能确定光谱类的身份和信息值。因此，我们用监督分类方法定义有用的信息类，然后检查它们的光谱可分性；而用非监督分类法先确定光谱的可分类，然后定义它们的信息类。

我们仍然考虑两个通道的数据集来说明非监督分类法。数据中光谱的自然集群可依据所绘的散点图来目视识别。例如，在图 7.46 中，我们画出了从整个森林区获得的像元值，它们在散点图中表现为三个集群。在比较图像分类数据与地面参考数据后，便可发现一个群对应于落叶林，一个群对应于针叶林，另一个群对应于两种类型的病变树群（在图 7.46 中分别用 D、C、S 表示）。使用监督分类法，我们可能不会考虑训练“病变”类。而这一突出点恰好是非监督分类法的主要优点之一：分类器可以识别图像数据中出现的独特光谱类。采用监督分类法时，许多这样的类初始时不可能显现给分析人员。同样，图像景物中的光谱类可能非常多，以至于难以训练所有的类，而非监督方法可以自动发现这些类。

用于确定数据集中天然光谱群的聚类算法很多。聚类的一种普通形式称为 K 均值法，即把分析人员接受的聚集类数定位到数据中，然后任意地计算“种子点”或定位，也就是把一定数量的聚类中心放到多维测量空间中。接着把图像中的每个像元分配给距离这些随机平均向量最近的类。使用这种方法对所有像元分类后，再修改用于计算的每个类的均值向量，修改后的均值被用作图像数据再分类的基础。持续这一过程，直到连续迭代运算之间类平均向量的位置没有明显变化为止。一旦达到这一点，就要求分析人员确定每个光谱类的地面覆盖身份。

应用广泛且与 K 均值法不同的非监督聚类，是称为迭代自组织数据分析技术 A 或 ISO-DATA 的算法（Ball and Hall，1965）。该算法允许类数从一次迭代到下一次迭代时变化，可以通过合并、分裂和删除类来改变。其一般过程与上述 K 均值法的相同。但在每次迭代时，像元分配到某一类后，要算出每一类的统计数值。如果两个类的均值点之间的距离小于预先设定的最小距离，则将这两个类合并。另一方面，如果单个类的标准差（在任何一个维度下）大于预先设定的最大值，则将这个类分裂为两类。聚类的类像元数少于预定的最小像元数时，则要删除这个类。最后，如同 K 均值法中的其他变量一样，将所有像元再分类到修正后的聚类集中，重复这一过程，直到在聚类类统计中没有明显变化或已达到迭代的最大次数为止。

当某些土地覆盖类难以完全用非监督分析表现时，有时可用监督训练区的数据来增强上述聚类过程的结果（7.12 节讨论其他方法，如混合监督和非监督分类）。同样，在某些非监督分类法中，当出现不同特征类型的先后次序冲突时，可能会导致难以表现出某些类的结果。例如，在滑动窗口扫完图像前，可能早就达到了分类人员规定的最大类数。

非监督分类经常用多阶段的方法来改进某些类的表现，这些类在初始分类时的差异并不明显。在这一方法中，采用两种或多种聚类来收窄并聚焦于特别感兴趣的类。通常的处理顺序如图 7.47 所示。

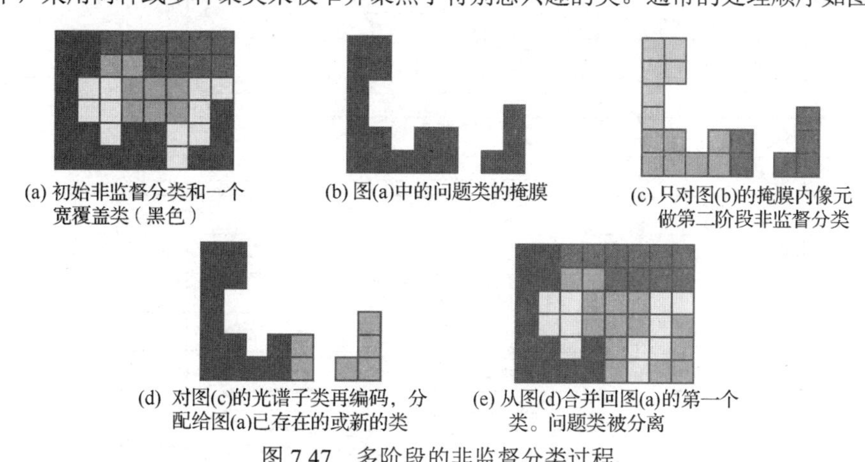

(a) 初始非监督分类和一个宽覆盖类（黑色）　(b) 图(a)中的问题类的掩膜　(c) 只对图(b)的掩膜内像元做第二阶段非监督分类

(d) 对图(c)的光谱子类再编码，分配给图(a)已存在的或新的类　(e) 从图(d)合并回图(a)的第一个类。问题类被分离

图 7.47　多阶段的非监督分类过程

（1）**初始非监督分类**。在第一次分类时，一个光谱类是宽覆盖的，它包含了应属于其他光谱类的像元。

（2）**生成问题类的“掩模”**。创建一幅新图像，在该图像中只保留“问题”类的像元，而所有其他像元设为无数据值。

（3）**问题类的第二阶段分类**。只用“问题”类的像元进行第二次非监督分类。

（4）**对第二阶段分类的输出进行再编码**。将第三步得到的光谱子类再分配为第一步初始分类中的已有类，或者分配为新的类。

（5）**合并分类结果**。把第二阶段分类的再编码输出结果插回到初始分类的输出图像中。

这个过程会得到改进的分类结果，除了一个宽覆盖的光谱类被分离成两个或多个其他类，其他都与原始分类相同。如果有必要，也可采用这种方法同时或连续地分裂多个“问题”类。注意，这种方法在概念上与监督分类法的（成层或分层）决策树分类器类似，这已在 7.9 节末讨论过，但在每一阶段使用的是非监督分类的聚类，而不是监督分类过程。

在结束非监督分类讨论之前，我们重申这种努力的结果是简单地识别图像数据中有差异光谱类的身份。分析人员仍要利用参考数据并结合特定覆盖类型中的光谱类。就像在监督分类中训练集的精细化步骤那样，这个流程也完全包括在内。

表 7.2 给出了与森林区域景物数据信息类相关的光谱类产生的几种可能输出。理想的结果是输出 1，其中每个光谱类都唯一地与分析人员感兴趣的特征类型结合。这种输出结果只在景物特征的光谱性质存在很大差异时才会出现。

表 7.2　森林景观图像聚类的光谱类结果

光　谱　类	光谱类识别		对应的期望信息类
可能的结果 1			
1	水体	→	水体
2	针叶林	→	针叶林
3	落叶林	→	落叶林
4	灌木丛	→	灌木丛
可能的结果 2			
1	浑浊水	→	水体
2	洁净水	↗	
3	阳面针叶林	→	针叶林
4	阴面针叶林	↗	
5	高地落叶林	→	落叶林
6	低地落叶林	↗	
7	灌木丛	→	灌木丛
可能的结果 3			
1	浑浊水	→	水体
2	洁净水	↗	
3	针叶林	→	针叶林
4	混合针叶林/落叶林	↗↘	
5	落叶林	→	落叶林
6	落叶林/灌木丛	↗↘	灌木丛

可能性比较大的结果是输出 2，这里的几种光谱类都可归于分析人员所需要的每种信息类。这些“子类”也许还有少许信息作用（比较阳面与阴面的针叶林）或提供一些有用的区别（比较浑浊水与洁净水，以及高地落叶林与低地落叶林）。无论属于哪种情况，这些光谱类在分类之后均

聚集成使用人员要求的更小类集。

输出 3 则代表有较多问题的结果。在这一类结果中，分析人员发现几种光谱类都与一个以上的信息类有关。例如，光谱类 4 同时与一些地区的针叶林和另一些地区的落叶林相符。同样，光谱类 6 同时包含了落叶林和灌木植被两类，这意味着这些信息类的光谱是相似的，因此不能在给定的数据集中区分。

7.12 混合分类

目前，人们提出了各种形式的监督分类和非监督分类组合方法，这些方法既可以使分类过程流程化，又可以改善单纯的监督分类或非监督分类过程的精度。例如，可以在图像中勾绘出非监督训练区，帮助分析人员识别需要定义的许多光谱类，而这些光谱类的定义是为了以后在监督分类中能充分辨别土地覆盖信息类。所选择的非监督训练区是图像的子区域，其选择故意与监督训练区不同。

鉴于监督训练区位于单一覆盖类型的区域中，而非监督训练区的选择在整幅图像的各种位置上包含了多种覆盖类型，因此就确保了图像中所有光谱类在各种子区域的某处都有代表。然后对这些区域单独进行聚类，并且分析从各区域聚类后得到的光谱类，进而确定它们的身份。然后集中进行统计分析，进而确定它们在光谱上的可分性和正态性。相应地，代表类似土地覆盖类型的相似聚集类将会合并。由这些合并的聚集类算出训练的统计量，再将它应用到整个景物图像上进行分类（例如使用最小距离或最大似然算法）。

当个别覆盖类型的光谱响应模式出现复杂变化时，监督与非监督分类混合分类法在分析时尤其有用。进行植被制图时，这些条件会得到普遍应用。在这些条件下，覆盖类型内的光谱变化率一般是由覆盖类型本身（种类）的变化和不同地区的条件（如土壤、坡度、坡向、冠顶闭合度等）导致的。控制聚类法是一种混合分类法，该方法在这样的环境下非常有效（Bauer et al.，1994；Lillesand et al.，1998；Reese et al.，2002；Chipman et al.，2011）。

应用控制聚类法，分析人员可为图像中每种待分类的覆盖类型勾绘出许多“类似监督的”训练集。与使用传统监督方法的训练集不同，这些训练区不需要完全同类。为了产生几种（20 种或更多）光谱识别标志，要在非监督聚类程序中使用已给定信息类的所有训练集的数据。这些识别标志会被分析人员检验；其中一些可能被丢弃或合并，剩下的就被考虑是希望得到信息类的光谱子类。识别标志也在不同的信息类中比较。一旦为全部信息类获得了足够数量的光谱子类，就可用全部精细的光谱子类集进行最大似然分类，然后将这些光谱子类返回，重新聚集到原始信息类中。

控制聚类法的步骤概括如下：

（1）针对信息类 X 勾绘训练区。

（2）用自动聚类算法同时在光谱子类 $X_1,\cdots,X_n$ 中对所有类 X 的训练区像元进行聚类。

（3）检验类 X 的识别标志，适当地合并或删除识别标志。应该研究聚类的进展（例如从 3 到 20 个聚类类），根据下列因素对聚类的最后数量做出合并和删除的决定：(a)在原始图像上显示给定的类；(b)对每个类进行多维直方图分析；(c)多变量距离测量（如转化为散度或 JM 距离）。

（4）对所有其他的信息类重复步骤（1）至（3）。

（5）检验所有类的识别标志，适当地对识别标志进行合并或删除。

（6）用所有的光谱子类对整幅图像进行最大似然分类。

（7）将光谱子类返回，合并到原始的信息类中。

这种方法的优点是，能帮助分析人员识别一个信息类“自动”聚类所表现的各种光谱子类。同时，光谱聚类类标注的过程非常直接，因为标注过程是在某一时间为某个信息类开发的。另外，由于包含在单一训练区内的多覆盖类型条件能轻易地识别出错误的聚类（如下层矮生植被出现在其他封闭森林冠层区中，或裸露土壤成为作物覆盖的农业用地中的一部分），这种方法也有助于识别混合像元可能因疏忽而包含在接近训练区边缘内的情况。

7.13 混合像元分类

如前所述（见 1.5 节和 4.2 节），当传感器的瞬时视场（IFOV）包括地面上的多种土地覆盖类型或特征时，就产生了混合像元。出现这种情况的原因有多种：首先，通常有两种或更多不同特征类型广泛地混合分布在景观中（例如，在农业用地中每个地面分辨单元可能包括谷类植物和裸露的土壤）。其次，即使景物是由差不多的同类区域组成的，地面分辨单元（或图像像元）落在这些同类地块的边界时也会包括一些两类的混合像元。无论属于哪种情况，这些混合像元都会导致图像分类困难，因为它们的光谱特征不代表任何单一的土地覆盖类型。这时，可以用光谱混合分析和模糊分类这两种方法来处理混合像元分类，这两种方法通过“子像元的分类”来实现。

子像元分类通常被视为“软”分类，在分类时，每个像元被赋予多于一种可能的土地覆盖类，并确定每类的比例信息。图 7.48 比较了这种子像元方法与传统的“硬”分类。当图像像元在子像元尺度上覆盖了与多种土地覆盖类有关的地面面积时，传统的分类器就设计为单一类。如图 7.48(b)所示，这是在像元内数字上的优势类，但可能只代表面积中一小部分的这一类却有着特别高的反射率。也许还会出现更坏的情况，即分类器可能会把这三类的混合解译成最相近的一些其他类，而该类却完全未在像元内出现（该问题的一个真实实例发生在水体的边界。因为水体在近红外波段有很低的反射率，而落叶林在近红外波段有非常高的反射率，因此在两类的分界线出现的图像像元就可能具有中等的近红外反射率。基于这一中间值，“硬”分类器经常把这种像元整体推断为其他类，如常绿林或不渗透表面）。

如图 7.48(c)所示，子像元分类法产生了多个输出层，每个类一个输出层，有时还会有误差或不确定性估计。对于一个给定的像元，每一层的值代表组成像元的这一层的类所占的分数。原则上，取决于软件的操作和方法中参数的选择，这些分数最高可达 1.0（或 100%），分析人员可以强行限制这个“单位和”，或者允许所有类分数除以 1.0 再取和。在后一种情况下，这个“误差”代表了额外出现的土地覆盖类型，而不代表分类方法所用的类组或已有类组的不完美的统计表达。

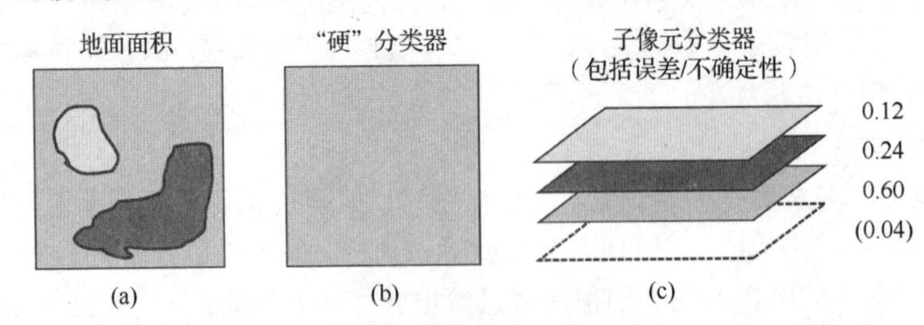

图 7.48 子像元分类原理：(a)图像中单个像元包括的地面面积，包含三种不同覆盖类型的小块；(b)传统“硬”分类器的输出，只代表单一类；(c)子像元分类器的输出，包括每个类的估算比例和误差

图 7.49 显示了子像元分类的两个类层（土壤和植被）。在这两种情况下，像元的值越明亮，在子像元级那个类所占面积的分数值就越高。在图 7.49(a)和图 7.49(b)中均显示为黑色的区域，表示无论是土壤还是植被景观单元，其分数值都很低（许多这样的像元位于水体中，这里未显示第三个类）。

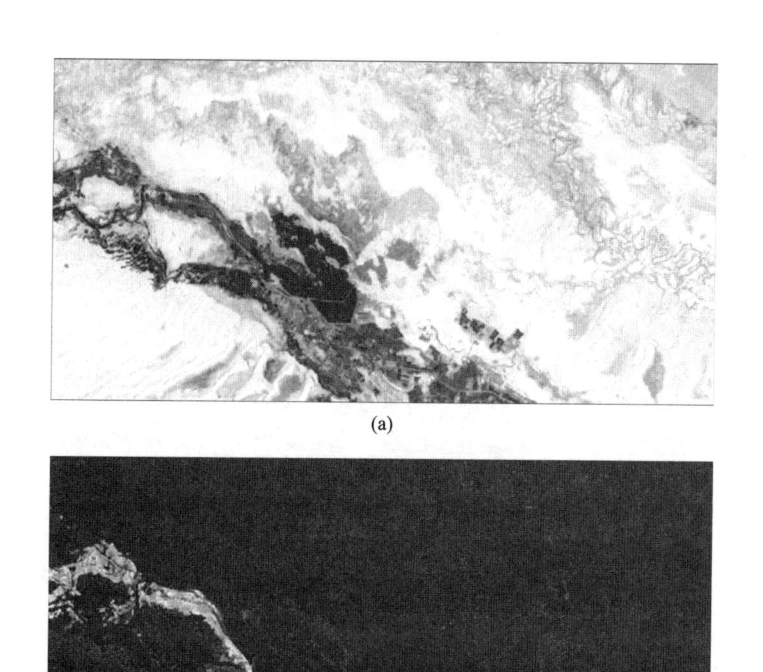

(a)

(b)

图 7.49　子像元分类实例：(a)土壤成分；(b)植被成分。较淡的色调表示在子像元级别有较高分数的覆盖度

7.13.1　光谱混合分析

光谱混合分析技术上是指将混合光谱识别标志与“纯”参考光谱集进行比较（参考光谱可由实验室观测获得，或由野外观测获得，或由图像本身获得）。光谱混合分析的基本假设条件是，图像中的光谱变化是由有限种地表物体的混合引起的。结果是估计出每种参照类型在每个像元中所占地面面积的近似比例。例如，图 7.50 显示了 EO-1 卫星 Hyperion 高光谱图像中的两个“纯”特征类型的光谱，地点是美国夏威夷州的基拉韦厄火山。一个纯光谱源自没有植被的裸露熔岩流（不到 30 年），另一个纯光谱源自附近的热带雨林冠层，第三个光谱在图 7.50 中位于其他两个光谱之间，它是位于熔岩流和未受干扰的森林之间分界线上的混合像元。利用线性混合假定（见下面的论述）所做的数值分析表明，该混合像元的面积估计包括大约 55%的森林和 45%的熔岩流。

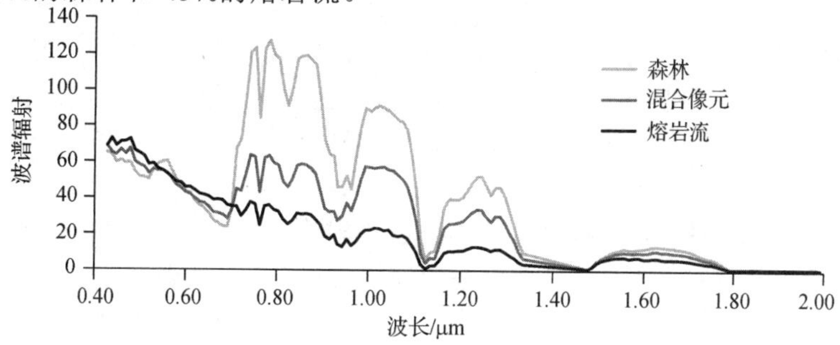

图 7.50　由美国夏威夷热带雨林和熔岩流的 EO-1 Hyperion 图像中得到的光谱线性混合

光谱混合分析不同于土地覆盖分类的其他几种图像处理方法。从概念上讲，它是一种确定性方法而非统计方法，因为它以混合离散光谱响应模式的物理模型为基础。它提供子像元级的有用信息，因为它能在单一的像元内探测到多种土地覆盖类型。许多土地覆盖类型即使是以很好的空间比例尺来观测的，也有各种各样的混合发生；因此，光谱混合分析方法与将一个主要类指定给每个像元相比，能更实际地反映地表的特征。

光谱混合分析的许多应用使用线性混合模型，该模型假设在地面上某个区域观测到的光谱响应是区域内出现的各种土地覆盖类型的各个光谱识别标志的线性混合。这些纯参考光谱识别标志称为*端元*，因为它们表示传感器所观测的地面 100%地由单一覆盖类型组成。在该模型中，任何给定端元的识别标志的权重，是对应到端元的类在像元区域中所占的比例。线性混合模型的输入包括图像中每个像元观测到的唯一光谱识别标志。该模型的输出包括每个端元的“大量”或“分数”图像，输出表明每个端元在每个像元中的比例。

线性混合分析要求图像中的每个像元同时满足两个基本条件。首先，包含在像元中的所有端元的分数比例的总和必须等于 1，其数学表达式为

$$\sum_{i=1}^{N} F_i = F_1 + F_2 + \cdots + F_N = 1 \tag{7.10}$$

式中：$F_1, F_2, \cdots, F_N$表示一个像元中所包含的 N 个端元中的每个端元的比例。

线性混合分析要求满足的第二个条件是，对于给定的光谱波段 λ，每个像元被观测到的 DN_λ 表示从某个像元中获得的 DN 的总和，即该像元完全被给定的端元所覆盖时的 DN 再被分数加权。然而，实际上，它是由这些端元再加上一些未知误差组成的，具体表达式如下：

$$\mathrm{DN}_\lambda = F_1\mathrm{DN}_{\lambda,1} + F_2\,\mathrm{DN}_{\lambda,2} + \cdots + F_N\,\mathrm{DN}_{\lambda,N} + E_\lambda \tag{7.11}$$

式中：DN_λ是波段 λ 中实际观测到的合成数字值；$F_1, \cdots, F_N$是像元内 N 个端元中的每个端元实际所占的比例；$\mathrm{DN}_{\lambda,1}, \cdots, \mathrm{DN}_{\lambda,N}$是像元完全被相应端元覆盖时所观测到的数字值；$E_\lambda$表示误差项。

对于多光谱数据，每个光谱波段都有一个版本的式（7.11）。因此，如果有 B 个光谱波段，就有 B 个等式，再加上式（7.10）。这就意味着可以得到 $B+1$ 个方程来求解各种端元所占的比例（$F_1, \cdots, F_N$）。如果端元比例（未知）的数量等于光谱波段数加 1，那么该方程组就能同时解出一个没有任何误差项的准确解。如果波段数 $B+1$ 大于端元数 N，则可计算出与每个端元覆盖比例相关的误差项（利用最小二乘回归方法）。另一方面，若图像中的端元数大于 $B+1$，则该方程组没有唯一解。

例如，四波段 SPOT-6 多光谱图像的光谱混合分析可用于估算 5 个不同的端元类（不评估误差量）的分数比例，也可以计算四个、三个或两个端元类的分数比例（此时也可生成误差量的评估）。若没有其他信息，则单独一幅图像不能用线性光谱混合分析对 5 个以上的端元类获得覆盖比例的估值。

图 7.51 给出了线性光谱混合分析项目的输出实例，在该项目中，陆地卫星 TM 图像被用于确定阿拉斯加州中部斯蒂斯国家保护区的树木、灌木丛和草本植物的覆盖比例。图 7.51(a)显示的是单波段（TM 波段 4，近红外）图像，图 7.51(b)到图 7.51(d)显示了每个端元类的输出结果。注意，这些输出图像表明，具有较高比例覆盖值的类较亮，而具有较低比例覆盖值的类较暗。

线性混合模型的缺点是，它未考虑像多次反射这样的因素，多次反射会在光谱混合过程中导致复杂的非线性结果。也就是说，从像元中观测到的信号可能包括来自各个端元的光谱识别标志的混合，也可能包括图像成分间（如树叶和土壤表面）多时间反射的额外辐射。此时，需要使用更复杂的非线性光谱混合模型（Somers et al.，2009）。人工神经网络（见 7.16 节）可能非常适用于这类任务，因为它不要求输入数据满足高斯分布，也无须假设光谱是线性混合的（Plaza et al.，2011）。

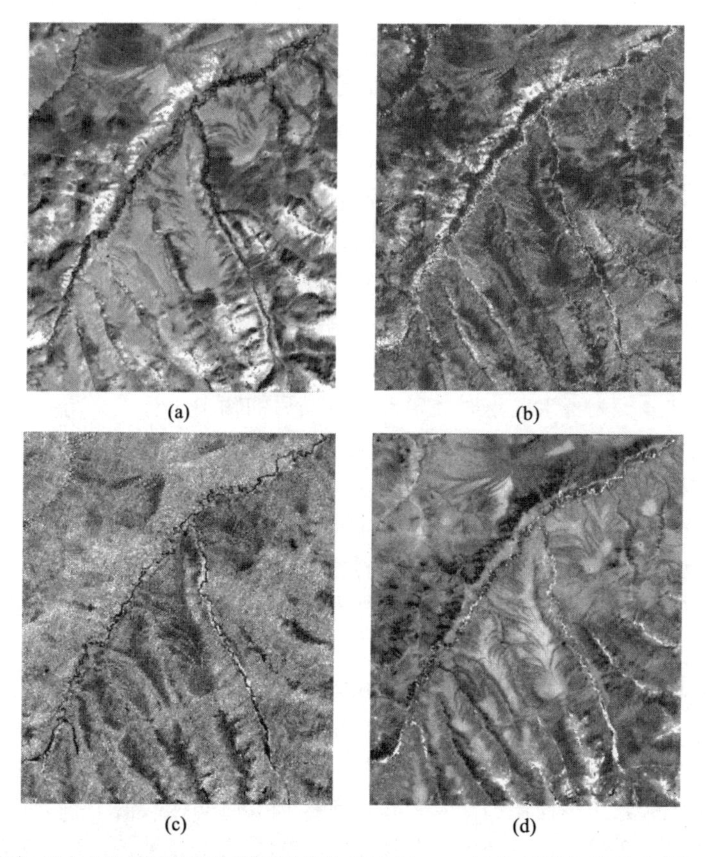

图 7.51　对阿拉斯加州中部斯蒂斯国家保护区的陆地卫星 TM 图像所做的线性光谱混合分析：(a)原始图像的波段 4（近红外）；(b)树木覆盖的比例图像；(c)灌木丛覆盖的比例图像；(d)草本植物覆盖的比例图像。明亮像元具有较高的覆盖比例（阿拉斯加土地管理局和 Ducks 无限公司供图）

7.13.2　模糊分类

模糊分类通过模糊集的概念来处理混合像元问题。在模糊分类法中，给定的实体（一个像元）在一个以上的类中都可能有部分成员（Jensen，2005；Schowengerdt，2006）。模糊聚类是模糊分类法中的一种。模糊聚类过程概念上与前面描述的 *K* 均值非监督分类方法相似。它们的差别在于，模糊聚类法在光谱测量空间的类之间不存在“硬”边界。相反，它只是建立模糊区域，因此不必将每种未知测量向量仅分配给单个类，也不必考虑量测空间中各部分的接近程度，而用*隶属度级别*来描述一个像元与所有类均值的测量值是如何接近的。

模糊分类的另一种方法是模糊监督分类。该方法和最大似然分类法相似，区别在于模糊的均值向量和协方差矩阵都是从统计加权训练数据中得到的。而模糊监督分类方法并不要求训练区完全同类，纯训练集和混合训练集可以结合使用。模糊训练类的权重由各种特征类型的已知混合程度定义。然后，被分类的像元被赋予一个在每个信息类中成员的隶属度级别。例如，在植被分类中可能包含某个像元，其“森林”类的隶属度级别为 0.68，“街道”类的隶属度级别为 0.29，“草地”类的隶属度级别为 0.03（注意所有类型的隶属度级别值之和必须为 1）。

7.14　输出阶段和分类后平滑

任何图像分类的实用性最终都取决于输出地图、表格和地理空间数据的生产，因为是它们将图像的解译信息有效地传达给了最终用户。这里，遥感、数字制图学、地理可视化和 GIS 管理之间的分界线已变得很模糊。彩图 2(a)是土地覆盖分类的输出，它用作 GIS 中土壤侵蚀度模型的输入。作为 GIS 中的内部应用，除了固有栅格的像元值，分类输出中不再需要其他内容。另一方面，如彩图 2(a)所示，为了可视化，选择比例尺、色彩、阴影和其他制图设计主题变得很重要。在该例中，与土地覆盖类相关的色彩已经过修改，并且利用了光阴影算法来表达当地的地貌，以便帮助观测者做好地形解译。

输出阶段经常出现的一个问题是，需要平滑分类后的图像，以便去掉个别错误分类的像元。当应用以像元为基础的分类器时，由于固有的光谱可变性影响，分类后的数据经常出现“椒盐”外观［见图 7.52(a)］。例如，在农业区域，一些散布在玉米地中的像元可能被分类为大豆，或大豆地中的像元可能被分类为玉米。这时就需要对分类后的输出进行“平滑”处理，平滑后的输出只显示占优势（大概正确）的类。人们最初会使用先前介绍的低通空间滤波来实现这一目的。但采用这种方法的问题在于，分类后的输出图像是一个由像元位置构成的阵列，其包含的数字仅作为一个标记而不是数量。也就是说，包含土地覆盖类型 1 的像元可能被编码为 a1，包含土地覆盖类型 2 的像元可能被编码为 a2，以此类推。滑动的低通滤波器可能不适合平滑这样的数据类型，因为按照这种方法，类 3 和类 5 的平均值将得到类 4，这显然毫无意义。简而言之，分类后的平滑算法必须基于逻辑运算而非简单的算术运算。

分类后平滑处理的一种方法是应用择多滤波器。在这种操作中，一个滑动窗口通过分类后的数据集，并确定该窗口中的多数类。如果窗口中的中心像元的类不属于多数类，就将该像元的身份变换成多数类。如果窗口中没有多数类，则中心像元的类不变。当窗口在数据集中滑动时，要连续使用原始的类编码，而不使用前一个窗口位置被修改后的编码值［图 7.52(b)就是按这种方法产生的，它采用一个 3×3 像元择多滤波器对图 7.52(a)的数据进行滤波。图 7.52(c)是用 5×5 像元滤波器产生的］。

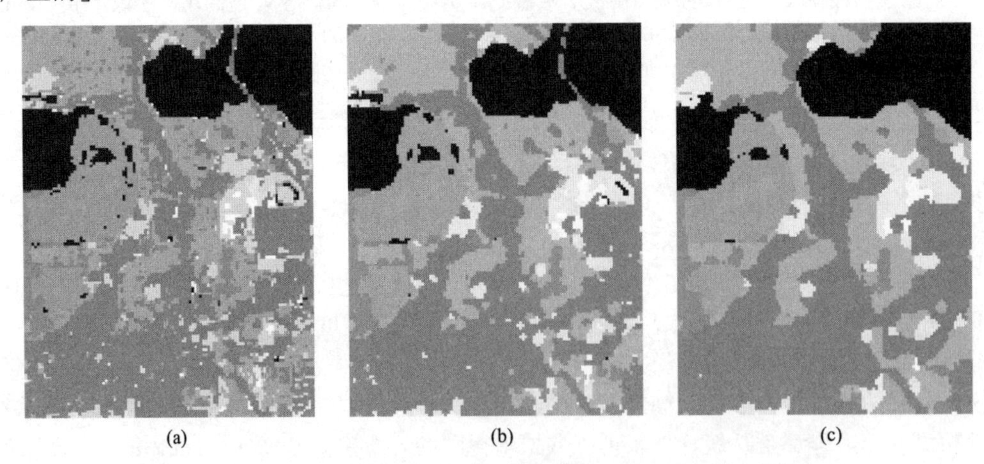

图 7.52　分类后平滑：(a)原始的分类图；(b)利用 3×3 像元择多滤波器平滑后的图；(c)利用 5×5 像元择多滤波器平滑后的图

择多滤波器也可包含一些类形式和/或空间权重函数。数据可以平滑处理多次。某些算法在平滑后的输出中，可以保留土地覆盖区之间的分界线，甚至保留用户规定的任何指定土地覆盖类型的最小面积。

获得平滑分类结果的另一种方法是，把上面描述的逻辑运算类型直接集成到分类过程中。基于对象的分类就具有这种（和更多种）能力，详见下节的介绍。

7.15 基于对象分类

到目前为止，我们讨论的全部分类算法都仅以分析单个像元的光谱特征为基础，也就是说，每个像元的处理过程一般用于以光谱为基础的决策逻辑，而且应用到的是单幅孤立图像中的每个像元。相比之下，基于对象的分类器利用光谱和空间两种模式来进行图像分类（Blaschke，2010）。这种分类过程包括两步：①把图像分割成分离的对象；②对这些对象分类。基本假设是，被分类的图像由相对均匀的“小块”组成，且这些小块的大小又大于单个像元。这种方法类似于人对数字图像的目视解译，在解译时要同时工作在多比例尺状态，并利用彩色、形状、大小、纹理、模式和上下文关系信息来将像元分组为有意义的对象。

对象的比例是在这一过程中可变并影响图像分割步骤的关键。例如，在森林景观区域情形下，具有精细比例的对象分类后会表现出独特的树冠。中等比例的图像分割后产生的对象对应于类似种类和大小的树种，而在更粗糙比例下的大面积森林则聚集成单一的对象。显然，用来基于对象分类的实际比例参数将取决于某些因素，包括传感器的分辨率和分析人员设法识别景物特征时的通用比例。

图像被分割后，就有许多特征能够用于描述（和分类）这些对象。更一般地说，这些特征可以分成两组。一组特征是每个对象所固有的，如其光谱特性、纹理和形状。另一组特征描述对象之间的相关性，包括它们的连通性、它们与相同对象或其他类型对象的接近程度等。例如，一个对象如果有线性的形状、与沥青类似的光谱特征、均匀的结构，以及与其他道路目标有拓扑连通性，那么它本身就可能是道路。

图 7.53 显示了基于对象的分割和分类。图 5.53(a)是陆地卫星 5 的 TM 数据波段 2、3 和 4 的彩色红外合成图像的灰度图（原始图像分别是蓝、绿和红）。这幅图像覆盖了美国威斯康星州韦勒斯县的西部地区。这一区域的主要土地覆盖类型有水体、落叶林、常绿林、蔓越莓沼泽、湿地和砍伐/贫瘠区域。图 7.53(b)～(d)是从 TM 数据获得的一系列分割块，除了变化的比例因子，还包括多数的参量常数（如光谱波段加权、形状因子、平滑因子等）。

图 7.53(b)显示了精细比例因子下，景物分割成的与特征相符的小对象，例如由相同种类组成的树林、向阳或背阴山丘、小块湿地、个别的蔓越莓沼泽、栽培的苗圃等。这些对象看起来在原始（未分类）陆地卫星图像背景上叠加了白色的多边形。图像右上黑色勾绘的大多边形代表不同年龄和大小的针叶林（赤松和短叶松）。注意这个多边形又分割成了多个对象，这些对象对应于独特的均匀种类。

(a)

图 7.53　面向对象的图像分割和分类：(a)美国威斯康星州韦勒斯县陆地卫星 5 的 TM 图像；(b)利用精细比例因子的图像分割；(c)利用中等比例因子的图像分割；(d)利用粗糙比例因子的图像分割；(e)利用精细比例因子图像分割进行土地覆盖分类；(f)非分割图像数据使用传统非监督分类对“每个像元”的土地覆盖分类

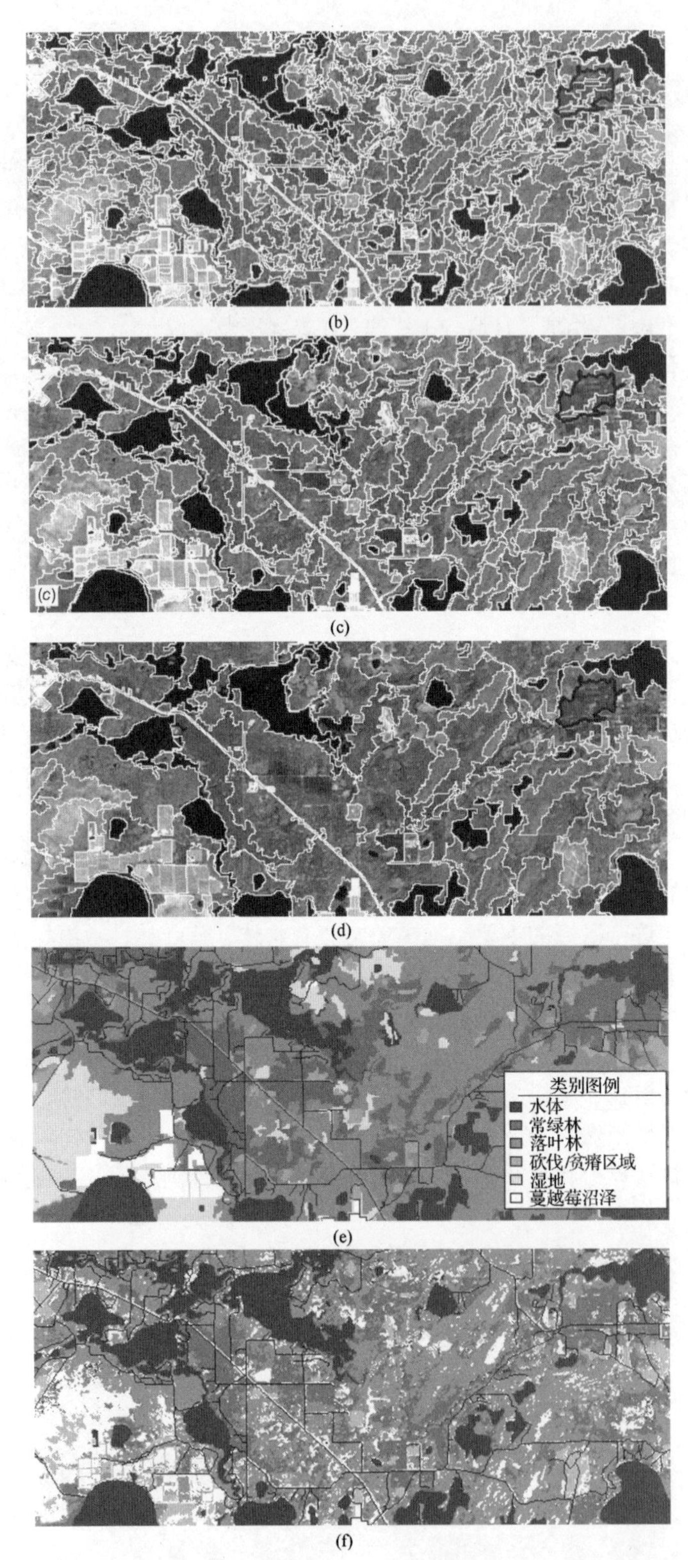

(b)

(c)

(d)

(e)

(f)

图 7.53（续） 面向对象的图像分割和分类：(a)美国威斯康星州韦勒斯县陆地卫星 5 的 TM 图像；(b)利用精细比例因子的图像分割；(c)利用中等比例因子的图像分割；(d)利用粗糙比例因子的图像分割；(e)利用精细比例因子图像分割进行土地覆盖分类；(f)非分割图像数据使用传统非监督分类对“每个像元”的土地覆盖分类

图 7.53(c)显示了中等比例因子下变得较大的对象，而在图 7.53(d)的粗糙比例因子下，黑色勾绘的全部种植地现在显示为单一的对象。注意在分层方式中以不同比例“嵌套”表示的对象，以便在精细比例下所有对象都能完美地与粗糙比例下聚集的对象的边界重合。

建立对象的边界后，就可采用上述的多种方法根据不同的特征来对对象进行分类。图 7.53(e)中所示分类结果的产生方式如下：首先利用精细比例因子对图像进行分割，然后把结果对象聚合到上面所列的 6 个土地覆盖信息类中（这幅图像中所示的道路是从 GIS 的交通层中导入的）。图 7.53(f)显示了传统（无分割）的非监督分类图像。比较这些基于像元的分类器结果，发现基于对象方法产生的分类结果具有相对均匀的区域，看起来十分平滑。还要注意这种分割方法是如何帮助辨别线性特征的，例如图中从左上方到研究区域下边缘中间的道路。

基于对象的分析也可用于分析土地覆盖变化，此时这种方法可以保存对象间的“父-子”关系。例如，只包括一种作物类型的大块农业用地在较早的时间段可能会被分类为单个对象。如果以后这块土地出现了多种作物类型，父地块将分裂成许多子对象。然后，可用光谱数据来对这些新的子对象身份进行分类。

7.16 神经网络分类

另一种越来越流行的图像分类方法是神经网络分类。人工神经网络的最初灵感来自大脑神经元的生物模型，最先应用在人工智能、机器学习和计算机科学的相关领域。近年来，人工神经网络在计算机科学的实现焦点从复制实际的生物结构和处理，转移到了发展其自身的统计和计算逻辑。

神经网络在自适应构建的给定输入数据模式和特定输出之间的链接中进行自我训练。神经网络可以用来进行传统的图像分类或更复杂的操作，如混合光谱分析。对于图像分类，神经网络不要求训练数据具有最大似然算法所要求的高斯统计分布，这就使得神经网络可用于比传统最大似然分类处理更广范围的输入数据（其他途径获得的辅助数据与遥感影像结合进行分类处理将在 7.20 节讨论）。此外，一旦完成训练，神经网络就可相对快速地完成图像分类，但训练过程本身需要花相当长的时间。下面集中讨论遥感应用中使用最为广泛的后向神经网络，但也介绍其他类型的神经网络。

神经网络由三层或更多的层组成，每一层都由多个有时称为神经元的节点组成。神经网络包括一个输入层、一个输出层和一个或多个隐藏层。输入层的节点代表神经网络的输入变量，通常包括遥感图像的光谱波段、纹理特征或由这些图像衍生的其他中间产品，或用来描述待分析区域的辅助数据。输出层节点表示由网络生成的可能输出类的范围，分类系统中的每个类都对应于一个输出节点。

在输入层和输出层之间有一个或多个隐藏层，这些层由多个节点组成，每个节点都与前一层的多个节点链接并连接下一层的多个节点。节点之间的这些连接由权重表示，权重引导通过网络的信息流。而神经网络的隐藏层数量是任意的。通常来说，隐藏层数量的增加可让网络能够处理更复杂的问题，但会降低网络的泛化能力并增加训练时间。图 7.54 显示了一个神经网络在光谱、纹理和地形信息复合基础上进行土地覆盖分类的例子。输入层有 7 个节点，描述如下：节点 1～4 对应于多光谱图像的 4 个光谱段，节点 5 对应于从一幅雷达图像计算的纹理特征，节点 6～7 对应于由数字高程模型计算的地形坡度和坡向。输入层后面有两个隐藏层，每个隐藏层有 9 个节点。最后，输出层由 6 个节点组成，每个节点对应于一种土地覆盖类（水体、山地、森林、城区、玉米地和干草地）。基于前面提供的训练数据的网络分析，当给定输入数据的任意组合时，网络将产生该组输入最大可能的输出类。

神经网络的图像分类采用迭代训练处理，在此过程中神经网络用来匹配输入数据集和输出数据。每个输入数据集代表需要学习的一个模式的一个例子，每个例子表示对输入数据做出响应的理想输出数据集。在训练过程中，神经网络自主修改每对节点连接的权重，以降低理想输出与实际输出之间的差异。

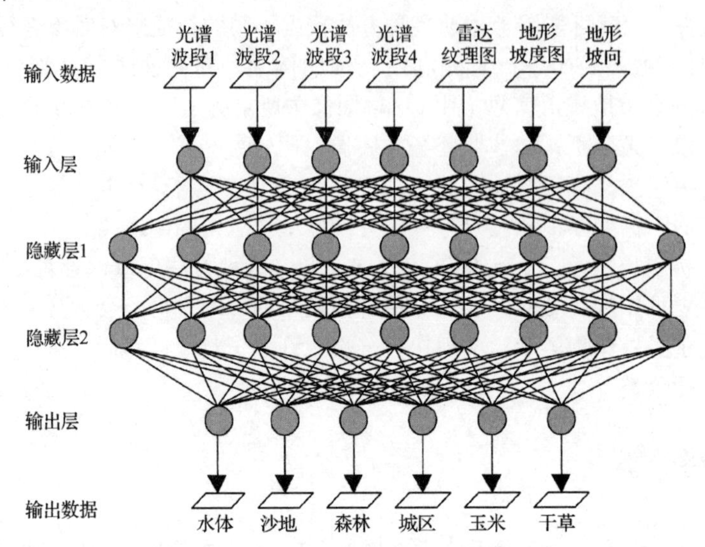

图 7.54　有一个输入层、两个隐藏层和一个输出层的人工神经网络示例

需要注意的是，后向传输神经网络并不保证能找到任何特定问题的理想解决方案。在训练阶段，神经网络可能在输出误差达到一个局部极小值而不是达到绝对的最小误差。另外，神经网络可能在两个存在微小差异的状态间振荡，每个状态将导致近似等同的误差。目前，人们提出了多种策略来帮助推动神经网络克服这些缺陷，促使其朝获得绝对最小输出误差的方向发展。

7.17　分类精度评价

从遥感数据产生土地覆盖分类的过程可能非常漫长。当分类算法完成工作时，在处理的最后阶段，任何有问题的类都已分离，分析人员可将更大的光谱类集记录为减少的信息类集，发布土地覆盖类的结果图并且转而从事其他工作。但在转向其他工作之前，必须证明分类结果的类精度。这一需求表现为“只有评价了分类的精度后，分类过程才算完成”。

Congalton and Green（2009）完整地描述了当前用于分类精度评价的原则和实践，这里只简单介绍一些基本概念，详细介绍请读者参阅这篇参考文献。

7.17.1　分类误差矩阵

表示分类精度的一种常用方法是准备一个分类误差矩阵（有时称为混淆矩阵或列联表）。在基于类与类比较的基础上，误差矩阵比较已知的参照数据（地面真实数据）与对应的自动分类结果。误差矩阵是行列数相等的方阵，它与要进行精度评价的类数相等。

表 7.3 是一个误差矩阵，它由图像分析人员用于确定监督分类中被用作训练样区的代表性子集的分类结果的好坏程度。这个矩阵源于对训练样区中像元进行的分类，并用作训练区（列）的已知覆盖类型与经过分类器分类后的实际像元类（行）。

误差矩阵中有几个关于分类性能特征的参数。例如，图像分析人员可以研究遗漏（被排除在外）误差与委托（包含）误差。注意在表 7.3 中，训练样区中土地覆盖分类后的正确分类结果，位于误差矩阵的主对角线上（从左上方到右下方）。所有非对角线上的元素代表遗漏误差或委任误差。遗漏误差对应于非对角线的列元素（例如，7 个像元分类后应属于“水体”，但它们在该类中被遗漏了：3 个像元错分为“森林”、2 个像元错分为“城区”，还有两个像元分别错分为“玉米”和“干草”）。委托误差由非对角线的行元素描述（例如，92 个属于“城市”的像元和 1 个属于“玉米”的像元被错误地划分为“沙地”）。

表 7.3　对训练样区集中的像元分类后得出的误差矩阵

	参考数据[a]						
	W	S	F	U	C	H	行 汇 总
分类结果数据							
W	226	0	0	12	0	1	239
S	0	216	0	92	1	0	309
F	3	0	360	228	3	5	599
U	2	108	2	397	8	4	521
C	1	4	48	132	190	78	453
H	1	0	19	84	36	219	359
列汇总	233	328	429	945	238	307	2480
生产者精度						用户精度	
W = 226/233 = 97%						W = 226/239 = 94%	
S = 216/328 = 66%						S = 216/309 = 70%	
F = 360/429 = 84%						F = 360/599 = 60%	
U = 397/945 = 42%						U = 397/521 = 76%	
C = 190/238 = 80%						C = 190/453 = 42%	
H = 219/307 = 71%						H = 219/359 = 61%	
总精度 =（216 + 226 + 360 + 397 + 190 + 219）/2480 = 65%							

[a]W，水体；S，沙地；F，森林；U，城市；C，玉米；H，干草。

还可以从误差矩阵中获得其他几个描述度量。例如，*总精度*由正确分类的总像元数（对角线上的元素总数）除以所包含的总像元数来计算。同样，单个类的精度计算方法是，该类中被正确分类的像元数量除以该类对应行或列的总像元的数量。

将每个类中正确分类的像元数（位于主对角线上）除以该类用作训练样区集的像元数（列元素之和），所得结果通常称为*生产者精度*，这个数字表明指定覆盖类型的训练样区集的像元被分类后的效果有多好。

*用户精度*由每个类被正确分类的像元数除以被分为该类的总像元数（行元素之和）。这个数字是委托误差的度量，表示一个像元被分到指定类的概率，这个指定类代表了地面的实际类。

注意，表 7.3 所示的误差矩阵表明其总精度为 65%。但生产者精度的范围是从 42%（“城市”）到 97%（“水体”），而用户精度的范围是从 42%（“玉米”）到 94%（“水体”）。

从统计观点来看，有必要考虑用来评价最终分类精度的测试数据的无关性。通常来说，这些数据不应参与到之前的分类过程的任何阶段。在某些情况下，分析人员将基于训练样区（监督分类的一个过程）的数据计算误差矩阵，或者在非监督分类中用于引导分析人员将光谱聚类划分为新类的数据。记住，*这样的过程仅表明从训练样区中提取的统计量用于同一区域分类时的效果有多好*。如果这个结果很好，那么它仅意味着训练区是同质的，用于训练的类在光谱上是可分的，且采用的分类策略在训练区工作得很好。这有助于训练数据集的精炼过程，但它很难表明一幅图像中其他地方的分类结果有多好。图像分析人员应该期望训练区的精度非常好，当这些训练样区是从有限的数据集中导出时更应如此（在有些文献中训练区的精度有时被当作总精度的一个指标，这样做是不对的）。

7.17.2 分类误差矩阵评价

表 7.3 所示的误差矩阵中包含许多显而易见的特征。首先我们评价同时考虑总体精度、生产者精度和用户精度的必要性。在该例中，分类的总精度是 65%。然而，如果分类的主要目的是绘制“森林”类的位置图，则会发现森林的生产者精度相当好（84%）。这有可能使得某人得出这样的结论：尽管总精度不好（65%），但对森林制图目的来说精度已足够。这个结论的问题在于对森林来说，其用户精度只有 60%。也就是说，在分类结果中尽管有 84%的森林被正确地分类为“森林”，但所有分类为森林的地区只有 60%的地区真正属于森林这个类。因此，尽管分类的生产者精度有理由声称对于森林区有 84%的机会被正确识别，但在进行地面调查时，分类用户会发现那些在分类图上被指定为“森林”且在地面调查时的确也是“森林”的地区只占 60%。事实上，在本例中只有“水体”在生产者精度和用户精度上都具有较高的可靠性。

用于解释分类精度的另一个要点基于这样一个事实，即采用完全随机的方式来指定像元的类，也可以在误差矩阵中计算其正确率。事实上，如果单从外表来看，这种由随机指定像元类计算出的正确率有可能非常高。统计量 $\hat{k}$（KHAT）是真实一致与变化一致之间差异的度量，真实一致是指参照数据与某个自动分类器之间的一致，而变化一致是指参照数据与一个随机分类器之间的一致。从概念上讲，$\hat{k}$ 可以定义为

$$\hat{k}=\frac{\text{观测精度}-\text{变化一致}}{1-\text{变化一致}} \tag{7.12}$$

$\hat{k}$ 作为一个程度指标，反映的是与“变化”一致相对而言，误差矩阵中的正确值百分数在多大程度上归因于“真实”一致。在理想状态下，真实一致（观测到的）接近 1，而变化一致接近 0，这样 $\hat{k}$ 就接近 1。在现实中，$\hat{k}$ 通常在 0 和 1 之间变化。例如，当 $\hat{k}$ 值等于 0.67 时，可以认为它是一个这样的指标，即观测到的分类比从变化得出的分类要好 67%。当 $\hat{k}$ 等于 0 时，表示由一个分类器产生的分类结果并不比随机指定像元类好。当变化一致很大时，得到的 $\hat{k}$ 值为负数，而负数表示非常糟糕的分类结果。

$\hat{k}$ 按照下面的公式进行计算：

$$\hat{k}=\frac{N\sum_{i=1}^{r}x_{ii}-\sum_{i=1}^{r}(x_{i+}x_{+i})}{N^2-\sum_{i=1}^{r}(x_{i+}x_{+i})} \tag{7.13}$$

式中：r 为误差矩阵的行数；x_{ii} 为行 i 和列 i 的观测样本数（主对角线上）；x_{i+} 为行 i 的观测样本总和（如矩阵右侧所示的边际总量）；x_{+i} 为列 i 的观测样本总和（如矩阵底部所示的边际总量）；N 为矩阵中的观测样本总量。

表 7.3 所示误差矩阵的 $\hat{k}$ 计算演示如下：

$$\sum_{i=1}^{r}x_{ii}=226+216+360+397+190+219=1608$$

$$\sum_{i=1}^{r}(x_{i+}x_{+i})=239\times233+309\times328+599\times429+521\times945+453\times238+359\times307=1124382$$

$$\hat{k}=\frac{2480\times1608-1124382}{2480^2-1124382}\approx0.57$$

注意，以上述实例计算得到的$\hat{k}$值（0.57）比先前计算的总精度值（0.65）稍小一些。这两个统计量的差异是可以想象的，因为它们所用的误差矩阵中的信息存在差异。总精度只包含了沿主对角线的数据，而把遗漏误差和委托误差排除在外。另一方面，$\hat{k}$统计量以行与列的乘积形式考虑了误差矩阵中的非对角线元素。因此，对于任何特定的应用，不可能给出权威性的建议。通常，同时计算这两个统计量是比较理想的。

计算$\hat{k}$的一个主要好处是，可以使用这个值作为确定任何给定矩阵的统计显著性或者确定矩阵之间差异的基础。例如，某人可能希望比较由不同的图像数据、不同的分类技术得出的误差矩阵。这样的检验以计算$\hat{k}$值的变异估计值为基础，然后使用Z检验来确定一个矩阵是否与随机计算结果存在明显差异，并确定从两个不同矩阵计算得出的$\hat{k}$值是否存在明显不同。对如何完成这种分析感兴趣或想了解更多精度评价方面知识的读者，可参阅本书列出的参考书目，例如由Stehman（1996）提供的基于分层随机取样的$\hat{k}$方差计算公式。

7.17.3 取样需要考虑的事项

检验区是指具有代表性且土地覆盖类相同的区域。它与训练样区不同，检验区要比训练样区广泛得多。检验区经常在监督分类的训练阶段就已确定，在训练阶段通过有意设计比实际需要的训练样区更多的候选样区来完善分类统计。这样，这些检验区的子集就可以保留下来用于分类后的精度评价。从这些检验区获得的精度至少代表了整幅图像的分类效果的最初近似值。然而，由于具有均一性，检验区也许不能在土地覆盖变化的单个像元水平上提供有效的分类精度指标。而且，通常采集训练数据用于“自主”取样设计，这既非系统化的，又非随机的，相反，它强调了在那些地面容易接触的、更高分辨率影像中容易解译的抑或方便用于训练过程的位置来获取地面真实数据的机会。这样一种采样策略对于精度评价过程中的理想统计有效性可能并不充分。

在单个像元水平上能够确保足够精度评价的一种方法是，将土地覆盖分类图像在每个像元上与原始的参照数据进行比较。虽然这种整体比较方法在研究阶段可能有价值，但在整个项目区收集用作参照的土地覆盖信息是很昂贵的，而且会使得基于遥感进行分类的初衷变得毫无意义。

像元的随机采样回避了上述问题，但也有自身的一系列局限性。首先，收集随机分布的很大参照数据样本通常很困难，而且费用很高。譬如，长距离旅行并进入那些随机地点会使得这一工作的费用高昂；其次，随机采样的有效性取决于能够精确地将参照数据与图像数据进行配准，而这通常很难做到。要克服配准这一问题，一种方法是只对那些地物特征不受潜在配准误差影响的像元进行采样（譬如取样点到田间的边界至少有几个像元的距离），但任何这样的“干预”都将再次影响到对结果精度统计的解译。

另一个需要考虑的事项是，要确保随机选取的检验像元或检验区在研究区内具有地理上的代表性。简单的随机采样通常选择采样少但有潜在重要性的区域，分层随机采样方法经常用于这种场合，它把每种土地覆盖类当成一层。无疑，适合农业调查的采样方法与适合湿地制图的采样方法是存在差异的。每个样本设计必须考虑研究区的面积和分类后的覆盖类型。

完成随机采样的一种通用方法是，将一个格子覆盖到分类输出数据上。在该格子中随机选取检验单元，检验单元中的像元组则用于评估目的。真实的覆盖类通过地面查证来确定（或者由其他参照数据来确定），并将它与分类数据进行比较。

也有文献描述了其他的采样方案，如那些将随机采样与系统采样结合起来的思想。这种技术在项目早期使用系统采样区来收集一些精度评价数据（或将它作为训练样区选取过程的一部分），分类完成后再在每一层中进行随机采样。

采样需要考虑的事项还包括用于精度评价的样本单位。合适的样本单位可能是单个像元、像元集或多边形，选取什么样的单位取决于具体的应用。在当前使用的方法中，多边形采样是最普遍的采样方法。常见错误是使用多个像元组成的区域进行测试，但却在误差矩阵中把其中的每个像元当成一个独立的实体，这是不恰当的，因为大多数遥感数据集的相邻像元间存在极高的空间自相关性（局部相似性）。

样本大小同样对分类精度的改善和解释非常重要。作为基本原则，对于每种土地覆盖类，建议误差矩阵中至少要有 50 个样点。如果研究区的面积特别大（如大于 100 万英亩），或者分类中有大于 12 个类的土地覆盖类，则需要更全面的采样，每个类的典型采样点数为 75 个或 100 个（Congalton and Green，2009）。与之类似，每个类的样点数可根据特定应用中的相对重要性来进行调整（例如，更重要的类包含更多的样点）。同样，采样可以根据每个类中的可变性来分配（例如，在诸如湿地这样的易变类中采用更多的样点，而在诸如开阔水体这样的不易变化的类中采用较少的样点）。然而，如早前提到的那样，所有关于采样设计的决策都必须考虑到统计有效性和精度评价过程的易处理性。

7.17.4 关于精度评价的最后思考

在结束分类精度评价这个话题之前，我们还要强调一下其他三个方面。首先要强调的是，任何精度估计的质量仅能与用于确定测试区的“真实”土地覆盖类型的参照信息的质量一样好。参考数据中存在的某些预计误差应当尽可能地纳入精度评价过程。因为用于分类精度评价的一些参照数据的估计值很可能含有误差，造成这种误差的因素很多，包括图像数据与参照数据在空间未配准产生的误差、图像解译的误差、数据输入的误差、用于分类的图像数据与用于参照的数据存在的时间差，这些因素经常影响参照数据的精度。其次要强调的是，在进行精度评价时要考虑分类的目的。例如，“玉米地”中有一个像元在分类时被误判为“湿地”，这对区域土地利用计划的形成没有多大的影响。然而，如果分类的目的是用于土地征税或执行湿地保护法规，那么同样的错误在这里却是无法忍受的。最后要强调的是，遥感数据通常只是 GIS 多种数据形式中的一个很小的数据子集，GIS 中的误差如何通过多层信息累积超出了本书讨论的范畴，感兴趣的读者可以参考 GIS 和空间分析文献。

7.18 变化检测

遥感图像的一个巨大优势是，它们能捕获或保持不同时间点地表状况的记录，进而识别和体现跨时间的变化。这种处理称为变化检测，是数字图像分析普遍应用的方法之一。我们感兴趣的变化类型既包括接近瞬时的现象（车辆或动物的移动），又包括长期现象，如城区边缘的发展或荒漠化。在理想状态下，变化检测过程中采用的数据要求用相同的传感器获得，并且它们在记录时具有相同的空间分辨率、相同的拍摄几何特征、相同的光谱波段、相同的辐射分辨率，而且是在一天的同一时间拍摄的。进行变化信息探测时，常常选择同一天拍摄的图像数据，以便使太阳高度角和季节变化的影响最小。不同图像数据的空间配准精度也是进行有效变化检测的必备条件。配准后的精度通常需要在 1/4～1/2 个像元内。显然，当配准误差大于 1 个像元时，比较两幅图像会产生很大的误差。

变化检测过程的可靠性也可能受数据集间各种环境因素的变化影响。除大气影响外，水位、潮汐、刮风或土壤湿度条件可能同样重要。即使使用每年同一天的影像，也要考虑诸如不同种植日期和植物物候期内季节变化的影响。

辨别两个时期的图像间的变化的一种方法是采用分类后比较，在该方法中，两个时期的图像被单独进行分类与配准，然后对这两幅分类后的数据进行某种运算来确定发生变化的像元。另外，可采用编辑后的统计数据（和变化图）来反映这两个时期的图像的变化特征。例如高亮显示从类 A 变化到类 B 的那些区域。显然，这种处理方法的精度取决于用于分析的每幅独立图像的分类精度。在每个初始分类中所表现的误差都会融入变化检测过程。

图 7.55 显示了一个景观快速变化区域基于分类后比较的变化检测的代表性例子。两个时相影像的分类结果如图 7.55(a)和图 7.55(b)所示。在图 7.55(c)中，一个类中变化的任意像元均以高亮显示，对于动态景观，该地区变化的像元接近 50%。图 7.55(d)聚焦于一个特定的变化类型，即从灌木丛到农业用地的变化（该区域有近 15%的像元经历了这一变化）。

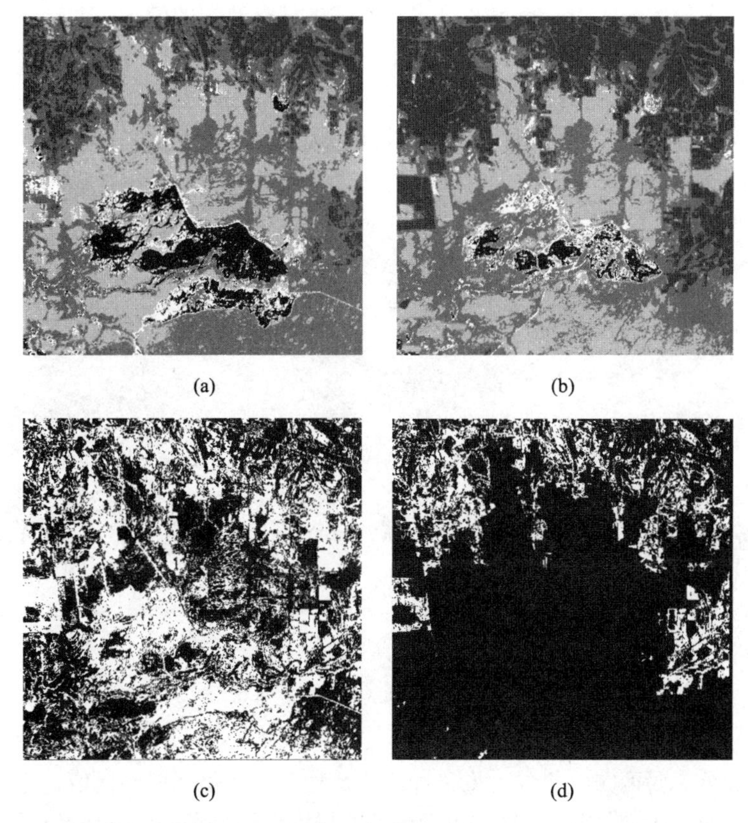

图 7.55　基于分类后比较的变换检测：(a)第 1 时相的分类结果；(b)第 2 时相的分类结果；(c)所有变化的像元用白色高亮显示；(d)从类“灌木丛”变化到类“农业用地”的像元

使用光谱模式识别进行变化检测的另一种方法是，仅对多时相数据集进行分类。在这一方法中，两个或多个不同时相的影像光谱段叠放在一起，生成一个新的多时相数据集，例如两个时相的 4 波段 QuickBird 多光谱影像可叠放在一起生成一个新的 8 波段数据集。接下来利用监督或非监督分类，将合并的图像划分为时间-类型“类”；这些类中的一些将是稳定的（如不同日期的同一类），而其他类则表示为独立的变化类型。这种工作方式成功与否，取决于光谱上“变化类”与“未变化类”之间的差异程度。同样，分类的维数和复杂性很大，若使用每个时期的所有波段数据，则在这些信息中存在很大的冗余。

有时在变化检测中采用主成分分析方法来分析多时相图像。在这种方法中，两幅或更多图像被配准，形成一个包含每个时期的所有波段的新多波段图像。从这些联合的数据集中计算出几个与变化区域有关的不相关主成分。这种方法的缺点是，通常很难解释和识别特定的变化种类。彩图 31 显示了多时相主成分分析对龙卷风袭击前后图像进行龙卷风灾害评估的应用，龙卷风袭击前的图像如彩图 31(a)所示，它是陆地卫星 7 ETM+的 1、2、5 波段（分别显示为蓝色、绿色和红色）的合成图，彩图 31(b)显示了被龙卷风破坏后的图像，它与彩图 31(a)所示图像的成像时间相比延后了 32 天，即紧随龙卷风袭击后的那一天。龙卷风的破坏路径在彩图 31(b)中相当明显，但在彩图 31(c)所示的主成分图中最显著。该图描述了从“前”“后”图像中各取 1、2、5 波段组成的 6 波段数据计算得到的第二主成分图。

多时相图像差值法是变化检测常用的另一种方法。在这种图像差值法中，两幅不同时相的图像进行简单的减法运算。在无变化的区域，两幅图像的差值非常小（接近 0），而在变化区域，两幅图像的差值将出现很大的正值或负值。采用 8 位二进制存储的图像，由两幅图像相减所得的差值图像的取值范围是–255～+255，因此，为便于显示，通常在差值图像上加一个常数（如 255）。图 7.56(c)显示了多时相图像差值的结果，两幅源（近红外）图像如图 7.56(a)和图 7.56(b)所示。在该描述中，未变化区域用中灰色表示，近红外波段反射率提高的区域用浅色表示，近红外波段反射率下降的区域用深灰色表示（正变化和负变化围绕中间范围进行对称测量）。

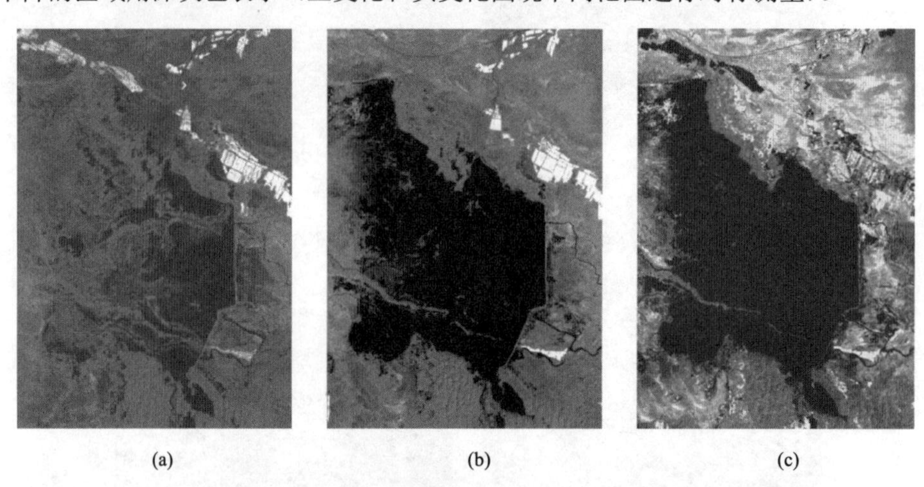

图 7.56　不同时相的图像差值法：(a)第一个时相的近红外波段图；(b)第二个时相的近红外波段图；(c)图(b)与图(a)的差

多时相图像比值法对两个时相的图像进行比值计算。无变化区域的比值趋近 1，而有变化区域的比值大于 1 或小于 1。此外，计算得出的比值数据为便于显示，通常要经过比例变化（见 7.6 节）。比值技术的一个优点是，能降低诸如太阳高度角和阴影等无关因子的影响。

不管是多时相图像差值法还是比值法，分析人员都必须在这些数据中找到一个有意义的“变化与未变化之间的临界值（阈值）”，这可通过编辑差值图像或比值图像的直方图来完成。注意，在直方图上，变化区域位于分布两端的尾部。然后，选择一个变异值并根据经验来确定该变异值是否是一个合理的阈值。在大多数图像分析系统中，阈值同样能够以人机交互的方式改变，因此图像分析人员能够以可视化方式即时获得某一给定阈值下的反馈信息。

使用原始数据准备多时相差值或比值图像时，通常要对亮度和大气影响进行校正，并把图像数据转换成有物理意义的数量，如转化为辐射率或反射率（见 7.2 节）。同样，图像可以进行空间滤波或使用诸如主成分等方法进行预处理。还可使用线性回归方法来比较两个时期的图像。在这种方法中，线性模型的建立以数据 1 为基础，然后对数据 2 的值进行预测。要强调的是，分析人员在检测两个时期图像之间有意义的土地覆盖变化时，必须设置一个阈值。

变化向量分析是一种变化检测过程，它是图像差值概念的延伸。图 7.57 举例说明了这种方法在两个尺度上的基本原理。图上画有来自两个时间的某个像元（数据 1 和数据 2）的两个光谱变量（如来源于两个波段、两个植被成分）。连接这两个数据的向量同时描述了这两个时期光谱变化的大小与方向。变化向量的长度用于确定阈值并作为确定变化区域的基础，而变化向量的方向常与变化的方向有关。例如，图 7.57(b)阐明了光谱变化向量的不同方向，其中一个向量代表近来被砍伐的植被区，而另一个向量代表植被得到再生的区域。

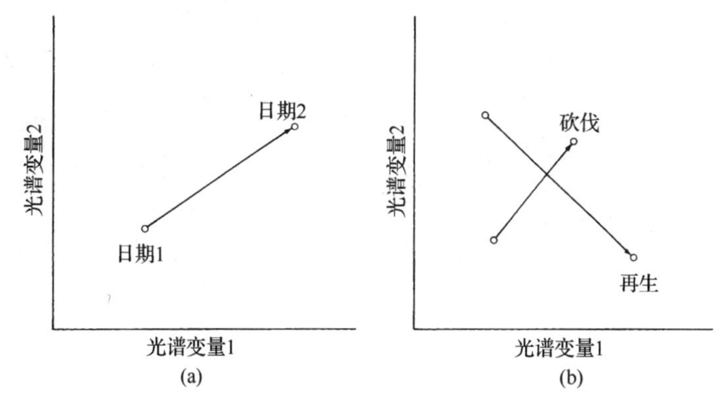

图 7.57 光谱变化向量分析：(a)从单一土地覆盖类型上观测到的光谱变化向量；(b)假定“砍伐”与“再生”区的光谱变化向量的长度与方向

描述多时相图像变化的一种更有效的方法是，使用变化-未变化二值掩码来指导多时相分类。这种方法首先对参照图像（时间 1）进行分类，接着将这幅图像的一个光谱波段与第二个时间（时间 2）的同一波段进行配准，然后对这个两波段数据集按先前介绍的方法进行代数运算（如图像差值或比值运算），以此为基础设置一个阈值来将发生变化的区域与未发生变化的区域分开。这就形成了创建变化区-未变化区二值掩码的基础，然后将这个掩码用于第二个时间（时间 2）的多波段图像，且只对该图像的变化区域进行分类，最后对发生变化的区域进行传统的分类后比较。

以上简要介绍了对遥感影像对之间的变化进行检测的多种方法。自动变化检测和对变化意义的解译方法研究是一个极具研究意义的领域。随着空载和星载遥感平台（以及无人机平台）数量的不断增长，所获取的数据量非常巨大，因此自动检测和表征变化的相关方法研究比以往更重要。

7.19 图像时间序列分析

前几节讨论的变化检测方法广泛应用于不同时间少量图像之间的变化检测。例如，AVHRR、MODIS 等传感器可以长期地、系统地采集全球数据，这就有机会获得密集和丰富的时间序列信息。对于地球上任何给定的局部，来自这些“全球监测系统”的图像可用来生成一个时间序列的影像和衍生产品（如植被指数），它可以跨过多年的周期，以 1 天、1 周或 1 个月为间隔。这些时间序列图像或产品是在农业、生态、水文和其他区域系统中许多从季节变化到年际变化研究的基础。

图 7.58 和图 7.59 介绍了一个密集时间序列影像的相关概念。图 7.58 所示图像是从 2011 年 6 月中国新疆某地的 MODIS 影像导出的单时相 NDVI（植被指数）数据。尽管其包含了与景观植被

指数分布相关的二维信息，但该图也可视为向前和向后延伸时间范围内具有 544 幅图像的时间序列链中的一个链（同一区域更高分辨率陆地卫星影像的 NDVI 图像如图 7.22 所示）。

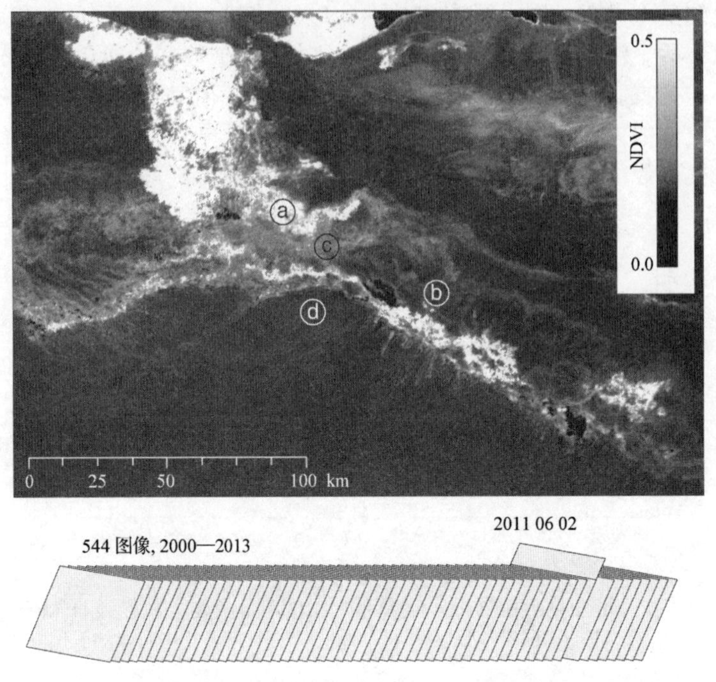

图 7.58　从 544 张图像时间序列中提取的一个典型日期的 MODIS NDVI 影像，中国新疆塔里木河地区，2000 年 2 月至 2013 年 2 月。标记点 a～d 为图 7.59 中时序图的数据源

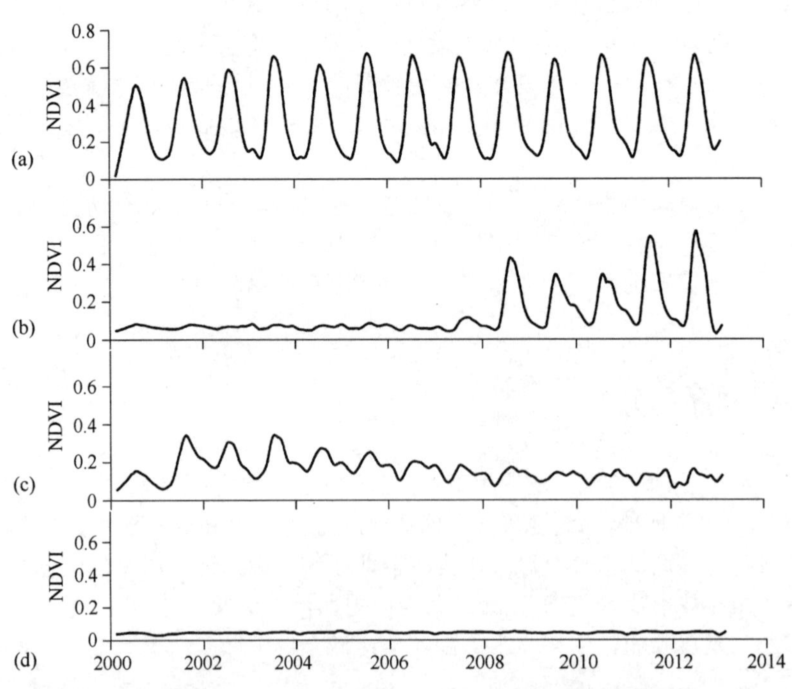

图 7.59　图 7.58 中各点对应的 MODIS NDVI 时序曲线：(a)建成的棉花农场；(b)新棉花农场；(c)洪水泛滥后长出的柽柳灌丛；(d)沙丘

在该 544 个时间影像序列中的任一给定像元或像元集处，可提取一个“时间识别标签”，以展示 NDVI 像元或像元组范围内发生的季节性和年度变化。图 7.59 显示了这样的 4 组序列，图像上的点标记为 a～d。每个点因其自身的周期性模式和植被指数数据的长期趋势，代表一个独特的景观特征。位置 a 表示一处种植棉花（在这个干旱区需要大量灌溉的作物）的农业用地。NDVI 的季节性周期显著，具有源自棉花地的种植、生长、收割和衰败周期的明显年度循环周期。位置 b 开始的那一年是一片未开发的、稀稀落落长着一些沙漠灌丛的稀疏植被沙化土壤。2006—2007 年，该地改造为农用地，因此自 2008 年以来，这个位置的模式非常近似已有的农业用地区域 a。环绕 c 的区域 10 年前也是未开发的土地，沿现有河道和古河道长着灌木（柽柳）和分散的几块胡杨林。2000 年，由于该地区主要河流的流量异常大，位置 c 周围发生了广泛的洪涝灾害。这些额外的水体在接下来的几年中使得植被突增，在时间序列中表现为年均 NDVI、NDVI 峰值和季节幅度的增大。但接下来的 10 年里再无大范围的洪涝发生，因此 NDVI 信号逐步下降到先前的状态。为便于比较，位置 d 的时间标志基本上是一条平坦的直线，表示无植被区域（河流南部塔克拉玛干沙漠内的大型沙丘属于这种情形）。

另一个 NDVI 时间序列分析的例子如彩图 18 所示，它显示了横跨美国的从绿意渐浓到凋落的年周期。对表征植被指数（或其他遥感指数）的时空变化的影像序列的分析，有时称为景观物候学。它越来越多地作为区域尺度气候和生态系统（White et al.，2009）之间关系研究的基础，也是农业估产、水文监测和冰雪覆盖变化研究等任务的基础。

彩图 32 显示了 12 年（2000—2011 年）MODIS 时间序列的几个代表性增强植被指数（EVI，见 7.6 节）数据，观测区位于坦桑尼亚北部的塔兰吉雷国家公园周边。彩图 32(a)显示了每个像元的长期 EVI 平均值，绿色越深，植被密度越大。该地区由较低海拔草原组成，森林生长在中等海拔高度的孤立火山峰如乞力马扎罗山（右上方）上。使用全部时间序列图像可以计算出彩图 32(b)中每个像元的线性年际变化趋势。彩图 32(b)中绿色最深的区域表示 EVI 单元每 10 年超过 0.1 的增长趋势，而最红的区域表示相应的大幅度负增长趋势。最后，彩图 32(c)显示了季节周期在每个像元的标准幅度。蓝色表示这个地区每年的 EVI 峰值变化很小，而橘色或棕色区域表现景观尺度的一个强得多的增长和衰落年际信号（在彩图的三部分中，添加了地形阴影效应，以提高图像的可解译能力）。研究人员利用这些数据来了解该地区随时间推移的景观动态变化和有蹄动物（如角马）大迁徙的影响因素。

从图 7.59(a)～(c)所示的时间序列图（或多时相剖面图）可以看出，农业和自然系统都有其鲜明的季节性绿度模式，通常每年都有规则的定期重复周期。科学家利用这些剖面图对农作物和自然生态系统进行了分类，也对景观尺度上水的需求、生产力和其他生物物理量因子进行了预测。这些分析都是在对每种作物或生物群落的光谱响应模式的时间行为建模的基础上进行的。已经发现一年生作物的绿度时间行为是 S 形的（见图 7.60），给定区域的土壤绿度（G_0）

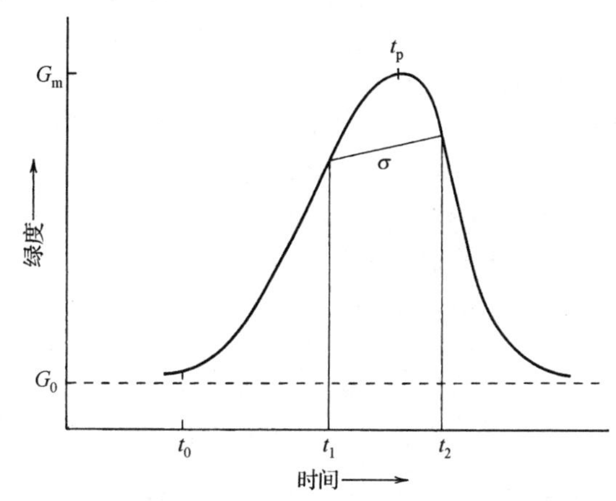

图 7.60　绿度的时间剖面模型。关键参数包括光谱采集时间（t_0）、绿度峰值（G_m）、对应的时间（t_p）和剖面宽度 σ（摘自 Bauer，1985，据 Badhwar，1985）

几乎是常数。因此，任意时间 t 的绿度都可用绿度峰值 G_m、峰值绿度时间 t_p、曲线上两个拐点间的宽度 σ 来建模（拐点 t_1 和 t_2 分别与生长期早期和植物衰落开始期绿度的变化率有关）。G_m、t_p 和 σ 可以解释源数据 95%以上的信息，因此可用来代替源光谱响应模式进行分类和建模。这三个特征很重要，因为它们不仅降低了源数据的维度，而且提供了与农业物理参数直接相关的变量。

7.20 数据融合与 GIS 集成

数字图像处理的很多应用可通过合并或融合覆盖同一地理区域的多种数据集而得到加强。这些数据集的形式有无限多种。我们讨论过遥感数据融合的许多应用。例如，经常用到的一种数据合并形式是融合同一传感器获取的多分辨率数据，如彩图 16 所示的“锐化”方法就融合了 IKONOS 的 1m 全色影像和 4m 多光谱影像。在如图 7.54 所示的另一个例子中，多光谱影像融合了由雷达衍生的纹理信息、地形坡度和坡向信息（来自 DEM），并且利用人工神经网络进行了图像分类。

通常，遥感数据及其衍生产品和其他空间数据都会集成到 GIS 中。在彩图 2 中，我们举例说明了在 GIS 环境中合并自动土地覆盖分类数据与土壤侵蚀度和坡度信息，并辅助用于土壤潜在侵蚀制图。随着时间的推移，数字图像处理和 GIS 操作的边界正变得越来越模糊，完全集成的空间分析系统将成为标准。在接下来的讨论中，我们将从最简单的例子（融合来自相同类型传感器的多数据集）开始，接着介绍多传感器图像融合，最后讨论遥感数据和其他类型数据的集成。

7.20.1 多时相数据融合

7.18 节和 7.19 节讨论了如何使用多时相数据来检测地表景观变化，并研究景观属性，如植被覆盖的季节变化或年际变化。在其他例子中，我们将多时相数据“融合”到一起，创建了对目视解译有用的产品。例如，经常通过合并作物生长季节早期和晚期的影像来帮助作物解译。在中纬度温带农业区，裸土经常出现在生长季早期的图像中，而稍后它们有可能被种植上诸如玉米或大豆之类的作物。同时，生长季早期的图像可能会显示多年生的紫花苜蓿或成熟的冬小麦。在生长季晚期的图像中，作物的外观发生了很大的变化。通过合并两个时期的不同波段组合来制作彩色合成图，可以帮助解译人员辨别不同的作物类型。

彩图 33 显示了两个将多时相 NDVI 数据融合用作可视化目的的例子。彩图 33(a)使用这种方法辅助入侵植物物种制图，该例中的入侵物种是草芦。彩色图像是由不同 NDVI 值合成的多时相彩色合成图像，这些 NDVI 值是从 3 月 7 日（蓝色）、4 月 24 日（绿色）和 10 月 15 日（红色）威斯康星南部的陆地卫星 7 ETM+影像衍生出来的。草芦侵入了当地的湿地群落，在秋天（10 月）时呈现出比当地物种更高的 NDVI 值，因此在多时相合成影像上呈鲜红色到品红色。同时，还可以看到，特定作物等地物也呈这样的色调。为了消除这些“假阳性”区域（非草芦覆盖但被识别为草芦的区域）的解译，在图像上覆盖了 GIS 衍生的湿地边界图层（显示为黄色）。采用这种方法，图像分析人员可很容易地将目光集中在包含于湿地范围内的品红到红色区域。

彩图 33(b)显示了彩图 33(a)中最北端的三个湖泊的多时相彩色合成图像。该例使用了一组稍微的不同日期和颜色分配方案来制作 NDVI 值的彩色合成图像，其中包括 4 月 24 日（蓝色）、10 月 31 日（绿色）和 10 月 15 日（红色）。碰巧的是，在 10 月 31 日的影像上，三个湖泊中的两个刚好出现了藻华。藻华在湖泊中看起来呈亮绿色。

就像人们所想的那样，使用多时相-数据集通常可以提高自动土地覆盖分类的效果。事实上，在许多应用中，使用多时相数据是获得满意土地覆盖分类所必需的。尽管使用多时相数据改善了分类的精度和/或分类的细节，但这种改善的程度显然受涉及的特定覆盖类型及所用不同日期的图像数量与选择时间的影响。

在自动土地覆盖分类中，可以采用多种策略来组合多时相图像数据。其中一种方法只是简单地将来自所有时期的波段数据配准到用于分类的主数据集上。例如，同一天陆地卫星 8 OLI 图像的 1～7 波段可与另一天获得图像的同样 7 个波段进行配准，得到用来分类的一个 14 波段图像。在分类前，可选择利用主成分分析法（见 7.6 节）来降低数据的维度。例如，每幅图像的前三个主分量可分别计算，然后通过合并来创建一幅最终用于分类的 6 波段图像。对 6 波段的图像进行保存、操作和分类时，要比原来的 14 波段的图像更有效率。

7.20.2 多传感器图像融合

许多情况下，联合不同类型传感器的图像可增强可视化和分析。例如，中等分辨率多光谱影像（以光谱波段的彩色合成形式）可与雷达数据融合。这种数据融合的目标是结合光谱数据的颜色信息（通常与分子水平的吸收比和材料的化学性质相关）和雷达数据纹理丰富的空间信息（受地面粗糙度、大尺度的构造和地表的介电性质影响较大）。影像融合的方式有多种，如使用 IHS 变换（见 7.6 节）将多光谱图像从 RGB 颜色空间转换到 IHS 颜色空间，接着用雷达影像替换“亮度”波段后再做逆变换。该例说明了如何通过合并多传感器影像来产生合成影像产品，这种产品与原有任何单一的传感器图像相比，解译起来更容易。

还有一些联合使用来自多个传感器的图像的例子，这些传感器有着不同的空间和光谱分辨率，要么采用的光谱范围不同（可见光/近红外、热红外和微波），要么采用的观测几何不同。这些融合后的产品主要用于目视解译。在其他情况下，融合来自不同类型传感器的数据可以提高图像分类过程的精度，或有助于其他的定量分析方法。

7.20.3 图像数据与辅助数据的合并

数字图像处理中用到的一种最重要的数据合并形式是配准图像数据与“非图像”数据集或辅助数据集。辅助数据集的类型多种多样，可以是土壤类型，也可以是高程数据，还可以是确定的属性值。对这些辅助数据的唯一要求是，它们要能够进行地理参照，以便与图像数据配准到共同的地理坐标系。这种合并通常在 GIS 环境下进行（Jensen and Jensen，2013）。

数字高程模型（DEM）与图像数据联合，可用于许多不同的目的（见 1.5 节）。在许多情况下，阴影地形图、等高线或其他地形表现形式都可叠加到影像数据上（或与影像数据融合），这样，观测者就能提升解译景观特征的能力。彩图 2 和彩图 32 都是联合了影像衍生数据和 DEM 的阴影地形图。

另一个经常融合 DEM 和影像数据的应用是制作合成立体图像。摄影测量软件能用配准好的 DEM 和遥感图像来创建一对合成图像，分析人员在指定的垂直放大比例下可立体观测这种合成图像。每个像元位置的高程用来确定相对于其像对高程的偏移值。立体观测这种合成影像对时，可以看到三维效果。在以地貌分析为主的应用中，这些图像显得非常有价值。

一种相关的技术是制作透视图，图 7.61 是融合全色数字正射影像和 DEM 得到的亚利桑那州的陨石坑（也称巴林杰陨石坑）影像。图 7.61(a)是从地面撞击坑的东北角看到的合成三维场景。在图 7.61(b)中可以看到陨石坑地面下的深度，这是从侧面观测的合成场景。

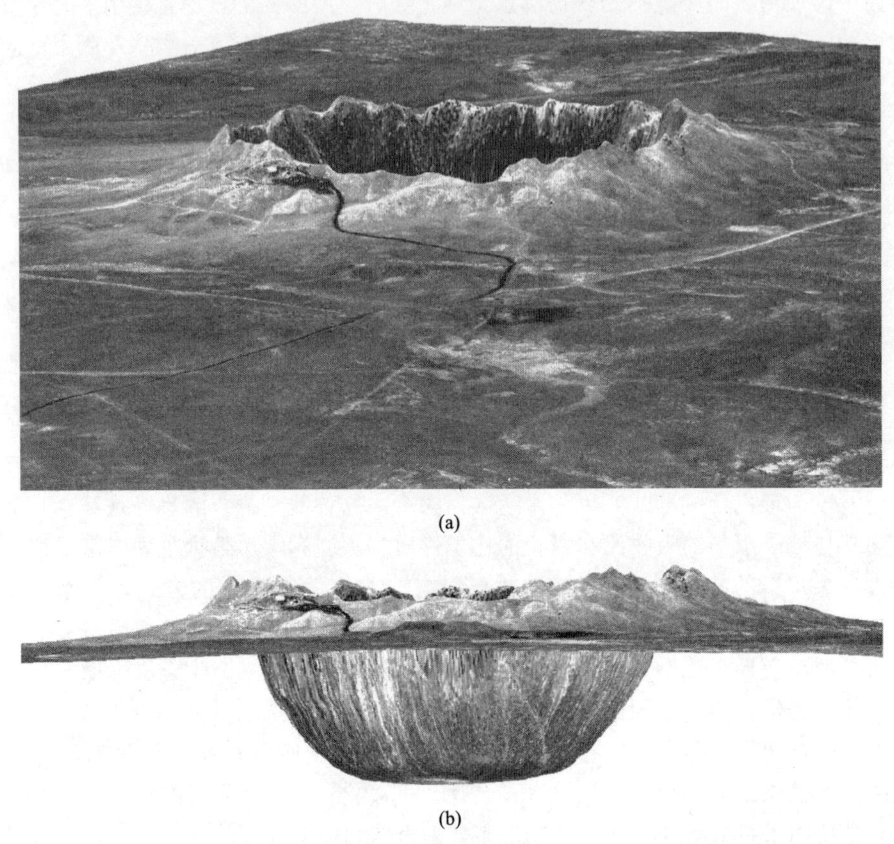

(a)

(b)

图 7.61　亚利桑那州陨石坑（巴林杰陨石坑）的三维透视图：(a)从地面上方向东南方向观看的视图；(b)从侧面观看的视图，显示了陨石坑在地面下的深度

地形信息与图像数据的融合在图像分类中经常用到。例如，在多山地区，地形信息在森林类型制图中非常很重要。此时，那些具有类似光谱特征的树种常常占据完全不同的高度范围、坡度或坡向。因此，在这样的分类中，地形信息可直接作为另一个数据通道，或者分类后作为解译这些具有相似光谱树种的基础。不管采用什么方法，分类效果改善的关键都是能够定义和模拟覆盖类型与它们的栖息地之间的各种联系。

7.20.4　自动土地覆盖分类与 GIS 数据集成

显然，GIS 中的地形信息不是用于辅助图像分类的唯一辅助数据类型。诸如土壤类型、人口普查统计、不动产边界线和行政区划等数据也被广泛用于分类过程中。这类操作的基本前提是，基于图像数据和辅助数据的分类精度和/或分类细节，比单独采用图像数据时有所提高。辅助数据经常用于分类前进行图像的*地理分层*。随着地形数据的使用，地理分层过程的目标是将一幅图像分成一系列相对均一的地理区域（地理层），然后分别对这些层进行分类。地理分层的依据不必只是一个单独的变量（如高地与湿地、城市与乡村），也可以是诸如景观单元或生态区这样的因素，而这些因素结合了几个相互关联的变量（如当地的气候、土壤类型、植被、地形）。

在分类过程中，数据源之间的联合方式有多种。类似地，辅助数据也可用于图像分类前、分类中或分类后（在特定应用中，这些选择甚至都可以联合使用）。特定数据源的使用以及怎样使用和何时使用，通常由图像分析人员开发的多源图像分类决策规则决定。这些规则通常是在对这些可用的数据源的形式、品质和内在联系进行充分考虑的基础上逐个制定的。例如，在土地覆盖分类中，“道路”可从现有的数字线图（DLG）的数据中提取，而不从图像数据中获得。同样，在一次分类的不同区域，某个特定的光谱类可以标为“紫花苜蓿”或“青草”，具体的类划分取决于它是否在农业区或居住区范围内。

这种类型的规则分类器的概念可以用一个案例进行说明。假设我们要用多源影像数据和 GIS 数据来分析美国中西部农业区的土地覆盖，并需要特别关注作物和野生动物栖息地：

（1）5 月初（春季）获取的陆地卫星影像的初步监督分类结果。

（2）6 月末（夏季）获取的陆地卫星影像的初步监督分类结果。

（3）利用主成分分析将两期影像融合后的影像初步监督分类结果。

（4）从州自然资源管理部门（DNR）获得的湿地 GIS 图层。

（5）从 USGS 获得的道路图层（DLG）。

如果单独使用一种数据，那么以上数据源都不能满足监测研究区内野生动物栖息地特征所需要的分类精度和细节。尽管如此，当所有数据源集成到 GIS 中时，数据分析人员就能制定一系列联合利用各种数据源的分类后决策规则。简单地说，这些决策规则基于这样一个前提，即某种土地覆盖类型在一个分类中要比在另外一个分类中好。在这种状况下，合成图中使用的类就是分类效果最佳的那个类。例如，在 5 月的分类图中，水体的分类精度接近 100%。因此，在合成图中的水体就是 5 月分类图中水体的所有像元。

在上例中，指派给合成图的其他类使用的是其他不同的决策规则。例如，早期利用任何陆地卫星分类结果来辨别道路的尝试表明，卫星数据（30m 分辨率）的表现很差。因此，在训练过程中不再考虑道路这一类，而是简单地将道路的 DLG 图层用于合成分类图中，或者转换成栅格格式后，再“融合”到该分类本身中。

湿地 GIS 图层以另一种方式用于合成图，即辅助用于高地落叶植被与湿地落叶植被的辨别。基于陆地卫星的分类结果都不能充分辨别这两种植被类，因此先根据 5 月的 TM 图像数据的分类结果，提取植被类型为落叶植被的像元，再将这些像元所处的位置与湿地 GIS 图层进行比较，如果这些像元处在湿地范围内，则这些像元的植被类型为湿地落叶植被，如果处在湿地范围以外，则这些像元的植被类型为高地落叶植被。与此类似，在主成分分类中，辨别高地草场与湿地草场所采取的方法与之相似。

在该例中，辨别几种土地覆盖类型所用的规则是，对一个给定像元的多种初始分类结果进行比较。例如，干草在 5 月的图像和主成分图像中的分类效果很好，但在高地草场、冷性草、老田地中会有一些委任误差。因此，如果一个像元在 5 月或主成分图像的分类中被划分为干草，而同时在主成分图像分类中未被划分为高地草场或冷性草，或者在 6 月的图像中未被划分成老田地，则这个像元就可以指定为干草。同样，如果一个像元在 5 月的图像中被分类为燕麦、玉米、豌豆或蚕豆，而在 6 月的图像中被分为燕麦，则这个像元在合成分类图中就指定为燕麦。

表 7.4 中列出了上案决策树分类方法用到的多种决策规则的代表性例子。这里介绍它们的目的是阐明一个基本观点，即 GIS 数据与空间分析技术能够与数字图像处理相结合，进而提高土地覆盖分类的精度和分类细节。遥感、GIS 和“专家系统”技术的集成，是当前的一个研究热点。的确，这些技术的结合正在导致越来越多的、具有“智能”特点的信息系统的发展。

表 7.4　用于决策树分类的样本决策规则的依据

合成分类中的样本类	分类			GIS 数据	
	5月	6月	主成分	湿地	道路
水体	是				
道路					是
高地落叶植被	是			外面	
湿地落叶植被	是			里面	
高地草场			是	外面	
湿地草场			是	里面	
干草	是		是		
		老田地-不是	高地草场-不是		
			冷性草地-不是		
燕麦	燕麦-是	燕麦-是			
	玉米-是				
	豌豆-是				
	蚕豆-是				
豌豆	燕麦-是		豌豆-是		
	玉米-是				
	豌豆-是				
	蚕豆-是				
蚕豆	燕麦-是	蚕豆-是			
	玉米-是				
	豌豆-是				
	蚕豆-是				
淡黄色芦苇草地			是		
温性草地	是				
冷性草地			是		

7.21　高光谱图像分析

第 4 章和第 5 章讨论过高光谱传感器与其他光学传感器的不同，高光谱传感器通常产生连续的高分辨率辐射光谱，而不单独在很宽的光谱带上产生离散的平均辐射率。因此，这些传感器能提供大量有关观测地表物理和化学成分的信息，同时能获取地表和传感器之间的大气特征。当大多数多光谱扫描仪仅用于对不同的地物进行辨别时，高光谱提供了鉴别和测定这些地物相关特征的机会。尽管如此，这些传感器同样存在缺点，包括要处理的数据量增大、相对较差的信噪比，未校正大气影响时的大气干扰敏感性的增加。因此，用于分析高光谱图像的图像处理技术与以前讨论过的针对多光谱传感器的图像处理技术稍有不同。一般而言，高光谱分析人员需要对大气校正给予更多关注，且要更多地依赖于物理与生物模型，而不只是纯粹地依赖于诸如最大似然分类这样的统计技术。

7.21.1　高光谱图像的大气校正

大气成分如气体与悬浮微粒，对高光谱传感器观测到的辐射有两种影响。大气吸收（或削弱）

一定波长的光，因此会降低实际测得的辐射。同时，大气会使一些光散射到传感器的视野，因此会增加外来辐射，而这种辐射与地表属性无关。吸收与散射的大小随着地点的变化而变化（甚至在同一幅图像中也是如此），也随着时间的变化而变化，这种变化取决于不同大气成分的浓度与微粒的大小。大气影响的最终结果是，高光谱传感器的“原始”辐射值既不能直接与实验光谱进行比较，又不能与其他时间或其他地点通过遥感获取的高光谱图像进行比较。在进行这样的比较之前，必须进行大气校正，以补偿大气在吸收与散射方面的瞬时影响（Gao et al.，2009）。

高光谱传感器的一个显著优点是，连续的高分辨率光谱中包含了图像接收时大气特征的许多信息。在某些情况下，大气模型能够利用图像数据本身的信息来计算大气柱水汽总量和其他大气校正参数。采用诸如太阳光度计之类的设备，由地面测量获得的大气透过率或光学厚度，同样可以纳入大气校正模型。这些方法超出了我们的讨论范围。

7.21.2 高光谱图像分析技术

许多用于高光谱遥感图像的分析技术是从光谱学领域中衍生出来的，光谱学认为特定物质的分子组成与某一波长的光的吸收与反射模式有关。一旦校正了某幅高光谱图像的大气吸收与散射影响，这幅图像的每个像元的反射率“信号”就能与前期接收的已知物质类型的光谱进行比较。许多光谱参照数据“库”已在实验室和野外收集，它描述了主要矿物、土壤、植被类型的光谱（见4.13 节）。

比较遥感获取的高光谱图像数据与已知参照光谱的方法有多种。最简单的方法是，在高光谱图像上确定单个波长的吸收特征，并与参照光谱的相似特征进行比较。这可通过选择出现“槽”（或低值点）的光谱波段来完成，在这个槽的两边是两个“支架”波段。如果吸收特征未出现，则通过两个支架波段进行插值，计算出缺失的光谱反射率，然后由槽波段的测量值减去这个缺失值（或除以这个缺失值）来获得吸收强度的一个估计值。该处理同样可用于图像光谱与参照光谱。

随着近年来计算能力的增强，上述方法已发展到对整个光谱信号进行直接比较，而不是在一个光谱信号内比较单个吸收特征。这样的一种方法称为光谱角制图（SAM）（Kruse et al.，1993）。这种方法的思想是，观测到的反射光谱在多维空间中可视为向量，向量的维数等于光谱波段数。如果总光照增加或减少（也许是由于日光混合与阴影作用），该向量的长度将增大或降低，但其角度方向保持不变。如图 7.62(a)所示，图中有一种物质的两波段“光谱”，它在二维空间中是经过原点的一条直线。在低光照条件下，向量的长度较短，在多维空间中这个点位于靠近原点的位置［在图 7.62(a)中为点 $\boldsymbol{A}$］。若光照增加，该向量将增大，且这个点将移到距原点更远的地方（点 $\boldsymbol{B}$）。

为了比较两个光谱，例如比较图像中一个像元的光谱与一个参照光谱，要对每个光谱定义一个多维向量，并计算这两个向量间的夹角。如果该夹角比指定的容忍度值小，则认为这两个光谱是匹配的，甚至当一个光谱比另一个光谱的亮度大很多时（离原点更远），也认为它们是匹配的。例如，图 7.62(b)显示的向量是一对两波段光谱。如果夹角 α 是一个可以接受的小量，则对应于向量 $\boldsymbol{C}$（由图像中的一个未知像元得到）的光谱将认为与向量 $\boldsymbol{D}$（源于实验室的一个度量）的光谱相对应。

注意，显示在图 7.62(a)和图 7.62(b)是的实例仅针对于一个假定只有两个光谱波段的传感器。因此，对于带有 200 个或更多光谱波段的真正传感器而言，向量的空间维度对于人的可视化来说太大了。

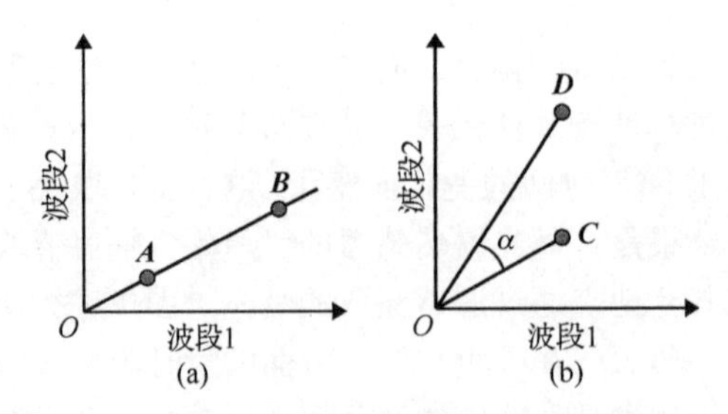

图 7.62 光谱角制图的概念：(a)对于给定的特征类型，与其光谱相对应的向量是过原点的一条直线，较小的向量（***A***）和较大的向量（***B***）分别对应于低光照和高光照；(b)当对未知类型的光谱向量（***C***）与实验室测量的已知类型的光谱向量（***D***）进行对照时，若夹角 α 比指定的容忍度值小，则认为这两个特征是匹配的（Kruse et al.，1993）

这些和其他比较图像与参照光谱的技术，能通过集成关于地面材料特性的先验知识而进一步发展。发展的一个方向就是专家系统，在专家系统中，某一领域（如地质学）专家的现有知识将作为一系列限制因素结合到光谱分析过程中。开发专家系统需要“专家”和程序员两方面的努力。尽管这项工作很困难，但这一技术已被成功应用，尤其是在矿物学方面（Kruse et al.，1993）。

如 7.13 节讨论的那样，光谱混合分析提供了一种估计单个像元内多种地面成分比例的物理方法。可以想象，这种分析技术特别适合高光谱图像。因为最大端元的数量与光谱波段数加 1 成比例，高光谱传感器大幅增加的维度有效地去除了与传感器有关的可用端元的数量限制。事实上，在大多数应用中，传感器的通道数远超端元数，这就使得分析时很容易排除具有低信噪比的波段或明显受大气吸收影响的波段。端元光谱可通过检验已知景观区域的图像像元或采用来自实验室和野外测量的参照光谱来确定。其他方法（类似于多光谱影像的非监督聚类）试图在高光谱数据的 n 维云中识别“天然”端元。无论如何，这个过程的最终结果是图像中每个像元的比例估计，它由每个端元代表。从遥感高光谱图像中提取生物物理信息时，光谱混合分析很快成为使用最为广泛的方法。

导数分析同样用于高光谱图像分析，它也是从光谱学中衍生出来的一种方法。该方法利用了这样一个事实，即一个函数的导数趋于强调与平均值水平无关的变化。光谱导数分析的优点是，能确定光谱细节的位置与特征，而这种方法的缺点是对噪声非常敏感。因此，导数计算通常与光谱平滑结合在一起，其中最优 Savitsky-Golay 方法（Savitsky and Golay，1964）是光谱平滑最常用的方法。当平滑与导数很好地结合并用于光谱特征时，这种方法在分离与描绘不依赖信号大小的光谱细节上非常有效。因此，未进行大气影响校正的辐射数据可采用这种方法进行分析。

为了分析高光谱影像并与从光谱库、现场测量或目标内部的图像获得的参考光谱进行比较，人们提出了许多其他的物理方法（如 USGS 光谱实验室的 Tetracorder 算法；Clark et al.，2003）。分析高光谱影像的典型步骤如下（据 Clark 与 Swayze，1995）：

步骤 1 对一幅图像的某个特定像元或区域，确定其表现出的光谱特征，如叶绿素吸收与黏土矿吸收特征。

步骤 2 使用解混算法，测定植被覆盖的面积比例。

步骤 3 使用植物光谱，确定叶子中的含水量，将该成分从植物光谱中剔除，然后计算木质素的含氮比率。

步骤 4 从原始光谱中剔除植物光谱来获得土壤光谱，并搜索存在的各种矿物。

对于其他应用，如水质监测，上述步骤可用与应用兴趣相关的类似分析替换。需要强调的是，成功使用诸如 Tetracorder 这样的软件需要用户熟悉光谱学原理，还要熟悉调查区中可能出现的潜在物质与环境条件。

诸如最大似然分类这样的传统图像分类法同样可用于高光谱数据，但这种方法有很大的缺点。首先，光谱数量的增加会导致统计运算的计算量增加；此外，最大似然分类要求每个训练集所包含的像元数至少比传感器的波段数多 1，而且为了可靠地获得这些类的协方差矩阵，经常要求每个训练样本集的像元数要介于最大传感器波段数的 10 倍和 100 倍之间。显然，这意味着从一幅 7 波段的陆地卫星 ETM+图像到一幅 224 波段的 AVIRIS 高光谱图像，而这将导致每个训练样本集的像元数大大增加。

已广泛用于高光谱影像分类的一种方法是人工神经网络法（见 7.16 节）。事实上，除了本章讨论的几个主题，研究人员利用高光谱影像基于神经网络进行了亚像元分类（Licciardi and Del Frate，2011）和面向对象分类（Zhang and Xie，2012）。尽管如此，如传统的最大似然分类和非监督分类算法那样，神经网络完全是一种经验（统计）图像分析方法，与前面讨论的基于物理的方法相反。因此，从某种意义上说，它们意味着在分析过程中会丢失一些有价值的信息，这些信息由关于地物的物理与化学特性的连续反射光谱提供。

7.22 生物物理建模

数字遥感数据已广泛用于定量的生物物理建模领域。这一工作的目的是在由遥感系统记录的定量数据与地面测得的生物物理特征及现象之间建立联系。例如，遥感数据可用于作物估产、落叶测量、生物量估算、水深测定及污染物估计等很多领域。

三种基本方法可用于建立数字遥感数据与生物物理变量之间的关系。第一种方法是*物理建模*。在这种方法中，数据分析人员尝试从数学上解释所有已知的、影响遥感数据辐射特征的参数（如日地距离、太阳高度角、大气影响、传感器增益与偏移量、视觉几何）。第二种方法是*经验建模*。在这种方法中，遥感数据与基于地面的观测数据的定量关系，可通过同时发生的两个已知观测数据之间的相互关联来校准（例如，森林落叶条件的现场测量正好与卫星图像的接收时间相同）。统计回归过程经常用于这一过程。也可组合使用物理与经验技术。

前面讨论过经验方法（见 7.6 节），这种方法将陆地卫星 TM 数据经穗帽变换的绿度分量与城市或开发区的不透水地面密度关联起来。同样，图 6.58 所示的是利用被动微波影像建模生成的北极海冰图。全球范围内的若干组织可以每天制作出类似的海冰图。

彩图 34 所示为生物物理建模的应用，该图利用 MODIS 数据绘制了沿美国/加拿大边境地区的湖泊的叶绿素浓度。彩图 34(a)中显示了覆盖明尼苏达州北部及加拿大相邻地区的 MODIS 影像的一小部分。MODIS 影像的波段 2（近红外）用来生成用于从陆地中分离出水体的二值掩模（GIS 水文图层也可用于这一目的）。在彩图 34(a)中，这样的掩模用来在真彩色合成图像（MODIS 的 1、4 和 3 波段分别显示为红色、绿色和蓝色）上绘出水体区域，非水体区域则以灰度图像显示。图像上的红点代表参加这一研究项目的志愿者采集水体叶绿素（和其他湖泊参数）样本的位置。这种广泛的志愿工作，作为遥感在湖泊管理中的作用研究项目的一部分，由北美湖泊管理学会领导和协调。

注意，彩图 34(a)中水体像元在色调和亮度上都有较大的变化。可以看出，就大部分美国中西部的湖泊而言，MODIS 波段 3（蓝色）测量的辐射与波段 1（红色）测量的辐射之比，可用来预测湖泊的若干光学属性，在该例中包括叶绿素浓度。图 7.63 所示是关于叶绿素浓度（志愿者现场采样测量得到）的自然对数与相应区域中现场采样的湖泊波段 3 与波段 1 之比的图表。基于这种关系的回归模型将应用到图像中的所有水体像元。结果如彩图 34(b)所示，不同像元的颜色对应于利用图 7.63 所示的模型预测的各种叶绿素浓度。

遥感数据逐渐与 GIS 技术结合用于*环境建模*。环境建模的目标是模拟运行于环境系统中的程序，预报和了解条件改变后它们的行为。在过去的几十年里，随着对环境系统理解的加深，加之遥感与 GIS 能力的增强，已经允许人们非常精确和详细地对环境系统（如水文系统、陆地生态系统）的行为进行空间描述。在环境模型中，遥感数据通常是唯一的输入数据源。GIS 程序允许将许多不同的过程结合在一起，经常使用不同的数据源，这些数据具有不同的结构、不同的格式和不同的精度。

使用遥感与 GIS 进行环境建模是正在持续研究与发展的活跃领域。到目前为止，已有进展表明，这种技术的结合将在有效的资源管理、环境风险评估与预测以及分析全球变化的影响等诸多方面起越来越重要的作用。

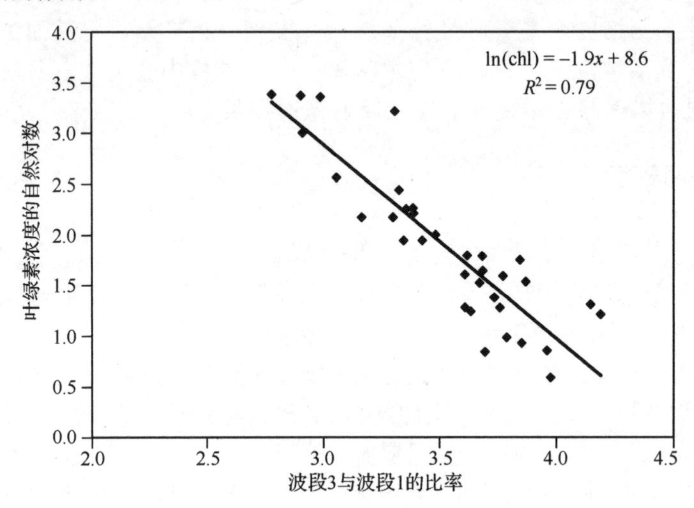

图 7.63　MODIS 波段 3 与波段 1（蓝色与红色波段）之比与湖泊叶绿色浓度的自然对数间的关系模型

在环境建模所用的遥感数据中，需要考虑的一个最重要的因素是空间尺度。当来自不同学科的专家一起工作时，术语*尺度*的定义是有问题的。首先，时间尺度和空间尺度存在差异，前者是指进行测量或观测的频率，而后者有多种不同的含义，且经常让人混淆，具有不同背景的人对这个术语的含义有不同的理解。例如，遥感专家使用术语*尺度*来表示地图或图像上地物特征的大小与对应地面上地物特征大小的关系。相反，生态学家通常用*空间尺度*这个术语来推断数据收集的两个特征：其一是*颗粒*，它在数据收集中是最精细的空间分辨率；其二是*范围*，它指研究区的大小。本质上，这两个术语的含义与本书所定义的空间分辨率与覆盖范围相同，其中颗粒对应于空间分辨率，而范围对应于覆盖范围。

在术语学中，空间尺寸的另一个潜在混淆源是形容词“小的”与“大的”在使用上的不同。要重申的是，对于遥感专家而言，小尺度与大尺度是指地图和图像中地物特征与地面对应地物的相对关系。按照这一约定，与大尺度相比，小尺度意味着地物特征具有相对粗糙的空间描述。而生态学家（或其他科学家）在使用这些术语时通常具有相反的含义。也就是说，在这种背景下，小尺度研究是指在相对较详细的空间细节上进行的分析（它覆盖的面积通常较小）。同样，大尺度分析将包含较大的面积（通常具有较粗糙的空间细节）。

再次强调，本书中*颗粒*与*空间分辨率*的含义相同。重要的是要认识到，特定生物物理建模所需的合适分辨率，与调查区环境结构和所需信息类型有关。例如在城市研究中，空间分辨率的需求通常与农业区或开阔海洋中空间分辨率的需求很不相同。

图 7.64 显示了空间分辨率（颗粒）的变化效果，图像所示区域是威斯康星州的东北部，记录的是近红外数据。该地区包含很多大小不同的小体，图 7.64 所示图像以二值方式分别描绘了小体（暗区域）与陆地（亮区域）。图 7.64(a)由 30m 分辨率的陆地卫星 TM（波段 4）数据产生，其余部分是运用像元合并算法产生的粗糙分辨率图像。该算法的主要规则是，将显示在图 7.64(a)中的 30m 分辨率像元逐步合并成更大的像元。从图 7.64(b)到图 7.64(f)，这些像元的大小依次为 60m、120m、240m、480m 和 960m。

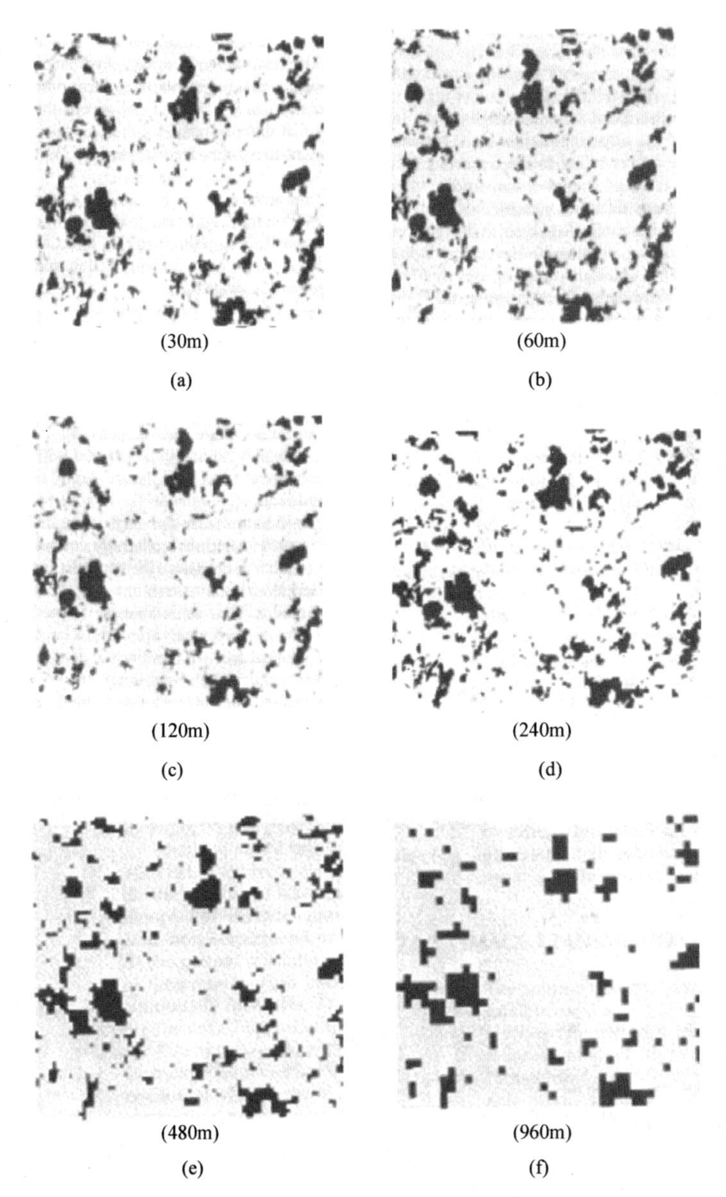

图 7.64　陆地与水体的二值掩码图，它由 30m 分辨率的陆地卫星 TM（波段 4）数据连续聚合而成（摘自 Benson and Mackenzie，1995）

进行上述二值掩码操作后，从每幅图中提取三个基本的景观参数：①水体在整幅图像中所占的百分比；②图像所包含的小体数；③小体的平均水面面积。图 7.65 是从这些数据中提取的曲线图，注意这三个景观参数对空间分辨率有多么敏感。当地面分辨单元的大小从 30m

变化到 960m 时，水体覆盖面积的百分比先是稍有升高，然后连续降低。同时，小体数以非线性方式降低，而小体的平均水面面积几乎线性增加。

虽然上例仅使用了三个景观特征量，但它说明了传感器的空间分辨率、调查区环境的空间结构以及给定图像处理中调查信息的种类间的相互关系。这三个因素及数字图像中其他用于提取信息的特殊技术经常相互影响。对某一应用而言，在选择合适的空间分辨率与分析技术时，必须牢记这一点。

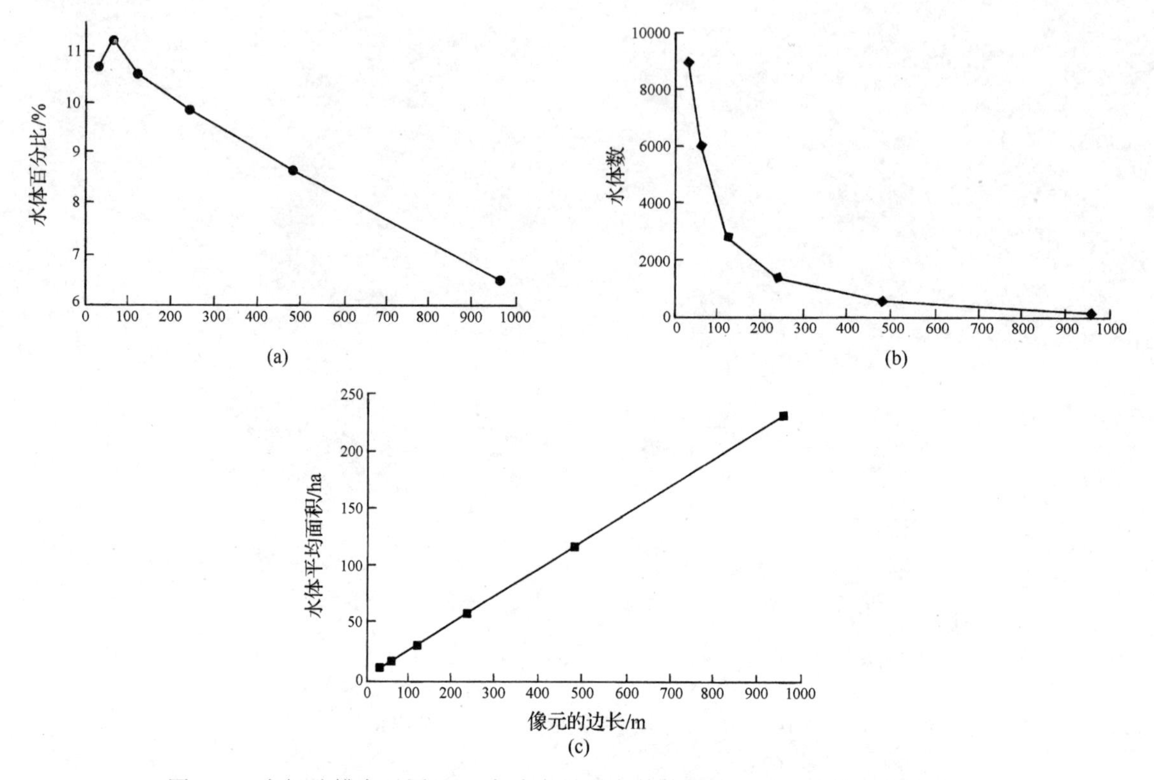

图 7.65　空间分辨率对图 7.64 中选定景观参数的影响。30m 分辨率的陆地卫星 TM 像元被用于模拟逐渐增大的地面分辨单元：(a)水体百分比；(b)水体数；(c)平均水体面积（摘自 Benson and Mackenzie，1995）

7.23　小结

在结束本章的讨论前，这里要强调的是，本章仅简要介绍了数字图像处理。数字图像处理的主题非常广泛，这里只讨论了遥感图像处理方法的一些代表性例子。总体而言，数字图像处理的范围及其在空间分析中的应用是无止境的。

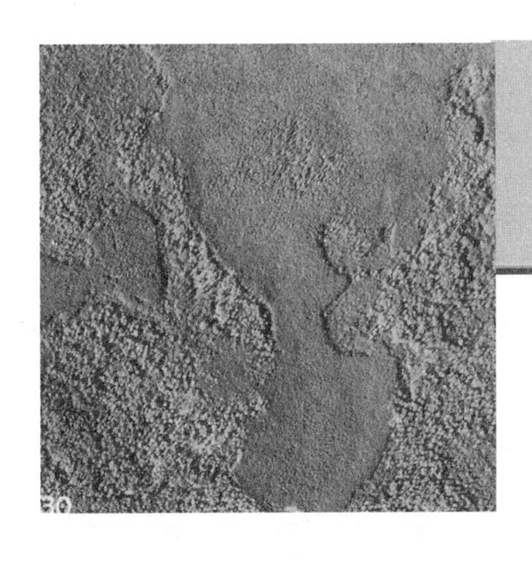

第 8 章

遥感应用

8.1 引言

自 1858 年法国人纳达乘坐气球拍摄第一张航空照片以来，获取和处理遥感影像的技术就得以迅速发展。人们开发这些技术的动机几乎完全出于对遥感的好奇。遥感在科学、经济和社会活动中的应用，为各种传感器的发展提供了动力，包括高分辨率数字相机（见第 2 章），多光谱、高光谱和热红外成像系统（见第 4 章），以及雷达和激光雷达系统（见第 6 章）。可以利用遥感的人类活动领域几乎是无限的。尽管遥感领域的许多进展是由军事研究推动的，但本书的重点是遥感在民用领域的应用。

使用激光雷达数据构建城市三维模型的城市规划人员，使用高分辨率卫星影像绘制湿地中入侵植物范围的生态学家，使用高光谱影像勘探矿产的矿业公司，都要遵循同样的过程：结合目视解译和/或定量分析，将遥感数据转换为有用的信息。在这一过程中，作为准确解译图像特征的必要条件是，不能过于强调学科领域专业知识的重要性。

在过去一个世纪的时间里，民用遥感数据的获取途径已越来越广泛。在美国，使用航空摄影的常规应用领域（如农业土地管理、木材调查和矿产勘探）自 20 世纪 30 年代开始就快速扩大。向前迈出的重要一步是，1937 年美国农业部农业稳定与保护局（USDA-ASCS）选择了一些县来进行航空摄影。第二次世界大战后，航空摄影的常规采集在许多区域已很常见，特别是出于绘制和管理土地资源的目的。

从 20 世纪 60 年代开始，人们已经可以得到具有各种细节的太空图像。最早的图像分辨率较低，且图像通常是倾斜的。从 20 世纪 70 年代陆地卫星计划和 20 世纪 80 年代 SPOT 卫星计划（见第 5 章）出现以来，人们就可以得到接近垂直的多光谱和全色影像，这些影像具有适用于地球资源制图的分辨率。自 1999 年第一颗商业卫星系统 IKONOS 发射以来，人们就可广泛获取具有 1m 或更好分辨率的卫星影像。现在，科学、商业和政府应用中广泛用到了这些影像。

在给定这一领域的范围和广度的前提下，我们并不期望覆盖所有的遥感应用，更不用提在这些应用领域中用到的各种图像解译和分析方法。但是，我们希望在不同程度上覆盖民用遥感技术的主要类别。8.2 节到 8.15 节将讨论遥感在土地利用/覆盖制图、地质与土壤制图、农业、林业、湿地制图、牧场、水资源、冰雪制图、城市与区域规划、野生动物生态学、考古学、环境评价、灾害评估和地貌识别与评价方面的应用。

不同应用中用到的方法包括目视解译（第 1 章讨论过，本书中有许多这样的例子）和计算机辅助下的定量分析（见第 7 章）。这些方法使用的数据可以来自第 2 章到第 6 章所述的任何一种传感器。因此，从某种意义上说，本章是对本书其他章节内容的综合。

8.2 土地利用/覆盖制图

及时和准确的*土地利用*与*土地覆盖*信息对许多计划和管理活动来说很重要，也是将地球作为一个系统来建模和理解的关键。尽管术语“土地覆盖”和“土地利用”有时交替使用，但它们是完全不同的概念。*土地覆盖*与地表特征类型相关。玉米地、湖泊、枫树和水泥公路均是土地覆盖的例子。*土地利用*则与某块特定土地上的人类活动或经济功能相关。例如，城郊的某个地块可用于建设单户住宅。根据制图细节的不同，*土地利用*可以是城市利用、住宅利用或单户住宅利用。这个地块也可视为有屋顶、人行道、草和树的*土地覆盖*。从土地利用规划（如学校需求、市政服务、税收收入等）的社会经济学研究方面看，重要的是了解该地块的用途是单户住宅。从雨水径流特征的水文学研究方面看，重要的是了解该地块的屋顶、人行道、草和树的空间面积大小与分布情况。因此，同时了解土地利用和土地覆盖知识，对土地利用规划和土地管理活动很重要。

虽然土地覆盖信息能直接从合适的遥感影像中解译得到，但在土地（土地利用）上的人类活动信息通常不能直接仅由影像推出。例如，解译航空和航天影像得不到覆盖大片土地的、广泛的娱乐活动信息；又如，狩猎这种普通且流行的娱乐活动所用的土地，在地面调查或图像解译中常被归为林地、牧场、湿地或农地。因此，在进行*土地利用*制图时，有时需要其他信息源作为遥感影像数据的补充。补充信息在确定公园、禁猎区或水源保护区等土地利用时特别必要，因为这些土地利用区域可能与行政边界一致，而行政边界在遥感图像上是无法识别的。一般来说，在进行土地利用制图时，土地所有和管理的辅助 GIS 数据将与遥感影像集成。

遥感影像已用于从全球尺度到地方尺度的土地利用和土地覆盖制图，制图方法从目视解译到第 7 章所述的光谱和面向对象影像分类法。需要强调的是，分类体系（或用于制图的土地利用/土地覆盖列表）的选择，取决于所用的尺度、影像特征和分析方法。USGS 制定了一套使用遥感数据进行土地利用和土地覆盖分类的体系（Anderson et al.，1976），这套分类体系由一系列分类细节逐步增加的嵌套等级组成，因此从全球到地方的任何分析尺度都可选择一个或更多等级的合适类别。这套体系的基本原理和结构至今仍在使用。许多最近的土地利用/土地覆盖制图工作均遵循了该体系的原理，制图单位更细或更专业化，并且使用了较新的遥感系统作为数据源，但仍沿用最早由 USGS 制定的基本结构。本节的剩余部分首先介绍 USGS 土地利用和土地覆盖的分类体系，然后介绍美国或其他地方现行的土地利用和土地覆盖制图工作。

在理想情况下，土地利用和土地覆盖的信息应在不同地图上表现，而不能混在一起。但是，从实际出发，当这种制图的主要数据来自遥感数据时，将这两个体系混在一起更有效，而 USGS 分类体系确实包括土地利用和土地覆盖的要素。注意，有些信息不能孤立地从遥感图像获得，USGS 分类体系强调可从航空或航天图像上合理解译得到的类别。

USGS 土地利用和土地覆盖分类体系根据以下标准制定：①使用遥感数据的解译精度至少不低于 85%；②各种类型的解译精度应大致相等；③不同解译人员的解译结果和不同时间数据来源的结果应能重复；④分类体系应适用于广泛的领域；⑤应可从土地覆盖类型推断出土地利用的种类；⑥分类体系应适用于一年中不同时间获取的遥感数据；⑦能从各类中细分出由大比例尺影像和地面调查得到的亚类；⑧各类应可合并；⑨能与将来的土地利用和土地覆盖相比较；⑩在可能的情况下，应考虑土地的多种利用形式。

注意，这些标准是在使用遥感影像和计算机辅助分类技术之前制定的。虽然这十个标准中的大部分经受了时间的考验，但经验也证明，当制图所用的土地利用和土地覆盖的地理范围大且复杂时，关于总体精度和各类精度一致性的前两条标准是难以达到的。使用计算机辅助的分类方法时，尤其不可能在单一的USGS级别上连续绘制，主要是因为土地覆盖与从土地覆盖得到土地利用的光谱响应及含义之间存在模糊的关系。

表8.1显示了适合使用遥感数据的基本USGS土地利用和土地覆盖分类体系，该体系共设计了“四个等级”的信息，表8.1中只显示了两个等级的详细情况。如前所述，不同的详细程度适合不同的应用环境，具体取决于所用的尺度、传感器和方法，因此设计了多级系统。

USGS分类体系也提供详细的等级III、IV土地利用/土地覆盖类型信息。等级I、II的分类类型由USGS指定（见表8.1），主要面向需要全国、州际或州信息的用户。等级III、IV分类的分辨率适用于区（多个县）、县或部门的规划与管理活动。要再次强调的是，如表8.1所示，等级I和II由USGS规定。等级III和等级IV由USGS系统的使用者规定，但要确保每一级的类别能够归并到上一级的类别中。图8.1是等级III、II、I分类汇总的例子。

对于等级III和IV的制图来说，除了从影像获取的信息，还需要获取大量的补充信息。在这些级别，1～5m分辨率（等级III）或更精细的分辨率（等级IV）是合适的。航空照片和高分辨率卫星数据都可用作这个等级的数据源。

USGS对等级I分类的定义在以下各段阐述。该体系能百分之百地说明地球的陆地表面情况（包括内陆水体）。等级II分类的各个亚类的解释详见Anderson et al.（1976），这里不再赘述。

城市或建设用地由使用率很高的几个区域组成，大部分面积上有地物覆盖，包括城市，镇，乡村，沿公路的建筑带，交通、动力和通信设施，工厂、购物中心、工商业所在地，以及某些情况下孤立于城区的公共设施。当分类标准不止与一种类型相符时，应优先考虑这种类型。例如，具有许多树木的住宅区，其分类标准与林地类型相符，但仍然要归入城市或建设用地类型。

表8.1　使用遥感数据的USGS土地利用和土地覆盖类型体系

等　级　I	等　级　II
1 城市或建设用地	11 住宅
	12 商业和服务设施
	13 工业
	14 交通、通信和公用事业
	15 工业和商业综合体
	16 混合城市或建设用地
	17 其他城市或建设用地
2 农业用地	21 作物地和牧草地
	22 果园、树林、苗圃及园艺区
	23 密闭进料作业区
	24 其他农业用地
3 牧场	31 草本植物牧场
	32 灌木和灌木林牧场
	33 混合牧场
4 林地	41 落叶林地
	42 常绿树林地
	43 混合林地
5 水体	51 溪水和运河
	52 湖泊
	53 水库
	54 海湾和河口
6 湿地	61 有森林覆盖湿地
	62 无森林覆盖湿地
7 荒地	71 干盐块地
	72 海滩
	73 除海滩外的砂地
	74 裸露岩石
	75 露天矿、采石场和砾石坑
	76 过渡地带
	77 混合荒地
8 冻土带	81 灌木和灌木冻土带
	82 草本植物冻土带
	83 裸露地面冻土带
	84 湿冻土带
	85 混合冻土带
9 常年积雪或冰冻	91 常年雪地
	92 冰川

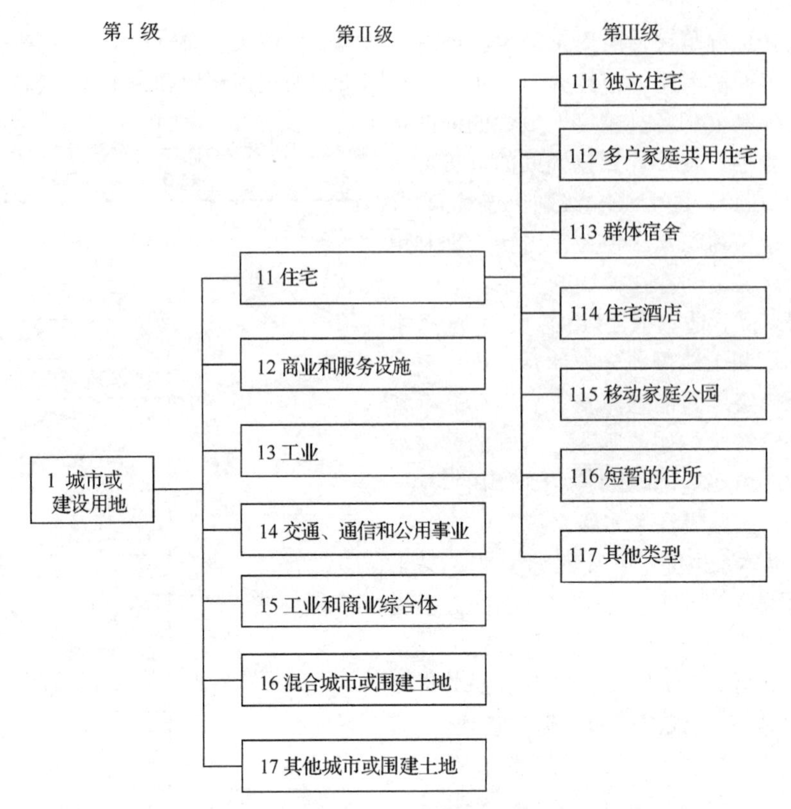

图 8.1 土地利用/土地覆盖类型汇总示例

*农业用地*泛指主要用于生产食物及纤维的土地。这种类型包括以下用途：作物用地及牧草地、果园、小树林、葡萄园、苗圃以及园艺区和饲养业务区。在农业活动由于土壤潮湿而受到限制的地方，真正的界线很难确定，因此可能误将*农业用地*划分为湿地。湿地排水后供农业使用时，就成了*农业用地*；而当排水系统陷于瘫痪而恢复湿地植物时，这块地又回到了湿地类型。

*牧场*历来定义为自然植被主要是草、草类植物、草本植物或灌木的土地，开发前这里是天然的牧场。根据传统定义，美国的大部分牧场位于西部地区，沿达科他州、内布拉斯加州、堪萨斯州、俄克拉何马州和得克萨斯州画一条不连续的南北线时，西边即为牧场。在其他地区如弗林特山（堪萨斯州东部）、东南部的州和阿拉斯加州，也有牧场。USGS 分类体系扩大了传统上对牧场的解释，包括了东部某些州的灌木林地。

*林地*指具有 10%或更大树冠覆盖度（树冠遮蔽度）的地区，这些地区有生产木材或其他木材制品的树木，并且对区内气候或水系产生影响。由于树木被砍伐而使树冠遮蔽度低于 10%，但未转为其他用地的土地仍为林地。例如，在森林循环作业中，砍尽后再种植的地块仍然属于林地。过度放牧的林地也属于这种类型，如美国的东南部，因为主要覆盖是树木且主要活动也与林地相关。分类标准与林地类型和城市或建设用地类型都符合的土地应归入后者。具有湿地特征的林地则归入湿地。

*水体*包括河流、运河、湖泊、水库、海湾和河口。

*湿地*指在大多数年份相当长的时间里，潜水位位于、接近或超过地面的地区。虽然河滩和海滩上可以没有植物，但其水文特征通常表现为有水生植物生长。湿地的例子有沼泽、泥滩以及位于海湾、湖泊、河流和水库边缘的蓄水区。湿地还包括高山峡谷中的草地或栖息沼泽，以及季节性湿润或淹没的盆地、干盐湖或无表面出水口的壶穴。有水生植物浸没于水中的浅水区归入水体

而非湿地。土壤湿润、水淹期短且无典型湿地植物生长的地区，应归入其他类型。耕作过的湿地，如生长水稻和酸果的沼泽，应归入农业用地。生长有野生稻谷、香蒲等的未开垦湿地仍为湿地，如放牧牲畜的湿地。湿地经排水作为他用时，应归入其他土地利用/土地覆盖类型，如城市或建设用地、农业用地、牧场地或林地。如果排水中断，恢复了湿地环境，则分类回湿地。野生动物所用的湿地归为湿地。

荒地指生物生存能力有限的土地，这类土地存在植被，或其他覆盖不到土地面积的 1/3。这类土地包含干盐滩、沙滩、裸露岩石、露天矿、采石场和砂砾坑。湿润而无植被的荒地属于湿地。由于收获季节或耕作习惯而暂时没有植物覆盖的农业用地仍为农业用地，树木全被砍光但管理良好的林地仍归为林地。

冻土带指超过寒温带森林的地理纬度带的无林区，以及高山区树木生长界线的无林区。在北美地区，冻土带主要位于阿拉斯加、加拿大北部及高山带的一些孤立区。

常年积雪或冰冻区是环境因素综合影响的结果，这些环境因素使得此类区域能幸存于冰雪融化季节，从而在地面景观上保持相对永久的地面特征。

如上所述，某些土地在归类时可划入多个类别，因此必须采用特殊的定义来说明分类的优先级。存在这种情况的原因是，USGS 分类体系包含了土地活动、土地覆盖和土地条件的混合特征。

多分辨率土地特征（MRLC）协会是多个联邦机构的联合体，这些机构协同获取了美国本土的陆地卫星影像，建立了称为全国土地覆盖数据集（数据集后来被数据库取代；两种情况下都简写为 NLCD）的土地覆盖数据集。在过去的 20 年里，通过使用 1992 年、2001 年、2006 年和 2011 年的影像，制作出了一系列全国性的综合土地覆盖地图。MRLC 协会成立的目的是，满足联邦机构全国性连续卫星遥感和土地覆盖数据的需求。但协会也提供作为公共领域信息的影像和土地覆盖数据，这些数据可以通过访问 MRLC 的网站获取。MRLC 包括的联邦机构有美国地质调查局（USGS）、美国环境保护局（EPA）、美国林业局（USFS）、美国国家海洋和大气局（NOAA）、美国国家航空航天局（NASA）、美国国家公园管理局（NPS）、美国国家农业统计局（NASS）、美国土地管理局（BLM）、美国渔业与野生动物局（USFWS）和美国陆军工程兵部队（USACE）。

1992 年至 2011 年 NLCD 数据的详细信息可按如下途径获取：MRLC 网站；Homer et al.(2012)；关于各年度数据集的文章（Vogelmann et al.，2001；Homer et al.，2004；Xian et al.，2009）。除了土地覆盖数据，还制作了其他相关的产品（如不透水地表面积百分比制图和树冠层覆盖面积百分比制图）。所有这些数据集都可通过 USGS 的国家地图网站下载。

USGS 国家差异分析计划（GAP）是于 1987 年建立的州级、区域级和国家级计划，旨在提供关于自然植被、原生脊椎动物物种的分布、土地所有权的地图数据和其他信息。差异分析是一种科学方法，用于确定当前保护地网络中出现本地动物物种和天然植物群落的程度。这些物种和群落并不足以表示保护地中的构成“差异”和努力。数据产品包括土地覆盖图、物种分布图、土地管理图和州计划报告。

世界上的其他地方也在进行类似的大面积土地覆盖/土地利用制图项目，下面给出几个例子。

环境信息协调（CORINE）土地覆盖项目最初由欧洲环境署领导，旨在提供环境现状方面的信息。研究的环境要素包括地理分布与自然区域状态、地理分布与丰富的野生动植物群落、水资源的质量与丰度、土地覆盖结构与土壤状态、排放到环境中的有毒物质的数量和自然灾害信息。土地覆盖数据在整个欧洲生产，参考年份有 1990 年、2000 年、2006 年和 2012 年，其中前两个时期使用陆地卫星影像，后两个时期使用 SPOT、IRS 和 RadpidEye 卫星的混合影像（见第 5 章）。

联合国粮农组织（FAO）的非洲地被图和地理数据库（Africover）项目，旨在通过目视解译经过数字增强的陆地卫星影像，建立各国的土地覆盖数据集。这些数据集称为环境资源综合 Africover 数据库，目的是提供地区级、国家级、区域级资源和土地管理的可靠和地理参照信息。

FAO 还建立了一系列区域级到大洲级的世界土地利用系统（LUS）。这些数据以 5 弧分的分辨率发布，旨在提供关于农业、干旱土地管理和食品安全的信息。

在全球尺度上，NASA 的土地过程分布式主动档案中心（LP-DAAC）发布了一套来自 Terra 和 Aqua 卫星上 MODIS 设备生成的影像的标准土地覆盖产品（见第 5 章）。从 2000 年至今，它们以年为单位生产，空间分辨率为 500m 和 5600m。一种创新产品在 5 种不同土地分类体系中为每个像元分配了类型代码。主分类基于国际地圈生物圈计划（IGBP）定义的 17 个类别；二级分类由马里兰大学建立；剩下的三个分类方案基于叶面积指数（LAI）、净初级生产力（NPP）和植物功能型（PFT）信息。分类过程本身使用监督决策树方法实现。

8.3 地质和土壤制图

地表复杂多样，其地形和物质组成反映了下伏基岩和非固结物的性质，以及作用于它们的变化因素。每种岩石类型、每条断裂或其他内部运动影响的产物、每处侵蚀和腐蚀特征，都带有自身发展过程的烙印。要描述和解释物质的组成和结构，就要了解地貌学原理，只有这样才能辨认各种物质和结构的地表形态。遥感在地质和土壤制图方面的应用主要是识别这些物质及其结构，并评估它们的状况和特征。地质和土壤制图往往需要大量的野外勘查，但目视解译和数字图像分析能大大简化这种制图过程。本节简要介绍遥感在地质和土壤制图方面的应用。8.15 节详细讨论地貌识别与评价，重点讨论立体航空照片的目视解译。

8.3.1 地质制图

第一张从飞机上拍摄的用于地质制图目的航空照片，于 1913 年用来制作了利比亚班加地区的镶嵌图。从 20 世纪 40 年代起，人们已在地质制图中越来越广泛地使用航空（及后来的卫星）影像。在地质制图中，影像的最早使用方式是作为用于人工解译和编制地质单元的底图。来自遥感影像的地形产品，如数字高程模型和阴影地形图，对许多地质制图工作至关重要。

地质制图包括地貌、岩石类型和岩石构造（褶皱、断层、断裂）的识别，以及将地质单元和构造相对的准确空间关系描绘在地图或其他显示设备上。矿产资源勘探是地质制图的一个重要方面。因为大部分地表和近地表的矿物储量已被人们发现，现在的重点是远离地表或无法进入地区的储量。一般需要使用深入地球内部的地球物理方法来寻找矿产，并且通过钻孔确认矿产的存在。然而，解译航空照片和卫星影像的地表特征，可得到有关矿产勘查潜在地区的许多信息。

遥感影像在这一领域中的重要作用是，作为野外地质制图项目的后援，特别是在偏僻地区。相对于成本更高的地面实地调查而言，航空和卫星影像为关键区域提供一种高效且低廉的方法。图像用来定位岩石出露地表的区域，进而让地质学家研究和跟踪穿越地表景观的重点地质单元。影像还可让地质学家区分不同的地貌，并将它们与形成该地质单元的地质过程关联起来，进而解释该地区的地质历史。

地质研究中主要使用多阶段影像解译方法。首先，解译人员解译比例尺为 1∶250000～1∶1000000 的卫星影像，然后分析比例尺为 1∶58000～1∶130000 的高空立体航空照片。为了更详细地制图，可以使用比例尺为 1∶20000 的立体航空照片。

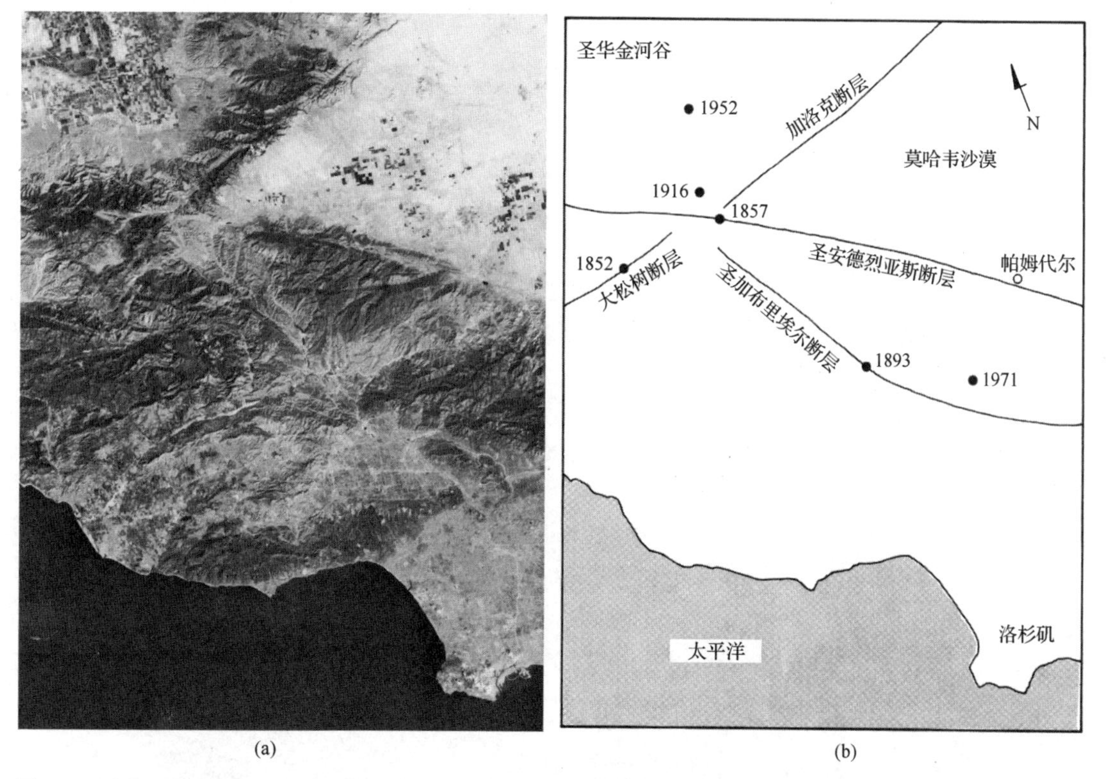

图 8.2　遥感影像中可见的地质特征：(a)加州洛杉矶及附近的陆地卫星影像，比例尺为 1∶1500000（USGS 提供）；(b)显示了主要断层和主要地震地点的地图（摘自 Williams and Carter，1976）

小比例尺制图通常涉及轮廓线的绘制，轮廓线是由区域内诸如河流、悬崖、山脉及舌状地物等地貌特征线性对齐所致的区域线状特征，这种地貌特征在许多地方体现为断裂或断层带等地表特征。由断裂或断层带中的断裂材料导致的保湿性，通常表现为明显的植被或称为“凹陷池塘”的小型储水体。主轮廓线可延伸几千米到几百千米。图 8.2(a)所示为覆盖面积 $127 \times 165 km^2$ 的小比例尺卫星影像，可以清晰地看到线状加洛克断层和圣安德烈亚斯断层。轮廓线的绘制在矿产资源研究中很重要，因为许多矿床是沿断裂带分布的。

影响具有地质意义的轮廓线和其他地貌特征的勘探因素很多，其中一个最重要的因素是特征地物与光源的角度关系。一般来说，走向与光源平行的地物不如与光源垂直的地物容易勘探；中低照射角度有利于小线状地貌特征的勘探。在光学影像中，光源角度通常由太阳位置决定。一种替代方案是使用成像雷达（见第 8 章），其侧视配置可用来突出这些细小的地貌特征。另一种替代方案是由摄影测量、激光雷达或雷达干涉测量建立数字高程模型（DEM），然后制作阴影地形图，最后通过选择阴影地形图中模拟光源的角度来优化地貌的可解译性。

在这种阴影地形图中可以确定许多地质要素。图 8.3 显示了在高分辨率机载激光雷达生成的影像中，缅因州沿海地区（美国新英格兰）的地表地质情况。在该例中，模拟光照来自西北方向，实际中从不会发生光照出现在北面这种情况。缅因州地质调查局的研究人员已在该地区确定了许多冰川和冰舌地貌，由于浓密的树木覆盖，许多地貌很难在其他影像源中（甚至在地面上）检测出来。在地区 B（和其他地方）中，突出的线状山脊之间夹有许多狭窄的冰碛，这些冰碛是年度沉积物，后退冰缘在冬季的几个月里暂时保持稳定（Thompson，2011）。这些冰碛在浅水中沉积，狭窄山脊之间的空隙出现了海相黏土。在地区 A 中也可以看到一些小冰碛，这些冰碛被一系列原海岸线的斜坡切割，而这些斜坡被冰期后的地壳均衡反弹所抬升。大量的其他地表和基岩地质特征也可由这个高质量的激光雷达数据集绘制。

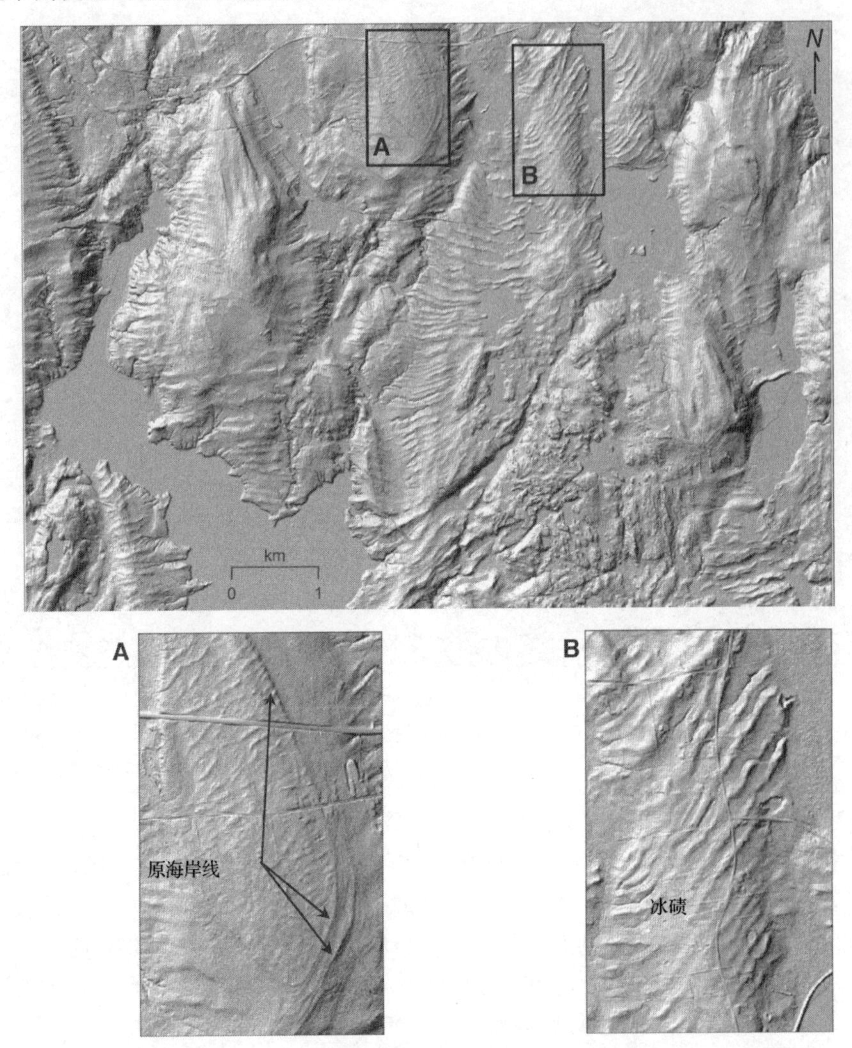

图 8.3　由缅因州沃尔多伯勒地区高分辨率激光雷达数据解译出的地表地质情况。主影像的比例尺为 1∶60000，其他插图的比例尺为 1∶20000（激光雷达数据由缅因州 GIS 办公室提供，摘自 Thompson，2011）

许多地质学家认为 1.6μm 和 2.2μm 左右的光谱带反射对矿物探测和岩性填图特别重要。这些光谱带无法用成像方式获得，但能通过各种多光谱和超光谱扫描仪（见第 4 章、第 5 章和彩图 11）感知。另外，对热红外光谱区的多个窄波段的分析也显示了在岩石和矿物类型识别方面的前景；多波段热红外影像可由 ASTER（见彩图 22）和其他机载传感器获得。广泛的研究已深入光谱库的建立和用于矿物（岩石在地表出露的地方）自动分类的光谱制图方法，特别是高光谱传感器和那些已广泛应用到矿产勘查中的技术。

虽然单视场观测适用于轮廓线制图和岩性填图，但立体观测可大大促进岩性的绘制。如8.15节所述，岩性的识别和制图过程包括照片的立体观测，以确定研究区的地貌类型（包括水系的图案和纹理）、影像色调、自然植被覆盖。在无植被区，大部分岩体可根据地貌类型和光谱属性来分辨。植被区的识别更难，因为岩石表面被掩盖，此时要考虑植被覆盖的细微变化。

70%的地表有植被覆盖，因此植物地理方法对地质体的识别很重要。植物地理学的基础是植物养分需求与土壤养分及土壤自然物理属性这两个相关因子的关系，土壤自然物理属性包括土壤湿度。通常，利用植被分布可间接推断其下土壤和基岩的成分。地质制图的植物地理学方法使用遥感影像，它要求地质学家、土壤学家和野外工作的植物学家相互合作，且每人都要熟悉遥感方法。这种方法特别重要的一个方面是，识别与矿区相关的植被异常。植物地理的异常可能有多种表现形式：①种类和/或植被群落的异常分布；②地面覆盖生长停滞和/或减缓；③叶片色素的变化和/或使叶片颜色变化的地理过程；④物候期异常，如早秋时树叶变化或枯萎、花期变更和/或晚春才长树叶。最好通过分析一年中不同时期获取的影像来识别植被异常，而把重点放在从春季叶片生长到秋季枯萎的这段生长期。利用此方法可以确立“正常的”植被情况，也可更好地识别异常情况。

8.3.2 土壤制图

土壤详查是一个地区资源信息的最初来源。因此，它通常用于全面土地利用规划这类工作中。了解土壤在各种土地利用活动中的适宜性，是防止因滥用土地而造成环境恶化的关键。简言之，如果规划要作为指导土地利用的有效手段，就必须彻底调查自然资源，而土壤数据是这类调查的主要方面。

土壤详查是训练有素的科学家对土壤资源透彻研究的产物。土壤单元的划定历来都是利用航空照片或高分辨率卫星影像的解译以及大量野外工作来完成的。土壤学家实地勘测地貌、鉴定土壤并划定土壤界线。这个过程包括无数的野外土壤剖面观测以及土壤单元的鉴定与分类。土壤学家的经验和训练是通过分析土壤与植被、地质母质、地形和景观位置的关系而获得的。20 世纪 30 年代早期，航空照片解译的利用促进了土壤制图过程。通常使用比例尺为 1∶15840～1∶40000 的全色航空照片作为底图；高分辨率全色和多光谱卫星影像的出现，促进了新解译过程的实现。

从 1900 年起，美国农业部（USDA）开始绘制美国部分地区的农业土壤调查图。1957 年以来，发布了大部分土壤调查的成果，包括印刷在 1∶24000、1∶20000 或 1∶15840 镶嵌底图上的土壤图。20 世纪 80 年代中期，许多县已有线画图和数字文件形式的土壤调查图信息，这两种形式的数据可与 GIS 结合使用。这些调查的最初目的，是向农场主和牧场主提供农田和放牧作业的技术支持。1957 年后发布的土壤调查成果包含了每种绘制的土壤单元在各种利用中的适宜性信息。这些信息可用于一般作物的估产、评定牧场的适宜性、评定林地生产力、评估野生动植物生长环境条件、分析各种娱乐用地的适宜性以及确定各种开发用途的适用性，如高速公路、地区街道和道路、建筑地基和化粪池用地等。

美国农业部（USDA）下属的全国自然资源保持服务局（前身为土壤保持服务局）提供了美国许多地区的数字土壤调查图。1994 年开始以全国土壤信息系统的方式提供全国范围内的详细土壤信息，土壤信息系统是在线土壤属性数据库系统。

图 8.4 显示了印刷在镶嵌底图上的 USDA 1∶15840 土壤图的一部分。表 8.2 是 USDA 土壤调查报告中有关土壤信息和解释的样例。图表说明了土壤的性质，因此可以看出土地的各种利用适宜性在短距离内变化很大。与土壤图一样，许多说明性的土壤信息（见表 8.2）可在网上以数字形式获得。

如 1.4 节所述，裸露（无植被）土壤表面的反射率取决于许多因素，包括土壤湿度、土壤纹理、表面粗糙度、氧化铁的存在以及有机质含量。裸土单元在不同日期呈现出差别很大的影像色调，尤其要视其含水量而定。另外，在生长季节，当植被表面积（如叶面）增加时，地面反射更多的是植被特征而非土壤类型。

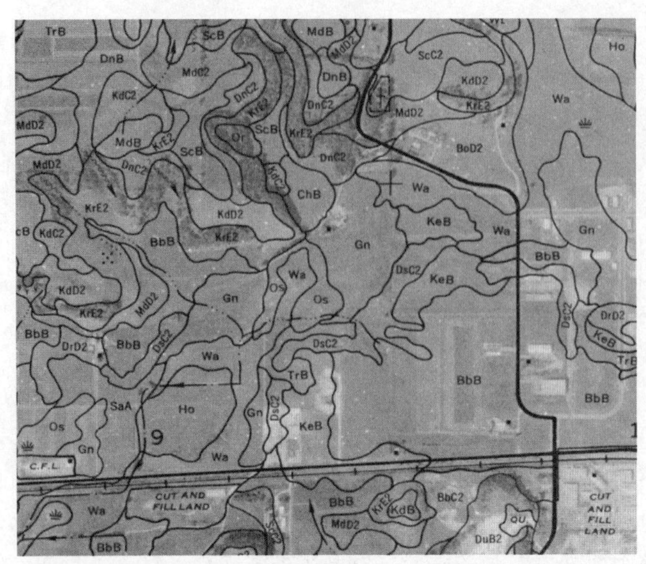

图 8.4　威斯康星州丹尼县原始比例尺为 1∶15840 的 USDA-ASCS 土壤图的一部分。该图的比例尺为 1∶20000（USDA-ASCS 提供）

表 8.2　图 8.4 中 5 种土壤的土壤信息和解释

地图单元（图 8.4）	土壤名称	土壤描述	距地下水位的深度/cm	玉米地估产（kg/公顷）	对各种利用的限制程度		
					化粪池用地	带有地下室的住宅	高尔夫球场
BbB	巴达维淤泥壤土、砾质底层土，坡度为 2%～6%	砂砾水平岩层上 100～200cm 的残积物	＞150	8700	中等	轻微	轻微
Ho	霍顿渣土，坡度为 0%～2%	深度至少为 150cm	0～30	8100（有排水时）	很严重	很严重	严重
KrE2	基德土壤，坡度为 20%～35%	砂壤冰碛物上约 60cm 的残积物	＞150	不合适	严重	严重	严重
MdB	麦克亨利粉壤土，坡度为 2%～6%	砂壤冰碛物上 25～40cm 的残积物	＞150	7000	轻微	轻微	轻微
Wa	瓦科斯塔粉壤土，坡度为 0%～2%	粉质黏壤土及冰积湖淤泥质物质	0～30	7000	很严重	很严重	严重

来源：美国农业部。

彩图 36 显示了一块农田在生长季节剧烈变化的外观，通常还存在土壤状态精细尺度上的变化。除了右上角的一小块地，USDA 将整个 15 公顷的地块绘成了一种土壤类型（制图单元 BbB，如图 8.4 和表 8.2 所示）。这块地的土壤母质由冰川融水沉积的层状沙和砾石组成，上面覆盖着粒径为 45～150cm 的黄土（风积粉砂）。地形最高处约 2m，坡度范围为 0%～6%。该农田 5 月种植玉米，11 月收割。

彩图 36(a)、(b)和(c)显示了初夏 48 小时内在已耕作土壤上看到的表面水分模式的变化。在此期间，玉米植株仅有约 10cm 高，大部分地表为裸露土地。该区在 6 月 29 日约有 2.5cm 的降水。在 6 月 30 日拍摄的彩图 36(a)上，湿润土壤呈现的色调几乎一致。到 7 月 2 日［见彩图 36(c)］，干土壤表面（浅色调）截然不同的模式可与湿土壤表面（暗色调）区别开来。干土壤有较高的渗透力，且有 1～2m 的隆起。这些隆起地形的坡度较缓。该地的降水流向较低地区，因为这些较低地区具有相对较低的渗透力，且除了本身的降水，还接收来自较高处的径流，所以能保持较长时间的湿润。

彩图 36(d)、(e)和(f)显示了玉米在生长季节的外观变化。到 8 月 11 日［见彩图 36(d)］，玉米已高达 2m，土壤表面完全被植物覆盖，此时农田的外观一致。但到 9 月 17 日［见彩图 36(e)］，重新出现了明显不同的色调模式。在 7 月、8 月和 9 月初，降水很少，这时玉米的生长主要依靠土壤中存储的水分。在图上用浅褐黄色表示的干旱区，玉米叶和茎干枯而变成褐色。图上颜色为粉色或红色的湿润区，玉米植株仍为绿色并继续生长。在彩图 36(c)中，可以看到干土壤和湿土壤的外观模式与彩图 36(e)中玉米的“绿色”和“褐色”模式存在明显的相似性；在 9 月的图上［见彩图 36(e)］所看到的模式一直保留到了 10 月的图上［见彩图 36(f)］，但 10 月中旬干玉米的面积更大。

根据这些照片，土壤学家能将该农田的土壤水分状况分为 4 类，如图 8.5 所示。对每一类都选取样点进行野外调查，结果如表 8.3 所示。注意，单元 2 的玉米产量比单元 4 的高 50%。

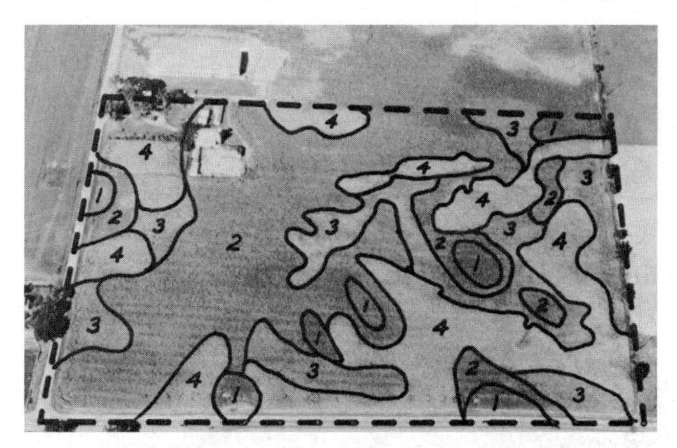

图 8.5　9 月 17 日威斯康星州丹尼县的倾斜航空照片。照片上显示了 4 种土壤单元的含水状况［参见彩图 36(e)］。图像中心的比例尺约为 1∶4000

表 8.3　图 8.5 所示 4 种土壤单元的部分特性

特　　性	单　元　1	单　元　2	单　元　3	单　元　4
砂砾上的黏土厚度	至少 150cm	105～135cm	90～120cm	45～105cm
土壤排水类型（见 8.16 节）	排水不良	排水良好	排水良好到排水好	排水良好
平均玉米产量（kg/公顷）	无样本	9100	8250	5850

在生长季拍摄的系列照片说明，一年中的某些时间比其他时间更适合拍摄用于土壤制图（和作物管理）的照片。在任意给定的区域和季节，最合适的日期有很大的差别，它取决于许多因素，包括温度、降水、高程、植被覆盖和土壤渗透特性。

8.4　农业应用

从 20 世纪 30 年代至今，农业已成为最大的遥感应用领域。美国许多高分辨率影像的系统覆盖都是在农业调查和监测计划的驱动下进行的，包括 1937 年自然资源保护局（NRCS）首次大面积收集航空照片的计划，以及在生长季节于全国范围内收集高分辨率数字影像的国家航空影像计划（NAIP）。在世界范围内，农作物预测已成为陆地卫星影像的最大单一用途，同时新卫星星座如 RapidEye 明确面向农业管理提供及时和可靠的高分辨率影像。

当人们考虑与全世界农产品的供应和需求有关的因素时，遥感的应用确实很多，且变化多样。在该领域中，遥感影像最重要的用途是作物类型分类、作物状态评估、问题的早期检测，以及精细农业和其他形式农业管理的地理空间支持。

作物类型分类（和区域详查）的前提是，特定作物类型可由它们的相应光谱模式和影像纹理识别。作物的成功识别需要了解研究区内每种作物的生长阶段。通常，这些信息汇总为作物日历形式，列出了一年中某个地区每种作物出现的生长状态和外观。由于生长季节作物特性的变化，常用生长周期中多个日期获取的影像来识别作物。通常，在某个日期外观类似的作物，在另一日期很不相同，为了得到每种作物类型的唯一光谱模式，必须要有多个日期获取的影像。采用彩红外摄影或近红外/中红外光谱带的多光谱影像，与采用全色或真彩色影像相比，通常能进行更加细致和精确的作物分类。

作物状态评估在有些情况下可在可视化条件下进行，但人们越来越多地使用多光谱或高光谱影像作为生物光学模型的输入，这些模式使用光谱波段的特定组合来生成参数的估计值，如叶面积指数（LAI）、吸收光合有效辐射比（fPAR）、叶片含水量和其他变量。这些模型需要使用经大气校正后的影像，以确保影像的光谱特征代表了表面的光谱反射值。图 8.6 是从 Terra MODIS 影像制作叶面积指数（LAI）地图的例子，该图描述的是美国北部的大平原地区，该地区是世界上最大的农业生产基地之一。该图的 MODIS 数据是在 9 月的前 16 天周期内获取的，它经过大气校正后产生表面反射值，然后将其作为生物光学模型的输入，在 1km 分辨率上产生 LAI 和 fPAR 的估计值。从 MODIS 影像可定期制作出世界范围内的相同产品。

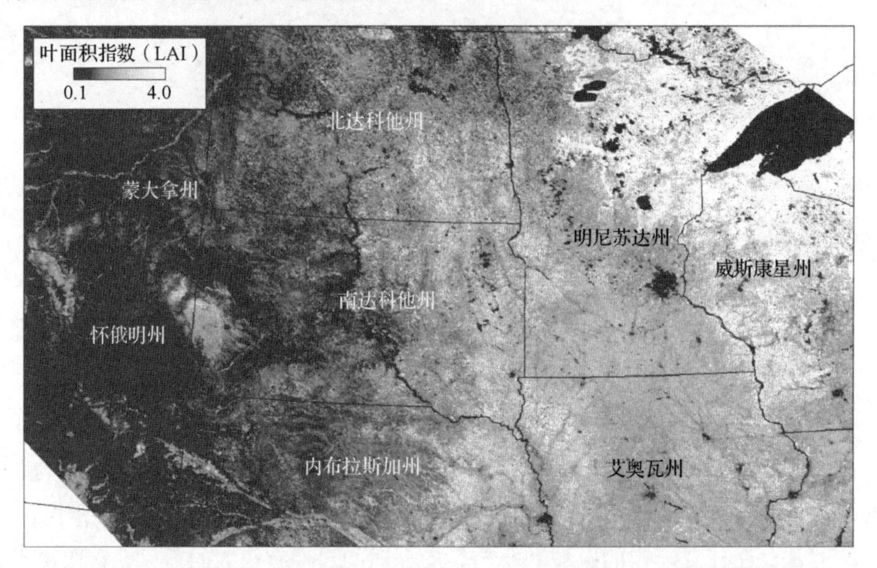

图 8.6　美国北部大平原地区 9 月前期的叶面积指数（LAI），它是利用 9 月前 16 天的 Terra MODIS 影像合成的。比例尺为 1：12000000

图 8.7 是遥感用于作物状态评估的另一个例子，照片覆盖的是法国北部的某个地区。在该例中，高分辨率 WorldView-2 影像（有 8 个光谱波段）用来生产 9 幅植被和土壤状态变量图，包括叶绿素和其他色素浓度、叶面含水量、叶面质量和叶面积指数等。此类信息可以用于预测作物产量，检测潜在的问题，如水分不足、疾病或养分不足，或者作为系统的输入用于精细作物管理。

精细农业或精细作物管理（PCM）定义为以信息和技术为基础，为达到最优收益、持续发展和环境保护的目的，在农场内识别、分析和管理土壤时空变化的农业管理系统（Robert，1997）。精细农业或 PCM 的关键是变量投入技术（VRT）。变量投入技术是指根据某一特定位置使用不同的作物生产投入。人们开发出了适用于大范围原料如除草剂、肥料、水、杀虫剂和种子的投入设备。这种设备在农场内的位置由全球定位系统（GPS，见 1.7 节）确定。而 GPS 的导航系统通常与 GIS 链接，因为 GIS 可“智能”地确定场内某个给定地点的某种原料的投入量。确定各种原料用量的数据通常来源广泛（如遥感影像、土壤详查图、生产历史记录、装有设备的传感器）。PCM 的目标是对田间特定位置的条件进行应用评估，在降低消耗、保护环境的前提下，获得最佳的收成。

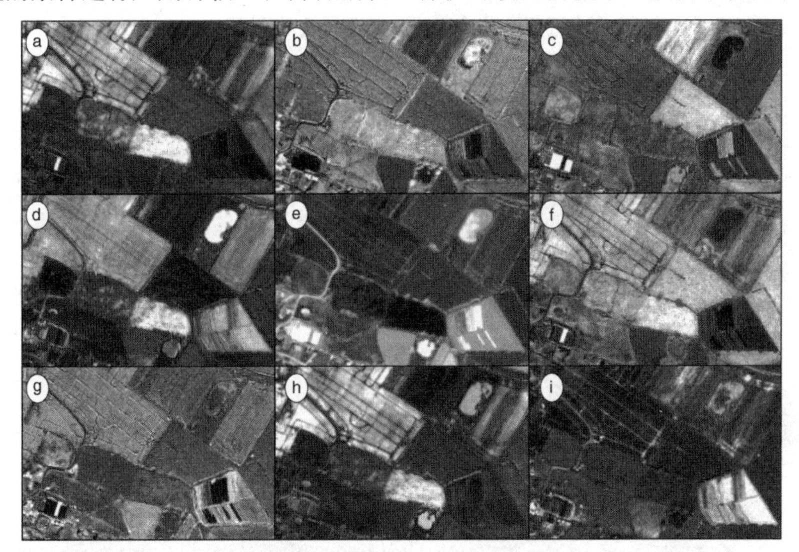

图 8.7　从 8 波段 WorldView-2 影像提取的法国拉芳地区的作物参数：(a)叶绿素含量；(b)类胡萝卜素含量；(c)棕色颜料含量；(d)等效水厚度；(e)叶面质量；(f)结构系数；(g)平均页角；(h)叶面积指数；(i)土壤干度（图像由 Christoph Borel-Donohue 和 DigitalGlobe 提供）

尽管 PCM 的发展时间并不长，但目视解译影像在作物管理中的应用已有很长的历史。例如，人们已证明大比例尺影像有助于记录由作物疾病、虫害、其他原因产生的植物病变，以及自然灾害导致的环境恶化。最成功的例子是利用在不同日期拍摄的大比例尺彩红外航空照片，通常生长季节有两个或更多的拍摄日期。除了“病变检测”，这种照片还能提供对作物管理有重要意义的其他信息。利用目视解译探测到的一些植物疾病包括南部玉米叶枯萎病、田间豆叶枯病、马铃薯枯萎病、甜菜叶斑病、小麦和燕麦锈秆病、马铃薯晚期枯萎真菌病、镰刀霉枯萎病、西红柿和西瓜霜霉病、南瓜白粉病、大麦白粉病、棉花根部腐蚀菌、葡萄园假蜜环菌、核桃树根部腐蚀和椰子枯萎病。已被探测到的虫害病类型包括玉米地上的蚜虫蔓延、葡萄园的葡萄根瘤蚜、桃树叶的红螨危害，以及由于火蚁、农田蚁、切叶蚁、原切根虫和蝗虫带来的植物灾害。发现的其他植物损害包括缺水、缺铁、缺氮、土壤盐分过高、风和水侵蚀、啮齿动物活动、路盐、空气污染和开垦者的危害。

作物状态评估的图像解译比作物类型和面积调查的图像解译更难。地面参照数据很关键，至今的大部分研究是对相邻田地或地块的健康和病变植物进行比较。此时，解译人员能够区分出更细微的光谱特征差别，即如果不知道一个地方存在病变，成功率就较低，且很难区别是由疾病、虫害、养分不足或干旱导致的影响，还是由植物变化、植物成熟或背景土壤颜色的不同导致的变化。许多病变在干旱期更明显，因此影像不应在降水后立即拍摄，而需要数天的晴朗天气使得病变效果可被观测到。

8.5　林业应用

林业与木材、饲料、水分、野生动植物、娱乐和其他用途的森林管理有关。因为森林的主要原产品是木材，因此林业特别与木料管理、现有林地的维护和改善以及防火有关。各种类型的森林占近三分之一的世界陆地面积，它们分布不均，且资源价值差别很大。

遥感在林业管理中的最早应用主要是目视解译，这将继续在许多林业活动中发挥核心作用，特别是林业详查、林业管理和林业作业规划。近年来，技术进步导致数字图像分析和计算机辅助下基于遥感数据的信息提取发挥着越来越重要的作用。跟随这一领域的历史演化过程，我们首先讨论林业应用中的目视图像解译，然后讨论基于计算机的方法。

利用目视解译的树种识别一般比作物识别复杂。与农业用地那种大面积的相对一致相反，任何森林地区的树种都是混杂的。另外，林业人员可能对“森林下层植物”的种类组成感兴趣，但由于受高大树冠层的阻挡，森林下层植物在航空和卫星影像上表现不出来。

在航空和卫星影像上，树种通过排除法来识别。首先排除因地理位置、地理或气候条件而在某一地区不可能或不太可能存在的树种，然后根据树种的共生性和需求确定区域中有哪些种群，最后根据图像解译原理对个别树种加以识别。

解译人员使用第 1 章介绍的形状、大小、图案、阴影、色调和纹理等影像特征来识别树种。每个树种都有其独特的树冠形状和大小。如图 8.8 所示，有些树种的树冠是圆形的，有些树种的树冠是锥形的，有些树种的树冠是星形的。这些基本的树冠形状也有变化。在密集处，许多树种的树冠组合成特有的图案。当树呈独立状态时，阴影所反映的侧影有助于树种的识别。在靠近航空照片的边缘区，投影差也提供一些树木的侧影。影像色调取决于许多因素，一般不可能将绝对色调值和某一树种联系起来。单张或一组图像上的相对色调在描绘不同树种的相邻林地方面很有价值。树冠的纹理变化对树种识别也很重要，有些树种的外观呈毛状，有些则显得较光滑，还有一些呈波浪状。影像纹理与比例尺相关，因此在观测单一树冠或连续森林冠层时，特定树种的纹理特征会变化。

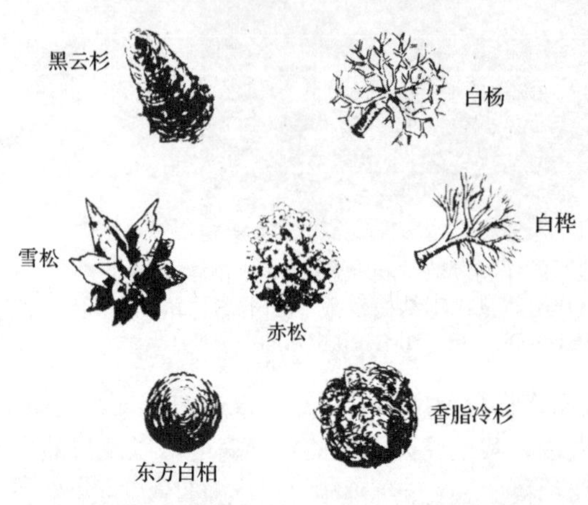

图 8.8　树冠的航空视图。注意，大多数树都有径向位移（摘自 Sayn-Wittgenstein，1961。美国摄影测量学会版权所有，1961）

图 8.9 说明了如何用上述影像特征来识别树种。图 8.9 显示了被白杨环绕的一片纯黑云杉（轮廓线内的部分）树丛。黑云杉是针叶林，树冠修长，冠顶尖锐。在纯树丛中，树冠的图案是规则的，树高均匀或随地面情况而变化。密集黑云杉群的树冠纹理呈地毯状。相反，白杨是落叶林，具有圆形树冠，树与树的间隔更大，大小和密度变化也更大。黑云杉和白杨之间的图像纹理差别在图 8.9 中很明显。

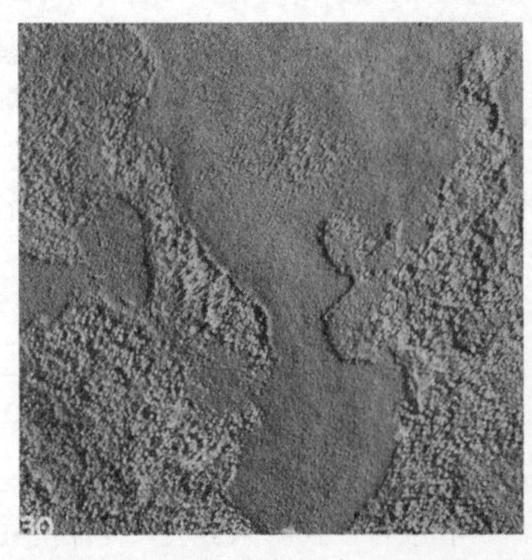

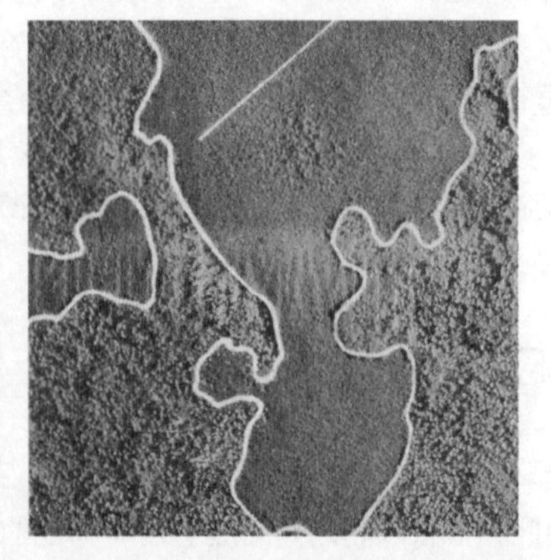

图 8.9　加拿大安大略湖 1∶15840 黑云杉（画线部分）和白杨的航空照片立体像对（摘自 Zsilinszky，1966。安大略遥感中心 Victor G. Zsilinszky 提供）

利用目视解译的树种识别过程，实际上不像这些图示的例子一样简单。当然，处理树龄均匀的纯树群的过程最容易完成。在其他情况下，树种识别既是一门科学又是一门艺术。然而，熟练且有经验的解译人员通常能够成功地进行树种识别。实际上，解译人员常常通过野外观测来帮助进行这类地图的绘制。

航空照片上树种能被识别的程度，既取决于影像上树种的变化和排列，又取决于影像的比例尺和质量。在大比例尺影像上，常用树冠形状和分枝习惯这种树形特征来识别树种。随着比例尺的减小，这些特征的可解译性慢慢降低。最终，单棵树的特征难以识别，而被树丛的影像色调、纹理和阴影图案特征所代替。在很大的比例尺照片上（如 1∶600），大部分树种几乎可以完全由它们的形态特征来识别。在这样的比例尺上，嫩枝结构、树叶排列方式和树冠形状是树种识别的重要线索。当比例尺为 1∶2400～1∶3000 时，中、小枝条仍可看清，且树冠能清楚地区分开来。当比例尺为 1∶8000 时，除了密集的树丛，仍可分开每棵树，但不一定能看清树冠形状。在比例尺为 1∶15840 的图上（见图 8.9），长在宽阔土地上的大树仍可从阴影中区分出树冠。当比例尺小于 1∶20000 时，树丛中的单棵树一般不可分辨，此时树丛的色调和纹理成为重要的识别标志（Sayn-Wittgenstein，1961）。

各个树丛因年龄、生境条件、地理位置、地貌背景和其他因素的不同而在外观上变化很大，因此很难建立树种识别的影像解译标志。但是，人们提出了一些航空照片的排除标志法，它经有经验的解译人员使用后，证明是一种有用的解译手段。人们为航空照片开发了许多排除性标志，对于有经验的图像解译人员而言，这些标志业已证明是有价值的。表 8.4 示例了这样的一种标志。

表 8.4　识别夏季阔叶树的航空图像解译标志

标志	树种
1. 树冠紧凑、密集、大	
2. 树冠对称且平滑，长方形或椭圆形，树占生长地的一小部分	椴木
2. 树冠呈不规则圆形（有时对称），或呈巨浪状、簇状	
3. 树冠表面不平滑，但呈巨浪状	橡树
3. 树冠呈圆形，有时对称，表面平滑	糖枫[a]，山毛榉[a]
3. 树冠呈不规则圆形或簇状（常要一个表示 4 级或 5 级的局部色调图例来区别这些品种）	黄桦[a]
1. 树冠小或大，敞开式或复式	
6. 树冠小或大，敞开而不规则，露出淡色树干	
7. 树干为粉白色，常分杈，树有丛生趋势	白桦
7. 树干为淡色，但不是白色，树干直至树冠不分杈，一般不丛生	白杨
6. 树冠中等大小或大，树干为深色	
8. 树冠呈团状，或狭而尖	
9. 树干常分开，树冠呈团状	红花槭
9. 树干不分开，树冠小	香脂白杨
8. 树冠平顶或呈圆形	
10. 树冠中等大小，圆形，树干不分开，树枝向上延伸	白蜡树
10. 树冠大，宽阔，树干分成散开的大树枝	
11. 树冠顶端凹下	榆树
11. 树冠顶端闭合	银枫

[a] 区分这些树种通常需要 4 级和 5 级局部色调图例。来源：摘自 Sayn-Wittgenstein，1961。美国摄影测量学会版权所有，1961。

物候相关性有助于树种识别。根据树木在一年中不同季节的外观变化，能区分出在单个日期无法识别的树种。最突出的例子是落叶林和常绿林的区分，在落叶林已落叶时拍摄的照片上，区分很简单。春季刚长叶后拍摄的照片或秋季叶已变色后拍摄的照片也能分辨出来。例如，夏季，落叶林和常绿林的影像色调在全色和彩色照片上没有差别［见图 1.8(a)］，但在夏季彩红外和黑白红外照片上差别很明显［见图 1.8(b)］。

在春季的影像上，树叶萌芽时间的不同也是种类识别的有用线索。例如，白杨和白桦一向是最早发芽长叶的树种，而橡树、白蜡树和大锯齿白杨是最晚发芽长叶的树种。在白杨和白桦刚生叶时拍摄的照片上，能区分这两大类树种。夏季阔叶林之间的色调差别很小，而在秋季当一些树种变黄、变红或变褐时，色调差别很明显。

影像解译广泛用于“木材巡视”。木材巡视的主要目的是确定能从单棵树或树丛采伐的木材量。为了能有成效，影像测量需要技术熟练的解译人员，他们需要具有航空或卫星影像和地面数据的工作经验。单棵树或树丛的影像测量，在统计上与该地树木体积的地面测量相关，且结果能推广到大区域中。最常用的影像测量有：①树高或树丛高度测量；②树冠直径测量；③存储密度测量；④树丛面积测量。

单棵树的高度或树丛的平均高度一般是通过测量投影差或影像视差来确定的。影像上的树冠直径测量与其他距离测量没什么差别。地面距离可根据比例尺关系从影像距离得到，可以利用类似点网格的专用透明片简化这一过程。根据树冠郁闭度或地面树冠覆盖面积百分比，透明片也可用来测量某个地区的存储密度，即测量单位面积的树冠数。

一旦从影像上得到了树木或树丛的数据，就可建立它们与地面数据在木材量方面的统计关系（利用多次回归），进而制订木材量表。单棵树的木材量是种类、树冠直径和高度的函数。木材量估计法只适用于大比例尺影像，一般用来测量开阔地分散树木的木材量。人们通常更重视树丛木材量。一般来说，树丛木材量表是根据种类、高度、树冠直径和树冠遮蔽度的组合来建立的。

在某些方面，林业方面的数字图像处理的发展和使用，与历史上目视解译方法的发展类似。利用光谱或面向对象的分类方法（见第 7 章），可将遥感多光谱（或高光谱）影像分类为广泛的种群。利用额外的信息（例如，利用多时相影像，使用森林冠层光谱响应模式的物候变化）可以更可靠地区分单个树种（Wolter et al.，1995）。林业管理中影像分类的特殊例子是绘制入侵或讨厌物种的分布，如美国西南部的撑柳。结合光学影像和其他类型的遥感数据，如雷达图像或机载激光雷达的结构信息，也能提高森林类型项目的精度和/或特征。

激光雷达在从林业详查到林业作业管理的应用中发挥着越来越重要的作用。彩图 1 和图 2.1 说明了将激光雷达数据分类成森林地面和冠层模型，可在大面积上快速、精确地测量树高。进一步分析三维激光点云和返回的激光雷达脉冲的全波形，可提供更多关于单个树种和林业结构的信息。第 6 章详细讨论了激光雷达数据，它们示例在图 6.61、图 6.62 和图 6.64 所示的林业应用场景中。地形数据的生成（不管是来自摄影测量、雷达干涉测量还是来自激光雷达）有助于许多林业管理的组织，包括道路建设、收获作业规划、野火风险建模与火灾反应、流域管理、侵蚀控制和休闲。

遥感在规划和应对林地野火方面发挥着特别重要的作用。遥感数据及其在树木覆盖、种类和数量/生物量估计方面的衍生产品，可以作为火灾燃料载荷的空间显式模型的输入。一般来说，野火会变得活跃，接近实时的影像对包围和控制火灾的努力至关重要。彩图 9（在第 4 章讨论过）就是使用 Ikhana 无人机来监测美国西部活跃野火的例子，但许多航空和卫星影像资源已用于这一目的，在全球尺度上，诸如 MODIS 的传感器可用来建立与火灾相关的全自动、实时“热点”检测系统。

上节讨论的遥感在农业领域的许多应用，还与森林资源有关。例如，多光谱或高光谱影像可用于检测树叶损伤，这些损伤与昆虫或病原体的爆发、营养失衡、草食动物和其他野生动物、环境退化（由于臭氧、酸沉降、烟雾和其他因素）和气象条件（缺水、干旱和风暴事件）有关。利用影像目视解译探测到的由细菌、真菌、病毒和其他病变引起的一些疾病灾害的例子包括白蜡树枯萎、山毛榉树皮疾病、花旗松根部腐烂、荷兰榆树病、枫树枯萎、橡树枯萎和白松泡锈病。已探测到的虫害有胶枞羊毛状蚜虫、黑头卷叶蛾、黑山树皮甲虫、花旗松甲虫、舞毒蛾幼虫、松树蝴蝶、山松甲虫、南部松树甲虫、云杉蚜虫、西部铁杉尺蠖、西部松树甲虫和白公象甲虫。特别是山松甲虫的大陆性流行病，在过去 20 年损毁了从墨西哥到加拿大西部数千万公顷的森林，因此成为许多基于遥感研究的主题，航空和卫星影像在跟踪这些持续事件方面发挥着至关重要的作用。

8.6 牧场应用

牧场历来被定义为自然植被主要是草、草类植物、草本植物或灌木的土地，开发前这里是天然的放牧场所。牧场不仅向家养动物和野生动物提供食物，也作为各种用地，如农业、娱乐和建筑备用地。

牧场管理是指将牧场的科学和实际经验用于基本牧场资源的保护、改善和持续利用，包括土壤、植被、濒危动植物、荒野、水和历史遗迹。

牧场管理的重点如下：⑴确定植被多用途的适宜性；⑵计划和实施植被的改良；⑶了解替代土地利用的社会和经济影响；⑷控制牧场的害虫和不良植被；⑸确定多用途的承载力；⑹减小或消除土壤侵蚀和保护土壤稳定性；⑺开垦受干扰地区的土壤和植被；⑻计划并控制牲畜的放牧系统；⑼协调牧场和其他资源管理；⑽保护并保持环境质量；⑾调停土地利用冲突；⑿向决策者提供信息（Heady and Child，1994）。

当牧场宽阔无边且承受着多种压力时，遥感图像解译就是有用的牧场管理手段。牧场管理可用影像解译技术完成的一系列物理测量包括：⑴牧场植被的详查和分类；⑵确定牧场植物群落的承载力；⑶确定牧场植物群落的生产力；⑷条件分类和趋势监测；⑸饲料和放牧的评定；⑹确定可用于放牧的牧地；⑺牲畜用牧地面积的种类、分类和品种；⑻流域值的测量，包括侵蚀的测量；⑼牧场野生动物调查及野生环境评价；⑽检测和监测入侵或讨厌物种的蔓延；⑾娱乐用牧场的评定；⑿各放牧点改善的评定和测量；⒀实施高强度放牧管理系统；⒁规划和应对牧场野火（Tueller，1996）。

由于许多牧场管理涉及描述和监测植被的存在与状况，包括草、灌木和树，许多农业和林业遥感应用也适用于牧场管理，尽管它们之间有着明显的不同。牧场的植被覆盖相对稀疏，土壤反射对图像像元的整体光谱响应贡献较大，描述植被覆盖和状况的算法变成了依赖于土壤分量的建模或补偿。

许多牧场具有空间尺度大、地形起伏小和人烟稀少或无人存在的特点。因此，使用无人机监测牧场特别有效（Rango et al.，2009）。彩图 35（Laliberte et al.，2011）说明了高空间分辨率无人机影像用于牧场物种级别的植被分类，牧场位于美国半干旱的新墨西哥州。传感器是一台轻量级多光谱设备，从可见光到近红外光谱有 6 个光谱波段，飞行高度为地面以上 210m，空间分辨率为 14cm。在这种精细的空间分辨率下，传统逐像元的光谱分类方法不太有效，因此使用了一个面向对象分类器（Laliberte，2011），对 8 个灌木类别和 4 个非植被类别的总体精度为 87%。可以预见的是，这种遥感平台的使用将在牧场管理中变得更加普遍。

8.7 水资源应用

水几乎是所有人类活动的基本成分。21 世纪初，稀缺的水资源在农业、国内消费、水电、卫生、工业制造、交通、娱乐活动和生态系统服务中都有着巨大的需求，但新的用水需求仍在继续增加——特别是矿产和石油资源的开采，从来自含油砂的非常规石油提取和处理，到水力压裂（“液压破碎”），即把高压液体注入井中来扩大基岩的裂隙，进而通过这种结构来采集石油和天然气，否则无法得到石油和天然气。同时，水也可能是一种危害——无论是洪水、污染，还是水传播疾病的蔓延。遥感在水资源管理中的应用很多且很重要，本书前七章中已有很多这方面的例子。这里，我们在从水文学视角（水体数量及分布）和水质视角（描述水体的状态）讨论并研究水体的方法之前，首先回顾水体遥感的基本原理。Chipman et al.（2009）中全面总结了关于湖泊管理应用的遥感方法。

一般来说，进入清澈水体的大部分阳光会在水下 2m 以内被吸收。如第 1 章所述，吸收的程度取决于波长。近红外波段在水体十分之几米深处就会被吸收，因此在近红外影像上，即使是浅水也呈暗影像色调。可见光波段的吸收会因为研究水体的特征变化而变化。从透过水体拍摄水底的详细程度来看，透射能力最好的是波长相对较短的波段（如 0.48～0.60μm）。在清澈、平静的水体中，该波段范围的透射深度可达 20m（Jupp et al.，1984；Smith and Jensen，1998）。虽然波长较短的蓝色波段的透射力好，但它们的散射厉害且有“水下模糊”的现象。尽管如此，0.48μm 以下的光谱波段（有时称为“海岸带”波段）越来越多地增加到了传感器中，如陆地卫星 8 OLI 和 WorldView-2。红色波段只能透射几米，但在许多水质应用中作为存在悬浮沉积物或藻类色素如叶绿素的一个指标可能特别重要。

可见光/近红外光谱范围之外的遥感系统也广泛用于水资源监测。热传感器特别适合这一应用领域，因为高且近乎均匀的热发射率能够可靠地计算水面的实际温度（见第 4 章）。在微波光谱段（见第 6 章），尽管被动微波辐射计也对土壤水分敏感，但雷达信号会受到水体表面粗糙度和无植被土壤上层的水分的影响。

8.7.1 水体数量及分布

（光学和雷达）遥感影像都很容易用来绘制水体的位置和空间范围，包括湖泊、池塘、河流和淹没的湿地。有了这些二维信息，就可利用雷达测高计或激光雷达得到第三维的信息（水位）。随着时间的推移，监测地表面积或水位可以指示水体因洪水或干旱引起的扩展或收缩，而结合使用这两种方法则可定量地测量水量的变化。

航空和航天影像在洪涝灾害评估方面的应用如图 8.10 到图 8.12 所示。这些影像可为联邦灾害救济金需求提供证明。必要时，保险公司可用它来辅助估算财产损失。

图 8.10 是使用卫星影像监测区域级洪水的例子。这是陆地卫星 TM（见第 5 章）近红外与中红外的合成影像，在这些波段，水体呈深黑色，与周围的植被对比明显。在图 8.10(a)中，密苏里河处于缓流状态，河宽约 500m；在图 8.10(b)中，我们看到正在发生一次大洪水，河宽约为 3000m，这就是著名的 1993 年洪水，这个洪灾可以说是百年一遇，对密苏里河和密西西比河沿岸的许多社区造成了毁灭性的影响。

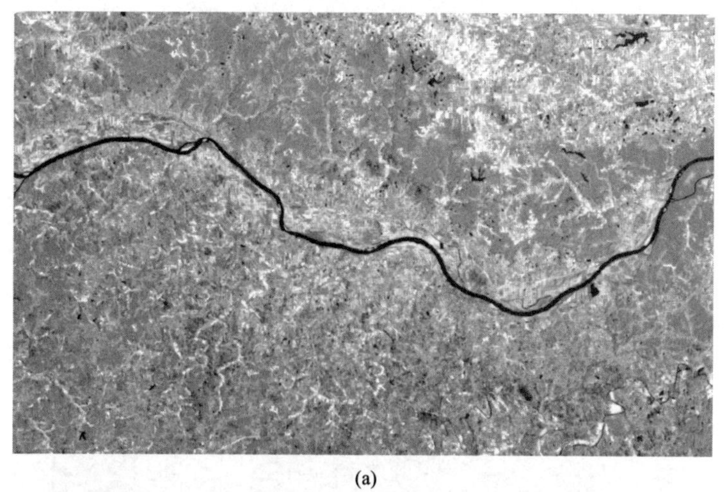

(a)

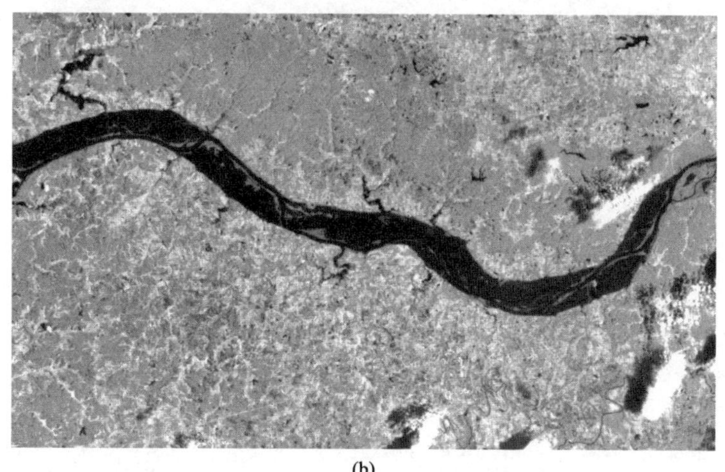

(b)

图 8.10　圣路易斯附近密苏里河的遥感影像（陆地卫星 TM 近红外和中红外波段的合成图像），比例尺为 1∶640000：(a)1988 年 7 月的正常流动情况；(b)1993 年 7 月发生的百年一遇的特大洪水（USGS 提供）

图 8.11 中的一对照片显示了碧卡托尼加河发生洪水时的情况与后果，该河蜿蜒流淌于威斯康星州的南部农田中。图 8.11(a)是在暴雨后的当天拍摄的，在这场暴雨中，碧卡托尼加河流域（包括上游 1800km^2 的范围）在 2.5 小时内的降雨量超过 150mm，造成河水上涨，并且很快漫过了河岸。在照片的中心区域，洪水深达 3m。图 8.11(b)显示了同一地点洪水过后三周的情况。洪涝区的土壤属排水良好至排水不好的粉砂冲积土壤，肥力和供水能力高。在图 8.25(b)中，最黑的土壤色调对应于排水差的区域，它在洪水过后的三周仍然很潮湿，而上述洪水区域的浅色调显示了大面积的庄稼损毁。

图 8.12 显示了合成孔径雷达（SAR，第 6 章）图像对中国鄱阳湖洪水泛滥的监测。鄱阳湖由大片湿地组成，它随洪水泛滥的程度发生很大的年内变化和年际变化。这片区域是候鸟（包括西伯利亚鹤）的重要栖息地。图 8.12(a)是在 2008 年 4 月由 Envisat 卫星上的 ASAR 雷达设备获取的，而图 8.12(b)是在 2014 年 5 月由 Sentinel-1A 获取的。洪水通常发生在厚云覆盖的时段，因此具有全天候能力的 SAR 图像对常规洪水监测来说是特别有用的数据源。

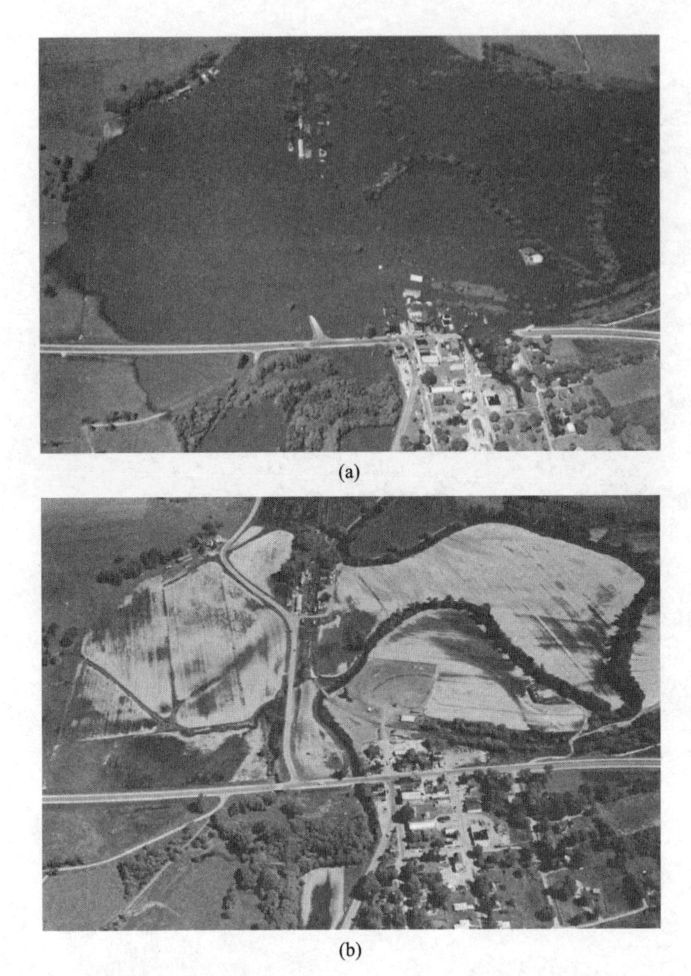

(a)

(b)

图 8.11 威斯康星格拉希厄特附近碧卡托尼加河的洪水及后果，全色和彩红外航空图像的黑白图片：(a)6 月 30 日侧视彩红外航空照片；(b)7 月 22 日侧视彩红外航空照片。航高为 1100m

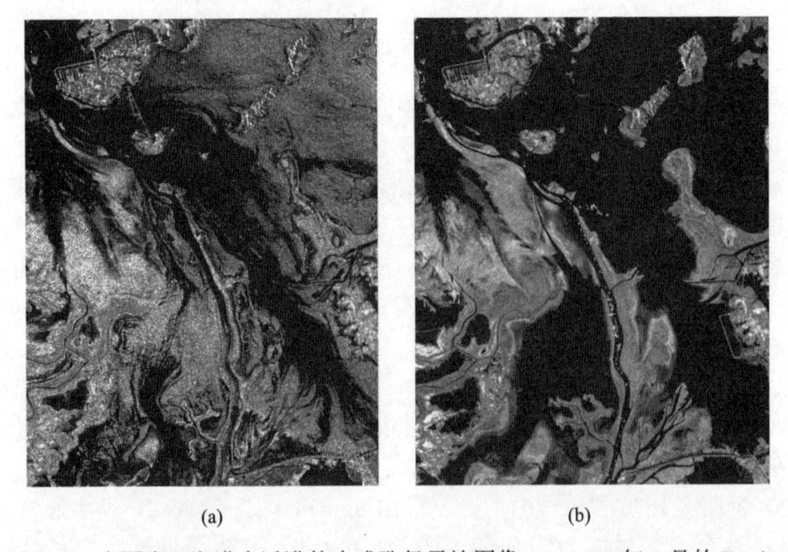

(a) (b)

图 8.12 中国鄱阳湖洪水泛滥的合成孔径雷达图像：(a)2008 年 4 月的 Envisat ASAR 图像；(b)2014 年 5 月的 Sentinel-1A 影像（ESA 提供）

图 8.13 到图 8.15 显示了多种遥感数据对南埃及大湖泊群的监测，该湖泊群的成因是尼罗河河水溢出了溢洪道，而修建溢洪道的目的是预防洪水淹没阿斯旺大坝。航天飞机上的宇航员在 1998 年首次发现了托斯卡湖泊群，该湖泊群的早期规模和形状一直在不断变化，后来随着上游水位的下降开始稳步缩小。尽管小湖泊已濒临干涸，但后来尼罗河的高水位使其得以重现。图 8.13 显示了这些湖泊相对于纳赛尔湖的位置，纳赛尔湖是由尼罗河上的阿斯旺大坝形成的。图 8.14 说明了从 1999 年 11 月开始的 2 年时间内，这些湖泊的大小和数量是如何增长的。6.25 节讨论了利用 ICESat GLAS 星载激光雷达数据测量湖泊的水位，图 6.67 中给出了例子，同样的方法适用于图 8.14(d)所示的最西边的托斯卡湖。最终，图 8.15 给出了完全基于遥感数据的数值模拟结果，它用于监测这些湖泊的体积随时间的变化。湖泊表面积使用在整个十年间间隔周期为 8 天的 MODIS（1998—1999 年的 AVHRR）测定。湖泊水位的测量使用 ICESat GLAS 激光雷达（按照图 6.67），或者使用 DEM（来自雷达干涉测量）和模拟得出没有 ICESat 数据的日期的水位。随后使用湖泊表面积和湖泊水位来计算体积。

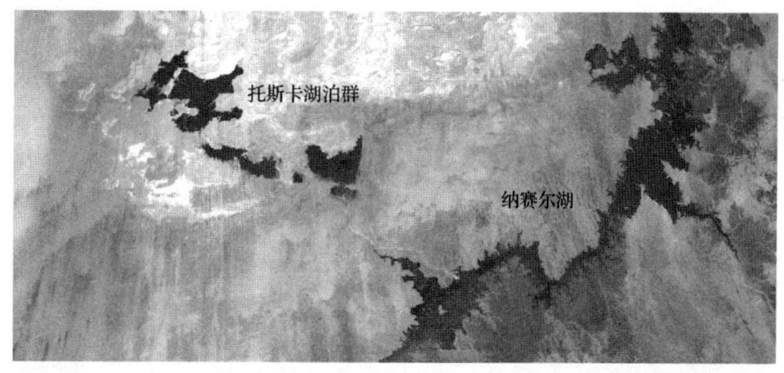

图 8.13　埃及南部新形成的托斯卡湖泊群的 MODIS 影像。比例尺约为 1∶4000000，2002 年 9 月 14 日

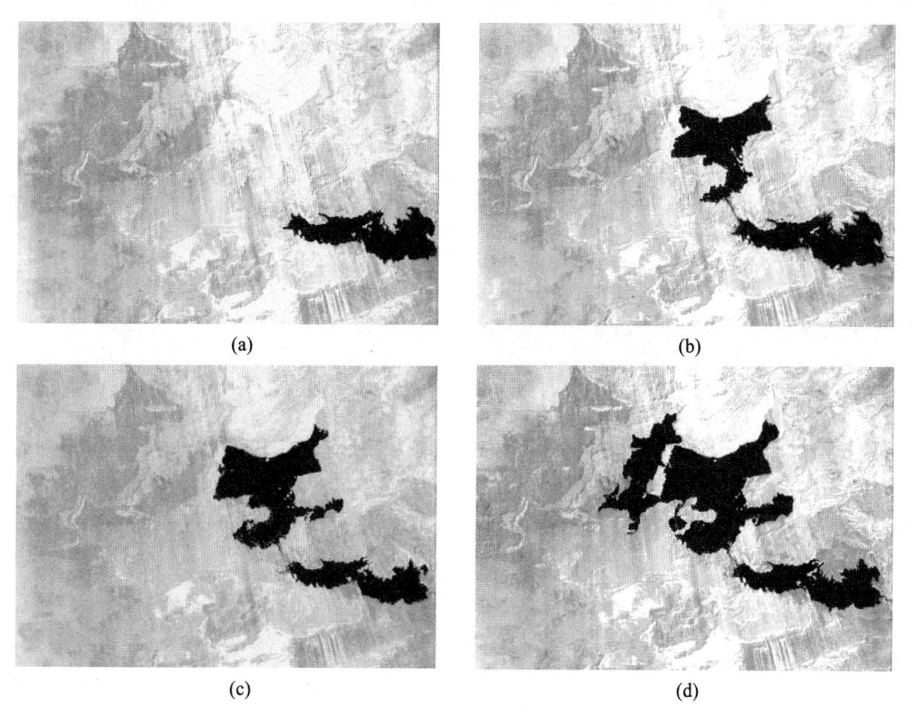

图 8.14　埃及南部新形成的托斯卡湖泊群的陆地卫星 7 ETM+影像。比例尺约为 1∶2200000：(a)1999 年 11 月 9 日；(b)2000 年 1 月 12 日；(c)2000 年 8 月 23 日；(d)2001 年 12 月 16 日

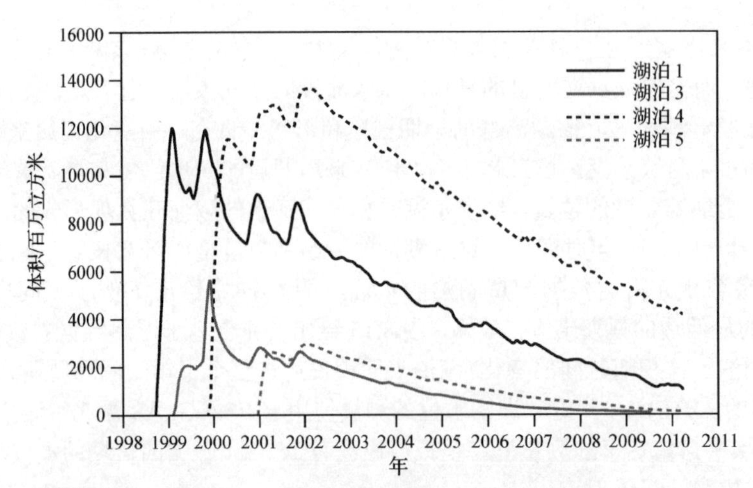

图 8.15 埃及托斯卡湖泊群中 4 个湖泊的体积随时间的变化。体积的计算基于 Terra 和 Aqua MODIS 的湖泊表面积，以及由 ICESat-GLAS 激光测高仪、基于 DEM 的盆地地形和数字模拟得出的湖泊水位

虽然这里的讨论重点是地表水水量和空间分布的遥感监测，但地下水监测对供水和污染控制分析很重要。地下水的地形和植被标志的识别以及地下水排放区（喷泉和渗透）位置的确定，有助于潜在地点的定位。为了从可能污染地下水供应的活动中保护这些区域，识别地下水补给区也很重要。彩图 25(c)显示了使用干涉雷达监测内华达州拉斯维加斯因抽取地下水造成的地面沉降。更广范围（区域到大洲尺度）地下水的变化可由地球的重力场推断出来，重力场则可由诸如 GRACE 的卫星数据衍生得出。尽管这些卫星的大地测量任务超出了本书的范围，但它们确实提供了在大空间尺度上监测水文变化的手段。

8.7.2 水质

所有的天然水都含有一些杂质，当杂质影响到水面的光学属性时，就称它们为发色剂。最重要的发色剂包括悬浮泥沙、叶绿素及其他藻类色素、有色溶解有机物或溶解有机碳。水体中还存在许多其他的杂质，这些杂质的来源、意义和影响差别很大。杂志是天然产生的，或者是人类污染的结果；它们可能对人类有害，也可能对人类无害；它们对水体的光学属性影响很大，这种影响也可能完全检测不到。人们建立了多种使用遥感数据来评估水质的视觉和自动化方法，因为水质的这些因素在光学上是活跃的（Chipman et al.，2009）。

当水体中的杂质含量达到无法供某种民用和/或工业应用时，就可认为水体已被污染。并非所有污染源都是人为活动的结果。自然污染源包括从土壤和腐化植物淋滤出来的矿物质。在处理水污染时，要考虑两类污染源：点源和非点源。点源是局部的，如工业排污口。非点源具有广阔且扩散的源区，如从农田流出的化肥和沉积物。

当下面的各类物质过量时，会造成水污染：①有机废弃物，源于生活污水和动植物的工业废弃物，它的分解会使水失去氧分；②传染媒介，来自生活污水和某种工业废弃物，它会传播疾病；③植物营养，它会促进水生植物如藻类和水草的生长；④有机合成化合物，如由工业技术带来的清洁剂和杀虫剂，它对水生植物有毒，可能对人类有潜在的危险；⑤无机化学制品和矿物质，来自矿业开采、生产过程、炼油厂和农业活动。它会干扰自然水流净化，毒害鱼类和水生生物，增加供水的难度，产生腐蚀作用并增大水处理成本；⑥沉积物，它会填充河流、水道、港口和水库，使水力发电和抽水设备产生磨损；覆盖鱼穴、鱼卵和鱼食，影响鱼类和贝类的数量和供应，增大水处理的成本；⑦放射性污染，源于放射性矿物采矿和选矿、使用炼制过的放射性物质及核试验的排出物；⑧温度升高，由热电厂和工业冷却水的使用及水库蓄水引起，对鱼类和水生环境产生有害影响，降低水对废弃物的吸收能力。

河流中的泥沙通常能在航空和航天影像上清楚地显示。图 8.16 显示了波河将泥沙淤积的水流排入亚得里亚海的情景。这里海水的反射率低，与图 1.9 所示“（清澈）水”的反射率相似。固体悬浮物的光谱响应模式与图 1.9 所示的“干裸土（灰褐色）”相似。悬浮物质的光谱响应模式与自然海水的不同，因此在影像上能区分出这两种物质。

图 8.16　泥沙淤积的波河将沉积物排入亚得里亚海的航天影像（大像幅相机拍摄）。比例尺为 1∶610000（NASA 和 ITEK Optical Systems 提供）

这种沉积扇的影响之一是，它们通常携带有养分（来自农业用地、城区或其他地表），而这些养分能改变湖泊或其他水体的营养状态（养分状态）。内陆湖泊的水质常用营养状态来描述。长满水草或者有害藻类过多的湖泊称为富营养（营养丰富）湖。水体清澈的湖泊称为贫营养（低养分、高氧）湖。湖泊老化的一般过程就是富营养作用。富营养作用是以地质时间计算的自然过程。但在人为活动的影响下，这一过程会大大加速，并且常常产生“被污染”的水。这种过程称为人文超营养作用，它与土地利用/土地覆盖密切相关。

什么是不可接受的水体富营养化程度，与做判断的人有关。大部分游乐者喜欢无太多大型植物（大水生植物）和藻类的洁净水体。游泳者、乘船者和滑水者相对喜欢没有水下大型植物的水体，而那些爱好鲈鱼和类似鱼种的人一般喜欢有一些大型植物的水体。蓝绿藻（或蓝细菌）的大量聚集会发出令大多数人受不了的味道，在“旺盛”期或藻类活跃生长后的一段时期更是如此。这些大量繁殖的蓝藻会释放各种各样的神经毒素或其他有害的化学物质，偶尔甚至导致动物和人类受到伤害或死亡。当蓝藻在饮用水体中大量繁殖时，水质净化将变得更具挑战性和更加昂贵。而不多的绿藻相比之下则不那么令人生厌。

图像解译和有选择性的野外观测是大型水生植物制图的有效技术。利用影像解译标志，可以完成大型植物群落的制图。通过图像密度测量技术等定量技术，可得到关于总生物量或植物密度的详细信息（见第 7 章）。

浮游藻类的聚集是湖泊营养状态的良好标志。在超营养情况下，会有过多的蓝绿藻类繁殖。从季节上看，蓝绿藻茂盛期发生在夏末的温水时期，而硅藻则发生在春季和秋季的凉水中。湖泊季节循环的任何时候都有绿藻的存在。因为大多数类型的藻类的光谱响应模式会有不同，所以可以通过航空和航天成像来区别。但是，蓝绿藻和绿藻的最高反射率的相应波长非常靠近，因此可以使用至少有几个波段在 0.45～0.60μm 范围内的多光谱或超光谱扫描仪来得到最佳效果（见第 4 章）。浮于水面或接近水面的藻华在近红外波段也有高反射率，如图 8.17 所示。这是一幅陆地卫星影像，显示了威斯康星州温尼贝戈湖中蓝藻的大量繁殖，温尼贝戈湖是威斯康星州中东部的一个宽而浅的湖泊。左边的一条河流在奥什科什市流入湖泊。河口处的一股水流与漂浮着蓝藻的湖泊本身的纹理外观形成了强烈对比。纹理的成因是风对浮藻的作用，长而窄的线性特征源自船只运动引发的波浪。彩图 33(b)是藻华卫星影像的另一个例子。

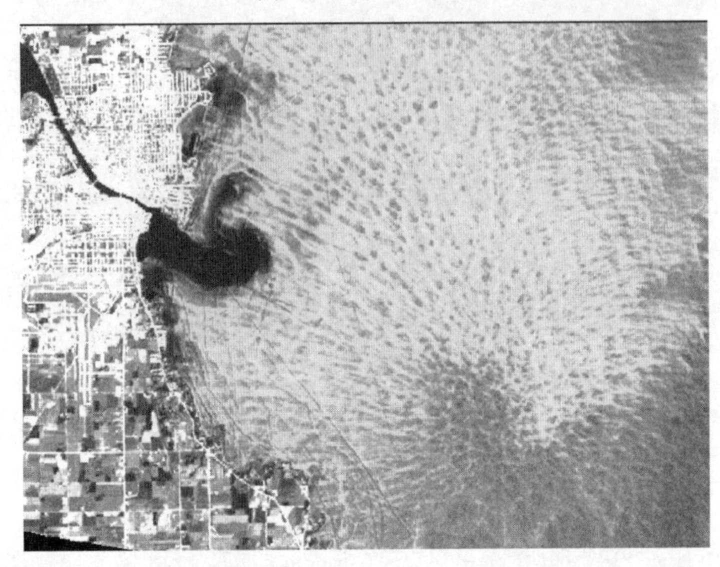

图 8.17　真彩色陆地卫星合成影像的灰度图像，图中所示为威斯康星州温尼贝戈湖的大面积藻华

通过遥感影像也可探测水面上形成的膜层物质，如油膜。油通过各种方式进入水体，包括自然泄漏、市政和工业废物排放、城市径流以及精炼厂和航行泄漏与事故。较厚的油层呈褐色或黑色，较薄的油彩和油彩虹具有银色光泽或彩色条带，但不具有明显的褐色或黑色。影像上水体和油膜层的主要反射差别出现在 0.30～0.45μm 的波谱上。因此，当影像系统对该波长敏感时就能获得最佳效果，但大部分多光谱系统并非如此。由于油膜对波的抑制作用，油膜也可利用成像雷达检测（见第 6 章）。因此，雷达影像已成为石油勘探过程的一部分，用于寻找近海地区的小规模自然渗漏，这些渗漏可能指示着附近有较大的油气储量。

8.8　冰雪应用

地表上存在至少在一年的部分时间内被雪、冰或冻土覆盖的许多地方，特别是在高纬度和/或高海拔地区。水以冰冻状态存在的区域称为冰冻圈。生活在这些地区的人们可以证明冰雪会以惊人的多样化形式出现——软的或硬的、平滑的或粗糙的、亮白色的或深黑色的。我们认为冰雪是冷的，但它们也有绝缘性。冰会像岩石一样坚硬，但在冰川深处的压力下，它能流动和移动，进而重塑陆地本身。本节首先简要回顾冰雪与电磁辐射的交互方式，然后考虑一些使用遥感数扭来研究冰雪分布和特征的方式。

第 1 章简要讨论了雪的光谱属性，图 5.16 和图 7.23 以及彩图 13 和彩图 38 就是这方面的例子。总体而言，雪在可见光波段具有高反射率，在部分中红外波段具有更强的吸收性。但是，它们的光谱效应模式会随密度、颗粒大小、液态水的含量和杂质的存在（如灰尘、烟尘和藻类）而变化很大。随着覆盖雪层的老化，总反射率（冰冻学家称为反照率）下降，部分原因是雪晶体自身的结构变化，部分原因是上述杂质的累积和集中。冰的光谱反射变化很大。冰的外观与冰面的粗糙度、年龄、厚度（对薄冰来说，取决于下表面反射属性）、是否存在气泡和很多其他因素有关。雪和冰往往作为镜面反射器，特别是表面光滑时；粗糙表面可能有更广的散射光。它们在热红外波段都有相对较高的发射率，干雪的发射率通常是0.85～0.90，粗糙冰的发射率通常是0.97～0.98。更可能的是，冰雪对雷达信号的反应比对可见光/红外波段的反应更复杂。部分原因是前述冰雪的存在形式和复杂结构，部分原因是它们的介电常数会随密度和是否存在液态水而发生急剧变化。尽管湿雪的介电常数受水的高介电常数（80）的强烈影响，但干雪的介电常数通常介于冰的介电常数（3.2）和空气的介电常数（1.0）之间，具体取决于密度。

遥感已广泛用于监测中高纬度的季节性雪覆盖。这样的数据对水资源管理（下游的供水由高海拔积雪提供）、洪水预测和模拟区域能量平衡很重要。积雪覆盖范围遥感通常使用粗分辨率光学传感器于大面积上完成，但特殊地点的研究可能使用更高分辨率的传感器。卫星衍生的积雪地图误差在森林覆盖区域通常最大，但这种可行性在更开阔的地区增大。被动微波系统也用于大洲或全球尺度的积雪制图。

陆冰，特别是山地冰川和大冰原，也是遥感研究的主题。通常结合使用历史航空照片（或历史卫星照片）和现代高分辨卫星影像来测量冰缘位置的长期变化，这种变化是冰川物质平衡研究的重要组成部分（冰缘前进或后退的速度受冰川正或负平衡的影响，这种平衡反过来可以指示冰川是否正在增加或减少）。利用多时相光学或雷达影像，使用要素跟踪算法可以测量冰川中的冰流速率，使用差分雷达干涉测量（见第6章）可以定量测量流量的变化率（Joughin et al.，2010）。利用激光雷达、雷达测高仪和雷达干涉测量，可以测量冰川或冰原的高度（厚度）变化（Rignot et al.，2008；Siegfried et al.，2011）。钻孔光学地层学使用放入冰川或冰原顶部钻孔内的数字摄影机测量冰的光学属性，并定量测量冰川或冰原中粒雪（部分固化的积雪）压成冰的速度（Hawley et al.，2011）。最后，如8.3节和图8.3所示的那样，航空或卫星影像上冰川地貌的识别，如冰碛、蛇形丘、冲积平原和其他要素，可以帮助科学家推断冰川景观的历史和过往气候。

图8.18显示了中非鲁文佐里山脉斯坦利峰（高度为5109m）上的高海拔热带冰川的模拟透视图。该例使用东北向的模拟视点将一幅WorldView-1全色影像（50 cm分辨率）覆盖在DEM上。除了斯坦利峰上的冰川本身，在背景中还可看到位于斯皮克峰上的其他小冰川。斯坦利峰沿乌干达（图8.18的右上部分）和刚果民主共和国（左下部分）的边境分布。鲁文佐里山（也称月亮山）原来包括40多个冰川，其中许多已在20世纪消失。科学家使用这幅影像和深入的现场调查来绘制冰川地貌，这种地貌指示了自晚更新世末次盛冰期以来，鲁文佐里冰川前进和后退的时间与地点，扩展了中非地区相对较少的古气候记录（Kelly et al.，2014）。

图8.18　鲁文佐里山脉斯坦利峰冰川的模拟透视图（原始WorldView-1影像由DigitalGlobe提供）

在空间范围上，世界上的许多冰不仅出现在路上，而且出现在北冰洋及其邻近水体和南极周边的南方海洋上。海冰在地球气候方面发挥着极其重要的作用，同时起着在夏季反射辐射、在冬季隔离冰下海洋与更冷大气的作用。海洋为北极野生动物提供了栖息地，如海豹、海象和北极熊，并且严重制约了高纬度地区的各种经济活动，包括航运（加拿大北极地区的西北通道或沿俄罗斯北极海岸的北海航线）和近海石油开发。如第 6 章所述，海冰的常规监测使用被动微波遥感（见图 6.58），也使用光学传感器和主动微波（雷达）系统。

8.9 城市和区域规划应用

城市和区域规划人员需要不断获取数据，以便制定政策和计划。规划机构的作用越来越复杂，业务范围也扩展到社会、经济和环境领域。因此，这些机构更需要有及时、准确和有效的空间信息来源。规划机构使用的许多信息在其他地方都有描述，如 8.2 节详细讨论的土地利用/土地覆盖数据，8.3 节和 8.15 节讨论的地质、土壤和地貌图。这里讨论遥感影像在城市和区域规划中提供有用信息的其他几种方式。

在发达国家中，人口统计数据可从国家统计局获得，但在许多欠发达国家中，这些统计数据通常很少，或者即使存在也已过时或不准确。人口估算可间接通过目视解译或人口与夜间光学传感器测量到的上行辐射（“夜间灯光”）之间的关系得到。对于街区范围的人口目视估算，传统上使用中到大比例尺航空照片或高分辨率影像来估算某个地区每种住房类型的居住单元数（一家居住、两家居住、多家居住），然后用居住单元数乘以每种住房类型的平均家庭人口。

美国国防气象卫星计划（DMSP）的线性扫描业务系统（OLS）和最新的索米 NPP VIIRS 设备（见第 5 章）的夜间灯光影像，已用来从太空监视地面的城市发展情况。这些设备非常敏感，能够检测到夜间可见光和近红外的低电平能量。这时，夜间图像显示的光源是城市、城镇、工业区、瓦斯爆炸、渔船队和火灾。图 5.30 显示了由 VIIRS 得到的夜间灯光合成影像。比较世界不同区域的数据时，必须要小心。地球上最亮的区域是城市化程度最高的区域，但不一定是人口最密集的区域。分析人员已建立统计模型来补偿人口、经济发展水平和夜间灯光强度之间关系的区域差异，夜间灯光数据也为跟踪全球城市化随时间的增长提供了有价值的数据源。

热力影像也可用来评估城市的热岛效应，城市热岛是指被硬路面、水泥和其他非植被表面覆盖的区域，这种区域的温度要高于周边未城市化的区域。城市热岛可能与下降的空气质量和其他健康危害因素相关，对贫穷街区的影响较大，因为这些街区中公园和其他形式具有降温作用的绿色空间较少。

图像解译有助于住房质量研究、交通和停车场研究以及选址研究。街区内的房屋特征可由在高分辨影像中观测到的特征推断出来，包括结构本身和周边环境。停放汽车的数量和停车密度可由高分辨率影像确定，而使用序列图像（或视频）可以计算出行驶中的车辆数量，并且估算出它们的平均速度。所有这些目视解译都可能被附近建筑的阴影遮挡，在特别密集的区域，街道网格可能被大型建筑的地形偏移部分遮挡。

选址过程需要为特定的建筑、设施、交通路线、公园和其他基础设施确定最优位置。这一过程通常需要使用广泛的社会、经济和环境因素的空间数据。这样的数据可从遥感源解译出来。GIS 的使用极大地方便了数据分析任务。

城市变化监测制图和分析可通过多时相航空和卫星影像解译进行，图 8.19 所示影像显示了 67 年间城市边缘地带的变化。1937 年的图像(a)表明该地区全部是农业用地；在 1955 年的图像(b)中，有一“带状”公路横跨该地区的上部，左下角的冰碛平原上已有一个砾石坑。

在 1968 年的图像(c)中，左上方开始了商业发展，右下方出现了大面积的独栋房屋。图像下方的中心建起了学校，砾石坑仍然存在。在 2004 年的影像(d)中，商业和独栋住房继续发展，左边出现了多家住房单元，砾石坑变成了公园。在图像(c)和图像(d)的拍摄年间，砾石坑在几年内都是垃圾场。

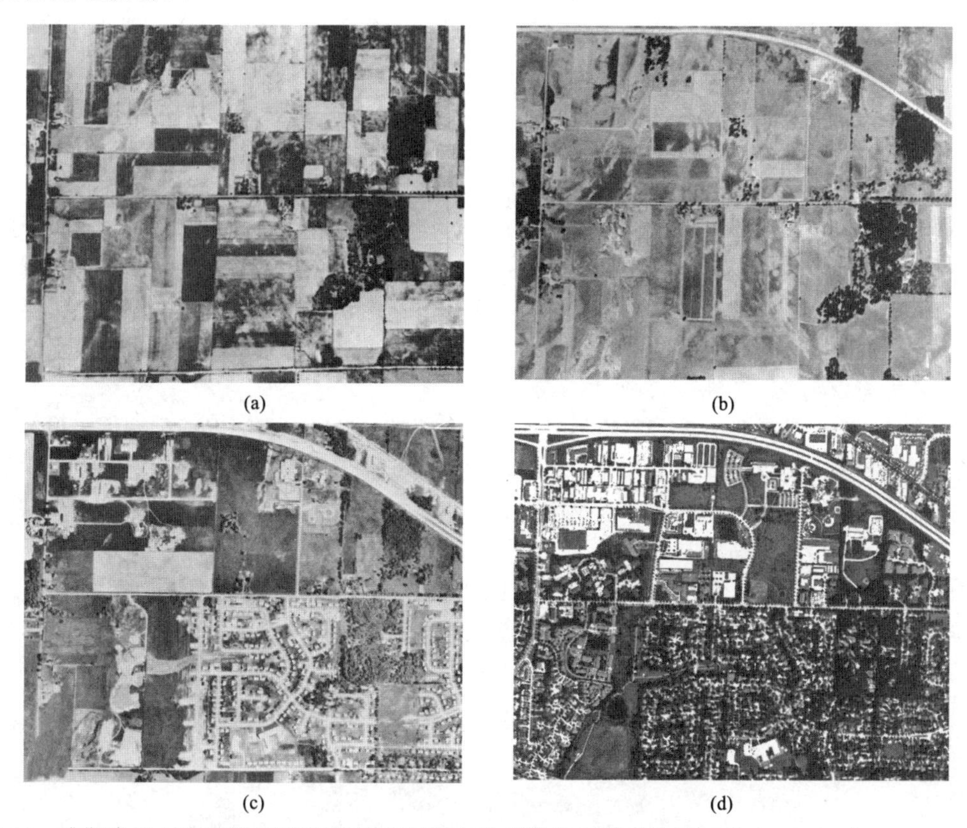

图 8.19　威斯康星州麦迪逊西南部的城市变化多时相航空图像（比例尺为 1∶35000）：(a)1937 年；(b)1955 年；(c)1968 年；(d)2008 年［图(a)～(c)由 USDA-ASCS 提供；图(d)由 DigitalGlobe 提供］

8.10　湿地制图

世界湿地系统的价值正日益受到人们的重视。湿地对健康环境的贡献是多方面的。它们在早期会保持水分，使潜水位保持在一定的高度并且相对稳定。在洪涝期，它们会减轻洪涝程度，拦截悬浮颗粒物和其他营养物质，使得通过湿地的水流比直接到达湖泊的水流所带的悬浮物更少。城市化或其他原因造成的湿地损失经常使湖水水质恶化。另外，湿地是野生动物重要的饮食、繁殖场所，也是水鸟的栖息和庇护地。与其他自然栖息地一样，湿地在维护种类多样性方面具有重要作用，它有着复杂而重要的食物链。湿地的科学价值是作为生物和植物学的史料记载，是研究生物关系和教学的场所。研究湿地是了解生物世界的捷径。人类对湿地的其他利用包括低强度的娱乐和美学享受。

随着对湿地兴趣的增加，人们开始重视对湿地生态系统的详查和监测。要进行湿地详查，必须制定一个能为使用者提供所需信息的分类体系。该体系应主要根据湿地的持久性特征来制定，这样详查就不会很快过期，但分类体系还要满足使用者对湿地的一些短暂特征信息的需求。另外，详查系统要提供湿地所特有特征的详细描述。如果用于各“湿地分布图”的湿地定义陈述不清，就不可能说清楚不同时期湿地地图上的湿地变化，因为无法了解这种变化是真正的湿地变化，还是由湿地的模糊定义引起的。

美国有4家主要机构参与湿地的识别和绘制：①美国环保局（EPA）；②陆军工程兵团（ACE）；③自然资源保护服务局（NRCS）；④鱼类和野生动物服务局（FWS）。1989年，这4家机构制定了联邦管辖区湿地识别和绘制手册（湿地绘制联邦机构委员会，1989），该手册是湿地识别和绘制的基础。人们在三个可用于识别湿地的基本要素上达成了共识：①水生植物；②水成土；③湿地水文学。水生植物定义为生长于水体、土壤或底层土中的大型植物，底层土是指由于水分含量过多而周期性缺氧的土层。水成土是指上层部分在生长季节处于饱和、被淹及沼泽化的时期很长，而产生厌氧情况（缺氧）的土壤。一般而言，水成土在土壤温度高出生物零度（5℃）时有一周或更长时间处于淹没、沼泽化或饱和状态，并且常常生长水生植物。湿地水文学是指永久或短期的泛滥情况，直到地表的土壤处于饱和水文条件，这种水文条件是湿地形成的动力。影响一个地区湿度的因素有许多，包括降水、地层、地貌、土壤渗透性和植被覆盖。所有湿地通常至少有一个季节水分充裕，水分来源可能是直接降水、流过河岸的洪水、降水或融雪产生的表面径流、地下水的排放或潮汐淹没。

可见光影像和红外波段影像（不管是彩红外影像还是多光谱影像）已成为湿地影像解译的首要来源。它向解译人员提供了湿地与非湿地环境之间的影像色调和颜色的强烈对比，且在红外影像上，潮湿土壤与水分较少土壤的光谱响应模式的对照更明显。带有中红外波段的多光谱遥感器在识别湿地土壤和植被方面非常有用。

图8.20和图8.21显示了湿地制图的例子。图8.20用于湿地植被制图，它是将原比例尺为1∶60000的彩红外航空照片放大5倍后形成的。湿地植被图（见图8.21）表明将该景图像上的植被分成了9类。在比例尺为1∶60000的原图上，最小制图单位是一些明显代表淡黄色芦苇和香蒲的标志，面积约为1/3公顷。大部分制图单位都比这一尺寸大很多。

图8.20　威斯康星州希博伊根沼泽彩红外航空影像的黑白版本。比例尺为1∶13000（从1∶60000放大了4.6倍）。影像上的网格标志源于相机焦平面上的网格（NASA提供）

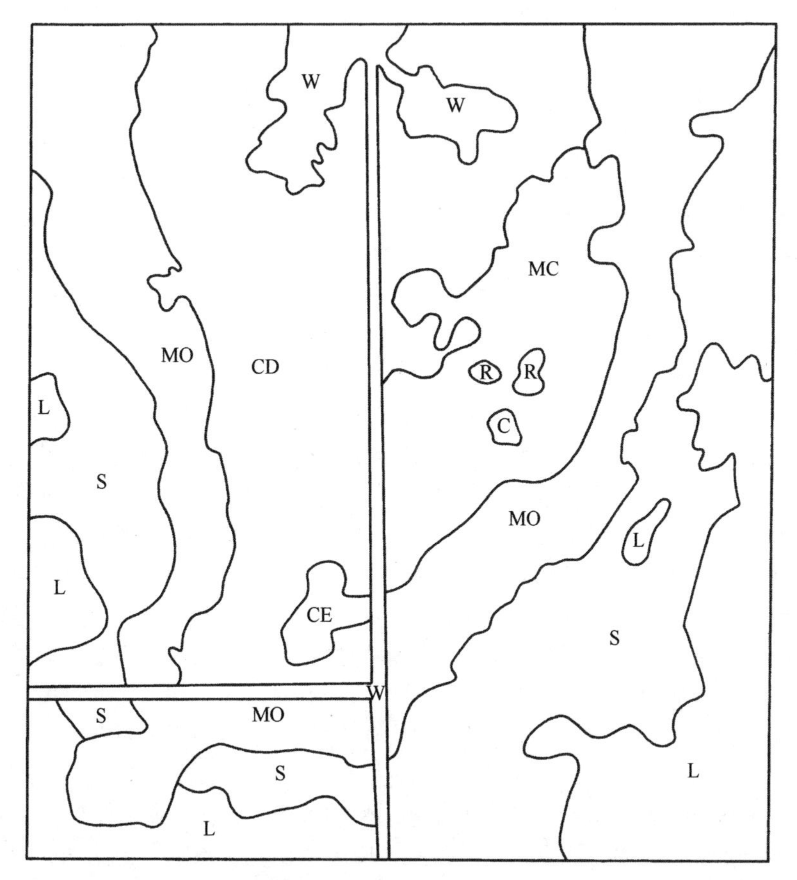

图 8.21　希博伊根沼泽的植被类型（比例尺为 1∶13000）。W，地表水；D，深水出露植物；E，浅水出露植物；C，香蒲（纯体群）；O，莎草和草；R，浅黄色芦苇（纯体群）；M，混合湿地植被；S，灌木丛；L，低地针叶林

彩图 33(a)是湿地制图的另一个例子，它显示了多时相数据融合在入侵物种方面的制图，例中的入侵物种是浅黄色芦苇。

美国鱼类和野生动物服务局（FWS）进行了一次全国湿地详查（NWI），这次详查为优选区域的湿地、河滨、深水和相关水生生物栖息地的状态、范围、特征与功能，提供了最新的地理空间参考信息，促进了人们对这些资源的了解和保护。NWI 的战略重点是如下三个目标：①战略性地更新美国正在经受巨大发展压力的地区的地图，并通过互联网将这些产品提供给公众；②在区域或本地尺度上分析湿地和其他水生生物栖息地的生态系统的变化与趋势；③分析和传播资源信息，进一步确认重要湿地和水生生物栖息地的威胁与风险，进而促进科学决策。地图和数字覆盖信息可从互联网上得到。

8.11　野生动物生态学应用

野生动物指生活在野外且未被驯化的动物。野生动物生态学研究的是野生动物及其生活环境之间的相互作用。与之有关的活动是**野生动物保护**和**野生动物管理**。本节重点讨论利用遥感进行栖息地制图、野生动物详查和动物运动研究。

野生动物栖息地为每种动物种群提供所需的气候、基质和植物组合。在栖息地中，某种动物所占的功能区称为它的小生境。在进化过程中，不同的动物种群已适应自然因素和植物的不同组合。每种动物的适应性会使它居住在某个特殊的栖息地而非其他地方。某块栖息地是否能维持动物的数量和种类，取决于与动物迁移有关的食物、庇护所、水量及其分布。确定某个地区的食物、庇护所和水体特征后，就可推出该地区是否有能力满足不同野生动物种类生境需求的一般结论。这些需求与许多自然因素有关，因此本章其他地方介绍的土地利用、土壤、森林、湿地水资源制图方面的影像解译与分析技术，也适用于野生动物栖息地的分析。与此密切相关的领域是景观生态学，它利用斑块、廊道、边界和其他概念要素来描述景观单元的空间格局特征。许多物种受到这些景观属性的影响，它们要么远离生态边界的“核心”区域，要么在分散的景观之间有一定程度的连通性。一般来说，人们会将解译后的栖息地特征加入以 GIS 为基础的模拟过程，以便模拟栖息地和各个种群数量与行为的关系。

野生动物普查可通过地面调查、航空观测或航空摄影来完成。地面调查取决于统计取样技术，这项工作通常很烦琐、费时，而且不准确。许多待取样野生动物区很难进入。航空观测指飞机在调查区飞行时，计算各个种群的数量。虽然这种调查方法费用低且相对较快，但存在许多问题。航空观测需要观测人员迅速判断动物数量、种类组成及不同年龄和性别的百分比。哺乳动物群或鸟群的数量可能很大，难以在短时间内准确计数。另外，低空飞行的飞机不可避免地会惊动野生动物，因此在计数前许多动物已躲藏起来了。

在许多情况下，垂直航空摄影是正确普查许多野生动物种群的最好方法。如果飞机未惊动哺乳动物或鸟类，就能在航空照片上准确计数。另外，种群内个体空间分布的一般模式很明显。航空照片提供的是一种永久性的记录，能观测多次。对照片的进一步研究可获得一次观测所不能得到的信息。

人们使用航空垂直摄影成功调查了多种哺乳动物和鸟类，包括驼鹿、大象、骆驼、鲸、麋鹿、绵羊、鹿、羚羊、海狮、海豹、驯鹿、海狸、鹅，鸭、火烈鸟、海鸥、蛎鹬和企鹅。航空垂直摄影不能用来调查所有的野生动物种群。野生动物调查需要有足够多的动物个体，这样才能在图像上显示出来。同样，只有那些在白天经常出现于开阔地区的物种才能在光学影像上计算出来（热传感可用来探测夜间出现于开阔地带的大型动物）。

图 8.22 显示了一群白鲸（小白鲸），它们为了繁殖而聚集在北极的河口环境下。在所示比例尺的照片上可以算出白鲸的数量和特征，测量它们的长度。图 8.22 翻拍自全幅大小为 230mm×230mm 的航空照片，整幅图上共有 1600 条白鲸。在比例尺为 1∶2000 的原图上，可测量出成年鲸的平均长度为 4m，幼鲸的平均长度为 2m。可以看许多成年鲸和幼鲸待在一起，这在放大图像上［见图 8.22(b)］更明显。在图 8.22(b)的左下角和右下角可以看到由 8 条和 6 条雄鲸组成的“单身群”。

在野生动物生态学中，确定动物个体或群体随时间的移动通常很重要。使用最新开发的图像匹配技术来重复识别动物个体，遥感可以直接用于这一过程。对不同地点和不同时间拍摄的动物照片进行数字比较，可确定包含相同个体的影像对。这些方法对有明显个性图案的动物来说效果很好，这些图像具有很强的对比度，如长颈鹿、角马和其他动物。图 8.23 所示是两张关于一头雌角马的照片，间隔一年时间，分别摄于坦桑尼亚北部的两个不同地点（彩图 32 所示的就是这个区域）。角马因脖子上有明显的浅黑色条纹图案而出名。这些标志图案已在图 8.23 中用方框标注，它可用在图像匹配程序中，以与原有个体照片库比对。在该例中，2006 年 6 月于塔兰吉雷国家公园外西蒙吉罗平原拍摄的照片中确定的特定动物，重新出现在 2007 年 6 月的坦桑尼亚北部平原照片中。

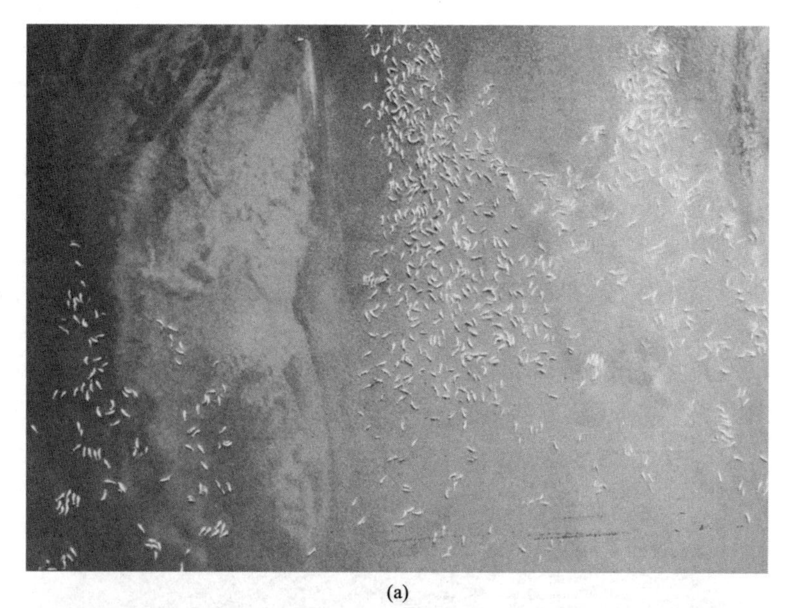

(a)

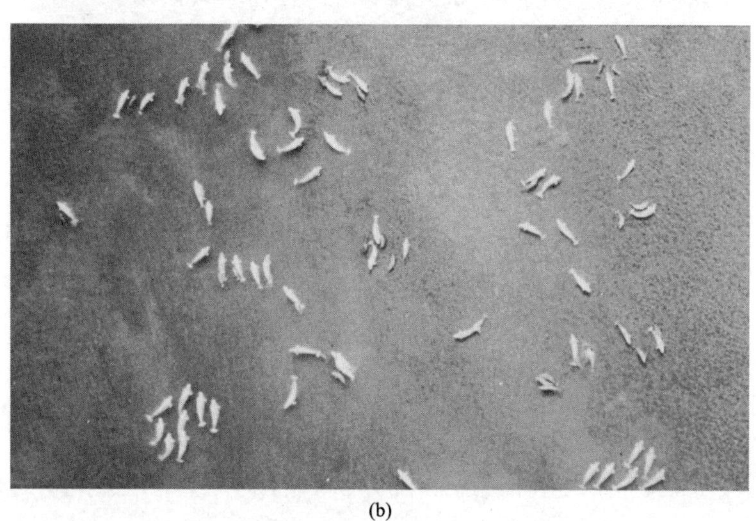

(b)

图 8.22　大白鲸群，加拿大北部萨默塞岛坎宁安湾（柯达防水彩色片图像的黑白复制品，SO-224）：(a)比例尺为 1∶2400；(b)比例尺为 1∶800。图(b)是图(a)左下角放大 3 倍后的图像

(a)　　(b)

图 8.23　坦桑尼亚一头角马的两张照片的自动匹配。图(a)摄于 2006 年 6 月的西蒙吉罗平原；图(b)摄于 2007 年 6 月的北部平原（Thomas Morrison 供图）

野生动物生态学家通常使用GPS跟踪来完整地记录动物的运动行为。在有些情况下，数据存储在与GPS设备放在一起的设备中以备后用，而在另一些情况下，数据通过卫星传输以便实时跟踪。不管属于哪种情况，GPS跟踪数据都可叠加到遥感影像上，以便评估动物在景观中的运动方式、动物寻找或避开的土地覆盖类型，以及动物运动行为的其他方面。图8.24显示了南部非洲一头带有GPS项圈的长颈鹿的运动地图，它在6个月的时间内横穿了整个景观区域，其中的每个点代表一个传送位置。图像中间的南北向点线表示纳米比亚（左）和博茨瓦纳（右）两个国家的边境线。带有项圈的长颈鹿在短暂穿越博茨瓦纳前，沿围栏线走了很长一段距离，运动路线先是向东的大环（运动非常快，因为图中所示点之间的间隔很大），然后转向西南方向，最后回到了纳米比亚。在6个月中，遥感影像（图8.24的背景）监测和GPS跟踪让野生动物生态学家形成和检验了关于动物个体所用土地覆盖、植物群落、土壤状况和其他景观要素的假设。

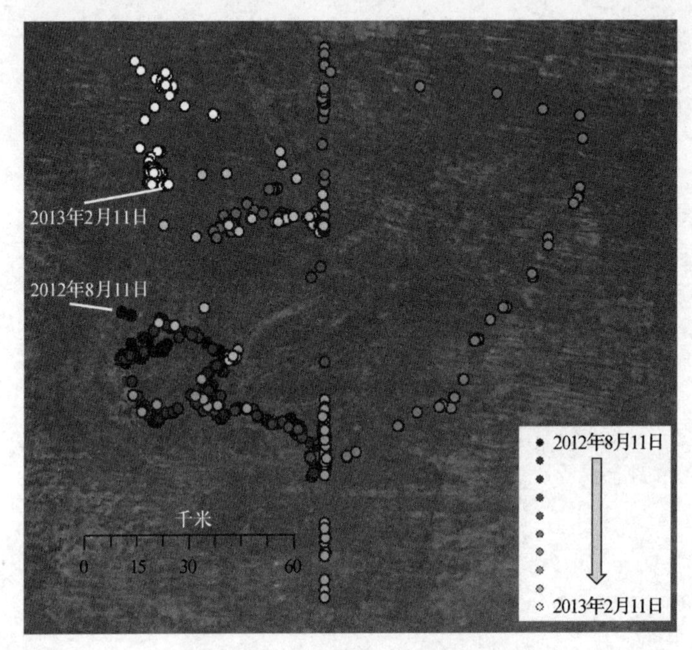

图8.24 纳米比亚和博茨瓦纳带有GPS项圈的长颈鹿的卫星跟踪

8.12 考古学应用

考古学是通过挖掘和分析人类遗迹，科学分析历史上的人类或史前人类的科学。最早的考古学调查与早期社会的古迹有关。这些古迹通常是通过历史记载发现的。图像目视解译已被证明对于寻找这些已被历史遗忘的遗迹特别有用。利用图像解译能探测到考古学家所感兴趣的地表和地下特征。

地表特征包括可见的废墟、石堆、石柱以及各种其他地面标志，小到象形文字，大到各种图案，如秘鲁的古纳斯卡地画。这些线条（图8.25中显示了其中的一部分）估计是在1300～2200年前建成的，覆盖面积为500km^2。人们发现了许多几何图形，包括长约8km的窄直线条。它们是在清除许多岩石后露出的浅色调下层地面形成的。被清除的岩石堆在“线条”的外围。尽管先前可从地面上观察到这种标记，但20世纪20年代首次从空中发现它后，才引起人们的关注。至于它们的修建原因，虽然人们提出了许多假设，但专家之间并未形成共识。

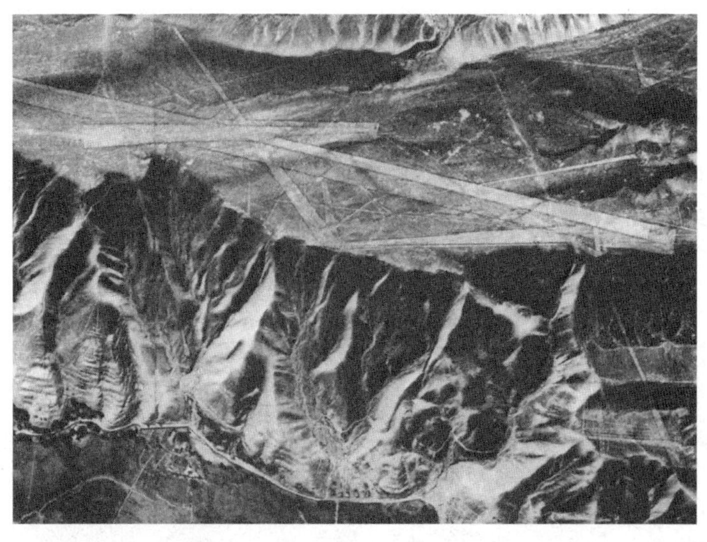

图 8.25　秘鲁古纳斯卡线条的垂直镶嵌图（据 Kosok，1965。长岛大学出版社）

地下考古特征包括埋没的建筑废墟、沟渠、运河和道路。当这些特征被农田和当地植被覆盖时，土壤湿度或作物生长的细微差别会产生色调异常，因此可能会在航空或卫星影像表现出来。有时，这些特征会因霜冻模式的明显差别而显露出来。

人们利用 35mm 的航空照片，在法国北部发现了 1000 多个罗马建筑遗址。这些建筑毁于公元 3 世纪，但它们的地基在土壤中得到了保留。在图 8.26 中，因为作物的生长不同，我们能看到建筑的基石。图中所示地区近来已由牧场变为耕地。在开始转变的年份，农民在田地上不施肥或只施一点肥。由于缺少肥力且在图像拍摄前出现过干旱现象，长在地基上的谷物呈浅色调。在其他田地，作物呈暗色调。（最明显位置的）主建筑的面积为 95m×60m。

图 8.26　法国北部谷物田地的 35mm 侧视航空图像。作物生长的不同揭示了罗马建筑的地基（照片由 R. Agache 提供，经不列颠考古学协会许可后重新绘制）

考古遥感的最大进展之一是，利用成像雷达和/或机载激光雷达进行遗址的高分辨率制图，包括隐藏在森林冠层之下的部分。图 8.27 显示了卡拉科尔玛雅城市遗址的阴影地形图，该地位于伯利兹南部。该遗址的面积超过了 $200km^2$，包括大量用于居住、行政和宗教目的建筑，以及梯田、堤道和地下室（Chase et al.，2012）。这种高度发达且空间上完整的景观，预示着古代的卡拉科尔承载了大量人口（Fletcher 2009；Chase et al.，2012）。由机载激光雷达数据衍生的这种阴影地形图，首次允许人们在空间上连续绘制这座长期隐藏在树下的巨大农业都市。随着激光雷达（干涉雷达）在考古学领域的应用越来越广泛，研究人员不仅发现和确定了以前未知或“遗失”的遗址，而且更好地了解了此前各个孤立遗址间的空间关系。

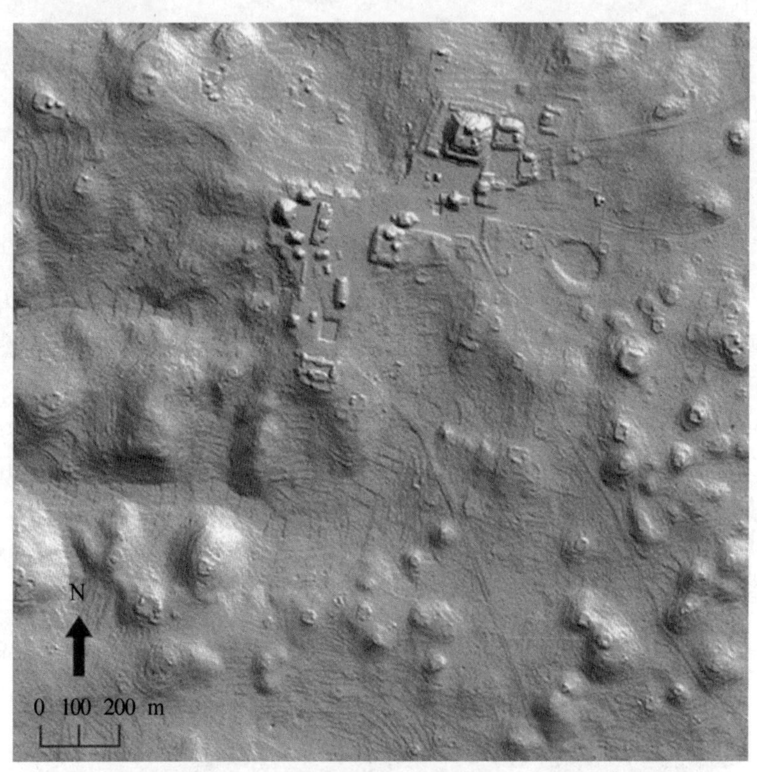

图 8.27 从激光雷达数据集得到的阴影地形图，图中显示了伯利兹南部卡拉科尔的多个考古遗址（A. F. Chase 和美国国家科学院提供，经允许使用）

8.13 环境评价与保护

许多人类活动通常会产生不良的环境影响，包括：高速公路、铁路、管道、机场、工厂、发电厂和输电线的建设与运行；区域划分和商业发展；垃圾堆积和有害废弃物的处理；木材砍伐和露天矿开采。

1969 年，美国国家环境政策法案（NEPA）将创建和维持人类与周围环境的协调，使环境退化最小作为国家法规。该法案要求任何对环境有重要影响的联邦行为都要准备环境影响报告。在环境影响报告书中，用于评价的主要项目有：①议案的环境影响；②活动实施时，所带来的不可避免的任何不良环境影响；③可供选择的议案；④环境的局部短期利用和长期生产力的维持、改善之间的关系；⑤议案实施时，所投入的任何不可逆和不可再生资源。由于

NEPA 的通过，许多州也通过了以环境评价为主要内容的法律。

环境评价至少要涉及对地形、地质、土壤、文化、植被、野生动物、流域和空域情况的全面调查。这种评价通常要动用来自许多领域的专家，如土木工程、森林学、景观建筑学、土地规划、地理学、地质学、地震学、土壤工程、土壤学、植物学、生态学、动物学、水文学、水化学、水生生态学、环境工程、气象学、空气化学和空气污染工程。利用本书中提出的许多遥感和图像解译技术，可辅助开展这种评价。总之，遥感在环境监测和评价中的应用范围几乎没有限制，包括环境影响评价、应急响应规划、垃圾掩埋监测、减灾等。

事实上，实时成像在响应危险物质泄漏方面很有成效。利用此类影像可以确定泄漏、植物危害、水污染的范围和位置。另一方面，常用过去的图像对垃圾场进行透彻的位置分析，并在必要时补充当前的影像。这些分析包括：描述地表排水情况的时间变化特征；识别垃圾填埋场、废弃物处理池与潟湖的位置，以及它们后来被掩埋与废弃的情况；发现和辨别装有废弃物质的桶，或者检查化粪池失败的标志。在水生生物领域，跟踪沉积物、有害藻华和水质下降的其他内容已在8.7 节中介绍过。8.7 节和第 6 章（使用成像雷达）还讨论了水上浮油扩散的监测。在 2010 年墨西哥湾石油泄漏事件中，为了跟踪浮油的运动并评估对其海岸生态系统的影响，人们以各种不同的形式广泛地使用了遥感。

图 8.28 显示了火车脱轨造成的氯气泄漏事故。事故发生时，需要立即评估下风方向氯气对人体的影响和其他潜在影响。条件允许时，使用遥感影像和各种形式的 GIS 数据，并结合辅助信息（如风速和风向），可制定事故地点周边的应急疏散预案。在图 8.28 所示的例子中，最初的 GIS 和遥感对于事件的立即响应非常有用，对泄漏地点的长期监测也很重要。

图 8.28　蒙大拿州艾伯顿附近因火车脱轨造成的氯气泄漏的低空倾斜航空照片（RMP Systems 提供）

图 8.29 显示了威斯康星州沃特敦轮胎回收厂因火灾导致的大量烟流，回收厂的轮胎估计有上百万个。烟流往东南方向扩散了 150km，穿过密尔沃基到达密歇根湖中心的上空，这在陆地卫星和 MODIS 影像中都有显示（见 7.6 节和图 7.27）。

图 8.29 威斯康星州沃特敦轮胎回收厂因火灾导致的大量烟流：(a)朝南倾斜的航空照片（Mike DeVries/The Capital Times 提供）；(b)陆地卫星专题制图仪影像（北向朝上）。比例尺为 1∶97000，图(a)和图(b)是同天但不同时的影像

8.14 自然灾害评价

各种形式的自然和人为灾害会造成人员死亡、财产损失，并破坏自然要素。各种各样的遥感系统可用来检测、监测和响应灾害，也可用于评估灾害的脆弱性。这里讨论野火、风暴、洪水、火山爆发、灰埃和烟雾、地震、海啸、海岸侵蚀和滑坡。美国航空航天局（NASA）、美国国家海洋大气局（NOAA）和美国地质调查局（USGS）维护有针对自然灾害的网站。例如，USGS 自然灾害网站就提供了关于地震、台风、海啸、洪水、滑坡、火山和野火的信息。

本节大量引用了第 5 章和第 6 章提到的各种卫星，包括 DMC、IKONOS、Landsat、MODIS、QuickBird、Radarsat、SeaWiFS 和 SPOT。关于这些卫星的详细信息，请参看相关的章节。

由阿尔及利亚、尼日利亚、土耳其、英国和中国组成的国家联盟——国际灾害监测星座（DMC），运行了一个由体积小、成本低的卫星组成的新型协调星座，该星座具有每天成像的能力。这些小卫星可产生大面积（条带宽度达到 600km）的影像，其三个光谱波段（绿色、蓝色和近红外）的地面采样距离（见第 5 章）为 22～32m，7 个光谱段包含了高分辨率全色影像。到 2014 年末，共有 5 颗 DMC 卫星运行，4 颗已经退役，另外 3 颗不久后将发射。自成立以来，DMC 已为印度洋海啸（2004）、中国汶川地震（2008）和日本东北地震与海啸（2011）的灾害响应作出了贡献。DMC 为许多民用和商业应用提供影像。例如，联合国使用 DMC 影像来为苏丹达尔富尔地区流离失所的人们选择和绘制安置营地。类似地，这样的影像已在阿尔及利亚用来跟踪蝗虫滋生地并估算人口规模。

8.14.1 野火

在世界上的许多地方，野火是一种严重并不断扩大的危害。它们会对生命和财产造成严重危害，特别是火灾出现在人口密集的区域时。野火是一种自然过程，压制它们会造成更大的危害。在许多地方，压制野火还会打断植物的自然演替和森林大火习性。图 8.30 是一张于 2012 年 7 月 10 日获取的 MODIS 图像，图中所示的是西伯利亚东北部雅库特地区的野火。此时燃烧面积已达 25000 公顷以上，截至夏末，俄罗斯已记录到有史以来最严重的火灾季节。火灾的烟流横跨太平洋，使得北美地区西部的空气质量严重下降。

图 8.30 2012 年 7 月 10 日西伯利亚野火的 MODIS 影像。比例尺为 1∶3150000（NASA 提供）

8.14.2 强风暴

强风暴的形式有多种，包括龙卷风和飓风。龙卷风通常是直径达数百米的漏斗状气旋，旋转速度达 500km/h。在中纬度地区的春季和夏季，龙卷风经常与雷雨一起发生。气旋是一种气团中心呈低压且内循环非常快的大气系统，常伴有暴雨天气，具有很大的破坏性。气旋在北半球逆时针方向旋转，而在南半球顺时针方向旋转。飓风是一种生成于大西洋或加勒比海同纬度地区的热带气旋。台风是生成于西太平洋或印度洋的热带气旋。

龙卷风的强度通常通过分析其对结构的损害及产生这种破坏所需的关联风速来估计。龙卷风的强度通常使用**藤田分级**或 **F 分级**（见表 8.5）来确定。尽管只有很少（约 2%）的龙卷风达到 F4 和 F5 级，但它们却造成了 65%的死亡。

表 8.5 龙卷风强度的藤田分级（F 分级）

F 分 级	风速（km/h）	典型破坏程度	描 述
F0	<117	轻度	对烟囱有一些破坏；树枝从树上掉落；根浅的树被拔起；标牌损坏
F1	117～180	中等	屋顶表面剥落；活动房屋屋基被毁或被吹翻；行驶中的汽车被吹离道路
F2	181～251	相当大	屋顶被吹离房屋框架；活动房屋被吹翻；货车被吹翻；大树被折断或连根拔起；轻物体被刮飞；汽车被掀离路面
F3	252～330	严重	结构良好房屋的屋顶和一些墙面被吹倒；火车倾覆；森林中大部分树木被连根拔起；重型汽车被从地上掀起并抛下
F4	331～416	毁灭性	结构良好房屋被夷为平地；地基薄弱的结构被吹离一定距离；汽车被吹到空中，大型物体被刮飞
F5	>416	难以置信	强大的框架房屋被夷为平地；汽车大小的物体在空中 100m 以上的高度飞行；树木被剥皮

来源：NOAA。

彩图 37 是一张大比例尺数字相机图像，显示了袭击堪萨斯州海斯维尔的 F4 级龙卷风过后的景象。该龙卷风造成了 6 人死亡、150 人受伤和 1.4 亿美元的财产损失。

彩图 31 是袭击威斯康星州伯内特县的 F3 级龙卷风造成破坏前后的陆地卫星 7 影像。该龙卷风造成了 3 人死亡、8 人重伤、180 间房屋和商业设施完全毁坏，此外，还有 200 多间其他房屋和商业设施受损。图 8.31 是一张大比例尺航空照片，显示的是被龙卷风摧毁的树木的情景。图 6.33 是威斯康星州北部森林覆盖区域的雷达影像，也显示了龙卷风损害的情况。

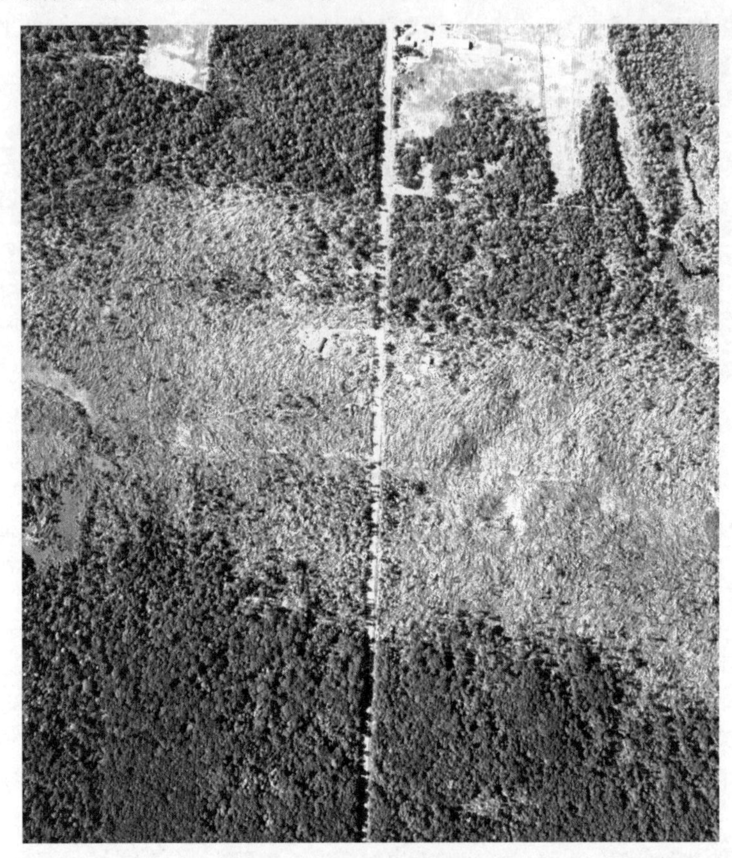

图 8.31　2001 年 6 月 18 日威斯康星州伯内特县的航空照片，显示了 F3 级龙卷风摧毁树木的景象。比例尺为 1∶8100（伯内特县土地信息办公室、威斯康星大学麦迪逊分校环境遥感中心和 NASA 区域地球科学应用中心项目提供）

飓风强度通常使用萨菲尔–辛普森飓风分级来衡量，该分级将飓风强度分为 1～5 级，以估计潜在的财产损失和飓风登陆沿海地区的洪水。最强的飓风是 5 级飓风，风速大于 249km/h。5 级飓风会在正常海面导致 5.5m（随着海底地形的不同，该值变化很大）以上的风暴潮，造成许多住宅的屋顶受损和一些建筑完全损毁。许多灌木、树木和标志牌被吹倒。严重时会损毁门窗，甚至使活动房屋完全损坏。通常而言，飓风的主要破坏对象是高于海平面 5m 以下和离海岸线 500m 以内的低层建筑。20 世纪 40 年代以前，许多飓风未被人们发现，但现在每个飓风都会被卫星影像发现和跟踪。记住，飓风这一术语特指大西洋和东北太平洋的大型热带风暴；西北太平洋同等规模的风暴称为台风，南太平洋和印度洋的风暴则称为气旋。

图 8.32 显示了 2013 年 11 月 7 日到达菲律宾的台风“海燕“。“海燕”（在菲律宾称为“约兰达”）在西太平洋和东南亚施虐，是有记录以来的最强台风。在影像获取前不久，“海燕”的持续风速达 280km/h。风暴在菲律宾登陆时造成 6000 多人死亡，其他国家的损失更大。

图 8.32　2013 年 11 月 7 日台风“海燕”到达菲律宾时的 MODIS 影像（NASA 提供）

8.14.3　洪水

一方面，漫过堤岸的洪水给农田带来了上层土壤和养分，也给世界上的其他贫瘠地区带来了生命，如尼罗河河谷。另一方面，与龙卷风或飓风相比，山洪爆发和大型洪水事件造成了更大的人员死亡和财产损失。

本书的其他地方给出了很多洪水的例子，如 8.7 节和第 6 章。

8.14.4　火山爆发

火山爆发是地球上最剧烈的变化因素之一。火山爆发常迫使住在火山附近的人们流离失所。在过去的 300 年间，火山活动已造成 250000 人死亡，城市和森林遭到破坏，重创了当地经济。对住在火山附近的人们来说，最主要的危害就是火山，原因如下：①火山喷发形成的热灰、灰埃和烟雾会掩埋大面积的景观；②火山口喷出的熔岩会在森林和城镇引发大火，熔岩流会摧毁其流经地区的任何东西；③大雨或快速融化的山顶积雪会引发火山泥流，它们会流经数英里，破坏道路和村庄；④大量火山灰和气体喷入空中，对气候造成影响，有时甚至会在全球尺度上对气候造成影响（根据 USGS 和 NASA 自然灾害网站）。

彩图 26 显示了中非地区的火山地形。在尼亚穆拉吉拉火山的斜坡上，可以看到大量熔岩流，这种地形占据了图像的下半部分。尼亚穆拉吉拉火山的右上角是尼拉贡戈火山，该火山 2002 年爆发时，对位于基伍湖岸边的城市戈马及周边地区造成了人员死亡和巨大的财产损失，这在彩图 26 的右边缘可以看到。

彩图 38 是陆地卫星 8 的一幅 OLI 影像，显示了 2014 年 9 月 6 日冰岛巴达本加附近火山喷发的情形。彩图 38(a)放大显示了位于巴达本加火山（裂隙南侧，是瓦特纳冰盖下的大型成层火山）与北侧阿恰斯火山口间的主裂隙的周边地区。这幅图像是陆地卫星 OLI 波段 3（对光的绿色波长敏感）、波段 5（近红外）和波段 7（中红外）的合成图像，这些波段分别显示为蓝色、绿色和红色。由于在绿色波段释放很少的能量，而在中红外波段释放大量的能量，岩浆在彩图 38 上看起来呈红色到橙色［注意，彩图 5(b)所示的熔岩流是使用彩红外胶卷拍摄的］。可以看到来自裂隙的烟流被吹向了下风方向（东向）。在彩图 38(a)的左下角，瓦特纳冰盖的末端因在低海拔地区缺少新鲜积雪，看起来相对较暗。

彩图 38(b)显示了这次火山爆发的更大范围，它与彩图 38(a)来自同一幅陆地卫星 OLI 影像。彩图 38(b)中心更大、更亮的青色物体是瓦特纳冰盖，它是欧洲最大的冰盖。这个冰盖的大部分已被新积雪覆盖，但周围的低海拔区域由于存在裸冰而看起来更暗。左边半透明且斑驳的白色图案是云层覆盖区域。彩图 38(b)北部的景观，包括活动裂隙的周边区域，由基本上无人居住的贫瘠熔岩沙漠组成。离海岸较近的绿色表明有更多的植被，因为植被在近红外波段具有较高的反射率。

如第 6 章所述，差分雷达干涉测量可以检测地形的大尺度变化，包括与火山下岩浆运动相关的变化［见彩图 25(b)］。

8.14.5 灰埃和烟雾

悬浮微粒是悬浮在空气中的小颗粒物。有些悬浮微粒由火山爆发、尘暴以及森林和草地火灾等自然灾害产生，有些悬浮微粒则由人类活动产生，如燃烧化石燃料、耕种活动等。许多人类活动产生的悬浮微粒小到可被人们吸入，因此在工业中心的周边或下风方向数百千米的范围内，悬浮微粒都会危害人们的健康。此外，浓尘或烟流会严重影响可见度，进而危害空中或地面交通。在彩图 38 和图 7.27、图 8.29 中，都可以看到烟流。

全球许多干旱地区都可以观测到扬尘。它们的范围很大，可以穿越很长的距离。譬如使用卫星影像发现，源于非洲西海岸附近的扬尘已到达南美洲的东海岸。

8.14.6 地震

地震发生在世界上的许多地方，会造成相当大的财产损失和人员伤亡。大部分自然发生的地震与地球的构造性质相关。地球的岩石圈是由地幔和地核的热力作用导致的缓慢运动的拼凑板块。板块边界会相对滑动而产生摩擦应力。应力超过临界值时会出现突然的滑动，进而导致地震。一个板块向另一个板块俯冲也会产生压力，这种压力会以地震的方式释放。地震的严重程度可用震级或烈度来描述。震级测量的是震源释放的能量，它通常使用对数形式的*里氏震级*来衡量。表 8.6 给出了用里氏震级来衡量的各种规模的地震的影响。烈度通常使用*麦加利地震烈度*来衡量，它衡量的是某个位置由地震造成的晃动强度，是根据地震对人、人工结构和自然环境的影响来确定的。

表 8.6　地震的里氏震级

分　类	里氏震级	地震的影响
微型	3.0 以下	通常没有感觉，但可以被记录到
小型	3.0～3.9	通常有感觉，但几乎不会造成破坏
轻度	4.0～4.9	室内物体有明显晃动，有拍击噪声，不大可能有重大损失
中等	5.0～5.9	对结构不好的建筑物有一些破坏。对结构良好的建筑至多有一些轻微的破坏
强	6.0～6.9	在横跨 100km 的人口密集区域造成破坏
大	7.0～7.9	在大面积区域内造成严重破坏
巨大	8.0～8.9	在横跨数百千米的区域内造成严重破坏
十分巨大	9.0 或更高	在横跨数千千米的区域内造成毁灭性的破坏

在图 8.2 所示的卫星影像中，显示了与主要地质断层有关的地质要素和主要地震遗址。根据卫星影像绘制断层是遥感在地震中的重要应用之一。阴影地形图同样也用于这一目的，但光线角度对断层

的解译有较大影响（见 8.3 节）。

雷达影像特别是干涉雷达影像，有助于评估地震期间的地面运动模式。彩图 25(a)显示了描述 2011 年日本东北地震影响的雷达干涉图。

8.14.7 海啸

海啸是水体（如海洋）大规模快速移动时产生的一系列波浪。地震、水上或水下的剧烈运动（通常发生在地壳板块边界处）、火山喷发和其他水下爆炸以及大型陨石撞击都可能引发海啸。大型海啸的影响可以是毁灭性的。大型海啸含有巨大的能量，并能高速传播，它能跨洋传播很长的距离，而能量几乎没有损失。海啸造成的大部分破坏源于前方波浪之后的巨大水量，因为海洋的高度会快速上升，导致大量洪水涌入沿海地区。

彩图 39 显示了印度尼西亚高利布鲁克区域海啸前后的 QuickBird 影像，这次海啸由 2004 年的印度洋地震引起，科学界称其为苏门答腊-安达曼地震。发生在印度洋的这次地震，产生了高达 30m 高的巨浪，摧毁了印度尼西亚、斯里拉卡、印度和泰国的海岸线。整片村庄被毁，估计约有 300000 人丧生。这次地震发生时，科学家认为 1200km 长的断层沿俯冲带下滑了约 15m。这次地震是地球上有记录以来最大的地震之一，估计地震震级为里氏 9.3 级。2004 年的印度洋地震于 2004 年 12 月 26 日引发海啸，重创了苏门答腊岛的西北海岸。海岸被高达 15m 的巨浪淹没，水沿着低洼地区如河漫滩进入内陆。从彩图 39 可以看出，海啸冲刷了这一地区，建筑、树木和海滩被海浪扫走，一座桥也被冲走。

人们也获得了日本东北地区的类似图像，即前述 2011 年日本东北地震后发生的毁灭性海啸，这次海啸最广为人知的影响估计是对福岛核电站的严重破坏。

8.14.8 海岸线侵蚀

海面和湖面的上升、风暴、洪水和巨大的海浪，侵蚀了沿全世界海岸线的海滩和峭壁。由于地质环境、波浪和天气的不同，峭壁的侵蚀率变化很大。峭壁的侵蚀率可能数年都一样，也可能在十几年内由零变化到几秒数米。海岸线侵蚀的遥感研究可以使用多种平台，包括超轻型飞机上的相机和卫星。使用 20 世纪 30 年代的航空照片及最近的卫星数据，可以记录随时间变化的海岸线侵蚀。激光雷达数据（见第 6 章）也是用来绘制海岸线侵蚀的有效资源。

8.14.9 滑坡

滑坡是土壤或岩石沿斜坡的块体运动，是一种广泛分布的主要自然灾害。在全球范围内，滑坡每年会导致约 1000 人死亡和巨大的财产损失。滑坡通常与其他主要自然灾害一起发生，如地震、洪水和火山喷发。滑坡也可由极端的降水或人类活动引发，例如砍伐森林或其他开发破坏了斜坡的稳定性。滑坡对基础设施的破坏性相当大，特别是高速公路、铁路、航道和管线。

历史上，人们已广泛利用航空照片来描述滑坡的特征并制作滑坡详查图，原因在于航空照片具有立体观测能力和高空间分辨率。现在也可使用高分辨率卫星影像来监测滑坡。雷达干涉测量技术（见第 6 章）也可用于山区的滑坡研究（Singhroy et al.，1998）。

2014 年 3 月 22 日，华盛顿州西北部奥索以东约 6km 的地点，发生了一次特别严重的滑坡。奥索滑坡是美国有史以来造成人员重大伤亡的滑坡之一：造成约 40 人死亡和近 50 栋房屋被毁。这次滑坡发生在过去有滑坡活动的区域，但这次滑动的规模与破坏力比过去的更大。

彩图 40 是滑坡前后的激光雷达影像和自然彩色照片。对激光雷达影像的分析表明，滑坡所覆盖的区域约有 120 公顷，下移物质超过了 4000000m^3。

这些影像是在华盛顿州交通运输部（WSDOT）的指导下进行分析的。制作了许多可交付的数据，包括 3D CADD 模型、DEM/DTM（见第 1 章）和 9m 网格碎片深度的测量与计算结果。精确的影像和三维制图数据以及分析结果已被许多机构使用，包括华盛顿州的自然资源部、美国陆军工程兵团、联邦应急管理局（FEMA）和华盛顿州交通运输部（WSDOT）的各个办公室。

奥索周边区域经历了多次滑坡。图 8.33(a)是由机载激光雷达生成的奥索周边区域滑坡的阴影地形图。图 8.33(b)中用线条勾绘出了许多历史滑坡范围，时间范围延伸到了过去的 14000 年（Haugerud，2014）。显然，这次滑坡可能是大规模的滑坡，区域规划人员（见 8.9 节）和斜坡附近的居民应考虑到这样一个事实。

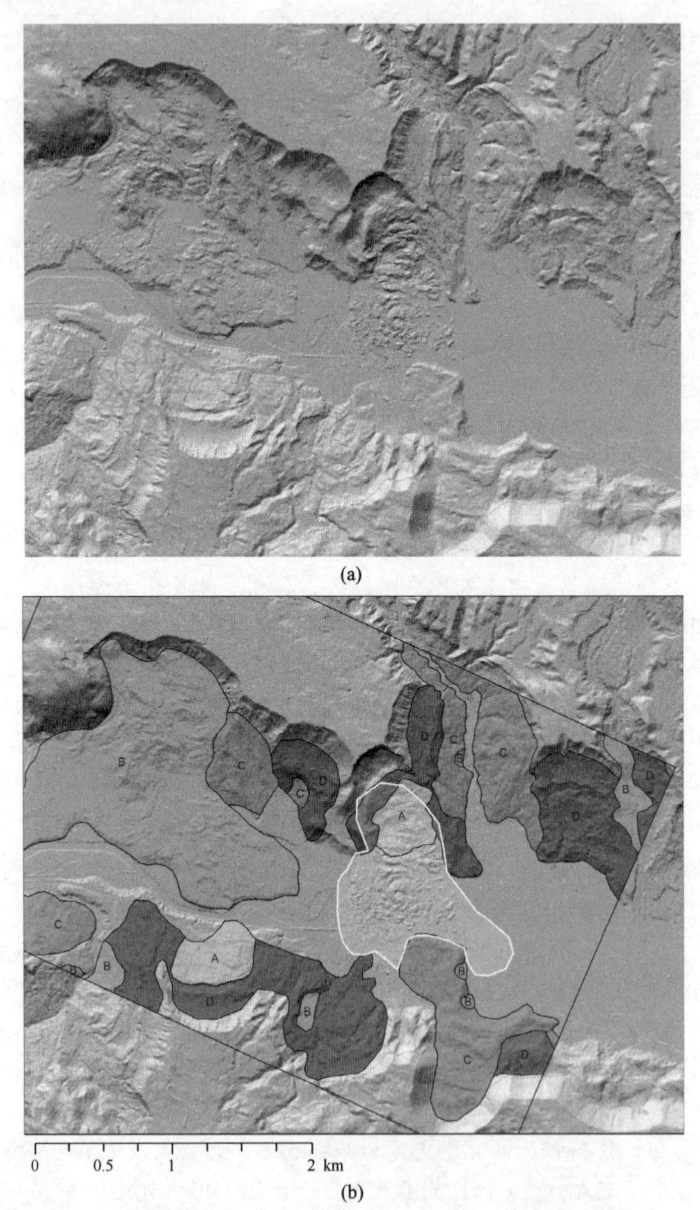

图 8.33 美国华盛顿州奥索附近的历次滑坡：(a)由机载激光雷达产生的阴影地形图；(b)叠加了历史滑坡数据的解译结果（标记 A 到 D 表示从年轻到古老的相对年龄）（USGS 提供，R. A. Haugerud 初步解译）

有关滑坡灾害的详细信息，可参阅 USGS 的自然灾害网站 www.usgs.gov。

8.15 地貌识别和评价原理

对土壤学家、地质学家、地理学家、土木工程师、城市与区域规划人员、景观设计人员、不动产开发人员，以及需要评价地面对不同土地利用适宜性的其他工作人员而言，各种不同的地面特征都很重要。地面条件强烈影响着土地对各种植被的承载力，因此了解地面评价方面的影像解译，对植物学家、生物保护学家、森林学家、野生动物生态学家和其他从事有关植被制图与评价的工作人员而言具有重要意义。

能用目视解译方法判断的主要地面特征有基岩类型、地貌、土质、场地排水条件、洪水敏感性以及基岩上非固结覆盖物的厚度。另外，地面坡度也可通过立体影像观测来估计，并且可以使用摄影测量方法来测量。

由于空间限制，影像解译过程只能对中比例尺立体航空图像上的可见地面特征进行评价。类似的限制也适用于非成像数据和航天数据。

8.15.1 土壤特征

对于土壤调查和制图领域不同专业的学者来说，"土壤"一词有其学科含义。大多数工程师认为，覆盖在基岩上的所有非固结泥土物质都是"土壤"。农业土壤学家则认为，土壤是地质母体物质经过自然风化过程后形成的物质，它含有植物赖以生存的有机质和其他成分。例如，覆盖在基岩上的 10m 厚的冰碛物，经过长期风化后，约有 1m 厚的物质发生了变化，而余下 9m 厚的物质相对不变。工程师认为基岩上有 10m 厚的土壤层，而土壤学家则认为在冰碛物母质上有 1m 厚的土壤层。本章采用土壤学的土壤概念。

非固结地表物质经过风化作用（包括气候、动物和植物的影响）后，会发育成不同的土层，土壤学家称这些层为*土壤层*。顶部的覆盖层是 A 层，称为*表土*或*顶土*。表土厚 0～60cm，通常厚 15～30cm。A 层是风化作用最强的土层，有机物质含量在所有层中是最高的，而且土层中有些细颗粒会被冲到下面的层中。第二层为 B 层，称为*底土*。底土厚 0～250cm，通常厚 45～60cm。B 层含有一些有机物质，它是 A 层淋滤下来的细颗粒层。土壤剖面中 A 层和 B 层之间的部分被土壤学家称为*土壤*或*风化层*。C 层是下面的地质物质，这些物质发育形成了 A 层和 B 层，因此称为*母质*（或*原始物质*）。土壤剖面形成不同地层的概念，对农业土壤制图、生产力估算以及许多景观环境的开发利用是非常重要的。

土壤由土壤颗粒、水和空气组合而成。土壤颗粒根据粒径的大小来命名，如砂砾、砂、粉砂和黏土。颗粒大小这一术语在不同的领域并不统一，因此存在多个分类体系。表 8.7 给出了工程师和农业土壤学家对土壤颗粒大小的典型定义。对我们而言，工程师和农业土壤学家对砂砾、砂、粉砂及黏土颗粒大小定义的不同并不重要。这里采用土壤学家的定义，因为这种定义是为土壤颗粒组合命名的一种常用分类体系。

表 8.7　规定的土壤颗粒大小

土壤颗粒大小名称	土壤颗粒大小/mm	
	工程师的定义	农业土壤学家的定义
砂砾	2.0～76.2	2.0～76.2
砂	0.074～2.0	0.05～2.0
粉砂	0.005～0.074	0.002～0.05
黏土	< 0.005	< 0.002

我们认为，粉砂和黏土含量大于 50%的土壤物质是*细质地*，而泥沙和砂砾含量大于 50%的为

粗质地。

土壤具有特征性的排水条件，这些排水条件取决于地表径流、土壤的渗透性和土壤内部的排水系统。这里使用美国农业部制定的自然条件下土壤排水分类体系（美国农业部，1997）。下面介绍 7 种土壤排水类型。

（1）**排水极差**。土壤的自然排水速度很慢，因此大部分时间地下水位保持在地表或接近地表。这种排水类型的土壤常分布在平坦或凹陷区域，且通常会沼泽化。

（2）**排水差**。土壤的自然排水速度缓慢，因此土壤在大多数时间内保持潮湿。在一年中的大部分时间里，水面常在地表或接近地表。

（3）**排水略差**。土壤的自然排水速度缓慢，虽然土壤不在全部时间保持潮湿，但仍有一定时间是潮湿的。

（4）**排水中等**。土壤的自然排水速度中等，虽然在较多时间内土壤不潮湿，但短时间内是潮湿的。

（5）**排水良好**。土壤的自然排水速度中等，没有明显的排水不良现象。

（6）**排水很好**。土壤的自然排水迅速，这种排水类型的多数土壤是砂质的和多孔的。

（7）**排水极好**。土壤的自然排水非常迅速。排水极好的土壤可能坡度大，也可能孔隙非常发育，或者两者兼而有之。

8.15.2 土地利用适宜性评价

地形信息可用于评价各种土地利用的适宜性。因此，这里重点介绍开发方面的适宜性，即城市和城市郊区的土地利用，但也可研究许多其他类型的“适宜性”。

一个地区的地形特征，是决定该地区开发适宜性的重要条件之一。2%～6%的坡度足以为建设场地提供良好的地表排水条件，只要保持土壤的良好排水条件，这种平缓的坡度在开发过程中通常不会出现问题。0%～2%的坡度可能会出现一些排水问题，但只要不是内部排水不良的大面积平坦地区，这些问题就很容易解决。当坡度超过 12%时，街道开发和地段设计时会出现一些问题，在使用污水池处理家庭污水方面也会出现严重问题。对城市公园和商业区而言，坡度最好不要超过 5%。

土质和排水条件也会影响土地利用的适宜性。排水性好的粗质土壤对开发基本没有影响。排水差或很差的细质土壤对开发有较大的影响。地下水位浅且土壤的排水较差时，会影响到污水池的安装与运行、地下室与地基的挖掘与防水。一般而言，地下水位的深度应至少为 2m。在处理公共污水和无地基建筑的地方，1～2m 的深度也可满足要求。

基岩很浅时，会影响到污水池的安装与维修、实用线路的建设、地下室和地基的挖掘以及街道的定位与建设，坡度较陡时这种影响更明显。基岩的深度最好在 2m 以上。在这些地方建设地下室和公共污水处理设施时，挖掘成本通常会增加。基岩深度小于 1m 时会严重影响土地开发建设，此时基本上无法进行所有的土地开发。

斜坡的稳定性与土壤的坡度相关。虽然这里不讨论利用影像解译来分析斜坡稳定性的技术，但利用影像解译技术确实可以探测到无数早期发生的滑坡区域。

尽管这里强调的是土地开发，但我们必须认识到许多地区需要保存其自然面貌，因为这些地区具有特殊的地形或地质特征，或者生长着一些稀有或濒临灭绝的植物或动物。还需要考虑地区的水文条件变化。另外，在所有的土地利用规划决策中，都要优先为农业用途考虑用地，而不作为建设用地。同样的考虑也适用于林地和湿地系统的保护。

8.15.3 地貌识别和评价的图像解译要素

地貌识别和评价的图像解译技术建立在对关键要素的立体观测与评价基础上。这些要素包括地形、水系模式与结构、侵蚀作用、影像色调、植被和土地利用。

1. 地形

这里介绍的每种地貌和基岩类型都有其特殊的地形特征，包括代表性的大小和形状。实际上，在两种不同地貌类型的边界地带，通常会出现明显的地形变化。

在有 60%重叠的垂直图像上，所观测到的大部分地形在垂直方向上被夸大了近 4 倍。因此，坡度要比实际显得陡。在任意立体像对上观测到的垂直夸大程度与图像拍摄时的几何条件相关。

2. 水系模式与纹理

在航空和航天影像上所看到的水系模式与纹理，是地形和基岩类型的一种标志，它反映了该区域的土壤特性和排水条件。

最常见的 6 种水系模式如图 8.34 所示。树枝状水系模式是一种很完整的模式，它是由干流和各个方向的支流所构成的水系，一般发育于具有平缓产状的沉积岩和花岗岩这种相对同质的母质上。矩形水系模式从根本上说是在基岩控制下形成的一种树枝状模式，在这种模式下，基岩会使得干流和支流呈垂直相交状，是具有平缓产状和良好节理系统的块状砂岩的典型产物。格状水系模式由干流和与之正交的支流构成，主要位于褶皱发育的沉积岩区。放射状水系模式是由从中心向外流的放射状河流构成的水系，是火山和圆丘区的典型产物。向心状水系模式与放射状水系模式相反（水系流向中心），主要位于灰岩漏斗区、冰川壶洞区、火山口及其他凹陷区。紊乱水系模式是由无定向的短小河流、沼泽和湿地构成的不规则水系模式，是消融冰碛物区特有的水系类型。

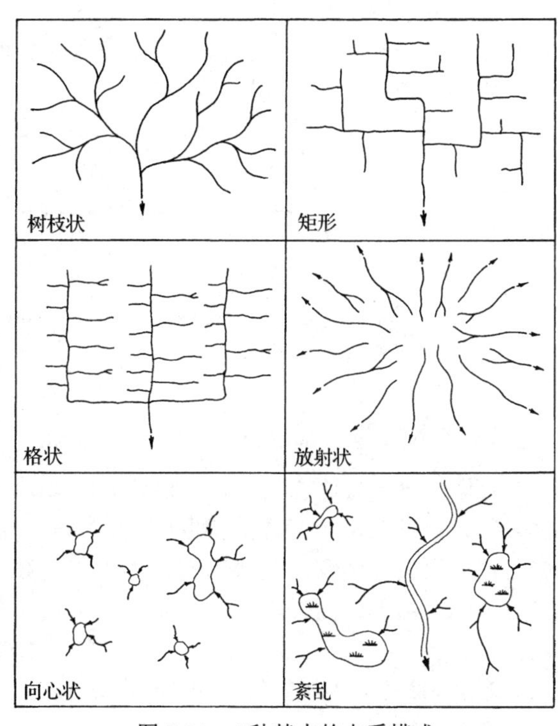

图 8.34　6 种基本的水系模式

上述水系模式都是因地表侵蚀作用而产生的“侵蚀型”水系模式，因此不能与“沉积型”水系特征相混淆。“沉积型”水系是冲积扇、冰水冲积平原这种原始地形的残余物。

与水系模式相对应的是水系纹理。图 8.35 显示了粗纹理和细纹理的水系模式。粗纹理水系模式发育于内部排水良好且没有地表径流的土壤和岩石区。细纹理水系模式发育于内部排水差且有大量地表径流的土壤和岩石区。此外，细纹理水系模式发育于质软且易被侵蚀的岩区（如页岩），而粗纹理水系模式则发育于坚硬的块状岩区（如花岗岩）。

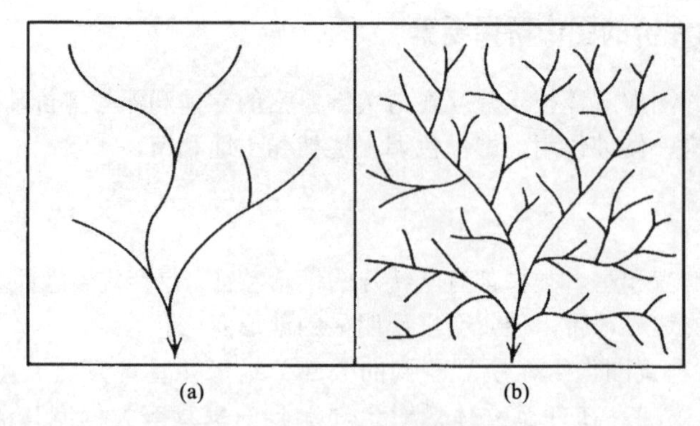

图 8.35　水系模式示例：(a)粗纹理水系模式；(b)细纹理水系模式

3. 侵蚀作用

冲沟是较小的水系特征地物，它的宽度可以只有 1m、长度只有 100m。冲沟是非固结物质在地表径流侵蚀作用下的产物，它发育于降水不能很好地渗入地下而汇集成小溪的地区。这些刚发育的溪流会逐步扩展为具有所形成地区物质特性的形状。如图 8.36 和图 8.37 所示，剖面中的 V 形短冲沟往往发育于砂岩和砾岩区；剖面中的 U 形冲沟往往发育于粉砂土区；剖面中的缓凹形长冲沟往往发育于粉砂质黏土区和黏土区。

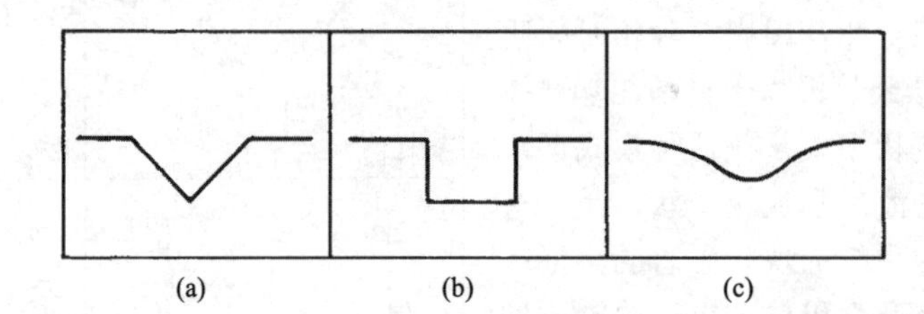

图 8.36　冲沟的剖面：(a)砂砾层；(b)粉砂土；(c)粉砂质黏土或黏土

4. 影像色调

影像色调指的是航空或航天影像上任意一点的“亮度”。影像色调的绝对值不仅取决于地物特征，而且取决于影像的获取因素，如光谱波段和滤色片的选择、曝光量和影像处理。影像色调还取决于气象和气候因素，如大气雾霾、太阳高度角和云层阴影。由于这些非地面因素的影响，用于地面评价的影像解译必须根据相对色调值而非绝对色调值进行分析。相对色调值很重要，因为它们常形成一些明显的影像图案，这些图案在影像解译中具有重大意义。

地面条件对相对影像色调的影响如图 8.37(c)所示。在裸土（无植被覆盖的土壤）情况下，色调较浅的地方在地形上常常位于较高的位置，其土质较粗，含水量和有机质含量也较低。图 8.37(c)表明，在细质地的冰碛土壤上常常有明显的色调图案。日光反射差异造成的色调差异，主要是土壤含水量的差异。色调较浅的区域是排水较差的粉砂土区，它比周围排水非常差的粉砂质黏土的较暗区域高 1m 左右。色调较浅与色调较暗的裸土间的反差度，取决于土壤的总湿度条件，如彩图 36 所示。

色调较浅和色调较暗区的边界清晰度常与土质有关。粗质土壤的浅色调和暗色调之间的过渡一般较为清晰，而细质土壤的过渡通常是渐变的。这种色调的梯度变化源于不同质地土壤毛细管作用的不同。

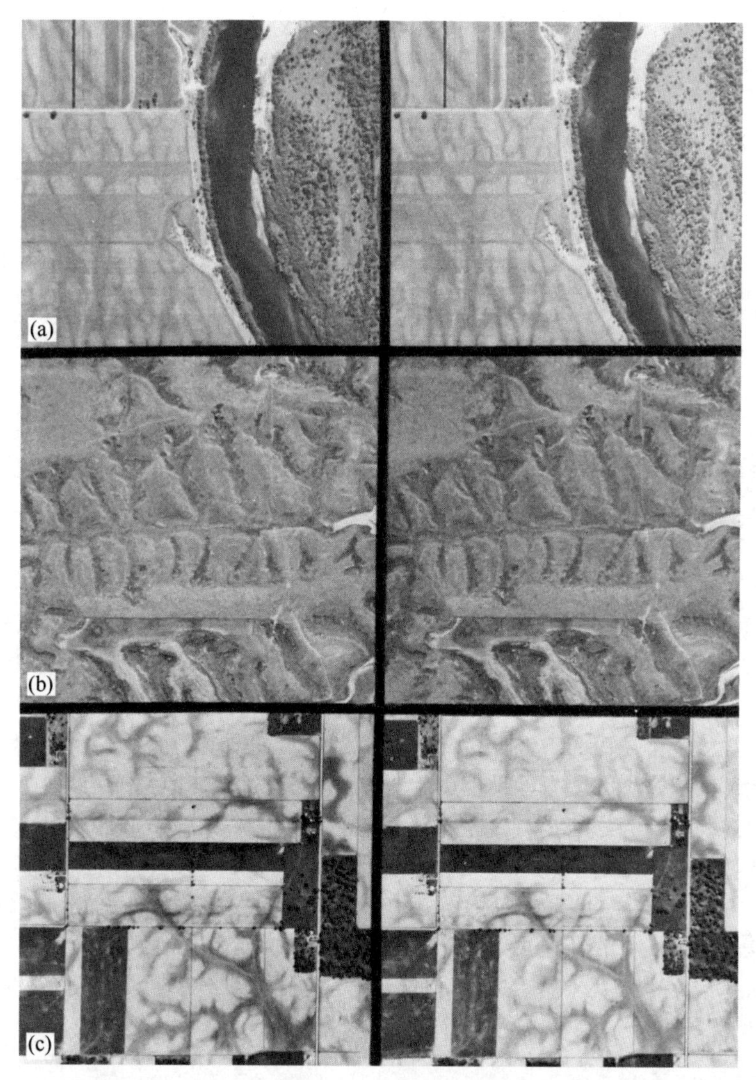

图 8.37 表示冲沟基本形状的立体像对：(a)威斯康星州丹恩县的砂砾岩区；(b)内华达州布法罗县的黄土区（风成粉砂）；(c)印第安纳州麦迪逊县的粉砂黏土冰碛区。比例尺为 1：20000（全色照片由 USDA-ASCS 提供）

我们关于地面评价的影像解译的讨论主要针对全色胶片，因为在该领域历来使用全色胶片。光谱可见光部分的多波段主要探测土壤与岩石颜色的细微差别，并且至少使用一个近红外波段来探测土壤湿度与植被长势的细微差别。在彩色胶片和彩色红外胶片上，土壤和植被的颜色多种多样，因此讨论不可能全部覆盖。在讨论影像色调时，我们将把色调描述为全色照片上的灰度。根据本节介绍的一些原理，对在特定区域特定时间获得彩色或彩红外照片（或其他传感器，如多光谱或高光谱扫描仪或侧视雷达）的工作人员而言，可以在影像色调评价方面制定自己的标准。

5. 植被与土地利用

天然或人工植被的差别通常反映了地面条件的差异。例如，果园和葡萄园一般位于排水良好的土壤上，而商品蔬菜种植活动常位于像腐泥和泥炭这种富含有机质的土壤上。但在许多情况下，植被与土地利用会使地面条件的差别变得模糊，解译人员必须仔细地根据植被与土地利用的某些有意义的差别来提取信息。

8.15.4 影像解译过程

通过对影像解译要素（地形、水系模式和纹理、侵蚀作用、影像色调、植被和土地利用）进行分析，影像解译人员可以识别不同的地面条件，并确定它们之间的界线。最初，为了评价地面条件，影像解译人员需要小心地研究上述要素。有了一些经验后，当解译人员有能力识别出影像上的某些图案时，就能对这些要素应用自如。在复杂地区，解译人员不应对地面条件匆匆做出判断，而要仔细考虑航空和航天影像上所呈现的地形、水系模式和纹理、侵蚀作用、影像色调、植被和土地利用的特征。

本节剩下的内容研究地表上的几种主要基岩类型。对于每种类型，我们需要考虑地质成因、土壤和/或基岩特征、土地利用规划方面的意义，以及用于地面评价的影像解译要素的影像识别。这些讨论仅使用美国的例子，重点介绍各种基岩类型的典型识别方法。在自然界中，每种岩石类型都有许多变体。在特定区域工作的解译人员，可根据这里给出的一些原理建立自己的影像解译标志。

确定不同气候环境在影像上表现的明显差别时，我们会用到“湿润”和“干旱”气候条件。我们认为湿润气候出现在年降雨量大于或等于 50cm 的地区，而干旱气候出现在年降雨量小于 50cm 的地区。在美国年降雨量大于或等于 50cm 的地区，作物的耕种不需要灌溉。在年降雨量不足 50cm 的地区，作物的耕种一般来说需要灌溉。

即使是最透彻、最有技巧的影像分析，也能从野外验证中受益，因为影像解译过程很少单独进行。影像解译人员必须参阅现有的地形、地质与土壤图，并选择性地开展野外调查工作。影像解译对于地面评价最主要的好处是省时、省钱和省力。影像解译技术的运用，可使我们在不适合进行野外填图时对地面进行制图，确保更有效地开展野外工作。

为了说明地貌识别和评价方面的影像解译过程，我们将考虑地面特征和多种常见基岩类型的影像识别方法，特别论述所选沉积岩和火成岩的分析。本书的前三版中详细论述了地貌识别和评价，包括对风成地貌、冰川地貌、冲积地貌和有机质土壤的讨论（第一版和第二版中论述最详尽）。

1．沉积岩

所要介绍的主要沉积岩有砂岩、页岩和灰岩。沉积岩是出露于地表的常见岩石类型，分布面积约占地球陆地面积的 75%（火成岩分布面积约占 20%以上，变质岩约占 5%）。

沉积岩是水或空气沉淀的沉积层经固结作用后形成的。岩化作用使沉积物变成了固结的岩块。这种岩化作用是沉积物在上覆沉积物重压下产生的胶结与压实作用。

碎屑沉积岩是指原有岩石和土壤经过侵蚀、搬运与沉积作用后，所形成的碎屑颗粒物的岩石。颗粒物的性质和它们的结合方式，决定了岩石的结构、渗透性和强度。主要包含砂粒大小颗粒的碎屑沉积岩称为*砂岩*，主要包含粉砂大小颗粒的碎屑沉积岩称为*粉砂岩*，所含颗粒以黏土颗粒为主的碎屑沉积岩则称为*页岩*。

*灰岩*的碳酸钙含量很高，它是由化学或生物化学作用形成的。这两种形成作用的区别如下：化学作用形成的灰岩是由水中的碳酸钙沉淀而成的，生物化学作用形成的灰岩是由贝壳、贝壳碎屑和植物体经过化学作用形成的。

影响地面在航空和航天影像上表现的沉积岩的主要特征有*层理*、*节理*和*抗侵蚀性*。

由于沉积过程的变化，沉积岩一般呈层状。每个层面或地层称为*岩层*。每个岩层的顶面和底面基本上是很清晰的分界面，这些面称为*层理面*，是一个岩层结束和另一个岩层开始的标志。每个岩层的厚度从几毫米到几米不等。初始状态的岩层一般呈水平状，后来的地壳运动可能会使其有一定程度的倾斜。

*节理*是固结岩体的裂隙，基本不存在平行于节理的运动。沉积岩的节理主要垂直于层理面，并且通过层理面与其他节理面相交。几个系统的节理构成一个节理组，当在一个地区可识别出两个或更多的节理组时，整体模式就称为节理系统。因为节理是岩石上的弱化面，因此在航空和航天影像上常会形成清晰可见的面，在砂岩上尤其如此。河流常沿着节理流动，即从一条节理线弯弯曲曲地流向另一条节理线。

沉积岩的*抗侵蚀性*取决于岩石的强度、渗透性和溶解性。岩石的强度主要取决于将个体沉积物颗粒固结在一起的胶结力及岩层的厚度。由石英胶结的厚砂岩层很结实，可用作建筑材料。薄页岩层常常很不牢固，用手就可掰成碎片。岩石的渗透性指岩体的输水能力，它取决于沉积物颗粒间孔隙的大小及孔隙的连贯性。一般而言，砂岩的渗透性较好。页岩的渗透性往往很不好，水主要是顺着节理面而非沉积物的间隙流动的。碳酸钙含量高的灰岩在水中可溶解，且会在降雨作用和地下水运动下溶解。

这里介绍具有水平产状的砂岩、页岩和灰岩的特征。本书的第一版和第二版还讨论了互层状沉积岩的特征（水平和倾斜产状的沉积岩）。

砂岩

砂岩沉积一般为几米厚的砂岩层，且与页岩和/或灰岩互为夹层。这里主要讨论厚度近 10m 或更厚的砂岩的形成机理。

砂岩*层理*在影像上通常很明显，当砂岩层位于像页岩这种较软、更易受侵蚀的岩层上时尤其如此。砂岩的*节理*很明显，它的节理系统是由两个或三个主要方向的节理构成的。*抗侵蚀性*随胶结力的强度而变化。由铁化物和硅胶结的砂岩特别坚硬，而由碳酸盐胶结的砂岩一般很脆弱。因为砂岩的渗透良好，大部分降雨通过岩石向下渗透，而不形成产生侵蚀作用的地表径流。碳酸盐胶结的砂岩，因为渗透的水溶解了胶结物而变得更脆弱。

在干旱区，风蚀作用带走了风化的砂粒，砂岩上很少有残积土壤覆盖层。在湿润区，残余土壤覆盖层的深度取决于胶结物的强度，但一般小于 1m 而很少超过 2m。

具有残积土壤覆盖层的块状砂岩区一般不会扩大，因为地形陡峭且基岩的埋深较浅。隐伏砂岩层通常是家庭和城市用水的良好地下水源。胶结良好的砂岩通常是住宅的建筑材料。

水平产状砂岩层的影像识别

地形：粗大、块状、顶部相对平缓且山坡近于垂直或极陡的山。*水系*：粗质、受节理控制、变形的树枝状水系模式；常因节理组的正交方向产生矩形模式。*侵蚀作用*：冲沟较少；如果在残积土壤上有冲沟，则其剖面为 V 形。*影像色调*：由于岩石颜色浅，一般影像色调也较浅，且残积土壤和砂岩内部都有良好的排水系统。干旱区的红色砂岩在全色影像上略暗。湿润区具有茂密树木覆盖的砂岩一般也较暗，此时解译人员看到的是树冠而非土壤或岩石表面。*植被和土地利用*：干旱区的植被稀疏，湿润区会因残积土壤的排水较差而不能生长作物，这种情况下常为树林。在湿润气候下，山脊平坦且有黄土覆盖层的砂岩常被人们开垦耕作。*其他*：有时砂岩会被误判为花岗岩。

图 8.38 显示了干旱气候区夹有一些薄页岩层的水平层状砂岩，其中可以看到河流深切地面形成的山谷。主节理组的方向与相纸垂直，次节理组的方向则与主节理组垂直。虽然这些节理组仅部分控制了干流的方向，但却强烈影响着次级水系的流向。

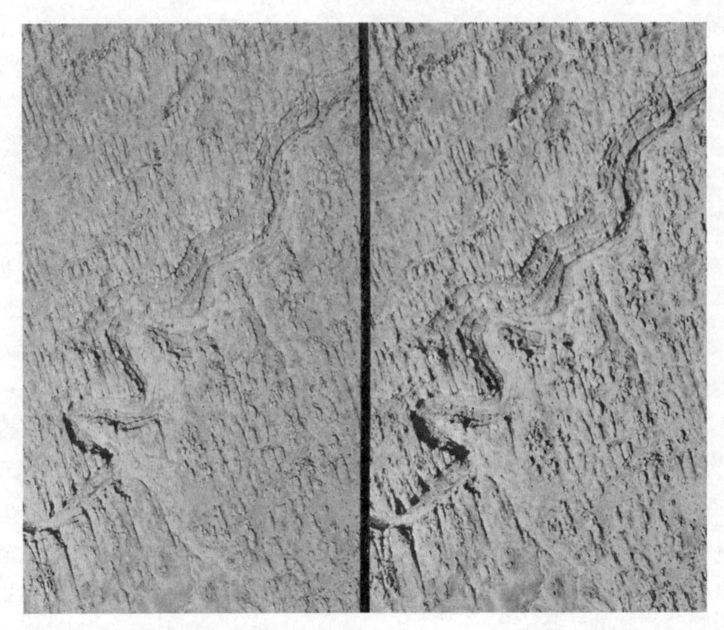

图 8.38 犹他州南部干旱气候区的水平层状砂岩。比例尺为 1∶20000（全色照片由 USGS 提供）

页岩

页岩沉积在世界范围内都很常见，页岩呈厚层状和薄层状，与砂岩和灰岩互层。页岩岩床的*层理*很常见，厚度一般为 1～20cm。在航空和航天影像上，并非所有层理都是可见的。如果页岩在颜色或抗侵蚀性方面存在差异，或者如果页岩与砂岩或灰岩互层，那么层理可见。节理的影响一般不足以改变地表的水系，使其成为受节理控制的水系模式。与其他沉积岩相比，页岩的抗侵蚀性很差。页岩相对不透水，因此大部分降水会成为地表径流，进而产生广泛的侵蚀作用。

页岩的残积土壤覆盖层的厚度一般小于 1m，很少超过 2m。残积土壤的粉砂和黏土含量高，质地一般为粉砂壤土、粉砂亚黏土、粉砂质黏土和黏土。根据土质和土壤及岩石的结构，内部土壤的排水性一般为中等或较差。

水平产状页岩的影像识别

地形：在干旱区，由于短时间大雨形成的快速径流，产生了细密的切割地形和较陡的河流/冲沟坡地。在湿润区，通常是坡地平缓到坡度中等倾斜的圆形小山。*水系*：曲度较缓的树枝状水系模式；在干旱区为细纹理，在湿润区为中等纹理到细纹理。*侵蚀作用*：残积土壤上的冲沟具有缓凹形的剖面。*影像色调*：变化大，与砂岩和灰岩相比色调较暗。影像色调的差别也能反映层理。*植被与土地利用*：除了沙漠植被，干旱地区通常是裸地。湿润地区通常是高度开垦的耕地，或为茂密的森林。*其他*：页岩有时会被误判为黄土。

图 8.39 显示了干旱地区的水平产状页岩。与图 8.38 相比，它显示了页岩和砂岩在层理、节理与抗侵蚀性方面的差异。

灰岩

灰岩主要由碳酸钙组成，可溶于水。含有大量碳酸钙和碳酸镁（或碳酸钙镁）的灰岩称为*白云质灰岩*或*白云岩*，它通常不溶于水。灰岩遍布于全球，例如美国在横跨印第安纳州、肯塔基州和田纳西州范围的地区，分布着极易溶解的灰岩。

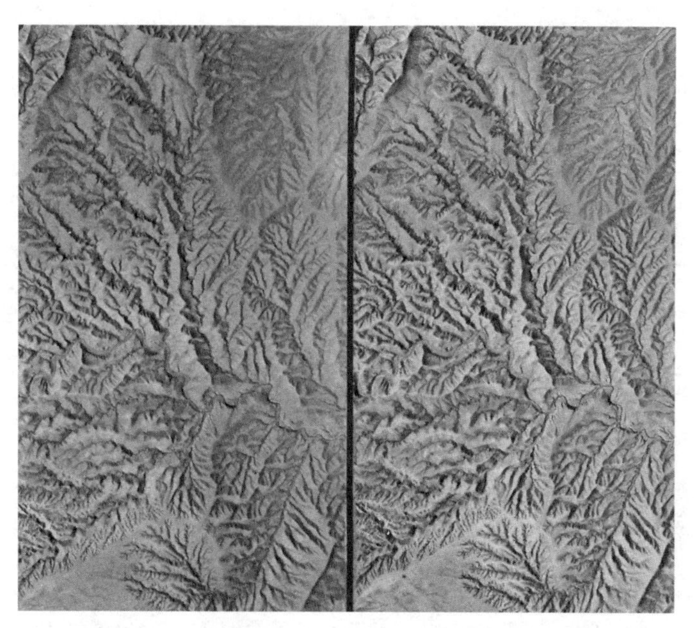

图 8.39　犹他州干旱地区的水平产状页岩。比例尺为 1∶26700（全色照片由 USGS 提供）

除非灰岩与砂岩或页岩互层，否则灰岩的层理在影像上一般不明显。灰岩的节理发育，这些节理决定了地下水系的许多通道的位置。但在湿润气候区，灰岩节理在影像上一般来说不明显。抗侵蚀性随着岩石的溶解性和节理而变化。碳酸钙溶于水，因此许多灰岩区在降雨和地下水作用下会受到严重侵蚀。

在湿润气候区，典型的可溶性灰岩区地表发育着成千上万个崎岖不平的环形凹陷——灰岩坑。它们是地表径流顺着节理面和节理面交汇处垂直穿过岩石而形成的，水的溶解作用会使地下水系通道慢慢扩大，进而导致地表坍塌而形成灰岩坑。

在干旱地区，灰岩上一般只有一层较薄的残积土壤覆盖层，因此灰岩常常形成山脊和高地。在湿润地区，残积土壤覆盖层的深度变化极大，并且取决于溶解风化作用的程度。一般而言，可溶性灰岩（一般为谷地或平原）的残积土壤层的厚度为 2～4m，白云岩区（可能是山脊或高地）的厚度则要小一些。

水平产状灰岩的影像识别

这里讨论的是湿润气候区的可溶性灰岩。地形：被许多深度为 3～15m、直径为 5～50m 的环形灰岩坑破坏的缓坡状地表。水系：流向各个灰岩坑的向心状水系。很少有地表河流。相邻地貌或岩石类型的地表水流至灰岩区时，会进入灰岩坑而消失。侵蚀作用：细质残积土壤上发育着具有缓凹形剖面的冲沟。影像色调：由于发育有大量的灰岩坑而呈斑点状色调。植被和土地利用：除了灰岩底部一年中有部分时间呈潮湿状态或有静水，其他地方一般用于耕作。其他：广泛发育灰岩坑的灰岩区可能会被误判为消融冰碛区。白云岩质灰岩比可溶性灰岩更难识别，因为其排水一般较好，且有一些细小的灰岩坑。

图 8.40 显示了湿润气候地区的水平产状可溶性灰岩，其中可以看到广泛发育的灰岩坑（每平方千米有 40 个灰岩坑），它完全没有地表河流。这里的残积土壤是灰岩上面 1.5～3m 深的排水性良好的粉砂质黏壤土和粉砂质黏土。

图 8.40 印第安纳州哈里逊县湿润气候区的水平产状可溶性灰岩。比例尺为 1：20000（全色照片由 USDA-ASCS 提供）

2. 火成岩

火成岩是由岩浆经过冷却和凝固作用后形成的。火成岩分为侵入岩和喷出岩两类。侵入火成岩是岩浆还没到达地表时，在周围岩石被它推开或融化所形成的岩洞或裂缝中发生凝固形成的。喷出火成岩是岩浆到达地表时形成的。

侵入火成岩常以巨大的岩体出现，在这些岩体中，熔融的岩浆慢慢冷却并固结成较大的晶体。这种晶体紧密结合，产生了致密、坚硬且没有空洞的岩石。当上覆物质被侵蚀后，侵入火成岩就会露出地表。

喷出火成岩以各种火山产物的形式出现，包括各种类型的熔岩流、火山锥和火山灰沉积。这种岩石比侵入岩冷却得快，因此其晶体较小。

侵入火成岩

侵入火成岩类主要包括：由石英和长石组成的浅色粗颗粒花岗岩，主要由铁镁质矿物和长石组成的暗色粗颗粒辉长岩。在花岗岩和辉长石之间，还有许多成分处于中间类型的侵入火成岩，如花岗闪长岩和闪长岩。我们只研究花岗岩，因为这一专业词汇描述了任何粗颗粒的浅色侵入火成岩。

花岗岩一般是块状的不分层岩体，如内华达山脉和南达科他州的黑山山脉。由于从熔融状态冷却或由于覆盖层被侵蚀而压力下降，导致它们发生断裂而形成一系列不规则的节理。花岗岩具有较高的抗侵蚀性，当它们受到风化作用时，常因页状剥落作用过程而同心状地出现剥落。

花岗岩的影像识别

地形：块状、浑圆、非层状、具有不同高度丘顶和陡峭山坡的穹形山丘。节理常常很发育，且具有不规则有时甚至微弯的图案。节理可能产生具有土壤和植被集中的地形凹陷，水流常顺着凹陷流动。水系和侵蚀作用：粗质的树枝状水系模式，河流有绕穹形山丘弯曲流动的趋势，并顺着节理形成次级水系的河道。除了在有较厚残积土壤的地区，冲沟一般较少。影像色调：由于岩石颜色浅而呈浅色。顺节理形成的凹陷区的色调较暗。植被和土地利用：干旱气候区植被稀疏。

在湿润气候区，裸露的岩石上常长有树木。顺节理形成的凹陷区，植被可能集中分布。其他：有时，花岗岩可能会被误判为水平产状的砂岩。花岗岩和砂岩影像识别的主要差别总结如下：①层理标志：花岗岩是非层状的，而砂岩是层状的；②地形：花岗岩出露区有各种高度的丘顶，而砂岩的岩帽会形成高地；花岗岩区的悬崖圆缓，而砂岩区的悬崖陡峭；花岗岩区的小地形特征都较圆缓，而砂岩区的小地形特征呈块状；③节理模式：花岗岩的节理模式不规则，具有一些明显的线性凹陷；砂岩的节理系统由 2～3 个主要方向的节理组成。

图 8.41 显示了干旱气候区土壤和植被贫瘠的花岗岩区。注意，非层状构造的块状悬崖较为圆缓，一些扩展的节理形成了具有土壤和植被覆盖的凹陷。

图 8.41　怀俄明州干旱气候区的花岗岩。比例尺为 1∶37300（全色照片由 USGS 提供）

喷出火成岩

喷出火成岩主要由熔岩流和火山碎屑物构成。熔岩流是在没有喷发活动的情况下从火山锥或裂隙溢出的熔融物质固结而成的岩体。相反，火山碎屑物如火山渣和火山灰则由火山活动喷出。

溶岩流的形状主要取决于流动熔岩的黏性。熔岩的黏性随熔岩中硅化物（SiO_2）和铝化物（Al_2O_3）含量的增加而增大。黏性最小的熔岩（大多是流体）是玄武岩，它约含 65%的硅化物和铝化物。安山岩的黏性中等，约含 75%的硅化物和铝化物。流纹岩的黏性很高，约含 85%的硅化物和铝化物。下面介绍一些基本的火山形状。

成层火山（也称复合火山）是由互层的熔岩和火山碎屑物构成的锥形火山。熔岩一般是安山岩或流纹岩，火山坡度可达 30°或更大。许多成层火山是非常美丽壮观的锥体。如下火山都是成层火山：沙斯塔山（加利福尼亚州）、胡德山（俄勒冈州）、赖尼尔山（华盛顿州）、圣海伦斯山（华盛顿州）、富士山（日本）、维苏威山（意大利）和乞力马扎罗山（坦桑尼亚）。

地盾火山（也称夏威夷型火山）主要是由玄武熔岩流构成的开阔且坡缓的穹形火山锥。火山坡度范围一般为 4°～10°。哈里阿卡拉火山、莫纳克亚火山、莫纳罗亚火山和基拉维亚火山等都属于地盾火山。

大陆溢流玄武岩（也称高原玄武岩）由大范围的流体玄武岩喷发物构成，形成了开阔且近乎水平的平原，有些平原的海拔较高。分布广泛的大陆溢流玄武岩形成了美国西北部的哥伦比亚河平原和斯内克河平原。

熔岩流的影像识别

地形：一系列舌状的岩流，可能互相重叠并互层，常具有相关的火山渣和寄生熔岩锥。黏性熔岩（安山岩和流纹岩）形成了边缘陡峭的厚岩流。流体熔岩（玄武岩）形成了薄岩流，其厚度很少超过 15m。水系和侵蚀作用：熔岩的内部排水良好，几乎没有发育完全的水系模式。影像色调和植被：在未经风化和没有植被的情况下，玄武岩呈暗色调，安山岩呈中等色调，流纹岩则呈浅色调。一般而言，最新的没有植被的熔岩流的色调，要比经过风化的、有植被的熔岩流的色调暗。土地利用：最新的熔岩流几乎不被开垦或开发。

这里只讨论熔岩流从火山溢出的一个例子。图 8.42 显示了从加利福尼亚州的沙斯塔山溢出的黏性熔岩流，沙斯塔山是成层火山，该岩流厚达 60m，前面的坡度达 30°。

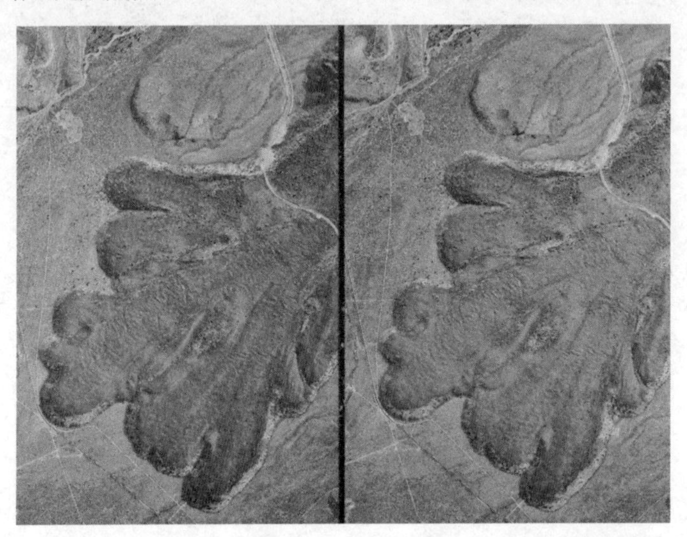

图 8.42　加州锡斯基尤县干旱气候区的黏性熔岩流。比例尺为 1∶33000（全色照片由 USDA-ASCS 提供）

3．变质岩

常见的变质岩有石英岩、板岩、大理岩、片麻岩和片岩。它们是沉积岩或火成岩在热作用和压力作用下形成的。有时会存在化学作用和剪应力作用形成的变质岩。

大部分变质岩都具有在野外就能观察到的明显条带状构造，这种构造可以区分变质岩、沉积岩和火成岩。

世界各地都能找到变质岩，但它们的分布范围有限，因此这里不介绍变质岩类的识别方法。要说明的是，变质岩的影像识别要比沉积岩和火成岩的影像识别困难，且人们还未完全建立变质岩的解译技术。

8.16　小结

本章仅总结了目前遥感的主要应用。在技术变革和人们对覆盖本地到覆盖全球范围地理空间数据的需求的推动下，遥感的应用领域正在快速增长，且几乎没有限制。我们的目标是向读者介绍一些基本原理，因为这些基本原理是遥感这一重要且不断变化的学科的重要基础。希望读者能把握住在科学、政府和私人部门中应用遥感的挑战与机会。

附录 A 辐射度的概念、术语和单位

A.1 辐射测量的几何特性

在大部分遥感应用中，辐射都使用辐射度单位来度量。在任何情况下，使用何种特定术语和单位通常由测量的角度性质决定。图 A.1 显示了遥感中常用的两大类角度测量，即半球测量(a)和定向测量(b)。

半球测量统计的是包含在感兴趣表面或物体上方半球内的能量。术语辐照度是指在物体或区域上方入射的半球辐射。离开物体或区域的半球辐射用术语辐射出射度描述。

定向辐射测量统计的是在特定光照或观测方向测量的辐射量。定向测量的一个重要方面是余弦效应。余弦效应的概念如图 A.2 所示，此时物体未充满光学系统的视场。当从垂直或法线方向观测物体时，物体在光学系统中有一定的面积（A）。若光学系统以一定的角度远离表面法线方向，则表面的表观面积将随视角（θ）的余弦减小。表观面积在观测方向的投影为 $A\cos\theta$。

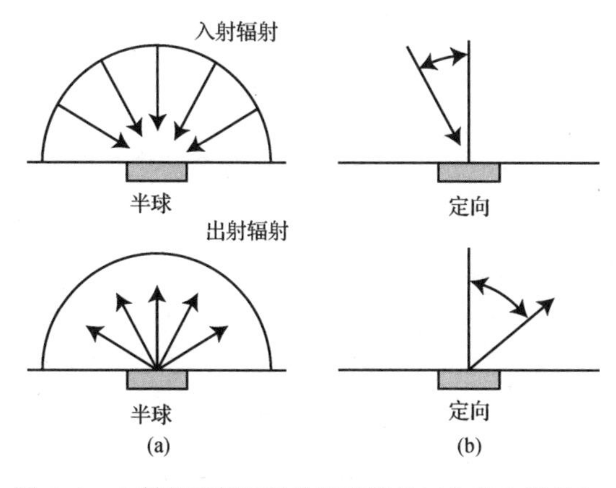

图 A.1 入射和出射辐射的半球测量(a)与定向测量(b)

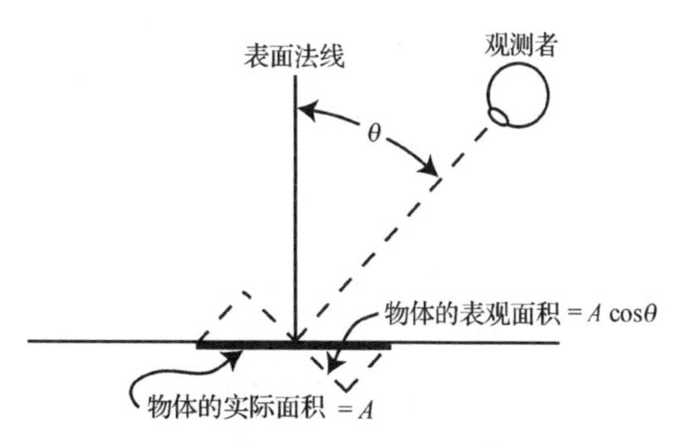

图 A.2 非法线观测方向上投影区域的余弦效应

此外，理解定向辐射测量的核心是平面角测量和立体角测量。这两种角度测量的形式如图 A.3 所示。图 A.3(a)所示为二维测量的平面角，常用弧度（rad）表示。用弧度表示的平面角（β）的大小，等于该角对应的圆弧长度除以圆的半径（当弧长恰好等于圆的半径时，角度的大小为 1 弧度）。

图 A.3(b)所示为三维测量的立体角，常用球面度（sr）表示。用球面度表示的立体角（Ω）的大小，等于球体表面对应的面积除以该球体的半径的平方（当对应的球面面积恰好等于球体半径的平方时，立体角的大小为 1 球面度）。

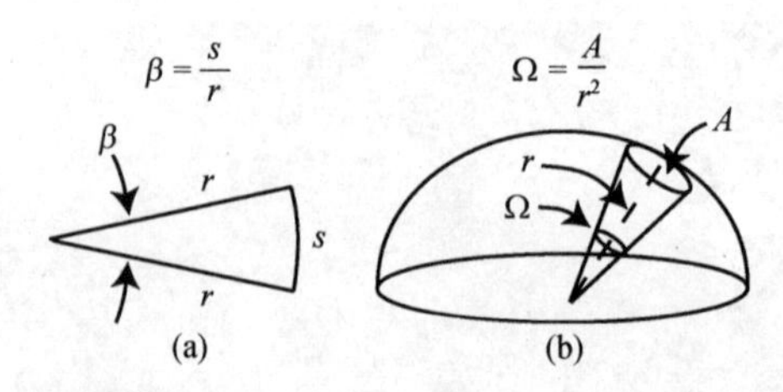

图 A.3　辐射测量中使用的平面角(a)和立体角(b)的定义

A.2　辐射度的术语和单位

图 A.4 和表 A.1 所示为半球和定向辐射测量中用到的各种术语之间的基本关系。这里只给出完整术语的一个子集。

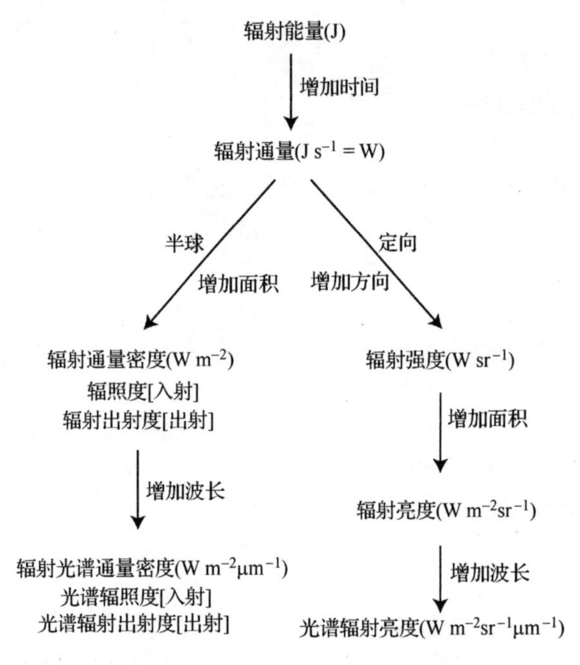

图 A.4　半球和定向辐射测量用到的各个术语之间的关系（据 Campbell and Norman，1998；见参考文献）

辐射能量 Q，电磁波携带的能量和波做功的能力的度量，单位为 J。

辐射通量 Φ，单位时间内发射、传输或接收的辐射能量的大小，单位为 W（J/s）。

辐射通量密度，表面的辐射通量除以表面的面积。再次强调，表面入射的通量密度是辐照度 E，表面出射的通量密度是辐射出射度 M，两者的单位均为 Wm^{-2}。

辐射光谱通量密度，单位波长间隔的辐射通量密度。光谱辐照度 E_λ和光谱出射辐射度 M_λ的单

表 A.1　辐射术语和单位

术　语	符　号	单　位
辐射能量	Q	J
辐射通量	Φ	W
辐射通量密度	E（辐照度）	Wm^{-2}
	M（辐射出射度）	Wm^{-2}
辐射光谱通量密度	E_λ（光辐照度）	$Wm^{-2}\mu m^{-1}$
	M_λ（光谱辐射出射度）	$Wm^{-2}\mu m^{-1}$
辐射强度	I	Wsr^{-1}
辐射亮度	L	$Wm^{-2}sr^{-1}$
光谱辐射亮度	L_λ	$Wm^{-2}sr^{-1}\mu m^{-1}$

位均为 $\mathrm{Wm^2\mu m^{-1}}$。

辐射强度 I，点光源某方向单位立体角内发出的通量，单位为 $\mathrm{Wsr^{-1}}$。

辐射亮度 L，某方向单位投影表面向表面指定方向发出的单位立体角内的辐射通量。图 A.5 示例了辐射亮度的概念。辐射亮度的单位为 $\mathrm{Wm^{-2}sr^{-1}}$。

光谱辐射亮度 L_λ，每个波长间隔的辐射亮度，单位为 $\mathrm{Wm^{-2}sr^{-1}\mu m^{-1}}$。

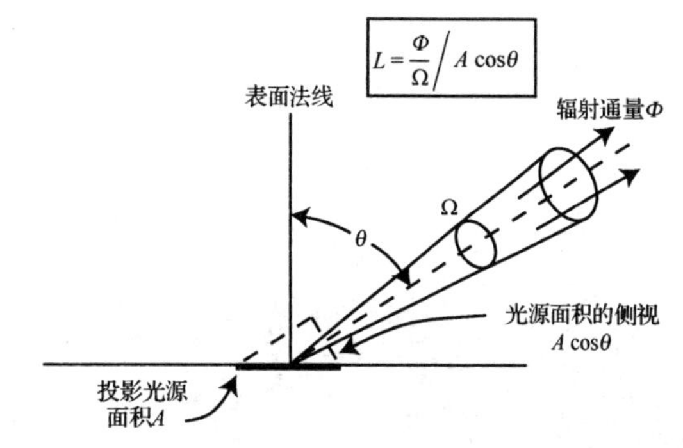

图 A.5　辐射亮度的概念（据 Elachi, 1987；见参考文献）

附录 B

样本坐标变换和重采样过程

B.1 二维仿射坐标变换

通常，二维地面坐标(X, Y)通过仿射坐标变换与图像坐标(x, y)相关联。但是，当地面坐标系和图像坐标系相关联时，这种变换会产生6个潜在的因子：x方向的比例，y方向的比例，斜交（坐标轴系统的不垂直情况），系统之间的旋转，x方向原点的平移，y方向原点的平移。组合这6个因子后，坐标变换公式变为

$$\begin{aligned} x &= a_0 + a_1 X + a_2 Y \\ y &= b_0 + b_1 X + b_2 Y \end{aligned} \tag{B.1}$$

式中：(x, y)是图像坐标（列，行）；(X, Y)是地面（或地图）坐标；a_0、a_1、a_2、b_0、b_1、b_2是变换参数。

最初我们并不知道这6个变换参数。但根据式（B.1）可为每个地面控制点写出两个等式［即地面控制点（GCP）的xy和XY坐标已知］。因此，如果在两个坐标系中已知三个地面控制点的位置，由式（B.1）就能得到6个等式，同时求解这些等式即可得到6个变换参数的值。如果使用多于三个GCP，等式的个数将多于未知数的个数（即5个GCP产生10个等式，包括6个未知数）。此时，变换参数可用最小二乘法求解。

除了其他作用，地面坐标和图像坐标之间的仿射变换的有效性，在于利用一些GCP的函数来校正图像数据中出现的畸变，以及图像中出现的地形起伏位移。对于较小地面面积的中等畸变，仿射转换通常就已足够。但在处理具有很大畸变的地面面积时，就要使用更复杂的变换。

B.2 重采样过程

基于两个坐标系之间的数学关系，式（B.1）可用来发现图像中与一组地面或地图坐标(X, Y)对应的图像坐标(x, y)。但在将这些等式应用到给定的一组地图坐标时，得到的图像坐标通常不对应于原始图像像元的“中心”（见图B.1）。此时，在特定位置最好地表现图像数据的DN是没有唯一解的。如7.2节讨论的那样，对原始图像“重采样”的技术有多种，重采样是指针对计算出来的位置设置新的估算DN。三种广泛应用的重采样方法是最近邻法、双线性内插法和三次卷积法（也称双三次内插法）。这些重采样方法可以应用到特定点上（即在GPS确认的某个地面位置，确定图像的亮

度值)，或者用来将整个图像变换到一个新的坐标系下。

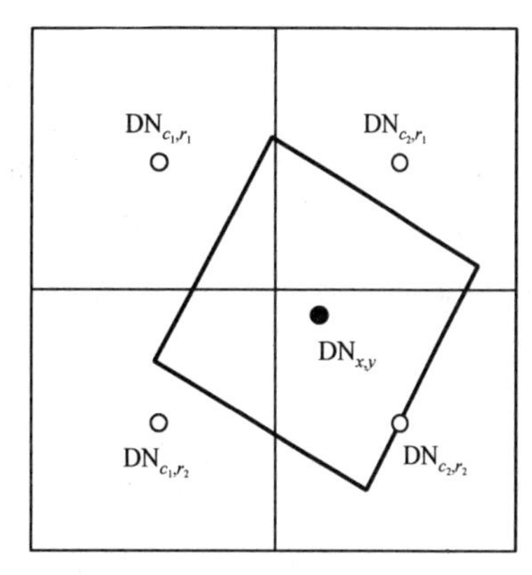

图 B.1　输出像元位置周围有 4 个图像像元，它们是由从地面（或地图）坐标(X, Y)到图像坐标(x, y)的变换生成的

不存在对所有情况都最优的重采样方法，因此我们需要了解每种方法的优缺点。这些优缺点已在 7.2 节中讨论过，实例已在图 7.7 中给出。下面详细介绍三种最常用的重采样方法及它们的计算公式。

最简单的重采样方法是最近邻重采样，它将最接近的输入像元的 DN 放到输出坐标的中心。在图 B.1 中，输出像元的值指定为$DN_{2,2}$，因为在这个位置输入像元的中心最接近期望的输出像元坐标。最近邻重采样的步骤是，首先利用式（B.1）简单地计算出期望输出像元位置的图像坐标，然后四舍五入取整为最接近的整数行列值。例如，在图 B.1 中，输出像元位置的计算坐标是(1.67, 1.58)，取整后得(2, 2)。

双线性内插法对输出像元位置周围的 4 个输入像元做加权平均，得到一个估计值［见图 B.2(a)］。首先，沿输出像元位置的左列和右列，做两个“垂直”插值：

$$\begin{aligned} I_1 &= DN_{c_1,r_1} + (y - r_1)(DN_{c_1,r_2} - DN_{c_1,r_1}) \\ I_2 &= DN_{c_2,r_1} + (y - r_1)(DN_{c_2,r_2} - DN_{c_2,r_1}) \end{aligned} \quad \text{(B.2)}$$

式中：c_1、c_2是原始图像中的列数；r_1、r_2是原始图像中的行数；y是输出位置的行数（在图 B.1 中是 1.58）；$DN_{c,r}$是原始图像中像元(c, r)的数值；I_1、I_2是沿列c_1和c_2插值后的数值。

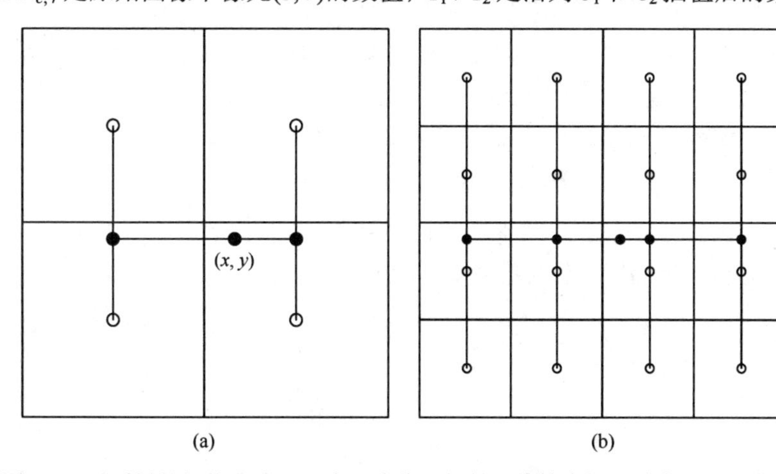

图 B.2　重采样的插值方法：(a)在 4 个像元间做双线性内插，首先沿两列向下插值，然后沿行做第三次插值；(b)在 16 个像元间做双三次内插

最后，第三次（“水平”）插值是在前两次插值的结果之间完成的：

$$DN_{x,y} = I_1 + (x - c_1)(I_2 - I_1) \quad \text{(B.3)}$$

式中：c_1是原始图像中的列数；x是输出位置的列数（在图 B.1 中是 1.67）；I_2、I_1是沿列c_1和c_2插值后的数值；$DN_{x,y}$是对应位置(x, y)的插值数值。

第三种重采样方法（双三次内插法或三次卷积法）假设图像任何一行或任何一列上给定点的基本信号可用如下正弦函数表示：

$$\operatorname{sinc} x = \frac{\sin(\pi x)}{\pi x} \tag{B.4}$$

式中：x 是与正在估计基本信号的点的距离（单位为弧度）。

然而，双三次内插法并不直接使用正弦函数，而使用三次样条函数作为估计函数。三次样条方程由式（B.5）给出（据 Wolf, Dewitt, and Wilkinson，2013；见参考文献）：

$$\begin{aligned} f(x) &= (a+2)|x|^3 - (a+3)|x| + 1, \quad 0 \leqslant |x| \leqslant 1 \\ f(x) &= a|x|^3 - 5a|x|^2 + 8a|x| - 4a, \quad 1 < |x| \leqslant 2 \\ f(x) &= 0, \quad |x| > 2 \end{aligned} \tag{B.5}$$

式中：x 是与正被插值的点的距离（单位为行数或列数，或者小数行数或列数）；a 是 x 为 1 时对应于权重函数斜率的参数；$f(x)$是距离为 x 时像元的权重因子。

式（B.5）中 a 的值通常设为–0.5（Schowengerdt，2006；见参考文献）。

就像前面描述的双线性内插法一样，双三次内插也先沿列方向进行插值，然后沿行方向进行插值。但与双线性插值不同的是，4 行和 4 列都要利用；也就是说，估计输出位置的 DN 是 16 个最接近邻点之间插值的结果［见图 B.2(b)］。4 列的插值计算如下：

$$\begin{aligned} I_1 &= f(r_1)\mathrm{DN}_{c_1,r_1} + f(r_2)\mathrm{DN}_{c_1,r_2} + f(r_3)\mathrm{DN}_{c_1,r_3} + f(r_4)\mathrm{DN}_{c_1,r_4} \\ I_2 &= f(r_1)\mathrm{DN}_{c_2,r_1} + f(r_2)\mathrm{DN}_{c_2,r_2} + f(r_3)\mathrm{DN}_{c_2,r_3} + f(r_4)\mathrm{DN}_{c_2,r_4} \\ I_3 &= f(r_1)\mathrm{DN}_{c_3,r_1} + f(r_2)\mathrm{DN}_{c_3,r_2} + f(r_3)\mathrm{DN}_{c_3,r_3} + f(r_4)\mathrm{DN}_{c_3,r_4} \\ I_4 &= f(r_1)\mathrm{DN}_{c_4,r_1} + f(r_2)\mathrm{DN}_{c_4,r_2} + f(r_3)\mathrm{DN}_{c_4,r_3} + f(r_4)\mathrm{DN}_{c_4,r_4} \end{aligned} \tag{B.6}$$

式中：$f(r)$是由式（B.5）得到的行 r 中像元的权重因子；$\mathrm{DN}_{c,r}$ 是原始图像中像元(c, r)的数字值；I_1、I_2、I_3、I_4 是沿列 c_1、c_2、c_3、c_4 插值后的数字值。

最后，估算的输出数字值是在 4 列插值结果之间再插值确定的：

$$\mathrm{DN}_{x,y} = f(c_1)I_1 + f(c_2)I_2 + f(c_3)I_3 + f(c_4)I_4 \tag{B.7}$$

式中：$f(c)$是由式（B.5）得到的列 c 中像元的权重因子；I_1、I_2、I_3、I_4 是沿列 c_1、c_2、c_3、c_4 插值的数字值；$\mathrm{DN}_{x,y}$ 是像元(x, y)插值后的数字值。

附录 C

雷达信号的概念、术语和单位

C.1 信号功率和雷达散射截面

如第 6 章讨论的那样，雷达天线发射微波脉冲并测量每个回波信号的后向散射功率。一般来说，接收到的信号是实际观测到的功率（P_{obs}）与参考功率（P_{ref}, 如来自完美朗伯表面的后向散射功率的理论值）的比值。这个比值可能跨越几个数量级，因此功率比常用单位分贝（dB）表示：

$$P_{dB}=10\lg\left(\frac{P_{obs}}{P_{ref}}\right) \tag{C.1}$$

各个物体（“点目标”）以它们的雷达散射截面σ来描述，后者表示一个完美反射球体的截面积，而完美反射球体会产生相同的后向散射。该项除以测得的表面积，即可得到散射系数σ^0或归一化雷达截面。散射系数表征了包含多个“分布散射体”的一个区域的反射率，譬如覆盖了由若干棵树、灌木和岩石组成的一个区域的地面分辨单元：

$$\sigma^0=\frac{\sigma}{A} \tag{C.2}$$

式中：σ是雷达截面，单位为 m^2；A是面积，单位为 m^2；σ^0是散射系数或归一化雷达截面，无量纲。

在远离天底角的入射位置，近似镜面反射器的平坦表面的散射系数低于−40dB，但该值在入射角接近 0°时大幅增加。实际中，低功率电平的测量值受限于雷达系统的噪声当量σ^0，噪声当量是指接收系统中的总电子“噪声”。在辐射尺度的另一端，用来进行雷达校验的角反射则具有超过+10dB 的散射系数。

有时用来表征雷达散射的另一个量是归一化雷达散射斜截面γ^0，它从几何影响视角纠正后向散射测量：

$$\gamma^0=\frac{\sigma^0}{\cos\theta_i} \tag{C.3}$$

式中：σ^0是散射系数或归一化雷达截面，无量纲；θ_i是入射角；γ^0是归一化雷达散射斜截面。

上述任何一个表达式都可用于雷达影像的定量分析。但是，在大多数情形下，将数据表示为数字值（DN）可改善图像的视觉外观，这些数字值与功率比的平方根成比例，而不与功率自身或 dB 成比例。用户一旦了解雷达图像中的数据是如何表示的，在这些量之间进行转换就很简单。

C.2 雷达信号的复振幅

类似于所有的电磁辐射，雷达脉冲可由周期波模式表示（见图 C.1）。波峰的高度称为波的振幅，相位是描述波形在其重复周期内任意瞬间位置的数字，单位为度。相位在一个周期内从 0°变化到 360°。

雷达（和激光雷达）传感器采用相干辐射，这意味着组成波的相位是相干的，且可以测量。这一事实是干涉测量雷达处理和其他特定的雷达数据分析方法（如比较不同极化方式下后向散射信号的相位差）的基础。如图 C.1 所示，任意一点的雷达信号 I 定义为

$$I = r\cos\phi \tag{C.4}$$

式中：r 是幅度；ϕ是相位，在一个重复周期内它由 0°变化到 360°。

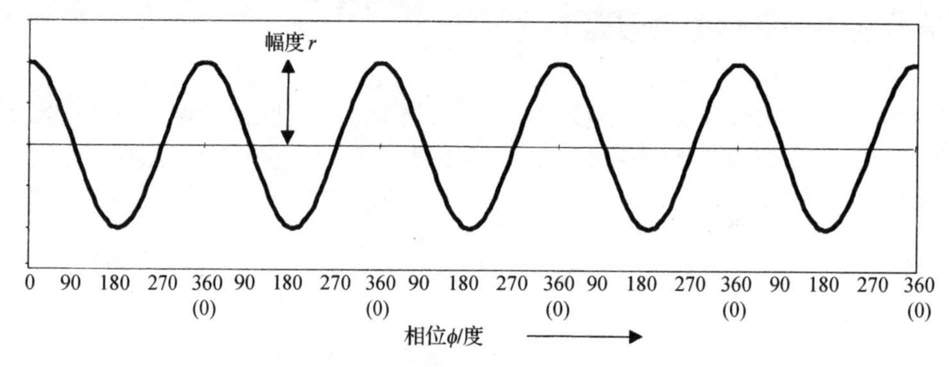

图 C.1　雷达信号由其振幅（r）和相位（ϕ）定义

为了从雷达图像中抽取相位信息，有必要理解雷达信号的复振幅的概念，即信号可表示为复数。数学上，复数由实部和虚部组成，实部和虚部本身都是实数，如下所示：

$$x + \mathrm{j}y \tag{C.5}$$

式中：x 是实分量；y 是虚分量，$\mathrm{j} = \sqrt{-1}$（实数集中不存在的数）。

雷达信号被接收时，通常会与两个参考信号相乘，这一过程称为正交解调。第一个参考信号与原始发射信号同步，相乘的结果称为同相余弦或实部（I），如式（C.4）所示，其值等于 $r\cos\phi$。第二个参考信号相对于发射信号产生 90°偏移，它与接收信号相乘的结果称为正交正弦或虚部（Q）：

$$Q = r\sin\phi \tag{C.6}$$

通过解调处理求得 I 和 Q，雷达信号的复振幅 a 可表示为一个复数：

$$a = I + \mathrm{j}Q \tag{C.7}$$

a 的幅度有时称为 a 的绝对值或振幅，可由下式计算：

$$r = \sqrt{I^2 + Q^2} = |a| \tag{C.8}$$

将幅度与上节讨论的概念关联起来，会发现雷达信号的功率与幅度的平方（r^2）成正比。

从复振幅（a）转换到幅度（r）或功率（P）的过程称为检测，这会损失信号的相位信息。检

测主要用于多视处理，在该处理中，P 是一组相邻像素的平均值，以减少斑点噪声并改善结果图像的视觉效果。检测本质上减少了 50%的数据量，而多视处理通过因子 L（视数）进一步减小了数据量。例如，如果一幅复振幅图像需要 800MB 的数据容量，那么检测图像需要 400MB，而 4 视检测图只需要 100MB。许多雷达影像的经销商提供检测格式的数据。显然，检测数据不能用来进行干涉测量或其他需要相位信息的分析。同样，多视处理降低了斑点噪声和数据量，但是以退化空间分辨率为代价的。

如图 C.2 所示，复雷达信号的 I 部分和 Q 部分可以可视化为直角坐标系的两个正交轴。幅度 r 是从原点到点(I, Q)的向量的长度，而相位ϕ是该向量与 I 轴之间的夹角。

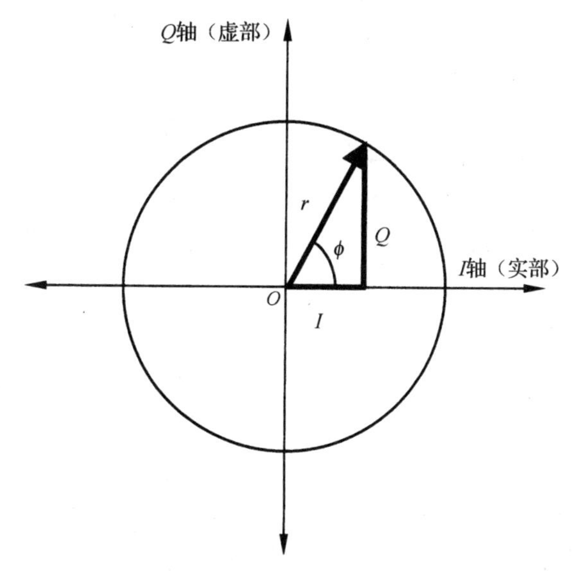

图 C.2　雷达信号同相 I 和正交 Q 之间及信号幅度（r）和相位（ϕ）之间关系的图形表示

遥感常用国际单位

表 1　基本单位

量	国际单位	厘米-克-秒单位	英尺-秒单位
长度（L）	米（m）	厘米（cm）	英尺（ft）
质量（M）	千克（kg）	克（g）	斯勒格
时间（T）	秒（s）	秒（s）	秒（s）
力（MLT^{-2}）	牛顿（N）	达因	磅（lb）
能量，功（ML^2T^{-2}）	焦耳（J）	尔格	尺磅（ft-lb）
功率（ML^2T^{-3}）	瓦特（W）	尔格・秒$^{-1}$	马力（hp）

表 2　单位前缀标记法

乘　数	前　缀
10^{12}	兆兆（T）
10^9	千兆（G）
10^6	兆（M）
10^3	千（K）
10^{-2}	厘（c）
10^{-3}	毫（m）
10^{-6}	微（μ）
10^{-9}	纳（n）
10^{-12}	皮（p）

表 3　波长（λ）的通用单位

单　位	等　量
厘米（cm）	10^{-2}m
毫米（mm）	10^{-3}m
微（μ）	10^{-6}m
微米（μm）	10^{-6}m
纳米（nm）	10^{-9}m
埃（Å）	10^{-10}m

表 4　有用的变换因子

变　换　前	变　换　后	被乘数或变换公式
英亩	公顷（ha）	4.046873×10^{-1}
英亩	平方米（m^2）	4.046873×10^{3}
度（角）	弧度（rad）	1.745329×10^{-2}
华氏度	摄氏度（℃）	℃ = 5/9(℉−32)
摄氏度	开氏度（K）	K = ℃ + 273.15
尔格	焦耳（J）	1×10^{-7}
英尺（美国测量）	米（m）	3.048006×10^{-1}
公顷	平方米（m^2）	1×10^{4}
英寸	米（m）	2.54×10^{-2}
千米每小时	米每秒（m/s）	2.777778×10^{-1}
英里（美国测量）	千米（km）	1.609347
英里每小时	米每秒（m/s）	4.470409×10^{-1}
海里（国际）	千米（km）	1.852
磅	千克（kg）	4.535924×10^{-1}
平方英尺	平方米（m^2）	9.290341×10^{-2}
平方英寸	平方米（m^2）	6.4516×10^{-4}
平方英里	平方米（m^2）	2.589998×10^{6}
波长（微米）	频率（Hz）	$\nu = (2.9979\times10^{14})/\lambda$

术 语 表

A

Absolute Orientation 绝对定向
Absolute temperature 热力学温度
Absorptance 吸收比
Absorption filter 吸收型滤色片
Accuracy assessment 精度评价
Across-track Scanner geometry 垂直航迹扫描仪几何特性
Across-Track Scanning 垂直航迹扫描
Active Microwave Instrumentation (AMI) 主动微波仪
Active sensors 主动传感器
Additive color process 加色法
ADvanced Earth Observing Satellite (ADEOS) 先进地球观测卫星
Advanced Land Imager (ALI) 先进陆地成像仪
Advanced Land Observing Satellite (ALOS) 先进陆地观测卫星
Advanced Microwave Scanning Radiometer 先进微波辐射计
Advanced Spaceborne Thermal Emission and Reflection Radiometer (ASTER) 先进星载热辐射和反射辐射计
Advanced Synthetic Aperture Radar (ASAR) 先进合成孔径雷达
Advanced Very High Resolution Radiometer 先进超高分辨率辐射计
Advanced Visible and Near Infrared Radiometer 先进可见光与近红外辐射计
Aerial cameras 航空摄影机
Aerial film speed 航空胶片速度
Aerial photographs 航空照片
Aerial videography 航空摄影
Aerotriangulation 空中三角测量
Affine coordinate transformation 仿射坐标变换
Africover 非洲地被图和地理数据库
Aggregation 聚合
Agricultural applications 农业应用
Air base 空中基线
Airborne Digital Sensor (ADS) 机载数字传感器
Airborne Imaging Spectrometer 机载成像光谱仪
Airborne Terrestrial Applications Scanner 机载陆地应用扫描仪
Airborne Visible-Infrared Imaging Spectrometer 机载可见光-红外成像光谱仪
Aircraft motion 飞行器运动
Air-to-ground correlation 空地相关
Algae 藻类
Along-track scanner geometry 沿航迹扫描仪几何特性
Along-track scanning 沿航迹扫描
Altimetry 测高法
American Society for Photogrammetry and Remote Sensing (ASPRS) 美国摄影测量与遥感学会
Anaglyphic viewing system 补色观察系统
Analog video recording 模拟视频记录
Analog-to-digital conversion 模数转换
Analytical stereoplotters 分析立体测图仪
Ancillary information 辅助信息
Angstrom 埃（光谱线波长单位）
Angular measurement 角度测量
Animal census 动物普查
Anniversary dates 周年日
Antenna beamwidth 天线波束宽度
Antennas 天线
Antivignetting filter 防渐晕滤色片
Aperture setting 光圈调校
Apollo missions 阿波罗计划
Arcs 弧
Area measurement 面积测量
Arid climate 干旱气候
Artificial neural networks 人工神经网络
Aspect ratio 宽高比
Atmospheric correction 大气校正

Atmospheric Corrector (AC) 大气校正器
Atmospheric effects 大气效应
Atmospheric windows 大气窗口
Attribute data 属性数据
Autonomous satellite operations 自主卫星作业
Azimuth angle 方位角
Azimuth resolution 方位分辨率
Azimuth map projection 方位地图投影

B

Balloon photography 气球摄影
Band Interleaved by Line (BIL) format 波段行交叉格式
Band Interleaved by Pixel (BIP) format 波段像元交叉格式
Band ratios 波段比
Band Sequential (BSQ) format 波段序贯格式
Banding 带状
Bandpass filter 带通滤色片
Base-height ratio 基高比
Bathymetry 测深学
Bayer pattern 拜尔阵列
Bayesian classifier 贝叶斯分类法
Beamwidth 波束宽度
Bedding 基底
Bedrock landforms 基岩地貌
Beluga whales 白鲸
Bicubic interpolation 双三次插值
Bidirectional reflectance distribution function 双向反射分布函数
Bidirectional reflectance factor 双向反射率
Bilinear interpolation 双线性插值
Binary mask 二值掩模
Biophysical modeling 生物物理建模
Bit errors 比特误差
Black and white films 黑白胶片
Blackbody 黑体
Block of photographs 图像拍摄区
Borehole optical stratigraphy 钻孔光学地层学
Brute force radar 蛮力（简单匹配）雷达
Buffering 缓冲

C

Calibration panel 校准板
Camels 骆驼
Cameras 摄影机
Camouflage detection film 伪装探测胶片
Canonical analysis 典范分析
Canopy Height Model (CHM) 冠层高度模型
Cardinal effect 基数效应
Cartographic camera 制图摄影机
C-band radar C 波段雷达
CERES 云与地球的辐射能量系统
Change detection 变化检测
Change vector analysis 变化向量分析
Characteristic curves 特征曲线
Charge-Coupled Devices (CCD) 电荷耦合装置
Chlorine spill 氯气泄漏
Chlorophyll 叶绿素
Circular Error probable (CE) 圆概率误差
Circular polarization 圆极化
Classification 分类
Clock bias errors 钟差
Cloud computing environment 云计算环境
Cluster analysis 聚类分析
Coastal Zone Color Scanner (CZCS) 海岸带水色扫描仪
Coincident spectral plot 重合光谱图
Collinearity 共线性
Color composite images 彩色合成图像
Color cube 颜色立方体
Color depth 色彩深度
Color film 彩色胶片
Color infrared film 彩色红外胶片
Color mixing processes 色彩混合过程
Color ratio composite 彩色比值合成
Color space transformation 彩色空间变换
Color-producing agents 显色剂
Commission errors 错分误差
Compact Airborne Spectrographic Imager 盒式机载光谱成像仪
Compact High Resolution Imaging Spectrometer 紧凑型高分辨率成像光谱仪

Compass, GNSS 北斗卫星导航系统
Complementary colors 互补色
Complementary Metal-Oxide Semiconductor 互补金属氧化物半导体
Complex amplitude of radar signals 雷达信号复振幅
Complex dielectric constant 复介电常数
Conductivity of thermal 热传导性
Conformal map projection 等角地图投影
Confusion matrix 混淆矩阵
Conjugate principal points 共轭主点
Contact printing 接触印相
Continuously Operating Reference Stations network 连续操作参考站网络
Contour mapping 等高线绘图
Contrast manipulation 对比度处理
Contrast stretch 对比度拉伸
Contrast 对比度
Convergence of evidence 证据收敛
Conversion factors 转换因子
Convolution 卷积
Coordinate digitizers 坐标数字化仪
Coordinate systems 坐标系
Coordinate transformations 坐标变换
Coordination of Information on the Environment 环境信息协调
Copernicus 哥白尼
Corner reflectors 角反射体
Correlation 相关
Covariance matrix 协方差矩阵
Coverage area 覆盖范围
Coverage of images 图像覆盖
Crab 偏航
Crop 作物
Cryosphere 冰冻圈
Cubic convolution 立方卷积

D

Daguerre 达盖尔
Dark object subtraction 黑体相减
Data acquisition 数据获取
Data analysis 数据分析
Data fusion 数据融合
Data fusion and GIS integration 数据融合与 GIS 集成
Data merging 数据合并
Data models for GIS GIS 数据模型
Date of photography 摄影日期
Datum 基准
Death Valley 死谷
Decision tree classifier 决策树分类法
Decorrelation stretching 去相关拉伸
Dense image matching 稠密图像匹配
Densitometers 密度计
Density 密度
Depression angle 俯角
Depth of field 景深
Derivative analysis 导数分析
Deskewing 去斜处理
Destriping 消除带状
Detectability 探测
Detectors 探测器
Diaphragm 光圈
Diapositive 透明正片
Dichotomous keys 二分标志法
Dichroic grating 二色光栅
Dielectric constant 介电常数
Differential atmospheric scattering 差分大气散射
Differential GPS measurements 差分 GPS 测量法
Differential interferometry 差分干涉
Differential shading 差分阴影
Diffuse reflection 漫反射
Digital camera formats 数字摄影机格式
Digital cameras 数码相机
Digital Elevation Model (DEM) 数字高程模型
Digital enhancement techniques 数字增强技术
Digital image concept 数字图像概念
Digital image processing 数字图像处理
Digital number 数字值
Digital number/radiance conversion 数字值/辐射率转换
Digital photogrammetry 数字摄影测量
Digital photography 数字摄影
Digital Surface Model (DSM) 数字表面模型
Digital terrain data 数字地形数据
Digital Terrain Model (DTM) 数字地形模型

Digital video recording 数码视频记录
Directional first differencing 有向一阶差分
Disaster Monitoring Constellation 国际灾害监测星座
Disease 病变
Dissolved organic carbon 溶解有机碳
Distortions 畸变
Diurnal temperature variations 白天温度变化
Divergence matrix 离散矩阵
Doppler effects in radar 雷达上的多普勒效应
Dot grid 点网
Drainage classification 排水分类
Drainage pattern and texture 水系模式与纹理
Dust and smoke 尘埃和烟雾
Dutch elm disease 荷兰榆树病
Dwell time 测量延迟时间

E

Earth Observing System (EOS) 对地观测系统
Earth Science Enterprise (ESE) 地球科学计划
Earthquake intensity 地震强度
Earthquake magnitude 地震震级
Earth-sun distance correction 日地距离校正
Earth-Sun Mission 地球-太阳任务
Edge enhancement 边缘增强
Electromagnetic energy 电磁能量
Electromagnetic spectrum 电磁波谱
Elevation data 高程数据
Elimination key 排除标志法
Ellipticity 椭圆率
Emissivity 发射率
Emitted energy 发射能量
Emulsion 感光乳剂
Endlap 航向重叠
Endmembers 端元
Energy interactions 能量相互作用
Energy sources 能量来源
Enhanced Vegetation Index (EVI) 增强植被指数
Enhancement 增强
Environmental assessment 环境评价
Environmental Monitoring and Analysis Program 环境监测与分析计划
Environmental Protection Agency (EPA) 环保局
Equal-area map projection 等积投影
Equidistant map projection 等距投影
Erosion 侵蚀
Error matrix 误差矩阵
European Geostationary Navigation Overlay Service (EGNOS) 欧洲同步卫星导航覆盖服务
European Space Agency (ESA) 欧洲航天局
Eutrophication 富营养作用
Exitance 出射度
Exposure falloff 曝光色散（曝光散开）
Exposure latitude 曝光区间
Exposure station 摄站
Exposure time 曝光时间
Extent 范围
Exterior orientation 外部定向
Extrusive igneous rocks 喷出火成岩

F

Falloff 色散
False color film 假彩色胶片
Faults 断层
Feature space plots 特征空间图
Fiducial marks 框标
Film 胶片
Flight lines 航线
Flight planning 飞行计划
Floating mark 浮动测标
Flood assessment 洪涝灾害评估
Flood basalt 大陆溢流玄武岩
Flooding 溢流
Floods 洪水
Flying height 航高
Focal length 焦距
Focal plane 焦平面
Focus 聚焦
Focused radar 聚焦雷达
Foreshortening 透视收缩
Forestry applications 林业应用
Forward-Looking InFrared (FLIR) systems 前视红外系统
Fourier analysis 傅里叶分析

Fourier spectrum　傅里叶光谱
Fourier transforms　傅里叶变换
Frame cameras　分幅摄影机
French Centre National d'Etudes Spatiales
法国国家空间研究中心
Frequencies of radar　雷达的频率
Frequency domain　频率域
Fujita Scale　藤田分级
Full Width, Half Maximum (FWHM)　半最大值全宽度
Full-waveform analysis　全波形分析
Future satellite systems　未来的卫星系统
Fuzzy classification　模糊分类

G

Gain　增益
Gamma　伽马
Gap Analysis Program (GAP)　差异分析计划
Gaussian maximum likelihood classifier
高斯最大似然分类法
Gelbstoffe　溶解有机物
Gemini program　双子座计划
Geobotany　植物地理
Geodatabase　地理数据库
Geographic Information Systems (GIS)　地理信息系统
Geologic and soil mapping　地质和土壤制图
Geometric correction　几何校正
Geometric factors influencing exposure
几何因素对胶片曝光的影响
Geometric image characteristics　几何图像特征
Georeferencing　地理参照
Geoscience Laser Altimeter System (GLAS)
地球科学激光测高系统
Geostationary satellites　地球同步卫星
Giraffe　长颈鹿
Glacial landforms　冰川地貌
Glacier National Park　冰川国家公园
Glaciers　冰河
Global Earth Observation System of Systems　全球观测系统
Global Land Information System　全球土地信息系统
Global Navigation Satellite System (GNSS)
全球导航卫星系统
Global Positioning System (GPS)　全球定位系统
GOES satellites　地球同步环境卫星
GPS aided geo-augmented navigation
GPS 辅助轨道增强导航系统
Grain　颗粒
Granitic rocks　花岗岩
Gray line　灰线
Graybody　灰体
Gray-level thresholding　灰度级阈值处理
Great Lakes　五大湖
Green normalized difference vegetation index
绿色归一化植被指数
Grid cells　网格单元
Ground control　地面控制
Ground coordinates　地面坐标
Ground principal point　地面主点
Ground range resolution　地距分辨率
Ground resolution cell　地面分辨单元
Ground Sampled Distance (GSD)　地面采样距离
Ground truth　地面实况
Ground-based thermal scanning systems
基于地面的热扫描系统
Groundwater　地下水
Group on Earth Observations (GEO)　地球观测组织
Guided clustering　控制聚类法
Gulf Stream　墨西哥湾流
Gullies　冲沟

H

Half mark　半标志
Haze　霾
Heads-up digitizing　抬头数字化
Heat loss surveys　热散失调查
Hexcone model　六角锥模型
High altitude photography　高海拔摄影
High definition video recording　高清视频记录
High oblique photographs　高斜照片
High pass filter　高通滤色片
High Resolution Camera (HRC)　高分辨率摄影机
High resolution satellites　高分辨率卫星
High resolution　高分辨率
Histogram-equalized stretch　直方图均衡拉伸

L

Lake eutrophication assessment　湖泊富营养化评价
Lambertian reflectors　朗伯反射体
Land use suitability evaluation
　土地利用适宜性评价
Land use　土地利用
Land use/land cover mapping
　土地利用/覆盖制图
Landforms　地貌
Landsat Data Continuity Mission
　陆地卫星数据卫星连续性任务
Landsat　陆地卫星
Landscape ecology　景观生态学
Landscape phenology　景观物候学
Landslider　滑坡
Large Format Camera (LFC)　大分幅相机
Large-scale photographs　大比例尺影像
LAS file format　LAS 文件格式
Latent image　潜影
Lava flows　熔岩流
Layer stacking　波段合成
Layover　叠掩
L-band radar　L 波段雷达
Leaf off photography　落叶照片
Leaf-on photography　有叶照片
Lens　镜头
Level slicing　灰度级分割
Leveling　置平
Lidar　激光雷达
Lidar intensity　激光雷达强度
Limestone　灰岩
Line drop correction　灰度值剧降修正
Lineaments　轮廓线
Linear array　线性阵列
Linear contrast stretch　线性反差拉伸
Linear spectral mixture analysis　线性光谱混合分析
Lines per mm　线/毫米
Lithologic mapping　岩性填图
Local incident angle　本地入射角
Locational data　位置数据
Look angle　视角
Looks　视图
Low oblique photographs　低斜照片
Low pass filter　低通滤波器
Low sun-angle imagery　低太阳高度角影像

M

Macrophytes　大型植物
Magazine　暗盒
Majority filter　择多滤波器
Map compilation　地图编绘
Map projection　地图投影
Mapping camera　制图摄影机
Mapping with aerial photographs　航空照片制图
Marginals　边际
Marine Observations Satellite　海洋观测卫星
Mask　掩模
Maximum likelihood classifier　最大似然分类法
Measuring instruments for photographs
　照片的测量装置
MEdium Resolution Imaging Spectrometer
　中等分辨率成像分光计
Medium-scale photographs　中比例尺影像
Membership grade　隶属度分级
Mercury program　水星计划
Merging of digital data　数字数据合并
MERIS terrestrial chlorophyll index
　MERIS 地面叶绿素指数
Metamorphic rocks　变质岩
Meteor Crater　陨石坑
Meteorological satellites　气象卫星
Metric camera　测量摄影机
Metric scale　米尺
Metric units (SI)　公制单位
Microdensitometer　微型显像密度计
MicroHSI　微型高光谱成像仪
Micrometer　微米
Microsats　微型卫星
Microwave　微波
Mid-IR energy　中红外能量
Mie scatter　米散射
Mineral resource exploration　矿产资源勘探
Minimum distance to means classifier　距平均值最

小距离分类法
Minimum mapping unit　最小制图单元
Minisats　小型卫星
MISR　多角度成像分光辐射计
Mission system　任务系统
Mixed pixels　混合像元
Moderate resolution satellites　中等分辨率陆地卫星
MODIS (Moderate Resolution Imaging Spectrometer)
中等分辨率成像分光计
Modulation transfer function　调制传递函数
Moisture content　含水量
MOPITT　对流层污染测量
Moraines　冰碛
Mosaicking　镶嵌
Mountain gorilla habitat　山地大猩猩栖息地
Moving window concept　滑动窗口的概念
Multidate photography　多时相摄影
Multi-functional Satellite Augmentation System
多功能卫星增强系统
Multi-image manipulation　多波段图像处理
Multiple-look processing　多视处理
Multipolarization radar　多极化雷达
Multiresolution data　多分辨率数据
Multi-Resolution Land Characteristics Consortium
多分辨率土地特征描述
Multisensor image merging　多传感器图像复合
Multisource image classification decision rules
多源图像分类的决策规则
Multispectral classification　多光谱分类
Multispectral sensing　多光谱遥感
Multi-stage classification　多级分类
Multistage sensing　多级遥感
Multi-temporal classification　多时相分类
Multitemporal data merging　多时相数据复合
Multitemporal profile　多时相剖面
Multitemporal sensing　多时相遥感

N

Nadar　纳达尔
Nadir line　天底线
Nanometer　纳米
Nanosats　纳米卫星
National Aerial Imagery Program (NAIP)
国家航空影像计划
National Aerial Photography Program (NAPP)
全国航空摄影计划
National GAP Analysis Program　国家差异分析计划
National Geospatial-Intelligence Agency (NGA)
国家地理空间情报局
National High Altitude Photography program (NHAP)
国家高海拔摄影计划
National Land Cover Database
全国土地覆盖数据库
National Plan for Civil Earth Observations
民用地球观测国家计划
National Soil Information System　全国土壤信息系统
National Wetlands Inventory　国家湿地详查
Natural disaster assessment　自然灾害评估
Nazca lines　纳斯卡线
Nearest neighbor resampling　最近邻重采样
Near-IR energy　近红外能
Negative film　负片
Neighborhood operations　邻域操作
Network analysis　网络分析
Neural network classification　神经网络分类
New Millennium Program (NMP)　新千年计划
Nighttime images　夜景图
Nile River　尼罗河
Nimbus satellites　雨云卫星
Nodes　节点
Noise　噪声
Noncoherent radar　非相干雷达
Nonlinear spectral mixture analysis
非线性光谱混合分析
Nonselective atmospheric scatter　非选择大气散射
Normalized Difference Snow Index (NDSI)
归一化差值积雪指数
Normalized Difference Vegetation Index (NDVI)
归一化差值植被指数
Normalized radar cross section　标准化雷达截面
Normalized ratio indices　归一化比值指数
North American Datum of 1983　北美 1983 基准
NTSC video standard　NTSC 视频格式

O

Object-based classification 基于对象分类
Object-Based Image Analysis (OBIA) 基于对象图像分析
Oblique photographs 倾斜航空照片
Ocean monitoring satellites 海洋监测卫星
Ocean Scanning Multi-spectral Imager (OSMI) 海洋扫描多光谱成像仪
Offset 偏移量
Oil films or slicks 油膜
Oligotrophic lake 贫营养湖
Omission errors 遗漏误差
One-dimensional relief displacement 一维投影差
Opacity 不透明度
Operational Land Imager (OLI) 陆地成像仪
Operators 算子
Optical axis 光轴
Optical projection stereoplotters 光学投影绘图仪
OPtical Sensor (OPS) 光学传感器
Orbit 轨道
Organic soils 有机质土壤
Orientation angle 方位角
Orthographic projection 正射投影
Orthoimage 正射图像
Orthophotos 正射影像
Overall accuracy 总精度
Overlay analysis 叠加分析

P

Panchromatic film 全色胶片
Panoramic film camera 全景摄影机
Panoramic image distortion 全景成像畸变
Pan-sharpened multispectral imagery 全色锐化多光谱图像
Parallax wedge 视差杆
Parallax 视差
Parallelepiped classifier 平行六面体分类法
Parking studies 停车场研究
Particle size 颗粒大小
Pass points 加密点
Passive microwave sensing 被动微波遥感
Passive sensors 被动传感器
Path length 路径长度
Path radiance 程辐射
Pattern recognition 模式识别
P-band radar P 波段雷达
Penetration 渗透
Perspective projection 透视投影
Perspective views 透视图
Phase 相位
Phased Array L-band Synthetic Aperture Radar 相控阵 L 波段合成孔径雷达
Phenology 生物气候学
Photogrammetric workstation 摄影测量工作站
Photogrammetry 摄影测量学
Photograph 照片
Photographic basics 摄影基本要素
Photographic films 胶片
Photographic interpretation 照片解译
Photographic spectrum 摄影光谱
Photometric units 光测量单位
Photomorphic regions 形态区
Photon detectors 光子探测器
Photosite 感光单元
Pinhole camera 针孔摄影机
Pitch 俯仰
Pixel 像元
Pixel vignetting 像素渐晕
Planck’s constant 普朗克常数
Plant stress 作物胁迫，植物抗性
Plateau basalt 高原玄武岩
Platforms 平台
Plumes 扇
Point operations 点处理
Polar Satellite Launch Vehicle (PSLV) 极轨卫星运载火箭
Polarimetry 偏振测定
Polarization of radar signals 雷达信号的极化
Polarization pattern recognition 极化模式识别
Polar-Orbiting Environmental Satellites 极轨环境卫星
Pollution 污染
Polygon data encoding 多边形数据编码

Population studies 人口研究
Positive film 正片
Postclassification comparison 分类后比较
Postclassification smoothing 分类后平滑
Power 功率
Precision Crop Management 精细作物管理
Precision farming 精细农业
Preprocessing 处理
Primary colors 三原色
Principal component analysis 主成分分析
Principal point 主点
Print paper 相纸
PRISMA 高光谱前驱和应用任务
Probability density functions 概率密度函数
Producer's accuracy 生产者精度
Progressive data capture 逐行扫描数据获取
Project for On-board Autonomy 天基自主计划
Pulse length 脉冲长度
Push-broom scanning 推帚式扫描

Q

Quadrature polarization 正交极化
Quanta 量子
Quantum detectors 量子探测器

R

Radar cross section 雷达截面
Radargrammetry 雷达摄影测量
Radarsat 雷达卫星
Radarsat Constellation Mission 雷达卫星合成体使命任务
Radian 弧度
Radiance 辐射率
Radiant energy 辐射能量
Radiant exitance 辐射强度
Radiant flux 辐射通量
Radiant flux density 辐射通量密度
Radiant intensity 辐射强度
Radiant spectral flux density 辐射谱通量密度
Radiant temperature 辐射温度
Radiation 辐射
Radiometer 辐射计
Radiometric calibration 辐射校准
Radiometric characteristics 辐射特征
Radiometric correction 辐射校正
Radiometric normalization 辐射标准化
Radiometric resolution 辐射测量分辨率
Radiometric units 辐射测量单位
Rainfall effects 降雨影响
Random sampling 随机采样
Range resolution 距离分辨率
Rangeland applications 牧场应用
Raster 栅格
Raster data format 栅格数据格式
Ratio image 比值图像
Rayleigh criterion 瑞利准则
Rayleigh scatter 瑞利散射
Real aperture radar 真实孔径雷达
Real-time differential GPS positioning 实时差分 GPS 定位
Recognition 识别
Reed canary grass mapping 草芦映射
Reference data 参考数据
Reference window 参照窗口
Reflectance factor 反射率因子
Reflectance 反射
Reflected energy 反射能
Regional planning applications 地区规划应用
Relational database 关系数据库
Relative orientation 相对定向
Relief displacement 地形起伏位移
Remote sensing 遥感
Repeat-pass interferometry 重复通过干涉测量
Resampling 重采样
Resolution 分辨率
Return beam vidicon 返束光摄影机
Revisit period 再访周期
RGB color cube RGB 三原色立方体
Richter scale 里氏震级
Roman villa 罗马别墅
Root Mean Square Error (RMSE) 均方根误差
Roughness 粗糙度
Route location 路线定位
Runoff 流出

S

Salt and pepper noise　椒盐噪声
Sampling　采样
San Andreas fault　圣安德烈亚斯断层
Sandstone　砂岩
Satellite altitudes and orbital periods
　卫星高度和轨道周期
Satellite ephemeris errors　卫星星历表误差
Satellite ranging　卫星测距
Satellite-Based Augmentation System (SBAS)
　星基增强系统
Saturation　饱和度
S-band radar　S 波段雷达
Scale effects　尺度效应
Scan angle monitor　扫描角度监控器
Scan line corrector failure　扫描线校正器故障
scan line corrector　扫描线校正器
Scan lines　扫描线
Scan positional distortion　扫描位置变形
Scanning film densitometer　扫描显像密度计
Scatter diagram　散点图
Scattering coefficient　散射系数
Scene brightness　景物亮度
Sea ice　海冰
Search window　搜索窗口
Seasonal effects on remote sensing　遥感季节的影响
SeaWiFS　海洋观测宽视野传感器
Sedimentary rocks　沉积岩
Seed pixel　种子像元
Segmentation　分割
Selective key　选择标志法
Sensitivity　感光度
Sensor web　传感器网络
Sentinel program　哨兵卫星计划
Seperability　可分性
Septic system failure　污水处理系统故障
Severe storms　强烈风暴
Shaded relief　阴影地形图
Shadows　阴影
Shale　页岩
Shape　形状
Shield volcanoes　地盾火山
Shoreline erosion　海岸线侵蚀
Shrinkage　收缩
Shutter speed　快门速度
Shuttle Imaging Radar (SIR)　航天飞机成像雷达
Shuttle Radar Topography Mission (SRTM)
　航天飞机雷达地形任务
Sidelap　旁向重叠
Side-looking radar　侧视雷达
Sigmoid curvature　扭曲
Signal-to-noise ratio　信噪比
Signature　识别标志
Sinc function　辛格函数
Single lens frame camera　单镜头分幅摄影机
Single-pass interferometry　单通干涉测量
Sinkholes　灰岩坑
Site selection　选址
Skew distortion　偏移畸变
Skylab　太空实验室
Skylight　天光
Slant range resolution　斜距分辨率
Slope　斜坡
Small-scale photographs　小比例尺影像
Smoke　烟雾
Smoothing　平滑
Snow and ice applications　冰雪应用
Soft image classification　软影像分类
Softcopy photogrammetry　软拷贝摄影测量
Soil Adjusted Vegetation Index (SAVI)
　土壤调节植被指数
Soil Moisture Active Passive (SMAP)
　土壤湿度主被动探测卫星
Solar elevation　太阳高度角
Sources of remote sensing data　遥感数据源
Space debris　空间碎片
Space intersection　空间交会
Space Shuttle　航天飞机
Space station remote sensing　空间站遥感
Spaceborne Hyperspectral Applicative
　星载高光谱应用
Spatial effects　空间效应
Spatial feature manipulation　空间特征处理

Spatial filtering 空间滤波
Spatial frequency of data 数据的空间频率
Spatial pattern recognition 空间模式识别
Spatial resolution 空间分辨率
Specifications 规范，指标
Speckle 光斑
Spectral Angle Mapping (SAM) 光谱角制图
Spectral classes 光谱类型
Spectral irradiance 光谱辐照度
Spectral libraries 光谱库
Spectral mixture analysis 光谱混合分析
Spectral pattern 光谱模式
Spectral pattern recognition 光谱模式识别
Spectral radiance 光谱辐射
Spectral radiant exitance 光谱辐射强度
Spectral reflectance curves 光谱反射率曲线
Spectral resolution 光谱分辨率
Spectral response curves 光谱响应曲线
Spectral response patterns 光谱响应模式
Spectral sensitivity 光谱灵敏度
Spectral signature 光谱特征
Spectral subclasses 光谱子类
Spectrometer 光谱仪
Spectroradiometer 分光辐射度计
Spectroscopy 光谱学
Spectrum 波谱
Specular reflection 镜面反射
Speed 速度
Spot densitometer 点阵显像密度计
Standard definition video recording 标准视频记录
Stefan-Boltzmann constant 斯忒藩–玻尔兹曼常数
Steradian 球面度
Stereo images 立体图像
Stereogram 立体图
Stereomodel 立体模型
Stereopair 立体像对
Stereoscopes 立体镜
Stereoscopic coverage 立体影像覆盖
Stereoscopic overlap area 立体重叠区
Stereoscopic plotting instruments 立体绘图仪
Stereoscopic vision 立体视觉
Strategies for image interpretation 图像解译策略
Stratified classifier 分层分类器
Stratified sampling 分层采样
Strato volcanoes 成层火山
Stressed plants 被胁迫植物
Striping 带状
Subsetting 子区裁剪
Subtractive color process 减色法
Sunlight 阳光，日光
Sun-synchronous orbit 太阳同步轨道
Suomi National Polar-orbiting Partnership
索米国家极地轨道伙伴卫星
Supervised classification 监督分类
Surface roughness 表面粗糙度
Surficial geology 地表地质学
Suspended sediment 悬浮沉积物
Sustained and Enhanced Land Imaging Program
持续性增强陆地成像计划
Swath width 刈幅宽
Synthetic stereo images 合成立体图像

T

Talbot 衍射自成像效应
Tangential scale distortion 比例尺切向畸变
Tasseled cap transformation 穗帽变换
Television and Infrared Observation Satellite
电视与红外观测卫星
Temperature 温度
Temporal decorrelation 时间去相关
Temporal effects 时间效应
Temporal image differencing 多时相图像差分法
Temporal image ratioing 多时相图像比值法
Temporal pattern recognition 时间模式识别
Temporal signature 时间签名
Terrain correction 地形校正
Test areas 测试区域
Texture 纹理
The National Map 全国地图
Thematic maps 专题地图
Thermal capacity 热容量
Thermal conductivity 热传导性
Thermal crossovers 热交点
Thermal diurnal variation 热的一天变化

Thermal energy　热能
Thermal image interpretation　热扫描图像解译
Thermal inertia　热惯量
Thermal IR energy　热红外波段的能量
Thermal mapping　热制图
Thermal radiation principles　热辐射原理
Thermal radiometer　热辐射计
Thermal scanner system　热扫描仪系统
Thermogram　温谱图
Thresholding　阈值
Tie points　连结点
Time-series analysis　时序分析
Timing of image acquisition　图像采集时间
Tone　色调
Topographic mapping　地形测绘
Topographic orthophotomap　正射影像地形图
Topography　地形
Topological data coding　拓扑数据编码
Tornado damage　龙卷风破坏
Tornado intensity　龙卷风强度
Traffic studies　交通研究
Training areas　训练区域
Training set refinement　训练集采样
Transformed divergence　转化发散
Transmittance　透射率
Transparency　透明度
Trichromatic theory　三基色原理
Trophic state of lakes　湖泊的营养状态
Tsunami　海啸
Turbidity　浑浊度
Typhoon Haiyan　台风“海燕”

U

UAVSAR　无人机合成孔径雷达
Ultraspectral sensing　超光谱遥感
Ultraviolet　紫外线
Unfocused radar　非聚焦雷达
Uninhabited aerial vehicle　无人机
Units of measure　测量单位
Universal Transverse Mercator coordinates
通用横轴墨卡托坐标
Unsupervised classification　非监督分类
Urban and regional planning applications
城市和地区规划应用
Urban area response　城市区域响应
Urban change detection　城市变化监测
U.S. Army Corps of Engineers　陆军工程兵部队
U.S. Department of Agriculture (USDA)　美国农业部
U.S. Environmental Protection Agency (EPA)
美国环保局
U.S. Fish and Wildlife Service (USFWS)
美国鱼类和野生动物服务局
U.S. Forest Service (USFS)　美国林业局
U.S. Geological Survey (USGS)　美国地质调查局
U.S. Natural Resources Conservation Service (NRCS)
美国自然资源保护局
User’s accuracy　用户准确度

V

Variable Rate Technology (VRT)　变速率技术
Variance　方差
Vector data format　向量数据格式
Vector　向量
Vegetation instrument　植被检测仪
Velocity of light　光速
Vertical aerial photographs　垂直航空照片
Vertical datum　高程基准面
Vertical exaggeration　垂直放大
Vertical ground control points　垂直地面控制点
Vertical photographs　垂直照片
Video　视频
Viewing equipment　目视设备
Viewshed mapping　观察区域图
Vignetting　虚光照
Visible Infrared Imaging Radiometer Suite
可见光红外成像辐射仪
Visible spectrum　可见光谱
Visual image interpretation　目视影像解译
Visual image interpretation equipment
目视图像解译设备
Volcanic eruptions　火山喷发
Volcanoes　火山群

W

Water resource applications　水资源应用
Water vapor　水蒸气

Wave theory　波动理论
Wavelength　波长
Wavelength blocking filter　波长遮挡滤色片
Weather problems in remote sensing　遥感中的天气问题
Weather satellites　气象卫星
Wedge block filter　楔形阻塞滤波器
Wetland mapping　湿地制图
Whales　鲸鱼
Whiskbroom scanning　扫帚式扫描
Wide Area Augmentation System　广域增强系统
Wide dynamic range vegetation index　宽范围动态植被指数
Wien's displacement law　维恩位移定律
Wildebeest　牛羚
Wildfires　野火
Wildlife census　野生动物普查
Wildlife ecology applications　野生动物生态学应用
Window　窗口
Worldwide Reference System　全球参照系统
Wratten filter numbers　雷登滤色片分类号

X

X-band radar　X 波段雷达

Z

Zenithal map projection　天顶地图投影

参 考 文 献

Aber, J.S., et al., *Small-Format Aerial Photography: Principles, Techniques, and Geoscience Applications*, Oxford, UK: Elsevier, 2010.

Agfa-Gevaert Group, *Specialty Products, Aerial Photography-Online Publications*, available at http://www.agfa.com, 2014.

American Society of Photogrammetry (ASP), *Manual of Remote Sensing*, 2nd ed., Falls Church, VA: ASP, 1983.

American Society for Photogrammetry and Remote Sensing (ASPRS), *Manual of Photographic Interpretation*, 2nd ed., Bethesda, MD: ASPRS, 1997.

American Society for Photogrammetry and Remote Sensing (ASPRS), *Corona between the Sun and the Earth: The First NRO Reconnaissance Eye in Space*, Bethesda, MD: ASPRS, 1997.

American Society for Photogrammetry and Remote Sensing (ASPRS), *Principles and Applications of Imaging Radar, Manual of Remote Sensing*, 3rd ed., vol. 2, New York: Wiley, 1998.

American Society for Photogrammetry and Remote Sensing (ASPRS), *Manual of Photogrammetry*, 5th ed., Bethesda, MD: ASPRS, 2004.

American Society for Photogrammetry and Remote Sensing (ASPRS), *Remote Sensing of the Marine Environment, Manual of Remote Sensing*, 3rd ed., vol. 6, Bethesda, MD: ASPRS, 2006.

American Society for Photogrammetry and Remote Sensing (ASPRS), *Manual of Airborne Topographic Lidar*, Bethesda, MD: ASPRS, 2012.

Andersen, H.-E., R.J. McGaughey, and S.E. Reutebuch, "Estimating Forest Canopy Fuel Parameters using LIDAR Data," *Remote Sensing of Environment*, vol. 94, no. 4, 2005, pp. 441–449.

Andersen, H.-E., S.E. Reutebuch, and R.J. McGaughey, "Active Remote Sensing," in G. Shao and K.M. Reynolds, Eds., *Computer Applications in Sustainable Forest Management*, Berlin: Springer-Verlag, 2006.

Andersen, H.-E., S.E. Reutebuch, and G.F. Schreuder, "Bayesian Object Recognition for the Analysis of Complex Forest Scenes in Airborne Laser Scanner Data," *ISPRS Commission III Symposium*, September 9-13, 2002, Graz, Austria, Part 3A, pp. 35–41.

Anderson, J.R., et al., "A Land Use and Land Cover Classification System for Use with Remote Sensor Data," *Geological Survey Professional Paper* 964, U.S. Government Printing Office, Washington, DC, 1976.

Avery, T.E., and G.L. Berlin, *Fundamentals of Remote Sensing and Airphoto Interpretation*, New York: Macmillan, 1992.

Badhwar, G.D., "Classification of Corn and Soybeans Using Multitemporal Thematic Mapper Data," *Remote Sensing of Environment*, vol. 16, 1985, pp. 175–181.

Baker, S., "San Francisco in Ruins: The 1906 Aerial Photographs of George R. Lawrence," *Landscape*, vol. 30, no. 2, 1989, pp. 9–14.

Ball, G.H., and D.J. Hall, *ISODATA: A Novel Method of Data Analysis and Pattern Recognition*, Technical report, Stanford Research Institute, Menlo Park, CA, 1965.

Bauer, M.E., "Spectral Inputs to Crop Identification and Condition Assessment," *Proceedings of the IEEE*, vol. 73, no. 6, 1985, pp. 1071–1085.

Bauer, M.E., and B. Wilson, "Satellite Tabulation of Impervious Surface Areas," *Lakeline*, Spring, 2005, pp. 17–20.

Bauer, M.E., et al., "Field Spectroscopy of Agricultural Crops," *IEEE Transactions on Geoscience and Remote Sensing*, vol. GE-24, no. 1, 1986, pp. 65–75.

Bauer, M.E., et al., "Satellite Inventory of Minnesota Forest Resources," *Photogrammetric Engineering and Remote Sensing*, vol. 60, no. 3, 1994, pp. 287–298.

Benson, B.J., and M.D. Mackenzie, "Effects of Sensor Spatial Resolution on Landscape Structure Parameters," *Landscape Ecology*, vol. 10, no. 2, 1995, pp. 113–120.

Blaschke, T., "Object Based Image Analysis for Remote Sensing," *ISPRS Journal of Photogrammetry and Remote Sensing*, vol. 65, no. 1, 2010, pp 2–16.

Boerner, W.-M., et al., "Polarimetry in Radar Remote Sensing: Basic and Applied Concepts," *Principles and Applications of Imaging Radar*, *Manual of Remote Sensing*, 3rd ed., vol. 2, New York: Wiley, 1998, pp. 271–357.

Bolger, D.T., et al., "A Computer-Assisted System for Photographic Mark–Recapture Analysis," *Methods in Ecology and Evolution*, vol. 3, no. 5, 2012, pp. 813–822.

Bowker, D.E., et al., *Spectral Reflectances of Natural Targets for Use in Remote Sensing Studies*, Washington, DC: National Aeronautics and Space Administration, 1985.

Campbell, J.B., *Introduction to Remote Sensing*, 3rd ed., New York: Guilford Press, 2002.

Campbell, J.B., and R. Wynne, *Introduction to Remote Sensing*, 5th ed., New York: Guilford Press, 2011.

Caselles, V., et al., "Thermal Band Selection for the PRISM Instrument 3," *Journal of Geophysical Research*, vol. 103, 1998.

Chase, A.F., et al., "Geospatial Revolution and Remote Sensing LiDAR in Mesoamerican Archaeology," *Proceedings of the National Academy of Sciences*, vol. 109, no. 32, 2012, pp. 12916–12921.

Chipman, J.W., and T.M. Lillesand, "Satellite-Based Assessment of the Dynamics of New Lakes in Southern Egypt," *International Journal of Remote Sensing*, vol. 28, no. 19, 2007, pp. 4365–4379.

Chipman, J.W., L.G. Olmanson, and A.A. Gitelson, *Remote Sensing Methods for Lake Management*, Madison, WI: North American Lake Management Society, 2009.

Chipman, J.W., T. Morrison, and D. Bolger, "Land Cover Variability across Spatial and Temporal Scales: Implications for Wild Ungulate Populations in Tanzania," Annual conference, American Society for Photogrammetry and Remote Sensing (ASPRS), 4 May 2011, Milwaukee, WI.

Clark, R.N., and G.A. Swayze, "Mapping Minerals, Amorphous Materials, Environmental Materials, Vegetation, Water, Ice, and Snow, and Other Materials: The USGS Tricorder Algorithm," *Summaries of the Fifth Annual JPL Airborne Earth Science Workshop*, *JPL Publication* 95-1, Jet Propulsion Laboratory, Pasadena, CA, 1995, pp. 39–40.

Clark, R.N., et al., "Imaging Spectroscopy: Earth and Planetary Remote Sensing with the USGS Tetracorder and Expert Systems," *Journal of Geophysical Research*: *Planets*, vol. 108, no. E12, 2003.

Clark, M.L., D.B. Clark, and D.A. Roberts, "Small-Footprint Lidar Estimation of Sub-canopy Elevation and Tree Height in a Tropical Rain Forest Landscape," *Remote Sensing of Environment*, vol. 91, no. 1, 2004, pp. 68–89.

Comer, R.P., et al., "Talking Digital," *Photogrammetric Engineering and Remote Sensing*, vol. 64, no. 12, 1998, pp. 1139–1142.

Congalton, R., and K. Green, *Assessing the Accuracy of Remotely Sensed Data*: *Principles and Practices*, 2nd ed., Boca Raton, FL: CRC/Taylor & Francis, 2009.

Curlander, J.C., and R.N. McDonough, *Synthetic Aperture Radar*: *Systems and Signal Processing*, New York: Wiley, 1991.

Dash, J., and P.J. Curran, "The MERIS Terrestrial Chlorophyll Index," *International Journal of Remote Sensing*, vol. 25, no. 23, 2004, pp. 5403–5413.

Doyle, F.J., "The Large Format Camera on Shuttle Mission 41-G," *Photogrammetric Engineering and Remote Sensing*, vol. 51, no. 2, 1985, pp. 200–203.

Dozier, J., and T.H. Painter, "Multispectral and Hyperspectral Remote Sensing of Alpine Snow Properties," *Annual Review of Earth and Planetary Sciences*, vol. 32, 2004, pp. 465–494.

Eastman Kodak Company, *Literature and Publications*: *Kodak Aerial Products*, 2014. Available at http://www.kodak.com.

Eastman Kodak Company, *Kodak Photographic Filters Handbook*, Rochester, NY: Eastman Kodak Company, 1990.

Eastman Kodak Company, *Kodak Data for Aerial Photography*, 6th ed., Rochester, NY: Eastman Kodak Company, 1992.

Eidenshink, J.C., and J.L. Faundeen, "The 1-km AVHRR Global Land Data Set: First Stages in Implementation," *International Journal of Remote Sensing*, vol. 15, no. 17, 1994, pp. 3443–3462.

Elachi, C., *Introduction to the Physics and Techniques of Remote Sensing*, Hoboken, NJ: Wiley, 1987.

Elachi, C., *Spaceborne Radar Remote Sensing*: *Applications and Techniques*, New York: IEEE Press, 1987.

Federal Interagency Committee for Wetland Delineation, *Federal Manual for Identifying and Delineating Jurisdictional Wetlands*, U.S. Army Corps of Engineers, U.S. Environmental Protection Agency, U.S. Fish and Wildlife Service, and USDA Soil Conservation Service, Washington, DC: Cooperative Technical Publication, 1989.

Fletcher, R., "Low-Density, Agrarian-Based Urbanism: A Comparative View," *Insights*, vol. 2, no. 4, 2009, pp. 1–19.

Fu, L., and B. Holt, *Seasat Views Oceans and Sea Ice with Synthetic-Aperture Radar*, JPL Publ. 81–120, Pasadena, CA: NASA Jet Propulsion Laboratory, 1982.

Gao, B.-C., et al., "Atmospheric Correction Algorithms for Hyperspectral Remote Sensing Data of Land and Ocean," *Remote Sensing of Environment*, vol. 113, 2009, pp. S17–S24.

Gitelson, A.A., et al., "Remote Estimation of Phytoplankton Density in Productive Waters," *Archives of Hydrobiology Special Issues in Advanced Limnology*, vol. 55, February 2000, pp. 121–136.

Goetz, A.H., et al., "Imaging Spectrometry for Earth Remote Sensing," *Science*, vol. 228, no. 4704, June 7, 1985, pp. 1147–1153.

Graham, R., and A. Koh, *Digital Aerial Survey: Theory and Practice*, Latheronwheel, Scotland: Whittles Publishing, 2002.

Hall, D.K., et al., "Assessment of Snow-Cover Mapping Accuracy in a Variety of Vegetation-Cover Densities in Central Alaska," *Remote Sensing of Environment*, vol. 66, no. 2, 1998, pp. 129–137.

Haugerud, R.A., "Preliminary Interpretation of Pre-2014 Landslide Deposits in the Vicinity of Oso, Washington," *U.S. Geological Survey Open-File Report* 2014–1065, 2014, doi:10.3133/ofr20141065.

Hawley, R.L., and E.D. Waddington, "In situ Measurements of Firn Compaction Profiles Using Borehole Optical Stratigraphy," *Journal of Glaciology*, vol. 57, no. 202, 2011, pp. 289–294.

Heady, H.F., and R.D. Child, *Introductory Geographic Information Systems*, Boulder, CO: Westview Press, 1994.

Helfert, M., and K. Lulla, Ed., Special Issue on "Human Directed Observation of the Earth from Space," *Geocarto International Journal*, vol. 4, no. 1, 1989.

Hoffer, R.M., P.W. Mueller, and D.F. Lozano-Garcia, "Multiple Incidence Angle Shuttle Imaging Radar Data for Discriminating Forest Cover Types," *Technical Papers of the American Society for Photogrammetry and Remote Sensing*, ACSM–ASPRS Fall Technical Meeting, September 1985, pp. 476–485.

Homer, C., et al., "Development of a 2001 National Land-Cover Database for the United States," *Photogrammetric Engineering and Remote Sensing*, vol. 70, no. 7, 2004, pp. 829–840.

Homer, C.H., J.A. Fry, and C.A. Barnes, The National Land Cover Database, U.S. Geological Survey Fact Sheet no. 2012-3020, 2012.

Homer, C., et al., "Completion of the 2001 National Land Cover Database for the Conterminous United States," *Photogrammetric Engineering and Remote Sensing*, vol. 73, no. 4, 2007, p. 337.

Hudson, R.D., Jr., *Infrared System Engineering*, Wiley, New York, 1969.

Huete, A.R., "A Soil-Adjusted Vegetation Index (SAVI)," *Remote Sensing of Environment*, vol. 25, no. 3, 1988, pp. 295–309.

Irons, J.R., J.L. Dwyer, and J.A. Barsi, "The Next Landsat Satellite: The Landsat Data Continuity Mission," *Remote Sensing of Environment*, vol. 122, 2012.

Jensen, J.R., *Introductory Digital Image Processing: A Remote Sensing Perspective*, 3rd ed., Upper Saddle River, NJ: Prentice Hall, 2005.

Jensen, J.R., and R.R. Jensen, *Introductory Geographic Information Systems*, Glenview, IL: Pearson Education, Inc., 2013.

Jet Propulsion Laboratory, *ASTER Spectral Library*, Pasadena: California Institute of Technology, 1999.

Jezek, K.C., "Observing the Antarctic Ice Sheet Using the RADARSAT-1 Synthetic Aperture Radar," *Polar Geography*, vol. 27, no. 3, 2003.

Jiménez-Muñoz, J.-C., and J.A. Sobrino, "Feasibility of Retrieving Land-Surface Temperature from ASTER TIR Bands Using Two-Channel Algorithms: A Case Study of Agricultural Areas," *IEEE Geoscience and Remote Sensing Letters*, vol. 5, no. 4, 2008.

Joughin, I., et al., "Greenland Flow Variability from Ice-Sheet-Wide Velocity Mapping," *Journal of Glaciology*, vol. 56, no. 197, 2010, pp. 415–430.

Jupp, D.L.B., and A.H. Strahler, "A Hotspot Model for Leaf Canopies," *Remote Sensing of Environment*, vol. 38, 1991, pp. 193–210.

Jupp, D.L.B., et al., "The Application and Potential of Remote Sensing to Planning and Managing the Great Barrier Reef of Australia," *Proceedings: Eighteenth International Symposium on Remote Sensing of Environment*, Paris, France, 1984, pp. 121–137.

Kaufmann, et al., *Science Plan for the Environmental Mapping and Analysis Program (EnMap)*, Deutsches

GeoForschungsZentrum GFZ, 65 pp., Scientific Technical Report, Potsdam, 2012.
Kelly, M.A., et al., "Expanded Glaciers During a Dry and Cold Last Glacial Maximum in Equatorial East Africa," *Geology*, vol. 42, no. 6, 2014, pp. 519–522.
Kessler, D.J., and B.G. Cour-Palais, "Collision Frequency of Artificial Satellites: The Creation of a Debris Belt," *Journal of Geophysical Research*, vol. 83, no A6, 1978.
Kim, Y., and J.J. van Zyl, "A Time-Series Approach to Estimate Soil Moisture Using Polarimetric Radar Data," *IEEE Transactions on Geoscience and Remote Sensing*, vol. 47, no. 8, 2009, pp. 2519–2527.
Kosok, P., *Life, Land and Water in Ancient Peru*, New York: Long Island University Press, 1965.
Kruse, F.A., "Mapping Surface Mineralogy Using Imaging Spectrometry," *Geomorphology*, vol. 137, no. 1, January 15, 2012, pp. 41–56.
Kruse, F.A., A.B. Lefkoff, and J.B. Dietz, "Expert System-Based Mineral Mapping in Northern Death Valley, California/Nevada Using the Airborne Visible/Infrared Imaging Spectrometer (AVIRIS)," *Remote Sensing of Environment*, vol. 44, 1993, pp. 309–336.
Kruse, F., et al., "The Spectral Image Processing System (SIPS)—Interactive Visualization and Analysis of Imaging Spectrometer Data," *Remote Sensing of Environment*, vol. 44, 1993, pp. 145–163.
Laliberte, A., et al., "Acquisition, Orthorectification, and Object-based Classification of Unmanned Aerial Vehicle (UAV) Imagery for Rangeland Monitoring," *Photogrammetric Engineering and Remote Sensing*, vol. 76, no. 6, 2010, pp. 661–672.
Laliberte, A., et al., "Multispectral Remote Sensing from Unmanned Aircraft: Image Processing Workflows and Applications for Rangeland Environments," *Remote Sensing*, vol. 3, no. 11, 2011, pp. 2529–2551.
Lauer, D.T., S.A. Morain, and V.V. Salomonson, "The Landsat Program: Its Origins, Evolution, and Impacts," *Photogrammetric Engineering and Remote Sensing*, vol. 63, no. 7, pp. 831– 838.
Leberl, F.W., *Radargrammetric Image Processing*, Norwood, MA: Artech House Inc., 1990.
Leberl, F.W., "Radargrammetry," *Principles and Applications of Imaging Radar, Manual of Remote Sensing*, 3rd ed., vol. 2, New York: Wiley, 1998, pp. 183–269.
Lewis, A.J., Ed., "Geoscience Applications of Imaging Radar Systems," *Remote Sensing of the Electromagnetic Spectrum*, vol. 3, no. 3, 1976.
Lewis, A.J., F.M. Henderson, and D.W. Holcomb, "Radar Fundamentals: The Geoscience Perspective," *Principles and Applications of Imaging Radar, Manual of Remote Sensing*, 3rd ed., vol. 2, New York: Wiley, 1998, pp. 131–181.
Liang, S., *Quantitative Remote Sensing of Land Surfaces*, Hoboken, NJ: Wiley, 2004.
Licciardi, G.A., and F. Del Frate, "Pixel Unmixing in Hyperspectral Data by Means of Neural Networks," *IEEE Transactions on Geoscience and Remote Sensing*, vol. 49, no. 11, 2011, pp. 4163–4172.
Lillesand, T.M., et al., *Upper Midwest Gap Analysis Program Image Processing Protocol*, USGS Environmental Management Technical Center, Onalaska, WI, 1998.
Mallet, C., and F. Bretar, "Full-Waveform Topographic Lidar: State-of-the-Art," *ISPRS Journal of Photogrammetry and Remote Sensing*, vol. 64, no. 1, 2009, pp. 1–16.
Maune, D.F., Ed., *Digital Elevation Model Technologies and Applications: The DEM Users Manual*, 2nd ed., Bethesda, MD: American Society for Photogrammetry and Remote Sensing, 2007.
Measures, R.M., *Laser Remote Sensing*, New York: Wiley, 1984.
Meigs, A.D., et al., "Ultraspectral Imaging: A New Contribution to Global Virtual Presence," *Aerospace and Electronic Systems*, vol. 23, no. 10, Oct. 2008, pp. 11–17.
Mikhail, E.M., J.S. Bethel, and J.C. McGlone, *Introduction to Modern Photogrammetry*, New York: Wiley, 2001.
Morrison, T.A., et al., "Estimating Survival in Photographic Capture–Recapture Studies: Overcoming Misidentification Error," *Methods in Ecology and Evolution*, vol. 2, no. 5, 2011, pp. 454–463.
NASA, *The Gateway to Astronaut Photography of Earth*, available at http://earth.jsc. nasa.gov/sseop/clickmap, 2006.
National Research Council (NRC) Committee on Implementation of a Sustained Land Imaging Program, *Landsat and Beyond: Sustaining and Enhancing the Nation's Land Imaging Program*, National Academy Press, available at http://www.nap.edu, 2013.
National Research Council (NRC) Committee on the Assessment of NASA's Orbital Debris Programs, *Limiting Future Collision Risk to Spacecraft: An Assessment on NASA's Meteoroid and Orbital Debris Programs*, National Academy Press, available at http://www.nap.edu, 2011.

NOAA, "Visual Interpretation of TM Band Combinations Being Studied," *Landsat Data Users Notes*, no. 30, March 1984.

NOAA GVI, *Global Vegetation Index Products*, available at http://www.osdpd.noaa. gov/PSB/IMAGES/gvi.html, 2006.

Office of Science and Technology Policy (OSTP), *National Plan for Civil Earth Observations*, available at http://www.whitehouse.gov, July, 2014.

Olson, Charles E., Jr., "Elements of Photographic Interpretation Common to Several Sensors," *Photogrammetric Engineering*, vol. 26, no. 4, 1960, pp. 651–656.

Photogrammetric Engineering and Remote Sensing (PERS), Special Issue on Landsat, *Photogrammetric Engineering and Remote Sensing*, vol. 72, no. 10, 2006.

Plaza, A., et al., "Recent Developments in Endmember Extraction and Spectral Unmixing," In S. Prasad, et al., Eds., *Optical Remote Sensing*, Berlin: Springer, 2009, pp. 235–267.

Raney, R.K., "Radar Fundamentals: Technical Perspective," *Principles and Applications of Imaging Radar*, *Manual of Remote Sensing*, 3rd ed., vol. 2, New York: Wiley, 1998, pp. 9–130.

Rango, A., et al., "Unmanned Aerial Vehicle-Based Remote Sensing for Rangeland Assessment, Monitoring, and Management," *Journal of Applied Remote Sensing*, vol. 3, no. 1, 2009, paper 033542.

Reese, H.M., et al., "Statewide Land Cover Derived from Multiseasonal Landsat TM Data: A Retrospective of the WISCLAND Project," *Remote Sensing of Environment*, vol. 82, nos. 2–3, 2002, pp. 224–237.

Rignot, E., et al., "Recent Antarctic Ice Mass Loss from Radar Interferometry and Regional Climate Modelling," *Nature Geoscience*, vol. 1, no. 2, 2008, pp. 106–110.

Robert, P.C., "*Remote Sensing*: A Potentially Powerful Technique for Precision Agriculture," *Proceedings*: *Land Satellite Information in the Next Decade II*: *Sources and Applications*, Bethesda, MD: American Society for Photogrammetry and Remote Sensing, 1997, pp. 19–25 (CD-ROM).

Robinson, A.H., et al., *Elements of Cartography*, 6th ed., New York: Wiley, 1995.

Rutzinger, M., et al., "Object-Based Point Cloud Analysis of Full-Waveform Airborne Laser Scanning Data for Urban Vegetation Classification," *Sensors*, vol. 8, no. 8, 2008, pp. 4505–4528, doi:10.3390/s8084505.

Sabins, F.F., Jr., *Remote Sensing—Principles and Interpretation*, 3rd ed., New York: W.H. Freeman, 1997.

Salisbury, J.W., and D.M. D'Aria, "Emissivity of Terrestrial Materials in the 8–14 mm Atmospheric Window," *Remote Sensing of Environment*, vol. 42, 1992, pp. 83–106.

Savitsky, A., and M.J.E. Golay, "Smoothing and Differentiation of Data by Simplified Least Squares Procedures," *Analytical Chemistry*, vol. 36, no. 8, 1964, pp. 1627–1639.

Sayn-Wittgenstein, L., "Recognition of Tree Species on Air Photographs by Crown Characteristics," *Photogrammetric Engineering*, vol. 27, no. 5, 1961, pp. 792–809.

Schott, J. R., *Remote Sensing*: *The Image Chain Approach*, 2nd ed., New York: Oxford University Press, 2007.

Schowengerdt, R.A., *Remote Sensing Models and Methods for Image Processing*, 2nd ed., New York: Academic Press, 1997.

Schowengerdt, R.A., *Remote Sensing Models and Methods for Image Processing*, 3rd ed., New York: Academic Press, 2006.

Siegfried, M.R., R.L. Hawley, and J.F. Burkhart, "High-Resolution Ground-Based GPS Measurements Show Inter-Campaign Bias in ICESat Elevation Data," *IEEE Transactions on Geoscience and Remote Sensing*, vol. 49, no. 10, 2011.

Singhroy, V., K. Mattar, and A.L. Gray, "Landslide Characterization in Canada Using Interferometric SAR and Combined SAR and TM Images," *Advances in Space Research*, 1998, vol. 21, no. 3, pp. 465–476.

Smith, F.G.F., and J.R. Jensen, "The Multispectral Mapping of Seagrass: Application of Band Transformations for Minimization of Water Attenuation Using Landsat TM," Technical Papers, ASPRS-RTI 1998 Annual Conference, Bethesda, MD: American Society for Photogrammetry and Remote Sensing, 1998, pp. 592–603.

Somers, B., et al., "Nonlinear Hyperspectral Mixture Analysis for Tree Cover Estimates in Orchards," *Remote Sensing of Environment*, vol. 113, no. 6, 2009, pp. 1183–1193.

Spreen, G., L. Kaleschke, and G. Heygster, "Sea Ice Remote Sensing Using AMSR-E 89 GHz Channels," *Journal of Geophysical Research*, vol. 113, 2008, C02S03, doi:10.1029/2005JC003384.

Stehman, S.V., "Estimating Standard Errors of Accuracy Assessment Statistics Under Cluster Sampling," *Remote Sensing of Environment*, vol. 60, no. 3, 1997, pp. 258–269.

Thompson, W., "Lidar Imagery Reveals Maine's Land Surface in Unprecedented Detail," *Maine Geological Survey report*, Department of Agriculture, Conservation & Forestry, December 2011.

Tueller, P.T., "Rangeland Management," *The Remote Sensing Core Curriculum, Applications in Remote Sensing*, vol. 4, on the Internet at http://www.asprs.org, 1996.

U.S. Department of Agriculture, *Soil Survey of Dane County, Wisconsin*, Washington, DC: U.S. Government Printing Office, 1977.

U.S. Department of Agriculture, Soil Survey Staff, Natural Resources Conservation Service, *National Soil Survey Handbook*, Title 430-VI, Washington, DC: U.S. Government Printing Office, available at http://www.soils.usda.gov, 1997.

Vane, G., "High Spectral Resolution Remote Sensing of the Earth," *Sensors*, 1985, no. 2, pp. 11–20.

Viña, A., G.M. Henebry, and A.A. Gitelson, "Satellite Monitoring of Vegetation Dynamics: Sensitivity Enhancement by the Wide Dynamic Range Vegetation Index," *Geophysical Research Letters*, vol. 31, 2004, L04503, doi:10.1029/2003GL019034.

Vogelmann, J.E., et al., "Completion of the 1990s National Land Cover Data Set for the Conterminous United States from Landsat Thematic Mapper Data and Ancillary Data Sources," *Photogrammetric Engineering and Remote Sensing*, vol. 67, no. 6, 2001, pp. 650–661.

Warner, W.S., et al., *Small Format Aerial Photography*, Bethesda, MD: American Society for Photogrammetry and Remote Sensing, 1996.

White, M.A., et al., "Intercomparison, Interpretation, and Assessment of Spring Phenology in North America Estimated from Remote Sensing for 1982 to 2006," *Global Change Biology*, 2009, doi:10.1111/j.1356-2486.2009.01910.x.

Williams, R.S., and W.D. Carter, Eds., *ERTS*-1, *A New Window on Our Planet*, *USGS Professional Paper* 929, Washington, DC, 1976.

Wilson, D.R., Ed., *Aerial Reconnaissance for Archaeology*, Research Report No. 12, London: The Council for British Archaeology, 1975.

Wolf, P.R., B.A. Dewitt, and B.E. Wilkinson, *Elements of Photogrammetry with Applications in GIS*, 4th ed., New York: McGraw-Hill, 2013.

Wolter, P.T., et al., "Improved Forest Classification in the Northern Lake States Using Multi-Temporal Landsat Imagery," *Photogrammetric Engineering and Remote Sensing*, vol. 61, no. 9, 1995, pp. 1129–1144.

Wulder, M.A., and J.G. Masek, "Landsat Legacy" Special Issue, *Remote Sensing of Environment*, vol. 122, 2012.

Wright, C.W., and J. Brock, "EAARL: A Lidar for Mapping Shallow Coral Reefs and Other Coastal Environments," *Proceedings of the Seventh International Conference on Remote Sensing for Marine and Coastal Environments, Miami, May* 20–22, 2002.

Wynne, R.H., et al., "Satellite Monitoring of Lake Ice Breakup on the Laurentian Shield (1980–1994)," *Photogrammetric Engineering and Remote Sensing*, vol. 64, no. 6, 1998, pp. 607–617.

Xian, G., C. Homer, and J. Fry, "Updating the 2001 National Land Cover Database Land Cover Classification to 2006 by using Landsat Imagery Change Detection Methods," *Remote Sensing of Environment*, vol. 113, no. 6, 2009, pp. 1133–1147.

Zhang, C., and Z. Xie, "Combining Object-Based Texture Measures with a Neural Network for Vegetation Mapping in the Everglades from Hyperspectral Imagery," *Remote Sensing of Environment*, vol. 124, 2012, pp. 310–320.

Zsilinszky, V.G., *Photographic Interpretation of Tree Species in Ontario*, Ottawa: Ontario Department of Lands and Forests, 1966.

反侵权盗版声明

举报电话：（010）88254396；（010）88258888

传　　真：（010）88254397

E-mail:　dbqq@phei.com.cn

通信地址：北京市万寿路 173 信箱

　　　　　电子工业出版社总编办公室

邮　　编：100036